当你进入实验室时，

要像脱去外衣那样放下你的想象力，

因为实验操作中不能有一丁点儿的想象，

否则，

你对事物的观察就会受影响；

当你翻开书本的时候，

你又必须尽可能展开想象的"翅膀"，

否则，

你就不可能走在别人的前面。

Modern Molecular Biology

(5th Edition)

"十二五"普通高等教育本科国家级规划教材

现代分子生物学

第 5 版

朱玉贤 李　毅 郑晓峰 郭红卫 编著

高等教育出版社·北京

内容提要

　　全书共分 11 章,分别对染色体结构、DNA 的复制形式与特点、DNA 的转座、遗传密码的破译、蛋白质的合成和运转、基因表达调控的原理、癌症与癌基因活化、癌症的主要现代疗法、人类免疫缺陷病毒的分子机制、基因组与比较基因组学等现代分子生物学中的重大问题作了全面系统的分析。其中第 2 章讨论了染色体和 DNA 的基本结构及复制调控;第 3 至 4 章回顾了从 DNA 到 RNA 以及从 mRNA 到蛋白质的生物信息流;第 5、6 两章集中阐述了现代分子生物学实验的技术原理和流程,以帮助读者尽快掌握分子生物学研究的精髓。第 7、8 两章研究了参与原核、真核细胞基因表达调控的各种元件,探讨了 DNA 甲基化、蛋白质磷酸化、乙酰化修饰、染色质构象变化等表观遗传修饰对基因活性和功能的影响,以及各种小 RNA 的产生与作用机制。第 9、10 两章讨论了疾病与人类健康、基因与发育等重要生命现象的分子生物学基础,第 11 章则主要讨论了 DNA 序列分析技术进步对基因组学的重大影响。

　　本书可供高等院校生物科学和生物技术专业的教师和学生使用,也可作为相关专业研究人员的参考书。

图书在版编目（CIP）数据

　　现代分子生物学 / 朱玉贤等编著 . --5 版 . -- 北京：
高等教育出版社，2019.6（2023.12重印）
　　ISBN 978-7-04-051304-2

　　Ⅰ. ①现… Ⅱ. ①朱… Ⅲ. ①分子生物学 - 高等学校
- 教材 Ⅳ. ① Q7

　　中国版本图书馆 CIP 数据核字（2019）第 024910 号

　　Xiandai Fenzi Shengwuxue

策划编辑　吴雪梅　王　莉		责任编辑　高新景		封面设计　张志奇		责任印制　沈心怡		

出版发行	高等教育出版社	网　　址	http://www.hep.edu.cn
社　　址	北京市西城区德外大街4号		http://www.hep.com.cn
邮政编码	100120	网上订购	http://www.hepmall.com.cn
印　　刷	涿州市星河印刷有限公司		http://www.hepmall.com
开　　本	880mm×1230mm　1/16		http://www.hepmall.cn
印　　张	31.5		
字　　数	700 千字	版　　次	1997 年 3 月第 1 版
插　　页	2		2019 年 6 月第 5 版
购书热线	010-58581118	印　　次	2023 年 12 月第 11 次印刷
咨询电话	400-810-0598	定　　价	78.00 元

数字课程（基础版）

现代分子生物学

（第5版）

主编　俞嘉宁　杨建雄

参编　田英芳　叶海燕　肖光辉　何　鹏

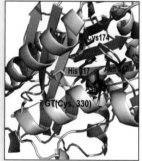 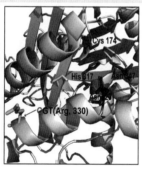

现代分子生物学（第5版）

　　现代分子生物学数字课程与纸质教材一体化设计，紧密配合。数字课程设置了各章的教学课件、在线自测及思考题解析等内容，可供高等院校各类不同专业的师生根据实际需求选择使用，也可供相关科学工作者参考。

用户名：□　　　密码：□　　　验证码：□　　　5360　忘记密码？　　登录　　注册　□

http://abook.hep.com.cn/51304

扫描二维码，下载Abook应用

第一作者简介

朱玉贤，男，浙江省杭州市人。中国科学院院士，发展中国家科学院院士。1989 年 12 月在美国康奈尔大学获得博士学位。先后在美国华盛顿大学和北京大学从事博士后研究。1997 年获得国家自然科学基金委"杰出青年科学基金"资助，2003 年成为"创新研究群体"主持人。曾长期担任北京大学教授、博士生导师，蛋白质与植物基因研究国家重点实验室主任。现为武汉大学教授，高等研究院院长。2013 年至今任教育部高等学校大学生物学课程教学指导委员会主任，国家转基因生物新品种培育重大专项总体组技术副总师。在棉纤维伸长机制以及棉花基因组、比较基因组学研究中取得创新性成果。除《现代分子生物学》外，还著有《分子生物学实验技术》，译有《PCR 传奇》和《细胞的起源》。

第 5 版前言

眨眼之间,5 年过去了,又到了为《现代分子生物学》写"前言"的时候了。能跟读者们说点什么呢? 这个问题其实早在一年多前正式启动第 5 版修订时就已经在我的脑子里了,只不过久久定不下来。我的"前言"一贯比较超脱,信手拈来而并不囿于对所修改内容的介绍。秉承以往的风格,在这里先跟读者们说两句题外话。

一、学术造诣的培养。美国职业篮球联赛(NBA)内部有一种说法:要想成为巨星,技术很重要;但若要想成为超级巨星,技术之上的东西更重要。我想,把他们这句话搬到学术界,说不定也能成立:即要想成为科学家,学术素养很重要;但要想成为科学大家,学术素养之上的东西更重要。这里,技术之上或学术素养之上的东西指的是锲而不舍、永不放弃的精神;是即使身陷绝境,仍一往无前,所向披靡的豪情壮志;是不以物喜,不以己悲,历久弥新的坚定信念。举个例子,1986 年,NBA 开始举办全明星三分球大赛。自此,"大鸟"拉里·伯德连续 3 年夺魁。第一年开赛前,伯德信步走进更衣室,对其他所有参赛球员说:"你们谁准备拿第二名啊?"多么霸气侧漏的瞬间! 有一句罗马名言"Veni, vidi, vici",意思是:我来,我看,我征服。挂在小牛队(NBA 球队之一,现更名为独行侠队)更衣室墙上的座右铭是:"Our way, our will, our win",意为:我们选择的道路和我们的意愿帮助我们赢得胜利。没有这种精神,没有这种对事业近乎偏执的渴求,你很难在任何领域走多远。

二、敏锐和迟钝、失败与成功的辩证法。"池月荷风"在一篇博客里说:从小到大,自己一直以"敏锐"而自豪。上学时,老师教的一学就会,最不怵的就是考试。顺风顺水,轻松就上了"一本",还保研。没想到,读博士期间才发现"敏锐"成了致命的短板。实验一次次地失败,自己敏感脆弱的内心实在不能承受,心情抑郁到了极点。相反,那些平时不善言谈,上基础课死气沉沉,做事也不干练、处处透着"钝感"的同学却往往在实验上稳扎稳打,步步前进。他们不容易受失败的困扰(已经经历了太多的失败?!),总能很快开始下一个实验。工作以后,也发现迟钝者好像更有利些。对待领导的批评、同事的嫉妒或陷害、一时的成败,他们并不很在意。这种人很少见异思迁,受了挫折,不会掉头就走,而是坚持默默前行!

无独有偶,日本作家渡边淳一在他的《钝感力》一书中讲了一个真实的故事:当年他学习写作时,他才华横溢的同学 O 先生已经有文学作品发表,但因为彼时大家都是新手,经常遭遇编辑部退稿。渡边比较钝,遇到退稿这样的事,会埋头喝上一顿小酒,骂几句那个对小说一窍不通的臭编辑……然后,就忘记不快,重整旗鼓开始新的写作。而 O 先生的自尊心跟他的才华一样横溢,经受不了屡屡退稿的伤害,逐渐失去了创作的欲望和动力,直到彻底退出文坛。所以说,很多时候,失败其实是一件好事,失败能给人带来新的精神动力。人的一生中,最重要的可能是如何学会面对失败,如何迅速从失败的阴影中站起来,开始新的征程。如果你不但敏锐而且足够愚钝,才可能在科学上有大的造诣!

从第3版开始,本书就固定为11章,分别讲述染色体结构、DNA的复制形式与特点、DNA的转座、遗传密码的破译、蛋白质的合成和运转、基因表达调控的原理,探讨DNA甲基化、蛋白质磷酸化、乙酰化修饰、染色质构象变化等表观遗传修饰对基因活性和功能的影响,探讨小RNA的产生与作用机制、癌症与癌基因活化、癌症的主要现代疗法、人类免疫缺陷病毒(HIV)的分子机制、基因组与比较基因组学等现代分子生物学中的重大问题。第5、6两章集中阐述现代分子生物学主要技术原理和实验流程,以帮助读者尽快掌握分子生物学研究的精髓。第11章讨论DNA序列分析技术对基因组学研究和人类社会进步的影响。

如果狭隘地从人类的角度看分子生物学这个学科,它关注的是从一个受精卵分化发育出由数千亿个不同细胞组成的复杂有机体这个过程的分子机制。大量同源域基因研究表明,个体发育过程中可能存在特化的局域性发育控制中心,也就是说,发育过程是模块化的,每个模块都是一种自组织体,是适应性与结构化的产物。生命的演化其实就是一个不断模块化的过程。生物大分子包括核酸、蛋白质和多糖都是由一些更小的、基本结构相同的分子模块拼接而成的;真核细胞则是由一些共生的原核细胞特化产生的细胞器功能性整合而成的;包含无数细胞的动植物个体,它们功能性地整合形成各种组织和器官,并通过模块化的发育程序构建复杂的躯体。因此,物种演化其实就是一系列发育模块的重组,归根结底是DNA水平上的变异或修饰、插入或缺失。纲举目张,DNA就是纲,其余都是目! 祝同学们尽快掌握分子生物学的纲!

2018年3月9日于武汉大学珞珈山

| 第4版前言 | 第3版前言 | 第2版前言 | 第1版序言 |

简明目录

目　录

203 第 6 章 分子生物学研究法(下) ——基因功能研究技术

239 第 7 章 原核基因表达调控

第 1 章

绪　论

1.1 引言

现代分子生物学研究的终极目标是要在分子水平上阐明各种生命活动的规律,揭示生命的本质。从20世纪40年代开始,无数生命科学家用他们的智慧和汗水,赢得了20世纪自然科学最伟大的革命——揭开生物遗传的谜底。随着DNA的结构与功能、RNA在蛋白质合成中的作用、蛋白质的结构与功能、遗传密码及基因表达调控的本质等被相继阐述,人类开始了从生物学的必然王国向自由王国的过渡。分子水平的生物学研究,正在越来越多地影响各个传统生物科学领域,如组织学、细胞学、解剖学、胚胎学、遗传学及生理学和进化论。我们将在本书中尽可能系统性地提供有关现代分子生物学各分支的基本理论和主要实验依据,介绍导致最近二三十年来现代生物学高速发展的新技术、新方法以及所衍生的新学科。本章首先介绍历史背景和主要人物,并简单讨论人类对遗传的最基本单位——基因——化学本质的认识过程。

1.1.1 创世说与进化论

多少年来,人们常常会反复提出3个与生命和一切生物学现象有关的问题:

① 生命是怎样起源的?

② 为什么"有其父必有其子"?

③ 动、植物个体是怎样从一个受精卵发育而来的?

直到19世纪初叶,这些问题大都只能从宗教或迷信的角度进行回答。西方人一直相信基督教的宣传,相信上帝先创造了花草树木、世间万物,后来又创造了男人亚当,再从亚

图 1-1 Charles Robert Darwin(达尔文)

英国生物学家;进化论的奠基人。

当身上抽出一根肋骨,这就成了女人夏娃。亚当、夏娃婚配繁衍产生了人类。1859年,伟大的英国生物学家达尔文(Charles Darwin)出版了著名的《物种起源》一书,确立了进化论的概念,打破了上帝造人的传统观念,极大地推动了人类思想的发展。达尔文(图1-1)从小热爱大自然,喜欢采集动、植物标本。他16岁到爱丁堡大学学习,参加了青年人的普林尼学术活动,研讨拉马克的进化学说。拉马克虽然不信"上帝创造一切"的"创世说",却又拿不出令人信服的证据来。这些讨论使达尔文的思想陷于矛盾和斗争之中,他决心深入大自然去寻找答案。

9年后,达尔文以自然科学家的身份,参加了历时5年的贝格尔号军舰环球旅行,历尽了千辛万苦,在晕船、饥渴、病痛和死亡的威胁下,他坚持工作,采集了大量动、植物标本和化石并细心地进行比较、鉴别和研究,提出并解答了一系列学术问题,如:相似的动物为什么居住在千里之外的不同地区?同一个小岛上为什么聚集着许多不同的动物?低等动物与高等动物有些什么样的联系?人是如何产生的?等等。从贝格尔号回到英国以后,他发表了一系列论文,逐步阐述了生物进化的观点。在《物种起源》这部划时代的科学巨著中,他用大量事实证明"物竞天择,适者生存"的进化论思想。他认为世界上的一切生物都是可变的,并预言从低等到高等的变化过程中必定有过渡物种存在。他指出物种的变异是由于大自然的环境和生物群体的生存竞争造成的,彻底否定了上帝创造万物的旧思想,推翻了物种不变的神话,使生物学真正迈入实证自然科学的行列。

通过记载不同动、植物的地理分布,研究近亲种族的解剖学、形态学的相似性和变异率,达尔文第一个认识到生物世界的不连续性。他发现,当记录研究跨越一个较长的历史时期,主要存在物种会有很大的变化。他认为,环境因素如大地变迁、特定区域内的温度、降雨量变化及气候条件改变,都会以"自然选择压力"的形式,在生物体的世代遗传中体现出来。正是在这种"自然选择压力"之下,新物种才不断诞生,旧的、与环境不再相容的物种也不断消亡。他在书中这样写道:"对于每一个动、植物种群来说,因为总是有大大多于可能生存下来的个体出生,所以为生存而斗争是长期的、永久的。"如果某些个体偶然获得了于自身有利的变异,就会在生与死的斗争中占同类的上风,从而生存下来。根据遗传学原理,任何生存下来的个体都倾向于扩增其经过修饰的新性状,以保持生存优势。

达尔文关于生物进化的学说及其唯物主义的物种起源理论,是生物科学史上最伟大的创举之一,具有不可磨灭的贡献。为了纪念这位生物科学大师,人们把进化论称为"达尔文学说"。

1.1.2　细胞学说

早期生物科学家的另一大贡献是提出了"细胞学说"(cell theory)。

17世纪末叶,荷兰显微镜专家Leeuwenhoek制作成功了世界第一架光学显微镜。通过这一装置,他看到了一系列肉眼看不到而又使人迷惑不解的微小生物,他将这些小生命称为"微动物"(animalcule)。若干年后,人们才知道它们是单细胞生物。

Leeuwenhoek出身贫寒,16岁便失学当了学徒。在好奇心驱使下,他把工余时间都用来研究、磨制、装配玻璃透镜。开始,他用自己磨制的透镜观察蜜蜂蜇人的"针",看蚊子叮人的口器,以及小甲虫的足等。随着制镜手艺不断提高,他制成了能放大200倍的显微镜,不断公布自己的观察结果,并将新发现报告给当时世界最权威的科学管理机构——英国皇家学会。他第一个观察到狗和人的精子,发现了酵母菌,描述了红细胞等。为了表彰和鼓励Leeuwenhoek的研究工作,英国皇家学会吸收他为会员。自此,一个小学徒终于成长为受人尊敬的大科学家。

1702年,Leeuwenhoek在观察轮虫时,偶然发现雨水中有微生物。这些生物是怎么来的呢? 为了解开这个谜,他做了一个实验:收集开始下雨时的雨水来观察,里面并没有微生物。到了第四天再观察,就有许多微生物出现在水中。Leeuwenhoek 因此得出了一个结论:"风能将空气灰尘中的微生物带入水中。"以后经过对昆虫、海贝和鳝鱼等的细心研究,他进一步断定:"微生物不是由泥沙尘埃产生的,而是和动物一样,有完整的生活史。"这一有趣的发现使 Leeuwenhoek 更为出名。

大约与 Leeuwenhoek 同时代的 Hooke,第一次用"细胞"这个概念来形容组成软木的最基本单元。直到 19 世纪中叶,这一概念才正式被科学界所接受。随着显微技术、组织保存技术和超薄切片技术的不断发展,科学家发现动、植物组织都是由细胞所组成,而且细胞是可以分裂的,每一个细胞都是或曾经是一个单独的活的实体,包含有生命的全部特征。

动、植物的基本单元是细胞,这是 19 世纪三大发现之一的"细胞学说"的核心。首先建立这一学说的是德国植物学家 Schleiden 和动物学家 Schwann。Schleiden 出生于汉堡,22 岁就获得了法学博士学位,但他并不喜欢当律师。28 岁时,他先后到哥廷根和柏林学习植物学和医学,35 岁时获得医学和哲学博士学位。Schwann 高中毕业后,没有按照父母的意愿学神学,而是毅然去柏林学医。24 岁获得博士学位,在柏林解剖博物馆工作时结识了 Schleiden。他俩虽然个性、经历迥异,但共同的志趣和真诚的情感促成了他们多年的合作。Schleiden 研究被子植物的胚囊,Schwann 研究蛙类的胚胎组织,相同的研究方向,相似的研究方法,使他们取得了一致见解,共同创立了生物科学的基础理论——细胞学说。

1847 年,Schwann 在描述动物组织时这样写道:"所有组织的最基本单元是形状非常相似而又高度分化的细胞。"可以认为,细胞的发生和形成是生物学界普遍和永久的规律。从此,细胞学说开始广为传播。研究发现,每一个动、植物个体实际上是千千万万个生命单元的总和,而这些微小单元——细胞,包含了所有的生命信息。因为单个细胞生长分裂,组织、器官和个体的生命现象实际上是细胞活动的总和,所以细胞可以而且应该成为生物学研究的首要对象。今天的细胞生物学和分子细胞生物学就是在这个基础上发展起来的。

1.1.3 经典生物化学和遗传学

进化论和细胞学说相结合,产生了作为主要实验科学之一的现代生物学,而以研究动、植物遗传变异规律为目标的遗传学和以分离纯化、鉴定细胞内含物质为目标的生物化学则是这一学科的两大支柱。早在 19 世纪中叶,人们就发现动物和植物细胞的提取液中主要是一些能受热或酸变性形成纤维状沉淀的物质。这些物质包含有大体相等摩尔浓度的碳、氢、氧和氮。科学家将这些物质命名为蛋白质。生物化学家 Buchner 第一个实现了用酵母无细胞提取液和葡萄糖进行氧化反应,生成乙醇,证明化学物质转换并不需要完整的细胞而仅仅需要细胞中的某些成分。后续研究发现蛋白质是活细胞中所有化学反应的执行者和催化剂。

生物化学从一开始就承担了双重使命:分析细胞的组成成分并弄清楚这些物质与细

胞内生命现象的联系。19 世纪中叶到 20 世纪初，是早期生物化学的大发展阶段，组成蛋白质的 20 种基本氨基酸被相继发现（最晚分离的是苏氨酸，1935 年），著名生物化学家 Fisher 还论证了连接相邻氨基酸的"肽键"的形成。细胞的其他组成成分，如脂质、糖类和核酸也相继在那一阶段被科学家所认识和部分纯化。那时，科学家还无法解释细胞内最重要的生命活动，即细胞成分是如何世代相传的。

图 1-2 Gregor Johann Mendel（孟德尔）

遗传学的奠基人，被称为"遗传学之父"，于 1865 年发现遗传学定律。

奥地利大科学家、经典遗传学创始人孟德尔（Gregor Mendel）^(图 1-2) 发现并提出遗传学定律的故事像是不朽的神话，在生物学界被广泛传诵。孟德尔从小爱好园艺，虽然因为家境贫寒，没有念完大学就当了修道士，但却矢志不渝钻研科学。他出于对"种瓜得瓜，种豆得豆"的生物遗传现象的好奇和困惑，挑选了 20 多种大小不同，形状、颜色各异的食用豌豆，在修道院里反复进行杂交、自交等试验。从 1857 年到 1864 年的 7 年间，孟德尔选择了 7 对差异明显的简单性状，对豌豆的生长进行了仔细的观察。例如，他用产生圆形种子的豌豆同产生皱皮种子的植株杂交，得到几百粒全是圆形的杂交子一代（F_1）种子。第二年，他种植了 253 粒 F_1 圆形种子并进行自交，得到 7 324 粒 F_2 种子，他发现有 5 474 粒是圆形的，1 850 粒是皱皮的，用统计学方法计算出圆皱比为 3∶1。

他还进行了具有两个对立性状的豌豆品系之间的双因子杂交试验。他发现当选用产生黄色圆形种子的豌豆品系同产生绿色皱皮种子的豌豆品系进行杂交时，所产生的 F_1 种子全是黄色圆形的，但在自交产生 F_2 的 576 粒种子中，不但出现了两种亲本类型，而且还出现了两种新的重组类型，其中黄色圆形 315 粒，黄色皱皮 121 粒，绿色圆形 108 粒，绿色皱皮 32 粒。这 4 种类型的比例接近于 9∶3∶3∶1。

根据以上现象，孟德尔总结出生物遗传的两条基本规律：

第一，当两种不同植物杂交时，它们的下一代可能与亲本之一完全相同。他把这一现象称为统一规律。根据自己长期的实验结果，孟德尔认为，生物的每一种性状都是由遗传因子控制的。这些因子可以从亲代到子代，代代相传。在体细胞内，遗传因子是成对存在的，其中一个来自父本，一个来自母本。在形成配子时成对的遗传因子彼此分开，单独存在。他还认为，有些遗传因子以显性（dominant）形式存在，即能在任何杂种一代得到表达；而有些因子呈隐性（recessive）状态，只有当父、母本同时含有这一因子时，才得到表现。

第二，不同植物品种杂交后的 F_1 种子再进行杂交或自交时，下一代就会按照一定的比例发生分离，因而具有不同的形式。他把这一现象称为分离规律。如红花和白花植株杂交，得到的 F_1 植株全部为粉色花，自交后代中有 1 株红色花、1 株白色花、2 株粉色花。这一代的白色花互相交配，将永远得到白色花；红色花互相交配得到的永远是红色花；但这一代的粉色花互相交配，其结果就像上一代那样，仍旧是 1 红、1 白、2 粉。所有这些花朵，

都按照孟德尔的分离规律依次遗传下去。分离规律对动、植物的杂种后代都适用。

由于孟德尔的研究方法和结论都远远超越了当时的科学认知水平,他的这些天才的科学发现和见解,并没有立即引起生物学界的注意。从 1865 年他发表《植物杂交试验》一文到 1884 年逝世,欧美各国科学界几乎无人理睬他的巨大贡献。直到 1900 年,他的理论才被荷兰科学家 H. de Vries 等人重新发现、验证并得到普遍应用,他也逐渐被公认为经典遗传学的奠基人。

虽然孟德尔早在 1861 年就通过豌豆杂交实验揭示了遗传的物质性(a discrete unit governing inherited characteristics),但直到 1909 年丹麦科学家 Johannsen 才根据希腊文"给予生命"的定义,创造了"gene"(基因)这个代表遗传学最基本单位的新名词。美国人托马斯·摩尔根(T. H. Morgan)[图1-3]是第一个用实验证明"基因"学说的科学家。1910 年,Morgan 和他的助手们发现了第一只白眼雄果蝇。因为正常情况下,果蝇都是红眼的,称为野生型,所以,他们将白眼果蝇称为突变型。Morgan 将白眼雄果蝇与红眼雌果蝇交配,所产生的 F_1 不论雌雄,全为红眼果蝇(孟德尔的统一规律!)。这些 F_1 果蝇互相交配所产生的 F_2 有红眼也有白眼,但所有白眼果蝇都是雄性的,说明白眼性状与性别有联系,这一点与孟德尔的遗传性状独立分离规律是背道而驰的(现在我们已经知道,当所研究的两个基因位于同一染色体上而又距离较近时,Morgan 的连锁遗传规律起主导作用;而当所研究的两个基因位于不同染色体上时,孟德尔的独立分离规律起主导作用)。

果蝇有 4 对染色体。在雌果蝇中,有一对很小呈颗粒状的染色体,两对呈"V"形的染色体,另有一对呈棒状、被称为 XX 的染色体。在雄果蝇体内,前三对同雌果蝇完全相同,第四对染色体则由一条棒状的 X 染色体和一条呈"J"形的 Y 染色体所取代,人们称这一对为 XY 染色体。Morgan 当时就知道性染色体的存在,因此他推想,白眼这一隐性基因(w)是位于 X 染色体上,而在 Y 染色体上没有它的等位基因。他将 F_1 红眼雌果蝇(Ww)与白眼雄果蝇亲本(wY)回交,结果产生的后代果蝇中有 1/4 是红眼雌果蝇,1/4 是白眼雄果蝇。这个实验证明,白眼隐性突变基因(w)确实位于 X 染色体上。这一现象被称为遗传性状的连锁规律,又称连锁遗传。

Morgan 和他的助手们第一次将代表某一特定性状的基因,与某一特定的染色体联系起来,使科学界普遍认识了染色体的重要性并接受了孟德尔的遗传学原理。Morgan 特别指出:种质由某些独立的要素组成,我们把这些要素称为遗传因子,或者更简单地称为基因。

1.1.4 DNA 的发现与基因学说的创立

1928 年，英国科学家 Griffith 等人发现，肺炎链球菌使小鼠死亡的原因是引起肺炎。细菌的毒性（致病力）是由细胞表面荚膜中的多糖所决定的。具有光滑外表的 S 型肺炎链球菌因为带有荚膜多糖而能使小鼠发病，具有粗糙外表的 R 型细菌因为没有荚膜多糖而失去致病力（荚膜多糖能保护细菌免受动物白细胞的攻击）。

首先用实验证明基因就是 DNA 分子的是美国著名的微生物学家 Avery。他和他的同事们首先将光滑型致病菌（S 型）烧煮杀灭活性以后再侵染小鼠，发现这些死细菌自然丧失了致病能力(图 1-4)。然而，当他们将经烧煮杀死的 S 型细菌和活的天然无致病力的 R 型细菌混合再感染小鼠时，奇迹发生了！实验小鼠每次都可怜巴巴地死了。解剖死鼠发现有大量活的 S 型（而不是 R 型）细菌。他们推测，死细菌中的某一成分——转化源（transforming principle）将无致病力的细菌转化成病原细菌。用已杀死的 S 型细菌的不同细胞组分反复试验发现，死细菌 DNA 指导了这一可遗传的转化，从而导致了小鼠死亡。Avery 等人的工作奠定了遗传学理论的新基石——DNA 是遗传信息的载体。

我们再来看一看美国冷泉港卡内基遗传学实验室科学家 Hershey 和他的学生 Chase 在 1952 年从事的 T2 噬菌体侵染细菌实验(图 1-5)。该噬菌体专门寄生在细菌体内，它的头、尾外部都有由蛋白质组成的外壳，头内主要是 DNA。噬菌体侵染细菌的过程可以分为以下 5 个步骤：①噬菌体用尾部的末端（基片、尾丝）吸附在细菌表面；②噬菌体通过尾轴把 DNA 全部注入细菌细胞内，噬菌体的蛋白质外壳则留在细胞外面；③噬菌体的 DNA 一旦

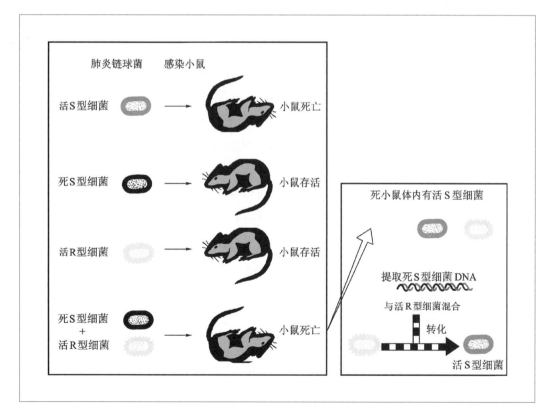

图 1-4 DNA 是"转化源"

左图从上到下：将活的 S 型细菌注射到实验小鼠体内，小鼠迅速死亡；将经烧煮灭活的 S 型细菌注射到小鼠体内，小鼠保持健康；将活的 R 型细菌注射到小鼠体内，小鼠也保持健康；而将烧煮灭活的 S 型细菌和活的 R 型细菌一道注射到小鼠体内却能导致小鼠死亡。右图：分离被杀死的 S 型细菌的各种组分并分别与活的 R 型细菌混合，注射小鼠后发现，只有 S 型死细菌的 DNA 能使 R 型细菌发生转化，获得致病力。

图 1–5 Hershey 和 Chase 证实噬菌体 DNA 侵染细菌的实验流程

当细菌培养基中分别带有 ^{35}S 或 ^{32}P 标记的氨基酸或核苷酸,子代噬菌体中就相应含有 ^{35}S 标记的蛋白质或 ^{32}P 标记的核酸。分别用这些噬菌体感染没有放射性标记的细菌,经过 1~2 个噬菌体 DNA 复制周期后发现,子代噬菌体中几乎不含带 ^{35}S 标记的蛋白质,但含有 30% 以上的 ^{32}P 标记,说明在噬菌体传代过程中发挥作用的可能是 DNA,而不是蛋白质。

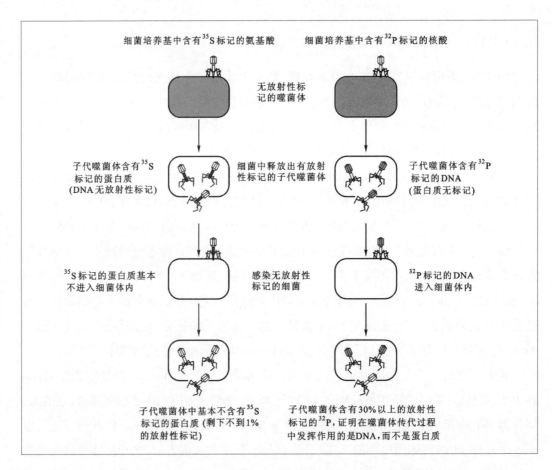

进入细菌体内,它就能利用细菌的生命过程合成噬菌体自身的 DNA 和蛋白质;④新合成的 DNA 和蛋白质外壳,能组装成许许多多与亲代完全相同的子代噬菌体;⑤子代噬菌体由于细菌的解体而被释放出来,再去侵染其他细菌。实验中,他们用 ^{32}P 标记 DNA,用 ^{35}S 标记蛋白质。他们发现,如果在侵染细菌后立即收集噬菌体,可得到 70% 的 ^{32}P 标记的 DNA 和 20% 的 ^{35}S 标记的蛋白质。如果侵染细菌后让噬菌体复制一代,那么,新生代噬菌体中 50% 的 DNA 链上带有 ^{32}P 标记,而噬菌体总蛋白中只有不到 1% 仍带有 ^{35}S 标记。这说明在噬菌体侵染细菌的过程中,只有 DNA 进入到细菌细胞体内,而这些 DNA 足以完成噬菌体的全部生命过程。

那么,DNA 到底是什么样的呢?在 1944 年的研究报告中,Avery 这样写道:当溶液中乙醇的体积达到 9/10 时,有纤维状物质析出。如稍加搅动,这种物质便会像棉线绕在线轴上一样绕在硬棒上,溶液中的其他成分则以颗粒状沉淀留在下面。溶解纤维状物质并重复沉淀数次,可提高其纯度。这一物质具有很强的生物学活性,初步实验证实它很可能就是 DNA(谁能想到!)。对 DNA 分子的物理化学研究导致了现代生物学翻天覆地的革命,这更是 Avery 所没有想到的!

尽管由于 Morgan 及其学派的出色工作,基因学说得以在 20 世纪初叶就得到了普遍承认,但直到 Watson(沃森)和 Crick(克里克)提出 DNA 双螺旋模型之前,人们对于基因的理解仍然是抽象的、概念化的,缺乏准确的实质性内容。那时的遗传学家,既没有探明基因的结构特征,也完全不能解释位于细胞核中的染色体和基因怎样控制发生在细胞质中的各种生化过程,不能解释基因是怎样在细胞繁殖过程中准确地复制和代代相传。正是因为他们在 1953 年提出 DNA 的反向平行双螺旋模型,才为充分揭示遗传信息的传递规律铺平了道路,Watson 和 Crick 与通过 X 射线衍射证实该模型的 Wilkins 分享了 1962 年的诺贝尔生理学或医学奖（图 1-6）。英年早逝的 Franklin 对 DNA 晶体结构的解析为 Wilkins 的获奖提供了关键数据。

图 1-6 左上,Francis Harry Compton Crick (弗朗西斯·哈里·康普顿·克里克);右上,Maurice Hugh Frederick Wilkins(莫里斯·休·弗雷德里克·威尔金斯);左下,Rosalind Elsie. Franklin(罗莎琳德·埃尔西·富兰克林);右下,James Dewey Watson(詹姆斯·杜威·沃森)

1.2 分子生物学简史

分子生物学是研究核酸、蛋白质等所有生物大分子的形态、结构特征及其重要性、规律性和相互关系的科学,是人类从分子水平上真正揭开生物世界的奥秘,由被动地适应自然界转向主动地改造和重组自然界的基础学科。当人们意识到同一生物不同世代之间的连续性是由生物体自身所携带的遗传物质所决定的,科学家为揭示这些遗传密码所进行的努力就成为人类征服自然的一部分,而以生物大分子为研究对象的分子生物学就迅速成为现代生物学领域里最具活力的科学。

在蛋白质化学方面,继 Sumner 在 1936 年证实酶是蛋白质之后,Sanger 利用纸电泳及层析技术于 1953 年首次阐明胰岛素的一级结构,开创了蛋白质序列分析的先河。而 Kendrew 和 Perutz 利用 X 射线衍射技术解析了肌红蛋白(myoglobin)及血红蛋白(hemoglobin)的三维结构,论证了这些蛋白质在输送分子氧过程中的特殊作用,成为研究生物大分子空间立体构型的先驱。为了解分子生物学进程,我们不妨来看一看以部分诺贝尔生理学或医学奖和化学奖作为纽带的分子生物学发展简史。

1959 年,美籍西班牙裔科学家 Severo Ochoa 发现了细菌的多核苷酸磷酸化酶,成功地合成了核糖核酸,研究并重建了将基因内的遗传信息通过 RNA 中间体翻译成蛋白质的过程。他和 Kornberg 分享了当年的诺贝尔生理学或医学奖,而后者的主要贡献在于实现了 DNA 分子在细菌细胞和试管内的复制。

1965 年,法国科学家 Jacob 和 Monod 由于提出并证实了操纵子(operon)作为调节细菌细胞代谢的分子机制而与 Iwoff 分享了诺贝尔生理学或医学奖。除了著名的操纵子模型以外,Jacob 和 Monod 还首次提出存在一种与染色体 DNA 序列相互补,能将编码在染色体 DNA 上的遗传信息带到蛋白质合成场所(细胞质)并翻译产生蛋白质的信使核糖核酸,即 mRNA 分子。他们的这一学说对分子生物学的发展起了极其重要的指导作用。

1968 年,美国科学家 Nirenberg 由于在破译 DNA 遗传密码方面的贡献,与 Holly 和

Khorana 等人分享了诺贝尔生理学或医学奖。Holly 的主要功绩在于阐明了酵母丙氨酸 tRNA 的核苷酸序列，并证实所有 tRNA 具有结构上的相似性，而 Khorana 第一个合成了核酸分子，并且人工复制了酵母基因。

1975 年，美国人 Temin、Dulbecco 和 Baltimore 由于发现在 RNA 肿瘤病毒中存在以 RNA 为模板，反转录生成 DNA 的反转录酶而共享诺贝尔生理学或医学奖。

1980 年，Sanger 因设计出一种测定 DNA 分子内核苷酸序列的方法，而与 Gilbert 和 Berg 分获诺贝尔化学奖。Berg 是研究 DNA 重组技术的元老，他最早（1972）获得了含有编码哺乳动物激素基因的工程菌株。Sanger 与 Gilbert 发明的 DNA 序列分析法至今仍被广泛使用，成为分子生物学最重要的研究手段之一。此外，Sanger 还由于测定了牛胰岛素的一级结构而获得 1958 年诺贝尔化学奖。

1983 年，美国遗传学家 McClintock 由于在 50 年代提出并发现了可移动的遗传因子（jumping gene，或称 mobile element）而获得诺贝尔生理学或医学奖。

1984 年，德国人 Kohler、美国人 Milstein 和丹麦科学家 Jerne 由于发展了单克隆抗体技术，完善了极微量蛋白质的检测技术而分享了诺贝尔生理学或医学奖。

1989 年，美国科学家 Altman 和 Cech 由于发现某些 RNA 具有酶的功能（称为核酶）而共享诺贝尔化学奖。Bishop 和 Varmus 由于发现正常细胞同样带有原癌基因而分享当年的诺贝尔生理学或医学奖。

1993 年，美国科学家 Roberts 和 Sharp 由于在断裂基因方面的工作而荣获诺贝尔生理学或医学奖，美国科学家 Mullis 由于发明 PCR 仪而与第一个设计基因定点突变的 Smith 共享诺贝尔化学奖。

1994 年，美国科学家 Gilman 和 Rodbell 由于发现了 G 蛋白在细胞内信息传导中的作用而分享诺贝尔生理学或医学奖。

1995 年，美国人 Lewis、德国人 Nusslein-Volhard 和美国人 Wieschaus 由于在 40—70 年代先后独立鉴定了控制果蝇体节发育基因而分享诺贝尔生理学或医学奖。

1996 年，澳大利亚科学家 Doherty 和瑞士人 Zinkernagel 由于阐明了 T 淋巴细胞的免疫机制而分享了当年的诺贝尔生理学或医学奖。他们发现，白细胞只有同时识别入侵病原物和与之相伴的主要组织不相容抗原，才能准确识别受病原侵害的细胞并将其清除掉。

1997 年，美国科学家 Prusiner 由于发现朊病毒（prion）作为早老性痴呆症（CJD 综合征）等疾病的病原并能直接在宿主细胞中繁殖传播而获得诺贝尔生理学或医学奖。

2006 年，美国科学家 Kornberg 由于在揭示真核细胞转录机制方面的杰出贡献获得诺贝尔化学奖。美国科学家 Fire 和 Mello 由于在揭示控制遗传信息流动的基本机制——RNA 干扰方面的杰出贡献而获得诺贝尔生理学或医学奖。

2009 年，澳籍美国科学家 Elizabeth Blackburn 由于揭示了端粒和端粒酶（telomere and telomearse）在保护染色体免遭降解方面的贡献，与她早期的博士生 Carol Greider 以及 Jack Szostak 共同获得诺贝尔生理学或医学奖。这是第 100 届诺贝尔生理学或医学奖，也是诺贝尔科学奖史上第一次有两个女科学家同时获奖。

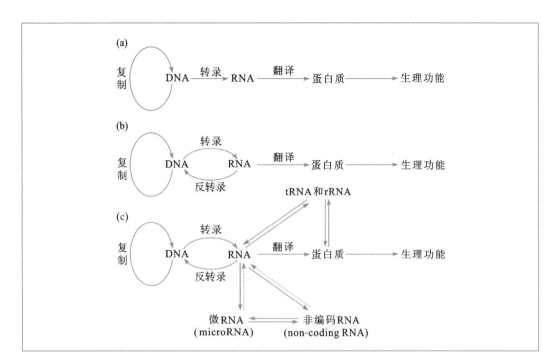

图 1-7 遗传信息传递的中心法则

(a) Crick 在 1954 年首次提出的"中心法则"草图;(b) 20 世纪 70—80 年代广为流传的"中心法则"示意图;(c) 进入 21 世纪后修正的"中心法则"示意图。

2010 年,英国科学家 Robert G. Edwards 因为在试管婴儿和体外授精方面的杰出研究获得诺贝尔生理学或医学奖。Edwards 从 20 世纪 50 年代开始体外授精实验,长期得不到科学界和舆论的支持,英国医学研究基金会曾完全停止资助该项目。获奖时,他已经完全瘫痪,他的夫人在病床前"告诉"他这个迟来的褒奖。

此外,Avery 等人(1944)关于强致病性光滑型(S 型)肺炎链球菌 DNA 导致无毒株粗糙型(R 型)细菌发生遗传转化的实验,Meselson 和 Stahl(1958)关于 DNA 半保留复制的实验,Crick 于 1954 年所提出的遗传信息传递规律(即中心法则)[图 1-7],Yanofsky 和 Brener(1961)关于遗传密码三联子的设想都对分子生物学的发展起了重大作用,将被永远记入史册。

我国生物科学家吴宪 20 世纪 20 年代初在北京协和医学院生化系与汪猷、张昌颖等人一道完成了蛋白质变性理论、血液生化检测和免疫化学等一系列有重大影响的研究,成为我国生物化学界的先驱。20 世纪 60 年代、70 年代和 80 年代,我国科学家相继实现了人工全合成有生物学活性的结晶牛胰岛素,解出了三方二锌猪胰岛素的晶体结构,采用有机合成与酶促相结合的方法完成了酵母丙氨酸转移核糖核酸的人工全合成,在酶学研究、蛋白质结构及生物膜结构与功能等方面都有世所瞩目的建树。

1.3 分子生物学主要研究内容

现代生物学研究发现,所有生物体中的有机大分子都是以碳原子为核心,并以共价键的形式与氢、氧、氮及磷等以不同方式构成的。不仅如此,一切生物体中的各类有机大分子都是由完全相同的单体,如蛋白质分子中的 20 种氨基酸、DNA 及 RNA 中的 8 种碱基

所组合而成的,由此产生了分子生物学的 3 条基本原理:

　　① 构成生物体各类有机大分子的单体在不同生物中都是相同的。

　　② 生物体内一切有机大分子的构成都遵循共同的规则。

　　③ 某一特定生物体所拥有的核酸及蛋白质分子决定了它的属性。

　　图 1-8 比较了生物体内各种大分子、亚细胞结构及原核、真核细胞或不同生物个体的大小,了解并熟记它们的相对体积对于我们深入领会分子生物学所研究的生命过程有着不容忽视的作用。如在 B-DNA 中每个碱基对中心距离为 0.34 nm,DNA 双螺旋的直径为 1.9 nm,而一个相对分子质量为 5.0×10^4 的球状蛋白的直径则为 5.0 nm,仅相当于 15 ~ 20 个碱基对。核小体(nucleosome)由于外表面缠绕了 146 个碱基对,其相对分子质量则达到 3.0×10^5,直径为 11 nm。负责蛋白质合成的核糖体,其相对分子质量高达数百万,直径为 20 nm 以上。在一个体积为 1 ~ 2 μm^3 的细菌细胞内,多核糖体确实可以算是一个不小的工厂了。

　　现代分子生物学主要包括如下四个方面的研究:

图 1-8　生物世界的长度和体积比较

(a) 生物界各种特征性生物大分子、各种亚细胞结构与细胞、成人及已知世界最高的树木——加州巨杉(高度可达 100 m 以上)的长度比较;(b) 核酸、蛋白质、RNA 聚合酶、核小体、核糖体和人染色体等主要生物大分子的体积比较。

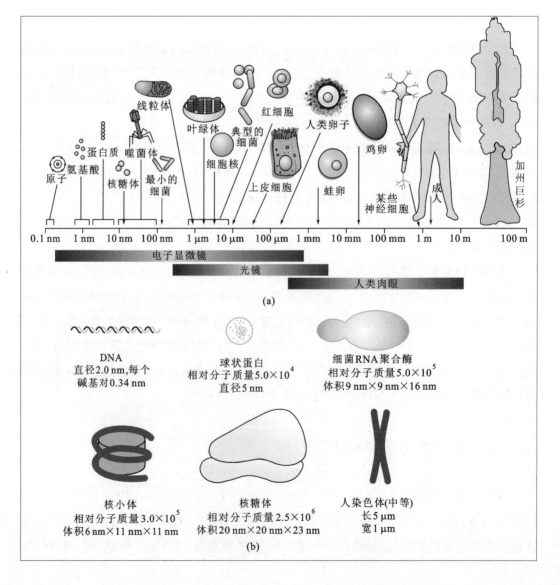

1.3.1　重组 DNA 技术(基因工程)

这是 20 世纪 70 年代初兴起的技术科学,目的是将不同的 DNA 片段(如某个基因或基因的一部分)按照人们的设计定向连接起来,在特定的受体细胞中与载体同时复制并得到表达,产生影响受体细胞的新的遗传性状。严格地说,重组 DNA 技术并不完全等于基因工程,因为后者还包括其他可能使生物细胞基因组结构得到改造的体系。重组 DNA 技术是核酸化学、蛋白质化学、酶工程及微生物学、遗传学、细胞学长期深入研究的结晶,而限制性内切酶、DNA 连接酶及其他工具酶的发现与应用则是这一技术得以建立的关键。

重组 DNA 技术有着广阔的应用前景。首先,它可被用于大量生产某些在正常细胞代谢中产量很低的多肽,如激素、抗生素、酶类及抗体等,提高产量,降低成本,使许多有价值的多肽类物质得到广泛应用。由于发现了根癌农杆菌,发明了植物基因的轰击转化法,用转基因模式大规模改良农作物的抗病、抗逆、抗虫性,提高产量、改善品质或用传统农作物产生特种资源已经成为世界农业发展的潮流。

其次,重组 DNA 技术可用于定向改造某些生物的基因组结构,使它们所具备的特殊经济价值或功能得以成百上千倍地提高。如有一种含有分解各种石油成分的重组 DNA 的超级细菌,能快速分解石油,可用来恢复被石油污染的海域或土壤。美国科学家应用该技术构建了"工程沙门氏菌",在研制避孕疫苗方面取得了重要进展。他们先去掉沙门氏菌致病基因部分,再引入来自精子的某些遗传信息,将改造后的细菌送入雌鼠体内,发现能产生排斥精细胞的抗体,使精子不能与卵子结合,从而达到避孕目的。美国陆军研究发展和工程中心还从织网蜘蛛中分离出合成蜘蛛丝的基因,并利用该基因在实验室里生产蜘蛛丝。他们将这一基因转移到细菌内,生产出一种可溶性丝蛋白,经浓缩后纺成一种强度超过钢的特殊纤维。研究人员希望对该基因进行修饰,以生产出高性能纤维,从而用于生产防弹背心、帽子、降落伞绳索和其他高强度的轻型装备。

第三,重组 DNA 技术还被用来进行基础研究。如果说,分子生物学研究的核心是遗传信息的传递和控制,那么根据中心法则,我们要研究的就是从 DNA 到 RNA,再到蛋白质的全过程,也即基因的表达与调控。在这里,无论是对启动子的研究(包括调控元件或称顺式作用元件),还是对转录因子的克隆与分析,都离不开重组 DNA 技术的应用。

1.3.2　基因表达调控研究

因为蛋白质分子参与并控制了细胞的一切代谢活动,而决定蛋白质结构和合成时序的信息都由核酸(主要是脱氧核糖核酸)分子编码,表现为特定的核苷酸序列,所以基因表达实质上就是遗传信息的转录和翻译。在个体生长发育过程中生物遗传信息的表达按一定的时序发生变化(时序调节),并随着内外环境的变化而不断加以修正(环境调控)。基因表达的调控主要发生在转录水平或翻译水平上。原核生物的基因组和染色体结构都比真核生物简单,转录和翻译在同一时间和空间内发生,基因表达的调控主要发生在转录水平。真核生物有细胞核结构,转录和翻译过程在时间和空间上都被分隔开,且在转录和翻译后都有复杂的信息加工过程,其基因表达的调控可以发生在各种不同的水平上。基因表达调控主要表现在信号转导研究、转录因子研究及 RNA 剪辑 3 个方面。信号转导是指外部信号通过细胞膜上的受体蛋白传到细胞内部,并激发诸如离子通透性、细胞形状或其他细胞功能方面的应答过程。当信号分子(配体)与相应的受体作用后,可以引发受体分子的构型变化,使之形成专一性的离子通道,也可以激活受体分子的蛋白激酶或磷酸酯酶活性,还可以通过受体分子指导合成 cGMP、cAMP、三磷酸肌醇等第二信使分子。研究认为,信号转导之所以能引起细胞功能的改变,主要是由于信号最后活化了某些蛋白质分子,使之发生构型变化,从而直接作用于靶位点,打开或关闭某些基因。

转录因子是一群能与基因 5′ 端上游特定序列专一结合,从而保证目的基因以特定的强度在特定的时间与空间表达的蛋白质分子。在对植物的某些性状进行遗传分析时发现,某些基因的突变会影响其他基因的表达。例如,有 20 多个基因参与玉米花青素的生物合成,但其中的 *Cl*、*r*、*pl* 或 *b* 基因发生突变后,该代谢途径中的结构酶基因全部被关闭。如果 *Antp*、*Flz* 或 *Ubx* 等基因发生突变,果蝇的体节发育就会受影响,身体中的一部分就可能变成相似于另一部分的结构,因此,它们是控制果蝇胚胎早期体节分化与发育的主要调节基因,它们所编码的蛋白质是调节与发育有关的结构基因表达的总开关。

真核基因在结构上的不连续性是近 10 年来生物学上的重大发现之一。当基因转录成 pre-mRNA 后,除了在 5′ 端加帽及 3′ 端加多聚 A [poly(A)]之外,还要切去隔开各个相邻编码区的内含子,使外显子(编码区)相连后成为成熟 mRNA。研究发现,许多基因中的内含子并不是一次全部切去,而是在不同的细胞或不同的发育阶段选择性剪切其中部分内含子,生成不同的 mRNA 及蛋白质分子。如降钙素基因、肌原蛋白基因和参与果蝇体细胞分化的 *dsx* 基因等,都采用选择性剪切方式从而生成不同功能的蛋白质。由于 RNA 的选择性剪切不牵涉到遗传信息的永久性改变,所以是真核基因表达调控中一种比较灵活的方式。

1.3.3 生物大分子的结构功能研究(结构分子生物学)

一个生物大分子,无论是核酸、蛋白质或多糖,在发挥生物学功能时,必须具备两个前提。首先,它拥有特定的空间结构(三维结构);其次,在它发挥生物学功能的过程中必定存在着结构和构象的变化。结构分子生物学就是研究生物大分子特定的空间结构及结构的运动变化与其生物学功能关系的科学。它包括结构的测定、结构运动变化规律的探索及结构与功能相互关系的建立 3 个主要研究方向。传统上最常见的研究三维结构及其运动规律的手段是 X 射线衍射的晶体学(又称蛋白质晶体学),或是用二维或多维核磁共振研究液相结构。现在,更多的科学家在采用冷冻电子显微镜技术研究生物大分子的空间结构。

1.3.4 基因组、功能基因组与生物信息学研究

人类基因组全序列的发表为确定基因对人类生长发育和疾病的预防治疗提供了一个

前所未有的大舞台。最新的数据表明,已有 5 843 个物种的基因组全序列被测定,包括脊椎动物 122 个,植物 44 个,细菌 4 857 个,真菌 501 个,原生生物 119 个,后生动物 68 个(http://www.ensembl.org),极大地丰富了人类的知识宝库,加快了人类认识自然和改造自然的步伐。虽然完成某一生物的基因组计划就意味着该物种所有遗传密码已经为人类所掌握,但测定基因组序列只是了解基因的第一步,因为基因组计划不可能直接阐明基因的功能,更不能预测该基因所编码蛋白质的功能与活性,所以,并不能指导人们充分准确地利用这些基因的产物。于是,科学家又在基因组计划的基础上提出了"蛋白质组计划"(又称"后基因组计划"或"功能基因组计划"),旨在快速、高效、大规模鉴定基因的产物和功能。

巨大的基因组信息给科学家带来了前所未遇的挑战。以人细胞中所带有的 29 亿多个碱基对为例,一个人即使每秒读 10 个碱基,每天工作 24 小时,一年干 365 天,也得花 10 年时间才能把这些数据看一遍,更不用说数据分析了。依靠计算机快速高效运算并进行统计分类和结构功能预测的生物信息学就是在这样的背景下诞生的。没有生物信息学的知识,不借助于最先进的计算科学,人类就不可能最大程度地开发和运用基因组学所产生的庞大数据。

1.4 展望

20 世纪中期以来,生物学正在各个学科之间广泛渗透,相互促进,不断深入和发展,既从宏观和微观、最基本和最复杂等不同方向展开研究,也从分子水平、细胞水平、个体和群体等不同层次深入探索各种生物学现象,逐步揭开生命的奥秘。生物学革命也为数学、物理学、化学、信息、材料与工程科学提出了许多新概念、新问题和新思路,促使这些学科在理论和方法上得到发展提高。

生命世界的多样性和生命本质的一致性这个辩证的统一,已经为越来越多的人所接受。尽管生命过程在不同生物中的表现形式可以是完全不同的,但生命活动的本质是高度一致的,如核酸与蛋白质一级结构的对应关系,在整个生命世界都是一致的。除极少数生物体外,脱氧核糖核酸是地球上亿万生灵所共有的遗传密码。如果没有这个统一性,人们就不可能把某一个基因从 A 生物转移到 B 生物体内,得到表达并发挥相同的功能。从表面上看,动物和植物是两个完全不同的群体,它们以两种完全不同的方式摄取能量。动物靠的是氧化磷酸化,在食物的氧化过程中合成"生命通货"——三磷酸腺苷(ATP),而植物则通过光合作用,将光能转变成 ATP,以供生命活动之需。其实,动、植物细胞代谢活动的实质都是电子在一系列受体蛋白质之间传递,造成膜内外质子梯度差,以合成 ATP。生命活动的这种高度一致性,使分子生物学研究日益渗透到生物学的各个领域,产生了全面的影响。

分子生物学、细胞生物学和神经生物学被认为是当代生物学研究的三大主题,分子生物学的全面渗透推动了细胞生物学和神经生物学的发展。分子生物学研究技术的发展,几乎完全改变了科学家对膜内外信号转导、离子通道的分子结构、功能特性及运转方式的认识。

遗传学是分子生物学发展以来受影响最大的学科。孟德尔著名的皱皮豌豆和圆形豌豆子代分离实验以及由此得到的遗传规律，纷纷在近 20 年内得到分子水平上的解释。越来越多的遗传学原理正在被分子水平的实验所证实或摒弃，许多遗传病已经得到控制或矫正，许多经典遗传学无法解决的问题和无法破译的奥秘，也相继被攻克，分子遗传学已成为人类了解、阐明和改造自然界的重要武器之一。

分类和进化研究是生物学中最古老的领域，它们同样由于分子生物学的渗透而获得了新生。过去研究分类和进化，主要依靠生物体的形态，并辅以生理特征，来探讨生物间亲缘关系的远近。现在，反映不同生命活动中更为本质的核酸、蛋白质序列间的比较，已被大量用于分类和进化的研究。由于核酸技术的进步，科学家已经可能从已灭绝生物的化石里提取极为微量的 DNA 分子，并进行深入的研究，以此确证这些生物在进化树上的地位。

分子生物学还对发育生物学研究产生了巨大的影响。人们早就知道，个体生长发育所需的全部信息都是储存在 DNA 序列中的，如果受精卵中的遗传信息不能按照一定的时空顺序表达，个体发育规律就会被打乱，高度有序的生物世界就不复存在。大量分子水平的实验证明，非编码 RNA（包括 miRNA 和 siRNA）在动植物个体发育过程中发挥了举足轻重的作用。

生命活动的一致性决定了 21 世纪的生物学是真正的系统生物学（systems biology），是生物学范围内所有学科在分子水平上的统一。以基因组学、转录组学、蛋白质组学以及代谢组学等不同层次"组学"的最新成果为基础的系统生物学是研究生物系统中所有组成成分（基因、mRNA、蛋白质等）的变化规律，以及在特定遗传或环境条件下相互关系的学科。由于分子生物学、生物化学及生物物理学的影响，大量物理、化学工作者进入生物学领域，使分子生物学成为自然科学领域中进展最迅速，最具活力和生机的科学，是新世纪的带头学科。愿有志于生命科学研究的莘莘学子及广大青年朋友们，早日掌握分子生物学的原理和核心内容，为人类文明和社会进步做出新贡献！

思考题

1. 简述孟德尔、摩尔根和沃森等人对分子生物学发展的主要贡献。
2. 写出 DNA、RNA、mRNA 和 siRNA 的英文全名。
3. 试述"有其父必有其子"的生物学本质。
4. 早期主要有哪些实验证实 DNA 是遗传物质？写出这些实验的主要步骤。
5. 定义重组 DNA 技术和基因工程技术。
6. 说出分子生物学的主要研究内容。
7. 通过对本章的学习，哪些科学家的哪些事迹使你感动？

参考文献

1. Avery T O, MacLeod C M, McCarthy M. Studies of the chemical nature of the substance inducing transformation of pneumococcal types. J Exp Med, 1944, 79: 137−158.

2. Crick F H, Barnett L, Brenner S, et al. General nature of the genetic code for proteins. Nature, 1961, 192: 1227−1232.

3. Hershey A D, Chase M. Independent functions of viral protein and nucleic acid in growth of bacteriophages. J Gen Physiol, 1952, 36: 39−56.

4. Meselson M, Stahl F W. The replication of DNA in *Escherichia coli*. Proc Nat Acad Sci USA, 1958, 44: 671−682.

5. Watson J D, Crick F H. A structure for deoxyribose nucleic acid. Nature, 1953, 171: 737−738.

6. Watson J D, Crick F H. Genetic implications of the structure of deoxyribonucleic acid. Nature, 1953, 171: 964−967.

7. Wilkins M F H, Stokes A R, Wilson H R. Molecular structure of deoxypentose nucleic acids. Nature, 1953, 171: 738−740.

数字课程学习

🅔 教学课件　　　📄 在线自测　　　🖥 思考题解析

第 2 章

染色体与 DNA

很久以前,人们就知道所有生命体具有代代相传的本领。然而,生物遗传的物质基础是什么? 或者说,什么因素决定了生物遗传呢? 现代遗传学,尤其是分子生物学的研究证实,脱氧核糖核酸,简称 DNA,控制了生物的性状遗传(也有以核糖核酸——RNA 作为遗传物质的,如部分病毒和类病毒)。无论 DNA 或 RNA,都是以核苷酸(nucleotide)为基本结构单位,由许许多多个单核苷酸通过 3′,5′- 磷酸二酯键连接形成链状的生物大分子。每个核苷酸又由磷酸、核糖和碱基 3 部分组成^(图 2-1)。核苷酸可进一步分解成核苷(nucleoside)和磷酸,核苷再进一步分解成核糖和碱基(base)。核酸中的核糖有两类:D-2′-脱氧核糖(D-2′-deoxyribose)和 D- 核糖(D-ribose)。核酸就是根据所含核糖种类不同而分为脱氧核糖核酸(DNA)和核糖核酸(RNA)。组成 DNA 分子的碱基只有 4 种,即腺嘌呤(A)、鸟嘌呤(G)、胸腺嘧啶(T)和胞嘧啶(C)。RNA 中的碱基有 4 种,其中 3 种与 DNA 中的相同,只是用尿嘧啶(U)代替了胸腺嘧啶(T)。图 2-2 是存在于 DNA 和 RNA 分子中的

图 2-1 核苷酸的组成与结构

核苷的 5′ 位和 3′ 位都可能与磷酸基团相连。

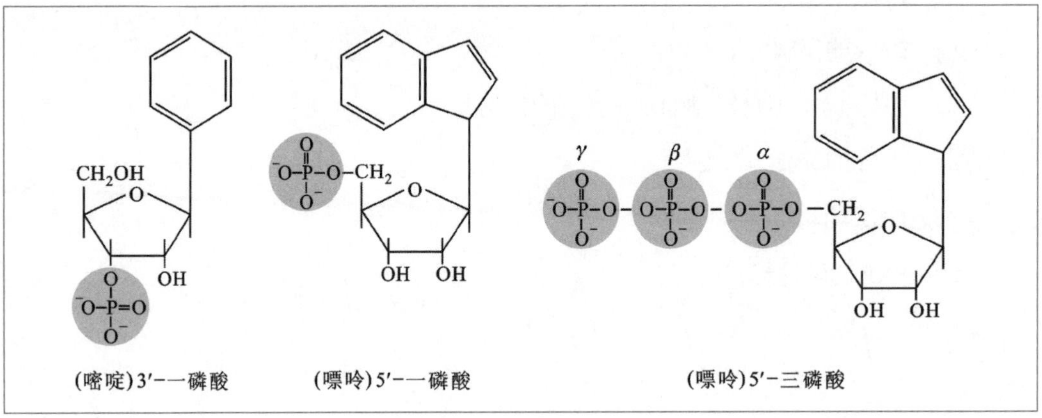

(嘧啶)3′—一磷酸   (嘌呤)5′—一磷酸   (嘌呤)5′-三磷酸

图 2-2 组成 DNA 和 RNA 分子的 5 种含氮碱基的结构式

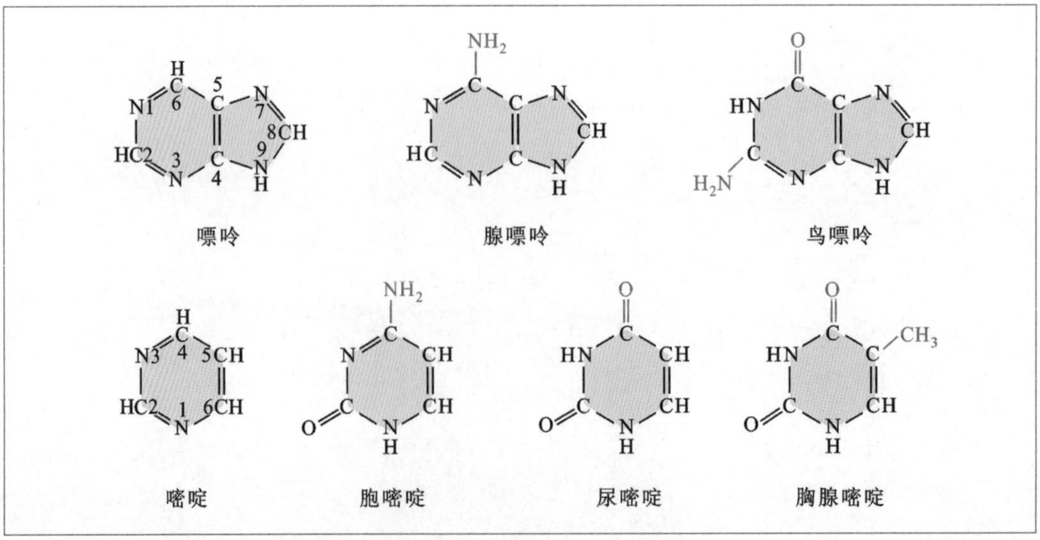

嘌呤   腺嘌呤   鸟嘌呤

嘧啶   胞嘧啶   尿嘧啶   胸腺嘧啶

5 种含氮碱基的结构式。

2.1 染色体

2.1.1 染色体概述

由于亲代能够将自己的遗传物质 DNA 以染色体(chromosome)的形式传给子代,保持了物种的稳定性和连续性,因此,人们普遍认为染色体在遗传上起着主要作用。染色体包括 DNA 和蛋白质两大部分。DNA 只有包装成为染色体才能保证其稳定性,并使其编码的遗传信息稳定地传递给子代。同一物种内每条染色体所带 DNA 的量是一定的,但不同染色体或不同物种之间变化很大,从上百万到几亿个核苷酸不等。人 X 染色体就带有 1.28 亿个核苷酸对,而 Y 染色体只带有 0.19 亿个核苷酸对(表 2-1)。此外,组成染色体的蛋白质(组蛋白和非组蛋白)种类和含量也是十分稳定的。由于细胞内的 DNA 主要在染色体上,所以说遗传物质的主要载体是染色体。

表 2-1 人类基因组各条染色体中碱基对数量和推导的功能基因数量对照 *

染色体编号	长度 /Mbp	估计的基因数
1	220	3 453
2	240	2 954
3	200	2 427
4	186	1 861
5	182	2 136
6	172	2 257
7	146	1 831
8	146	1 560
9	113	1 537
10	130	1 653
11	132	2 185
12	134	1 861
13	99	1 032
14	87	1 283
15	80	1 198
16	75	1 421
17	78	1 545
18	79	826
19	58	1 675
20	61	986
21	33	449
22	36	835
X	128	1 465
Y	19	210
总长	2 907	39 114

* 根据 Science(2001)291:1304-1351。

图 2-3 大肠杆菌细胞中基因组 DNA 的电子显微镜照片

箭头所示处为球状质粒 DNA，各种白斑或黑斑为样品制备中产生的假象。

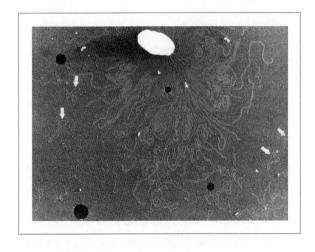

19 世纪中叶，细胞生物学家首先在光学显微镜下看到了细胞这个生命的基本单位，他们记录了真核细胞分裂的全过程，发现了细胞质与细胞核之间的界限，还在细胞分裂时观察到存在于细胞核中的棒状可染色结构并将其命名为染色体。因为当细胞分裂时，每条染色体都复制生成一条与母链完全一样的子链，形成同源染色体对。一般说来，染色体只有在细胞有丝分裂过程中，才可在光学显微镜下观察到。而在细胞生活周期中占较长时间的分裂间期，染色体以较细且松散的染色质形式存在于细胞核中。非分裂期的细胞核经低渗处理、溶胀破裂后释放出染色质，在电子显微镜下呈纤维串珠状的长丝，包括有 DNA 双螺旋的长臂及部分蛋白质。

真核与原核细胞染色体除了外观结构不同之外，它们在细胞内的存在方式也不同。细菌染色体外裹着稀疏的蛋白质，这些蛋白质有些与 DNA 的折叠有关，另一些则参与 DNA 复制、重组及转录过程。真核细胞的染色体中，DNA 与蛋白质完全融合在一起，其蛋白质与相应 DNA 的质量比约为 2∶1。这些蛋白质，包括组蛋白和非组蛋白，在染色体的结构中起着重要作用。这样，DNA、组蛋白和非组蛋白及部分 RNA（主要是尚未完成转录而仍与模板 DNA 相连接的那些 RNA，其含量不到 DNA 的 10%）组成了染色体。

因为原核生物没有真正的细胞核，DNA 一般位于一个类似"核"的结构——称为类核体上。细菌 DNA 是一条相对分子质量在 10^9 左右的共价、闭合双链分子，通常也称为染色体(图 2-3)。虽然快速生长期内的大肠杆菌可以有几条染色体，但一般情况下只含有一条染色体。因此，大肠杆菌和其他原核细胞都是单倍的。

原核生物 DNA 的主要特征是：原核生物中一般只有一条染色体且大都带有单拷贝基因，只有很少数基因（如 rRNA 基因）以多拷贝形式存在；整个染色体 DNA 几乎全部由功能基因与调控序列所组成；几乎每个基因序列都与它所编码的蛋白质序列呈线性对应状态。

2.1.2 真核细胞染色体的组成

真核细胞都有明显的核结构，除了性细胞以外，真核细胞的染色体都是二倍体，而性细胞即生殖细胞的染色体数目是体细胞的一半，故称为单倍体。在二倍体阶段，每个基因都有两个拷贝，其中的一个拷贝会通过配子(gamete)，即性细胞（精子或卵子）从亲本传到子代。精、卵细胞结合形成合子(zygote)，也称受精卵，它包含了从父、母本来的各一个拷贝的所有基因，从而创造了一个新生的二倍体。在这个新的个体内，基因的一个拷贝来自父本，另一个拷贝来自母本。

作为遗传物质,染色体具有如下特征:①分子结构相对稳定;②能够自我复制,使亲、子代之间保持连续性;③能够指导蛋白质的合成,从而控制整个生命过程;④能够产生可遗传的变异。

由于真核细胞 DNA 相对分子质量一般大大超过原核生物,其染色体也常常为大量蛋白质及核膜所包围,DNA 的转录和翻译是在不同的空间和时间上进行的,所以其基因表达的调控不仅与 DNA 的序列有关,而且也与染色体的结构有关。下面我们来详细介绍一下真核细胞染色体的组成。

1. 蛋白质

染色体上的蛋白质主要包括组蛋白和非组蛋白。组蛋白是染色体的结构蛋白,它与 DNA 组成核小体。通常可以用 2 mol/L NaCl 或 0.25 mol/L 的 HCl/H_2SO_4 处理染色质使组蛋白与 DNA 分开,然后再用离子交换柱层析分离。根据其凝胶电泳性质可以把组蛋白分为 H_1、H_2A、H_2B、H_3 及 H_4。这些组蛋白都含有大量的赖氨酸和精氨酸,其中 H_3、H_4 富含精氨酸,H_1 富含赖氨酸;H_2A、H_2B 介于两者之间。它们的理化特性见表 2-2。

表 2-2 真核细胞染色体上的组蛋白成分分析

种类	相对分子质量	氨基酸数目	分离难易度	保守性	染色质中比例	染色质中位置
H_1	21 000	223	易	不保守	0.5	接头
H_2A	14 500	129	较难	较保守	1	核心
H_2B	13 800	125	较难	较保守	1	核心
H_3	15 300	135	最难	最保守	1	核心
H_4	11 300	102	最难	最保守	1	核心

组蛋白具有如下特性:

① 进化上的极端保守性。不同种生物组蛋白的氨基酸组成是十分相似的,特别是 H_3、H_4。牛、猪、大鼠的 H_4 氨基酸序列完全相同。牛的 H_4 序列与豌豆序列相比只有两个氨基酸的差异(豌豆 H_4 中的异亮氨酸^{60}→缬氨酸^{60},精氨酸^{77}→赖氨酸^{77})。H_3 的保守性也很强,鲤鱼与小牛胸腺的 H_3 只差一个氨基酸,小牛胸腺与豆苗 H_3 只差 4 个氨基酸。H_2A、H_2B 的变化相对大些,H_1 的变化则更大。H_3 及 H_4 在氨基酸组成上的极端保守性表明,它们可能对稳定真核生物的染色体结构起重要作用。

② 无组织特异性。到目前为止,仅发现鸟类、鱼类及两栖类红细胞染色体不含 H_1 而带有 H_5,精细胞染色体的组蛋白是鱼精蛋白这两个例外。

③ 肽链上氨基酸分布的不对称性。碱性氨基酸集中分布在 N 端的半条链上。例如,H_4 N 端的半条链上净电荷为 +16,C 端只有 +3,大部分疏水基团都分布在 C 端。这种不对称的分布可能与它们的功能和相互作用有关。碱性的半条链易与 DNA 的负电荷区结合,而另外半条链与其他组蛋白、非组蛋白结合。表 2-3 比较了不同组蛋白中赖氨酸和精氨酸含量。

表 2-3 不同组蛋白分子中所含的碱性氨基酸比较(占氨基酸总数的%)

碱性氨基酸	H₁	H₂A	H₂B	H₃	H₄
赖氨酸	29.5	10.9	16.0	9.6	10.8
精氨酸	1.3	9.3	6.4	13.3	13.7

④ 组蛋白的修饰作用。由于组蛋白富含精氨酸和赖氨酸,可以发生包括甲基化、乙酰化、磷酸化、泛素化、ADP 核糖基化、丙酰化、丁酰化、琥珀酰化和巴豆酰化等多种翻译后修饰。这些修饰共同组成组蛋白密码,在不同的条件下更为灵活地影响染色质的结构与功能。在几种组蛋白中以 H₃ 和 H₄ 的修饰作用比较普遍[图 2-4],并且以甲基化、乙酰化修饰为主,H₂A、H₂B 能发生泛素化和乙酰化修饰,H₁ 有泛素化和磷酸化修饰。修饰作用只发生在细胞周期的特定时间和组蛋白的特定位点上。

组蛋白甲基化是由组蛋白甲基转移酶和去甲基化酶催化的可逆修饰。甲基化可发生在组蛋白的赖氨酸和精氨酸残基上,而且赖氨酸残基能够发生单、双、三甲基化,而精氨酸残基能够被单、双甲基化。组蛋白 H₃ 的第 4、9、27 和 36 位,H₄ 的第 20 位赖氨酸,H₃ 的第 2、17、26 位及 H₄ 的第 3 位精氨酸都是甲基化的常见位点。组蛋白 H3K4 的甲基化主要聚集在活跃转录的启动子区域。组蛋白 H3K9 和 H3K27 的甲基化则与基因的转录抑制或异染色质化有关,H3K36 和 H3K79 的甲基化参与基因转录激活。这些不同程度的甲基化极大地增加了组蛋白修饰和调节基因表达的复杂性,组蛋白甲基化的异常导致肿瘤等多种人类疾病的发生。与其他修饰相比,组蛋白的甲基化修饰方式是比较稳定的,适合作为表观遗传信息。

组蛋白乙酰化主要发生在核心组蛋白上,在含有活性基因的 DNA 结构域中,乙酰化程度更高,H₃ 和 H₄ 乙酰化程度大于 H₂A 和 H₂B。乙酰化的主要位点分布在 H₃ 和 H₄ 的 N 端比较保守的赖氨酸位置上。乙酰化修饰由组蛋白乙酰基转移酶和组蛋白去乙酰化酶协调进行,以保证乙酰化水平的动态平衡。组蛋白乙酰化呈现多样性,核小体上有多个乙酰化位点,但特定基因部位的组蛋白乙酰化和去乙酰化是以一种非随机的、位置特异的方

图 2-4 组蛋白 N 端残基中常见的化学修饰

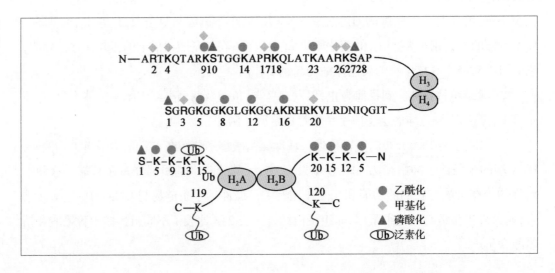

式进行,可能通过对组蛋白电荷以及相互作用蛋白的影响,来调节基因转录水平。乙酰化/去乙酰化修饰影响染色质结构和基因活化,组蛋白的乙酰化有利于 DNA 与组蛋白八聚体的解离,使核小体结构松弛,从而使各种转录因子和协同转录因子能与 DNA 结合位点特异性结合,激活基因的转录;反之,去乙酰化则抑制转录。组蛋白的乙酰化、去乙酰化修饰还参与 DNA 修复、拼接、复制、染色体的组装,以及细胞的信号转导,与肿瘤等疾病的发生发展密切相关。有关组蛋白的甲基化和乙酰化在基因表达中的调控作用将在第八章详细介绍。

组蛋白的泛素化修饰位点为高度保守的赖氨酸残基,组蛋白 H_1、H_2A、H_2B 和 H_3 都能发生泛素化修饰。与经典的蛋白质泛素调节途径不同,组蛋白的泛素化修饰不会导致蛋白质的降解,却能招募核小体形成染色体,并参与 X 染色体的失活,影响组蛋白的甲基化和基因的转录,也在 DNA 损伤应答等生理过程中发挥重要调控作用。

组蛋白 H_1、H_2A、H_2B 及 H_3 能够和多聚 ADP– 核糖的共价结合发生 ADP 核糖基化修饰,被认为是在真核细胞内启动复制过程的开关。

组蛋白的修饰可以通过影响组蛋白与 DNA 双链的亲和性,改变染色质的疏松或凝集状态,或通过影响转录因子与结构基因启动子的亲和性来发挥基因调控作用。

⑤ 富含赖氨酸的组蛋白 H_5。在成熟的鱼类和鸟类的红细胞中,H_1 被特殊的组蛋白 H_5 所取代。从该组蛋白的氨基酸成分来看,除了富含赖氨酸(24%)以外,还富含丙氨酸(16%)、丝氨酸(13%)及精氨酸(11%)。它与 H_1 并无明显的亲缘关系。有核的红细胞完全失去复制和转录的能力,其核很小,染色质高度浓缩,所以人们认为红细胞染色质的失活与 H_5 的积累有关。但是,在成红细胞中也有相当数量的 H_5。有证据表明,H_5 的磷酸化很可能在染色质失活过程中起重要作用。

染色体上除了存在大约与 DNA 等量的组蛋白以外,还存在大量的非组蛋白。非组蛋白占组蛋白总量的 60% ~ 70%,它的种类很多,有 20 ~ 100 种。非组蛋白包括酶类,如 RNA 聚合酶及与细胞分裂有关的收缩蛋白、骨架蛋白、核孔复合物蛋白以及肌动蛋白、肌球蛋白、微管蛋白、原肌蛋白等,它们也可能是染色质的结构成分。

HMG 蛋白(high mobility group protein)。这是一类能用低盐(0.35 mol/L NaCl)溶液抽提、能溶于 2% 三氯乙酸、相对分子质量都在 3.0×10^4 以下的非组蛋白。因其相对分子质量小、在凝胶电泳中迁移速度快而得名。HMG 蛋白富含赖氨酸、精氨酸、谷氨酸和天冬氨酸,是真核细胞内除组蛋白外含量最为丰富的一组染色质蛋白质。这类蛋白质的特点是能与 DNA 结合,也能与 H_1 作用,但都很容易用低盐溶液抽提,说明它们与 DNA 的结合并不牢固。现在一般认为这类蛋白质可能与 DNA 的超螺旋结构有关,是真核细胞基因表达调控的动力体现者,在染色质的结构与功能及基因表达调控过程中均发挥着重要作用。

DNA 结合蛋白。用 2 mol/L NaCl 除去全部组蛋白和 70% 的非组蛋白后,还有一部分非组蛋白紧紧地与 DNA 结合在一起,只有用 2 mol/L NaCl 和 5 mol/L 尿素才能把这些蛋白质解离。它们是一些相对分子质量较低的蛋白质,约占非组蛋白的 20%,染色质的 8%。它们可能是一些与 DNA 的复制或转录有关的酶或调节物质。

A24 非组蛋白。有科学家用 0.2 mol/L 的硫酸从小鼠肝中分离到一种称为 A24 的非组蛋白。这种蛋白质的溶解性质与组蛋白相似。氨基酸序列测定发现 A24 的 C 端与 H_2A 相同,但它有两个 N 端,一个 N 端的序列与 H_2A 相同,另一个 N 端与泛素相同,是在 H_2A 的 119 位赖氨酸的 ε-NH_2 上附加上去的多肽。它与 H_2A 差不多大小,呈酸性,含有较多的谷氨酸和天冬氨酸。A24 的总量大约是 H_2A 的 1%,位于核小体内,可能具有 rDNA 抑制子的作用,但具体功能有待于深入研究。

2. 真核生物基因组 DNA

真核细胞基因组的最大特点是它含有大量的重复序列,而且功能 DNA 序列大多被不编码蛋白质的非功能 DNA 所隔开。生物体内所有的染色体组成基因组,每 Mb 基因组 DNA 上所含有的平均基因数目称为基因密度(gene density)。我们把一种生物单倍染色体中 DNA 的总长度称为基因组的大小(genome size)。基因组的大小与生物体的复杂性相关(图 2-5)。在真核生物中,基因组的大小一般是随生物进化而增加的,高等生物基因组的大小一般大于低等生物,这很容易被高等生物需要更多的基因来控制性状所解释。然而,许多复杂性相近的物种却有着显著不同的基因组大小。例如,蝗虫的基因组大小是果蝇基因组的 25 倍,水稻的基因组是小麦基因组的 1/40,这表明基因的数目可能与生物的复杂度关系更加密切。研究发现,基因密度是复杂度相近但基因组大小迥异的物种之间的主要区别。一般来说,基因密度越高,生物的复杂性越低(表 2-4)。与原核生物相比,真核生物不但基因密度低,而且各种变异相对较多。真核生物中,基因密度随着生物复杂性的增加而降低,这主要是由于在真核细胞中基因长度,特别是大量基因间隔区序列(intergenic sequence)造成的。

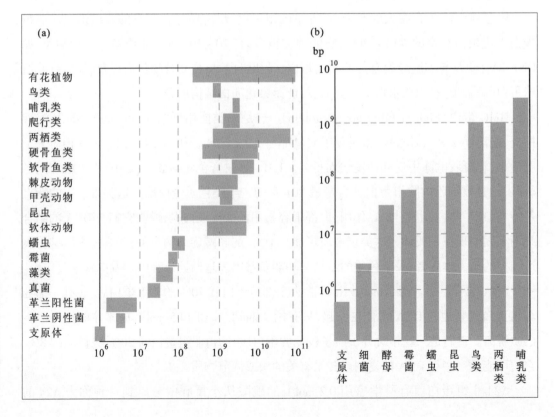

图 2-5 各种生物细胞内基因组大小的比较

(a) 同类生物不同种属之间 DNA 总量变化很大;(b) 从编码每类生物所需要 DNA 量的最低值看,生物基因组的大小具有从低等生物到高等生物逐渐增加的趋势。

表 2-4　不同生物基因组中基因密度的比较

物种	基因密度 /(基因数 /Mb)	基因组大小 /Mb	大致基因数目
原核生物			
肺炎链球菌	1 060	2.2	2 300
大肠杆菌 K-12	950	4.6	4 400
真核生物			
真菌			
酿酒酵母	480	12	5 800
原生生物			
四膜虫	> 90	220	> 20 000
无脊椎动物			
美丽线虫	200	97	19 000
果蝇	80	180	13 700
东亚飞蝗	?	5 000	?
脊椎动物			
人类	8.5	2 900	27 000
小鼠	12	2 500	29 000
植物			
拟南芥	125	125	25 500
水稻	> 100	430	> 45 000
玉米	> 20	2 200	> 45 000

对于复杂度高的生物,调控转录的序列长度显著增长,分散在真核生物中编码蛋白质的基因区段中的非蛋白质编码区段(内含子)的数目也大量增加[图 2-6]。例如,人基因组中功能未知的基因间隔区序列超过 60%。间隔区 DNA 根据其重复性分为唯一性(大约1/4 的基因间隔区序列)和重复性两大类,人类基因组中几乎一半以上由重复多次的 DNA

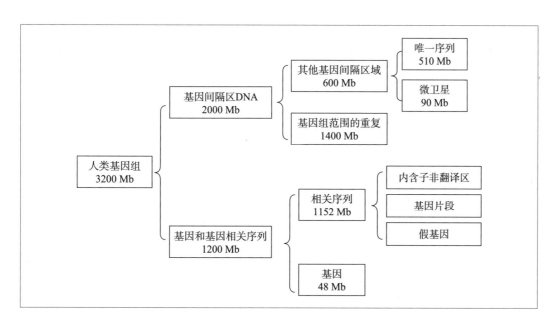

图 2-6　人类基因组由多种类型的 DNA 序列组成,绝大多数 DNA 序列不编码蛋白质

序列组成。

真核细胞的 DNA 序列大致上可被分为 3 类:

① 不重复序列　在单倍体基因组里,这些序列一般只有一个或几个拷贝,它占 DNA 总量的 40% ~ 80%,如牛细胞中占 55%,小鼠中占 70%,果蝇中占 79%。不重复序列长 750 ~ 2 000 bp,相当于一个结构基因的长度。实际上结构基因基本上属于不重复序列,如蛋清蛋白、蚕丝心蛋白、血红蛋白和珠蛋白等都是单拷贝基因。

② 中度重复序列　这类序列的重复次数在 10^1 ~ 10^4 之间,占总 DNA 的 10% ~ 40%,在小鼠中占 20%,果蝇中占 15%,各种 rRNA、tRNA 以及某些结构基因如组蛋白基因等都属于这一类。非洲爪蟾的 18S、5.8S 及 28S rRNA 基因是连在一起的,它们中间隔着不转录的间隔区,这些 rRNA 基因及间隔区组成的单位在 DNA 链上串联重复约 5 000 次。在许多动物的卵细胞形成过程中这些基因可进行几千次不同比例的复制,产生 2×10^6 个拷贝,使 rDNA 占卵细胞 DNA 的 75%,从而使该细胞能积累 10^{12} 个核糖体,以合成大量蛋白质供细胞分裂之需。中度重复序列往往分散在不重复序列之间。

③ 高度重复序列——卫星 DNA　这类 DNA 只在真核生物中发现,占基因组的 10% ~ 60%,由 6 ~ 100 个碱基组成,在 DNA 链上串联重复成千上万次。实验中常用 CsCl 密度梯度离心将卫星 DNA 与其他 DNA 分开,形成两个以上的峰,即含量较大的主峰和高度重复序列小峰,后者又称卫星区带(峰)。原位杂交法证明,许多卫星 DNA 均位于染色体的着丝粒部分,也有一些在染色体臂上。这类 DNA 是高度浓缩的,是异染色质的组成部分。卫星 DNA 是不转录的,其功能不明,可能与染色体的稳定性有关。

3. 染色质和核小体

由 DNA 和组蛋白组成的染色质纤维细丝是许多核小体连成的念珠状结构[图 2-7(a)],大量实验证实了这一结构模型。首先,人们发现染色质 DNA 的 T_m 值比自由 DNA 高,说明在染色质中 DNA 极可能与蛋白质分子相互作用;其次,在染色质状态下,由 DNA 聚合酶和 RNA 聚合酶催化的 DNA 复制和转录活性大大低于在自由 DNA 中的反应;DNA 酶 I(DNase I)对染色质 DNA 的消化远远慢于对纯 DNA 的作用。另外,染色质的电子显微镜图显示出由核小体组成的念珠状结构[图 2-7(b)],可以看到由一条细丝连接着的一连串直径为 10 nm 的球状体。在染色质的 X 射线衍射图中也发现了 10 nm 的重复单位。DNase I 或小球菌核酸酶可以切断游离 DNA 上的任何磷酸二酯键,而除了少数几个位点以外染色质中的 DNA 是被保护不受消化的。用小球菌核酸酶处理染色质以后进行电泳,便可以得到一系列片段,这些被保留的 DNA 片段均为 200 bp 基本单位的倍数,其大小分别为 200 bp(单体)、400 bp(双体)、600 bp(三体)等(图 2-7d)。电镜图显示一个染色质片段中球形颗粒的长度为 200 bp,如具有 600 bp DNA 的染色质片段含有 3 个直径为 10 nm 的颗粒。因此,电镜上看到的颗粒相当于核酸酶切割后得到的核小体(图 2-7)。

现在已经知道,核小体是由 H_2A、H_2B、H_3、H_4 各两个分子生成的八聚体和由大约 200 bp DNA 组成的。$H_3 \cdot H_4$ 四聚体的形成启动核小体的组装,四聚体然后与 DNA 结合,再与两个 $H_2A \cdot H_2B$ 二聚体结合,完成核小体的组装。八聚体在中间,DNA 分子盘绕在

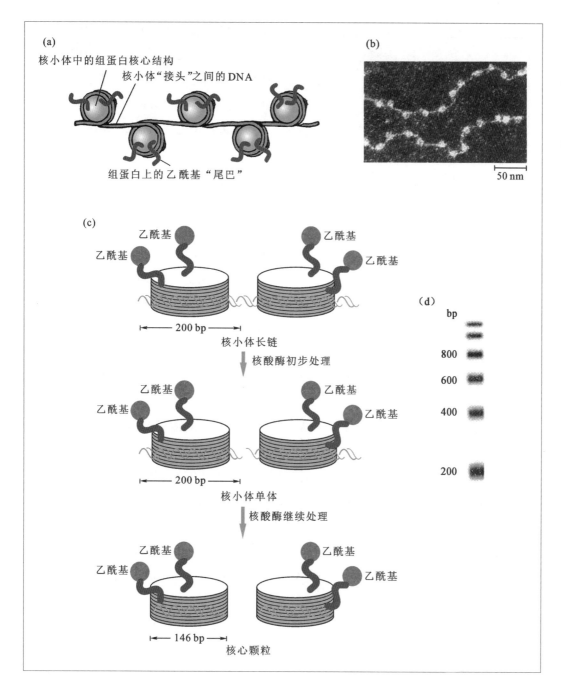

图 2-7 核小体单位的存在及核心颗粒的形成

(a) 核小体结构示意图;(b) 从电镜下看到的染色质结构;(c) 核小体单元的产生;(d) 小球菌核酸酶对核小体 DNA 的消化。

(a)

核小体中的组蛋白核心结构

核小体"接头"之间的 DNA

组蛋白上的乙酰基"尾巴"

(b)

50 nm

(c)

乙酰基　乙酰基

乙酰基　　　　　乙酰基

乙酰基

200 bp

核小体长链

↓ 核酸酶初步处理

乙酰基　乙酰基

乙酰基　　　　　乙酰基

200 bp

核小体单体

↓ 核酸酶继续处理

乙酰基　乙酰基

乙酰基　　　　　乙酰基

146 bp

核心颗粒

(d)

bp

800

600

400

200

外,而 H_1 则在核小体的外面。每个核小体只有一个 H_1。所以,核小体中组蛋白和 DNA 的比例是每 200 bp DNA 有 H_2A、H_2B、H_3、H_4 各两个,H_1 一个。每个核心组蛋白有一个 N 端延伸的"尾巴",上面有许多高度修饰的位点(图 2-8)。用核酸酶水解核小体后产生只含 146 bp 核心颗粒(图 2-7),包括组蛋白八聚体及与其结合的 146 bp 核心 DNA,该序列绕在核心外面形成 1.65 圈,每圈约 80 bp。核小体之间的连接 DNA 的长度是可变的,一般为 20~60 bp。由许多核小体构成了连续的染色质 DNA 细丝。

需要注意的是,在核小体中组蛋白与 DNA 的结合是动态的,其相互作用的稳定性受到核小体重塑复合体的影响,利用 ATP 水解释放的能量,由多个蛋白质组成的核小体重

图 2-8　组蛋白八聚体组成核小体的核心

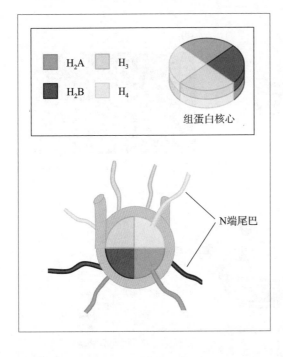

塑复合体促进组蛋白八聚体沿 DNA 滑动，从一个 DNA 分子转移到另一个 DNA 分子，使核小体重塑，增加 DNA 的易接近性。上述组蛋白 N 端尾部的修饰在调控染色质的易接近性中也发挥重要作用。

核小体的形成是染色体中 DNA 压缩的第一个阶段。在核小体中 DNA 盘绕组蛋白八聚体核心，从而使分子收缩成 1/7，200 bp DNA 完全舒展时长约 68 nm，却被压缩在 10 nm 的核小体中。当然 1/7 的压缩比仍远远低于染色体中 DNA 的压缩比。例如，人中期染色体中含 6.2×10^9 碱基对，其理论长度应是 200 cm，这么长的 DNA 被包装在 46 个 5 μm 长的圆柱体(染色体)中，其压缩比约为 10^4。分裂间期染色质比较松散，压缩比是 $10^2 \sim 10^3$。所以说，核小体只是 DNA 压缩的第一步。

那么，DNA 包装成染色体的下一个水平是什么呢? 在电镜下观察染色质，可以看到 10 nm 及 30 nm 两类不同的纤维构造。通过改变离子强度，30 nm 纤维和 10 nm 纤维可以可逆地相互转化。10 nm 纤维是由核小体串联成的染色质细丝，主要在低离子强度及无 H_1 情况下产生。当离子强度较高且有 H_1 存在时，以 30 nm 纤维为主，它是由 10 nm 的染色质细丝盘绕成螺旋管状的粗丝，通称螺线管(solenoid)。螺线管的每一螺旋包含 6 个核小体，其压缩比为 6。这种螺线管是分裂间期染色质和分裂中期染色体的基本组分。组蛋白 H_1 通过与结合在核小体上的 DNA 结合，使染色质进一步压缩，形成 30 nm 螺线管$^{(图 2-9)}$。染色质和染色体可能是一个多层次的螺旋结构，上述螺线管可进一步压缩形成超螺旋。有迹象表明: 中期染色质是一细长、中空的圆筒，直径为 4 000 nm，由 30 nm 螺线管缠绕而成，压缩比是 40。这个超螺旋圆筒进一步压缩 1/5 便成为染色体单体，总压缩比是 $7 \times 6 \times 40 \times 5$，将近一万倍，与 DNA 的压缩比相近$^{(图 2-10)}$。表 2-5 总结了染色体形成过程中长度与宽度的变化。

真核生物基因组的结构特点总结归纳如下:

图 2-9　组蛋白 H_1 使 DNA 更紧密地盘绕在核小体上

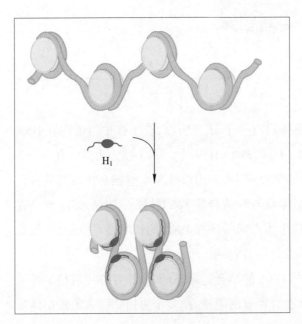

① 真核基因组庞大,一般都远大于原核生物的基因组。

② 真核基因组存在大量的重复序列。

③ 真核基因组的大部分为非编码序列,占整个基因组序列的90%以上,该特点是真核生物与细菌和病毒之间最主要的区别。

④ 真核基因组的转录产物为单顺反子。

⑤ 真核基因是断裂基因,有内含子结构。

⑥ 真核基因组存在大量的顺式作用元件。包括启动子、增强子、沉默子等(详见第 8 章"真核基因表达调控")。

⑦ 真核基因组中存在大量的 DNA 多态性。DNA 多态性是指 DNA 序列中发生变异而导致的个体间核苷酸序列的差异,主要包括单核苷酸多态性(single nucleotide polymorphism,SNP)和串连重复序列多态性(tandem repeat polymorphism)两类。

⑧ 真核基因组具有端粒结构。端粒(telomere)是真核生物线性基因组 DNA 末端的一种特殊结构,它是一段 DNA 序列和蛋白质形成的复合体。其 DNA 序列相当保守,一般有多个短寡核苷酸串连在一起构成。人类的端粒 DNA 长 5 ~ 15 kb。它具有保护线性DNA 的完整复制、保护染色体末端和决定细胞的寿命等功能,有关端粒的研究也是分子生物学的研究热点之一。

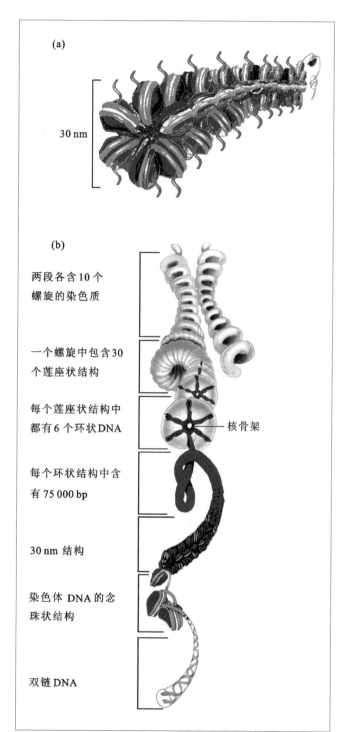

图 2-10 染色体 DNA 结构示意图

(a) 30 nm 染色体结构图;(b) 双螺旋 DNA 经过一系列包装成为染色体的过程图示。

(a)

30 nm

(b)

两段各含10 个螺旋的染色质

一个螺旋中包含30 个莲座状结构

每个莲座状结构中都有 6 个环状DNA — 核骨架

每个环状结构中含有 75 000 bp

30 nm 结构

染色体 DNA 的念珠状结构

双链 DNA

表 2-5　染色体形成过程中长度与宽度的变化

过程	成分	名称	宽度增加	长度压缩
第一级	DNA + 组蛋白	核小体	5 倍	7 倍
第二级	核小体	螺线管	3 倍	6 倍
第三级	螺线管	超螺旋	13 倍	40 倍
第四级	超螺旋	染色体	2.5 ~ 5 倍	5 倍
合计			500 ~ 1 000 倍	8 400 倍 (8 000 ~ 10 000)

2.1.3　原核生物基因组

原核生物的基因组很小,大多只有一条染色体,且 DNA 含量少,如大肠杆菌 DNA 的相对分子质量仅为 2.4×10^9,或 4.6×10^6 bp,其完全伸展总长约为 1.3 mm,含 4 000 多个基因。最小的病毒如双链 DNA 病毒 SV40,其基因组相对分子质量只有 3×10^6,含 5 个基因,而单链 RNA 病毒 Qβ,只含有 4 个基因。此外,细菌的质粒、真核生物的线粒体、高等植物的叶绿体等也含有 DNA 和功能基因,这些 DNA 被称为染色体外遗传因子。从基因组的组织结构来看,原核细胞 DNA 有如下特点。

1. 结构简炼

原核 DNA 分子的绝大部分是用来编码蛋白质的,只有非常小的一部分不转录,这与真核 DNA 的冗余现象不同。在 ΦX174 中不转录部分只占 4% 左右(217/5 386),T4 DNA 中占 5.1%(282/5 577),而且,这些不转录 DNA 序列通常是控制基因表达的序列,如 ΦX174 的 H 和 A 基因之间(3 906 ~ 3 973 位核苷酸)就包括了 RNA 聚合酶结合位点、转录终止信号区及核糖体结合位点等基因表达调控元件。

2. 存在转录单元

原核生物 DNA 序列中功能相关的 RNA 和蛋白质基因,往往丛集在基因组的一个或几个特定部位,形成功能单位或转录单元,它们可被一起转录为含多个 mRNA 的分子,叫多顺反子 mRNA。ΦX174 及 G4 基因组中就含有数个多顺反子。功能相关的基因,如 ΦX174 中的 D-E-J-F-G-H 等都串联在一起转录产生一条 mRNA 链,然后再翻译成各种蛋白质,其中 J、F、G 及 H 编码外壳蛋白,D 蛋白与病毒装配有关,E 蛋白则导致细菌的裂解。这是功能相关基因协同表达的方式之一。在大肠杆菌中,由几个结构基因及其操纵基因、启动基因组成的操纵子也是一种转录功能单位,如组氨酸操纵子转录成一条多顺反子 mRNA,再翻译成组氨酸合成途径中的 9 个酶。

3. 有重叠基因

直到不久前,人们还认为基因是一段 DNA 序列,这段序列负责编码一个蛋白质或一条多肽。但是,已经发现在一些细菌和动物病毒中有重叠基因,即同一段 DNA 能携带两种不同蛋白质的信息。1973 年 Weiner 和 Weber 在研究一种大肠杆菌 RNA 病毒时发现,有两个基因从同一起点开始翻译,一个在 400 bp 处结束,生成较小的蛋白质,而在 3% 的情况下,翻译可一直进行下去直到 800 bp 处碰到双重终止信号时才停止,合成较大相对分子质量的蛋白质。当时他们认为相对分子质量大的蛋白质含量少,对病毒无关紧要,因而不予重视,没有进一步研究。后来,Weissman 证实小分子蛋白质是一种外壳蛋白,需要量大,大分子蛋白质产量虽少,却是组成有感染力的病毒颗粒所必需的。当 Weiner 等想回头研究这一现象时,Sanger 在 *Nature* 杂志(1977 年)上发表了 ΦX174 DNA 的全部核苷酸序列,正式发现了重叠基因。

ΦX174 是一种单链 DNA 病毒,宿主为大肠杆菌,感染宿主后合成另一条链[(−)],变成复制型(replicating form,RF),然后以新合成的(−)链为模板合成子代 DNA 分子[(+)链],并合成 9 个蛋白质,总相对分子质量约 2.5×10^5,相当于 6 078 个核苷酸,而病毒DNA 本身只有 5 375 个核苷酸,顶多能编码总相对分子质量为 2.0×10^5 的多肽,这个矛盾很长时期都无法解决。Sanger 在弄清 ΦX174 DNA 的全部核苷酸序列及各个基因的起讫位置和密码数目以后发现,ΦX174 的 9 个基因有些是重叠的。主要有以下几种情况:

① 一个基因完全在另一个基因里面,如基因 *B* 在基因 *A* 内,基因 *E* 在基因 *D* 内。

② 部分重叠,如基因 *K* 和基因 *C* 的部分重叠。

③ 两个基因只有一个碱基对的重叠,如 *D* 基因终止密码子的最后一个碱基是 *J* 基因起始密码子的第一个碱基。

尽管这些重叠基因的 DNA 序列大致相同,但由于基因重叠部位一个碱基的变化可能影响后续肽链的全部序列,从而编码完全不同的蛋白质。除了 ΦX174 外,SV40 病毒、G4 噬菌体的 DNA 中也存在基因重叠现象。如 SV40 DNA 由 5 224 个碱基对组成,它编码3 个外壳蛋白(VP1、VP2、VP3)及 2 个表面抗原(T 及 t),Fiers 等在测定 SV40 DNA 的全部核苷酸顺序以后发现,VP1、VP2、VP3 的基因之间都有 122 个碱基对的重叠序列,但密码子各不相同。t 抗原基因完全在 T 抗原基因里面,它们有一个共同的起始密码子。基因重叠可能是生物进化过程中自然选择的结果。

2.2　DNA 的结构

现在我们已经知道,DNA 是遗传的物质基础,基因是具有特定生物功能的 DNA 序列,通过基因的表达能够使上一代的性状准确地在下一代表现出来。那么,DNA 为什么能起遗传作用,它又是怎样起作用的呢？这与它的分子结构是密切相关的。

2.2.1　DNA 的一级结构

Watson 和 Crick 于 1953 年提出了著名的 DNA 双螺旋模型,为合理地解释遗传物质的各种功能,解释生物的遗传和变异,解释自然界千变万化的生命现象奠定了理论基础。前面说过,DNA 又称脱氧核糖核酸,是英文 deoxyribonucleic acid 的简称。它是一种高分子化合物,其基本单位是脱氧核苷酸。在所有的 DNA 分子中,磷酸和脱氧核糖(图2-11)是永远不变的,而含氮碱基是可变的,主要有 4 种,即腺嘌呤(A)、鸟嘌呤(G)、胞嘧啶(C)和胸腺嘧啶(T)(表2-6)。因此脱氧核苷酸可分别称为腺嘌呤脱氧核苷酸、鸟嘌

图 2-11　2-脱氧核糖(左)和核糖(右)结构式

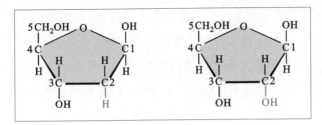

吟脱氧核苷酸、胞嘧啶脱氧核苷酸和胸腺嘧啶脱氧核苷酸。许许多多个脱氧核苷酸经 3′→ 5′ 磷酸二酯键聚合而成为 DNA 链(图 2-12)。DNA 通常以线性或环状形式存在，绝大多数 DNA 分子都由两条碱基互补的单链构成，只有少数生物，如某些噬菌体或病毒是以单链形式存在的。

表 2-6　碱基、核苷和核苷酸

碱基	核苷	核苷酸	RNA	DNA
腺嘌呤 (adenine)	腺苷 (adenosine)	腺苷酸 (adenylic acid)	AMP	dAMP
鸟嘌呤 (guanine)	鸟苷 (guanosine)	鸟苷酸 (guanylic acid)	GMP	dGMP
胞嘧啶 (cytosine)	胞苷 (cytidine)	胞苷酸 (cytidylic acid)	CMP	dCMP
胸腺嘧啶 (thymine)	胸苷 (thymidine)	胸苷酸 (thymidylic acid)		dTMP
尿嘧啶 (uracil)	尿苷 (uridine)	尿苷酸 (uridylic acid)	UMP	

所谓 DNA 的一级结构，就是指 4 种核苷酸的连接及其排列顺序，表示了该 DNA 分子的化学构成。从 DNA 的分子结构可以看出，碱基在长链中的排列顺序是千变万化的。组成 DNA 分子的碱基虽然只有 4 种，它们的配对方式也只有 A 与 T、C 与 G 两种，但是，由于碱基可以任何顺序排列，构成了 DNA 分子的多样性。每个 DNA 分子所具有的特

图 2-12　多核苷酸链中新生磷酸糖苷键的产生过程示意图

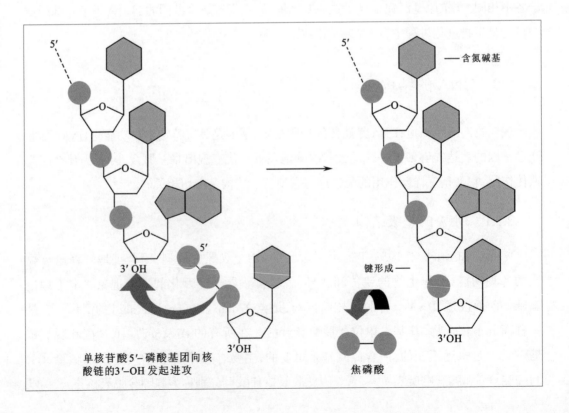

含氮碱基

键形成

单核苷酸 5′-磷酸基团向核酸链的 3′-OH 发起进攻

焦磷酸

定的碱基排列顺序构成了 DNA 分子的特异性,不同的 DNA 链可以编码出完全不同的多肽。DNA 分子中 4 种核苷酸千变万化的序列排列反映了生物界物种的多样性和复杂性。

DNA 不仅具有严格的化学组成,还具有特殊的空间结构,核苷酸序列对 DNA 高级结构的形成有很大影响,如 B-DNA 中多 G-C 区易形成左手螺旋 DNA(Z-DNA),而反向重复的 DNA 片段易出现发夹结构等。可以说,DNA 一级结构决定其高级结构,这些高级结构又决定和影响着一级结构的功能。研究 DNA 一级结构对阐明遗传物质的结构、功能以及表达调控都非常重要。

2.2.2 DNA 的二级结构

DNA 的二级结构是指两条多核苷酸链反向平行盘绕所生成的双螺旋结构。其基本特点是:

① DNA 分子是由两条互相平行的脱氧核苷酸长链盘绕而成的。

② DNA 分子中的脱氧核糖和磷酸交替连接,排在外侧,构成基本骨架,碱基排列在内侧。

两条链上的碱基通过氢键相结合,形成碱基对,它的组成有一定的规律。这就是嘌呤与嘧啶配对,而且腺嘌呤(A)只能与胸腺嘧啶(T)配对,鸟嘌呤(G)只能与胞嘧啶(C)配对。如一条链上某一碱基是 C,另一条链上与它配对的碱基必定是 G。碱基之间的这种一一对应的关系叫碱基互补配对原则。在生物活体中,不论 DNA 的二级结构还是高级结构,都是时刻变化的,即在二级结构的各种构象间、在二级结构与高级结构间或高级结构的各种构象间存在一个动力学的平衡。通常情况下,DNA 的二级结构分两大类:一类是右手螺旋,如 A-DNA 和 B-DNA,DNA 通常是以右手螺旋形式存在的;另一类是左手螺旋,即 Z-DNA(图 2-13)。

1. DNA 右手螺旋的几种构象及其动态平衡

(1) B-DNA 的构象

1953 年,Watson 和 Crick 基于以下三个方面的发现,提出了 DNA 双螺旋模型:

① X 射线衍射实验数据表明 DNA 是一种规则螺旋结构。

② DNA 分子密度测量表明这种螺旋结构由两条多核苷酸链组成。

③ 不论碱基的数目多少,G 的含量总是与 C 一

图 2-13 A-、B-、Z-DNA 结构比较(a~c)以及左、右手螺旋的比较(d)

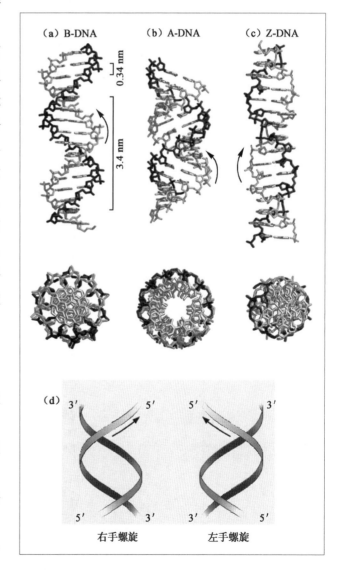

(a) B-DNA   (b) A-DNA   (c) Z-DNA

0.34 nm

3.4 nm

(d) 3' 5'   5' 3'

5' 3'   3' 5'

右手螺旋   左手螺旋

样,而 A 与 T 也是一样的。

该 DNA 分子双螺旋结构模型解释了 DNA 的理化性质,并将 DNA 的结构与功能联系起来。DNA 结构受环境条件的影响。此模型所描述的是 DNA 钠盐在较高湿度下的结构,是 B 型双螺旋,称为 B-DNA 结构。B-DNA 钠盐结构含水量较高,是大多数 DNA 在细胞中的构象。它既规则又很稳定,是由两条反向平行的多核苷酸链围绕同一中心轴构成的右手螺旋结构(图 2-13)。多核苷酸的方向由核苷酸间的磷酸二酯键的走向决定,一条从 5′→3′,另一条从 3′→5′。链间有螺旋型的凹槽,其中一个较浅,叫小沟(约 1.2 nm 交叉);一个较深,叫大沟(约 2.2 nm 交叉)。两条链上的碱基以氢键相连,G 与 C 配对,A 与 T 配对(图 2-14)。嘌呤和嘧啶碱基对层叠于双螺旋的内侧。顺着螺旋轴心从上向下看,可见碱基平面与纵轴垂直,且螺旋的轴心穿过氢键的中点。相邻碱基对平面之间的距离为 0.34 nm,即顺中心轴方向,每隔 0.34 nm 有一个核苷酸,以 3.4 nm 为一个结构重复周期。核苷酸的磷酸基团与脱氧核糖在外侧,通过磷酸二酯键相连接而构成 DNA 分子的骨架。脱氧核糖环平面与纵轴大致平行。双螺旋的直径为 2.0 nm(图 2-15)。一般说来,A-T 丰富的 DNA 片段常呈 B-DNA,它是普遍存在的结构。

(2) A-DNA 的结构

在相对湿度 75% 以下时,X 射线衍射分析表明 DNA 的构象不同于上述 B-DNA 的结构特点,虽然也是右手双螺旋,但碱基对与中心轴的倾角发生改变,螺旋宽而短,每圈螺

图 2-14 DNA 双螺旋结构中碱基配对示意图(A 与 T,G 与 C 配对)

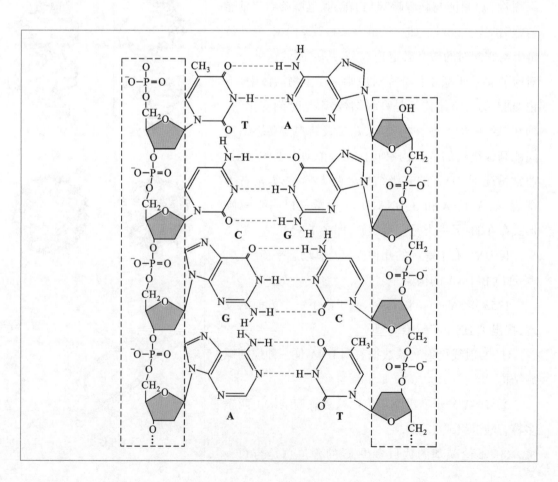

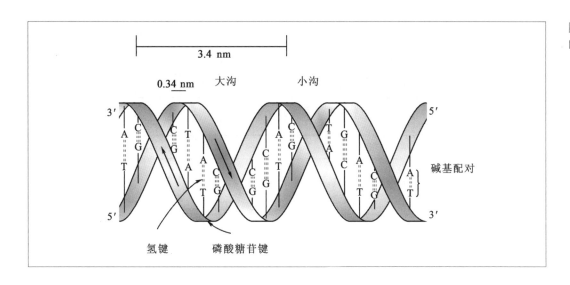

图 2-15　DNA 的反
向平行双螺旋结构

旋包括 11 个碱基对,该构象的 DNA 称为 A 型(A-DNA)。A-DNA 与 B-DNA 的重要区别
在于:A-DNA 碱基对倾斜大,并偏向双螺旋的边缘,因此具有一个深窄的大沟和宽浅的小
沟;B-DNA 中碱基对倾斜角小,螺旋轴穿过碱基对,其大沟宽,小沟窄[图 2-13]。若 DNA 双
链中一条链被相应的 RNA 链所替换,则变构成 A-DNA。当 DNA 处于转录状态时,DNA
模板链与由它转录所得的 RNA 链间形成的双链就是 A-DNA。由此可见 A-DNA 构象对
基因表达有重要意义。此外,B-DNA 双链都被 RNA 链所取代而得到由两条 RNA 链组成
的双螺旋结构也是 A-DNA,表 2-7 例举了几种主要 DNA 的结构参数。

除 A-DNA、B-DNA 螺旋外,还存在 B′-DNA、C-DNA 和 D-DNA 等不同形式,但它们
均接近 B 型,可作为 B 型同一族。

表 2-7　不同螺旋形式 DNA 分子主要参数比较

双螺旋	A-DNA	B-DNA	Z-DNA
碱基倾角 /°	20	6	7
碱基间距 /nm	0.26	0.34	0.37
螺旋直径 /nm	2.55	2.37	1.84
每轮碱基数	11	10	12
大沟	很狭、很深	宽、较深	平坦
小沟	很宽、浅	狭、较深	很狭、很深
糖苷键构象	反式	反式	C 反式,G 顺式
螺旋方向	右	右	左

2. DNA 二级结构中左手螺旋——Z-DNA 的研究

Z-DNA 结构是 1979 年由 Rich 提出的。Rich 用一位荷兰科学家提供的 d(CGCGCG)
结晶,对它进行 X 射线衍射结构分析,最后提出了 Z-DNA 结构模型。Z-DNA 螺旋细长,
每圈螺旋含 12 对碱基,大沟平坦,小沟深而窄,核苷酸构象顺反相间,螺旋骨架呈 Z 字形。

图 2-16　Z-DNA 调节
转录的两种模式图

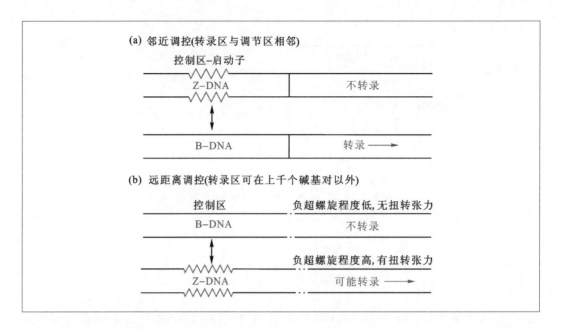

当时,由于用右手螺旋结构模型解链过程来解释大分子 DNA 复制时遇到困难,该模型的提出曾经一度动摇过右手螺旋学说。现已证明,左手螺旋 Z-DNA 只是右手螺旋结构模型的一个补充和发展。

虽然 B-DNA 是最常见的 DNA 构象,但 A-DNA 和 Z-DNA 似乎具有不同的生物活性。图 2-16 是 Z-DNA 调控基因转录的两种模式。在邻近调控系统中,与调节区相邻的转录区被 Z-DNA 抑制,只有当 Z-DNA 转变为 B-DNA 后,转录才得以活化。而在远距离调控系统中,Z-DNA 可通过改变负超螺旋水平,决定聚合酶能否与模板链相结合而调节转录起始活性。

3. DNA 双链的变性和复性

由于 DNA 双螺旋的两条链之间通过非共价键结合在一起,它们比较容易分开。当 DNA 溶液温度接近沸点或者 pH 较高时,互补的两条链就可能分开,称为 DNA 的变性(denaturation)。但 DNA 双链的这种变性过程是可逆的,当变性 DNA 的溶液缓慢降温时,DNA 的互补链又可重新聚合,重新形成规则的双螺旋。DNA 双链的这种变性和复性能力被用于 Southern 印迹杂交和 DNA 芯片分析等。

20 世纪 50 年代研究 DNA 变性的经典实验使人们对 DNA 双螺旋的特性有了深刻的认识。DNA 在 260 nm 处吸光度(absorbance)最大,并且双螺旋 DNA 的光吸收比单链 DNA 低 40%。当 DNA 溶液温度升高到接近水的沸点时,260 nm 的吸光度明显增加,这种现象称为增色效应(hyperchromicity);相反,减色效应(hypochromicity)则是因为双螺旋 DNA 中的碱基堆积降低了其对紫外线的吸收能力。

现在,人们常通过检测 DNA 溶液的紫外吸光度变化来监控 DNA 的变性过程。将 DNA 的吸光度相对温度变化绘制曲线,发现 DNA 光吸收的急剧增加发生在相对较窄的范围内。科学家把吸光度增加到最大值一半时的温度称为 DNA 的熔点(melting point),用 T_m 表示[图 2-17]。DNA 像冰一样融解,经历了从高度有序的双螺旋结构向无

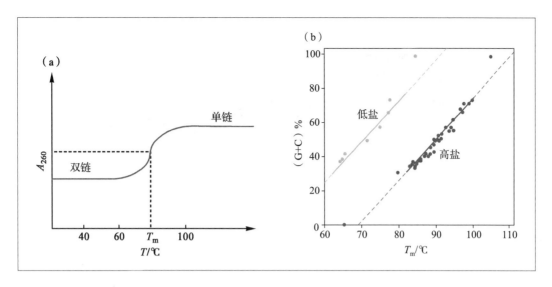

图 2-17 DNA 的变性曲线及其影响因素
(a) DNA 的变性曲线；
(b) DNA 的熔点取决于 G+C 的百分含量和溶液中的盐浓度。

规则单链结构的转变。T_m 值是 DNA 的一个重要的特征常数，其大小主要与下列因素相关：

① DNA 中 G+C 的含量　G+C 的含量越高，DNA 的 T_m 值也越高。这主要是因为 G-C 碱基对间有 3 个氢键，并且它与相邻碱基对间的堆积力更大。常用如下公式 $T_m = 69.3 + 0.41(G + C)\%$ 来计算 DNA 的 T_m 值，并以此推算该 DNA 的碱基百分组成。小于 25 mer 的寡核苷酸的 T_m 值计算公式为：$T_m = 4(G + C) + 2(A + T)$。

② 溶液中的离子强度　离子强度的效应反映出双螺旋的另一基本特征。两条 DNA 链的骨架包含了带负电荷的磷酸基团，当这些负电荷没有被中和时，DNA 双链间的静电斥力将驱使两条链分开。在高离子强度下，负电荷可以被阳离子中和，双螺旋的结构被稳定保持；在低离子强度下，未被中和的负电荷将会降低双螺旋的稳定性。因此，在离子强度较低的介质中，DNA 的 T_m 值较低而范围宽，在较高离子强度下，T_m 值较高而范围窄。所以，DNA 样品一般在含盐缓冲溶液中比较稳定，而较难保存在稀电解质溶液中。

③ DNA 的均一性　一些病毒 DNA、人工合成的多腺嘌呤 – 胸腺嘧啶脱氧核苷酸等均质 DNA（homogeneous DNA）融解温度范围较小，而异质 DNA（heterogeneous DNA）融解温度范围较宽，因此 T_m 值也可作为衡量 DNA 样品均一性的标准。

2.2.3　DNA 的高级结构

DNA 的高级结构是指 DNA 双螺旋进一步扭曲盘绕所形成的更复杂的特定空间结构，包括超螺旋、线性双链中的纽结（kink）、多重螺旋等。其中，超螺旋结构是 DNA 高级结构的主要形式，可分为正超螺旋（右手超螺旋）与负超螺旋（左手超螺旋）两大类，负超螺旋是细胞内常见的 DNA 高级结构形式，正超螺旋是过度缠绕的双螺旋。它们在不同类型的拓扑异构酶作用下或在特殊情况下可以相互转变，如：

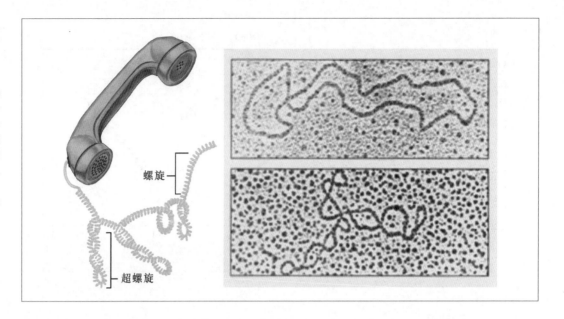

图中标注：螺旋、超螺旋

$$负超螺旋 \xrightarrow[溴化乙锭]{拓扑异构酶} 松弛 DNA \xrightarrow[溴化乙锭]{拓扑异构酶} 正超螺旋$$

DNA 双螺旋结构中,一般每转一圈有 10 个核苷酸对,双螺旋总处于能量最低状态。若正常 DNA 双螺旋额外地多转或少转几圈,使每转一圈的核苷酸数目大于或小于 10,就会出现双螺旋空间结构的改变,在 DNA 分子中产生额外的张力[图 2-18]。若此时双螺旋链的末端是自由的,可通过链的转动而释放这种额外的张力,从而保持原来的双螺旋结构；若此时 DNA 分子的末端是固定的或是环状分子,双链不能自由转动,额外的张力就不能释放而导致 DNA 分子内部原子空间位置的重排,造成扭曲,即出现超螺旋结构[图 2-19]。由此可见,B–DNA 双螺旋分子的链间螺旋数若发生变化,就会出现超螺旋结构,而且超螺旋的绕数与 B–DNA 的链间螺旋数有密切关系。

研究细菌质粒 DNA(环状双链 DNA)时发现,天然状态下该 DNA 以负超螺旋为主,稍被破坏即出现开环结构,两条链均断开则呈线性结构[图 2-19]。在电场作用下,相同相对分子质量的超螺旋 DNA 比线性 DNA 迁移率大,线性 DNA 又比开环 DNA 迁移率大,以此可判断质粒结构是否被破坏。

DNA 分子的这种变化可以用一个数学公式来表示：

$$L = T + W$$

式中,L 为连接数(linking number),是指环形 DNA 分子两条链间交叉的次数,只要不发生链的断裂,L 是个常量；T 为双螺旋的盘绕数(twisting number)；W 为超螺旋数(writhing number),后两者是变量。

超螺旋是 DNA 三级结构的一种普遍形式,双螺旋 DNA 的松开导致负超螺旋,而拧紧则导致正超螺旋。

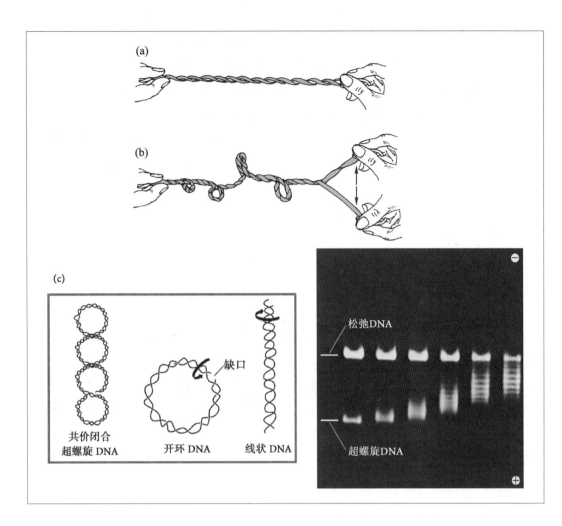

图 2-19 由于强行分开双螺旋末端而引发产生的超螺旋结构及不同构象 DNA 在电泳中的泳动速度

(a) 没有超螺旋的两股绳子;(b) 一端被强行拉开后,中间出现超螺旋;(c) 左,质粒 DNA 的 3 种不同构象;(c) 右,用凝胶电泳分离超螺旋和松弛 DNA。电泳速度随超螺旋圈数的增加而提高(电泳照片由 J. C. Wang 惠赠)。

2.3 DNA 的复制

前面我们讲过,生命的遗传实际上是染色体 DNA 自我复制的结果。而染色体 DNA 的自我复制主要是通过半保留复制来实现的,是一个以亲代 DNA 分子为模板合成子代 DNA 链的过程。细胞分裂时,通过 DNA 准确地自我复制(self-replication),亲代细胞所含的遗传信息就原原本本地传送到子代细胞。由于 DNA 是遗传信息的载体,因此亲代 DNA 必须以自身分子为模板来合成新的分子——准确地复制成两个拷贝,并分配到两个子代细胞中去,才能真正完成其遗传信息载体的使命。DNA 的双链结构对于维持这类遗传物质的稳定性和复制的准确性都是极为重要的。

双链 DNA 的复制是一个非常复杂的过程,在复制的起始、延伸和终止三个阶段,无论是原核生物还是真核生物都需要有多种酶和蛋白质的协同参与。DNA 复制均涉及拓扑异构酶、解旋酶、单链结合蛋白、引物合成酶、DNA 聚合酶及连接酶等酶和蛋白质的参与。

2.3.1 DNA 的半保留复制

Watson 和 Crick 在提出 DNA 双螺旋结构模型时就对 DNA 的复制过程进行了探

图 2-20　DNA 的半保留复制

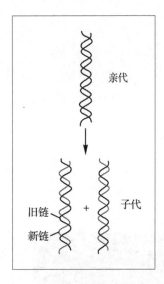

亲代

旧链
新链

子代

讨。由于 DNA 分子由两条多核苷酸链组成,两条链上的碱基——G 只能与 C 相配对,A 只能与 T 相配对,所以,两条链是互补的,一条链上的核苷酸排列顺序决定了另一条链上的核苷酸排列顺序。就是说,DNA 分子的每一条链都含有合成它的互补链所需的全部信息。Watson 和 Crick 推测,DNA 在复制过程中碱基间的氢键首先断裂,双螺旋解旋并被分开,每条链分别作为模板合成新链,产生互补的两条链。这样新形成的两个 DNA 分子与原来 DNA 分子的碱基顺序完全一样。因此,每个子代分子的一条链来自亲代 DNA,另一条链则是新合成的,所以这种复制方式被称为 DNA 的半保留复制(semiconservative replication) (图 2-20)。

1958 年,Meselson 和 Stahl 研究了经 ^{15}N 标记 3 个世代的大肠杆菌 DNA,首次证明了 DNA 的半保留复制。他们将大肠杆菌长期在以 ^{15}N 作氮源的培养基中培养,得到 ^{15}N-DNA。由于该 DNA 分子的密度比普通 DNA(^{14}N-DNA)的密度要大,在氯化铯密度梯度离心时,这两种 DNA 形成位置不同的区带。他们用普通培养基(含 ^{14}N 的氮源)培养 ^{15}N 标记的大肠杆菌,经过一代以后,所有 DNA 的密度都在 ^{15}N-DNA 和 ^{14}N-DNA 之间,即形成了一半 ^{15}N 和一半 ^{14}N 的杂合分子,两代后出现等量的 ^{14}N 分子和 ^{14}N-^{15}N 杂合分子。若再继续培养,可以看到 ^{14}N-DNA 分子增多,说明 DNA 分子在复制时均可被分成两个亚单位,分别构成子代分子的一半,这些亚单位经过许多代复制仍然保持着完整性。

实验已经证明,无论是原核生物还是真核生物,其 DNA 都是以半保留复制方式遗传的。DNA 的这种半保留复制保证了 DNA 在代谢上的稳定性。经过许多代的复制,DNA 多核苷酸链仍可完整地存在于后代而不被分解掉。这种稳定性与 DNA 的遗传功能相符。

2.3.2　DNA 复制的一些基本概念

1. 复制子与复制叉

一般把生物体内能独立进行复制的单位称为复制子(replicon)。复制时,双链 DNA 要解开成两股链分别进行,所以,这个复制起始点呈现叉子的形式,被称为复制叉(replication fork) (图 2-21)。许多实验证明,DNA 的复制是由固定的起始点开始的,并在特定的终止点结束复制。因此,从复制起始点到终止点的区域为一个复制子。一个复制子只含一个复制起始点(origin)。复制叉从复制起点开始沿着 DNA 链连续移动,起始点可以启动单向复制或者双向复制,这主要取决于在复制起点形成一个复制叉还是两个复制叉。在单向复制中,所产生的一个复制叉离开起始点,沿 DNA 链前进;在双向复制中,起始点处产生两个复制叉,它们从起始点开始沿着相反的方向等速前进。

2. 复制起始点

从细菌、酵母、线粒体和叶绿体中鉴定出的复制起始点的共同特点是含有丰富的 AT

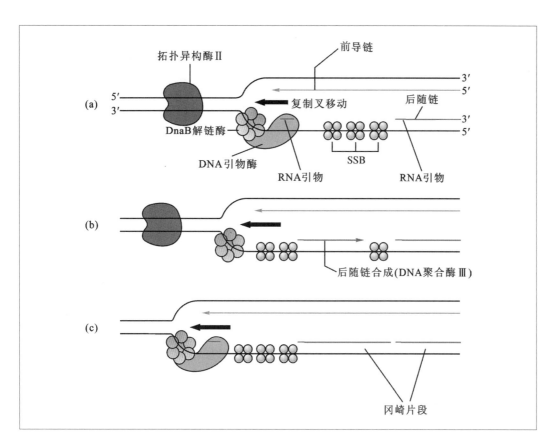

图 2-21 DNA 链的
复制过程示意图

（a）DNA 改变双螺旋构象，解链酶解开双链，在单链 DNA 结合蛋白（SSB）和 DNA 聚合酶Ⅲ的共同作用下合成前导链，方向与复制叉推进的方向一致。在后随链上，当复制叉进一步打开时，RNA 引物才能与 DNA 单链相结合。（b）后随链合成时，产生冈崎片段。（c）复制叉继续前进，引物酶合成新的 RNA 引物，与 DNA 单链相结合准备引发合成新的冈崎片段。

序列，它可能有利于 DNA 复制启动时双链的解开。通常，细菌、病毒和线粒体的 DNA 分子都是作为单个复制子完成复制的，而真核生物基因组可以同时在多个复制起点上进行双向复制，也就是说它们的基因组包含有多个复制子（表 2-8）。真核生物复制子并非同时起作用，一般情况下，在特定的时间范围内，只有不超过 15% 的复制子进行复制。

表 2-8　部分生物复制子的比较

物种	细胞内复制子数目 / 个	平均长度 /kb	复制子移动速度 /（bp·min⁻¹）
大肠杆菌	1	4 200	50 000
酵母	500	40	3 600
果蝇	3 500	40	2 600
爪蟾	15 000	200	500
蚕豆	35 000	300	?

3. 复制终止点

复制子中控制复制终止的位点称为复制终止点（terminus）。在环形的大肠杆菌 DNA 中，复制终止点在起始点的相对位置（旋转 180°）。复制从起始点开始，双向进行，复制叉向两个相反方向沿环状 DNA 前进，最后两个复制叉相遇在一个位点而停止，该位点即为终止位点。

4. 复制方向

通过放射自显影实验可以判断 DNA 复制的方向性。复制开始时，首先用低放射性的

图 2-22 从一个复制起始点开始的 DNA 单向复制

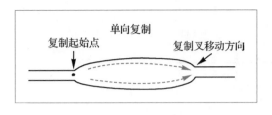

³H 脱氧胸苷标记大肠杆菌,数分钟后转移到含有高放射性的培养基中继续标记。因此,在放射自显影图像上,复制起始区的放射性标记密度比较低,感光还原的银颗粒密度也较低;继续合成区标记密度较高,银颗粒密度也较高。如果是单向复制,银颗粒的密度分布是一端低,另一端高;而双向复制则是中间密度低,两端高。

① 单向复制 从一个复制起始点开始,只有一个复制叉在移动[图 2-22]。某些环状 DNA 利用这种方式拷贝双链 DNA,如质粒 ColE1 DNA。

② 双向复制 复制起始于一个位点,但向两侧分别形成复制叉,向相反方向移动。这种复制方式最为普遍。实验表明,无论是原核生物还是真核生物,DNA 的复制主要是从固定的起始点以双向等速复制方式进行的[图 2-23]。复制叉以 DNA 分子上某一特定顺序为起点,向两个方向等速生长前进。

③ 相向复制 还有一种比较特殊的相向复制模式。从两个起始点分别起始两条链的复制,这种模式虽然有两个复制叉的生长端,但在每个复制叉中只有一条链作为模板合成 DNA[图 2-24]。某些线性 DNA 病毒(如腺病毒)以这种方式进行复制,其双链 DNA 的每条链上都有一个复制起始点,分别起始合成一条新链,两条链以相向方式生长延伸。

5. 复制速度

真核生物的基因组比原核生物大,其染色体具有复杂的高级结构,复制时需要解开核小体,复制后又需重新形成核小体,其复制叉移动速度为 1 000 ~ 3 000 bp/min。真核生物染色体 DNA 上有多个复制起始点,可进行多复制子的同步复制,以满足细胞对 DNA 的需要。

细菌 DNA 只有一个复制起始点,所以其复制叉的移动速度比真核生物要快 20 ~ 50

图 2-23 放射性标记实验证明 DNA 的复制是从固定的起始点双向等速进行的

(a) 仅用 ³H 胸腺嘧啶标记 DNA 10 min 即压 X 光片;(b) ³H 标记 DNA 合成 10 min 后又继续非标记合成 10 min,导致 X 光片上的复制叉变长,银颗粒分布广而稀少;(c) 从一个复制起始点开始的 DNA 双向对称式复制。

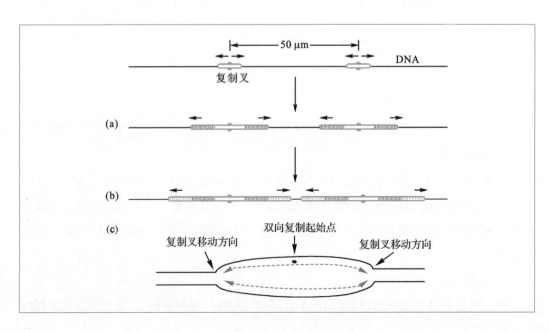

倍,可达 50 000 bp/min。每个复制单位在 30 ~ 60 min 内完成复制。并且,起始点可以连续发动复制,以满足其快速生长的需要。

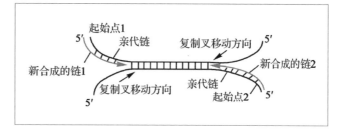

图 2-24 从两个复制起始点开始,新生 DNA 单链沿单一方向生长

归纳起来,对一个生物体基因组而言,复制起始点是固定的,表现为固定的序列,并识别参与复制起始的特殊蛋白质。复制叉移动的方向和速度虽是多种多样的,但以双向等速方式为主。

6. 冈崎片段与半不连续复制

由于 DNA 双螺旋的两条链是反向平行的,因此在复制叉附近解开的 DNA 链一条是 5′→3′ 方向,另一条是 3′→5′ 方向,两个模板极性不同,而所有已知 DNA 聚合酶的合成方向都是 5′→3′,不是 3′→5′,这就不能解释 DNA 的两条链几乎同时复制合成这个事实。为了解释这一等速复制现象,日本学者冈崎(Okazaki)等提出了 DNA 的半不连续复制(semidiscontinuous replication)模型。他用 ^{3}H 脱氧胸苷短时间标记大肠杆菌,提取 DNA,变性后用超离心方法得到了许多 ^{3}H 标记的、长度为 1 000 ~ 2 000 个碱基的、被后人称为冈崎片段的 DNA。现在已知一般原核生物的冈崎片段要长些,真核生物中的要短些。延长标记时间后,冈崎片段可转变为成熟 DNA 链,由此推断这些片段必然是复制过程的中间产物。此外,用 DNA 连接酶温度敏感突变株进行实验,在连接酶不起作用的温度下,可以观察到有大量小 DNA 片段的累积,说明 DNA 复制过程中至少有一条链首先合成较短的冈崎片段,然后再由连接酶连成大分子 DNA。

图 2-25 总结了两条新链在两个向相反方向移动的复制叉上不同的特征,我们根据它们不同的性质分别将其称为前导链(leading strand)和后随链(lagging strand)。前导链 DNA 的合成按 5′→3′ 方向,随着亲代双链 DNA 的解开而连续进行复制;后随链在合成过程中,一段亲本 DNA 单链首先暴露出来,然后以与复制叉移动相反的方向按照 5′→3′ 方向合成一系列的冈崎片段,然后再把它们连接成完整的后随链。进一步研究还证明,这种前导链的连续复制和后随链的不连续复制在生物界是有普遍性的,因而称之为双螺旋 DNA 的半不连续复制。

7. DNA 聚合酶的作用机制

DNA 的合成是在 DNA 聚合酶(DNA polymerase)的催化下完成的。DNA 聚合酶用一个活性位点催化 4 种脱氧核苷三磷酸的添加,它通过监视引入核苷酸形成 A-T 或 G-C 碱基对的能力,在正确碱基对形成的情况下,引物的 3′-OH 和在最佳催化位置上的核苷三磷酸的 α- 磷酸才能发生催化反应。只有在正确底物存在时,共价键形成的速率才显著增加,正确碱基对掺入的速率是错误核苷酸掺入速率的一万倍,表明酶对不同底物具有催化选择性。

(1) DNA 聚合酶的 3 个结构域

对与引物 – 模板接头结合的不同 DNA 聚合酶的三维结构研究表明,该酶的三维结构

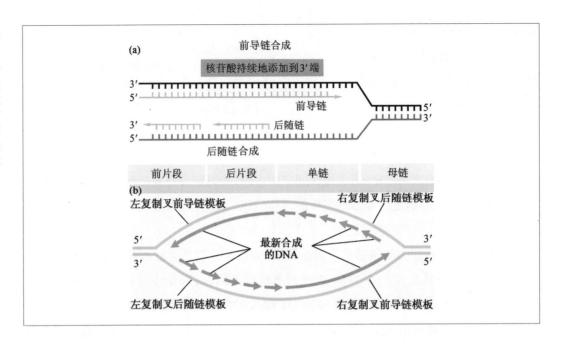

类似于一只半握的右手, 其 3 个结构域分别被称为拇指、手指和手掌$^{(图 2-26)}$。DNA 底物位于右手的裂缝中, 新合成的 DNA 与手掌相连, DNA 催化位点位于手指和拇指指尖的裂缝中。

手掌域含有催化位点的基本元件, 由一个 β 折叠构成。两个二价金属离子(Mg^{2+} 或 Zn^{2+})在该区域的结合有利于改变催化区域周围的化学环境, 利于催化作用的进行。此外, 手掌域还负责检查最新加入的核苷酸碱基配对的准确性。错误配对的碱基使催化活性显著降低, 使引物 – 模板从聚合酶活性位点上脱离下来, 结合到聚合酶上另一个具有校对功能的核酸酶活性位点上。

手指域对催化也很重要。手指域的几个残基可与引入的 dNTP 结合, 当正确的碱基配对形成时, 手指域包围住 dNTP, 使引入的核苷酸和金属离子密切接触, 促进催化反应。

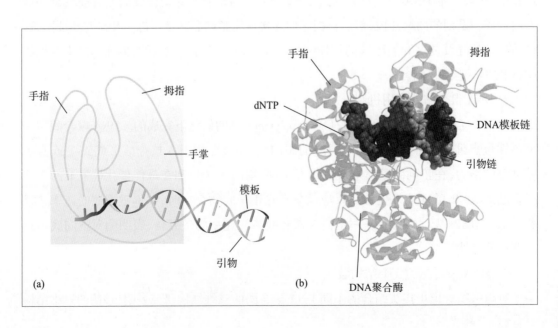

手指域还能够和模板区结合,使模板产生弯曲,仅使催化位点上引物后的第一个模板碱基暴露,避免在下一个核苷酸添加时造成对模板碱基选择的混淆。

拇指域与最新合成的 DNA 相互作用,一是维持引物以及活性部位的正确位置,二是促进 DNA 聚合酶与其底物之间的紧密连接,有助于添加更多的 dNTP。

(2) DNA 聚合酶的延伸能力

DNA 的合成速度是由 DNA 聚合酶的延伸能力(processivity)决定的。所谓 DNA 聚合酶的延伸能力,是指每次聚合酶与模板 – 引物结合时所能添加的核苷酸的平均数。高延伸性的 DNA 聚合酶催化 DNA 合成的速率可能高达一个完全非延伸性聚合酶的 1 000 倍。DNA 聚合酶沿着 DNA 模板滑行的能力有利于提高延伸能力。DNA 聚合酶与完全包围 DNA 的"滑动夹"蛋白之间的相互作用可以进一步提高延伸能力。

(3) 外切核酸酶具有校正新合成 DNA 的能力

作为 DNA 聚合酶的同一类多肽,核酸酶(校正外切核酸酶,proofreading exonuclease)通过去除不正确碱基配对的核苷酸来校正 DNA 的合成。当不正确核苷酸被添加到引物链时,校正外切核酸酶将它从引物链的 3′ 端除去,就像计算机键盘上的删除键那样,把最近发生的错误去除掉,极大地增加了 DNA 合成的精确度。校正外切核酸酶将不正确配对碱基的发生概率降低至每添加 10^7 个核苷酸出现一次。此外,后面提到的复制后错配修复可将 DNA 错误概率降至每添加 10^{10} 个核苷酸出现一次。

8. 滑动 DNA 夹极大地增加了 DNA 聚合酶的延伸能力

与滑动 DNA 夹(sliding DNA clamp)的结合使得 DNA 聚合酶在复制叉上具有高延伸能力。滑动 DNA 夹由多个相同的蛋白亚基组成"油炸圈饼"形状的结构。滑动 DNA 夹中央的孔洞直径约为 3.5 nm,足以容纳 DNA 双螺旋、参与 DNA 合成的蛋白质以及必需的水分子(图 2–27)。聚合酶与滑动 DNA 夹在复制叉处形成复合体,在 DNA 合成时沿着 DNA 模板高效地滑动,保持聚合酶与 DNA 的紧密接触,从而大大增加了 DNA 聚合酶的延伸能力。

当单链 DNA 模板完成复制后,DNA 聚合酶必须从 DNA 模板和滑动夹上释放下来以参与新的 DNA 复制,而滑动 DNA 夹则会滑动到新的 DNA 合成位点并执行新的功能。滑动 DNA 夹蛋白是病毒、细菌、酵母以及人类等生物的 DNA 复制体系中必不可少的保守部

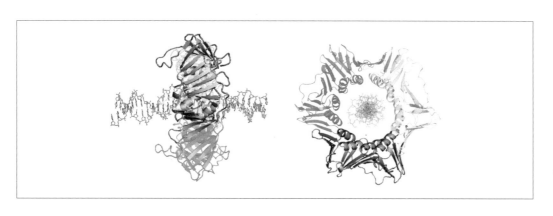

图 2–27 与 DNA 结合的滑动 DNA 夹的三维结构

滑动夹中央的孔洞直径约为 3.5 nm,DNA 螺旋的宽度约为 2.0 nm,因此,在滑动夹和 DNA 之间可容纳一个或两个水分子(图像使用 PyMOL 软件制作)。

件,其结构在不同的生物中是保守的,都是相同的六边形对称结构,但形成夹子的亚基数在不同生物中可能不同。

如上所述,滑动夹是一个闭合的环,由 5 个亚基组成的滑动夹装载器(sliding clamp loader)通过结合和水解 ATP 催化滑动夹的打开,并将其安放在 DNA 的引物-模板接头上。只有当滑动夹在与其相互作用的所有酶都完成工作后,滑动夹装载器才能通过改变滑动夹的构象将其从 DNA 上移除。

2.4　原核生物和真核生物 DNA 复制的特点

2.4.1　原核生物 DNA 复制的特点

大肠杆菌基因组以双链环状 DNA 分子的形式存在,复制起始区位于其遗传图的 84 min 附近,复制起始点(oriC)含有 3 个 13 bp 的串联重复保守序列,GATCTNTTNTTTT,以及 4 个由 9 bp 的保守序列(TTATNCANA)组成的能结合 DnaA 的起始结合位点(图 2-28)。复制起始后,在 oriC 上形成的两个复制叉沿着整个基因组双向等速移动,DNA 复制的中间产物可形成一个 θ,两个复制叉在距起始点 180° 处会合。

1. DNA 双螺旋的解旋

DNA 在复制时,其双链首先解开,形成复制叉,这是一个有多种蛋白质及酶参与的复杂过程。已经发现一些酶和蛋白质能使 DNA 双链变得易于解开,或者可以使超螺旋分子松弛。首先在拓扑异构酶Ⅰ的作用下解开负超螺旋,并与解链酶共同作用,在复制起始点处解开双链。参与解链的除一组解链酶外,还有 Dna 蛋白等,一旦局部解开双链,就必须有 SSB 蛋白来稳定解开的单链,以保证该局部结构不会恢复成双链,接着由引发酶等组成的引发体迅速作用于两条单链 DNA 上。不论是前导链还是后随链,都需要一段 RNA 引物以起始子链 DNA 的合成。现将其中重要的酶与蛋白质分述如下。

① DNA 解链酶(DNA helicase)　DNA 解链酶能通过水解 ATP 获得能量来解开双链 DNA。大部分 DNA 解链酶(包括大肠杆菌解链酶Ⅱ、Ⅲ、T4 噬菌体 dda、T4 基因 41 和人解链酶等)可沿后随链模板的 5′→3′ 方向并随着复制叉的前进而移动,只有另一种解链(Rep 蛋白)是沿前导链模板的 3′→5′ 方向移动。因此推测 Rep 蛋白和特定 DNA 解链酶分别在 DNA 的两条母链上协同作用,以解开双链 DNA。

② 单链 DNA 结合蛋白(single-stranded DNA binding protein,SSB)　最初发现噬菌

图 2-28　大肠杆菌DNA 复制起始点(oriC)保守序列分布图

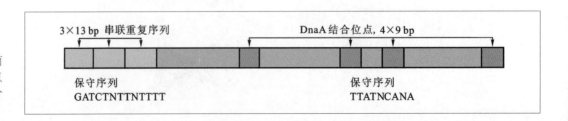

体 T4 的基因 32 蛋白可以在远低于解链温度时使双链 DNA 分开,并牢牢地结合在单链 DNA 上,后来发现许多生物中都有这类蛋白质。从原核生物得到的 SSB 与 DNA 结合时还表现出协同效应:如第一个 SSB 结合到 DNA 上去的能力为 1,第二个 SSB 结合能力则可高达 10^3;真核生物牛、鼠和人细胞中的 SSB 与单链 DNA 结合时,则不表现上述协同效应。

SSB 的作用是保证被解链酶解开的单链在复制完成前能保持单链结构,它以四聚体形式存在于复制叉处,待单链复制完成后才离开,重新进入循环。所以,SSB 的作用是保持单链的存在,并没有解链的作用。

③ DNA 拓扑异构酶(DNA topoisomerase) 大多数天然状态下的 DNA 分子都具有适度的负超螺旋,可以形成部分的单链结构,利于蛋白质与 DNA 的结合。在复制过程中,随着 DNA 的解旋,双螺旋的盘绕数 T 减少,而超螺旋数 W 增加,使正超螺旋增加,未解链部分的缠绕更加紧密,形成的压力使解链不能继续进行。拓扑异构酶能够消除解链造成的正超螺旋的堆积,消除阻碍解链继续进行的这种压力,使复制得以延伸。

2. DNA 复制的引发

所有 DNA 的复制都是从一个固定起始点开始的,而目前已知的 DNA 聚合酶都只能延长已存在的 DNA 链,而不能从头合成 DNA 链,那么一个新 DNA 的复制是怎样开始的呢?

研究发现,DNA 新链的起始需要一条 RNA 引物。所有的 DNA 聚合酶都不能够从头启动新 DNA 链的合成,需要带有游离 3′ 羟基的引物(primer)。DNA 复制时,往往先由引发酶(一种特殊的 RNA 聚合酶,不需要用特异 DNA 序列来起始新 RNA 引物的合成)在 DNA 模板上合成一段 RNA 链,它提供引发末端(引物),接着由 DNA 聚合酶从 RNA 引物 3′ 端开始合成新的 DNA 链。无论前导链还是后随链开始 DNA 合成时,都需要 RNA 引物引发复制,只是对于前导链来说,这一引发过程比较简单,只要有一段 RNA 引物,DNA 聚合酶就能以此为起点一直合成下去。但对于后随链来说,引发过程就十分复杂,每个冈崎片段都需要新引物,需要多种蛋白质和酶的协同作用,还牵涉到冈崎片段的形成和连接。

后随链的引发过程往往由引发体(primosome)来完成。引发体由 6 种蛋白质 n、n′、n″、DnaB、DnaC 和 DnaI 共同组成,只有当引发体前体(preprimosome)把这 6 种蛋白质合在一起并与引发酶(primase)进一步组装后形成引发体,才能发挥其功效。引发酶是 dnaG 基因的产物,是在特定环境下发挥作用的 RNA 聚合酶,仅用于合成 DNA 复制所需的一小段 RNA。引发体像火车头一样在后随链分叉的方向上前进,并在模板上断断续续地引发生成后随链的引物 RNA 短链,再由 DNA 聚合酶Ⅲ作用合成 DNA,直至遇到下一个引物或冈崎片段为止。由 RNase H 降解 RNA 引物并由 DNA 聚合酶Ⅰ将缺口补齐,再由 DNA 连接酶将两个冈崎片段连在一起形成大分子 DNA。

图 2-29 以大肠杆菌为例解释了由 oriC 复制起始点处引发的 DNA 复制过程。在大肠杆菌中,一些蛋白质有序地作用于复制起始点。首先是在 ATP 的作用下,大约 20 个 DnaA 蛋白与 oriC 的 4 个 9 碱基保守序列结合,形成寡聚复合物;接着,在 DNA 结合蛋

图 2-29　由大肠杆菌 oriC 复制起始点处引发的 DNA 复制过程

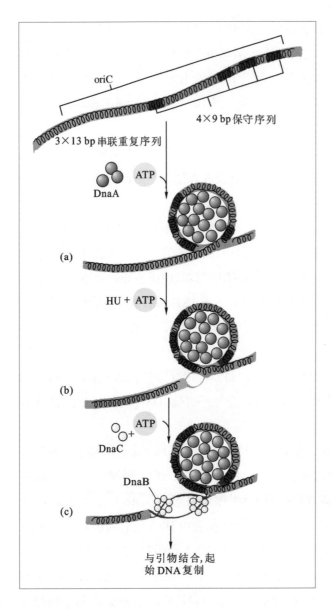

白 HU 蛋白和 ATP 的共同作用下，DnaA 复制起始复合物使 3 个 13 碱基串联重复序列变性，形成开链；在 DnaC 蛋白的协助下，六聚化的解链酶 DnaB 替换了 DnaA，与 DNA 链结合，目前认为 DnaB 可能具有两种构象，一种形式与双链 DNA 结合，另一种形式与单链 DNA 结合。这两种形式的转化可引发双链体的熔化，需要 ATP 的水解提供能量，即每解开一个碱基对需要水解一个 ATP，它在一个与双链区相连的单链区起始解链，使 DNA 双链进一步解开。

3. 复制的延伸

在复制的延伸过程中，前导链和后随链的合成同时进行。前导链持续合成，由全酶异二聚体中的一个亚单位和前导链模板结合，在引物 RNA 合成的基础上，连续合成新的 DNA，其合成方向与复制叉一致。

后随链的合成分段进行，形成中间产物冈崎片段，再通过共价连接成一条连续完整的新 DNA 链。分为 4 个步骤：

① 首先，引物酶合成约 10 核苷酸大小的新引物。两个引物间的距离在细菌中为 1 000～2 000 个核苷酸，在真核细胞中为 100～400 个核苷酸。

② DNA 聚合酶Ⅲ以 5′→3′ 方向延伸该引物，直到遇见邻接引物的 5′ 端。这个新合成的 DNA 片段就是冈崎片段。

③ 在 *E. coli* 中，DNA 聚合酶Ⅰ具有 5′→3′ 外切酶的活性，被用来去除引物。

④ DNA 连接酶连接相邻的冈崎片段使之成为一条完整的子代链。

4. 复制的终止

除 Tus 蛋白以外，链的终止看起来不需要太多蛋白质的参与。当复制叉前移，遇到约 22 个碱基的重复性终止子序列（*Ter*）时，*Ter*-Tus 复合物能使 DnaB 不再将 DNA 解链，阻挡复制叉的继续前移，等到相反方向的复制叉到达后停止复制，其间仍有 50～100 bp 未被复制，由 DNA 修复机制填补空缺，其后两条链解开。在 DNA 拓扑异构酶Ⅳ的作用下使复制叉解体,释放子链 DNA^(图2-30)。

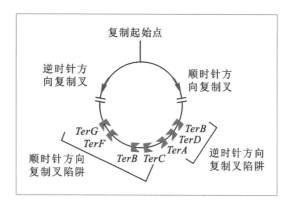

图 2-30　大肠杆菌中 DNA 复制的终止

5. DNA 聚合酶

细胞中一般含有多种被特化的、能高效而精确地复制基因组 DNA 的聚合酶。现已发现在大肠杆菌中存在 DNA 聚合酶 Ⅰ、Ⅱ、Ⅲ、Ⅳ 和 Ⅴ,有关 DNA 聚合酶 Ⅰ、Ⅱ 和 Ⅲ(主要 DNA 聚合酶)的活性、功能及特点等归纳如表 2-9。

DNA 聚合酶 Ⅰ 是第一个被鉴定出来的 DNA 聚合酶,但它不是复制大肠杆菌染色体的主要聚合酶。该蛋白质可以被蛋白酶切成两个区域:占蛋白 2/3 的 C 端区域(6.8×10^4)又称为 Klenow 片段,同时具有 DNA 聚合酶活性和 $3' \rightarrow 5'$ 外切核酸酶活性,既可合成 DNA 链,又能降解 DNA,保证了 DNA 复制的准确性。另外,它的 N 端区域(3.5×10^4)具有 $5' \rightarrow 3'$ 外切核酸酶的活性,可作用于双链 DNA,又可水解 $5'$ 端或距 $5'$ 端几个核苷酸处的磷酸二酯键,因而该酶被认为在切除由紫外线照射而形成的嘧啶二聚体中起着重要的作用。它也可用以除去冈崎片段 $5'$ 端 RNA 引物,使冈崎片段间缺口消失,保证连接酶将片段连接起来。

表 2-9　大肠杆菌 DNA 聚合酶 Ⅰ、Ⅱ 和 Ⅲ 的性质比较

性质	DNA 聚合酶 Ⅰ	DNA 聚合酶 Ⅱ	DNA 聚合酶 Ⅲ
$3' \rightarrow 5'$ 外切	+	+	+
$5' \rightarrow 3'$ 外切	+	−	−
新生链合成	−	−	+
相对分子质量($\times 10^3$)	103	90	900
细胞内分子数	400	?	10~20
生物学活性	1	0.05	15
已知的结构基因	Pol(A)	Pol(B)	Pol(C)(dnaE、N、Z、X、Q 等)

DNA 聚合酶 Ⅱ 具有 $5' \rightarrow 3'$ 方向聚合酶活性,但酶活性很低。若以每分钟酶促核苷酸掺入 DNA 的转化率计算,只有 DNA 聚合酶 Ⅰ 的 5%,故也不是复制中主要的酶。其 $3' \rightarrow 5'$ 外切核酸酶活性可起校正作用。目前认为 DNA 聚合酶 Ⅱ 的生理功能主要是起修复 DNA 的作用。

DNA 聚合酶 Ⅲ 包含 7 种不同的亚单位和 9 个亚基。生物活性形式为二聚体。它既有 $5' \rightarrow 3'$ 方向聚合酶活性,也有 $3' \rightarrow 5'$ 外切核酸酶活性。该酶的活性较强,为 DNA 聚合酶 Ⅰ 的 15 倍,DNA 聚合酶 Ⅱ 的 300 倍。它能在引物的 $3'$-OH 上以每分钟约 5 万个核苷酸的速率延长新生的 DNA 链,是大肠杆菌 DNA 复制中链延长反应的主导聚合酶,是组成具有高度延伸能力的 DNA 聚合酶 Ⅲ 全酶(DNA Pol Ⅲ holoenzyme)的主要部分。

DNA 聚合酶 Ⅳ 和 Ⅴ 分别由 dinB 和 umuD'$_2$C 基因编码,主要在 DNA 修复和跨损伤合

成(translesion synthesis, TLS)过程中发挥功能。

6. 原核生物 DNA 复制的调控

原核细胞的生长和增殖速度取决于培养条件,但在生长增殖速度不同的细胞中 DNA 链延伸的速度几乎是恒定的,只是复制叉的数量不同。迅速分裂的细胞具较多复制叉,而分裂缓慢的细胞复制叉较少并出现复制的间隙。细胞内复制叉的多少决定了复制起始频率的高低,这可能是原核细胞复制的调控机制。复制起始频率的直接调控因子是蛋白质和 RNA。

以大肠杆菌染色体 DNA 的复制调控为例,染色体的复制与细胞分裂一般是同步的,但复制与细胞分裂不直接耦联。复制起始不依赖于细胞分裂,而复制的终止则能引发细胞分裂。在一定生长速度范围内,细胞与染色体的质量之比相对恒定,这是由活化物、阻遏物和去阻遏物及它们的相互作用所制约的。复制的功能单位,即复制子与转录的操纵子相似,由起始物位点和复制起始点两部分组成。起始物位点编码复制调节蛋白质,复制起始点与调节蛋白质相互作用并启动复制。起始物位点突变使复制停止并导致细胞死亡。这些条件致死突变包括 *dnaA*、*dnaC* 和 *dnaT* 突变株,证明上述基因编码的调节蛋白质通过与复制复合物的相互作用确定复制起始频率和复制方式。

DNA 复制的调控主要发生在起始阶段,一旦开始复制,如没有意外的阻力,就一直可以复制下去直到完成。大肠杆菌的复制起始点有 oriC 和 oriH 两种,其中 oriC 是首选的复制起始点,而 oriH 是在 RNase H 缺失突变株中发现的一系列复制起始点。这两种起始点起始复制的机制和调控方式不同。

2.4.2 真核生物 DNA 复制的特点

真核生物 DNA 的复制与原核生物 DNA 复制有很多不同,例如,真核生物每条染色质上可以有多处复制起始点,而原核生物只有一个起始点;真核生物的染色体在全部完成复制之前,各个起始点上 DNA 的复制不能再开始,而在快速生长的原核生物中,复制起始点上可以连续开始新的 DNA 复制,表现为虽只有一个复制单元,但可有多个复制叉。

1. 真核生物 DNA 每个细胞周期只精确地复制一次

在真核生物细胞中,DNA 复制只是细胞周期的一部分,它只在 S 期进行。第一批复制子的激活标志着 S 期的开始。在之后的几个小时里,其余的复制子相继启动,细胞中所有的 DNA 都必须精确地复制一次。DNA 的重复复制会造成严重的后果,导致基因组中特定区域的拷贝数增加。真核生物 DNA 复制叉的移动速度大约只有 50 bp/s,还不到大肠杆菌的 1/20;真核生物的复制子相对较小,其长度为 40~100 千碱基对,所以每条染色体上有多个复制起始点。必须有足够多的起始点被激活,才能保证每个 S 期细胞中每条染色体都被完全复制。

2. 真核细胞复制的起始需要在前复制复合体 pre-RC 的指导下进行

真核生物中复制起始区有什么特点呢?目前为止,酿酒酵母的复制起始点已经被鉴定出来,长 150 bp 左右,包括数个复制起始必需的保守区,将这个特殊序列作为一个部件来构建一个环状的 DNA 分子，这个核外 DNA 分子在酵母中是能够自主复制的。我们把酵母的复制起始点称为自主复制序列(autonomously replicating sequences, ARS)。后来在其他真核生物中也发现类似于酵母 ARS 元件的序列。不同 ARS 序列的共同特征是具有一个被称为 A 区的 11 个 A-T 碱基对的保守序列。

与原核细胞不同，真核细胞中复制起始的两个步骤发生在细胞周期的不同时期：对指导复制起始的序列进行识别(复制器选择，replicator selection)发生在 G_1 期，随后的起始点激活发生在细胞进入 S 期后，这就保证了每条染色体在每个细胞周期中只复制一次。由 4 个独立的蛋白质组成的前复制复合体 pre-RC 的形成介导了复制器的选择。真核生物 DNA 复制的起始需要起始点识别复合物(origin recognition complex, ORC)参与，人们首先在酿酒酵母中发现了 ORC，之后在裂殖酵母、果蝇和爪蟾中鉴定出相似的复合物。

3. 细胞周期蛋白依赖性激酶调控前复制复合体的形成和激活

ORC 结合复制器后，招募两个解旋酶装载蛋白 Cdc6 和 Cdt1，再共同募集真核复制叉解旋酶 Mcm2~7 复合体，形成 pre-RC。如图 2-31 所示，在 G_1 期 pre-RC 形成后并没有立即被激活，只有在细胞从 G_1 到达 S 期后，由于调控 pre-RC 的两种激酶 Cdk 和 Ddk 在 S 期被激活，pre-RC 被磷酸化后诱发起始点上其他复制蛋白的组装和复制的起始。细胞周期蛋白依赖性激酶 Cdk 在 G_1 期无活性，但在 S、G_2 和 M 期一直具有高水平的活性。Cdk 对于 pre-RC 具有双重调控功能：它既是激活 pre-RC，启动 DNA 复制所必需的，又参与抑制新的 pre-RC 的形成。因此，在每个细胞周期内，pre-RC 只能在 G_1 期内形成一次，其被激活的机会也只有一次。

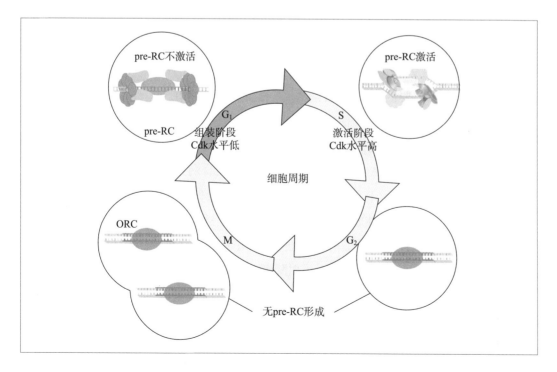

图 2-31 细胞周期调控 Cdk 活性和 pre-RC 的形成

在 G_1 期，激酶 Cdk 的水平低，新的 pre-RC 虽然能够形成却没有活性。在 S 期，Cdk 活性的提高引发 DNA 复制的起始，并阻止在刚复制产生的 DNA 上形成其他新 pre-RC，保证了每个细胞周期中每条染色体只复制一次。

2.4.3　真核生物 DNA 聚合酶

已发现的真核生物 DNA 聚合酶有 15 种以上。在哺乳动物细胞中主要有 5 种 DNA 聚合酶,分别称为 DNA 聚合酶 α、β、γ、δ 和 ε,其特性如表 2-10。

表 2-10　真核生物 DNA 聚合酶的特性比较

性质	DNA 聚合酶 α	DNA 聚合酶 β	DNA 聚合酶 γ	DNA 聚合酶 δ	DNA 聚合酶 ε
亚基数	4	1	2	2~3	≥1
在细胞内分布	核内	核内	线粒体	核内	核内
功能	DNA 引物合成	DNA 损伤修复	线粒体 DNA 复制	主要 DNA 复制酶	复制修复
$3' \rightarrow 5'$ 外切	无	无	有	有	有
$5' \rightarrow 3'$ 外切	无	无	无	无	无

真核细胞的 DNA 聚合酶和细菌 DNA 聚合酶基本性质相同,均以 dNTP 为底物,需 Mg^{2+} 激活,聚合时必须有模板链和具有 3'-OH 末端的引物链,链的延伸方向为 $3' \rightarrow 3'$。但真核细胞的 DNA 聚合酶一般都不具有外切核酸酶活性,推测一定有另外的酶在 DNA 复制中起校对作用。

DNA 聚合酶 α 的功能主要是引物合成,即能起始前导链和后随链的合成。它与引发酶(primase)形成复合体,因其具有引发、延伸链的双重功能,所以又被称为 pol α 的引发酶。DNA 聚合酶 β 活性水平稳定,可能主要在 DNA 损伤的修复中起作用,属于高忠实性修复酶。DNA 聚合酶 δ 是主要负责 DNA 复制的酶,参与前导链和后随链的合成。而 DNA 聚合酶 ε 与后随链合成有关,在 DNA 合成过程中核苷切除以及碱基的切除修复中起着重要的作用,而且,它在细胞的重组过程中可能具有某些功能。DNA 聚合酶 γ 在线粒体 DNA 的复制中发挥作用。

除了上述 5 种主要的 DNA 聚合酶外,真核生物中还存在 ζ、η、ι 和 κ 等几种 DNA 聚合酶,它们承担着修复损伤的功能,但这些修复酶的忠实性都很低。

有关真核生物 DNA 复制比较公认的说法是:在复制叉上存在一个 DNA 聚合酶 α/ 引发酶复合体和另外两个 DNA 聚合酶复合体。这两个聚合酶中一个是 DNA 聚合酶 δ,另一个是第二个 DNA 聚合酶 δ 或 DNA 聚合酶 ε,前者延伸前导链,后者合成后随链的冈崎片段。冈崎片段 RNA 引物的去除分为两步。首先,一种可特异性切除 DNA-RNA 杂合底物的 RNA 酶 H1 发挥内切核酸酶的活性,在靠近 RNA 与 DNA 的连接处切开引物,由具备 $5' \rightarrow 3'$ 外切核酸酶活性的 FEN1 蛋白降解 RNA 片段。最后,由 DNA 连接酶 I 将相邻的冈崎片段连接起来。

真核生物染色体复制时,前导链可连续复制直到模板链的末端,释放出完整的子代染色单体;而后随链以不连续的方式复制,必须有特殊的机制来安排 5' 端部分 DNA 链的复制问题,以免该链子代 DNA 的 5' 端序列逐步缩短。真核生物能够通过形成端粒结构和具有反转录酶活性的端粒酶来防止 DNA 复制时后随链缩短而产生的染色体部分缺短。端粒酶能利用自身携带的 RNA 链作为模板,以 dNTP 为原料,以反转录的方式催化合成模板后随链 5' 端 DNA 片段或外加重复单位(如人染色体端粒为 TTAGGG),以维持端粒一定的长度,从而防止染色体的缺短损伤。

2.4.4 端粒酶与 DNA 末端复制

由于所有新的 DNA 合成启动都需要一条引物,这使线性染色体末端的复制成为难题,称为末端复制问题(end replication problem)^(图 2-32)。以前导链为模板的复制不存在这种问题,一条 RNA 引物即可指导 DNA 链的起始并能延伸到其模板的 5' 最末端。后随链合成需要多条引物,当起始最后一个冈崎片段合成的 RNA 引物的末端与后随链模板上最末端的碱基对退火,该 RNA 引物被从 DNA-RNA 杂合双链上去除后,引物酶可能缺乏足够的空间合成新的 RNA 引物,导致后随链 DNA 产物 3' 端形成一小段单链 DNA,使每一

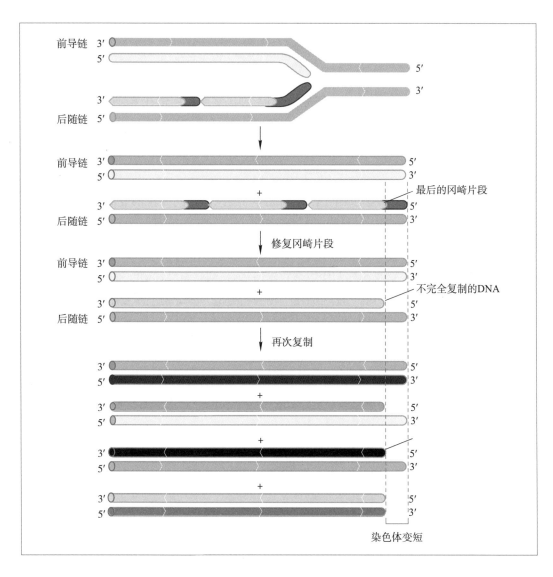

图 2-32 末端复制问题

当后随链复制机器到达染色体末端时,引物酶可能没有足够的空间去合成新的 RNA 引物,导致后随链 DNA 产物上 3' 端形成一小段单链 DNA。在下一轮复制中,这个区域将被丢失,两个产物中的一个会因此逐步变短。

轮 DNA 复制后有一条子代 DNA 被截短。若这个末端复制问题不被解决的话,将破坏遗传物质从亲代到子代的完整传递,导致染色体末端基因丢失。

细胞主要通过两种方法来解决末端复制问题。一是用蛋白质代替 RNA 作为每个染色体末端最后一个冈崎片段的引物。研究发现,在某些具有线性染色体的细菌和病毒的染色体末端,有特定蛋白质通过某个氨基酸残基提供 –OH,代替 RNA 引物所提供的 $3'$–OH。

多数真核细胞则利用端粒酶来延伸染色体 $3'$ 端,解决末端复制问题。端粒酶是一种特殊的酶,它由蛋白质和 RNA 组成。与 DNA 聚合酶不同的是,它不需要外源 DNA 模板来指导新 dNTP 的添加,由于其 RNA 序列含有 1.5 拷贝的完整端粒序列,可以与端粒 $3'$ 端的单链 DNA 退火,因此,端粒利用其自身含有的 RNA 成分作为模板将端粒序列添加到染色体 $3'$ 端。同时,与端粒双链区域结合的蛋白质会精确地调控该片段长度,不会使端粒无限延伸下去。

2.4.5　真核细胞 DNA 的复制调控

真核细胞的生活周期可分为 4 个时期:G_1、S、G_2 和 M 期。G_1 是复制预备期,S 为复制期,G_2 为有丝分裂准备期,M 为有丝分裂期。DNA 复制只发生在 S 期。真核细胞中 DNA 复制有 3 个水平的调控:

① 细胞周期水平调控　也称为限制点调控,即决定细胞停留在 G_1 期还是进入 S 期。许多外部因素和细胞因子参与限制点调控。促细胞分裂剂、致癌剂、外科切除等都可诱发细胞由 G_1 期进入 S 期。一些细胞质因子如四磷酸二腺苷和聚 ADP– 核糖也可诱导 DNA 的复制。

② 染色体水平调控　决定不同染色体或同一染色体不同部位的复制子按一定顺序在 S 期起始复制,这种有序复制的机制还不清楚。

③ 复制子水平调控　决定复制的起始与否。这种调控从单细胞生物到高等生物是高度保守的。此外,真核生物复制起始还包括转录活化、复制起始复合物的合成和引物合成等阶段,许多参与复制起始蛋白的功能与原核生物中相类似。酵母染色体复制只发生于 S 期,各个复制子按专一的时间顺序活化,在 S 期的不同阶段起始复制。研究由 3 个复制起始点(ARS1、ARS2 和 10Z)构建的质粒发现,酵母复制起始受时序调控,也受 α 因子和 cdc 基因调控。已克隆的 ARS 片段中都有 14 bp 的核心序列,其中序列为 A(或 T)TT–TATPuTTA(或 T)的 11 个核苷酸是高度保守的,这个区域的点突变使 ARS 失去复制起始功能。

2.5　DNA 的突变与修复

2.5.1　DNA 的突变

基因突变是指在基因内的遗传物质发生可遗传的结构和数量的变化。DNA 的突变主要来源于 DNA 复制过程中出现的错误、遗传物质的化学和物理损伤,以及转座子插入所造成的 DNA 序列变化。自发突变的发生频率非常低,通过人工诱导能够提高突变率。复制错误和 DNA 损伤有两个后果:一是给 DNA 带来永久性的不可逆的改变,最终改变基因编码的序列,称之为基因突变;二是 DNA 的某些化学变化使得 DNA 不能再被用作模板进行复制和转录。基因突变有多种类型,包括碱基替换、转换、颠换、插入突变、同义突变、错义突变、无义突变和移码突变等。其中最简单的突变是一种碱基变成另一种碱基,其中,嘧啶到嘧啶和嘌呤到嘌呤的替换称为转换(transition);嘧啶到嘌呤和嘌呤到嘧啶的替换称为颠换(tranversion)。一般把单个核苷酸的突变称为点突变(point mutation),并把由于一个或少数几个核苷酸的插入或缺失引起的突变归入同一类型,称为 indel。突变的累计将会导致疾病的发生。由于染色体 DNA 在生命过程中占有至高无上的地位,DNA 复制的准确性以及 DNA 日常的损伤修复就有着特别重要的意义。

2.5.2　DNA 损伤的修复

细胞可以通过多种修复机制来及时修复 DNA 损伤。表 2-11 是几种主要的 DNA 修复系统。

表 2-11　DNA 的修复系统

DNA 修复系统	损伤	功能
错配修复	复制错误	恢复错配
碱基切除修复	受损的碱基	切除突变的碱基
核苷酸切除修复	嘧啶二聚体 碱基上的大加合物	切除突变的核苷酸片段
双链断裂修复(同源重组修复和非同源末端连接)	双链断裂	修复损伤 DNA,保持遗传信息的完整性,还可帮助修复 DNA 复制中的错误
DNA 直接修复(光复活作用)	嘧啶二聚体和甲基化 DNA	修复嘧啶二体或甲基化 DNA
跨损伤合成	嘧啶二聚体或脱嘌呤位点	使复制通过 DNA 损伤继续进行,有高度的易错性
SOS 修复	嘧啶二聚体等	维持基因组的完整性,提高细胞的生存率,但留下的错误较多

1. 错配修复

一旦在 DNA 复制过程中发生错配,细胞能够通过准确的错配修复(mismatch repair)系统识别新合成链中的错配并加以校正,DNA 子链中的错配几乎完全能被修正,充分反映了母链序列的重要性。因此,错配修复系统对 DNA 复制忠实性有很大的贡献。该系统识别母链的依据来自 Dam 甲基化酶,它能使位于 5′-GATC 序列中腺苷酸的 N^6 位甲基化。一旦复制叉通过复制起始点,母链就会在开始 DNA 合成前的几秒钟至几分钟内被甲基化。此后,只要两条 DNA 链上碱基配对出现错误,错配修复系统就会根据"保存母链,修正子链"的原则,找出错误碱基所在的 DNA 链,并在对应于母链甲基化腺苷酸上游鸟苷酸的 5′ 位置切开子链[图 2-33],再根据错配碱基相对于 DNA 切口的方位启动如图 2-34 中

图 2-33 根据母链甲基化原则找出错配碱基过程图示

(a) 发现碱基错配;
(b) 在水解 ATP 的作用下,MutS、MutL 与碱基错配位点的 DNA 双链相结合;
(c) MutS-MutL 在 DNA 双链上移动,发现甲基化 DNA 后由 MutH 切开非甲基化的子链。

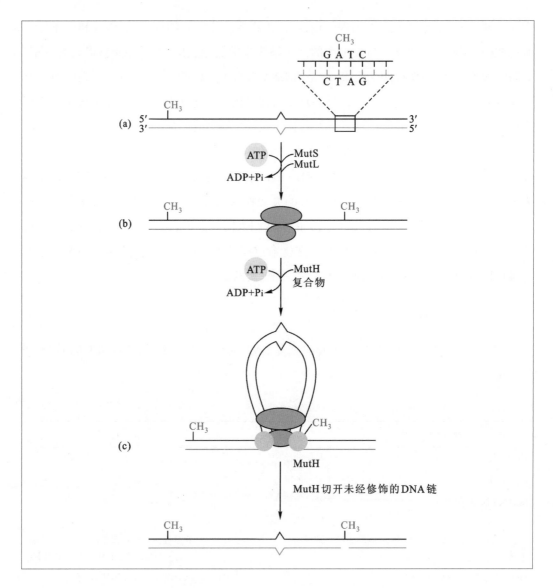

所示两条修复途径之一,合成新的子链 DNA 片段。

2. 切除修复

① 碱基切除修复(base-excision repair) 研究发现,所有细胞中都带有不同类型、能识别受损核酸位点的糖苷水解酶,它能特异性切除受损核苷酸上的 N-β 糖苷键,在 DNA 链上形成去嘌呤或去嘧啶位点,统称为 AP 位点[图 2-35]。一类 DNA 糖苷水解酶一般只对应于某一特定类型的损伤,如尿嘧啶糖苷水解酶就特异性识别 DNA 中胞嘧啶自发脱氨形成的尿嘧啶,而不会水解 RNA 分子中尿嘧啶上的 N-β 糖苷键。DNA 分子中一旦产生了 AP 位点,AP 内切核酸酶就会把受损核苷酸的糖苷 - 磷酸键切开,并移去包括 AP 位点核苷酸在内的小片段 DNA,由 DNA 聚合酶 I 合成新的片段,最终由 DNA 连接酶把两者连成新的被修复的 DNA 链。

② 核苷酸切除修复(nucleotide-excision repair) 当 DNA 链上相应位置的核苷酸发生损伤,导致双链之间无法形成氢键,则由核苷酸切除修复系统负责修复。图 2-36 分

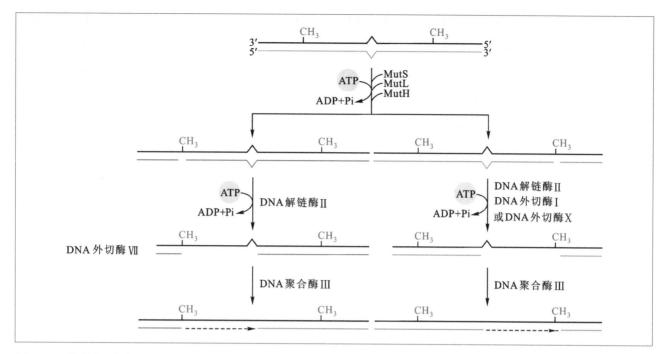

图 2-34　碱基错配修复过程示意图

当错配碱基位于切口 3′ 下游端时,在 MutL-MutS、DNA 解链酶 II 、DNA 外切酶 VI 或 RecJ 核酸酶的作用下,从错配碱基 3′ 下游端开始切除单链 DNA 直到原切口,并在 DNA 聚合酶 III 和 SSB 的作用下合成新的子链片段。若错配碱基位于切口的 5′ 上游端,则在 DNA 外切酶 I 或 X 的作用下,从错配碱基 5′ 上游端开始切除单链 DNA 直到原切口,再合成新的子链片段。

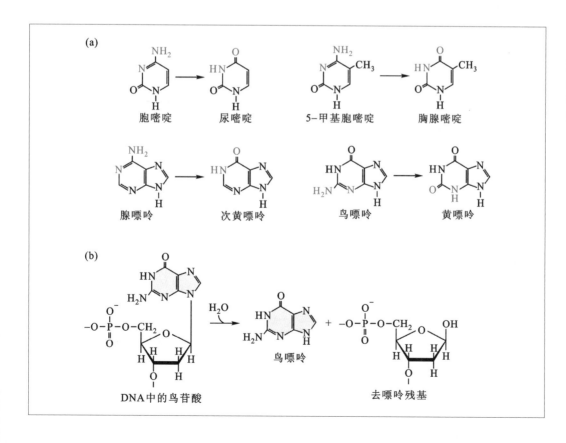

图 2-35　DNA 分子中常见的几种核苷酸非酶促转变反应

(a) 脱氨基反应;
(b) 脱嘌呤反应(N-β 糖苷键被水解)

别是大肠杆菌(左)和人类细胞(右)中的修复过程。损伤发生后,首先由 DNA 切割酶(excinuclease)在已损伤的核苷酸 5′ 和 3′ 位分别切开磷酸糖苷键,产生一个由 12~13 个核苷酸(原核生物)或 27~29 个核苷酸(人类或其他高等真核生物)的小片段,移去小片段后由 DNA 聚合酶 I (原核)或 ε(真核)合成新的片段,并由 DNA 连接酶完成修复中的最后一道工序。

3. 同源重组修复和非同源末端连接

当 DNA 发生双链断裂时,可通过同源重组修复(homologous recombination repair,HR)和非同源末端连接(non-homologous endjoining,NHEJ)来进行修复(图 2-37)。同源重组修复是利用细胞内的同源染色体对应的 DNA 序列作为修复的模板进行 DNA 修复的过程。重组修复又被称为"复制后修复",它发生在复制之后。机体细胞对在复制起始时尚未修复的 DNA 损伤部位可以先复制再修复,即先跳过该损伤部位,在新合成链中留下一个对应于损伤序列的缺口,该缺口由 DNA 重组来修复:通过从未损伤 DNA 找回序列信息来修复DNA 的断裂,即先从同源 DNA 母链上将相应核苷酸序列片段移至子链缺口处,然后再用新合成的序列补上母链空缺。同源重组受一系列蛋白质的调控和催化,如原核生物细胞内的 RecA、RecBCD、RecF、RecO、RecR,以及真核生物细胞内的 Rad51、Mre11-Rad50 等。

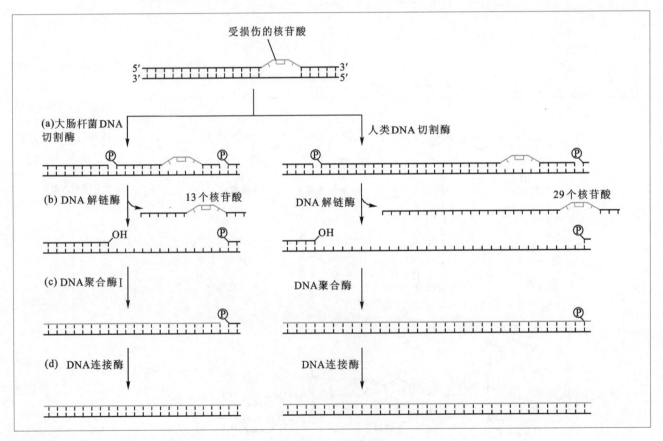

图 2-36　大肠杆菌(左)和人类细胞(右)中的核苷酸切除修复过程示意图

在原核生物中,受损伤核苷酸 3′ 端的第 5 位,5′ 端的第 8 位磷酸糖苷键分别被 DNA 切割酶切开。在人类细胞中,受损伤核苷酸 3′ 端第 6 位,5′ 端的第 22 位磷酸糖苷键分别被 DNA 切割酶切开。

由于同源重组反应严格依赖 DNA 分子之间的同源性,只有当细胞核内存在与损伤 DNA 同源的 DNA 片段时,HR 才能发生。因此,原核生物的同源重组通常发生在 DNA 复制过程中,而真核生物的同源重组则主要发生在细胞的 G_2 期和 S 期,是一种高保真(error-free)的修复方式,对维持遗传物质的正常功能和稳定性具有重要作用。当细胞核内没有相应的同源 DNA 片段时,细胞将利用另一种方式(非同源性末端连接,NHEJ)来进行染色体断裂的修复。NHEJ 通过断裂末端突出的单链之间错排配对,断裂的两个末端直接相互连接。NHEJ 由在细菌、酵母和人类中均有发现的高度保守蛋白家族的 KU 介导,是一种易错(error-prone)修复方式。

4. DNA 的直接修复

生物体内还存在多种 DNA 损伤以后直接修复(direct repair)而并不需要切除碱基或核苷酸的机制。直接修复是把损伤的碱基回复到原来状态的一种修复。最普遍的例子是

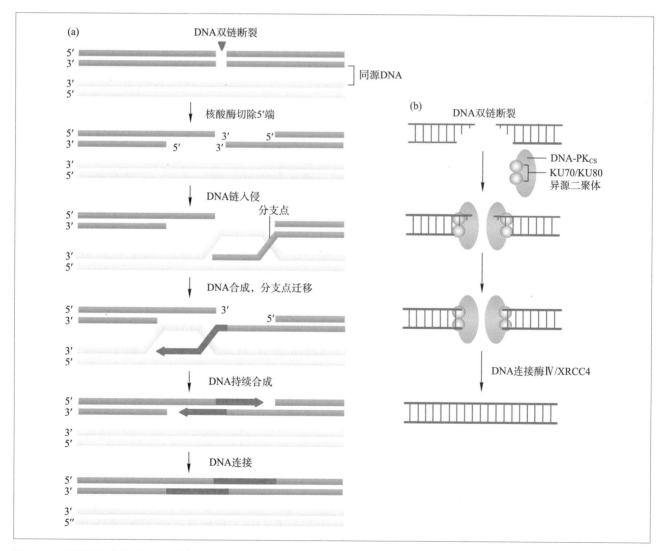

图 2-37　同源重组修复(HR)和非同源末端连接(NHEJ)

DNA 双链断裂的两种主要修复方式,(a)为同源重组修复(HR),(b)为非同源末端连接(NHEJ)。

图 2-38　紫外线诱发形成嘧啶二体

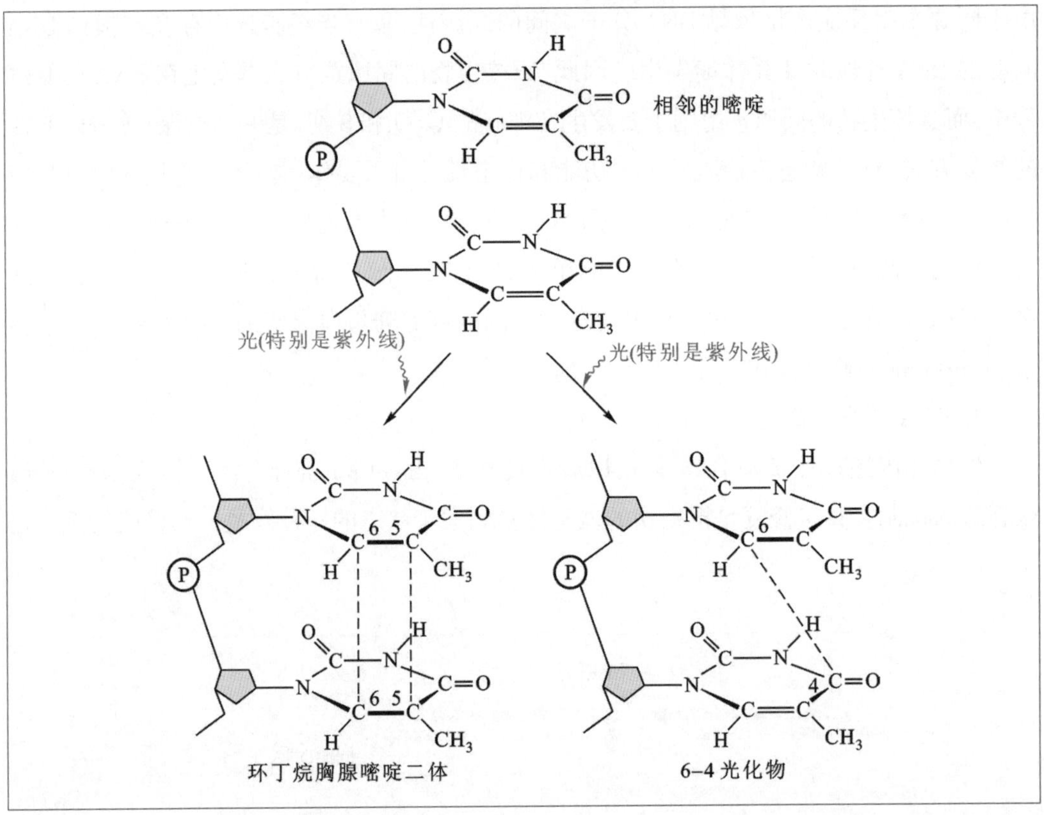

在 DNA 光解酶(photolyase)的作用下把在光下或经紫外线照射形成的环丁烷胸腺嘧啶二体及 6-4 光化物(6-4 photoproduct)还原成为单体的过程[图 2-38]。生物体内还广泛存在着使 O^6- 甲基鸟嘌呤脱甲基化的甲基转移酶,以防止形成 G-T 配对。

5. 跨损伤合成

跨损伤合成(translesion synthesis,TLS)是一类复制后修复,也被称为"跨缺刻复制"或"备份复制"(backup synthesis),最先发现于原核细胞中。在 DNA 链复制过程中,当 DNA 聚合酶遇到嘧啶二聚体或脱嘌呤位点等没有被修复的损伤而使复制停顿时,复制机器必须越过损伤以防止复制叉的崩塌,机体必须启动跨损伤合成系统并忽略已存在的损伤[图 2-39]。跨损伤合成是由一个独特的但是分布广泛的 DNA 聚合酶家族催化的。当细胞处于较强烈而持久的 SOS 应答生理条件下,一些受 SOS 机制控制的可诱导性 DNA 聚合酶,包括大肠杆菌细胞中的 DNA 聚合酶Ⅳ(DinB)和 DNA 聚合酶Ⅴ(UmuC,活性形式是和 2 个分子的 UmuD′ 形成的 UmuD′2C 复合体),以及真核生物细胞内的被归类为 Y 家族的 DNA 聚合酶(pol η、pol ι、pol κ、Rev1 等)得到表达。虽然它们是模板依赖性的,但在掺入核苷酸时却不依赖于碱基配对。该修复机制具有高度的易错性,容易引入突变,但避免了染色体不完全复制的更坏后果。因为它的高错误率,跨损伤合成被认为是一个聊胜于无的修复系统,它可使细胞存活下来,但付出的代价是高突变频率的发生,有点像中国俗语所说的"好死不如赖活着"。

6. SOS 修复系统

SOS 修复（SOS repair）系统是细胞 DNA 受到损伤或复制系统受到抑制的紧急情况下，细胞为求生存而产生的一种应急措施。它是一种旁路系统，允许新生的 DNA 链越过胸腺嘧啶二聚体继续复制，其代价是保真度的极大降低。SOS 修复包括诱导 DNA 损伤修复、诱变效应、细胞分裂的抑制以及溶原性细菌释放噬菌体等，细胞癌变也与 SOS 修复有关。

SOS 修复广泛存在于原核和真核生物中，主要包括两个方面：DNA 的修复、产生变异。前者利于细胞的存活，具有重要意义，而后者可能产生不利的后果，如导致细胞的癌变。

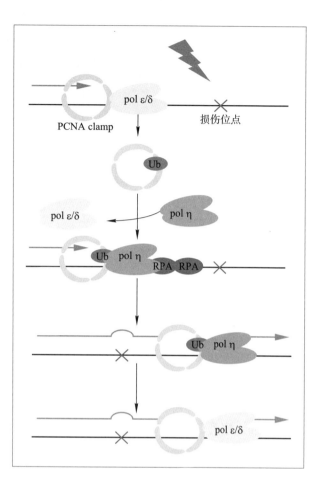

图 2-39 跨损伤合成（TLS）

细胞内 DNA 损伤刺激激活 PCNA 的泛素化，促进 pol η 的聚集及 TLS 通路的启动，保证复制叉跨过损伤位点。

2.6 DNA 的转座

DNA 的转座，或称移位（transposition），是由可移位因子（transposable element）介导的遗传物质重排现象。与 DNA 的同源重组相比，转座作用发生的频率虽然要低得多，但它仍然有着十分重要的生物学意义，这不仅因为它能说明在细菌中发现的许多基因缺失或倒转现象，而且它常被用于构建新的突变体。已经发现"转座"这一命名并不十分准确，因为在转座过程中，可移位因子的一个拷贝常常留在原来位置上，在新位点上出现的仅仅是它的拷贝。因此，转座有别于同源重组，它依赖于 DNA 的复制。

2.6.1 转座子的分类和结构特征

转座子（transposon，Tn）是存在于染色体 DNA 上可自主复制和位移的基本单位。最初是由 Barbara McClintock 于 20 世纪 40 年代在玉米的遗传学研究中发现的。几十年的研究结果表明转座子存在于所有的生物体内，人类基因组中有 35% 以上的序列为转座子序列，其中大部分与疾病相关。

转座子分为两大类：插入序列（insertional sequence，IS）和复合型转座子（composite transposon）。

图 2-40 DNA 转座的一般模式

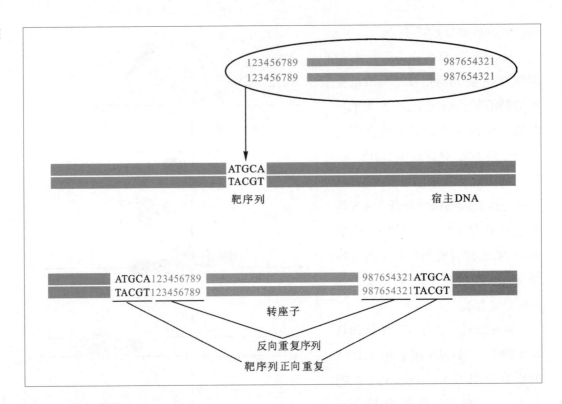

1. 插入序列(IS)

插入序列是最简单的转座子,它不含有任何宿主基因。它们是细菌染色体或质粒 DNA 的正常组成部分。一个细菌细胞常带有少于 10 个 IS。转座子常常被定位到特定的基因中,造成该基因突变。科学上用标准命名法对这些突变进行编号,如 λ::IS1 表示有一个 IS1 插入到 λ 噬菌体基因组内。IS 都是可以独立存在的单元,带有介导自身移动的蛋白质,也可作为其他转座子的组成部分。

常见的 IS 都是很小的 DNA 片段(约 1 kb),末端具有反向重复区,转座时往往复制宿主靶位点一小段(4~15 碱基对)DNA,形成位于 IS 两端的正向重复区(图 2-40)。除 IS1 以外,所有已知 IS 都只有一个开放读码框,翻译起始点紧挨着第一个反向重复区,终止点位于第二个反向重复区或重复区附近。IS1 含有两个分开的读码框,只有移码通读才能产生功能型转座酶。一般情况下,每个 IS 转座频率是 $10^{-3} \sim 10^{-4}$/世代,恢复频率则低得多,为 $10^{-6} \sim 10^{-10}$/世代。

2. 复合型转座子

复合型转座子是一类带有某些抗药性基因(或其他宿主基因)的转座子,其两翼往往是两个相同或高度同源的 IS,表明 IS 插入到某个功能基因两端时就可能产生复合型转座子(图 2-41)。一旦形成复合型转座子,IS 就不能再单独移动,因为它们的功能被修饰了,只能作为复合体移动。大部分情况下,这些转座子的转座能力是由 IS 决定和调节的。

除了末端带有 IS 的复合型转座子以

图 2-41 复合型转座子的两端往往各有一个 IS,在每个 IS 两侧各有反向重复区

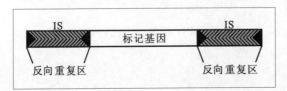

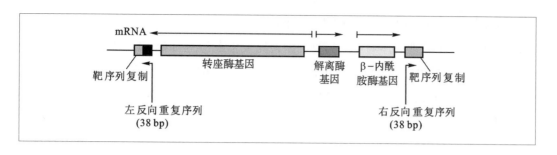

图 2-42 转座子 TnA 的结构示意图

外,还存在一些没有 IS 的、体积庞大的转座子(5 000 碱基对以上)——TnA 家族。这类转座子带有 3 个基因,其中一个编码 β- 内酰胺酶(AmpR),另两个则是转座作用所必需的。图 2-42 是转座子 TnA 结构模式。所有 TnA 类转座子两翼都带有 38bp 的反向重复序列。

2.6.2　真核生物中的转座子

转座子不仅存在于原核细胞(如大肠杆菌)和低等真核细胞(如酵母)中,也同样存在于高等真核生物。如玉米和果蝇中就发现了多个在基因组内随机分布而且能重复移动的转座子。大量研究证实,几乎所有高等生物基因组中都存在类似转座子序列,高等真核生物基因组的流动性可能比原核生物还要大些。

早在 20 世纪初,遗传学家就已发现玉米中存在决定体细胞变异的"控制因子"(事实上就是转座子)。40 多年前 McClintock 在美国康奈尔大学和冷泉港实验室对 Ac-Ds 等系统所进行的开创性工作,打破了孟德尔关于基因固定排列于染色体上的概念,尽管在当时几乎不能被科学界所接受,30 多年后终于在分子水平上得到证实,并使她获得了诺贝尔生理学或医学奖。

可以把玉米细胞内的控制因子归纳为两大类:一类是自主性因子(autonomous element),另一类是非自主性因子(nonautonomous element)。前者具有自主剪接和转座的功能,后者单独存在时是稳定的,不能转座,当基因组中存在与非自主性因子同家族的自主性因子时,它才具备转座功能,成为与自主性因子相同的转座子。同一家族的自主性因子能为非自主性因子的转座提供反式作用蛋白(转座酶),而不同家族间无此反应。研究发现,玉米转座子同样具有典型的 IS 特征——在转座子的两翼有两个反向重复序列,在靶 DNA 插入位点有两个短的正向重复序列。

2.6.3　转座作用的遗传学效应

转座子引发了许多遗传变异,如基因重排及质粒 – 染色体 DNA 整合等,DNA 转座的遗传学效应主要有以下几方面:

① 转座引起插入突变。各种 IS、Tn 转座子都可以引起插入突变。如果插入位于某操纵子的前半部分,就可能造成极性突变,导致该操纵子后半部分结构基因表达失活。

② 转座产生新的基因。如果转座子上带有抗药性基因,它一方面造成靶 DNA 序列

上的插入突变,同时也使这个位点产生抗药性。

③ 转座产生的染色体畸变。当复制型转座发生在宿主 DNA 原有位点附近时,往往导致转座子两个拷贝之间的同源重组,引起 DNA 缺失或倒位。若同源重组发生在两个正向重复转座区之间,就导致宿主染色体 DNA 缺失;若重组发生在两个反向重复转座区之间,则引起染色体 DNA 倒位。

④ 转座引起的生物进化。由于转座作用,使原来在染色体上相距甚远的基因组合到一起,构建成一个操纵子或表达单元,可能产生有新的生物学功能的基因和新的蛋白质分子。

2.7　SNP 的理论与应用

SNP 是 single nucleotide polymorphism 的缩写,中文翻译为单核苷酸多态性,指基因组 DNA 序列中由于单个核苷酸(A、T、C 和 G)的突变而引起的多态性。染色体 DNA 同一位置上的每个碱基类型叫做一个等位位点。SNP 是基因组中最简单、最常见的多态性形式,具有很高的遗传稳定性。随着 SNP 检测和分析技术的进一步发展,已经成为继限制性片段长度多态性(RFLP)和微卫星标记(SSR)之后的第三代遗传标记。

2.7.1　SNP 概述

一个 SNP 表示在基因组某个位点上一个核苷酸的变化,这种变化可能是颠换,也可能是转换,后者约占 SNP 总量的 2/3 左右,主要是因为 CpG 二核苷酸上的胞嘧啶残基是人类基因组中最易发生突变的位点,其中大多数是甲基化的,可自发地脱去氨基而形成胸腺嘧啶。SNP 广泛存在于人类基因组中,其发生频率约为 1% 或更高。据估计,人类 DNA 中每 300~1 000 个碱基对就有一个 SNP,因此,一个人类个体携带 300 万~1 000 万个 SNP。位于染色体上某一区域的一组相关联的 SNP 等位位点被称作单倍型(haplotype),相邻 SNP 的等位位点倾向于以一个整体遗传给后代(图 2-43)。

根据 SNP 在基因组中的分布位置可分为基因编码区 SNP(cSNP)、基因调控区 SNP(pSNP)和基因间随机非编码区 SNP(rSNP)3 类。因为编码区内的变异率仅占周围序列的 1/5,cSNP 的总量显著少于其他两类 SNP。从对生物遗传性状的影响上看,cSNP 又可分为两种,一种是同义 cSNP(synonymous cSNP),即 SNP 所导致的编码序列改变并不影响其所翻译的蛋白质的氨基酸序列,突变碱基与未突变碱基的含义相同;另一种是非同义 cSNP(non-synonymous cSNP),指碱基序列的改变可使以其为蓝本翻译的蛋白质序列发生改变,从而影响了蛋白质的功能。这种改变常常是导致生物性状改变的直接原因。位于基因调控区的 SNP 则会影响基因表达量的多少,因此,这两类 SNP 在功能和疾病

图 2-43　单倍型是染色体上共同遗传的 SNP 组合

图中 SNP1 和 SNP2 在同一条染色体上而且距离很近,SNP1 有等位位点 A 和 G,SNP2 有等位位点 G 和 T。因此,染色体对有两种可能的 SNP 组合。

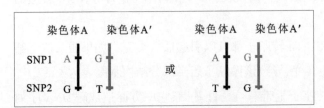

发生发展方面具有更重要的意义。

2.7.2　SNP 的检测技术

传统的 SNP 检测方法是采用已有技术,如限制性片段长度多态性(RFLP)、PCR– 单链构象多态性(PCR–SSCP)、毛细管电泳及变性高效液相色谱(DHPLC)等。但目前国际上最常见的仍然是通过 DNA 测序法获得新的 SNP。

基因型分型(genotyping)是指利用数据库中已有的 SNP 进行特定人群的序列和发生频率的研究,主要包括基因芯片技术、Taqman 技术、分子导标(molecular beacon)技术和焦磷酸测序法(pyrosequencing)等。

2.7.3　SNP 的应用

1. 人类单倍型图的绘制

大多数染色体区域只有少数几个常见的单体型,代表了一个群体中人与人之间的大部分多态性。某些染色体区域可以有很多 SNP 位点,但是只用少数几个标签 SNP,就能够提供该区域内大多数的遗传多态性模式。绘制人类单倍型图的目的就是描述人类常见的遗传多态性模式和染色体上具有成组紧密关联 SNP 的区域。2002 年 10 月,国际人类基因组单倍型图计划(HapMap 计划)正式启动,到目前为止已有超过 150 万个 SNP 被精确定位于各染色体上(下一期的目标是使总密度达到每 500 bp 有一个 SNP)。已经根据这些 SNP 对来自 4 个不同人种的 269 份 DNA 样品进行了基因型分型,通过不同个体基因组 DNA 的基因型分型和频率计算,绘制更加精密的单倍型图。人类单倍型图的绘制完成,将为我们精确定位复杂疾病,如糖尿病、癌症、心脏病、中风、哮喘等的易感基因提供重要信息。

2. SNP 与疾病易感基因的相关性分析

当一个遗传标记的频率在患者中明显超过非患者时,就表明该标记可能与这种疾病相关。随着大量代谢通路和上百万 SNP 的确认,SNP 作为新一代遗传标记在人类疾病研究中显示出极高的潜在价值。已经通过 SNP 的相关研究发现了高血压、哮喘、类风湿关节炎、肺癌、前列腺癌等许多易感基因。

3. 指导用药与药物设计

由于 SNP 能够充分反映个体间的遗传差异,所以通过研究 SNP 与个体对药物敏感或耐受的相关性研究,可能阐明遗传因素对药效的影响,因此可能建立与基因型相关的治疗方案,对患者施行个性化用药。因此,根据特定的基因型来设计药物可能在不久的将来成为现实。

思考题

1. 染色体具备哪些作为遗传物质的特征?

2. 简述真核细胞内核小体的结构特点。

3. 请例举 3 项实验证据来说明为什么染色质中 DNA 与蛋白质分子是相互作用的。

4. 简述组蛋白的主要修饰类型并说出其功能。

5. 简述 DNA 的一、二、三级结构。

6. 原核生物 DNA 具有哪些不同于真核生物 DNA 的特征?

7. 谁提出了 DNA 双螺旋结构模型? 简述其主要实验依据及其在分子生物学发展中的重要意义。

8. DNA 以何种方式进行复制? 如何保证 DNA 复制的准确性?

9. 简述原核生物 DNA 的复制特点。

10. 什么是 DNA 的 T_m 值? 它受哪些因素的影响?

11. DNA 复制时为什么前导链是连续复制,而后随链是以不连续的方式复制? 并请以大肠杆菌为例简述后随链复制的各个步骤。

12. 真核生物 DNA 的复制在哪些水平上受到调控?

13. 细胞通过哪几种修复系统对 DNA 损伤进行修复? 它们在维持基因组稳定性中的作用是什么?

14. 什么是转座子,可分为哪些种类?

15. 什么是 SNP? 它作为第三代遗传标记有什么优点?

参考文献

1. Li G,Reinberg D. Chromatin higher-order structures and generegulation.Curr. Opin. Genet. Dev.,2011, 21:175-186.

2. Rando O. Combinatorial complexity in chromatin structure andfunction:Revisiting the histone code. Curr. Opin. Genet. Dev.,2012,22:148-155.

3. Brautigam C A,Steitz T A. Structural and functional insightsprovided by crystal structures of DNA polymerases.Curr. Opin.Struct. Biol.,1998,8:54-63.

4. Steitz T A. A mechanism for all polymerases. Nature,1998,391:231-232.

5. Remus D,Diffley J F X. Eukaryotic DNA replication control:Lock and load,then fire.Curr. Opin. Cell Biol.,2009,21:771-777.

6. Sekiguchi J M,Ferguson D O. DNA double-strand break repair:A relentless hunt uncovers new prey. Cell, 2006,124:260-262.

数字课程学习

e 教学课件　　　　　 📋 在线自测　　　　 🖥 思考题解析

第 3 章

生物信息的传递（上）
——从 DNA 到 RNA

现代分子生物学的最基本原理是:基因作为唯一能够自主复制、永久存在的单位,其生物功能是以蛋白质的形式表达出来的。所以我们说,DNA 序列是遗传信息的贮存者,它通过自主复制得到永存,并通过转录生成信使 RNA,翻译生成蛋白质的过程来控制生命现象。

基因表达包括转录(transcription)和翻译(translation)两个阶段,转录是指拷贝出一条与 DNA 链序列完全相同(除了 T → U 之外)的 RNA 单链的过程,是基因表达的核心步骤;翻译是指以新生的 mRNA 为模板,把核苷酸三联遗传密码子翻译成氨基酸序列、合成多肽链的过程,是基因表达的最终目的。因为只有 mRNA 所携带的遗传信息才被用来指导蛋白质生物合成,所以人们一般用 U、C、A、G 这 4 种核苷酸而不是 T、C、A、G 的组合来表示遗传性状。

转录和翻译的速度基本相等,37℃时,转录生成 mRNA 的速度大约是每分钟 2 500 个核苷酸,即每秒钟合成 14 个密码子,而蛋白质合成的速度大约是每秒钟 15 个氨基酸。正常情况下,从一个基因开始表达到细胞中出现其 mRNA 的间隔约为 2.5 min,而再过半分钟左右就能在细胞内测到相应的蛋白质。

图 3-1 DNA 模板与 mRNA 及多肽链之间存在共线性关系

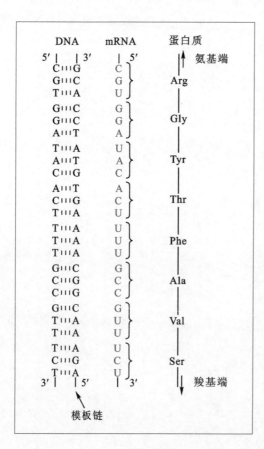

DNA 是贮藏遗传信息的最重要的生物大分子。DNA 分子中的核苷酸排列顺序不但决定了细胞内所有 RNA 及蛋白质的基本结构,还通过蛋白质(酶)的功能间接控制了细胞内全部有效成分的生产、运转和功能发挥。我们把与 mRNA 序列相同的那条 DNA 链称为编码链(coding strand)或称有义链(sense strand),并把另一条根据碱基互补原则指导 mRNA 合成的 DNA 链称为模板链(template strand)或称反义链(antisense strand)。贮存在任何基因中的生物信息都必须首先被转录生成 RNA(图 3-1),才能得到表达。DNA 和 RNA 虽然很相似,只有 T 或 U 及核糖的第二位碳原子上有所不同,但它们的生物学活性却很不同。

除了少数 RNA 病毒,所有 RNA 分子都来自 DNA。贮存于 DNA 双链中的遗传信息通过一个被称为转录(transcription)的酶促反应按照碱基互补配对的原则被转化成为单链 RNA 分子。

3.1 RNA 的结构、分类和功能

信使核糖核酸通常用 mRNA 表示,是英文 messenger RNA 的简称。mRNA 在大肠杆菌细胞内占总 RNA 的 2% 左右(tRNA 占 16%,而 rRNA 则占 80% 以上)。尽管科学家很早就怀疑生物细胞内存在能将遗传信息从 DNA 上转移到蛋白质分子上的信使(或称模板),但由于 mRNA 在细菌细胞内的半衰期很短,科学家直到 20 世纪 70 年代初才首次将这一重要物质从细胞中分离出来。现已查明,许多基因的 mRNA 在体内还是相当稳定的,半衰期从几个小时到几天不等。目前,人们已能从几乎所有生物体内分离纯化编码任何蛋白质的 mRNA。

虽然 mRNA 在所有细胞内执行着相同的功能,即通过三联体密码翻译生成蛋白质,但其生物合成的具体过程和成熟 mRNA 的结构在原核细胞和真核细胞内是不同的。真核细胞 mRNA 的最大特点在于它往往以一个较大相对分子质量的前体 RNA 出现在核内,需要经过转录后加工。只有成熟的、相对分子质量明显变小并经化学修饰的 mRNA 才能进入细胞质,参与蛋白质的合成。

原核生物常以 AUG(有时 GUG,甚至 UUG)作为起始密码子,而真核生物几乎永远以 AUG 作为起始密码子。

3.1.1 RNA 的结构特点

1. RNA 含有核糖和嘧啶,通常是单链线性分子

与 DNA 不同,RNA 骨架含有核糖,在 RNA 中尿嘧啶取代了胸腺嘧啶,RNA 主要以单链形式存在于生物体内,其高级结构很复杂。

2. RNA 链自身折叠形成局部双螺旋

由于 RNA 链频繁发生自身折叠,在互补序列间形成碱基配对区,所以尽管 RNA 是单链分子,它仍然具有大量的双螺旋结构特征。RNA 可以多种茎 – 环结构(stem-loop structure),如发夹结构(hairpin)、凸起(bulge)、环状结构(loop)或四通道内环(four-stem junction)的形式存在(图 3-2),因此,RNA 的碱基配对区可以是规则的双螺旋,也可能是不连续的部分双螺旋。

除了 Watson-Crick 配对的碱基,RNA 中还具有额外的非 Watson-Crick 配对的碱基,如 G–U 碱基对(图 3-2e),该特征使得 RNA 链自我配对的能力得到增强,更易形成双螺旋结构,常常出现局部区域碱基配对。双螺旋 RNA 的小沟宽而浅,几乎没有序列特异性信息;大沟狭且深,使得与其相互作用的蛋白质氨基酸侧链难以接近它,因此 RNA 不适合与蛋白质进行序列特异性的相互作用,虽然有一些蛋白质可以序列特异性方式结合在 RNA 上。

3. RNA 可折叠形成复杂的三级结构

因为 RNA 没有形成规则双螺旋的长度限制,RNA 中的碱基配对还可能发生在不

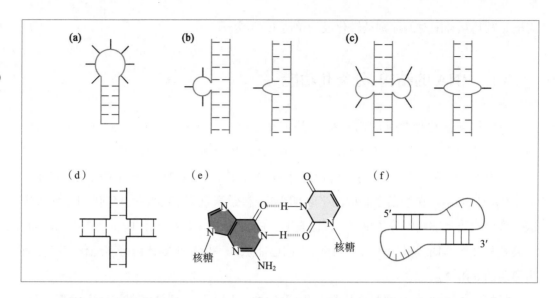

相邻的序列中,形成"假结"(pseudoknot)^(图 3-2f)等复杂结构,这些特殊的结构特征使得 RNA 常形成大量的三级结构。由于 RNA 骨架上未配对的区域可以不受限制地自由旋转,所以碱基和核糖磷酸骨架之间的非常规相互作用使 RNA 常常折叠成包括不规则的碱基配对的复杂的三级结构,如 tRNA 中的三碱基配对以及碱基与骨架的相互作用。利用 RNA 结构的复杂性,研究者可以通过构建含有随机序列的 RNA 文库筛选到与特定小分子、多肽等具有高亲和力的 RNA。

4. 环状 RNA

早在几十年前,生物学家们就发现了环状 RNA(circRNA)。近年来,随着二代测序的发展,人们发现环状 RNA 其实是非常普遍的。这些分子广泛存在于从古菌、酵母、小鼠到人类多种生物的细胞中。环状 RNA 呈封闭环状结构,因不受 RNA 外切酶的影响而不易降解,比线性 RNA 稳定得多。真核细胞的环状 RNA 来自于 mRNA 前体(pre-mRNA)的反向剪接。虽然环状 RNA 通常表达水平较低,但它们的表达存在细胞和组织特异性。近年来的研究表明,环状 RNA 可以通过不同途径影响基因表达,有效扩展真核细胞转录组的多样性和复杂性,在细胞中扮演着重要的角色。

3.1.2　RNA 在细胞中的分布

生物体内的 RNA 种类繁多,且分布在细胞的不同部位。各类 RNA 在组成、大小、分子结构、生物学功能以及亚细胞定位等方面都有所不同。图 3-3 列举了目前细胞中已发现的 RNA 类型。

生物体内主要有 3 种 RNA 参与遗传信息的传递,即编码特定蛋白质序列的信使 RNA(messenger RNA,mRNA),能特异性解读 mRNA 中的遗传信息、将其转化成相应氨基酸后加入多肽链中的转运 RNA(transfer RNA,tRNA)和直接参与核糖体中蛋白质合成的核糖体 RNA(ribosomal RNA,rRNA)。

图 3-3 RNA 各组分在细胞中的分布

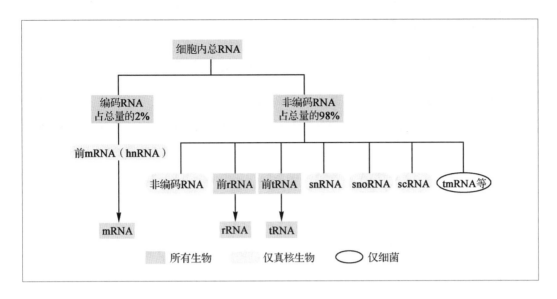

3.1.3 RNA 的功能

RNA 既可作为信息分子又能作为功能分子发挥作用。作为信息分子,RNA 担负着贮藏及转移遗传信息的功能,起着遗传信息由 DNA 到蛋白质的中间传递体的核心作用;作为功能分子,它在以下几个方面发挥重要的作用:①作为细胞内蛋白质生物合成的主要参与者;②部分 RNA 可以作为核酶在细胞中催化一些重要的反应,主要作用于初始转录产物的剪接加工;③参与基因表达的调控,与生物的生长发育密切相关;④在某些病毒中,RNA 是遗传物质。

3.2 RNA 转录概述

3.2.1 RNA 转录与 DNA 复制的比较

RNA 转录与 DNA 的复制相比尽管在化学和酶学上非常相似,但两者之间存在一些明显的差别:

① 与 DNA 聚合酶不同,RNA 聚合酶具有从头起始转录的能力,所以它在催化 RNA 合成时不需要引物。

② RNA 聚合酶在添加几个核苷酸后,便将正在延长的链从模板上置换下来,RNA 产物不与模板 DNA 链保持碱基互补状态。因此,多个 RNA 聚合酶分子可以同时转录一个基因,保证在短时间内合成某一个基因的大量转录产物。

③ 转录具有选择性。DNA 复制必须将整个基因组全部拷贝,并且在每个细胞周期内只复制一次。RNA 转录则是选择性地复制基因组的特定部分,可以产生几个到上千个相同的拷贝。基因组的不同部分转录程度不同,在不同细胞中,同一细胞的不同生长发育阶段或者同一细胞应答不同刺激,在不同时间点所转录的基因都可能不同。

④ 与 DNA 复制的精确度相比,转录中每添加 10 000 个核苷酸会发生一次错误,表

明转录过程缺乏严谨的矫正机制。

3.2.2 转录机器的主要成分——RNA聚合酶

以DNA序列为模板的RNA聚合酶主要以双链DNA为模板（若以单链DNA做模板，则活性大大降低），以4种核苷三磷酸作为活性前体，并以Mg^{2+}/Mn^{2+}为辅助因子，催化RNA链的起始、延伸和终止，它不需要任何引物，催化生成的产物是与DNA模板链相互补的RNA。RNA或RNA–DNA双链杂合体不能作为模板。RNA聚合酶是转录过程中最关键的酶。每个细胞中约有7 000个RNA聚合酶分子，根据细胞的生长情况，任何时候都可能有2 000～5 000个酶在执行转录DNA模板的功能。原核和真核生物的RNA聚合酶虽然都能催化RNA的合成，但在其分子组成、种类和生化特性上各有特色，我们将在下面分别介绍。

3.2.3 启动子与转录起始

启动子是一段位于结构基因5'端上游区的DNA序列，能活化RNA聚合酶，使之与模板DNA准确地相结合并具有转录起始的特异性。有实验表明，对许多启动子来说，RNA聚合酶与之相结合的速率至少比布朗运动中的随机碰撞高100倍。

转录的起始是基因表达的关键阶段，而这一阶段的重要问题是RNA聚合酶与启动子的相互作用。启动子的结构影响了它与RNA聚合酶的亲和力，从而影响了基因表达的水平。有关启动子的结构特点，我们将在后面分别介绍原核和真核生物启动子的组成。

图3-4 RNA的转录单位示意图

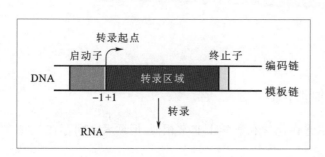

转录单位（transcription unit）是一段从启动子开始至终止子（terminator）结束的DNA序列，RNA聚合酶从转录起点开始沿着模板前进，直到终止子为止，转录出一条RNA链(图3-4)。

转录起点是指与新生RNA链第一个核苷酸相对应DNA链上的碱基，研究证实通常为一个嘌呤。常把起点前面，即5'端的序列称为上游序列（upstream），而把其后面即3'端的序列称为下游序列（downstream）。在描述碱基的位置时，一般用数字表示，起点为+1，下游方向依次为+2、+3……等，上游方向依次为–1、–2、–3……等。序列的书写方向通常是固定的，使转录从左（上游）向右（下游）进行，mRNA同样按照5'→3'方向书写。

3.3 RNA转录的基本过程

无论是原核还是真核细胞，RNA链的合成都具有以下几个特点：RNA是按5'→3'方向合成的，以DNA双链中的反义链（模板链）为模板，在RNA聚合酶催化下，以4种核苷

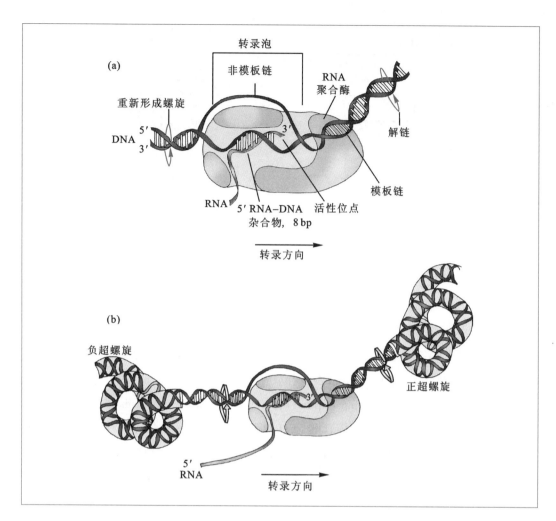

图 3-5　大肠杆菌中依赖于 DNA 的 RNA 转录过程图示

(a) 在转录的任意时刻,转录泡中单链 DNA 的长度为 17 个碱基左右,被聚合形成复合物所保护的 DNA 序列为 35 个碱基左右;(b) 由于基因转录所引起的 DNA 超螺旋结构变化。

三磷酸(NTPs)为原料,根据碱基配对原则(A-U、T-A、G-C),各核苷酸间通过形成磷酸二酯键相连,不需要引物的参与,合成的 RNA 带有与 DNA 编码链(有义链)相同的序列(A-U)。转录的基本过程包括模板识别、转录起始、通过启动子及转录的延伸和终止(图 3-5)。

3.3.1　模板识别

模板识别(template recognition)阶段主要指 RNA 聚合酶识别启动子序列并与启动子 DNA 双链特异性结合的过程。启动子(promoter)是基因转录起始所必需的一段 DNA 序列,是基因表达调控的上游顺式作用元件之一。

3.3.2　转录起始

转录起始(initiation)不需要引物。RNA 聚合酶结合在启动子上以后,使启动子附近的 DNA 双链解旋并解链,形成转录泡以促使底物核糖核苷酸与模板 DNA 的碱基配对。转录起始就是 RNA 链上第一个核苷酸键的产生。

图 3-6 DNA 的转录循环假说

(a) 转录循环示意图；
(b) RNA 聚合酶–DNA–RNA 的转录复合物模型。

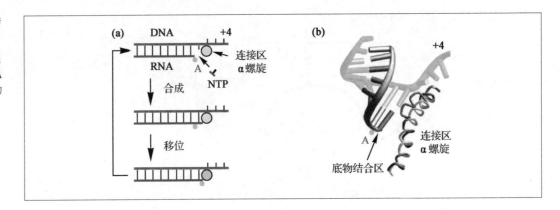

3.3.3 转录延伸

RNA 的合成是连续的过程。一旦进入转录延伸（elongation）阶段，底物 NTP 不断被添加到新生 RNA 链的 3'-OH 端，随着转录泡复合体与 RNA 聚合酶沿着 DNA 模板向前移动，DNA 双螺旋持续解开，暴露出新的单链 DNA 模板，新生 RNA 链的 3' 端不断延伸，在解链区形成 RNA–DNA 杂合物。而在解链区的后面，DNA 模板链与其原先配对的非模板链重新结合成为双螺旋，RNA 链被逐步释放。

现在常用 DNA 转录循环（transcription cycle—transloction mechanism）假说（图 3-6）来解释 RNA 链的延伸。首先，三磷酸核苷酸（NTP）填补了开放的底物位点并在活性位点形成磷酯键；此时，处于 RNA 聚合酶Ⅱ活性位点的核酸发生"移位"，其中连接区的 α 螺旋结构从笔直变为弯折再恢复为笔直状态，为下一轮 RNA 合成留出了空的底物位点。

3.3.4 转录终止

当 RNA 链延伸到转录终止（termination）位点时，RNA 聚合酶不再形成新的磷酸二酯键，RNA–DNA 杂合物分离，转录泡瓦解，DNA 恢复成双链状态，而 RNA 聚合酶和 RNA 链都被从模板上释放出来，这就是转录的终止。

3.4 原核生物与真核生物的转录及产物特征比较

3.4.1 原核生物与真核生物转录过程比较

原核生物与真核生物基因转录具有一定的相似性，但也存在以下几方面的差异（表 3-1）：

① 只有一种 RNA 聚合酶参与所有类型的原核生物基因转录，而真核生物有 3 种以上的 RNA 聚合酶来负责不同类型的基因转录，合成不同类型的、在细胞核内有不同定位的 RNA。

② 转录产物有差别。原核生物的初始转录产物大多数是编码序列，与蛋白质的氨基酸序列呈线性关系；而真核生物的初始转录产物很大，含有内含子序列，成熟的 mRNA 只占初始转录产物的一小部分。

表 3-1　原核生物与真核生物转录比较

原核生物	真核生物
一种 RNA 聚合酶参与转录	3 种以上 RNA 聚合酶参与转录
初始转录产物大多是编码序列,与蛋白质的氨基酸序列呈线性关系	初始转录产物很大,含内含子序列,成熟的 mRNA 只占初始转录产物的一小部分
初始转录产物不需要剪接加工就可行使翻译模板的功能	初始转录产物需要经过剪接、修饰等加工才能成为成熟的 mRNA
转录和翻译发生在同一个细胞空间,这两个过程几乎是同步进行的	真核细胞 mRNA 的合成和功能表达发生在不同的空间和时间范畴内

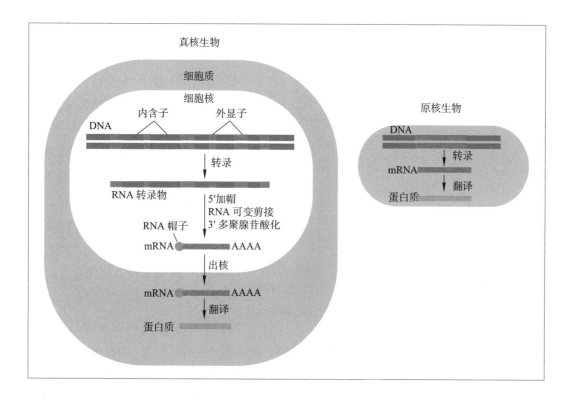

图 3-7　原核生物和真核生物转录及翻译的比较

③ 原核生物的初始转录几乎不需要剪接加工,就可直接作为成熟的 mRNA 进一步行使翻译模板的功能;真核生物转录产物需要经过剪接、修饰等转录后加工成熟过程才能成为成熟的 mRNA。

④ 在原核生物细胞中,转录和翻译不仅发生在同一个细胞空间里,而且这两个过程几乎是同步进行的,蛋白质合成往往在 mRNA 刚开始转录时就被引发了。真核生物 mRNA 的合成和蛋白质的合成则发生在不同的空间和时间范畴内(图 3-7)。

3.4.2　原核生物 mRNA 的特征

1. 原核生物 mRNA 的半衰期短

细菌基因的转录与翻译是紧密相联的,基因转录一旦开始,核糖体就结合到新生 mRNA 链的 5' 端,启动蛋白质合成,而此时该 mRNA 的 3' 端还远远没有转录完全(图 3-8)。

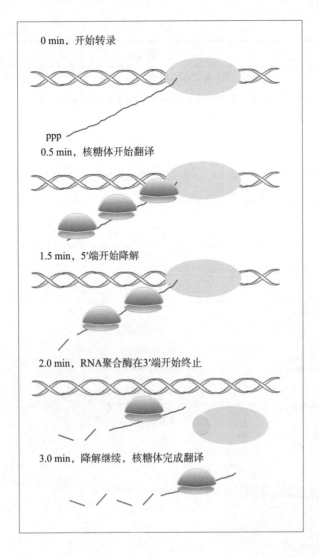

图 3-8 在细菌中，mRNA 的转录、翻译和降解几乎同时进行，mRNA 的半衰期非常短

0 min，开始转录

ppp
0.5 min，核糖体开始翻译

1.5 min，5′端开始降解

2.0 min，RNA聚合酶在3′端开始终止

3.0 min，降解继续，核糖体完成翻译

在电子显微镜下，我们可以看到一连串核糖体紧紧跟在 RNA 聚合酶后面。

绝大多数细菌 mRNA 的半衰期短得令人吃惊，mRNA 的降解紧随着蛋白质翻译过程发生。现在一般认为，转录开始 1 min 后，降解就开始了，这就是说，当一个 mRNA 的 5′端开始降解时，其 3′端部分可能仍在合成或被翻译。mRNA 降解的速度大概只有转录或翻译速度的一半。科学家发现每过大约 2 min，体系中出现新生蛋白质的速度就下降 50%。

因为基因转录和多肽链延伸的速度基本相同，所以细胞内某一基因产物（蛋白质）的多少决定于转录和翻译的起始效率，以大肠杆菌色氨酸合成酶基因为例，平均每分钟约有 15 次转录起始，这些 mRNA 链从生成到降解平均被翻译 10 次，所以，稳定状态下细胞中每分钟生成 150 个多肽。在讨论 mRNA 半衰期的时候我们不应忘记，所有这一切都只是统计学上的平均值。事实上，新生 mRNA 与成熟 mRNA 受核酸酶"攻击"的概率是相等的。所以，有些 mRNA 链可能被翻译了许多次，而同一群体中的另外一些 mRNA 分子可能根本没有被翻译。虽然 mRNA 的寿命具有随机性，但某一 mRNA 的翻译产量却是大致稳定的。

2. 许多原核生物 mRNA 可能以多顺反子的形式存在

细菌 mRNA 可以同时编码不同的蛋白质，我们把只编码一个蛋白质的 mRNA 称为单顺反子 mRNA（monocistronic mRNA），把编码多个蛋白质的 mRNA 称为多顺反子 mRNA（polycistronic mRNA）。多顺反子 mRNA 是一组相邻或相互重叠基因的转录产物[图 3-9]，这

图 3-9 许多原核细胞的 mRNA 以多顺反子形式存在

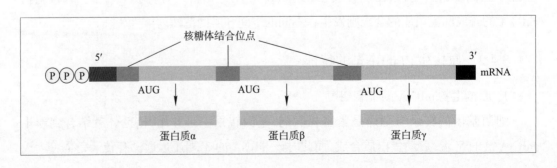

核糖体结合位点

5′

AUG　　　　AUG　　　　AUG

mRNA

3′

蛋白质α　　　　蛋白质β　　　　蛋白质γ

样的一组基因可被称为一个操纵子(operon),是生物体内的重要遗传单位,如大肠杆菌乳糖操纵子转录成编码 3 条多肽的多顺反子 mRNA,经过翻译生成 β- 半乳糖苷酶、透过酶及乙酰基转移酶。

几乎所有mRNA都可以被分成3部分:编码区和位于AUG之前的5′端上游非编码区,以及位于终止密码子之后不翻译的 3′ 端下游非编码区。编码区从起始密码子 AUG 开始,经一连串编码氨基酸的密码子直至终止密码子。对于第一个顺反子来说,一旦mRNA的5′端被合成,翻译起始位点即可与核糖体相结合,而后面几个顺反子翻译的起始就会受其上游顺反子结构的调控。一种情况是,第一个蛋白质合成终止以后,核糖体分解成大、小亚基,脱离 mRNA 模板,第二个蛋白质的翻译必须等到新的小亚基和大亚基与该蛋白质起始密码子相结合后才可能开始(图 3-10a)。当然,前一个多肽翻译完成以后,核糖体大、小亚基分离,小亚基也可能不离开 mRNA 模板,而是迅速与游离的大亚基结合,启动第二个多肽的合成(图 3-10b)。

3. 原核生物 mRNA 的 5′ 端无帽子结构,3′ 端没有或只有较短的多(A)结构

原核生物起始密码子AUG上游7~12个核苷酸处有一被称为SD序列(Shine-Dalgarno sequence)的保守区,因为该序列与 16S rRNA 3′ 端反向互补,所以被认为在核糖体与 mRNA 的结合过程中起作用(图 3-11)。如果把 16S rRNA 3′ 端的 6 个保守核苷酸反过来写,则为 3′-UCCUCC-5′。所有已知大肠杆菌 mRNA 的翻译起始区都含有 4~5 个(至少 3 个)对应于 SD 序列的核苷酸。

细菌 16S rRNA 的 3′ 端既非常保守,又高度自我互补,能形成发夹结构。与 mRNA 互补的部分也参与这个“发夹”的形成。表面上看这似乎是一对矛盾,一个序列不可能在形成“发夹”的同时又与mRNA相结合。事实上,这正好说明序列配对是动态的、可变的,翻译起始复合物的生成很可能包含了 rRNA 3′ 端的发夹结构的改变,启动蛋白质翻译以

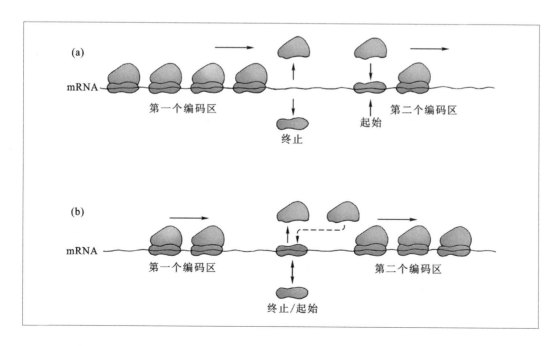

图 3-10 原核生物多顺反子基因中后续编码区翻译起始受顺反子之间距离的影响

(a) 当两个顺反子之间距离较远时,前一顺反子翻译的终止与后一顺反子翻译的起始是相互独立的;(b) 当两个顺反子之间距离较近时,前一顺反子翻译的终止与后一顺反子翻译的起始相衔接,30S 小亚基始终与 mRNA 结合,只有 50S 大亚基可能与 mRNA 分离。

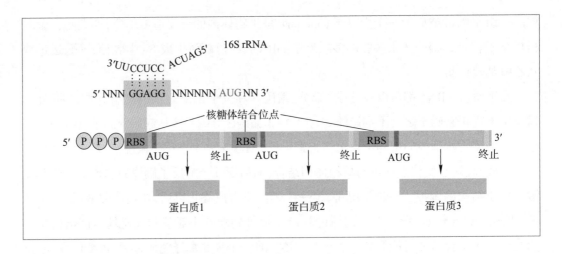

图 3-11　SD 序列与 16S rRNA 3′ 端反向互补,在核糖体与 mRNA 的结合过程中发挥重要作用

后,mRNA-rRNA 杂合体被打破,为核糖体在 mRNA 模板上的移动创造了条件。

3.4.3　真核生物 mRNA 的特征

凡是编码功能蛋白的真核基因都通过 RNA 聚合酶 II 进行转录,真核基因几乎都是单顺反子,只包含一个蛋白质的信息,其长度在几百到几千个核苷酸之间。一个完整的基因,不但包括编码区(coding region),还包括 5′ 和 3′ 端长度不等的特异性序列,它们虽然不编码氨基酸,却在基因表达的过程中起着重要作用。所以,"基因"的分子生物学定义是:产生一条多肽链或功能 RNA 所必需的全部核苷酸序列! 真核生物 mRNA 结构上的最大特征是 5′ 端的帽子及 3′ 的多(A)结构(图 3-12a)。

1. 真核生物 mRNA 的 5′ 端存在"帽子"结构

真核生物(不包括叶绿体和线粒体)的 mRNA 5′ 端都是经过修饰的,基因转录一般从嘌呤(主要是 A,也可能是 G)起始,第一个核苷酸保留了 5′ 端的三磷酸基团并能通过其 3′-OH 位与下一个核苷酸的 5′ 磷酸基团形成二酯键,转录产物的起始序列为 pppApNpNp⋯⋯。然而,如果在体外用核酸酶处理成熟 mRNA,其 5′ 端并不产生预期的核苷三磷酸,而产生以 5′ → 5′ 三磷酸基团相连的二核苷酸,5′ 终端是一个在 mRNA 转录后加上去的甲基化鸟嘌呤(图 3-12)。

mRNA 5′ 端加"G"的反应是由鸟苷酸转移酶完成的,这个反应非常迅速,很难在体外或体内测得 5′ 自由三磷酸基团的存在。据测算,在新生 mRNA 链达到 50 个核苷酸之前,甚至可能在 RNA 聚合酶 II 离开转录起始位点之前,帽子结构就已加到 mRNA 的第一个核苷酸上了。这就是说,mRNA 几乎一诞生就是戴上帽子的。一般认为,帽子结构是 GTP 和原 mRNA 5′ 三磷酸腺苷(或鸟苷)缩合反应的产物,新加上的 G 与 mRNA 链上所有其他核苷酸方向正好相反,像一顶帽子倒扣在 mRNA 链上,故而得名。

mRNA 的帽子结构常常被甲基化。第一个甲基出现在所有真核细胞的 mRNA 中(单细胞真核生物 mRNA 主要是这个结构),由鸟嘌呤 -7- 甲基转移酶(guanine-7-methyl-transferase)催化,称为零类帽子(cap0)。帽子结构的下一步是在第二个核苷酸(原 mRNA 5′ 第一位)的 2′-OH 位上加另一个甲基,这步反应由 2′-O- 甲基转移酶完成。一般把有这

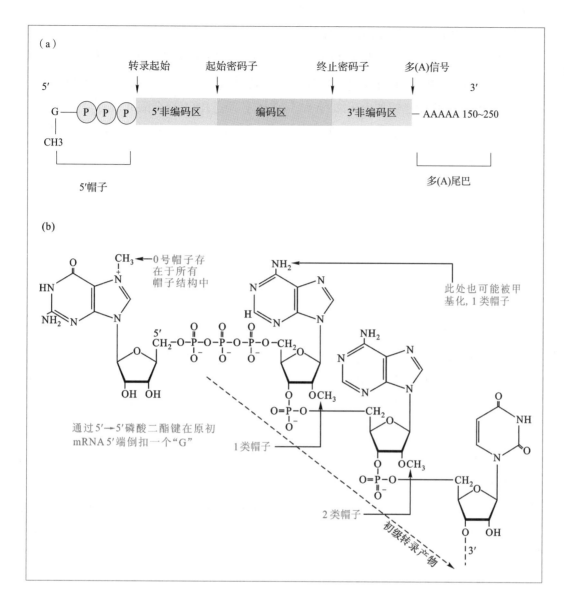

图 3-12　真核生物 mRNA 结构

(a) 真核生物 mRNA 的结构特征;(b) 真核生物 mRNA 的帽子结构。

(a)

转录起始　　起始密码子　　终止密码子　　多(A)信号

5′　　　　　　　　　　　　　　　　　　　　　　　　　　　　　　3′

G—(P)(P)(P)　5′非编码区　　编码区　　3′非编码区　— AAAAA 150~250

CH3

5′帽子　　　　　　　　　　　　　　　　　　　　　　多(A)尾巴

(b)

CH₃ →0号帽子存在于所有帽子结构中

此处也可能被甲基化,1 类帽子

通过 5′→5′磷酸二酯键在原初 mRNA 5′端倒扣一个"G"

1 类帽子

2 类帽子

初级转录产物

3′

两个甲基的结构称为 1 类帽子(cap1),真核生物中以这类帽子结构为主。当 mRNA 原第一位核苷酸是腺嘌呤时,其 N^6 位有时也被甲基化,这一反应只能在 2′-OH 被甲基化以后才能发生。在某些生物细胞内,mRNA 链上的原第二个核苷酸的 2′-OH 位也可能被甲基化,因为这个反应只以带有 1 类帽子的 mRNA 为底物,所以被称为 2 类帽子(cap2)。有 2 类帽子的 mRNA 只占有帽 mRNA 总量的 15% 以下。

　　帽子结构可能使 mRNA 免遭核酸酶的破坏。实验表明,去除珠蛋白 mRNA 5′ 端的 7- 甲基鸟嘌呤后,该 mRNA 分子的翻译活性和稳定性都明显下降。而且,有帽子结构的 mRNA 更容易被蛋白质合成的起始因子所识别,从而促进蛋白质的合成。在呼肠孤病毒中,含甲基化 5′ 端 mRNA 的蛋白质合成速度比不含甲基的 mRNA 要快。用化学方法除去 5′ 端的甲基以后,上述 mRNA 作为蛋白质合成模板的活性消失,说明 mRNA 5′ 端甲基化的帽子是翻译所必需的。已经发现在呼肠孤病毒中无 m^7G 的 mRNA 不能与核糖体 40S 小亚基结合,证明甲基化的帽子结构可能是蛋白质合成起始信号的一部分。

2. 绝大多数真核生物 mRNA 具有多(A)尾

除组蛋白基因外,真核生物 mRNA 的 3' 端都有多(A)序列,其长度因 mRNA 种类不同而变化,一般为 40~200 个。多(A)序列是在转录后加上去的,可能在细胞核中的核内不均一 RNA 阶段就已经加上了多(A)。目前还不清楚 RNA 聚合酶 II 所转录基因的精确终止位点,但研究发现,几乎所有真核基因的 3' 端转录终止位点上游 15~30 bp 处的保守序列 AAUAAA 对于初级转录产物的准确切割及加多(A)是必需的^(图 3-13)。实验证明,尽管多(A)位点及 AATAAA 的存在对于基因的转录和成熟意义重大,但 RNA 聚合酶 II 却不在多(A)位点终止,而往往继续转录,因此,大部分已知基因的初始转录产物拥有多(A)位点下游 0.5~2 kb 核苷酸序列。

加多(A)时需要由内切酶切开 mRNA 3' 端的特定部位,然后由多(A)合成酶催化多腺苷酸的反应。如果将上述保守序列切除,该基因组合的转录活性就会消失。点突变实验将 AAUAAA 变为 AAGAAA,虽然维持了该基因的转录活性,却发现 mRNA 的剪接加工受阻,因而没有功能性 mRNA 产生。

多(A)是 mRNA 由细胞核进入细胞质所必需的形式,它大大提高了 mRNA 在细胞质中的稳定性。当 mRNA 刚从细胞核进入细胞质时,其多(A)尾一般比较长,随着 mRNA 在细胞质内逗留时间延长,多(A)逐渐变短消失,mRNA 进入降解过程。此外,翻译起始因子 eIF4F 和包绕在多(A)尾的 poly(A)结合蛋白之间的相互作用使真核 mRNA 保持环状,因而多(A)还能增强 mRNA 的可翻译能力。

真核生物 mRNA 大都具有多(A)尾,这一特性已被广泛应用于分子克隆。常用寡聚 dT 片段与 mRNA 上的多(A)相配对,作为反转录酶合成第一条 cDNA 链的引物。

尽管大部分真核 mRNA 有多(A)尾,细胞中仍可有多达 1/3 没有多(A)的 mRNA,我们把带有多(A)的 mRNA 称为多(A)⁺,而把没有多(A)的 mRNA 称为多(A)⁻。现已查明,

图 3-13 真核生物 mRNA 的加多(A)反应

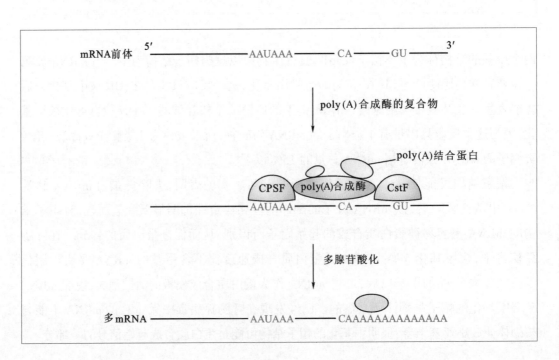

约 1/3 的多（A）⁻ mRNA 编码了不同形式的组蛋白，其余 2/3 的多（A）⁻ mRNA 可能带有与多（A）⁺ 组分相同的遗传信息。

3.5 原核生物 RNA 聚合酶与 RNA 转录

3.5.1 原核生物 RNA 聚合酶

在细菌中，一种 RNA 聚合酶几乎负责所有 mRNA、rRNA 和 tRNA 的合成。大多数原核生物 RNA 聚合酶的组成是相同的，大肠杆菌 RNA 聚合酶是原核生物 RNA 聚合酶中研究最清楚的酶，它首先由 2 个 α 亚基、一个 β 亚基、一个 β′ 亚基和一个 ω 亚基组成核心酶，然后加上一个 σ 亚基后则成为聚合酶全酶（holoenzyme），相对分子质量为 4.65×10^5（图 3–14）。

原核生物转录的起始需要全酶参与，由 σ 因子辨认起始点，延长过程仅需要核心酶的催化。转录的真实性取决于有特异的转录起始位点，转录起始后按照碱基互补原则准确地转录模板 DNA 序列及具有特异的终止部位。RNA 的合成是在模板 DNA 的启动子位点上起始的，而这个任务是靠 σ 因子来完成的。RNA 聚合酶的核心酶虽可合成 RNA，但不能找到模板 DNA 上的起始位点，所以核心酶的产物是不均一的，而且 DNA 的两条链都可作为核心酶的模板。只有带 σ 因子的全酶才能专一地与 DNA 上的启动子结合，选择其

图 3–14　大肠杆菌 RNA 聚合酶的主要成分与功能

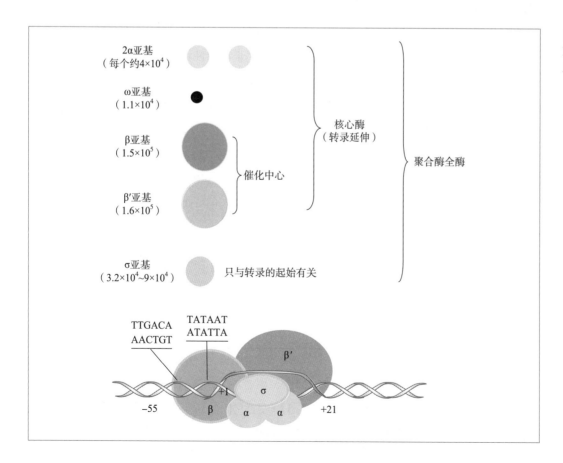

中一条链作为模板,合成RNA链。σ因子的作用在于帮助转录起始,因此也称为起始亚基,一旦转录开始,它就脱离了起始复合物,而由核心酶负责RNA链的延伸。研究发现,由β和β′亚基组成了聚合酶的催化中心,它们在序列上与真核生物RNA聚合酶的两个大亚基有同源性。β亚基能与模板DNA、新生RNA链及核苷酸底物相结合^(表3-2)。

表3-2 大肠杆菌RNA聚合酶的组成分析

亚基	基因	相对分子质量	亚基数	组分	功能
α	rpoA	3.65×10^4	2	核心酶	核心酶组装,启动子识别
β	rpoB	1.51×10^5	1	核心酶	β和β′共同形成RNA合成的活性中心,与DNA模板结合,催化磷酸二酯键形成
β′	rpoC	1.55×10^5	1	核心酶	
ω	?	1.1×10^4	1	核心酶	未知
σ	rpoD	7.0×10^4	1	σ因子	存在多种σ因子,用于识别不同的启动子,促进转录起始

　　α亚基可能与核心酶的组装及启动子识别有关,并参与RNA聚合酶和部分调节因子的相互作用。实验证明,T4噬菌体感染大肠杆菌后对α亚基的一个精氨酸残基进行ADP糖基化修饰,造成RNA聚合酶全酶对启动子亲和力降低。

　　σ因子的作用是负责模板链的选择和转录的起始,它是酶的别构效应物,使酶专一性识别模板上的启动子。在细胞内σ因子的数量只有核心酶的30%,因此任何时候只有三分之一的聚合酶以全酶形式存在。σ因子可以极大地提高RNA聚合酶对启动子区DNA序列的亲和力^(图3-14),酶底结合常数提高10^3倍,酶底复合物的半衰期可达数小时甚至数十小时。σ因子还能使RNA聚合酶与模板DNA上非特异性位点的结合常数降低10^4倍,使非特异性位点酶底复合物的半衰期小于1 s。核心酶在T7噬菌体DNA上约有1 300个结合位点,平均结合常数为2×10^{11}。加入σ因子后则出现两类位点,大部分位点的结合常数在$10^8 \sim 10^9$之间,但有8个位点的结合常数在$10^{12} \sim 10^{14}$之间,从而表明σ因子不仅增加聚合酶对启动子的亲和力,还降低了它对非专一位点的亲和力。

　　在某些细菌细胞内含有能识别不同启动子的σ因子,以适应不同生长发育阶段的要求,调控不同基因转录的起始^(表3-3)。

表3-3 大肠杆菌中的σ因子能识别并与启动子区的特异性序列相结合

因子	基因	功能	−35区	间隔/bp	−10区
σ⁷⁰	rpoD	广泛	TTGACA	16～18	TATAAT
σ³²	rpoH	热休克	TCTCNCCCTTGAA	13～15	CCCCATNTA
σ⁵⁴	rpoN	氮代谢	CTGGNA	6	TTGCA

　　与大肠杆菌相比,T3和T7噬菌体的RNA聚合酶在结构上要简单得多,它们由一条多肽链组成,相对分子质量小于1×10^5。在37℃下,它们的转录速度为每秒200个核苷酸。但是,这种简单的聚合酶只能起始存在于噬菌体中的几个启动子的转录。因此,大肠杆菌

RNA 聚合酶组成上的复杂性可能反映了它必须与大量蛋白质因子相互作用这个事实。

当 RNA 聚合酶按 5′→3′ 方向延伸 RNA 链时,解旋的 DNA 区域也随之移动。聚合酶可以横跨约 40 个碱基对,而解旋的 DNA 区域大约是 17 个碱基对。自由核苷酸能被聚合酶加到新生的 RNA 链上,并形成 DNA–RNA 杂合体。随着聚合酶在模板上的运动,靠近 3′ 端的 DNA 不断解旋,同时在 5′ 端重新形成 DNA 双链,将 RNA 链挤出 DNA–RNA 杂合体。RNA 的 3′ 端有 20~30 个核苷酸与 DNA 或聚合酶相结合(图 3–5)。

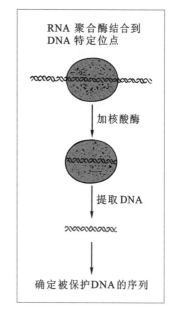

图 3–15 转录启动子区 DNA 序列的分离纯化过程图示

3.5.2 原核生物启动子结构

启动子区是 RNA 聚合酶的结合区,其结构直接关系到转录的效率。那么,启动子区有什么结构特点呢?

Pribnow 设计了一个实验,他把 RNA 聚合酶全酶与模板 DNA 结合后,用 DNase I 水解 DNA,然后用酚抽提,沉淀纯化 DNA 后得到一个被 RNA 聚合酶保护的 DNA 片段(图 3–15),有 41~44 个核苷酸对。他先后分离了 fd 噬菌体、T7 噬菌体的 A_2 及 A_3 启动子、λ 噬菌体的 P_R 启动子及大肠杆菌乳糖操纵子的 UV5 启动子等 5 段被酶保护的区域,并进行了序列分析,以后又有人做了 50 多个启动子的序列分析后发现,在被保护区内有一个由 5 个核苷酸组成的共同序列,是 RNA 聚合酶的紧密结合点,现在称为 Pribnow 区(Pribnow box),这个区的中央大约位于起点上游 10 bp 处,所以又称为 –10 区。

提纯被保护的片段后却发现,RNA 聚合酶并不能重新结合或并不能选择正确的起始点,表明在保护区外可能还存在与 RNA 聚合酶对启动子的识别有关的序列。果然,科学家不久就从噬菌体的左、右启动子 P_L 及 P_R 和 SV40 启动子的 –35 bp 附近找到了另一段共同序列:TTGACA。经过数年的努力,分析了 46 个大肠杆菌启动子的序列以后确证绝大部分启动子都存在这两段共同序列,即位于 –10 bp 处的 TATA 区和 –35 bp 处的 TTGACA 区(图 3–16)。现已查明,–10 位的 TATA 区和 –35 位的 TTGACA 区是 RNA 聚合酶与启动子的结合位点,能与 σ 因子相互识别而具有很高的亲和力。

–35 区   –10 区

$\cdots\cdots T_{85}T_{83}G_{81}A_{61}C_{69}A_{52}\cdots\cdots T_{89}A_{89}T_{50}A_{65}A_{100}\cdots\cdots$

3.5.3 原核生物启动子中 –10 区与 –35 区的最佳间距

在原核生物中,–35 区与 –10 区之间的距离通常是 16~19 碱基对,小于 15 碱基对或大于 20 碱基对都会降低启动子的活性(图 3–17)。保持启动子这两段序列以及它们之间的距离是十分重要的,否则就会改变它所控制基因的表达水平。这可以被解释为一旦 –35 区相对于 –10 区旋转所产生的超螺旋发生改变(增减一个碱基对就会使两者之间的夹角

图 3-16 大肠杆菌
RNA 聚合酶全酶所
识别的启动子区

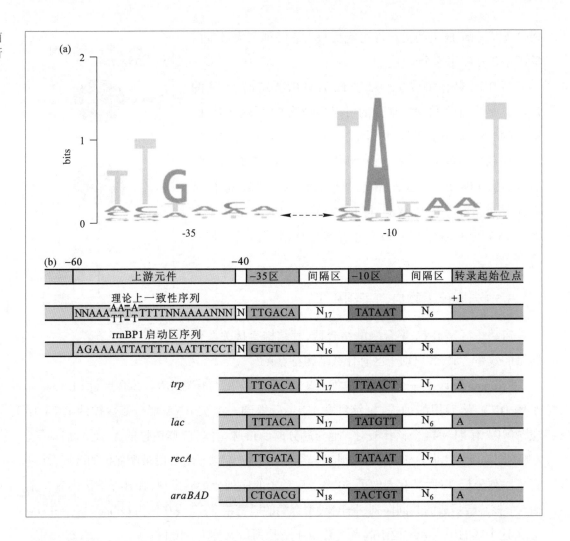

图 3-17 -10 区和
-35 区的最佳距离

发生 36° 的变化),若要使酶与 DNA 在这个区域内保持正确的取向,就必须使二者之一发生扭曲,需要增加结合自由能。

在细菌中常见两种启动子突变。一种叫下降突变(down mutation),如果把 Pribnow 区

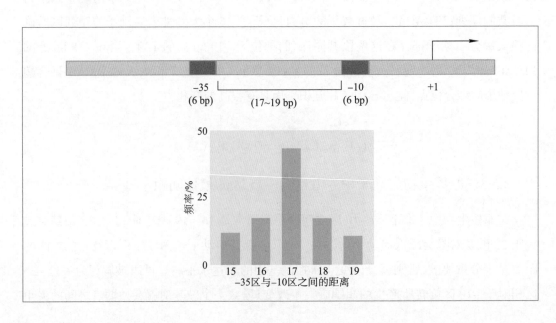

从 TATAAT 变成 AATAAT 就会大大降低其结构基因的转录水平。另一类突变叫上升突变(up mutation),即增加 Pribnow 区共同序列的同一性。例如,在乳糖操纵子的启动子中,将其 Pribnow 区从 TATGTT 变成 TATATT,就会提高启动子的效率,提高乳糖操纵子基因的转录水平。

3.5.4 原核生物 RNA 聚合酶对启动子的识别和结合

大肠杆菌 RNA 聚合酶与启动子的相互作用主要包括启动子区的识别、酶与启动子的结合及 σ 因子的结合与解离。

一般认为,RNA 聚合酶并不直接识别碱基对本身,而是通过氢键互补的方式加以识别。在启动子区 DNA 双螺旋结构中,腺嘌呤分子上的 N^6、鸟嘌呤分子上的 N^2、胞嘧啶分子上的 N^4 都是氢键供体,而腺嘌呤分子上的 N^7、N^3、胸腺嘧啶分子上的 O^4、O^2,鸟嘌呤分子上的 N^7、O^6、N^3 和胞嘧啶分子上的 O^2 都是氢键受体。由于它们分别处于 DNA 双螺旋的大沟或小沟内,因此都具有特定的方位,而酶分子中也有处于特定空间构象的氢键受体与供体,当它们与启动子中对应的分子在一定距离内相互补时,就形成氢键,相互结合。这种氢键互补学说较为圆满地解释了启动子功能既受 DNA 序列影响,又受其构象影响这一事实。当保守区某些碱基的取代不影响 DNA 上氢键的方位和特性时,启动子原有的功能保持不变;当局部 DNA 构象或电荷密度改变影响了这些基团的相对方位时,启动子的功能就会受到影响。

3.5.5 原核生物 RNA 转录周期

原核生物 RNA 的转录周期可以用图 3-18 表示。下面详细介绍转录起始、延伸和终止过程中的主要特点。

1. RNA 转录起始

① RNA 聚合酶全酶对启动子的识别,聚合酶与启动子可逆性结合形成封闭复合物(closed complex)。此时,DNA 链仍处于双链状态。

② 伴随着 DNA 构象上的重大变化,封闭复合物转变成开放复合物(open complex),聚合酶全酶所结合的 DNA 序列中有一小段双链被解开(图 3-18,图 3-19)。对于强启动子来说,从封闭复合物到开放复合物的转变是不可逆的,是快反应。

③ 开放复合物与最初的两个 NTP 相结合,并在这两个核苷酸之间形成磷酸二酯键后转变成包括 RNA 聚合酶、DNA 和新生 RNA 的三元复合物(ternary complex)。

新生的三元复合物可以进入两条不同的反应途径:一是合成并释放 2~9 个核苷酸的短 RNA 转录物,即所谓的流产式起始。转录起始后直到形成 9 个核苷酸短链的过程是通过启动子阶段,此时 RNA 聚合酶一直处于启动子区,在这个阶段,聚合酶合成的产物长度小于 10 个核苷酸,这些转录产物如果不进一步延长,新生的 RNA 链与 DNA 模板链的结合不够牢固,就很容易从 DNA 链上掉下来并导致转录重新开始。其次,如果 RNA 聚合酶成功地合成 9 个以上核苷酸,就形成了一个稳定的三元复合物并离开启动子区,转录就进

图 3-18 原核生物 RNA 聚合酶的转录 周期

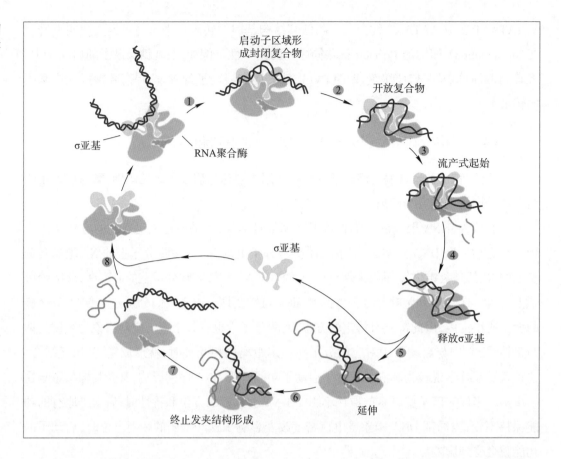

入正常的延伸阶段。所以,三元复合物通过某个启动子的时间代表这个启动子的起始转录作用的强弱。三元复合物通过这个启动子的时间越短,表明该基因转录起始的频率越高。含有 σ 因子的聚合酶全酶的作用是启动子的选择和转录的起始,而核心酶则在 RNA 链的延伸中发挥作用。

2. 新生 RNA 链的延伸

当 RNA 聚合酶催化新生的 RNA 链的长度达到 9～10 个核苷酸时,σ 因子从转录复合物的 RNA 聚合酶全酶上脱落下来,RNA 聚合酶离开启动子,核心酶沿模板 DNA 链移动并使新生 RNA 链不断伸长的过程就是转录的延伸。

进入延伸阶段,DNA 和聚合酶分子都发生了构象变化。RNA 聚合酶从起始阶段的全酶构象转变为延伸阶段的核心酶构象。核心酶与 DNA 模板的结合是松弛状的非特异性结合,有利于核心酶沿着 DNA 模板向前移动。当 σ 因子存在时,β 和 β′ 亚基的构象是与 DNA 专一性结合所要求的构象,不含有 σ 因子的核心酶也失去了对特异性序列识别和结合的能力。

由核心酶、DNA 和新生 RNA 所组成的转录延伸复合物是转录循环中一个十分重要的环节。与转录起始复合物相比,延伸复合物极为稳定,可以长时间地与 DNA 模板相结合而不解离。在延伸过程中,新生的 RNA 链中只有 8～9 个核苷酸与 DNA 模板保持碱基互补状态,RNA 链的其余部分则从模板上剥落下来,并从 RNA 出口通道离开。

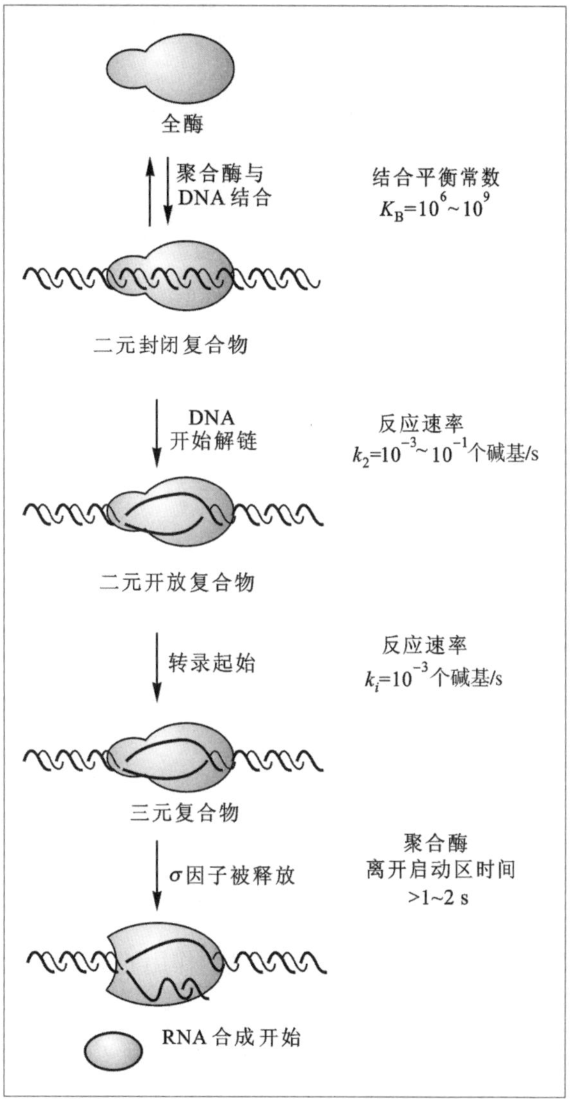

图 3–19 RNA 合成的起始

3. 延伸 RNA 聚合酶同时具有合成和校对两种功能

在 RNA 延伸过程中,除了 RNA 合成之外,RNA 聚合酶还要通过两种机制来执行校对功能。一是聚合酶利用其活性位点,在一个简单的逆向反应中,通过重新加入焦磷酸来去除错误插入的核糖核苷酸。该修复方式既可以去除错误碱基也可以去除正确碱基,但由于其在错误碱基处花的时间比在正确碱基处更长,所以去除错误碱基的频率更高。此种校对方式称为焦磷酸编辑(pyrophosphorolytic editing)。

另一种校对机制被称为水解编辑(hydrolytic editing),它是由一些 Gre 因子激发的。Gre 因子其实主要是延伸刺激因子,帮助聚合酶快速延伸,克服较难转录区域的"停滞不前"现象,同时去除含有错误配对的序列。

4. RNA 转录的终止

一般情况下,RNA 聚合酶起始基因转录后,它就会沿着模板 5′ → 3′ 方

全酶

↕ 聚合酶与 DNA 结合 | 结合平衡常数 $K_B=10^6 \sim 10^9$

二元封闭复合物

↓ DNA 开始解链 | 反应速率 $k_2=10^{-3} \sim 10^{-1}$ 个碱基/s

二元开放复合物

↓ 转录起始 | 反应速率 $k_i=10^{-3}$ 个碱基/s

三元复合物

↓ σ因子被释放 | 聚合酶离开启动区时间 $>1 \sim 2$ s

RNA 合成开始

向不停地移动,合成 RNA 链,直到碰上终止信号时,RNA 聚合酶才停止加入新的核苷酸,与模板 DNA 相脱离并释放新生 RNA 链。终止发生时,所有参与形成 RNA–DNA 杂合体的氢键都必须被破坏,模板 DNA 链才能与有义链重新组合成 DNA 双链。

根据体外实验中 RNA 聚合酶是否需要辅助因子参与才能终止 RNA 链的延伸,可将大肠杆菌中的终止子分为不依赖于 ρ 因子和依赖于 ρ 因子两大类。

在不依赖于 ρ 因子的终止反应中,没有任何其他因子参与,核心酶就能终止基因转录。现已查明,模板 DNA 上存在终止转录的特殊信号——终止子,又称内在或固有终止子(intrinsic terminator),每个基因或操纵子都有一个启动子和一个终止子。

内在终止子有两个明显的结构特点:① 终止位点上游一般存在一个富含 GC 碱基的反向重复序列(大约 20 个核苷酸),由这段 DNA 转录产生的 RNA 容易形成发夹结构。② 在终止位点前面有一段由 4 ~ 8 个 A–T 碱基对序列,其转录产物的 3′ 端为寡聚 U。这些元件要在它们被转录之后才会影响聚合酶,即它们是以 RNA 形式发挥作用的。这种结构特征的存在决定了转录的终止。在新生 RNA 中出现发夹结构会导致 RNA 聚合酶的暂

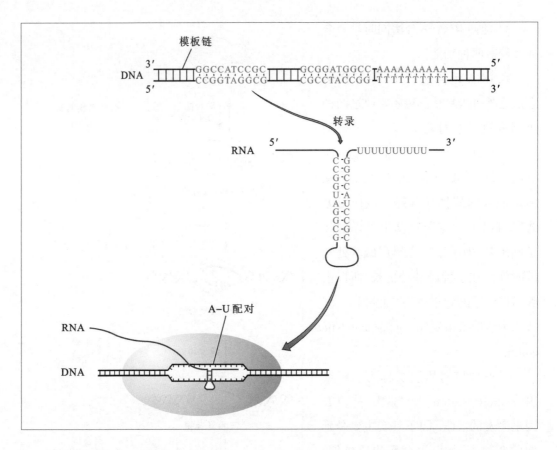

图 3-20 由基因序列决定的转录终止过程示意图

停,破坏 RNA-DNA 杂合链 5′ 端的正常结构。寡聚 U 的存在使杂合链的 3′ 端部分出现不稳定的 rU·dA 区域,两者共同作用使 RNA 从三元复合物中解离出来(图 3-20)。

　　终止效率与二重对称序列和寡聚 U 的长短有关,随着发夹结构(至少 6 bp)和寡聚 U 序列(至少 4 个 U)长度的增加,终止效率逐步提高。

　　依赖于 ρ 因子的终止指有些终止位点的 DNA 序列缺乏共性,而且不能形成强的发夹结构,因而不能诱导转录的自发终止。体外转录实验表明,RNA 聚合酶并不能识别这些转录终止信号而停止转录,只有在加入大肠杆菌 ρ 因子后该聚合酶才能在 DNA 模板上准确地停止转录。ρ 因子是一个由 6 个相同亚基组成的六聚体(图 3-21),它的相对分子质量约为 2.8×10^5,它具有 NTP 酶和解螺旋酶活性,能水解各种核苷酸三磷酸,它通过催化 NTP 的水解促使新生 RNA 链从三元转录复合物中解离出来,从而终止转录。大肠杆菌的 ρ- 依赖型终止子占所有终止子的一半左右。

　　目前认为,ρ 因子是 RNA 聚合酶终止转录的重要辅助因子,它的作用机制可用"穷追"(hot pursuit)模型来解释。RNA 合成起始以后,ρ 因子即附着在新生的 RNA 链 5′ 端的某个可能有序列或二级结构特异性的位点上,利用 ATP 水解产生的能量,沿着 5′ → 3′ 方向朝转录泡靠近,其运动速度可能比 RNA 聚合酶移动的速度快些;当 RNA 聚合酶移动到终止子而暂停时,ρ 因子到达 RNA 的 3′-OH 端追上并取代了暂停在终止位点上的 RNA 聚合酶,它所具有的 RNA-DNA 解螺旋活性使转录产物 RNA 从模板 DNA 上释放,随后,转录复合物解体,完成转录过程(图 3-20)。

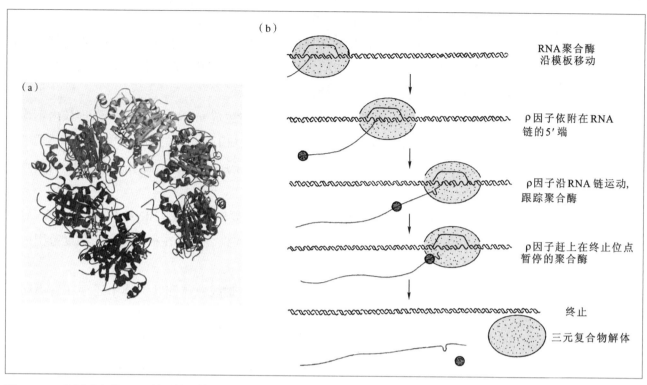

图 3-21　ρ 因子参与的 RNA 转录终止模式

(a) ρ 转录终止因子的晶体结构,表明 ρ 蛋白是由 6 个单体形成一个开放的环(来自于 Skordalakes E and Berger J M. Cell 2003, 114: 135); (b) ρ 因子的 "穷追" (hot pursuit) 模型。

3.6　真核生物 RNA 聚合酶与 RNA 转录

真核生物的 RNA 聚合酶高度分工,转录过程中往往需要包括转录因子在内的多种蛋白因子参与,因此,真核生物基因转录过程比与原核生物更为复杂。

3.6.1　真核生物 RNA 聚合酶

真核生物中共有 3 类结构相对更复杂的 RNA 聚合酶,它们在细胞核中的位置不同,负责转录的基因不同,对 α- 鹅膏蕈碱的敏感性也不同[表3-4]。α- 鹅膏蕈碱是一种来自真菌毒蕈的八肽二环剧毒物,它对真核生物的 3 种 RNA 聚合酶有不同的浓度依赖性作用。在动、植物及昆虫细胞中,RNA 聚合酶 Ⅱ 的活性可被低浓度的 α- 鹅膏蕈碱所抑制,但聚合酶 Ⅰ 却不受抑制。在动物细胞中高浓度的 α- 鹅膏蕈碱可抑制聚合酶 Ⅲ 的转录,而在昆虫中则不具有抑制作用。

表 3-4　真核细胞中 3 类 RNA 聚合酶特性比较

酶	细胞内定位	转录产物	相对活性	对 α- 鹅膏蕈碱的敏感程度
RNA 聚合酶 Ⅰ	核仁	rRNA	50% ~ 70%	不敏感
RNA 聚合酶 Ⅱ	核质	hnRNA	20% ~ 40%	敏感
RNA 聚合酶 Ⅲ	核质	tRNA	约 10%	存在物种特异性

1. 真核生物 RNA 聚合酶的分类

RNA 聚合酶 I 存在于细胞核的核仁中，其转录产物是 45S rRNA 前体，经剪接修饰后生成除了 5S rRNA 外的各种 rRNA。rRNA 与蛋白质组成的核糖体是蛋白质合成的场所。RNA 聚合酶 I 在低离子强度时活性最高。

RNA 聚合酶 II 位于细胞核质内，在核内转录生成 mRNA 的前体分子，即核内不均一 RNA（hnRNA, heterogeneous nuclear RNA），经剪接加工后生成的 mRNA 被运送到胞质中作为蛋白质合成的模板。RNA 聚合酶 II 在较高离子强度，特别是高 Mn^{2+} 条件下，有较高的活性。

RNA 聚合酶 III 也位于细胞核质内，催化的主要转录产物是 tRNA、5S rRNA、snRNA（核内小 RNA），其中 snRNA 参与 RNA 的剪接。RNA 聚合酶 III 在很宽的离子强度范围内均有活性，离子优选 Mn^{2+}。

除了细胞核中的 RNA 聚合酶之外，真核生物线粒体和叶绿体中还存在着不同的 RNA 聚合酶。线粒体 RNA 聚合酶只有一条多肽链，相对分子质量小于 7×10^4，是已知最小的 RNA 聚合酶之一，与 T7 噬菌体 RNA 聚合酶有同源性。叶绿体 RNA 聚合酶比较大，结构上与细菌中的聚合酶相似，由多个亚基组成，部分亚基由叶绿体基因组编码。线粒体和叶绿体 RNA 聚合酶活性不受 α- 鹅膏蕈碱所抑制。

2. 真核生物 RNA 聚合酶的组成分析

3 类真核生物 RNA 聚合酶一般都由 8 ~ 16 个亚基所组成（表3-5），相对分子质量超过 5×10^5。其中，RNA 聚合酶 II 的两个大亚基，RPB1 和 RPB2，与细菌核心酶的两个大亚基（β 和 β′）是同源的；其 RPB3 和 RPB11 与 α 亚基、RPB6 与 ω 亚基是同源的。虽然不同生物 3 类聚合酶的亚基种类和大小各异，它们的结构都比原核生物 RNA 聚合酶复杂但有相似性。存在两条普遍遵循的原则：一是聚合酶中有两个相对分子质量超过 1×10^5 的大亚基；二是同种生物 3 类聚合酶都有几个共同的亚基，有"共享"小亚基的倾向，即有几个小亚基，如 RPB6、RPC5 和 RPC9，是其中 3 类或 2 类聚合酶所共有的。

表 3–5　真核生物 RNA 聚合酶的亚基

RNA 聚合酶 I	RNA 聚合酶 II	RNA 聚合酶 III
RPA1	RPB1	RPC1
RPA2	RPB2	RPC2
RPC5	RPB3	RPC5
RPC9	RPB11	RPC9
RPB6	RPB6	RPB6
其他 9 个亚基	其他 7 个亚基	其他 11 个亚基

注：亚基按照相对分子质量由大到小的顺序排列。

3. 真核生物 RNA 聚合酶的结构

晶体结构研究表明，无论是原核生物还是真核生物，RNA 聚合酶有着共同的结构形

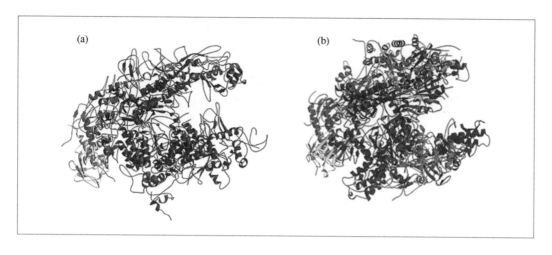

图 3-22 原核生物和真核生物 RNA 聚合酶的晶体结构的比较

(a) 嗜热水生菌(*Thermus aquaticus*)RNA 聚合酶的核心酶的结构;
(b) 酿酒酵母(*Saccharomyces cerevisiae*) RNA 聚合酶Ⅱ的结构(来自于 Cramer P. et al. 2001. Science 292:1863)。

态,其形状大体像一只蟹爪[(图 3-22)]。2006 年度诺贝尔化学奖得主罗杰·科恩伯格等通过对酵母的 RNA 聚合酶Ⅱ的晶体结构的研究全面地揭示了各亚基间的相互关系,证明有多个通道分别允许 DNA、RNA 和核糖核酸进出 RNA 聚合酶的活性中心裂隙[(图 3-23)]。RNA 聚合酶Ⅱ分成 4 个主要作用模块(module),其中包括围绕在活性中心(active center)周围的一个钳子形结构域(clamp)。蟹爪的两个钳子主要是由最大的两个亚基(RPB1 和 RPB2)构成。酶的活性位点是由这两个亚基的一些区域共同组成的,位于钳子基部的一个被称为"活性中心裂隙"的区域内。只有当钳子形结构域处于开放状态时,才允许启动子 DNA 序列进入,起始基因转录。钳子形结构域延伸出来的 3 个平滑结构域可能在转录过程中起到促进 RNA 解旋以及帮助 DNA 重新形成螺旋的作用。

3.6.2 真核生物启动子对转录的影响

所谓启动子是指确保转录精确而有效地起始的 DNA 序列。真核生物的基因由 3 类不同 RNA 聚合酶负责转录,所以这些基因的启动子结构也有各自的特点。由 RNA 聚合酶Ⅱ所转录的编码蛋白质的基因数目最多,这里只介绍 RNA 聚合酶Ⅱ所转录的真核生物

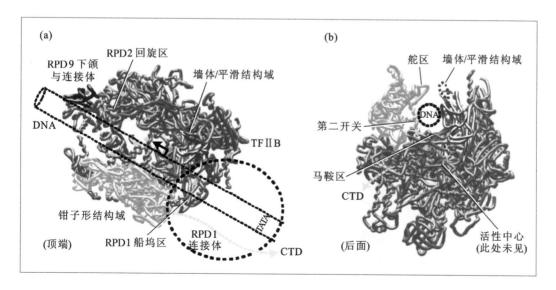

图 3-23 模板 DNA 进入转录复合体的路径

(a) 俯瞰图:双螺旋 DNA 用倾斜的圆筒表示,转录因子 TF Ⅱ的结合位点用虚圈表示;
(b) 后视图:DNA 从钳子形结构和墙体/平滑结构域的中间穿越。

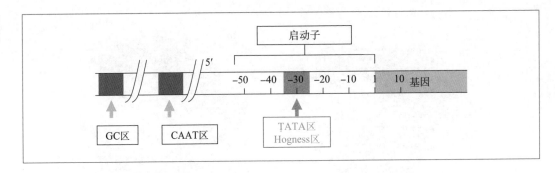

图 3-24 真核生物 RNA 聚合酶 Ⅱ 所识别的启动子区

启动子的特点。

1979 年美国科学家 Goldberg 首先注意到真核生物中由 RNA 聚合酶 Ⅱ 催化转录的 DNA 序列 5′ 上游区有一段与原核生物 Pribnow 区相似、富含 TA 的保守序列。由于该序列前 4 个碱基为 TATA,所以又称为 TATA 区(TATA box)。此后 10 多年间,科学家通过对许多基因启动子区的分析,发现绝大多数功能蛋白基因的启动子都具有共同的结构模式。简单地说,真核基因的启动子在 –25 ~ –35 区含有 TATA 序列[图 3-24],是核心启动子的组成部分,在核心启动子上游 100 ~ 200 bp 范围内,还存在一个转录调控区,有多个启动元件,如在很多基因的 –70 ~ –80 区含有 CCAAT 区(CAAT box),在 –80 ~ –110 含有 GCCACACCC 或 GGGCGGG 区(GC box)。习惯上,将 TATA 区上游的保守序列称为上游启动子元件(upstream promoter element,UPE)或称上游激活序列(upstream activating sequence,UAS)。

比较原核和真核基因转录起始位点上游区的结构,发现两者之间存在很大的差别[图 3-25]。原核基因启动区范围较小,一般情况下,TATAAT(Pribnow 区)的中心位

图 3-25 原核和真核生物基因转录起始位点上游区的结构比较

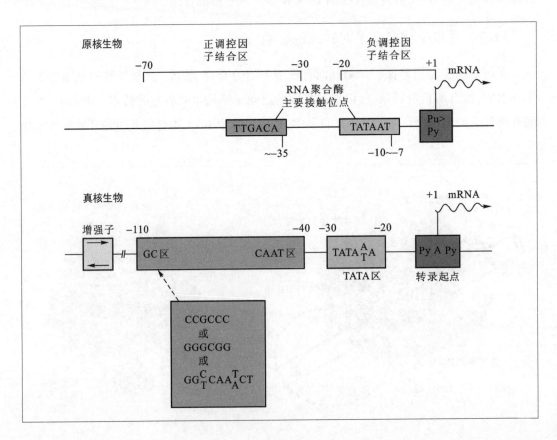

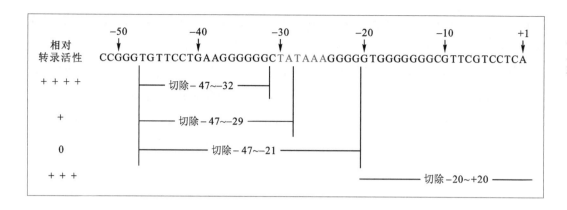

图 3-26 SV40 基因启动子上 TATAAA 及邻近区域对基因转录活性的影响

于 –7～–10,上游 –30～–70 区为正调控因子结合区,+1～–20 区为负调控因子结合区。真核基因的调控区较大,TATAA/TA 区位于 –20～–30,而 –40～–110 区为上游激活区。除 Pribnow 区之外,原核基因启动子上游只有 TTGACA 区(–30～–40)作为 RNA 聚合酶的主要结合位点,参与转录调控;而真核基因除了含有可与之相对应的 CAAT 区之外,大多数基因还拥有 GC 区和增强子区等各种调控元件。

TATA 区和上游启动子元件(CAAT 区或 GC 区)的作用有所不同。前者的主要作用是使转录精确地起始,如果除去 TATA 区或进行碱基突变,转录产物下降的相对值不如 CAAT 区或 GC 区突变后明显,但发现所获得的 RNA 产物起始点不固定。研究 SV40 晚期基因启动子发现,上游激活区的存在与否,对该启动子的生物活性有着根本性的影响。若将该基因 5′ 上游 –21～–47 核苷酸序列切除,基因完全不表达(图 3-26)。

上游启动子元件 CAAT 区和 GC 区主要控制转录起始频率,基本不参与起始位点的确定。CAAT 区对转录起始频率的影响最大,该区任一碱基的改变都将极大地影响靶基因的转录强度,而启动区其他序列中 1～2 个碱基的置换则没有太大的影响。此外,在 TATA 区和相邻的 UPE 区之间插入核苷酸也会使转录减弱,在人类 β– 血红蛋白基因启动区的两个 UPE 序列之间插入 15 个核苷酸,该启动子完全失去功能。CAAT 和 GC 区相对于 TATA 区的取向(5′→3′ 或 3′→5′),对转录强度的影响不大。

尽管这 3 种保守序列都有着重要功能,但并不是每个基因的启动子区都包含这 3 种序列。真核细胞中存在着大量特异性或组成型表达的、能够与不同基因启动子区 UPE 相结合的转录调控因子。基因转录实际上是 RNA 聚合酶、转录调控因子和启动子区各种调控元件相互作用的结果。

3.6.3 转录起始复合物的组装

真核细胞 RNA 转录起始过程中模板的识别与原核细胞有所不同。真核生物 RNA 聚合酶不能直接识别基因的启动子区,需要至少 7 种与 σ 因子在细菌转录中所执行的功能类似的,被称为转录调控因子(transcription factor,TF)的辅助蛋白质(表 3-6),按特定顺序结合于启动子上,帮助 RNA 聚合酶特异性地结合到靶基因的启动子上并解开 DNA 双链。因为不少辅助因子本身就包含多个亚基,所以它们与聚合酶形成的转录前起始复合物

(preinitiation transcription complex, PIC)相对分子质量特别大,包含 40 多条肽链,总相对分子质量高达 2×10^6,该复合物保证转录有效的起始。

转录因子和 RNA 聚合酶Ⅱ必须以特定的顺序结合到启动子序列上。形成 PIC 的第一步,TFⅡD 与启动子核心元件 TATA 区相结合,RNA 聚合酶Ⅱ、TFⅡA、TFⅡB 等才能依次结合。此后,TFⅡE、TFⅡH、TFⅡJ 等迅速靠近已形成的复合物[图 3-27]。PIC 的装配过程具有严格的顺序性,各组分的分工明确,如果缺少一种或几种成分,则不能起始转录,或者只有很低的转录速率。

此外,RNA 聚合酶Ⅱ最大亚基的 C 端结构域 CTD 重复序列上有多个位点能够发生磷酸化[图 3-27],可能通过影响聚合酶与转录因子的相互作用来影响 RNA 聚合酶Ⅱ在 PIC 上的组装,进而调节转录起始。CTD 的磷酸化与非磷酸化的互变,对于转录延伸过程也具有重要的调节作用。

图 3-27 由 RNA 聚合酶Ⅱ和各种转录因子组装成转录前起始复合物指导基因转录

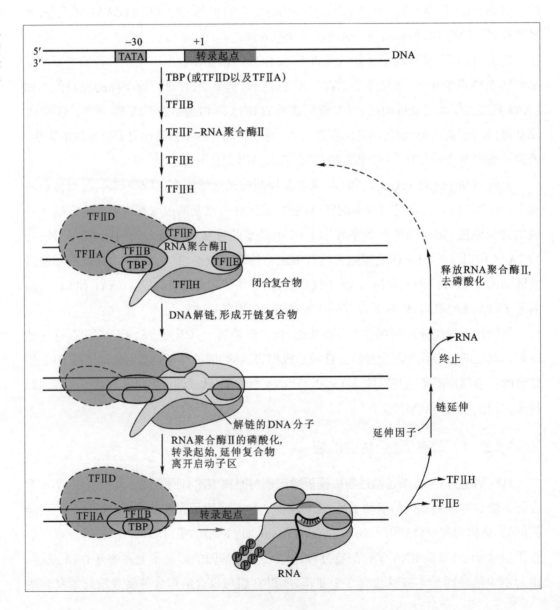

表 3-6　真核生物 RNA 聚合酶 II 所形成的转录起始复合物

蛋白质	亚基数	亚基的相对分子质量 / $\times 10^3$	功能
RNA 聚合酶 II	12	$10 \sim 220$	催化 RNA 的生物合成
TBP	1	38	与启动子上的 TATA 区相结合
TF II A	3	12,19,35	使 TBP 及 TF II B 与启动子的结合比较稳定
TF II B	1	35	与 TBP 相结合,吸引 RNA 聚合酶和 TF II F 到启动区上
TF II D	12	$15 \sim 250$	与各种调控因子相互作用
TF II E	2	34,57	吸引 TF II H,有 ATP 酶及解链酶活性
TF II F	2	30,74	结合 RNA 聚合酶 II 并在 TF II B 帮助下阻止聚合酶与非特异性 DNA 序列相结合
TF II H	12	$35-89$	在启动子区解开 DNA 双链,使 RNA 聚合酶 II 磷酸化,接纳核苷酸切除修复体系

3.6.4　增强子及其功能

除了启动子以外,近年来发现还有另一序列与转录的起始有关。在 SV40 的转录单元上发现它的转录起始位点上游约 200 碱基对处有两段 72 碱基对长的重复序列,它们不是启动子的一部分,但能增强或促进转录的起始,除去这两段序列会大大降低这些基因的转录水平,若保留其中一段或将之取出插至 DNA 分子的任何部位,就能保持基因的正常转录。因此,称这种能强化转录起始的序列为增强子或强化子(enhancer)。除 SV40 外,还在反转录病毒基因、免疫球蛋白基因、胰岛素基因、胰糜蛋白酶基因等许多基因的启动区中陆续发现了增强子的存在。

有人曾把 β- 珠蛋白基因置于带有上述 72 碱基对序列的 DNA 分子上,发现它在体内的转录水平提高了 200 倍。而且,无论把这段 72 碱基对序列放在转录起点上游 1 400 碱基对处还是下游 3 300 碱基对处,它都有转录增强作用。增强子很可能通过影响染色质 DNA- 蛋白质结构或改变超螺旋的密度而改变模板的整体结构,从而使得 RNA 聚合酶更容易与模板 DNA 相结合,起始基因转录。

增强子具有下列特点:

① 远距离效应　一般位于上游 -200 碱基对处,但可增强远处启动子的转录,即使相距十多个千碱基对也能发挥作用。

② 无方向性　无论位于靶基因的上游、下游或内部都可发挥增强转录的作用。

③ 顺式调节　只调节位于同一染色体上的靶基因,而对其他染色体上的基因没有作用。

④ 无物种和基因的特异性,可以连接到异源基因上发挥作用。

⑤ 具有组织特异性　SV40 的增强子在 3T3 细胞中比多瘤病毒的增强子要弱,但在 HeLa 细胞中 SV40 的增强子比多瘤病毒的要强 5 倍。增强子的效应需特定的蛋白质因子参与。

⑥ 有相位性　其作用和 DNA 的构象有关。

⑦ 某些增强子可应答外部信号 如热休克基因在高温下才表达,金属硫蛋白基因在镉和锌的存在下才表达,另外一些增强子可以被固醇类激素所激活。

3.7 RNA 转录的抑制

RNA 转录的抑制剂根据其作用性质主要可以分为 3 大类:第一类是嘌呤和嘧啶类似物,它们作为核苷酸代谢拮抗剂而抑制前体 RNA 的合成;第二类是 DNA 模板功能抑制剂,通过与 DNA 结合而改变模板的功能;第三类是 RNA 聚合酶的抑制物,它们与 RNA 聚合酶结合而抑制其活力。表 3–7 是一些典型的 RNA 转录的抑制剂。

表 3–7 常见的转录抑制剂

抑制剂	靶点	抑制作用
碱基类似物(5– 氟尿嘧啶等)	核苷酸	抑制和干扰核苷酸合成
利福霉素	细菌全酶	和 β 亚基结合,抑制起始
利迪链霉素	细菌核心酶	和 β 亚基结合,抑制起始
放射线素 D	DNA 模板	与 DNA 结合,阻止延伸
α– 鹅膏蕈碱	真核 RNA 聚合酶 II	与 RNA 聚合酶 II 结合

3.7.1 嘌呤和嘧啶类似物

一些人工合成的碱基类似物,如 5– 氟尿嘧啶、6– 氮尿嘧啶、6– 巯基嘌呤、8– 氮鸟嘌呤等能够抑制和干扰 DNA 或 RNA 合成。这些碱基类似物或者作为代谢拮抗物直接抑制核苷酸合成有关的酶类,或者通过掺入核酸分子形成异常的核酸结构,从而影响核酸的进一步延伸。碱基类似物进入体内后一般先转变为相应的核苷酸后才能发挥抑制作用。6– 巯基嘌呤在体内首先转变为巯基嘌呤核苷酸,并阻断细胞内嘌呤核苷酸的合成。它是重要的癌症治疗药物,用于治疗急性白血病和绒毛上皮癌等。8– 氮鸟嘌呤形成核苷酸后既能抑制嘌呤核苷酸的合成,还能掺入到 RNA 中,形成非正常的 RNA,从而抑制相应蛋白质的合成。5– 氟尿嘧啶进入体内后首先转变为 F–UMP,再转变为脱氧核糖核苷酸(F–dUMP),抑制胸腺嘧啶核苷酸合成酶并阻碍胸腺嘧啶渗入 RNA 分子。5– 氟尿嘧啶也具有抑制肿瘤细胞生长的功能。在正常细胞中,5– 氟尿嘧啶能被分解为 α– 氟 –β– 氨基丙酸,但在癌细胞中则不被分解,这是 5– 氟尿嘧啶在临床上被用来作为化疗药物的原因之一。

3.7.2 DNA 模板功能抑制剂

放线菌素、烷化剂和嵌入染料能与 DNA 结合使其失去模板功能,进而抑制 RNA 转录。放线菌素 D(actinomycin D)具有抗菌和抗癌作用,是 DNA 模板功能的抑制物,可与 DNA 形成非共价复合物,抑制其作为模板的功能。1 mmol/L 的放线菌素 D 就可有效抑制 RNA

转录,但需要 10 mmol/L 才能抑制 DNA 的复制。

烷化剂如氮芥、磺酸酯、氮丙啶等分子中带有能使 DNA 烷基化的活性烷基,同时作用于 DNA 的两条链,使之发生交联,抑制其模板功能。烷化剂的毒性较大,能够引起细胞突变,具有致癌作用。有些烷化剂,如环磷酰胺,能选择性杀伤肿瘤细胞,因而在临床上被用于治疗恶性肿瘤。

某些具有扁平芳香族发色团的嵌入剂,如吖啶类染料和溴化乙锭等可插入双链 DNA 相邻的碱基对之间,因此又称为嵌入染料。嵌入剂通常含有吖啶或菲啶环,它们的大小与碱基相当,插入后使 DNA 在复制中缺失或增添一个核苷酸,导致移码突变。溴化乙锭(ethidium bromide,EB)是高灵敏度的荧光试剂,与核酸结合后抑制其复制和转录。实验中常用来检测样品中 DNA 和 RNA 的浓度。

3.7.3　RNA 聚合酶抑制剂

某些抗生素或化学药物,如利福霉素(rifamycin)、利迪链霉素(streptolydigin)和 α- 鹅膏蕈碱都是 RNA 聚合酶的抑制物。其中,利福霉素能强烈地抑制革兰氏阳性菌和结核杆菌,具有广谱抗菌作用,能特异性地抑制细菌 RNA 聚合酶的活性。利迪链霉素与细菌 RNA 聚合酶的 β 亚基结合,抑制转录的起始。α- 鹅膏蕈碱主要抑制真核生物 RNA 聚合酶。

3.8　真核生物 RNA 的转录后加工

3.8.1　真核生物 RNA 中的内含子

真核基因大多是断裂的,也就是说,一个基因可由多个内含子和外显子间隔排列而成。研究表明,内含子在真核基因中所占的比例很高,甚至超过 99%(表 3-8)。

断裂基因的存在表明真核细胞的基因结构和 mRNA 合成过程比原核细胞要复杂得多,因为真核基因表达往往伴随着 RNA 的剪接过程(splicing),从 mRNA 前体分子中切除被称为内含子(intron)的非编码区,并使基因中被称为外显子(exon)的编码区拼接形成成熟 mRNA(图 3-28)。

表 3-8　部分人类基因中内含子序列所占的比例分析

基因	长度 /kb	内含子数量	内含子所占比例 /%
胰岛素	1.4	2	67
β- 珠蛋白	1.4	2	69
血清蛋白	18	13	89
胶原蛋白组分 Ⅶ	31	117	71
Ⅷ因子	186	25	95
萎缩性肌强直因子	2 400	78	>99

图 3–28　真核基因中存在非编码的内含子区

所示基因含有 4 个外显子和 3 个内含子。转录从启动子区开始,产生了包括全部外显子和内含子的前 mRNA。通过剪接除去内含子,并将外显子连接起来,得到成熟的 mRNA。

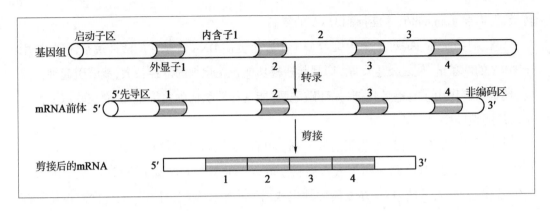

3.8.2　真核生物 tRNA 前体的转录后加工

真核生物 tRNA 基因有内含子,其前体必须经过剪接。其内含子具有下列特点:①长度和序列没有共同性,一般有 16 ~ 46 个核苷酸;②位于反密码子的下游;③内含子和外显子间的边界没有保守序列,所以与 mRNA 的剪接不同,tRNA 前体的剪接不符合一般规律。

由于 tRNA 分子具有高度保守的二级结构,真核生物 tRNA 前体内含子的精确切除信号是 tRNA 分子共同的二级结构。哺乳动物、酵母、果蝇和植物等的 tRNA 的加工基本上相同,主要包括下面需要酶催化的 3 个过程:

① 内含子的剪接　tRNA 内切核酸酶切割前体分子中的内含子;RNA 连接酶将外显子部分连接在一起。

② 3' 端添加 CCA　真核生物所有 tRNA 前体的 3' 端缺乏 –CCAOH 结构,在蛋白质翻译过程中没有活性,因而需要在 tRNA 核苷酸转移酶的催化下在其 3' 端添加 CCA。

③ 核苷酸修饰　tRNA 分子中稀有核苷酸较多,其修饰很频繁。如 tRNA 甲基化酶能够催化 tRNA 分子特定位置的甲基化等,但这些稀有核苷酸的功能还有待深入研究。

3.8.3　真核生物 rRNA 前体的转录后加工

大多数真核生物 rRNA 基因无内含子。有些虽然有内含子但并不转录。新生 rRNA 前体与蛋白质结合,形成巨大的核糖核蛋白前体(pre–rRNA)颗粒,前体长度约为成熟 rRNA 的 2 倍,因此,rRNA 前体必须被剪接成成熟的 rRNA 分子,此过程在核仁中进行。核仁小 RNA(snoRNA)参与核糖核酸酶对特定立体结构的识别,从而确定切割位点。

在不同真核生物中,rRNA 前体的每个转录单位内各 rRNA 的排列顺序和加工过程都十分保守。以人 HeLa 细胞为例,哺乳动物细胞内 rRNA 前体的剪切过程包括以下 4 个步骤(图 3-29):

① 在 5' 端切除非编码的序列,生成 41S 中间产物。

② 41S RNA 再被切割为两段,一段为 32S,含有 28S rRNA 和 5.8S rRNA,另一段为

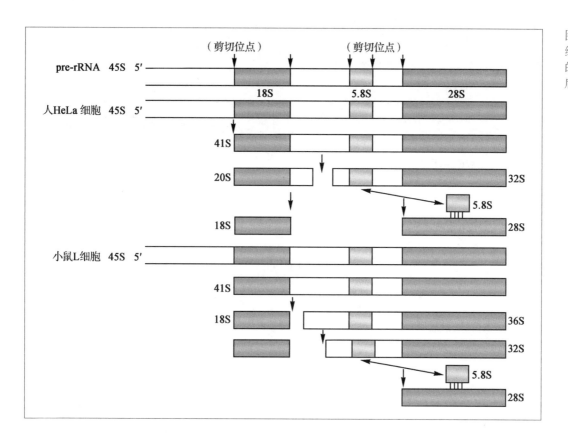

图 3–29　人 HeLa 细胞和小鼠 L 细胞的 rRNA 前体转录后加工示意图

20S,含有 18S rRNA。

③ 32S RNA 进一步被剪切成 28S rRNA 和 5.8S rRNA。

④ 20S RNA 被剪切生成 18S rRNA。

3.8.4　真核生物 mRNA 的剪接

RNA 剪接主要有 3 种(不包括 tRNA 的加工过程):pre-mRNA 剪接、I 类和 II 类自剪接内含子。

由 DNA 转录生成的原始转录产物——核内不均一 RNA(hnRNA),即 mRNA 的前体,经过 5′ 加"帽"和 3′ 酶切加多腺苷酸,再经过 RNA 的剪接,编码蛋白质的外显子部分就连接成为一个连续的可读框(open reading frame,ORF),通过核孔进入细胞质,就能作为蛋白质合成的模板了。表 3–9 和图 3–30 分别总结了原始 mRNA 成熟期间的主要加工过程。

真核基因平均含有 8 ~ 10 个内含子,前体分子一般比成熟 mRNA 大 4 ~ 10 倍。不同生物细胞内含子的边界处存在相似的核苷酸序列,表明内含子剪接过程在进化上是保守的。比较同源基因的进化过程发现内含子的异化大于外显子,特定的内含子还可能在进化过程中丢失,因此,内含子的"功能"及其在生物进化中的地位是一个引人注目的问题。另外,许多人类疾病是内含子剪接异常引起的,如地中海贫血患者的珠蛋白基因中,大约有 1/4 的核苷酸突变发生在内含子的 5′ 或 3′ 边界保守序列上,或者虽然位于内含子中间但干扰了前体 mRNA 的正常剪接。

图 3-30　初级转录产物的生成及其主要加工剪接过程图示

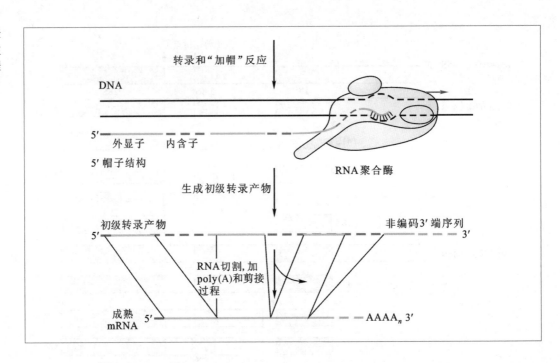

表 3-9　RNA 加工过程及其生理功能

加工过程	推测的生理功能
加帽反应	mRNA 从细胞核向细胞质运转,翻译起始
加多 A 反应	转录终止,翻译起始和 mRNA 降解
RNA 的剪接	从 mRNA、tRNA 和 rRNA 分子中切除内含子
RNA 的切割	从前体 RNA 中释放成熟 tRNA 和 rRNA 分子

1. RNA 序列决定了剪接的发生位点

比较不同基因的核苷酸序列发现,mRNA 前体中内含子的两端边界存在共同的序列,这些序列结构可能是产生 mRNA 前体剪接的信号。多数细胞核 mRNA 前体内含子的 5′ 边界序列为 GU,3′ 边界序列为 AG。因此,GU 表示供体衔接点的 5′ 端,AG 代表接纳体衔接点的 3′ 端。把这种保守序列模式称为 GU-AG 法则,又称为 Chambon 法则。

除了边界序列之外,外显子与内含子交界处的序列,内含子内部的部分序列也可能参与内含子的剪接(图 3-31)。在 3′ 端剪接位点 AG 的附近有一段富含嘧啶的区域,含有 10～20 个嘧啶核苷酸;5′ 端有一保守序列(5′-GUPuAGU-3′)。此外,许多发生分叉剪接的核 mRNA 内含子 3′ 端上游 18～50 个核苷酸处,存在一个序列为 $Py_{80}NPy_{87}Pu_{75}APy_{95}$ 的保守区,其中 A 为百分之百保守,且具有 2′-OH,是参与形成分叉剪接中间物的特定腺嘌呤,

图 3-31　脊椎动物 mRNA 前体中常见的内含子剪接所必需的保守序列

图中显示 5′ 剪接位点和 3′ 剪接位点的共有序列以及分支点的保守腺苷酸成分。

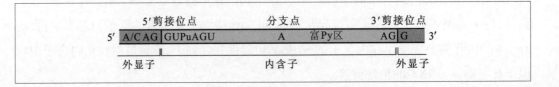

称为分支点。上述保守序列都是 pre-mRNA 剪接过程中各种核糖核蛋白剪接调节因子的结合位点,对于有效和准确的剪接非常重要。

2. RNA 剪接中的两步转酯反应

RNA 剪接是由两步转酯反应完成的,这两步转酯反应使得 pre-mRNA 中原有的某些磷酸二酯键断开,并形成一些新的磷酸二酯键。

第一步转酯反应是由位于分支位点的保守腺苷酸的 2′ 羟基引发的。它作为亲核基团攻击 5′ 剪接位点保守鸟苷酸的磷酰基团。结果,外显子 3′ 端的核糖与内含子 5′ 端磷酸之间的磷酸二酯键被断开,游离出来的 5′ 磷酸则与分支点保守腺苷酸的 2′ 羟基连接。因此,除了 5′ → 3′ 骨架磷酸二酯键,新的磷酸二酯键从保守腺苷酸的 2′ 羟基伸出来,产生一个三叉交汇点。

第二步转酯反应中,5′ 外显子作为亲核基团,攻击 3′ 剪接位点的磷酰基团,导致两个结果:一是把 5′ 和 3′ 外显子连接起来了,二是把内含子作为离去基团释放出去。因为内含子的 5′ 端已经在第一次转酯反应中与分支点腺苷酸相连接,所以新释放出来的内含子形状像一个套索(lariat form)。

在上述两步转酯反应中,没有增加新的化学键,只是断开了两个磷酸二酯键,同时形成了两个新的磷酸二酯键。

3. 剪接体与 RNA 剪接

上述的转酯反应是由一个被称为剪接体(spliceosome)的大型复合体介导的。剪接体是 mRNA 前体在剪接过程中组装形成的多组分复合物,是一种具有催化剪接反映的核糖核蛋白复合体,它包含约 150 种蛋白质和 5 种 RNA(图 3-32),大小与核糖体差不多。研究表明,剪接体中的 5 种 RNA(U1、U2、U4、U5 和 U6)统称为核小 RNA(snRNA)。每种 snRNA 长 100 ~ 300 核苷酸,与几种蛋白质形成的 RNA – 蛋白质复合物被称为细胞核小核糖核蛋白(small nuclear ribonuclear protein,snRNP)。它是剪接体的亚单位,剪接体就是由这些 snRNP 形成的巨型复合体,参与 RNA 的剪接。但是,每种 snRNP 执行的任务不同,因此,在剪接反应的不同时期,剪接体中含有不同的 snRNP。剪接体中可能还有一些与剪接体松散结合的不属于 snRNP 的蛋白质。

snRNP 在剪接中的功能如下:①识别 5′ 剪接位点和分支点;②按需要把这两个位点集结到一起;③催化或协助催化 RNA 的剪接和连接反应。只有参与剪接反应的 RNA 与 RNA 之间、蛋白质与 RNA 之间以及蛋白质与蛋白质之间具备很好的协同作用,才能完成复杂的剪接反应。

剪接过程的详细步骤由图 3-33 所示。mRNA 链上每个内含子的 5′ 和 3′ 端分别与不同的 snRNP 相结合,形成 RNA 和 RNP 复合物。

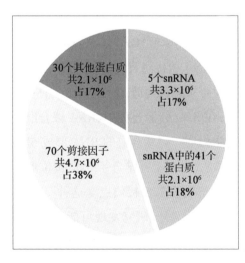

图 3-32　剪接体是一个巨大的复合物

剪接体大小约为 1.2×10^7。5 种 snRNP 几乎占了总体的一半。剩下的一些蛋白质包括已知的剪接因子以及参与基因表达其他阶段的蛋白质。

（图中饼图标注）
30个其他蛋白质 共 2.1×10^6 占 17%
5个 snRNA 共 3.3×10^6 占 17%
70个剪接因子 共 4.7×10^6 占 38%
snRNA 中的 41 个蛋白质 共 2.1×10^6 占 18%

图 3-33　真核生物 mRNA 前体中内含子剪接过程示意图

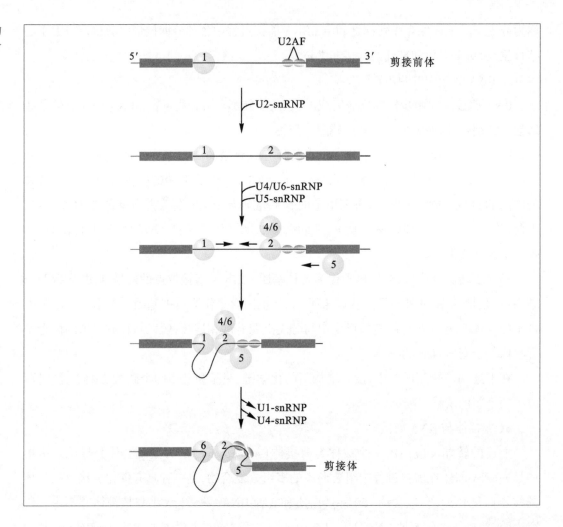

一般情况下,由 U1 snoRNA 以碱基互补的方式识别 mRNA 前体 5′ 剪接点,由结合在 3′ 剪接点上游富嘧啶区的 U2AF(U2 auxiliary factor)识别 3′ 剪接点并引导 U2 snRNP 与分支点相结合,形成剪接前体(pre-spliceosome),并进一步与 U4、U5、U6 snRNP 三聚体相结合,形成 60S 的剪接体(spliceosome),进行 RNA 前体分子的剪接。

哺乳动物细胞中,mRNA 前体上的 snRNP 是从 5′ 向下游"扫描",选择在分支点富嘧啶区 3′ 下游的第一个 AG 作为剪接的 3′ 位点。AG 前一位核苷酸可以影响剪接效率,一般说来,CAG=UAG>AAG>GAG。如果 mRNA 前体上同时存在几个 AG,可能发生剪接竞争。

RNA 剪接过程中容易发生两类错误,一是遗漏了剪接位点,二是剪接位点邻近的非靶位点被错认为剪接位点。生物体一般通过两种机制来提高选择剪接位点的准确性。首先,在 RNA 转录过程中,RNA 聚合酶 Ⅱ 携带多种参与 RNA 加工的蛋白质,包括参与剪接的蛋白质。当新合成的 RNA 形成 5′ 剪接位点时,这些蛋白质就从 RNA 聚合酶 Ⅱ 上转移到 RNA 分子上并结合于 5′ 剪接位点,准备与下一个 3′ 剪接位点的剪接成分相互作用,以识别正确的 3′ 剪接位点。这种与转录同步的剪接体组装方式大大减少了外显子遗漏的可能性。此外,研究发现可能有一个富含丝氨酸和精氨酸被称为 SR 蛋白的辅助因子与外显子中的外显子剪接增强子区相结合,通过与剪接机器的相互作用将其引导到邻近的

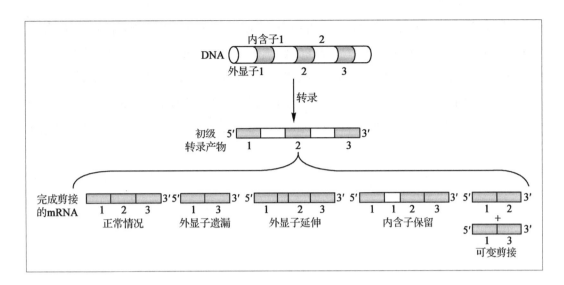

图 3-34　RNA 剪接的 5 种模式

剪接位点,以优先识别最靠近外显子的剪接位点,防止错误剪接,确保剪接的准确性和高效性。

4. RNA 的可变剪接

在高等真核生物中,内含子通常是有序或组成性地从 mRNA 前体中被剪接,然而,在个体发育或细胞分化时可以有选择性地越过某些外显子或某个剪接点进行变位剪接,产生出组织或发育阶段特异性 mRNA,称为内含子的可变剪接或选择性剪接。人类基因组中,大约 60% 的基因能发生可变剪接,使一个基因产生多个蛋白质产物。图 3-34 显示产生可变剪接的几条主要途径。

5. Ⅰ类和Ⅱ类自剪接内含子

与前面所述的 mRNA 前体中 GU-AG 类(主要)和 AU-AC 类(次要)内含子剪接方式不同的是Ⅰ、Ⅱ类内含子,因为带有这些内含子的 RNA 本身具有催化活性,能通过自身折叠成一种特殊的构象来进行内含子的自我剪接,而不需要形成剪接体。表 3-10 总结了存在于生物体内的各种内含子。

表 3-10　生物体内的各种内含子

内含子类型	细胞内定位
GU-AG	细胞核,前体 mRNA(真核)
AU-AC	细胞核,前体 mRNA(真核)
Ⅰ类内含子	细胞核,前体 rRNA(真核),细胞器 RNA,少数细菌 RNA
Ⅱ类内含子	细胞器 RNA,部分细菌 RNA
Ⅲ类内含子	细胞器 RNA
双内含子	细胞器 RNA
tRNA 前体中的内含子	细胞核,tRNA 前体(真核)

①Ⅰ类自剪接内含子　最初在研究原生动物四膜虫 RNA 前体时发现了Ⅰ类内含子,后来在细菌中也发现存在这类内含子。Ⅰ类内含子的剪接主要也是发生了两次磷酸二酯

键的转移,即两次转酯反应(trans-esterification)。在Ⅰ类自剪接内含子切除体系中,第一个转酯反应由一个游离的鸟苷或鸟苷酸(GMP、GDP 或 GTP)介导,鸟苷或鸟苷酸的 3′–OH 作为亲核基团攻击内含子 5′ 端的磷酸二酯键,从上游切开 RNA 链。在第二个转酯反应中,上游外显子的自由 3′–OH 作为亲核基团攻击内含子 3′ 位核苷酸上的磷酸二酯键,使内含子被完全切开,上下游两个外显子通过新的磷酸二酯键相连(图 3-35)。Ⅰ类内含子释放出线性内含子,而不是一个套索结构。

Ⅰ类自剪接内含子通常比Ⅱ类内含子小,有一个保守的二级结构,包括容纳鸟苷或鸟苷酸结合的口袋以及一段与 5′ 剪接位点序列配对的"内在指导序列",以确定鸟苷亲核攻击的精确位置。

②Ⅱ类自剪接内含子 这类内含子主要存在于真核生物的线粒体和叶绿体 rRNA 基因中。在Ⅱ类内含子切除体系中,转酯反应无需游离鸟苷酸或鸟苷,而是由内含子本身的靠近 3′ 端的腺苷酸 2′–OH 作为亲核基团攻击内含子 5′ 端的磷酸二酯键,从上游切开 RNA 链后形成套索状结构。再由上游外显子的自由 3′–OH 作为亲核基团攻击内含子 3′ 位核苷酸上的磷酸二酯键,使内含子被完全切开,上下游两个外显子通过新的磷酸二酯键相连(图 3-36)。表 3-11 总结了各种剪接类型的特点。

图 3-35 Ⅰ类内含子的自剪接过程

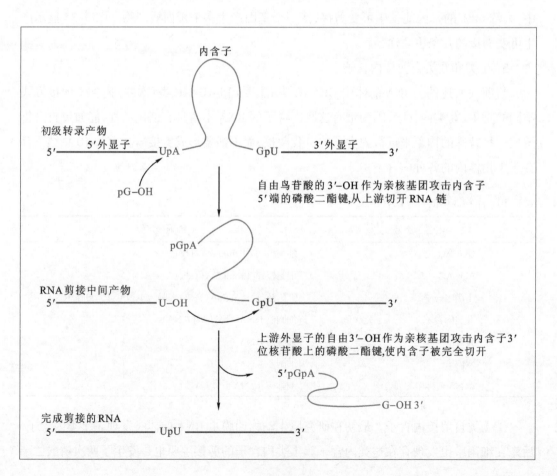

图 3-36 Ⅱ类内含子的自剪接过程

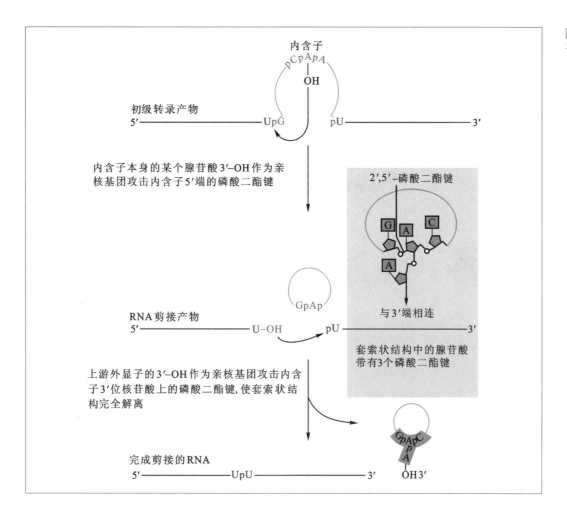

内含子
pCpApA
OH

初级转录产物
5'————UpG   pU————3'

内含子本身的某个腺苷酸3'-OH作为亲核基团攻击内含子5'端的磷酸二酯键

2',5'-磷酸二酯键

G A C

A

与3'端相连

套索状结构中的腺苷酸带有3个磷酸二酯键

RNA剪接产物
5'————U-OH   pU————3'
GpAp

上游外显子的3'-OH作为亲核基团攻击内含子3'位核苷酸上的磷酸二酯键,使套索状结构完全解离

完成剪接的RNA
5'————UpU————3'   GpApC
                    p
                    A
                    OH3'

表 3-11 RNA 剪接的 3 种类型

类型	丰度	机制	催化机器
细胞核 pre-mRNA	常见,适用于大多数真核基因	两步转酯反应,分支点为 A	主要剪接体
Ⅱ类自剪接内含子	罕见,来自某些细胞器的真核基因及原核基因	与 pre-mRNA 类似	内含子编码的核酶
Ⅰ类自剪接内含子	罕见,某些真核生物的细胞核 rRNA、细胞器基因,及少量原核基因	两步转酯反应,分支点为 G	内含子编码的核酶

3.9 RNA 的编辑、再编码和化学修饰

3.9.1 RNA 的编辑

根据中心法则,DNA、RNA 和蛋白质之间存在着直接的线性关系,即连续的序列 DNA 被真实地转录成 mRNA 序列,然后翻译产生蛋白质分子。断裂基因的发现和 RNA 的剪接虽然使得基因表达过程增加了一个步骤,但 DNA 的实际编码序列没有发生变化。

RNA 的编辑(RNA editing)是 mRNA 前体的加工方式之一,通过插入、删除或取代一

图 3-37 位点特异性脱氨基作用引起的哺乳动物载脂蛋白基因转录产物的编辑

(a,b) 胞嘧啶和腺嘌呤的位点特异性脱氨基作用产生尿嘧啶核次黄嘌呤;(c) 哺乳动物载脂蛋白基因转录产物的编辑。

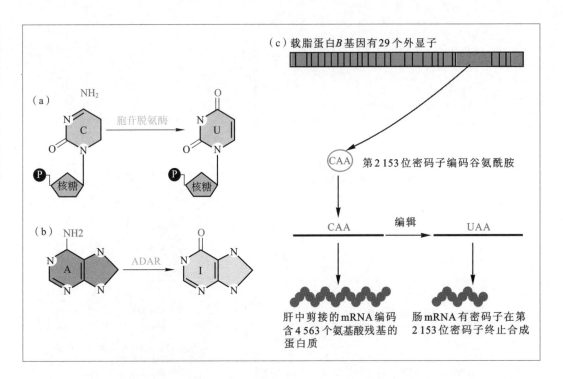

些核苷酸残基,使 DNA 所编码的遗传信息发生变化,是生物细胞内改变 mRNA 序列和蛋白质编码信息的重要途径。介导 RNA 编辑的机制有两种:位点特异性脱氨基作用和指导 RNA 引导的尿嘧啶插入或删除。

哺乳动物载脂蛋白 mRNA 的编辑是广泛研究的典型例子,图 3-37 是该基因的 DNA 序列以及在哺乳动物肝和肠组织中分离到的 mRNA 序列。载脂蛋白基因编码区共有 4 563 个密码子,在所有组织中其 DNA 序列都相同。在肝中,该基因转录产生完整的 mRNA 并被翻译成有 4 563 个氨基酸的全长蛋白质,相对分子质量为 5.1×10^5。在肠中合成的却是只包含有 2 153 个密码子的 mRNA,翻译产生相对分子质量为 2.5×10^5 的蛋白质。研究发现,该蛋白质其实是全长载脂蛋白的 N 端,它是由一个在序列上除了 2 153 位密码子从 CAA 突变为 UAA 之外完全与肝 mRNA 相同的核酸分子所编码的,位点特异性脱氨基作用引起的 C → U 突变使编码谷氨酰胺的密码子变成了终止密码子。

RNA 的编辑虽然不是很普遍,但在真核生物中时有发生[表 3-12],表明这一途径可能是细胞充分发挥生理功能所必需的。

表 3-12　哺乳动物中 RNA 编辑的实例

组织	靶标 RNA	所改变的碱基	结果
肝,肠	载脂蛋白 B	C → U	谷氨酰胺密码子→终止子
肌肉	半乳糖苷酶	U → A	苯丙氨酸密码子→酪氨酸
睾丸,肿瘤等	Wilms 肿瘤基因 -1	U → C	亮氨酸密码子→脯氨酸
肿瘤	神经纤维瘤基因 -1	C → U	精氨酸密码子→终止子
脑	谷氨酸受体蛋白	A → I	多个谷氨酸密码子→精氨酸

载脂蛋白 mRNA 中的 C → U,谷氨酸受体蛋白 mRNA 中的 A → I,都属于脱氨基作用的结果,分别由胞嘧啶和腺嘌呤脱氨酶所催化。通常情况下,该酶促反应的特异性不强,腺嘌呤脱氨酶可以作用于双链 RNA 区的任何腺苷酸残基。但是,RNA 的编辑发生在带有具催化作用的脱氨酶亚基的复合体中,有附加的 RNA 结合区能帮助识别所编辑的特异性靶位点。

除单碱基突变之外,RNA 编辑的另一种形式是尿苷酸的缺失和添加。研究发现,利什曼原虫属细胞色素 b mRNA 中含有许多独立于核基因的尿嘧啶残基,而特异性插入这些残基的信息来自指导 RNA（guide RNA）,因为它含有与编辑后细胞色素 b mRNA 相互补的核苷酸序列。指导 RNA 与被编辑区及其周围部分核酸序列虽然有相当程度的互补性,但该 RNA 上存在一些未能配对的腺嘌呤,形成缺口,为插入尿嘧啶提供了模板^(图 3-38)。反应完成后,指导 RNA 从 mRNA 上解离下来,而 mRNA 则被用做翻译的模板。

RNA 编辑具有重要的生物学意义:

① 校正作用　有些基因在突变过程中丢失的遗传信息可能通过 RNA 的编辑得以恢复。

② 调控翻译　通过编辑可以构建或去除起始密码子和终止密码子,是基因表达调控的一种方式。

③ 扩充遗传信息　能使基因产物获得新的结构核功能,有利于生物的进化。

3.9.2　RNA 的再编码

有研究发现,mRNA 在某些情况下不是以固定的方式被翻译,而可以改变原来的编码信息,以不同的方式进行翻译,科学上把 RNA 编码和读码方式的改变称为 RNA 的再编码

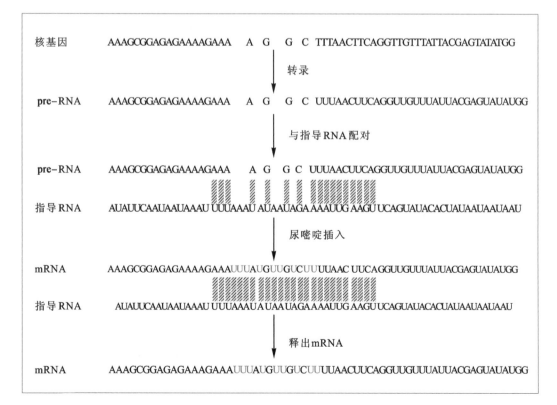

图 3-38　指导 RNA 和 RNA 的编辑机制

（RNA recoding）。

　　某些有机体进行蛋白质翻译时,mRNA 的读码信号在 tRNA、rRNA 和相关蛋白因子的作用下发生 +1/−1 移位,甚至发生核糖体跳过 50 个核苷酸的情况,我们把前两者称为核糖体程序性 +1/−1 移位,把后者称为核糖体跳跃。最近人们还发现自然界存在第 21 和 22 种氨基酸,即硒代半胱氨酸(selenocysteine)和吡咯赖氨酸(pyrrolysine),两者都是通过终止子通读而编码的。上述的 +1/−1 移码、核糖体跳跃以及终止子通读都是再编码的表现方式,因为它们使用了不同于常规的基因解码规则。RNA 的再编码可以使一个 mRNA 产生两种或多种相互关联但又不同的蛋白质,这也可能是蛋白质合成的一种调节机制。

3.9.3　RNA 的化学修饰

　　除了 RNA 的编辑之外,有些 RNA,特别是前体 rRNA 和 tRNA,还可能有特异性化学修饰。图 3-39 是最常见的 6 大类化学修饰途径及其产物。研究证实,仅人细胞内 rRNA

图 3-39　rRNA 和 tRNA 分子中核苷酸的化学修饰

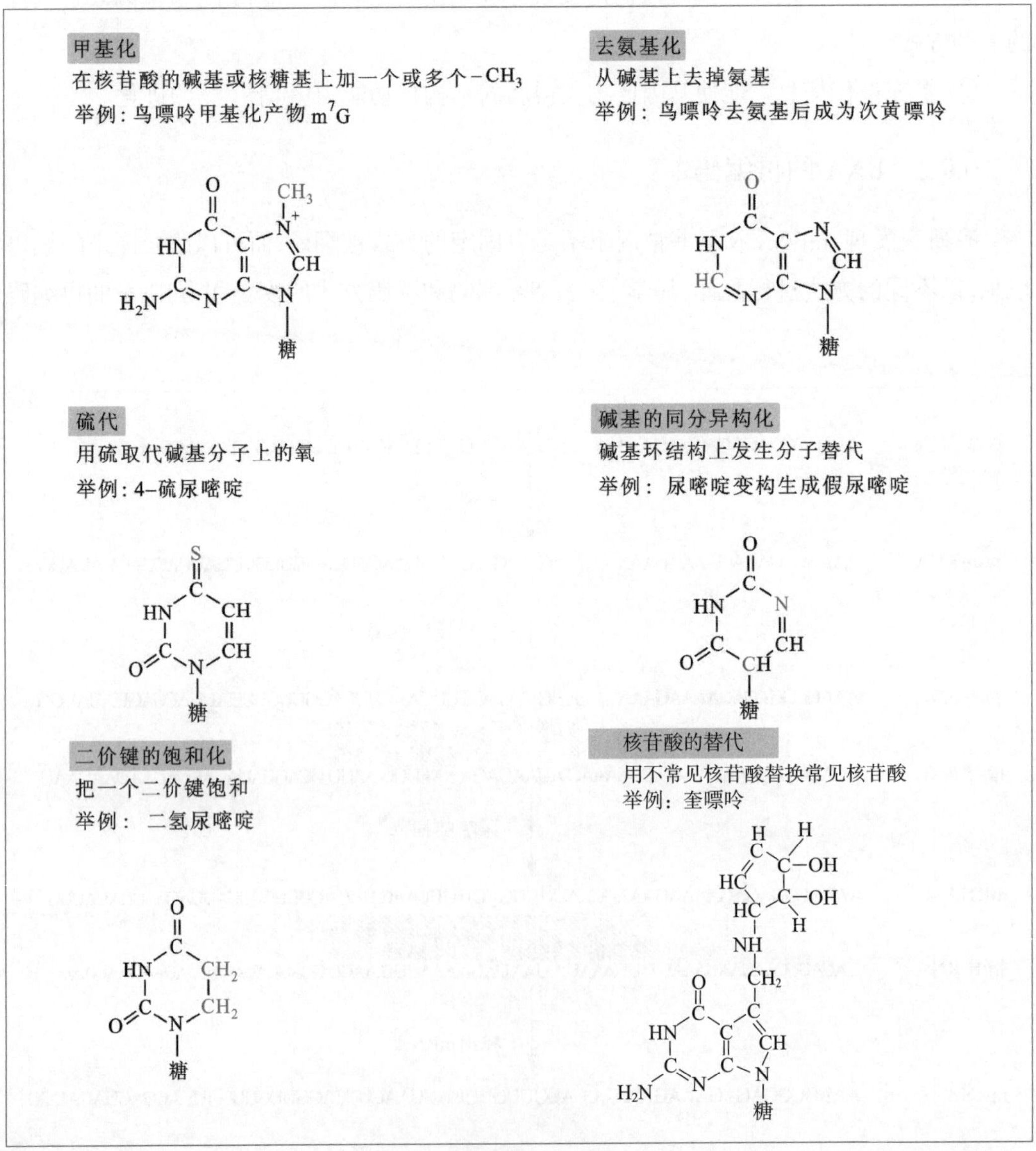

甲基化
在核苷酸的碱基或核糖基上加一个或多个 −CH₃
举例:鸟嘌呤甲基化产物 m⁷G

去氨基化
从碱基上去掉氨基
举例:鸟嘌呤去氨基后成为次黄嘌呤

硫代
用硫取代碱基分子上的氧
举例:4-硫尿嘧啶

碱基的同分异构化
碱基环结构上发生分子替代
举例:尿嘧啶变构生成假尿嘧啶

二价键的饱和化
把一个二价键饱和
举例:二氢尿嘧啶

核苷酸的替代
用不常见核苷酸替换常见核苷酸
举例:奎嘌呤

分子上就存在 106 种甲基化和 95 种假尿嘧啶产物,虽然尚未发现特征性保守序列,但有实验证据表明,RNA 的化学修饰可能具有位点特异性。有实验表明,相对分子质量只有 70~100 个核苷酸的核仁小 RNA(snoRNA)参与 RNA 的化学修饰,因为这些 RNA 能通过碱基配对的方式,把 rRNA 分子上需要修饰的位点找出来。现在一般认为,snoRNA 上的 D 盒是甲基化酶的识别位点[图 3-40]。

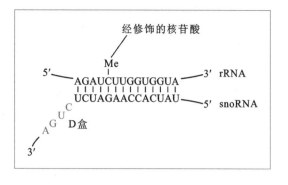

图 3-40 酵母 U24 snoRNA 指导的甲基化

3.10 mRNA 转运

真核 mRNA 一旦完成加帽、去除内含子和多腺苷酸化等加工成熟过程,就会通过核膜上的特殊结构——核孔复合体(nuclear pore complex)运出细胞核进入细胞质,作为模板翻译产生蛋白质。mRNA 从细胞核进入到细胞质的过程是一个主动转运过程,由 GTP 水解提供能量并受一系列蛋白质的精细调控,防止加工错误或已受损伤的 RNA 进入细胞质,危害细胞正常的生理活动,甚至造成致命的后果。

成熟 mRNA 必须结合一组携带了细胞核跨膜转运信号的蛋白质,待转运受体识别这些信号后指导 RNA 通过核孔离开细胞核。进入细胞质后,参与转运的蛋白质组分就会从 mRNA 上解离下来,被识别后重新回到细胞核,参与下一轮 mRNA 的运输[图 3-41]。

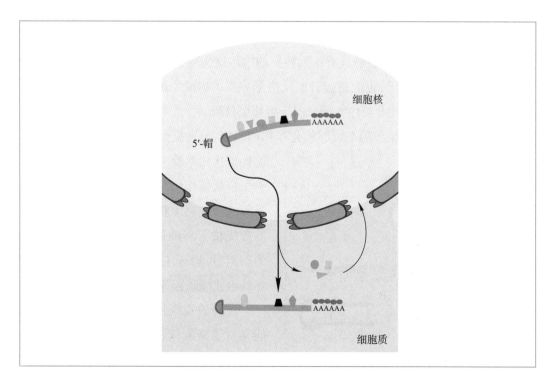

图 3-41 mRNA 从细胞核转运到细胞质

3.11 核酶

核酶(ribozyme)是指一类具有催化功能的 RNA 分子,通过催化靶位点 RNA 链中磷酸二酯键的断裂,特异性剪切底物 RNA 分子,从而阻断基因的表达。"ribozyme"是核糖核酸和酶两个词的缩合词。

1982 年 Cech 从四膜虫 rRNA 前体的加工研究中首先发现 rRNA 前体具有自剪接作用,提出 ribozyme 的概念,打破了酶都是蛋白质这种传统的观念。1983 年,Altman 等人发现 RNase P 中的 RNA 组分可以催化 tRNA 前体的加工,之后的研究还发现 T4 RNA、一些植物的类病毒(viroid)、拟病毒(virusoid)等都能进行自剪接。

核酶的催化功能与其空间结构有密切关系,目前已知有多种特殊结构的核酶,如 RNase P 的 RNA 亚基(M1 RNA)、锤头型、发夹型丁型肝炎 δ 病毒 RNA、Ⅰ 类内含子和 Ⅱ 类内含子等。具有自剪切能力的 RNA 大多数都能形成锤头结构(hammerhead structure)。该二级结构由 3 个茎(Ⅰ、Ⅱ、Ⅲ)构成,茎区是由互补碱基构成的局部双链结构,包围着一个由 11 ~ 13 个保守核苷酸构成的催化中心(图 3-42)。核酶剪切通常发生在 H(H 是除 G 以外任意的核苷酸)位点。同一核酶分子由具有催化中心的核酶和含有剪切位点的底物部分共同组成锤头结构,底物部分是切割部位两端的核苷酸,它与核酶的茎 Ⅰ 和茎 Ⅲ 结合,在切割之后该底物被释放,由一个新的没有被切割的底物取代,使切割反应得以重复进行。

不同的核酶具有不同的催化功能,可以分为剪切型核酶和剪接型核酶两大类。

① 剪切型核酶　剪切型核酶只剪不接,能够催化自身 RNA 或不同的 RNA 分子,切下特异的核苷酸序列。M1 RNA 是最典型的例子,在高浓度 Mg^{2+} 存在时,它可特异性地剪切 tRNA 前体 5′ 端片段。此外,四膜虫 rRNA 前体的剪接产物 L19 也是一种剪切型核酶。

② 剪接型核酶　该类核酶具有序列特异的内切核酸酶、RNA 连接酶等多种酶的活性,它既能切割 RNA 分子,也能通过转酯反应形成新的磷酸二酯键,连接切割后的 RNA 分子。前面介绍的 Ⅰ 类和 Ⅱ 类内含子就属于剪接型核酶。

锤头型核酶和发夹型核酶都能够催化产物的连接,但发夹型核酶催化连接反应的活性比催化切割反应的活性高约 10 倍,而锤头型核酶催化切割反应的活性比催化连接反应的活性高 100 倍。核酶的发现为基因治疗提供了新的策略,因为根据其自剪切的特点,可以人工合成多种核酶以抑制破坏病毒或癌基因等有害基因的功能。

核酶的发现使我们对 RNA 的重要功能又有了新的认识。因此,核酶是继反转录现象之后对中心法则的又一个重要修

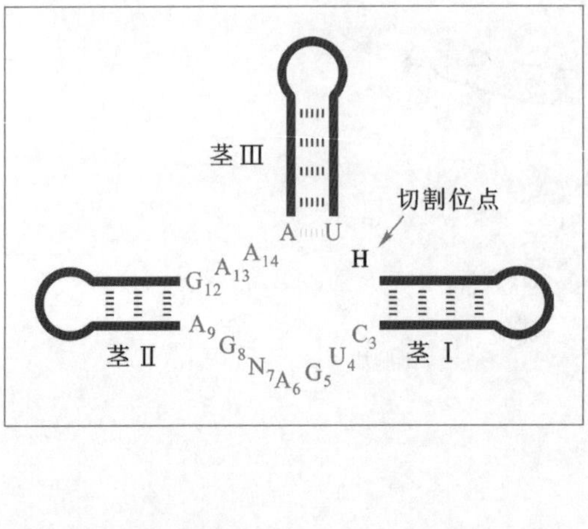

图 3-42　核酶的锤头结构

该酶包括 3 个茎环区,其间有一个 11 ~ 13 个保守核苷酸构成的催化中心。N 代表该位置上可以为任意碱基,箭头代表切割部位,H 代表除了 G 以外的核苷酸。在类病毒中,茎 Ⅲ 的顶部并没有被环连接起来。

茎 Ⅲ

切割位点

A　U

A_{14}

A_{13}

G_{12}

H

茎 Ⅱ

A_9 G_8 N_7 A_6 G_5 U_4 C_3

茎 Ⅰ

正,说明 RNA 既是遗传物质又是酶。核酶的发现为生命起源的研究提供了新思路,也许曾经存在以 RNA 为基础的原始生命。照这么说,蛋白质世界也可能(仅仅是可能)起源于 RNA 世界!

3.12　RNA 在生物进化中的地位

我们曾在本章开篇时说过,基因是唯一能自主复制、世代相传并永久存在的遗传学单位。中心法则也阐明了 DNA 作为遗传信息的贮存者,是生命遗传和生物进化的“中心”。那么,RNA(或许还包括蛋白质!)有没有可能在生物遗传变异的历史演变中起作用呢?

研究发现,RNA 不仅具有极大的拷贝数,其变异率高达 $10^{-3} \sim 10^{-4}$ 核苷酸 /RNA 分子,翻译错误率累加可达 $10^{-1} \sim 10^{-2}$ 氨基酸 / 蛋白质分子,能够产生各种不同蛋白质而迅速积累信息。这就是说,RNA 在基因表达过程中有一定的离散,正如鸟枪射击会有一些铅弹偏离靶心一样。RNA 比相应 DNA 序列含有更多的遗传信息,可通过剪接、改变和校正阅读框架等方式表达出多种蛋白质异构体(同工酶?),还可能通过反转录产生与 RNA 信息相一致的 DNA 分子,直接影响后代的基因型,这种作用也可称之为“反馈效应”。

其次,RNA 还是获得性遗传(表观遗传)的分子基础。所谓获得性遗传是指有机体在生长发育过程中由于环境的影响而不是基因突变所形成的新的遗传性状。在 3 类主要生物大分子中,DNA 是信息分子,蛋白质是功能分子,RNA 既是信息分子,又是功能分子,它在表达过程中起着信息提取和加工的作用。环境可以影响和诱导 RNA 的产生及信息的加工,从而使机体表现出新的性状,这种性状如果传递给子代细胞或个体,就产生获得性遗传。实际上,不仅核酸分子是遗传信息的载体,某些亚细胞结构、细胞器和生物膜也能传递部分遗传信息,它们在环境影响下发生的结构改变有时也能传递给后代。因此,任何主观武断的结论都可能经不起历史的检验。

思考题

1. 什么是编码链? 什么是模板链?
2. 简述 RNA 的种类及其生物学意义。
3. 简述原核和真核生物 RNA 的结构特征。
4. 简述 RNA 转录的概念及其基本过程。
5. 请说出复制与转录的异同点。
6. 大肠杆菌的 RNA 聚合酶由哪些组成成分? 各个亚基的作用是什么?
7. 什么是封闭复合物、开放复合物以及三元复合物?
8. 简述 σ 因子的作用。
9. 什么是 Pribnow box? 它的保守序列是什么?
10. 说出真核与原核基因转录的异同。
11. 大肠杆菌的终止子有哪两大类? 请分别介绍一下它们的结构特点。
12. 真核生物的原始转录产物必须经过哪些加工过程才能成为成熟 mRNA?
13. 简述 Ⅰ、Ⅱ 类内含子的剪接特点。

14. 什么是套索结构？哪些类型 RNA 的剪接中会形成该结构？
15. 什么是 RNA 编辑？其生物学意义是什么？
16. 核酶具有哪些结构特点？核酶的生物学意义是什么？

参考文献

1. Brueckner F, Ortiz J, Cramer P. A movie of the RNA polymerase nucleotide addition cycle. Curr. Opin. Struct. Biol., 2009, 19: 294−299.

2. Campbell E A, Westblade L F, Darst S A. Regulation of bacterial RNA polymerases factor activity: A structural perspective. Curr. Opin. Microbiol., 2008, 11: 121−127.

3. Kornberg R D, Young E T. The molecular basis of eukaryotic transcription. Proc. Natl. Acad. Sci., 2007, 104: 12955−12961.

4. Sekine S, Tagami S, Yokoyama S. Structural basis of transcription by bacterial and eukaryotic RNA polymerases. Curr. Opin. Struct. Biol., 2012, 22: 110−118.

5. Hoskins A A, Moore M J. The spliceosome: A flexible, reversible macromolecular machine. Trends Biochem. Sci., 2012, 237: 179−188.

6. Toor N, Keating K S, Pyle A M. Structural insights into RNA splicing. Curr. Opin. Struct. Biol., 2009, 19: 260−266.

数字课程学习

e 教学课件   在线自测   思考题解析

第 4 章

生物信息的传递(下)
——从 mRNA 到蛋白质

蛋白质是基因表达的最终产物,是组成细胞的主要成分[图 4-1]。蛋白质的生物合成是一个比 DNA 复制和转录更为复杂的过程,主要包括:

① 翻译的起始 核糖体与 mRNA 结合并与氨酰 tRNA 生成起始复合物。

② 肽链的延伸 由于核糖体沿 mRNA 5′端向 3′端移动,开始了从 N 端向 C 端的多肽合成,这是蛋白质合成过程中速度最快的阶段。

③ 肽链的终止及释放 核糖体从 mRNA 上解离,准备新一轮合成反应。

核糖体是蛋白质合成的场所,mRNA 是蛋白质合成的模板,转移 RNA(transfer RNA,tRNA)是模板与氨基酸之间的接合体。此外,在合成的各个阶段还有许多蛋白质、酶和其他生物大分子参与。例如,在真核生物细胞中有 70 种以上的核糖体蛋白质,20 种以上的 AA-tRNA 合成酶,10 多种起始因子、延伸因子及终止因子,50 种左右 tRNA 及各种 rRNA、mRNA 和 100 种以上翻译后加工酶参与蛋白质合成和加工过程。蛋白质合成是一个需能反应,要有各种高能化合物的参与。据统计,在真核生物中有将近 300 种生物大分子与蛋白质的合成有关,细胞用来进行合成代谢总能量的 90% 消耗在蛋白质合成过程中,而参与蛋白质合成的各种组分约占到细胞干重的 35%。

在真核生物细胞核内合成的 mRNA,只有被运送到细胞质部分才能被翻译生成蛋白质。所谓翻译是指将 mRNA 链上的核苷酸从一个特定的起始位点开始,按每 3 个核苷酸代表一个氨基酸的原则,依次合成一条多肽链的过程。尽管蛋白质合成过程十分复杂,但合成速度却高得惊人,如大肠杆菌只需要 5 s 就能合成一条由 100 个氨基酸组成的多肽,而且每个细胞中成百上千个蛋白质的合成都能有条不紊地协同进行。

图 4-1 细胞的化学组分中,蛋白质的含量在生物大分子中占有非常高的比例

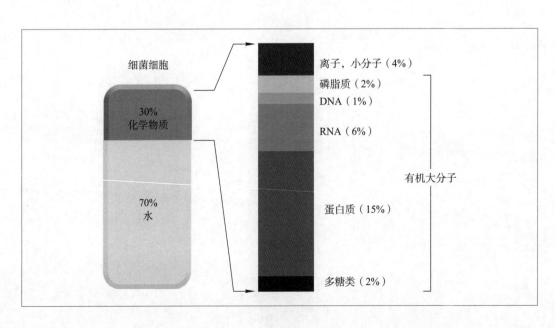

细菌细胞

30%
化学物质

70%
水

离子,小分子(4%)
磷脂质(2%)
DNA(1%)
RNA(6%)

有机大分子

蛋白质(15%)

多糖类(2%)

4.1 遗传密码——三联子

贮存在 DNA 上的遗传信息通过 mRNA 传递到蛋白质上,mRNA 与蛋白质之间的联系是通过遗传密码的破译来实现的。mRNA 上每 3 个核苷酸翻译成蛋白质多肽链上的一个氨基酸,这 3 个核苷酸就称为密码,也叫三联子密码即密码子(codon)。翻译时从起始密码子 AUG(initiation codon)开始,沿着 mRNA 5′→3′ 的方向连续阅读密码子,直至终止密码子(termination codon)为止,生成一条具有特定序列的多肽链——蛋白质(图 4-2)。新生的多肽链中氨基酸的组成和排列顺序决定于其基因的碱基组成及其顺序,因此,作为基因产物的蛋白质最终是受基因控制的。

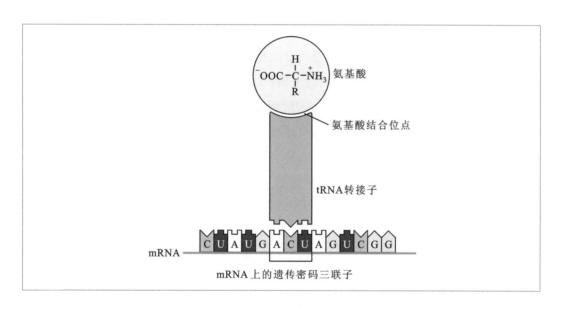

图 4-2 Crick 关于 tRNA 分子破译 mRNA 遗传密码三联子的原始构想

遗传密码是 20 世纪 60 年代通过设计出色的生物化学和遗传学实验阐明的,它是科学上的杰出成就之一,它不仅为研究蛋白质的生物合成提供了理论依据,也证实了中心法则的正确性。70 年代以来,分子生物学技术如 DNA、RNA 序列测定及氨基酸序列测定技术的进步,使遗传密码的存在得到验证。下面我们介绍遗传密码的来源及其特性。

4.1.1 三联子密码及其破译

蛋白质中的氨基酸序列是由 mRNA 中的核苷酸序列决定的,所以,要知道它们之间的关系就要弄清核苷酸和氨基酸数目的对应关系。mRNA 中只有 4 种核苷酸,而蛋白质中有 20 种氨基酸,以一种核苷酸代表一种氨基酸是不可能的。若以两种核苷酸作为一个氨基酸的密码(二联子),它们能代表的氨基酸有 $4^2=16$ 种,还是不足 20 种。而假定以 3 个核苷酸代表一个氨基酸,则可以有 $4^3=64$ 种密码,完全可以满足编码 20 种氨基酸的需要。

图4-3 用核苷酸的插入或删除实验证明 mRNA 模板上每3个核苷酸组成一个密码子

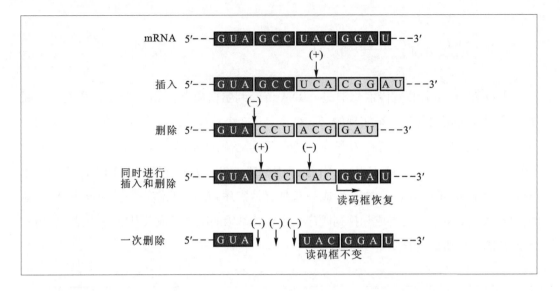

经过反复研究,Crick 等人首先从遗传学的角度证实三联子密码的构想是正确的。他们发现 T4 噬菌体 rⅡ 位点上两个基因的正确表达与它能否侵染大肠杆菌有关,用吖啶类试剂(诱导核苷酸插入或从 DNA 链上丢失)处理使 T4 噬菌体 DNA 发生移码突变(frameshift mutation),从而指导生成一个完全不同的、没有功能的蛋白质,使噬菌体丧失感染能力。若在模板 mRNA 中插入或删除一个碱基,会改变该密码子以后的全部氨基酸序列。若同时对模板进行插入和删除试验,保证后续密码子序列不变,翻译得到的蛋白质序列就保持不变(除了发生突变的那个密码子所代表的氨基酸之外)。如果同时删除 3 个核苷酸,翻译产生少了一个氨基酸的蛋白质,但序列不发生变化(图4-3)。另外,对烟草坏死卫星病毒的研究发现,其外壳蛋白亚基由 400 个氨基酸组成,而相应的 RNA 片段长约 1 200 个核苷酸,与假设的密码三联子体系正好相吻合。

遗传密码的破译,即确定代表每种氨基酸的具体密码,在 20 世纪 60 年代初期是一项困难的任务。尽管如此,由于体外蛋白质合成体系的建立和核酸人工合成技术的发展,科学家实际上只花了几年时间就解开了这个谜。

1. 以均聚物、随机共聚物和特定序列的共聚物为模板指导多肽的合成

制备大肠杆菌的无细胞合成体系,在含 DNA、mRNA、tRNA、核糖体、AA-tRNA 合成酶及其他酶类的抽提物中加入 DNase,降解体系中的 DNA,耗尽 mRNA 时,体系中的蛋白质合成即停止,当补充外源 mRNA 或人工合成的各种均聚物或共聚物作为模板以及 ATP、GTP、氨基酸等成分时又能合成新的肽链,新生肽链的氨基酸顺序由外加的模板所决定。因此,分析比较加入的模板和合成的肽链即可推知编码某些氨基酸的密码。

1961 年,Nirenberg 使用能在没有模板的情况下将核苷酸连接起来的多核苷酸磷酸化酶,把多(U)作为模板加入到上述无细胞翻译体系中,再向体系中加入放射性标记的同种氨基酸,每次测一种氨基酸,在做了 20 次不同的实验后发现,新合成的多肽链是多苯丙氨酸,从而认定 UUU 代表苯丙氨酸(Phe)(图4-4)。以多(C)及多(A)做模板得到的分别是多脯氨酸和多赖氨酸,这样很快就解决了 3 个氨基酸的密码子(当然,一个氨基酸可能有几

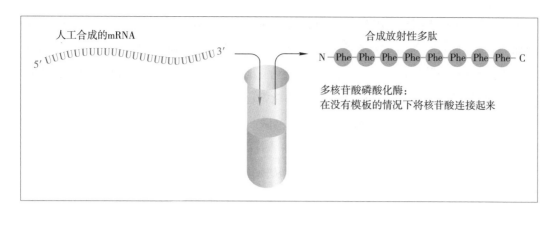

图 4-4 无细胞翻译体系证明 UUU 编码苯丙氨酸

将人工合成的 mRNA 加入到一个含有核糖体、tRNA、多核苷酸磷酸化酶以及其他小分子的无细胞翻译体系中,然后将放射性标记的氨基酸加入到该系统中,分析所产生的多肽。结果发现 poly(U)编码只含有苯丙氨酸的多肽。

个密码子)。幸运的是,由于上述无细胞体系中 Mg^{2+} 浓度很高,人工合成的多聚核苷酸不需要起始密码子就能指导多肽的生物合成,读码起始是随机的。在生理 Mg^{2+} 条件下,没有起始密码子的多核苷酸不能被用作多肽合成的模板。

Nirenberg 及 Ochoa 等又用各种随机的共聚物或特定序列共聚物作模板合成多肽,例如,以只含 A、C 的共聚核苷酸作模板,任意排列时可出现 8 种三联子,即 CCC、CCA、CAC、ACC、CAA、ACA、AAC、AAA,获得由 Asn、His、Pro、Gln、Thr、Lys 等 6 种氨基酸组成的多肽。

他们发现,以多二核苷酸作模板可合成由 2 个氨基酸组成的多肽,如以多(UG)为模板合成的是多 Cys 和 Val,因为多(UG)中含 Cys 和 Val 的密码:

5′……UGU GUG UGU GUG UGU GUG……3′

无论读码从 U 开始还是从 G 开始,都只能有 UGU(Cys)及 GUG(Val)两种密码子。

以多三核苷酸作为模板可得到有 3 种氨基酸组成的多肽。如以多(UUC)为模板,可能有 3 种起读方式:

5′……UUC UUC UUC UUC UUC……3′

或 5′……UCU UCU UCU UCU UCU……3′

或 5′……CUU CUU CUU CUU CUU……3′

根据读码起点不同,产生的密码子可能是 UUC(Phe)、UCU(Ser)或 CUU(Leu),所以得到的多肽可能是多苯丙氨酸、多丝氨酸或多亮氨酸,由此可知 UUC、UCU、CUU 分别是苯丙氨、丝氨酸及亮氨酸的密码子。当然,以多三核苷酸为模板时也可能只合成 2 种均聚多肽,以多(GUA)为例:

5′……GUA GUA GUA GUA GUA……3′

或 5′……UAG UAG UAG UAG UAG……3′

或 5′……AGU AGU AGU AGU AGU……3′

由第二种读码方式产生的密码子 UAG 是终止密码,不编码任何氨基酸,因此,只产生 2 种密码子 GUA(Val)或 AGU(Ser),所以合成的多肽要么是多缬氨酸,要么是多丝氨酸。

2. 核糖体结合技术

Nirenberg 和 Leder 还用核糖体结合技术来解决密码问题。这个方法是以人工合成的三核苷酸如 UUU、UCU、UGU 等为模板,在含核糖体、AA-tRNA 的适当离子强度的反应液中保温,然后使反应液通过硝酸纤维素滤膜。他们发现,游离的 AA-tRNA 因相对分子质量小能自由通过滤膜,加入三核苷酸模板可以促使其对应的 AA-tRNA 结合到核糖体上,体积超过膜上的微孔而被滞留,这样就能把已结合到核糖体上的 AA-tRNA 与未结合的 AA-tRNA 分开。若用 20 种 AA-tRNA 做 20 组同样的实验,每组都含 20 种 AA-tRNA 和各种三核苷酸,但只有一种氨基酸用 ^{14}C 标记,看哪一种 AA-tRNA 被留在滤膜上,进一步分析这一组的模板是哪个三核苷酸,从模板三核苷酸与氨基酸的关系可测定该氨基酸的密码子。例如,模板是 UUU 时,Phe-tRNA 结合于核糖体上,可知 UUU 是 Phe 的密码子(表4-1)。

表 4-1　三核苷酸密码子能使特定的氨酰 tRNA 结合到核糖体上

密码子	与核糖体相结合的 ^{14}C 标记的氨酰 tRNA		
	Phe-tRNA^{Phe}	Lys-tRNA^{Lys}	Pro-tRNA^{Pro}
UUU	4.6*	0	0
AAA	0	7.7	0
CCC	0	0	3.1

*数字代表特定氨酰 tRNA 与带有模板三核苷酸的核糖体相结合的效率。随机结合 =1。

4.1.2　遗传密码的性质

1. 密码的连续性

翻译由 mRNA 的 5′ 端的起始密码子开始,一个密码子接一个密码子连续阅读直到 3′ 终止密码,密码间无间断也没有重叠,即起始密码子决定了所有后续密码子的位置,说明三联子密码是连续的。

2. 密码的简并性

按照 1 个密码子由 3 个核苷酸组成的原则,4 种核苷酸可组成 64 个密码子,现在已经知道其中 61 个是编码氨基酸的密码子,另外 3 个即 UAA、UGA 和 UAG 并不代表任何氨基酸,它们是终止密码子,不能与 tRNA 的反密码子配对,但能被终止因子或释放因子识别,终止肽链的合成(表4-2)。细菌中 3 种终止密码子的使用频率是不同的,UAA 是最常用的,UGA 比 UAG 的使用频率更高一点,但 UGA 出错的可能性更大一些。

因为存在 61 种密码子而只有 20 种氨基酸,所以许多氨基酸有多个密码子,实际上除甲硫氨酸(AUG)和色氨酸(UGG)只有一个密码子外,其他氨基酸都有一个以上的密码子,其中 9 种氨基酸有 2 个密码子,1 种氨基酸有 3 个密码子,5 种氨基酸有 4 个密码子,3 种氨基酸有 6 个密码子(表4-3)。

由一种以上密码子编码同一个氨基酸的现象称为简并(degeneracy),对应于同一氨基酸的密码子称为同义密码子(synonymous codon)。另外,AUG 和 GUG 既是甲硫氨酸及缬氨酸的密码子又是起始密码子,这种双重功能在生物学上的意义尚不清楚。

表 4–2　通用遗传密码及相应的氨基酸

第一位(5′端)核苷酸	第二位(中间)核苷酸				第三位(3′端)核苷酸
	U	C	A	G	
U	苯丙氨酸 (Phe, F)	丝氨酸 (Ser, S)	酪氨酸 (Tyr, Y)	半胱氨酸 (Cys, C)	U
	苯丙氨酸 (Phe, F)	丝氨酸 (Ser, S)	酪氨酸 (Tyr, Y)	半胱氨酸 (Cys, C)	C
	亮氨酸 (Leu, L)	丝氨酸 (Ser, S)	终止 (Stop)	终止 (Stop)	A
	亮氨酸 (Leu, L)	丝氨酸 (Ser, S)	终止 (Stop)	色氨酸 (Trp, W)	G
C	亮氨酸 (Leu, L)	脯氨酸 (Pro, P)	组氨酸 (His, H)	精氨酸 (Arg, R)	U
	亮氨酸 (Leu, L)	脯氨酸 (Pro, P)	组氨酸 (His, H)	精氨酸 (Arg, R)	C
	亮氨酸 (Leu, L)	脯氨酸 (Pro, P)	谷氨酰胺 (Gln, Q)	精氨酸 (Arg, R)	A
	亮氨酸 (Leu, L)	脯氨酸 (Pro, P)	谷氨酰胺 (Gln, Q)	精氨酸 (Arg, R)	G
A	异亮氨酸 (Ile, I)	苏氨酸 (Thr, T)	天冬酰胺 (Asn, N)	丝氨酸 (Ser, S)	U
	异亮氨酸 (Ile, I)	苏氨酸 (Thr, T)	天冬酰胺 (Asn, N)	丝氨酸 (Ser, S)	C
	异亮氨酸 (Ile, I)	苏氨酸 (Thr, T)	赖氨酸 (Lys, K)	精氨酸 (Arg, R)	A
	甲硫氨酸 (Met, M)	苏氨酸 (Thr, T)	赖氨酸 (Lys, K)	精氨酸 (Arg, R)	G
G	缬氨酸 (Val, V)	丙氨酸 (Ala, A)	天冬氨酸 (Asp, D)	甘氨酸 (Gly, G)	U
	缬氨酸 (Val, V)	丙氨酸 (Ala, A)	天冬氨酸 (Asp, D)	甘氨酸 (Gly, G)	C
	缬氨酸 (Val, V)	丙氨酸 (Ala, A)	谷氨酸 (Glu, E)	甘氨酸 (Gly, G)	A
	缬氨酸 (Val, V)	丙氨酸 (Ala, A)	谷氨酸 (Glu, E)	甘氨酸 (Gly, G)	G

表 4–3　密码子的简并性

氨基酸	密码子个数	氨基酸	密码子个数
丙氨酸	4	亮氨酸	6
精氨酸	6	赖氨酸	2
天冬酰胺	2	甲硫氨酸	1
天冬氨酸	2	苯丙氨酸	2
半胱氨酸	2	脯氨酸	4

氨基酸	密码子个数	氨基酸	密码子个数
谷氨酰胺	2	丝氨酸	6
谷氨酸	2	苏氨酸	4
甘氨酸	4	色氨酸	1
组氨酸	2	酪氨酸	2
异亮氨酸	3	缬氨酸	4

同义密码子一般都不是随机分布的,因为其第一、第二位核苷酸往往是相同的,而第三位核苷酸的改变并不一定影响所编码的氨基酸,这种安排减少了变异对生物的影响。一般说来,编码某一氨基酸的密码子越多,该氨基酸在蛋白质中出现的频率也越高,只有精氨酸是个例外,因为在真核生物中 CG 双联子出现的频率较低,所以尽管有 6 个同义密码子,蛋白质中精氨酸的出现频率仍不高,如图 4-5。

3. 密码的通用性与特殊性

遗传密码无论在体内还是体外,也无论是对病毒、细菌、动物还是植物而言都是通用的,所以密码子具有通用性。20 世纪 70 年代以后对各种生物基因组的大规模测序结果也充分证明生物界基本共用同一套遗传密码。密码子的通用性有助于我们研究生物的进化。同时,遗传密码的通用性在遗传工程中得到充分运用,比如在细菌中大量表达人类的外源蛋白——胰岛素等。

虽然密码子具有通用性,但也发现极少数例外。在支原体中,终止密码子 UGA 被用来编码色氨酸;在嗜热四膜虫中,另一个终止密码子 UAA 被用来编码谷氨酰胺。对人、牛及酵母线粒体 DNA 序列和结构的研究还发现,在线粒体中也有一些例外情况[表4-4],如 UGA 编码色氨酸,而非终止密码子;甲硫氨酸可由 AUA 编码等,体现了遗传密码的特殊性。

图 4-5 除了 Arg 以外,编码某一特定氨基酸的密码子个数与该氨基酸在蛋白质中的出现频率相吻合

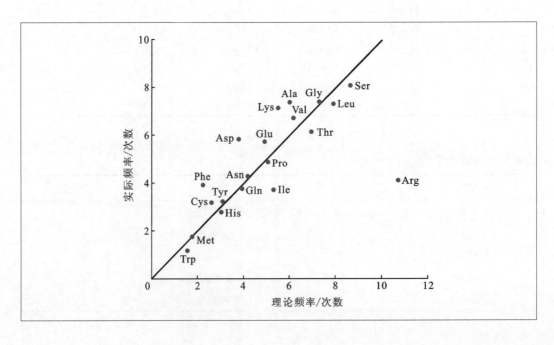

表 4-4　线粒体与核 DNA 密码子使用情况的比较

生物	密码子	线粒体 DNA 编码的氨基酸	核 DNA 编码的氨基酸
所有	UGA	色氨酸	终止子
酵母	CUA	苏氨酸	亮氨酸
果蝇	AGA	丝氨酸	精氨酸
哺乳类	AGA/G	终止子	精氨酸
哺乳类	AUA	甲硫氨酸	异亮氨酸

4.1.3　密码子与反密码子的相互作用

在蛋白质生物合成过程中,tRNA 的反密码子在核糖体内是通过碱基的反向配对与 mRNA 上的密码子相互作用的(图 4-6)。1966 年,Crick 根据立体化学原理提出摆动假说(wobble hypothesis),解释了反密码子中某些稀有成分(如 I)的配对,以及许多氨基酸有 2 个以上密码子的问题。

根据摆动假说,在密码子与反密码子的配对中,前两对严格遵守碱基配对原则,第三对碱基有一定的自由度,可以"摆动",因而使某些 tRNA 可以识别 1 个以上的密码子。一个 tRNA 究竟能识别多少个密码子是由反密码子的第一位碱基的性质决定的,反密码子第一位为 A 或 C 时只能识别 1 种密码子,为 G 或 U 时可以识别 2 种密码子,为 I 时可识别 3 种密码子(表 4-5)。如果有几个密码子同时编码一个氨基酸,凡是第一、二位碱基不同的密码子都对应于各自独立的 tRNA。原核生物中有 30~45 种 tRNA,真核细胞中可能存在 50 种 tRNA。

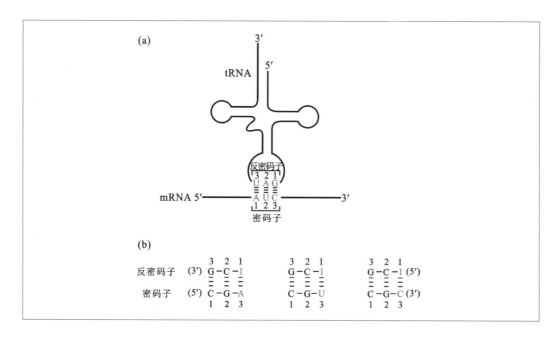

图 4-6　mRNA 上的密码子与 tRNA 上的反密码子配对示意图

(a) 密码子与 tRNA 反密码子臂上相应序列配对;(b) 当反密码子第一位是 I 时,密码子第三位可以是 A、U 或 C。

表 4-5 　tRNA 上的反密码子与 mRNA 上密码子的配对与"摆动"分析

1. 反密码子第一位是 C 或 A 时,只能识别一种密码子		
反密码子	(3′)X–Y–C(5′)	(3′)X–Y–A(5′)
密码子	(5′)Y–X–G(3′)	(5′)Y–X–U(3′)
2. 反密码子第一位是 U 或 G 时,可分别识别两种密码子		
反密码子	(3′)X–Y–U(5′)	(3′)X–Y–G(5′)
密码子	(5′)Y–X–A/G(3′)	(5′)Y–X–C/U(3′)
3. 反密码子第一位是 I 时,可识别 3 种密码子		
反密码子	(3′)X–Y–I(5′)	
密码子	(5′)Y–X–A/U/C(3′)	

4.2　tRNA

tRNA 在蛋白质合成中处于关键地位,它不但为每个三联密码子翻译成氨基酸提供了接合体,还为准确无误地将所需氨基酸运送到核糖体上提供了运送载体,所以,它又被称为第二遗传密码。虽然 tRNA 分子各自的序列不同,但所有的 tRNA 都具有共同的特征:存在经过特殊修饰的碱基,tRNA 的 3′ 端都以 CCA–OH 结束,该位点是 tRNA 与相应氨基酸结合的位点。

4.2.1　tRNA 的三叶草二级结构

tRNA 参与多种反应,并与多种蛋白质和核酸相互识别,这就决定了它们在结构上存在大量的共性。由于小片段碱基互补配对,三叶草形 tRNA 分子上有 4 条根据它们的结构或已知功能命名的手臂(图 4-7):

受体臂(acceptor arm)因是结合氨基酸的位点而得名,主要由链两端序列碱基配对形成的杆状结构和 3′ 端未配对的 3 ~ 4 个碱基所组成,其 3′ 端的最后 3 个碱基序列永远是 CCA 序列,伸出双链之外,最后一个碱基的 3′ 或 2′ 自由羟基(—OH)可以被氨酰化。

其余手臂均由碱基配对产生的杆状结构和无法配对的套索状结构所组成。

TψC 臂是根据 3 个核苷酸命名的,其中 ψ 表示拟尿嘧啶,是 tRNA 分子所拥有的不常见核苷酸。

反密码子臂是根据位于套索中央的三联反密码子命名的。反密码子的两端由 5′ 端的尿嘧啶和 3′ 端的嘌呤界定。

D 臂是根据它含有二氢尿嘧啶(dihydrouracil)命名的。

图 4-7 显示了最常见 tRNA 分子的三叶草二级结构形式。tRNA 一般有 76 个碱基,相对分子质量约为 2.5×10^4。不同的 tRNA 分子可有 74 ~ 95 个核苷酸不等。tRNA 分子长度的不同主要是由其中的 D 臂、TψC 臂和多余臂引起的,在 D 臂中存在多至 3 个可变核苷酸位点。tRNA 分子中最大的变化发生在位于 TψC 和反密码子臂之间的多余臂(extra arm)上。

图 4-7 tRNA 的三叶草形二级结构

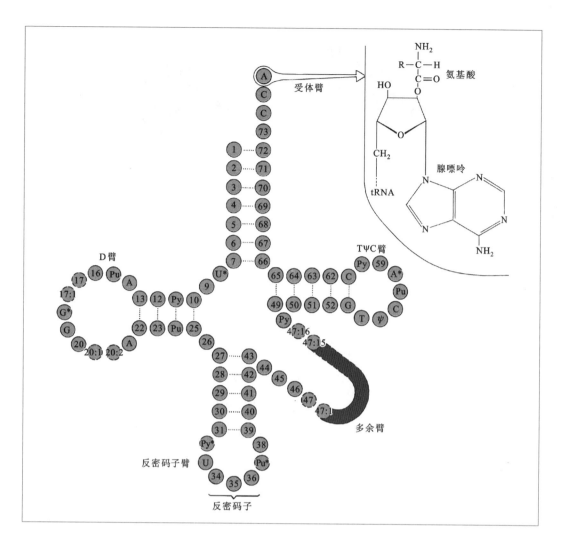

tRNA 的稀有碱基含量非常丰富,有 70 余种。每个 tRNA 分子至少含有 2 个稀有碱基,最多有 19 个,多数分布在非配对区,特别是在反密码子 3′ 端邻近部位出现的频率最高,且大多为嘌呤核苷酸,这对于维持反密码子环的稳定性及密码子、反密码子之间的配对是很重要的。基因组研究发现,原核生物与真核生物细胞中所拥有的各种 tRNA 基因总数很不一样。

所有的 tRNA 都能够与核糖体的 A 位点(新进入的氨酰 tRNA 的结合位点)和 P 位点(肽酰 tRNA 的结合位点)结合,此时,tRNA 分子三叶草型顶端突起部位通过密码子 – 反密码子的配对与 mRNA 相结合,而其 3′ 端恰好将所运转的氨基酸送到正在延伸的多肽上。此外,所有 tRNA(除了起始 tRNA 外)都能被翻译辅助因子 EF-Tu(原核生物)或 eEF1(真核生物)所识别而与核糖体相结合,起始 tRNA 能被原核生物的起始因子 IF-2 或真核生物的起始因子 eIF-2 所识别。

4.2.2 tRNA 的 L- 形三级结构

有人在二级结构基础上做了酵母 tRNA^{Phe}、tRNA^{fMet} 和大肠杆菌 tRNA^{fMet}、tRNA^{Arg} 等的

图4-8 酵母 tRNA^Phe 的三级结构示意图（根据 X 射线衍射数据绘制）

(a)和(b)表示用不同方法构建的模型。

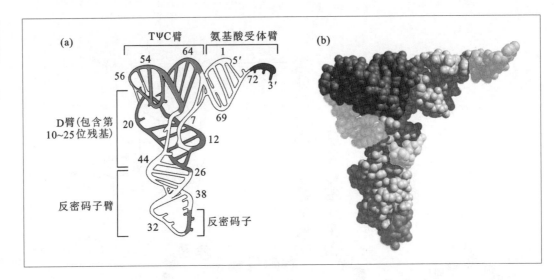

三级结构,发现都呈 L 形折叠^(图4-8),而这种结构是靠氢键来维持的。tRNA 的三级结构与 AA-tRNA 合成酶对 tRNA 的识别有关。

　　tRNA 的 L 形三级结构,保留了二级结构中由于碱基互补而产生的双螺旋杆状结构,又通过分子重排创造了另一对双螺旋。受体臂和 TψC 臂的杆状区域构成了第一个双螺旋,D 臂和反密码子臂的杆状区域形成了第二个双螺旋,两个双螺旋上各有一个缺口。TψC 臂和 D 臂的套索状结构位于"L"的转折点。所以,受体臂顶端的碱基位于"L"的一个端点,反密码子臂的套索状结构生成了"L"的另一个端点。

　　tRNA 高级结构上的特点为我们提供了研究其生物学功能的重要线索,因为 tRNA 上所运载的氨基酸必须靠近位于核糖体大亚基上的多肽合成位点,而 tRNA 上的反密码子必须与小亚基上的 mRNA 相配对,所以分子中两个不同的功能基团是最大限度分离的。这个结构形式很可能满足了蛋白质合成过程中对 tRNA 的各种要求而成为 tRNA 的通式,研究证实 tRNA 的性质是由反密码子而不是它所携带的氨基酸所决定的。

4.2.3　tRNA 的功能

　　转录过程是信息从一种核酸分子(DNA)转移到另一种结构上极为相似的核酸分子(RNA)的过程,信息转移靠的是碱基配对。翻译阶段遗传信息从 mRNA 分子转移到结构极不相同的蛋白质分子,信息是以能被翻译成单个氨基酸的三联密码子形式存在的,在这里起作用的是 tRNA 的解码机制。

　　根据 Crick 的接合体假说,氨基酸必须与一种接合体接合,才能被带到 RNA 模板的恰当位置上正确合成蛋白质。所以,氨基酸在合成蛋白质之前必须通过 AA-tRNA 合成酶活化,在消耗 ATP 的情况下结合到 tRNA 上,生成有蛋白质合成活性的 AA-tRNA。同时,AA-tRNA 的生成还牵涉到信息传递的问题,因为只有 tRNA 上的反密码子能与 mRNA 上的密码子相互识别并配对,而氨基酸本身不能识别密码子,只有结合到 tRNA 上生成 AA-tRNA,才能被带到 mRNA-核糖体复合物上,插入到正在合成的多肽链的适当位置上。

下面的实验证明模板 mRNA 只能识别特异的 tRNA 而不是氨基酸。^{14}C 标记的半胱氨酸与 tRNA^{Cys} 结合后生成 [^{14}C]– 半胱氨酸 –tRNA^{Cys}，经 Ni 催化可生成 [^{14}C]–Ala–tRNA^{Cys}，再把 [^{14}C]–Ala–tRNA^{Cys} 加进含血红蛋白 mRNA、其他 tRNA、氨基酸以及兔网织细胞核糖体的蛋白质合成系统中，结果发现 [^{14}C]–Ala–tRNA^{Cys} 插入了血红蛋白分子通常由半胱氨酸占据的位置上，这表明在这里起识别作用的是 tRNA 而不是氨基酸。

4.2.4　tRNA 的种类

1. 起始 tRNA 和延伸 tRNA

有一类能特异地识别 mRNA 模板上起始密码子的 tRNA 叫起始 tRNA，其他 tRNA 统称为延伸 tRNA。起始 tRNA 具有独特的、有别于其他所有 tRNA 的结构特征。原核生物起始 tRNA 携带甲酰甲硫氨酸（fMet），真核生物起始 tRNA 携带甲硫氨酸（Met）。原核生物中 Met–tRNA^{fMet} 必须首先甲酰化生成 fMet–tRNA^{fMet} 才能参与蛋白质的生物合成。

2. 同工 tRNA

由于一种氨基酸可能有多个密码子，因此有多个 tRNA 来识别这些密码子，即多个 tRNA 代表一种氨基酸，我们将几个代表相同氨基酸的 tRNA 称为同工 tRNA（cognate tRNA）。在一个同工 tRNA 组内，所有 tRNA 均专一于相同的氨酰 tRNA 合成酶。同工 tRNA 既要有不同的反密码子以识别该氨基酸的各种同义密码，又要有某种结构上的共同性，能被 AA–tRNA 合成酶识别。所以说，同工 tRNA 组内肯定具备了足以区分其他 tRNA 组的特异构造，保证合成酶能准确无误地加以选择。到目前为止，科学家还无法从一级结构上解释 tRNA 在蛋白质合成中的专一性。有证据说明，tRNA 的二级和三级结构对它的专一性起着举足轻重的作用。

3. 校正 tRNA

在蛋白质的结构基因中，一个核苷酸的改变可能使代表某个氨基酸的密码子变成终止密码子（UAG、UGA、UAA），使蛋白质合成提前终止，合成无功能的或无意义的多肽，这种突变称为无义突变（nonsense mutation），而无义突变的校正 tRNA 可通过改变反密码子区校正无义突变。

错义突变（missense mutation）是由于结构基因中某个核苷酸的变化使一种氨基酸的密码变成另一种氨基酸的密码。错义突变的校正 tRNA 通过反密码子区的改变把正确的氨基酸加到肽链上，合成正常的蛋白质。如某大肠杆菌细胞色氨酸合成酶中的一个甘氨酸密码子 GGA 错义突变成 AGA（编码精氨酸），指导合成错误的多肽链。甘氨酸校正 tRNA 的校正基因突变使其反密码子从 CCU 变成 UCU，它仍然是甘氨酸的反密码子但不结合 GGA 而能与突变后的 AGA 密码子相结合，把正确的氨基酸（甘氨酸）放到 AGA 所对应的位置上。

校正 tRNA 在进行校正过程中必须与正常的 tRNA 竞争结合密码子，无义突变的校正 tRNA 必须与释放因子竞争识别密码子，错义突变的校正 tRNA 必须与该密码的正常 tRNA 竞争，都会影响校正的效率。所以，某个校正基因的效率不仅决定于反密码子与密码子的亲和力,也决定于它在细胞中的浓度及竞争中的其他参数。一般说来,校正效率不会超过50%。无义突变的校正基因tRNA不仅能校正无义突变,也会抑制该基因3′端正常的终止密码子,导致翻译过程的通读,合成更长的蛋白质,这种蛋白质过多就会对细胞造成伤害。同样,一个基因错义突变的矫正也可能使另一个基因错误翻译,因为如果一个校正基因在突变位点通过取代一种氨基酸的方式校正了一个突变,它也可以在另一位点这样做,从而在正常位点上引入新的氨基酸。

4.2.5 氨酰 tRNA 合成酶

每个tRNA分子如何与20个氨基酸中正确的一个连接上? 这个任务由氨酰tRNA合成酶(AA–tRNA synthetase)来承担,它确保了tRNA只与正确的氨基酸相偶联。氨酰tRNA合成酶是一类催化氨基酸连接于tRNA的3′端的特异性酶,其反应如下:

$$AA + tRNA + ATP \rightarrow AA - tRNA + AMP + PPi$$

它实际上包括两步反应:

第一步是氨基酸活化生成酶–氨基酰腺苷酸复合物。

$$AA + ATP + 酶(E) \rightarrow E - AA - AMP + PPi$$

第二步是氨酰基转移到tRNA 3′端腺苷残基的2′或3′– 羟基上。

$$E - AA - AMP + tRNA \rightarrow AA - tRNA + E + AMP$$

蛋白质合成的真实性主要决定于tRNA能否把正确的氨基酸放到新生多肽链的正确位置上,而这一步主要决定于AA–tRNA合成酶是否能使氨基酸与对应的tRNA相结合。AA–tRNA合成酶既要能识别tRNA,又要能识别氨基酸,它对两者都具有高度的专一性。不同的tRNA有不同的碱基组成和空间结构,每种特异性AA–tRNA合成酶通过对其独特结构的识别来保证翻译的正确进行(图4-9)。受体臂是AA–tRNA合成酶识别特异性的关键因素,若位于该臂上的鉴别者碱基发生变化,会使某个tRNA所识别的密码子发生变化,从一种AA–tRNA合成酶变成另一种AA–tRNA合成酶。

图 4-9 氨酰 tRNA
合成酶识别 tRNA
的独特结构

(a) tRNA 结构中氨
酰 tRNA 合成酶识别
的必需元件;(b) 谷
氨酰 tRNA 合成酶与
tRNA^Gln 结合的晶体
结构图。

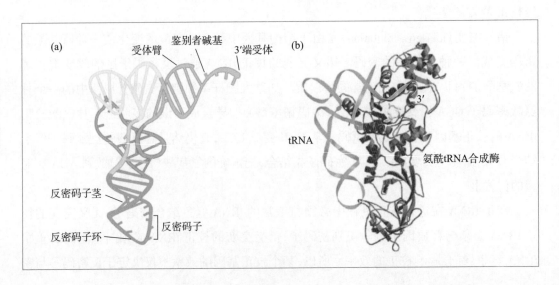

困难的是这些酶怎么去识别结构上非常相似的氨基酸。例如,异亮氨酸只比缬氨酸多一个甲烯基团,而异亮氨酰 tRNA 合成酶对异亮氨酸的亲和力比对缬氨酸大 225 倍。考虑到体内缬氨酸的浓度比异亮氨酸高 5 倍,缬氨酸被错误活化渗入到异亮氨酸位点上去的概率应该是 1/40,但实际上错误频率(误差率)只有约 1.5×10^{-5},表明还存在其他重要的校正手段以增加蛋白质合成的真实性。科学家发现,异亮氨酰 tRNA 合成酶在催化口袋附近还有一个编辑口袋,对腺苷酰基化产物进行校对,因此,被错误活化的缬氨酸不会被结合到 tRNA^{Ile} 上,而是被酶本身水解,活化阶段产生的误差在后一个阶段被校正。

4.3 核糖体

核糖体是指导蛋白质合成的大分子机器。生物细胞内,核糖体像一个能沿 mRNA 模板移动的工厂,执行着蛋白质合成的功能。它是由几十种蛋白质和几种核糖体 RNA(ribosomal RNA,rRNA)组成的亚细胞颗粒。一个细菌细胞内约有 20 000 个核糖体,而真核细胞内可达 10^6 个,在未成熟的蟾蜍卵细胞内则高达 10^{12} 个。这些颗粒既可以游离状态存在于细胞内,也可与内质网结合,形成微粒体。核糖体和它的辅助因子为蛋白质生物合成提供了必要的条件。

运载有肽链起始或延伸必需氨基酸的 AA-tRNA,往往以令人难以置信的速度进入核糖体,在起始或延伸因子的作用下,与 mRNA 模板和延伸中的肽链相互作用,卸去所载氨基酸后立即退出核糖体,以保证新一轮合成反应的顺利进行。

核糖体蛋白约占原核细胞总蛋白量的 10%,占细胞内总 RNA 量的 80%(表4-6)。在真核细胞内,核糖体 RNA 所占的比例虽然有所下降,但仍然占总 RNA 的绝大部分,是细胞总蛋白的一个重要组成部分。无论原核或真核细胞内核糖体的含量都是与细胞蛋白质合成活性直接相关的。

在真核生物中,大多数正在进行蛋白质合成的核糖体都不是在细胞质内自由漂浮,而是直接或间接与细胞骨架结构有关联或者与内质网膜结构相连的。细菌核糖体大都通过

表 4-6　核糖体及其他组分在大肠杆菌细胞内的分布

组分	占细胞总量	细胞内数量
细胞壁	10%	1
细胞膜	10%	2
DNA	2%	1
mRNA	2%	3.5×10^3
tRNA	3%	1.6×10^5
rRNA	21%	8×10^5
核糖体蛋白	9%	2×10^4
可溶性蛋白	40%	10^6
小分子	3%	7.5×10^6

与 mRNA 的相互作用,被固定在核基因组上。

核糖体包括两个亚基,大亚基约为小亚基相对分子质量的两倍。按照惯例,大、小亚基的命名是根据离心时的沉降系数而定的。沉降系数的单位是 Svedberg(S;S 值越大,沉降系数越大),它是由形状和大小共同决定的,因而不是质量的衡量标准。原核细胞中,大亚基的沉降系数是 50 Svedberg,所以称为 50S 亚基,而小亚基称为 30S 亚基。完整的原核细胞的核糖体称为 70S 核糖体。真核细胞的核糖体大一些,由 60S 和 40S 两个亚基组成 80S 的核糖体。

每个亚基包含一个主要的 rRNA 成分和许多不同功能的蛋白质分子,这些分子大都以单拷贝的形式存在。大亚基除了含有主要 rRNA 组分外,还有一些相对分子质量较小的 RNA。核糖体亚基中的主要 rRNA 基因虽然有许多个拷贝,但其序列十分保守,暗示 rRNA 序列在组成功能核糖体的过程中有着重要的作用。表 4-7 是大肠杆菌核糖体的基因组成成分,从已知的大肠杆菌 rRNA 和蛋白质序列来看,细菌的核糖体是完全相同的。

表 4-7　大肠杆菌核糖体基本成分

	核糖体	小亚基	大亚基
沉降系数	70S	30S	50S
总体相对分子质量	2.52×10^6	9.30×10^5	1.59×10^6
主要 rRNA(碱基数)		16S(1 541)	23S(2 004)
主要 rRNA(碱基数)			5S(120)
RNA 相对分子质量	1.66×10^6	5.60×10^5	1.10×10^6
RNA 所占比例	66%	60%	70%
蛋白质数量		21	36
蛋白质相对分子质量	8.57×10^5	3.70×10^5	4.87×10^5
蛋白质所占比例	34%	40%	30%

4.3.1　核糖体的结构

1. 核糖体由大小两个亚基组成

核糖体是一个致密的核糖核蛋白颗粒,可以解离为两个亚基,每个亚基都含有一个相对分子质量较大的 rRNA 和许多不同的蛋白质分子。这些大分子 rRNA 能在特定位点与蛋白质结合,从而完成核糖体不同亚基的组装。原核生物核糖体由约 2/3 的 RNA 及 1/3 的蛋白质组成。真核生物核糖体中 RNA 占 3/5,蛋白质占 2/5。原核生物、真核生物细胞质及细胞器中的核糖体存在着很大差异(表 4-8)。

2. 核糖体蛋白

核糖体上有多个活性中心,每个中心都由一组特殊的核糖体蛋白(ribosomal protein, r-protein,r- 蛋白)构成。虽然有些蛋白质本身具有催化功能,但若将它们从核糖体上分离出来时,催化功能就会完全消失。所以,核糖体是一个许多酶的集合体,单个酶或蛋白

表 4-8 几种不同生物核糖体及 rRNA 的组成

核糖体	来源	大亚基		小亚基	
		沉降系数	RNA	沉降系数	RNA
80S	脊椎动物	60S	20～29S 5S 5.8S	40S	18S
80S	无脊椎动物、植物	60S	25S 5S 5.8S	40S	16～18S
70S	原核生物	50S	23S	30S	16S
55S	脊椎动物线粒体	40S	16～17S	30S	10～13S

质只有在这个总体结构内才拥有催化性质,它们在这一结构中共同承担了蛋白质生物合成的任务。核糖体中许多蛋白质(可能还包括 rRNA)的主要功能可能就是建立这种总体结构,使各个活性中心处于适当的相互协调的关系之中。

已知大肠杆菌核糖体小亚基由 21 种 r- 蛋白组成,分别用 S1……S21 表示,大亚基由 36 种 r- 蛋白组成,分别用 L1……L36 表示。真核生物细胞核糖体蛋白质中,大亚基含有 49 种 r- 蛋白,小亚基有 33 种 r- 蛋白,它们的相对分子质量在 $8.0 \times 10^3 \sim 4.0 \times 10^4$ 之间。

除了作为组成核糖体的基本成分,研究还发现,某些核糖体亚基蛋白在细胞内具有重要的调控功能。核糖体蛋白(RP)产生突变,能够调节 p53 的活性并影响人类疾病和肿瘤发生。例如,核糖体 60S 大亚基的重要组分核糖体蛋白 L11(ribosomal protein L11,RPL11)在进化上是一种高度保守的蛋白质,RPL11 在细胞质中合成后,经核孔运输到细胞核中,并在核仁上参与核糖体的组装。组装成熟的核糖体经核孔又进入细胞质中,发挥合成蛋白质的功能。核仁为 RPL11 在细胞内的富集区域。近年来,研究人员发现真核生物中 RPL11 具有调节抑癌蛋白 p53 及癌蛋白 c-Myc 活性功能等作用。其他核糖体蛋白,如 RPL5、RPS13、RPS7、RPS14 和 RPS19 等也被发现与某些疾病的发生相关。

原核细胞核糖体高精度三维结构的确定在原子水平上揭示了核糖体合成蛋白质的生化机制,有助于科学家深入了解核糖体与起始因子、mRNA 和 tRNA 之间的相互关系,明确翻译的起始、肽链延伸以及翻译终止的过程(图 4-10)。实验表明,大多数核糖体蛋白质位于核糖体的周边,核糖体 RNA 不单单是核糖体的结构成分,它们还直接承担了核糖体的某些关键功能,例如三维结构证明肽基转移中心完全是由 RNA 组成的。图 4-11 是在高倍电

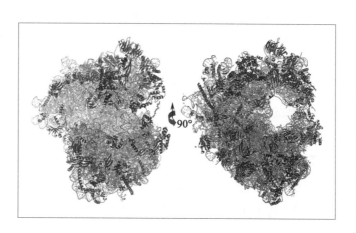

图 4-10 核糖体三维结构示意图(另见书末彩插)

核糖体由大、小亚基组成。每个亚基又由 RNA 和蛋白质两部分组成,其中,50S 亚基的 RNA 部分由灰色表示,蛋白质以紫色表示。30S 亚基的 RNA 部分以淡蓝色表示,蛋白质以深蓝色表示。50S 亚基都位于 30S 亚基之上。旋转 90° 后右图显示的空洞为 tRNA 结合位点。图像使用 PyMOL 软件制作。

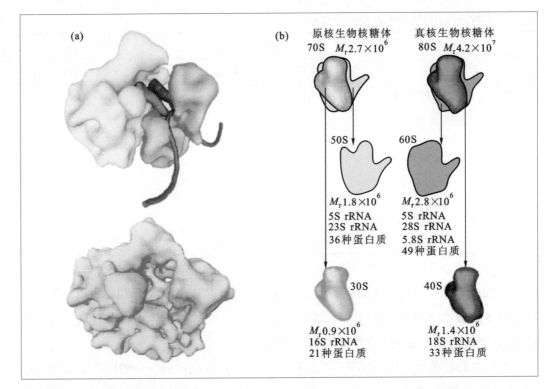

镜下得到的原核生物 70S 核糖体大、小亚基相结合的模型,核糖体分子可容纳两个 tRNA 和约 40 bp 长的 mRNA。

3. 核糖体 RNA(rRNA)

核糖体内的 rRNA 不仅是核糖体的重要结构成分,也是核糖体发挥生理功能的重要元件。下面详细介绍各类 rRNA 的组成和功能特点。

① 5S rRNA   细菌 5S rRNA 含有 120 个核苷酸(革兰氏阴性菌)或 116 个核苷酸(革兰氏阳性菌)。5S rRNA 有两个高度保守的区域,其中一个区域含有保守序列 CGAAC,这是与 tRNA 分子 TψC 环上的 GTψCG 序列相互作用的部位,是 5S rRNA 与 tRNA 相互识别的序列。另一个区域含有保守序列 GCGCCGAAUGGUAGU,与 23S rRNA 的中一段序列互补,这是 5S rRNA 与 50S 核糖体大亚基相互作用的位点,在结构上有其重要性。

② 16S rRNA   16S rRNA 在蛋白质的合成中起着积极作用,它与 mRNA、50S 亚基和 P 位和 A 位的 tRNA 的反密码子直接作用。其长度在 1 475 ~ 1 544 个核苷酸之间,含有少量修饰碱基。该分子虽然可被分成几个区,但全部压缩在 30S 小亚基内。16S rRNA 的结构十分保守,其中 3′ 端一段 ACCUCCUUA 的保守序列,与 mRNA 5′ 端翻译起始区富含嘌呤的序列互补。在 16S rRNA 靠近 3′ 端处还有一段与 23S rRNA 互补的序列,在 30S 与 50S 亚基的结合中起作用。

③ 23S rRNA   作为核糖体大亚基的主要成分,23S rRNA 能催化肽键的形成。该蛋白质与处于 A 和 P 位点的 tRNA 的 CCA 末端之间的碱基配对,帮助氨酰 tRNA 的 α 氨基基团攻击结合于肽酰 tRNA 多肽上的羰基,并稳定入位后的氨酰 tRNA。其准确的催化机制有待于进一步研究。23S rRNA 基因的一级结构包括 2 904 个核苷酸,它还能与

5S rRNA 相互作用。核糖体 50S 大亚基上约有 20 种蛋白质能不同程度地与 23S rRNA 相结合。

④ 5.8S rRNA　是真核生物核糖体大亚基特有的 rRNA,长度为 160 个核苷酸,含有修饰碱基。它还含有能够与 tRNA 作用的识别序列,这说明 5.8S rRNA 可能与原核生物的 5S rRNA 具有相似的功能。

⑤ 18S rRNA　酵母 18S rRNA 由 1 789 个核苷酸组成,它的 3′ 端与大肠杆菌 16S rRNA 有广泛的同源性。其中酵母 18S rRNA、大肠杆菌 16S rRNA 和人线粒体 12S rRNA 在 3′ 端有 50 个核苷酸序列相同。

⑥ 28S rRNA　28S rRNA 长度为 3 890 ~ 4 500 bp,目前还不清楚该 rRNA 的功能。

从上述讨论中可以看出 rRNA 与 tRNA 及 mRNA 之间的相互关系以及不同的 rRNA 之间的关系,这种关系是建立在序列互补或同源的基础之上的。

4. 核糖体有 3 个 tRNA 结合位点

氨基酸由氨酰 tRNA 运送到核糖体上并通过这个 tRNA 与携带上一个氨基酸的 tRNA 的相互作用,将新的氨基酸加到正在生长的新生蛋白质链上。核糖体上有 3 个 tRNA 结合位点,分别称为 A、P 和 E 位点(图4-12)。其中,A 位点是新到来的氨酰 tRNA 的结合位点;P 位点是肽酰 tRNA 结合位点;E 位点是延伸过程中的多肽链转移到氨酰 tRNA 上释放 tRNA 的位点,即去氨酰 tRNA 通过 E 位点脱出,被释放到核糖体外的细胞质中去。所以 tRNA 的移动顺序是从 A 位到 P 位再到 E 位,通过密码子与反密码子之间的相互作用保证反应正向进行而不会倒转。由于 tRNA 的氨酰末端被定位到大亚基上,而另一端的反密码子与结合小亚基的 mRNA 相互识别,所以,每一个 tRNA 结合位点都横跨核糖体的两个亚基,位于大、小亚基的交界面。

4.3.2　核糖体的功能

核糖体存在于每个进行蛋白质合成的细胞中。虽然在不同生物体内其大小有别,但组织结构基本相同,而且执行的功能也完全相同。在多肽合成过程中,不同的 tRNA 将相应的氨基酸带到蛋白质合成部位,并与 mRNA 进行专一性的相互作用,以选择对信

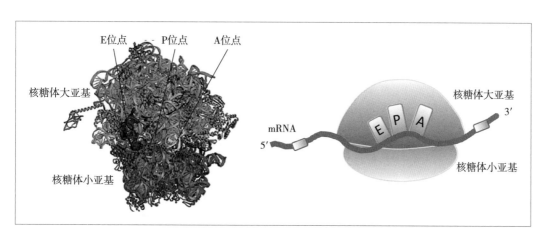

图 4-12　核糖体的 3 个 tRNA 结合位点,即 A、P 和 E 位点

左图为细菌核糖体的三维结构。根据 M.M.Yusupov et al., 2001,Science. 292: 883-896 改编。

息专一的 AA-tRNA。核糖体还必须能同时容纳另一种携带肽链的 tRNA,即肽酰 tRNA (peptidyl-tRNA),并使之处于肽键易于生成的位置上。

核糖体包括多个活性中心[图4-12],即 mRNA 结合部位、结合或接受 AA-tRNA 部位(A 位)、结合或接受肽酰 tRNA 的部位(P 位)、肽基转移部位及形成肽键的部位(转肽酶中心)。此外,还应有负责肽链延伸的各种延伸因子的结合位点。

核糖体小亚基负责对模板 mRNA 进行序列特异性识别,如起始部分的识别、密码子与反密码子的相互作用等,mRNA 的结合位点也在此亚基上。大肠杆菌中与翻译的真实性有关的蛋白质 S4 及 S12 也属此亚基。大亚基负责携带氨基酸及 tRNA 的功能,包括肽键的形成、AA-tRNA、肽酰 tRNA 的结合等。

最新研究表明,正常细胞可能通过调整特定核糖体的数量来控制蛋白质的表达量。这是蛋白质表达控制的一条新途径。用核糖体图谱技术检测与核糖体结合的 mRNA 并确定其蛋白质产物,结果表明,异质化的蛋白质往往负责生成执行特定任务的蛋白质。这些具有异质性的定制核糖体只能生产少数特定的蛋白质,协助细胞控制某些通路蛋白质的表达。一些罕见的疾病症状可能与特定的核糖体缺陷有关。

4.4 蛋白质合成的生物学机制

蛋白质(protein)一词从希腊文"proteios"衍生而来,是指按重要性排列居于第一位的东西。尽管现已证明核酸是生命体内最基本的物质,因为蛋白质的合成和结构最终都取决于核酸,但蛋白质仍是生物活性物质中最重要的大分子组分,生物有机体的遗传学特性仍然要通过蛋白质来得到表达。

蛋白质的生物合成包括氨基酸活化,肽链的起始、伸长、终止以及新合成多肽链的折叠和加工,现将各阶段的必需成分列于表 4-9。

表 4-9 蛋白质合成各阶段的主要成分简表

阶段	必需成分
1. 氨基酸的活化	20 种氨基酸
	20 种氨酰 tRNA 合成酶
	20 种或更多的 tRNA
	ATP,Mg^{2+}
2. 肽链的起始	mRNA
	N- 甲酰甲硫氨酰 tRNA
	mRNA 上的起始密码子(AUG)
	核糖体小亚基
	核糖体大亚基
	GTP,Mg^{2+}
	起始因子(IF-1、IF-2、IF-3)

阶段	必需成分
3. 肽链的延伸	功能核糖体(起始复合物)
	AA–tRNA
	伸长因子
	GTP,Mg^{2+}
	肽基转移酶
4. 肽链的终止	GTP
	mRNA 上的终止密码子
	释放因子(RF-1、RF-2、RF-3)
5. 折叠和加工	参与起始氨基酸的切除、修饰等加工过程的酶

4.4.1　氨基酸的活化

蛋白质的生物合成是以氨基酸作为基本建筑材料的,且只有与 tRNA 相结合的氨基酸才能被准确地运送到核糖体中,参与多肽链的起始或延伸。表 4-10 是蛋白质中全部 20 种氨基酸的主要特征分析,而图 4-13 是这些氨基酸的结构式。氨基酸必须在氨酰 tRNA 合成酶的作用下生成活化氨基酸——AA–tRNA。研究发现,至少存在 20 种以上具有氨基酸专一性的氨酰 tRNA 合成酶,能够识别并通过氨基酸的羧基与 tRNA 3′ 端腺苷酸核糖基上 3′—OH 缩水形成二酯键。同一氨酰 tRNA 合成酶具有把相同氨基酸加到两个或更多个带有不同反密码子 tRNA 分子上的功能。

表 4-10　参与蛋白质合成的 20 种氨基酸主要特征分析

氨基酸	简称		相对分子质量	pI	疏水性指数*	出现频率
非极性						
带脂肪族 R 基团						
甘氨酸	Gly	G	75	5.97	−0.4	7.2
丙氨酸	Ala	A	89	6.01	1.8	7.8
缬氨酸	Val	V	117	5.97	4.2	6.6
亮氨酸	Leu	L	131	5.98	3.8	9.1
异亮氨酸	Ile	I	131	6.02	4.5	5.3
甲硫氨酸	Met	M	149	5.74	1.9	2.3
带芳香族 R 基团						
苯丙氨酸	Phe	F	165	5.48	2.8	3.9
酪氨酸	Tyr	Y	181	5.66	−1.3	3.2
色氨酸	Trp	W	204	5.89	−0.9	1.4

氨基酸	简称		相对分子质量	pI	疏水性指数*	出现频率
极性						
R 基团呈中性						
丝氨酸	Ser	S	105	5.68	−0.8	6.8
脯氨酸	Pro	P	115	6.48	1.6	5.2
苏氨酸	Thr	T	119	5.87	−0.7	5.9
半胱氨酸	Cys	C	121	5.07	2.5	1.9
天冬酰胺	Asn	N	132	5.41	−3.5	4.3
谷氨酰胺	Gln	Q	146	5.65	−3.5	4.2
R 基团带正电荷						
赖氨酸	Lys	K	146	9.74	−3.9	5.9
组氨酸	His	H	155	7.59	−3.2	2.3
精氨酸	Arg	R	174	10.76	−4.5	5.1
R 基团带负电荷						
天冬氨酸	Asp	D	133	2.77	−3.5	5.3
谷氨酸	Glu	E	147	3.22	−3.5	6.3

* 负值表示亲水性,正值表示疏水性。

tRNA 与相应氨基酸的结合是蛋白质合成中的关键步骤,因为只要 tRNA 携带了正确的氨基酸,多肽合成的准确性就相对有了保障。

在细菌中,起始氨基酸是甲酰甲硫氨酸,所以,与核糖体小亚基相结合的是 N– 甲酰甲硫氨酰 tRNA^{fMet},它由以下两步反应合成:

$$Met + tRNA^{fMet} + ATP \longrightarrow Met – tRNA^{fMet} + AMP + PPi$$

然后,由甲酰基转移酶转移一个甲酰基到 Met 的氨基上。

$$N^{10}– 甲酰四氢叶酸 + Met – tRNA^{fMet} \longrightarrow 四氢叶酸 + fMet – tRNA^{fMet}$$

真核生物中,任何一个多肽合成都是从生成甲硫氨酰 –tRNAi^{Met} 开始的,因为甲硫氨酸的特殊性,所以体内存在两种 tRNA^{Met}。只有甲硫氨酰 –tRNAi^{Met} 才能与 40S 小亚基相结合,起始肽链合成,普通 tRNA^{Met} 中携带的甲硫氨酸只能被掺入正在延伸的肽链中。

4.4.2 翻译的起始

蛋白质合成的起始需要核糖体大、小亚基,起始 tRNA 和几十个蛋白因子的参与,在模板 mRNA 编码区 5′ 端形成核糖体 –mRNA– 起始 tRNA 复合物并将甲酰甲硫氨酸放入核糖体 P 位点。

原核生物的起始 tRNA 是 fMet-tRNA^{fMet},真核生物是 Met-tRNA^{Met}。原核生物中 30S 小亚基首先与 mRNA 模板相结合,再与 fMet-tRNA^{fMet} 结合,最后与 50S 大亚基结合。而在真核生物中,40S 小亚基首先与 Met-tRNA^{Met} 相结合,再与模板 mRNA 结合,最后与 60S

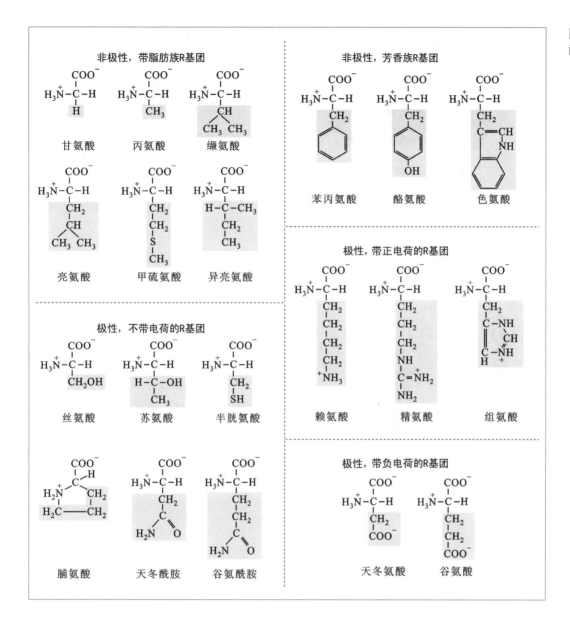

图 4-13　20 种氨基酸的结构

大亚基结合生成 80S·mRNA·Met-tRNA^{Met} 起始复合物。起始复合物的生成除了需要 GTP 提供能量外，还需要 Mg^{2+}、NH$_4^+$ 及 3 个起始因子（IF-1、IF-2、IF-3）。起始因子与 30S 小亚基的结合较为松散，用 1 mol/L NH$_4$Cl 处理即可使之游离。

1. 原核生物翻译的起始

细菌中翻译的起始需要如下 7 种成分：

① 30S 小亚基；

② 模板 mRNA；

③ fMet-tRNA^{fMet}；

④ 3 个翻译起始因子，IF-1、IF-2 和 IF-3；

⑤ GTP；

⑥ 50S 大亚基；

图 4-14　翻译起始
复合物的形成

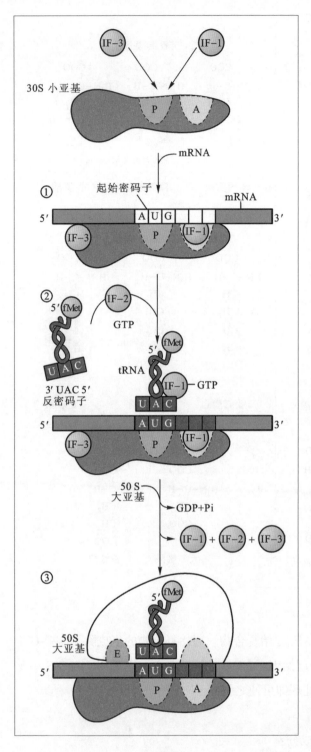

⑦ Mg^{2+}。

翻译起始又可被分成 3 步[图4-14]。

第一步,30S 小亚基首先与翻译起始因子 IF-1、IF-3 结合,通过 SD 序列与 mRNA 模板相结合。

第二步,在 IF-2 和 GTP 的帮助下,fMet-tRNA^{fMet} 进入小亚基的 P 位,tRNA 上的反密码子与 mRNA 上的起始密码子配对。

第三步,带有 tRNA、mRNA、3 个翻译起始因子的小亚基复合物与 50S 大亚基结合,GTP 水解,释放翻译起始因子。

30S 亚基具有专一性的识别和选择 mRNA 起始位点的性质,而 IF-3 能协助该亚基完成这种选择。研究发现,30S 亚基通过其 16S rRNA 的 3′ 端与 mRNA 5′ 端起始密码子上游碱基配对结合。Shine 及 Dalgarno 等证明几乎所有原核生物 mRNA 上都有一个 5′-AGGAGGU-3′ 序列,这个富嘌呤区被命名为 SD 序列(Shine-Dalgarno sequence),它与 30S 亚基上 16S rRNA 3′ 端的富嘧啶区序列 5′-GAUCACCUCCUUA-3′ 相互补[图4-15]。

各种 mRNA 的核糖体结合位点中能与 16S rRNA 配对的核苷酸数目及这些核苷酸到起始密码子之间的距离是不一样的,反映了起始信号的不均一性。一般说来,相互补的核苷酸越多,30S 亚基与 mRNA 起始位点结合的效率也越高。互补的核苷酸与 AUG 之间的距离也会影响 mRNA- 核糖体复合物的形成及其稳定性。

只有 fMet-tRNA^{fMet} 能与第一个 P 位点相结合,其他所有 tRNA 都必须通过 A 位点到达 P 位点,再由 E 位点离开核糖体。

已知 IF-2 对于 30S 起始复合物与 50S 亚基的连接是必需的,而 IF-1 则在 70S 起始复合物生成后促进 IF-2 的释放,从而完成蛋白质合成的起始过程。

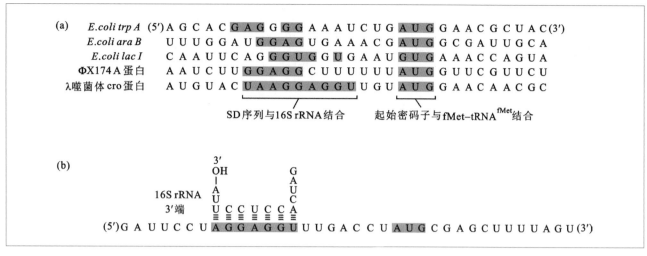

(a) E.coli trp A (5')A G C A C GAG GGG A A A U C U G AUG G A A C G C U A C(3')
E.coli ara B U U U G G A U GGAG U G A A A C G AUG G C G A U U G C A
E.coli lac I C A A U U C A G GGUG GU G A A U GUG A A A C C A G U A
ΦX174A蛋白 A A U C U U GGAGG C U U U U U U AUG G U U C G U U C U
λ噬菌体cro蛋白 A U G U A C UAAGGAGGU U G U AUG G A A C A A C G C

SD序列与16S rRNA结合   起始密码子与fMet-tRNA^fMet结合

(b)
```
                    3'                      G
                    OH                      A
                    |                       U
 16S rRNA           A                       C
 3'端               U      U C C U C C A     C
                    (5')G A U U C C U AGGAGGU U U G A C C U AUG C G A G C U U U U A G U(3')
```

图4-15　细菌mRNA分子上往往存在一个与16S rRNA 3′端相互补的SD序列

2. 真核生物翻译的起始

真核生物蛋白质生物合成的起始机制与原核生物基本相同,其差异主要是核糖体较大,有较多的起始因子参与,其mRNA具有m^{7}GpppNp帽子结构,Met-tRNA^{Met}不甲酰化,mRNA分子5′端的"帽子"和3′端的多(A)都参与形成翻译起始复合物。

有实验说明帽子结构能促进起始反应,因为核糖体上有专一位点或因子识别mRNA的帽子,使mRNA与核糖体结合(图4-16)。帽子在mRNA与40S亚基结合过程中还起稳定作用。实验表明,带帽子的mRNA 5′端与18S rRNA的3′端序列之间存在不同于SD序列的碱基配对型相互作用。

40S起始复合物形成过程中有一种蛋白因子——帽子结合蛋白(eIF-4E),能专一地识别mRNA的帽子结构,与mRNA的5′端结合生成蛋白质-mRNA复合物,并利用该复合物对eIF-3的亲和力与含有eIF-3的40S亚基结合。

除了帽子结构以外,40S小亚基还能识别mRNA上的起始密码子AUG。Kozak等提出了一个"扫描模型"来解释40S亚基对mRNA起始密码子的识别作用(图4-17)。按照这个模型,40S小亚基先识别在mRNA的5′端的甲基化帽子,然后沿mRNA移动,当40S小亚基遇到AUG时,由于Met-tRNAi^{Met}反密码子与AUG配对,导致移动暂停。存在于-4位和+1位的碱基对于AUG是否被识别为起始密码子具有重要的影响。在AUG之前的第三个嘌呤(G或A)以及紧跟其后的G,可以显著影响翻译效率。最后一步,60S亚基与40S复合物结合生成80S起始复合物。在第一个40S

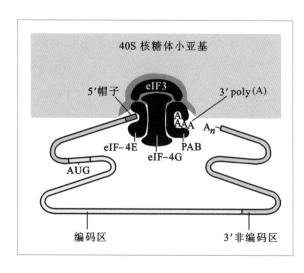

图4-16　真核生物翻译起始复合物的形成

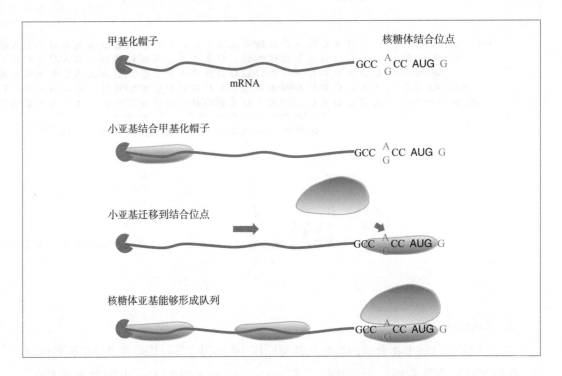

图4-17 真核生物核糖体从mRNA的5′端向下游含有起始密码子AUG的核糖体结合位点滑动

亚基离开起始点之前,会有更多的小亚基识别5′端,形成40S亚基的队列。

起始过程中mRNA与40S小亚基结合时还需要ATP,这可能是因为蛋白质合成中消除mRNA二级结构是一个耗能过程,需由ATP水解提供能量。另外根据"扫描模型",在40S亚基沿mRNA移动过程中也需要能量。

4.4.3 肽链的延伸

与翻译的起始不同,蛋白质延伸机制在原核细胞和真核细胞之间是非常相似的。起始复合物生成,第一个氨基酸(fMet/Met-tRNA)与核糖体结合以后,肽链开始伸长。按照mRNA模板密码子的排列,氨基酸通过新生肽键的方式(图4-18)被有序地结合上去。肽链延伸由许多循环组成,每加一个氨基酸就是一个循环,每个循环包括AA-tRNA与核糖体结合、肽键的生成和移位。

1. 后续AA-tRNA与核糖体结合

起始复合物形成以后,第二个AA-tRNA在延伸因子EF-Tu及GTP的作用下,生成AA-tRNA·EF-Tu·GTP复合物,然后结合到核糖体的A位上。这时GTP被水解释放,通过延伸因子EF-Ts再生GTP,形成EF-Tu·GTP复合物,进入新一轮循环(图4-19)。

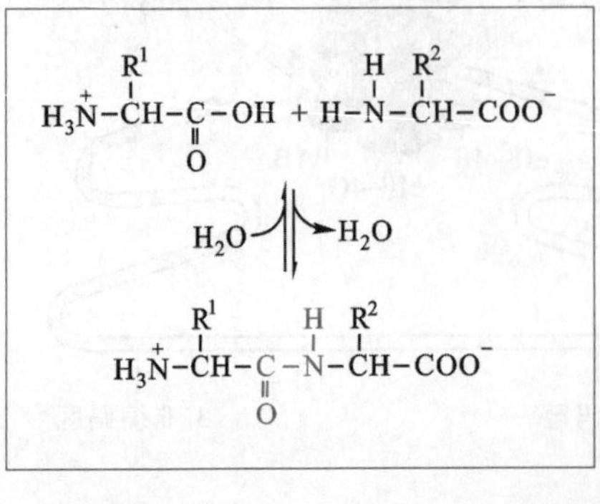

模板上的密码子决定了哪种AA-tRNA能被结合到A位上。由于EF-Tu只能与fMet-tRNA以外的其他AA-tRNA起反应,所以起始tRNA不会被结合到A位上,这就是mRNA内部的AUG不会

图4-18 多肽链上肽键的形成——缩合反应

$$H_3\overset{+}{N}-CH-\underset{\underset{O}{\parallel}}{C}-OH + H-N-CH-COO^-$$

$$R^1 \qquad\qquad H\ \ R^2$$

$$H_2O \Updownarrow H_2O$$

$$H_3\overset{+}{N}-CH-\underset{\underset{O}{\parallel}}{C}-N-CH-COO^-$$

$$R^1 \qquad\qquad H\ \ R^2$$

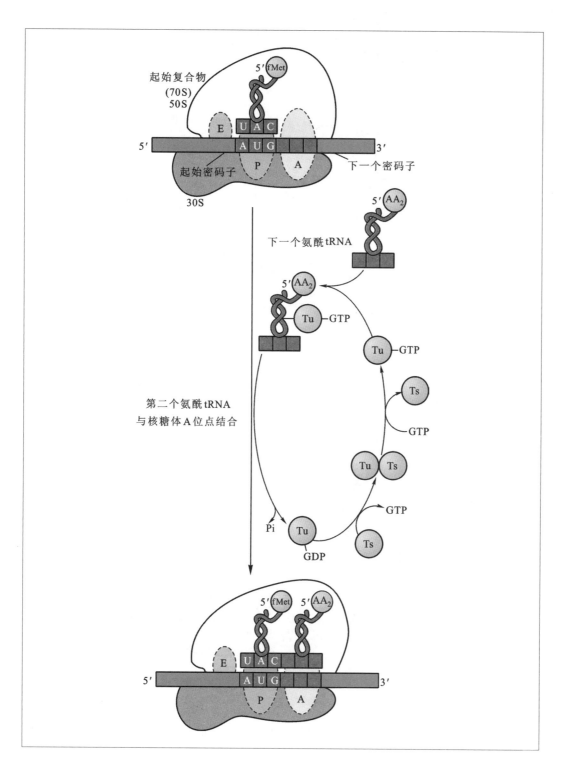

图 4-19　细菌中肽链延伸的第一步反应：第二个氨酰 tRNA 的结合

该氨酰 tRNA 首先与 EF-Tu·GTP 形成复合物，进入核糖体的 A 位，水解产生 GDP 并在 EF-Ts 的作用下释放 GDP 并使 EF-Tu 结合另一分子 GTP，进入新一轮循环。

被起始 tRNA 读出，肽链中间不会出现甲酰甲硫氨酸的原因。

2. 肽键的生成

经过上一步反应后，在核糖体·mRNA·AA-tRNA 复合物中，AA-tRNA 占据 A 位，fMet-tRNA^{fMet} 占据 P 位。在肽基转移酶（peptidyl transferase）的催化下，A 位上的 AA-tRNA 转移到 P 位，与 fMet-tRNA^{fMet} 上的氨基酸生成肽键[图 4-20]。起始 tRNA 在完成使命

图 4-20　细菌中肽链延伸的第二步反应：肽链的生成

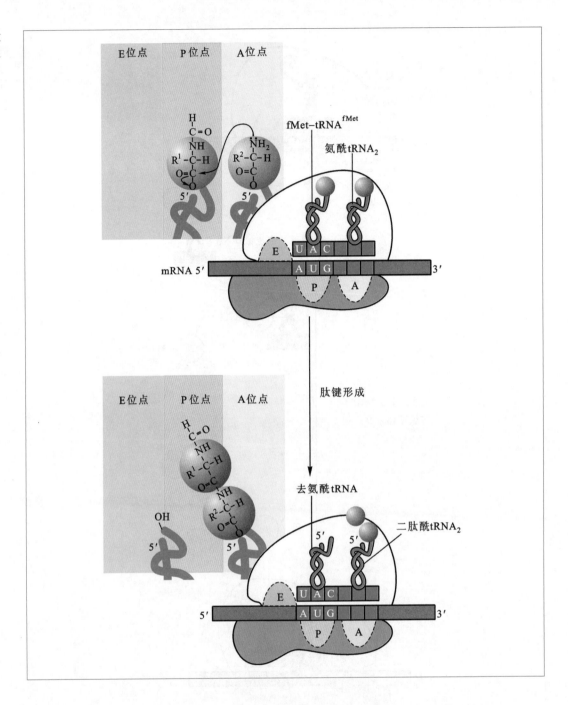

后离开核糖体 P 位点，A 位点准备接受新的 AA-tRNA，开始下一轮合成反应。

3. 移位

肽键延伸过程中最后一步反应是移位，即核糖体向 mRNA 3′ 端方向移动一个密码子(图 4-21)。此时，仍与第二个密码子相结合的二肽酰 tRNA₂ 从 A 位进入 P 位，去氨酰 tRNA 被挤入 E 位，mRNA 上的第三位密码子则对应于 A 位。EF-G 是移位所必需的蛋白质因子，移位的能量来自另一分子 GTP 水解。

用嘌呤霉素作为抑制剂做实验表明，核糖体沿 mRNA 移动与肽酰 tRNA 的移位这两个过程是耦联的。

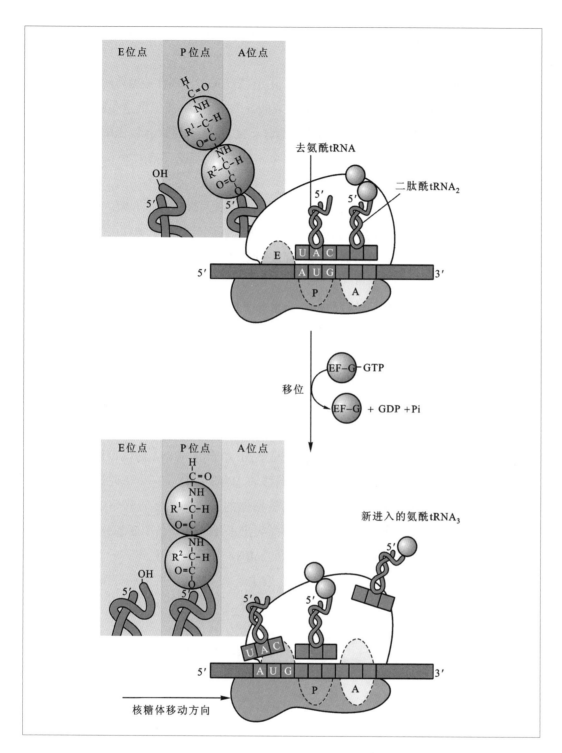

图 4-21 细菌中肽链延伸的第三步反应:移位

核糖体通过 EF-G 介导的 GTP 水解所提供的能量向 mRNA 模板 3′ 端移动一个密码子,使二肽酰 tRNA₂ 完全进入 P 位,准备开始新一轮肽链延伸。

肽链延伸是由许多个这样的反应组成的,原核生物中每次反应共需 3 个延伸因子,EF-Tu、EF-Ts 及 EF-G,它们都具有 GTP 酶的活性,EF-Tu 和 EF-Ts 能够促进 AA-tRNA 进入 A 位,EF-G 则促进移位和卸载 tRNA 的释放。真核生物细胞需 EF-1(对应于 EF-Tu 和 EF-Ts)及 EF-2(相当于 EF-G),消耗 2 个 GTP,向生长中的肽链加上一个氨基酸。

4.4.4　肽链的终止

肽链的延伸过程中,当终止密码子 UAA、UAG 或 UGA 出现在核糖体的 A 位时,没有相应的 AA-tRNA 能与之结合,而释放因子(release factor,RF)能识别这些密码子并与之结合,水解 P 位上多肽链与 tRNA 之间的二酯键。接着,新生的肽链和 tRNA 从核糖体上释放,核糖体大、小亚基解体,蛋白质合成结束。释放因子 RF 具有 GTP 酶活性,它催化 GTP 水解,使肽链与核糖体解离。

释放因子有两类。Ⅰ类释放因子识别终止密码子,并能催化新合成的多肽链从 P 位点的 tRNA 中水解释放出来;Ⅱ类释放因子在多肽链释放后刺激Ⅰ类释放因子从核糖体中解离出来。细菌细胞内存在 3 种不同的释放因子(RF1、RF2、RF3),其中,RF1 和 RF2 为Ⅰ类释放因子。RF1 能识别 UAG 和 UAA,RF2 识别 UGA 和 UAA。一旦 RF 与终止密码相结合,它们就能诱导肽基转移酶把一个水分子而不是氨基酸加到延伸中的肽链上。RF3 为Ⅱ类释放因子,与核糖体的解体有关。真核细胞的Ⅰ类和Ⅱ类释放因子分别只有一种,eRF1 和 eRF3。Ⅰ类释放因子 eRF1 能够识别 3 个终止密码子。

综上所述,蛋白质翻译是一个循环进行的过程,每一个循环包括大、小亚基之间及其与 mRNA 的结合,翻译 mRNA,然后各自分离。这种结合和分离称为核糖体循环^(图 4-22)。当 mRNA 和起始 tRNA 结合于游离的小亚基上,翻译过程就开始了,这个小亚基 –mRNA 复合物随后就能吸引大亚基结合,从而形成完整的、结合有 mRNA 的核糖体。蛋白质合成开始,从 mRNA 的 5′ 端起始密码子向 3′ 端移动。当核糖体从一个密码子移位到另一个密码子,一个接一个的活化 tRNA 就进入核糖体的解码和肽基转移酶中心。当核糖体遇到终止密码子时,已合成的多肽链就被释放出来,核糖体大、小亚基分离,各自离开 mRNA。这些已分离的亚基就可以结合到新的 mRNA 分子上,开始下一轮蛋白质合成的循环。体外反应体系中,核糖体的解离或结合取决于离子浓度。在大肠杆菌内,Mg²⁺ 浓度

图 4-22　蛋白质翻译过程总览

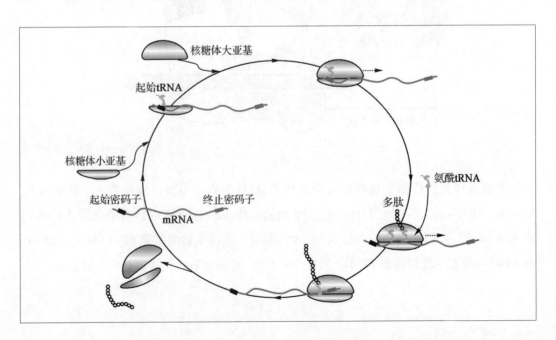

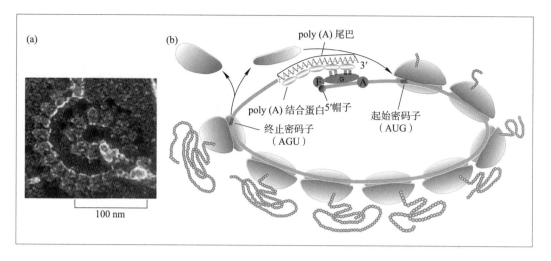

图 4-23 多核糖体翻译蛋白质

(a) 真核细胞多核糖体的电镜照片(来自于 John Heuser);(b) 一系列核糖体同时翻译同一 mRNA 分子。多(A) 尾结合蛋白与 eIF-4G 亚基的相互作用促进 mRNA 的环化,提高 mRNA 的翻译。

图中标注:poly (A) 尾巴;3′;poly (A) 结合蛋白;5′帽子;终止密码子(AGU);起始密码子(AUG)

在 10^{-3} mol/L 以下时,70S 解离为亚基,浓度达 10^{-2} mol/L 时则形成稳定的 70S 颗粒。

4.4.5　多核糖体与蛋白质合成

虽然一个核糖体一次只能合成一条多肽,但每个 mRNA 分子却能同时被多个核糖体结合同时进行翻译。结合多个核糖体的 mRNA 称为多核糖体(polyribosome 或 polysome,图 4-23)。由于核糖体的体积巨大,mRNA 链上一般每 80 个核苷酸结合一个核糖体。多(A)尾结合蛋白与 eIF-4G 亚基相互作用促进 mRNA 的环化,提高 mRNA 的翻译效率,一个 mRNA 分子能够利用大批核糖体同时指导多个多肽链的合成。与完成翻译后再开始新的蛋白质合成相比,这种多重起始意味着在短时间内一条 mRNA 能够被高效地翻译,合成数量更多的蛋白质分子。

真核生物和细菌都利用多核糖体,但因为细菌的 mRNA 无需加工,其转录和翻译在同一空间进行,在转录刚开始不久就开始合成蛋白质,所以细菌中的蛋白质合成效率更高。

4.4.6　蛋白质前体的加工

新生的多肽链大多数是没有功能的,必须经过加工修饰才能转变为有活性的蛋白质。

1. N 端 fMet 或 Met 的切除

细菌蛋白质氨基端的甲酰基能被脱甲酰化酶水解,不管是原核生物还是真核生物,N 端的甲硫氨酸往往在多肽链合成完毕之前就被切除。有些动物病毒如脊髓灰质炎病毒的 mRNA 可翻译成很长的多肽链,含多种病毒蛋白,经蛋白酶在特定位置上水解后得到几个有功能的蛋白质分子(图 4-24)。

2. 二硫键的形成

mRNA 中没有胱氨酸的密码子,而不少蛋白质都含有二硫键,这是蛋白质合成后通过两个半胱氨酸的氧化作用生成的。二硫键的正确形成对稳定蛋白的天然构象具有重要的作用。

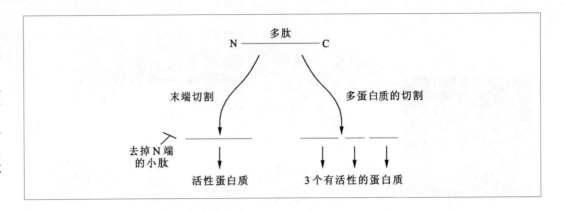

3. 特定氨基酸的修饰

氨基酸侧链的修饰作用包括磷酸化(如核糖体蛋白质)、糖基化(如各种糖蛋白)、甲基化(如组蛋白、肌肉蛋白质)、乙酰化(如组蛋白)、泛素化(多种蛋白质)等。图 4-25 是生物体内最普通发生修饰作用的氨基酸残基及其修饰产物,如在第二章中所介绍的,组蛋白 N 端 35 个残基中可能出现包括磷酸化、甲基化、乙酰化和泛素化在内的多种修饰。糖蛋白主要是通过蛋白质侧链上的天冬氨酸、天冬酰胺、丝氨酸、苏氨酸、谷氨酸等残基加上糖基形成的,内质网可能是蛋白质 N- 糖基化的主要场所。胶原蛋白上的脯氨酸和赖氨酸多数是羟基化的。

① 磷酸化(phosphorylation)　主要由多种蛋白激酶催化,发生在丝氨酸、苏氨酸和酪氨酸等 3 种氨基酸的侧链。

② 糖基化(glycosylation)　它是真核细胞蛋白质的特征之一。大多数糖基化是由内

图 4-25 生物体内最常见的被修饰的氨基酸及其修饰产物

(a) 磷酸化;(b) 羧基化;(c) 甲基化。

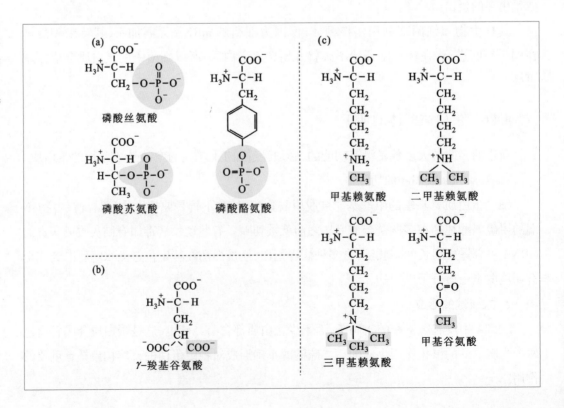

质网中的糖基化酶(glycosylase)催化进行的。所有的分泌蛋白和膜蛋白几乎都是糖基化蛋白质。

③ 甲基化(methylation) 蛋白质的甲基化是由甲基转移酶催化的。甲基化包括发生在 Arg、His 和 Gln 的侧基的 *N*– 甲基化以及 Glu 和 Asp 侧基的 *O*– 甲基化。

④ 乙酰化(acetylation) 发生在赖氨酸侧链上的 ε –NH_2，由乙酰基转移酶催化。

⑤ 泛素化和类泛素化修饰(ubiquitination & ubiquitin–like modifications) 发生在赖氨酸残基侧链上，由 E1、E2 和 E3 一系列酶催化(具体见 4.6 节)。

4. 切除新生肽链中的非功能片段

新合成的胰岛素前体是前胰岛素原，必须先切去信号肽变成胰岛素原，再切去 B 肽，才变成有活性的胰岛素(图 4-26)。不少多肽类激素和酶的前体都要经过加工才能变为活性分子，如血纤维蛋白原、胰蛋白酶原经过加工切去部分肽段才能成为有活性的血纤维蛋白、胰蛋白酶。一般说来，由多个肽链及其他辅助成分构成的蛋白质，在多肽链合成后还需经过多肽链之间以及多肽链与辅基之间的聚合过程，才能成为有活性的蛋白质。

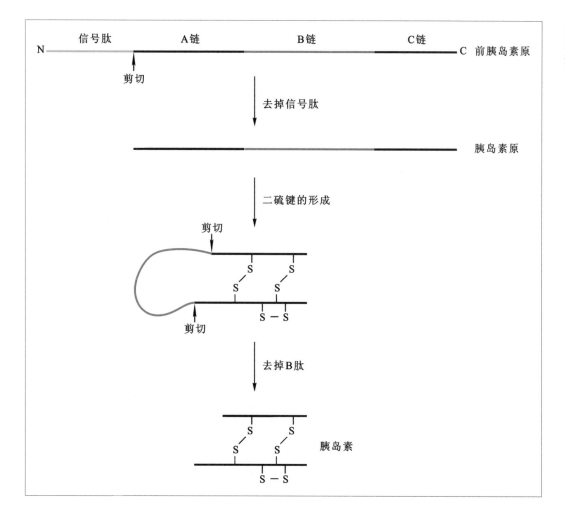

图 4-26 前胰岛素原蛋白翻译后成熟过程示意图

4.4.7　蛋白质的折叠

由核糖体合成的所有新生肽链必须通过正确的折叠才能形成动力学和热力学稳定的三维构象,从而表现出生物学活性或功能。因此,可以说蛋白质折叠是翻译后形成功能蛋白质的必经阶段。如果蛋白质折叠错误,其生物学功能就会受到影响或丧失,严重者甚至会引起疾病。新合成的蛋白质分子如何形成具有功能的空间结构? 蛋白质的结构与功能的关系等问题成为结构生物学研究的热点。

多肽链的折叠是一个复杂的过程,新生多肽一般首先折叠成二级结构,然后再进一步折叠盘绕成三级结构。对于单链多肽蛋白质,三级结构就已具有蛋白质的功能;对于寡聚蛋白质,一般需要进一步组装成更为复杂的四级结构,才能表现出天然蛋白的活性或功能。

有些蛋白质只有在另一些蛋白质存在的情况下才能正确完成折叠过程,形成功能蛋白质。分子伴侣(molecular chaperone)是目前研究比较多的能够在细胞内辅助新生肽链正确折叠的蛋白质。它是一类序列上没有相关性但有共同功能的保守性蛋白质,它们在细胞内能帮助其他多肽进行正确的折叠、组装、运转和降解。目前认为细胞内至少有两类分子伴侣家族,即热休克蛋白(heat shock protein)家族和伴侣素(chaperonin)。

① 热休克蛋白　它是一类应激反应性蛋白,包括 HSP70、HSP40 和 GrpE 3 个家族,广泛存在于原核及真核细胞中。三者协同作用,促使某些能自发折叠的蛋白质正确折叠形成天然空间构象。

② 伴侣素　伴侣素包括 HSP60 和 HSP10(原核细胞中的同源物分别为 GroEL 和 GroES),它主要是为非自发性折叠蛋白提供能折叠形成天然结构的微环境^(图4-27)。

分子伴侣在新生肽链折叠中主要通过防止或消除肽链的错误折叠,增加功能性蛋白质折叠产率来发挥作用,而并非加快折叠反应速度。分子伴侣本身并不参与最终产物的形成。

图 4-27　伴侣素形成一个闭合的寡聚复合体,在其内部对蛋白质进行折叠

右图为 GroEL 与 GroES 帽子结合的三维结构。

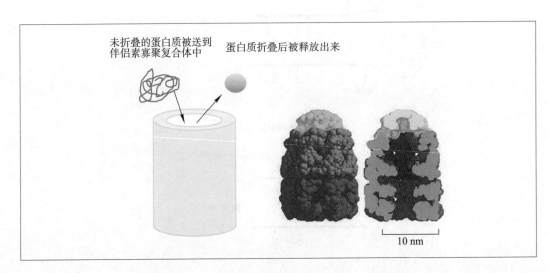

未折叠的蛋白质被送到伴侣素寡聚复合体中　　蛋白质折叠后被释放出来

10 nm

4.4.8 蛋白质合成的抑制剂

蛋白质生物合成的抑制剂主要是一些抗生素,如嘌呤霉素、链霉素、四环素、氯霉素、红霉素等,此外,如5-甲基色氨酸、环己亚胺、白喉毒素、干扰素、蓖麻蛋白和其他核糖体灭活蛋白等都能抑制蛋白质的合成。这些抑制剂不仅对于研究蛋白质的合成机制十分重要,也是在临床上治疗细菌感染的重要药物。

抗生素对蛋白质合成的作用可能是阻止 mRNA 与核糖体结合(氯霉素),或阻止 AA-tRNA 与核糖体结合(四环素类),或干扰 AA-tRNA 与核糖体结合而产生错读(链霉素、新霉素、卡那霉素等),或作为竞争性抑制剂抑制蛋白质合成。

链霉素是一种碱性三糖,可以多种方式抑制原核生物核糖体,能干扰 fMet-tRNA 与核糖体的结合,从而阻止蛋白质合成的正确起始,也会导致 mRNA 的错读。若以多(U)作模板,则除苯丙氨酸(UUU)外,异亮氨酸(AUU)也会被掺入。用抗链霉素细菌的 50S 亚基及对链霉素敏感细菌的 30S 亚基重组获得的核糖体对链霉素是敏感的,而用敏感菌的 50S 亚基及抗性菌的 30S 亚基组成的核糖体对链霉素有抗性,表明链霉素的作用位点在 30S 亚基上。

图 4-28 是几种常见蛋白质合成抑制剂的化学结构式。

嘌呤霉素是 AA-tRNA 的结构类似物,不需要延伸因子就可以结合在核糖体的 A 位上,抑制 AA-tRNA 的进入。它所带的氨基与 AA-tRNA 上的氨基一样,能与生长中的肽链上的羧基反应生成肽键,这个反应的产物是一条 3′ 羧基端挂了一个嘌呤霉素残基的小肽,肽酰嘌呤霉素随后从核糖体上解离出来,所以嘌呤霉素是通过提前释放肽链来抑制蛋白质合成的(图 4-29)。

此外,青霉素、卡那霉素、氯霉素、四环素和红霉素只与原核细胞核糖体发生作用,从

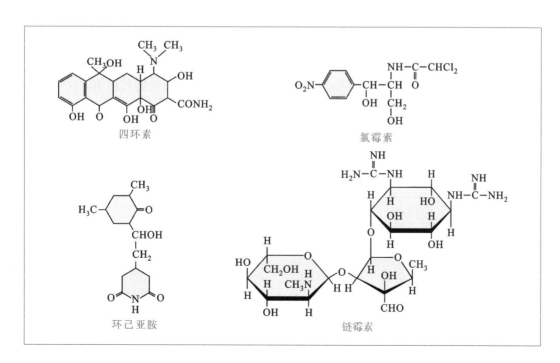

图 4-28 几种常见蛋白质合成抑制剂的结构式

图 4-29　嘌呤霉素
抑制蛋白质合成的
分子机制

(a) 嘌呤霉素的结构类
似于氨酰 tRNA, 能与
核糖体 A 位点相结合；
(b) 肽酰嘌呤霉素。

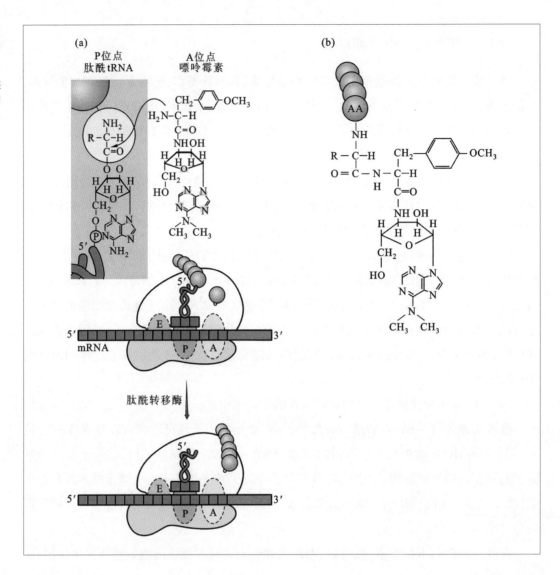

而阻遏原核生物蛋白质的合成，抑制细菌生长。白喉毒素和放线菌酮只作用于真核生物核糖体。潮霉素、嘌呤霉素和链霉素既能与原核细胞核糖体结合，又能与真核生物核糖体结合，妨碍细胞内蛋白质合成，影响细胞生长。因此，临床上需要根据其作用原理优先选择相应的抗生素。

表 4-11 总结了上述各种抗生素影响翻译的主要特点。

表 4-11　不同抗生素的靶标以及所产生的后果

抗生素 / 毒素	目标细胞	分子目标	后果
氯霉素	原核细胞	50S 亚基的肽酰转移酶中心	阻断 A 位点的氨酰 tRNA 为进行肽基转移反应的正确定位
四环素	原核细胞	30S 亚基 A 位点	抑制氨酰 tRNA 结合到 A 位点
潮霉素	原核和真核细胞	30S 亚基 A 位点附近	阻挠 A 位点 tRNA 到 P 位点的移位
嘌呤霉素	原核和真核细胞	大亚基的肽酰转移酶中心	链终止子；模仿 A 位点的氨酰 tRNA 的 3′ 端，作为新的多肽链的接受者

抗生素／毒素	目标细胞	分子目标	后果
红霉素	原核细胞	50S 亚基的多肽出口通道	阻断成长中的多肽链从核糖体的出口,阻遏翻译
青霉素	原核细胞	作用于肽葡聚糖转肽酶	抑制细菌细胞壁的合成
链霉素	原核和真核细胞	作用于 30S 亚基	干扰氨酰 tRNA 与核糖体的结合;导致 mRNA 的错读
卡那霉素	原核细胞	作用于 30S 核糖体亚基	干扰氨酰 tRNA 与核糖体的结合,使细菌蛋白质合成发生错误。
白喉毒素	真核细胞	化学修饰 EF-2	抑制 EF-2 的功能
放线菌酮	真核细胞	60S 亚基的肽酰转移酶中心	抑制肽酰转移酶活性
蓖麻毒素	原核和真核细胞	60S 亚基的肽酰转移酶中心	阻挠翻译因子 GTP 酶的活化

4.5 蛋白质运转机制

在生物体内,蛋白质的合成位点与功能位点常常被一层或多层细胞膜所隔开,这样就产生了蛋白质运转的问题。核糖体是真核生物细胞内合成蛋白质的场所,几乎在任何时候,都有数以百计或千计的蛋白质离开核糖体并被输送到细胞质、细胞核、线粒体、内质网和溶酶体、叶绿体等各个部分,补充和更新细胞功能。由于细胞各部分都有特定的蛋白质组分,因此合成的蛋白质必须准确无误地定向运送才能保证生命活动的正常进行。蛋白质是怎样从合成部位运送至功能部位的? 它们又是如何跨膜运送的? 跨膜之后又是依靠什么信息到达各自"岗位"的? 对于膜蛋白来说,究竟是什么因素决定它为外周蛋白还是内在蛋白,为部分镶嵌还是跨膜分布,在膜的外侧还是内侧? 这些都是十分有趣的问题,也是生物膜研究中非常活跃的领域^(图 4-30)。

一般说来,蛋白质运转可分为两大类:若某个蛋白质的合成和运转是同时发生的,则属于翻译运转同步机制;若蛋白质从核糖体上释放后才发生运转,则属于翻译后运转机制。这两种运转方式都涉及蛋白质分子内特定区域与细胞膜结构的相互关系。

表 4-12 列举了跨膜运输和镶入膜内的几种主要蛋白质。从表中可知,分泌蛋白质大多是以翻译运转同步机制运输的。在细胞器发育过程中,由细胞质进入细胞器的蛋白质大多是以翻译后运转机制运输的。而参与生物膜形成的蛋白质,则依赖于上述两种不同的运转机制镶入膜内。

表 4-12　几类主要的蛋白质运转机制

蛋白性质	运转机制	主要类型
分泌	蛋白质在结合核糖体上合成,并以翻译运转同步机制运输	免疫球蛋白、卵蛋白、水解酶、激素等
细胞器发育	蛋白质在游离核糖体上合成,以翻译后运转机制运输	核、叶绿体、线粒体、乙醛酸循环体、过氧化物酶体等细胞器中的蛋白质
膜的形成	两种机制兼有	质膜、内质网、类囊体中的蛋白质

图 4-30 蛋白质合成和运转过程示意图

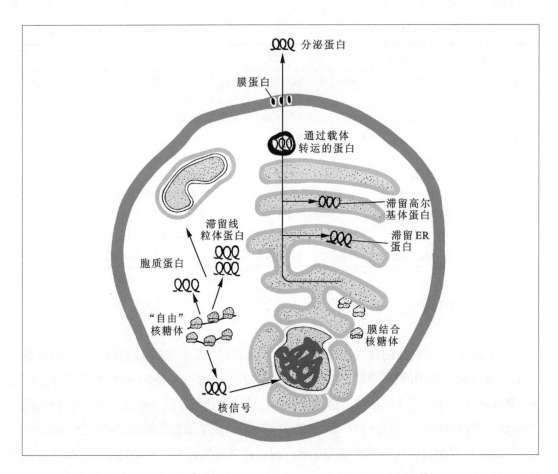

4.5.1 翻译运转同步机制

  一般认为,蛋白质定位的信息存在于该蛋白质自身结构中,并且通过与膜上特殊受体的相互作用得以表达,这就是信号肽假说的基础。这一假说认为,蛋白质跨膜运转信号也是由 mRNA 编码的。在起始密码子后,有一段编码疏水性氨基酸序列的 RNA 区域,这个氨基酸序列就被称为信号序列^(图 4-31)。信号序列在结合核糖体上合成后便与膜上特定受体相互作用,产生通道,允许这段多肽在延长的同时穿过膜结构,因此,这种方式是边翻译边跨膜运转。

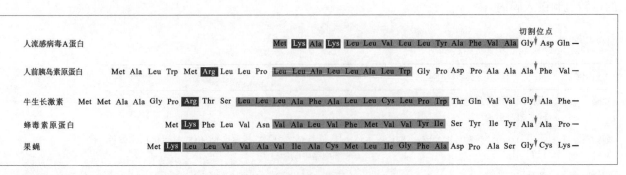

图 4-31　蛋白质通过其 N 端的信号肽在内质网中运转到不同的细胞器

绝大部分被运入内质网内腔的蛋白质都带有一个信号肽,该序列常常位于蛋白质的氨基端,长度一般为 13～36 个残基,有如下 3 个特点:① 一般带有 10～15 个疏水氨基酸;② 在靠近该序列 N 端常常有 1 个或数个带正电荷的氨基酸;③ 在其 C 端靠近蛋白酶切割位点处常常带有数个极性氨基酸,离切割位点最近的那个氨基酸往往带有很短的侧链(丙氨酸或甘氨酸)。

根据信号肽假说,同细胞质中其他蛋白质的合成一样,分泌蛋白的生物合成开始于结合核糖体,当翻译进行到 50～70 个氨基酸残基之后,信号肽开始从核糖体的大亚基露出,被糙面内质网膜上的受体识别,并与之相结合。信号肽过膜后被内质网腔的信号肽酶水解,正在合成的新生肽随之通过蛋白孔道穿越疏水的双层磷脂。一旦核糖体移到 mRNA 的"终止"密码子,蛋白质合成即告完成,翻译体系解散,膜上的蛋白孔道消失,核糖体重新处于自由状态(图 4-32)。

信号肽在蛋白质运输过程中发挥如下作用:

① 完整的信号多肽是保证蛋白质运转的必要条件。信号序列中疏水性氨基酸突变成亲水性氨基酸后,会阻止蛋白质运转而使新生蛋白质以前体形式积累在胞质中。

② 仅有信号肽还不足以保证蛋白质运转的发生。要使蛋白质顺利跨膜,还要求运转蛋白质在信号序列以外的部分有相应的结构变化。

③ 信号序列的切除并不是运转所必需的。如果把细菌外膜脂蛋白信号序列中的甘氨酸残基突变成天冬氨酸残基,能抑制该蛋白信号肽的水解,但不能抑制其跨膜运转。

④ 并非所有的运转蛋白质都有可降解的信号肽。卵清蛋白是以翻译运转同步机制进入微粒体中的,但它并没有可降解的信号序列。据此,"信号肽"应当定义为:能启动蛋白质运转的任何一段多肽。

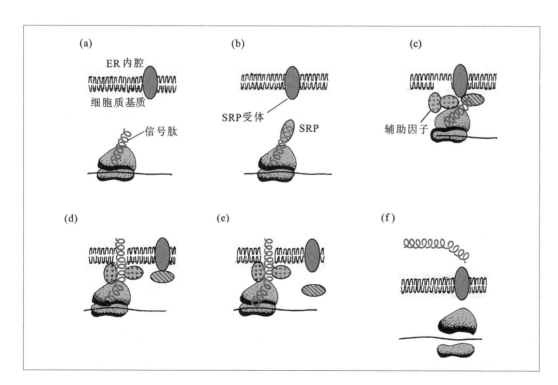

图 4-32 蛋白质跨膜运转的信号肽假说及其运输过程

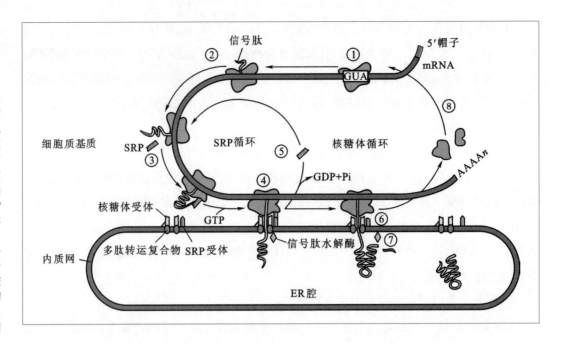

图 4-33 新生蛋白质通过同步转运途径进入内质网内腔的主要过程

①核糖体组装、翻译起始;②位于蛋白质 N 端的信号肽序列首先被翻译;③ SRP 与核糖体、GTP 以及带有信号肽的新生蛋白质相结合,暂时中止肽链延伸;④核糖体 –SRP 复合物与膜上的受体相结合;⑤ GTP 水解,释放 SRP 并进入新一轮循环;⑥肽链重新开始延伸并不断向内腔运输;⑦信号肽被切除;⑧多肽合成结束,核糖体解离并恢复到翻译起始前的状态。

研究新生肽向内质网内腔运转过程发现,SRP(信号识别蛋白)和 DP(停靠蛋白,又称 SRP 受体蛋白)介导了蛋白质的跨膜运转过程。SRP 能同时识别正在合成需要通过内质网膜进行运转的新生肽和自由核糖体,它与这类核糖体上新生蛋白的信号肽结合是多肽正确运转的前提,但同时也导致了该多肽合成的暂时终止(此时新生肽一般长约 70 个残基)。SRP- 信号肽 – 多核糖体复合物即被引向内质网膜并与 SRP 的受体——DP 相结合。只有当 SRP 与 DP 相结合时,多肽合成才恢复进行,信号肽部分通过膜上的核糖体受体及蛋白运转复合物跨膜进入内质网内腔,新生肽链重新开始延伸。整个蛋白质跨膜以后,信号肽被水解,形成高级结构和成熟型蛋白质,并被运送到相应细胞器。SRP 与 DP 的结合很可能导致受体聚集而形成膜孔道,使信号肽及与其相连的新生肽得以通过。此时,SRP 与 DP 相分离并恢复游离状态。待翻译过程结束后,核糖体的大、小亚基解离,受体解聚,通道消失,内质网膜也恢复完整的脂双层结构(图 4-33)。进入内质网内腔后,蛋白质常以运转载体的形式被送入高尔基体或形成运转小泡,分别运送到各自的亚细胞位点。

4.5.2 翻译后运转机制

研究发现,叶绿体和线粒体中有许多蛋白质和酶是由细胞质提供的,其中绝大多数以翻译后运转机制进入细胞器内。

1. 线粒体蛋白质跨膜运转

线粒体是细胞的"动力站",它虽然含有遗传物质(DNA、RNA)以及核糖体等,但它的 DNA 信息含量有限,大部分线粒体蛋白质都是由核 DNA 编码,在细胞质自由核糖体上合成。被释放至细胞质,再跨膜运转到线粒体各部分。与分泌蛋白质通过内质网膜进行运转不同,通过线粒体膜的蛋白质是在合成以后再运转的。这个过程有如下特征:

图 4-34　线粒体蛋白质跨膜运转

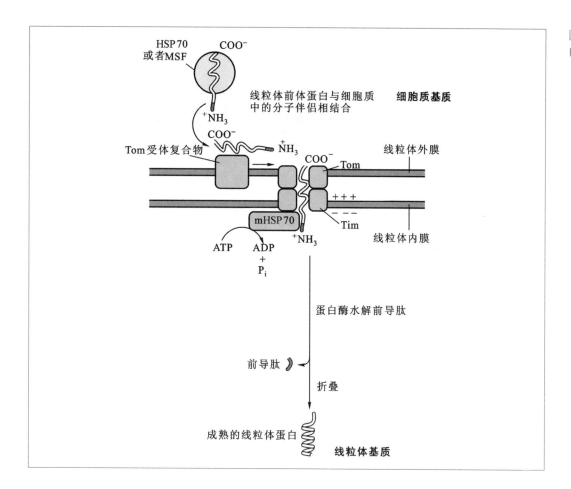

① 通过线粒体膜的蛋白质在运转之前大多数以前体形式存在,它由成熟蛋白质和位于 N 端的一段前导肽(leader peptide)共同组成。迄今已有 40 多种线粒体蛋白质前导肽的一级结构被阐明,它们含 20～80 个氨基酸残基,当前体蛋白过膜时,前导肽被一种或两种多肽酶所水解,释放成熟蛋白质。

② 蛋白质通过线粒体内膜的运转是一种需要能量的过程。

③ 蛋白质通过线粒体膜运转时,首先由外膜上的 Tom 受体复合蛋白识别与 HSP70 或 MSF 等分子伴侣相结合的待运转多肽,通过 Tom 和 Tim 组成的膜通道进入线粒体内腔。蛋白质跨膜运转时的能量来自线粒体 HSP70 引发的 ATP 水解和膜电位差^(图 4-34)。

2. 前导肽的作用与性质

拥有前导肽的线粒体蛋白质前体能够跨膜运转进入线粒体,在这一过程中前导肽被水解,前体转变为成熟蛋白,失去继续跨膜能力。因此,前导肽对线粒体蛋白质的识别和跨膜运转显然起着关键作用。

前导肽一般具有如下特性:带正电荷的碱性氨基酸(特别是精氨酸)含量较为丰富,它们分散于不带电荷的氨基酸序列之间;缺少带负电荷的酸性氨基酸;羟基氨基酸(特别是丝氨酸)含量较高;有形成两亲(既有亲水又有疏水部分)α 螺旋结构的能力。带正电荷的碱性氨基酸在前导肽中有重要的作用,如果它们被不带电荷的氨基酸所取代,就不能发挥牵引蛋白质过膜的作用。

图 4-35　前导肽的
不同区域可能在蛋
白质跨膜运转过程
中起不同的作用

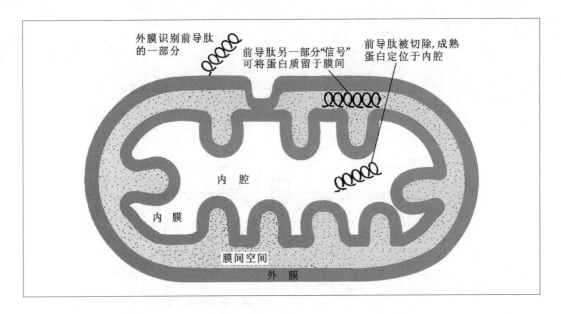

前导肽跨膜运转时首先与线粒体外膜上的受体相结合,实验表明,并非线粒体蛋白质前体都共用一种受体,但 Tom 受体可能是线粒体蛋白质跨膜运转时最主要的受体蛋白。线粒体有内、外两层膜,前导肽的不同部位可能在蛋白质的跨膜运输过程中发挥不同的作用(图 4-35)。有些前导肽含有"止运入"肽段,当该肽段被跨膜通道中的受体蛋白识别时,所运输的多肽将被定位在膜上。

3. 叶绿体蛋白质的跨膜运转

大多数科学家认为,叶绿体多肽是胞质中的游离核糖体上合成后脱离核糖体并折叠成具有三级结构的蛋白质分子,多肽上某些特定位点结合于只有叶绿体膜上才有的特异受体位点。叶绿体定位信号肽一般有两个部分,第一部分决定该蛋白质能否进入叶绿体基质,第二部分决定该蛋白质能否进入类囊体(图 4-36)。在这一模型中,蛋白质运转是在翻译后进行的,在运转过程中没有蛋白质的合成。

叶绿体蛋白质运转过程有如下特点:

① 活性蛋白水解酶位于叶绿体基质内,这是鉴别翻译后运转的指标之一。从完整的叶绿体内提取的可溶性物质,能够把 RuBP 羧化酶小亚基前体降解或加工为成熟小亚基,离心后产生的叶绿体基质和破碎的叶绿体也具有这种功能,而类囊体和提纯的叶绿体膜都无此特性。在叶绿体蛋白质的翻译后运转机制中,活性蛋白酶是可溶性的,这一点也不同于分泌蛋白质的翻译运转同步机制,因为后者活性蛋白酶位于运转膜上。因此,可根据蛋白水解酶的可溶性特征来区别这两种不同的运转机制。

② 叶绿体膜能够特异地与叶绿体蛋白的前体结合。叶绿体膜上有识别叶绿体蛋白质的特异性受体,保证叶绿体蛋白质只能进入叶绿体内。

③ 叶绿体蛋白质前体内可降解序列因植物和蛋白质种类不同而表现出明显的差异。

图 4-36　叶绿体蛋白质跨膜运转

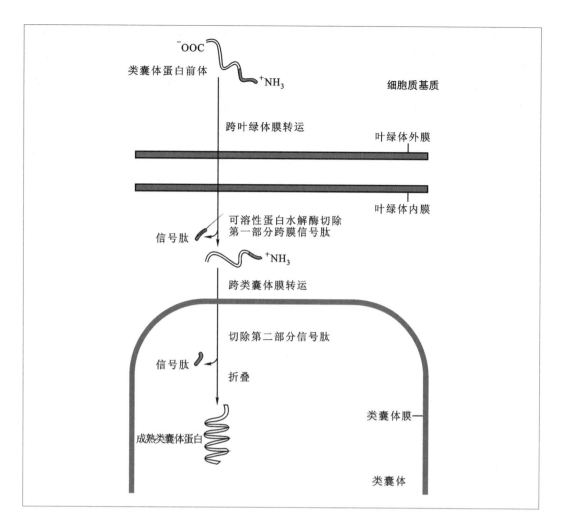

4.5.3　核定位蛋白的运转机制

真核细胞的细胞核通过核孔与核外相通,因此,核孔是进行双向运转的分子通道。在细胞质中合成的蛋白质一般通过核孔进入细胞核。所有核糖体蛋白都首先在细胞质中被合成,运转到细胞核内,在核仁中被装配成 40S 和 60S 核糖体亚基,然后运转回到细胞质中行使作为蛋白质合成机器的功能。RNA、DNA 聚合酶、组蛋白、拓扑异构酶及大量转录、复制调控因子都必须从细胞质进入细胞核才能正常发挥功能。

在绝大部分多细胞真核生物中,每当细胞发生分裂时,核膜被破坏,等到细胞分裂完成后,核膜被重新建成,分散在细胞内的核蛋白必须被重新运入核内。真核细胞核膜上的核孔复合体(nuclear pore complex,NPC)是细胞核内外进行物质交换的主要通道,相对分子质量较小的蛋白质可自由通过 NPC 或采取被动扩散的方式进入细胞核,而相对分子质量大于 4×10^4 的蛋白质则需要通过主动运转进出细胞核。以这种方式进出细胞核的蛋白质需要在其氨基酸序列上带有特殊的核定位信号序列(nuclear localization signal,NLS)和出核信号序列(nuclear export signal,NES),才能被相应的核运转蛋白识别。

目前已经发现有多种类型的核定位信号,包括经典核定位信号和其他类型的 NLS。

这些信号都具有一个带正电荷的肽核心,通常是一短的富含碱性氨基酸的序列,它能与入核载体相互作用,将蛋白质运进细胞核。第一个被确定的 NLS 序列的蛋白质是 SV40 的 T 抗原,它在细胞质中合成后很快积累在细胞核中,是病毒 DNA 在核内复制所必需的。其野生型的氨基酸序列为 Pro–Lys–Lys–Lys–Arg–Lys–Val,该序列中的单个氨基酸突变所产生的突变型能阻止这种蛋白质进入细胞核而停留在细胞质中。

NLS 可以位于核蛋白的任何部位,也能够引导其他非核蛋白进入细胞核。入核信号与前导肽的区别在于:①由含水的核孔通道来鉴别;②入核信号是蛋白质的永久性部分,在引导入核过程中,并不被切除,可以反复使用,有利于细胞分裂后核蛋白重新入核。

蛋白质向核内运输过程需要一系列循环于核内和细胞质的蛋白因子包括核运转因子(importin)α、β 和一个低相对分子质量 GTP 酶(Ran)参与。α 和 β 组成的异源二聚体是核定位蛋白的可溶性受体,与核定位序列相结合的是 α 亚基。由上述 3 个蛋白质组成的复合物停靠在核孔处,依靠 Ran GTP 酶水解 GTP 提供的能量进入细胞核,α 和 β 亚基解离,核蛋白与 α 亚基解离,α 和 β 分别通过核孔复合体回到细胞质中,起始新一轮蛋白质运转(图4-37)。

经典的出核信号序列(NES)是由疏水性氨基酸尤其是亮氨酸和异亮氨酸富集的区域构成,其保守性氨基酸排序为 $\Phi X_{1-3}\Phi X_{2-3}\Phi X\Phi$,其中,$\Phi$ 代表疏水性氨基酸 L、I、F 或 M,而 X 代表任意氨基酸。经典的 NES 大多为 CRM1 依赖性,它能够被出核因子 CRM1(chromosome region maintenance 1)/exporting/Xpo1 识别并结合,从而携带该蛋白质出核。

图 4-37 核定位蛋白跨细胞核膜运转过程示意图

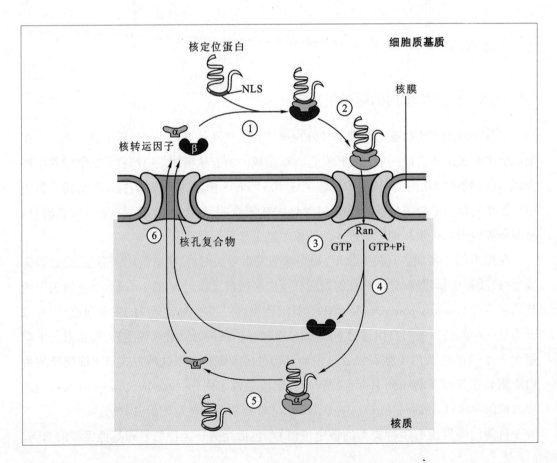

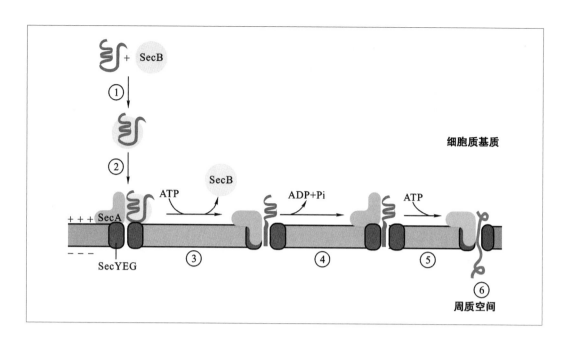

图 4–38　细菌中蛋白质的跨膜运转

对于原核细胞来说,同样存在蛋白质运转的问题。研究表明,细菌同样能通过定位于蛋白质 N 端的信号肽将新合成的多肽运转到其内膜、外膜、双层膜之间或细胞外等不同部位。细菌中新翻译产生的蛋白质与胞质中的分子伴侣 SecB 相结合后就能被运送到细胞膜运转复合物 SecA–SecYEG 上,结合有新生肽的 SecA 在自身 ATP 酶活性作用下水解 ATP 并嵌入细胞膜之中,导致与 SecA 相结合的被运转蛋白 N 端约 20 个氨基酸通过膜运转复合物到达胞外。SecA 再与另一个 ATP 相结合,变构嵌入膜内的同时再次把所运转蛋白的第二部分运出胞外,如此反复,直到把所运转蛋白质全部送到胞外^(图 4–38)。

4.6　蛋白质的修饰、降解与稳定性研究

越来越多的证据表明,生物体内蛋白质的降解过程是一个有序的过程。在大肠杆菌中,蛋白质的降解是通过一个依赖于 ATP 的蛋白酶(称为 Lon)来实现的。当细胞中出现错误的蛋白质或半衰期很短的蛋白质时,该酶就被激活。Lon 蛋白酶每切除一个肽键要消耗两个分子的 ATP。

4.6.1　泛素化修饰介导的蛋白质降解

蛋白质的半衰期从 30 s 到许多天不等。虽然大部分真核蛋白的半衰期为数小时至数天,像血红蛋白这样少数蛋白质的半衰期与细胞周期同样长(成红细胞 =110 天)。在真核生物中,除了通过溶酶体以及自噬通路,蛋白质的降解主要依赖于泛素蛋白(ubiquitin)。泛素是一类低相对分子质量的蛋白质,只有 76 个氨基酸残基,序列高度保守(从酵母和人细胞中提取的泛蛋白几乎完全相同)。泛素化是指泛素分子在泛素激活酶、结合酶、连接酶等的作用下,对靶蛋白进行特异性修饰的过程,在该过程中,泛素 C 端甘氨酸残基通过

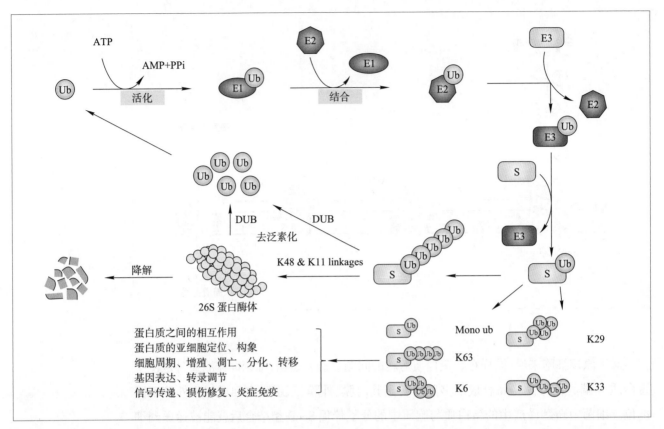

图 4–39　泛素化 / 去泛素化修饰及其在蛋白质降解和细胞生理功能中的调节作用。

泛素在 E1、E2 和 E3 的作用下与底物蛋白相连接的过程。该过程是一个可逆的过程,可以在去泛素化酶(DUB)的作用下去除底物(S)上的泛素化修饰。K11 和 K48 位的多泛素化修饰使蛋白质通过 26S 蛋白酶体降解;K63、K29 位等的泛素化修饰不是蛋白质发生降解,而是参与细胞内众多生理过程的调节。

酰胺键与底物蛋白的赖氨酸残基的 ε 氨基结合。在蛋白质分子的一个位点上可结合单个或多个泛素分子。

　　泛素化修饰涉及泛素激活酶 E1、泛素结合酶 E2 和泛素连接酶 E3 等 3 个酶的级联反应(图 4-39):首先在 ATP 提供能量的情况下,泛素激活酶 E1 黏附在泛素分子尾部的 Cys 残基上激活泛素,E1 酶再将激活的泛素分子转移到泛素结合酶 E2 上,再由 E2 酶和一些种类不同的泛素连接酶 E3 酶共同识别靶蛋白,对其进行泛素化修饰。该修饰是一个可逆的过程,去泛素化酶(DUB)可以去除相应底物的泛素化修饰。目前已经鉴定 2 种 E1,50 余种 E2、600 余种 E3 和 100 余种 DUB。底物泛素化修饰的特异性是由连接酶 E3 决定的,可以对靶蛋白进行单泛素化和多泛素化修饰。如图 4-40 所示,E2 酶的外形就像一个夹子,将靶蛋白固定在中间的空隙内。蛋白质泛素化以后,被标记的蛋白质常被运送到相对分子质量高达 1×10^6 的蛋白质降解体系中直到该蛋白质完全被降解。

　　蛋白质的泛素化修饰是翻译后修饰的一种常见形式,该过程能够调节不同细胞途径中的各种蛋白质。其中,泛素 – 蛋白酶体途径是最先被发现的,也是一种较普遍的内源蛋白质降解方式。蛋白酶体(proteasome)因其密度梯度离心沉降系数为 26S,故又称其为 26S 蛋白酶体。它是由 1 个 20S 催化颗粒(catalytic particle,CP)和 2 个 19S 调节颗粒

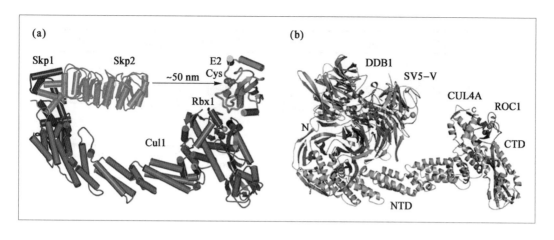

图 4-40 泛素连接酶 E3 与结合酶 E2 或底物复合物的三维结构

(a) SCFSkp2-E2 复合物的结构. Cul1、Rbx1、Skp1 和 Skp2 复合物的结构外形就像一个夹子,其中间的空隙内可结合底物蛋白; (b) DDB1-CUL4A-ROC1 泛素连接酶与猴病毒 5 的 V 蛋白复合物的晶体结构。

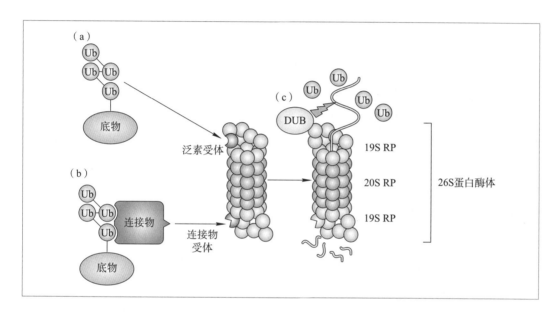

图 4-41 26S 蛋白酶体依赖的蛋白质泛素化降解

蛋白酶体是由 1 个 20S 催化颗粒(CP)和 2 个 19S 调节颗粒(RP)组成的桶状结构。一旦底物蛋白被多泛素化(连接至少 4 个泛素分子),它或者直接与 19S 调节颗粒上的泛素受体结合(a),或者通过 19S 调节颗粒上的连接物受体间接结合到蛋白酶体(b),然后被剪切成小的肽段而降解,泛素会被再利用。修改自 Ravid and Hochstrasser, Nat Rev Mol Cell Biol, 679-690, 2008。

(regulatory particle, RP)组成的桶状结构[图 4-41]。19S 为调节亚单位,位于桶状结构的两端,识别多泛素化蛋白并使其去折叠。19S 亚单位上还具有一种去泛素化的同功肽酶,使底物去泛素化。20S 为催化亚单位,位于两个 19S 亚单位的中间,其活性部位处于桶状结构的内表面,可避免细胞内环境变化所造成的影响。进一步的研究发现,并非所有泛素化修饰都会导致蛋白质降解。有些泛素化修饰还能参与多种生物功能的调控,在蛋白质的定位、代谢、功能、调节和降解中都起着十分重要的作用,能参与细胞周期、增殖、凋亡、分化、转移、基因表达、转录调节、信号传递、损伤修复、炎症免疫等几乎一切生命活动的调控,在肿瘤、心血管等疾病发病中起着十分重要作用。此外,蛋白质的泛素化也是研究、开发新药物的新靶点。

4.6.2 蛋白质的 SUMO 化修饰

除了泛素化修饰,细胞内还有一些与泛素化修饰相类似的反应,称为类泛素化修饰,如 SUMO 化修饰(小泛素化修饰,SUMOylation)和 NEDD 化修饰(NEDDylation)等。小泛

图 4-42 SUMO 化修饰和泛素化修饰的比较

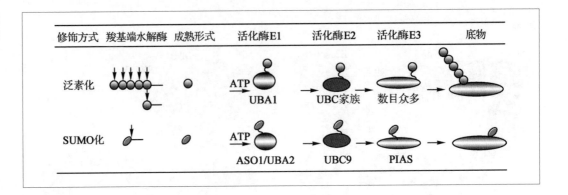

修饰方式	羧基端水解酶	成熟形式	活化酶E1	活化酶E2	活化酶E3	底物
泛素化			ATP → UBA1	UBC家族	数目众多	
SUMO化			ATP → ASO1/UBA2	UBC9	PIAS	

素相关修饰物(small ubiquitin-related modifier, SUMO)是泛素类蛋白家族的重要成员之一,由 98 个氨基酸组成,在进化上高度保守。SUMO 与泛素之间具有 18% 的同源性,并且两者都具有典型的 ββαββαβ 折叠,但两者表面电荷分布不同,暗示其功能不同。小泛素相关修饰物经由一系列酶介导的生化级联反应共价结合于底物蛋白的赖氨酸残基上(图 4-42)。与泛素相类似,SUMO 也以前体形式被合成,并且在羧基端水解酶的作用下加工为成熟的 SUMO。SUMO 化修饰也需要 E1、E2 和 E3 的参与。首先,依赖于 ATP 的 SUMO 活化酶 E1 的链接亚基与 SUMO 的 Gly 残基相链接,激活 SUMO,再由 SUMO 结合酶 E2 的半胱氨酸催化亚基通过识别一个保守序列 Ψ-K-X-D/E(Ψ 代表疏水性氨基酸,赖氨酸残基 K 是 SUMO 偶联位点,X 可以是任何氨基酸,D 或 E 为酸性氨基酸),这种把 SUMO 转移到底物的赖氨酸残基上,稳定靶蛋白使其免受降解的过程称为 SUMO 化修饰。

SUMO 化修饰类似于但又不同于泛素化修饰。SUMO 化修饰既能协同泛素化,又能拮抗泛素化修饰。与泛素介导的蛋白质降解不同,SUMO 阻碍泛素对底物蛋白的共价修饰,提高了底物蛋白的稳定性(图 4-43)。它能修饰许多在基因表达调控中发挥重要作用的蛋白质,包括转录因子、转录辅助因子以及染色质结构调控因子。SUMO 化修饰影响蛋白质亚细胞定位和蛋白质构象,广泛参与细胞内蛋白质与蛋白质相互作用、DNA 结合、信号转导、核质转运、转录因子激活等重要过程。

图 4-43 SUMO 化修饰的通路及其与泛素化的关系

蛋白质的 SUMO 化修饰能够阻止泛素化引起的蛋白质降解。SUMO 化修饰需要 AOS1/UBA2 和 UBC9 多种酶;去 SUMO 化是在 ULP 家族蛋白的催化下完成。

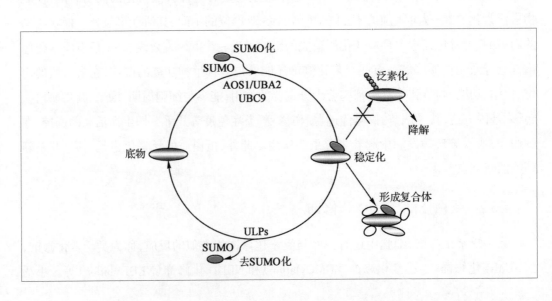

4.6.3 蛋白质的 NEDD 化修饰

NEDD8 含有 81 个氨基酸,是一种类泛素蛋白修饰分子,与泛素分子的一致性为 59%,相似性高达 80%,其相似程度是众多类泛素分子中最高的。研究表明,NEDD8 能像泛素一样在体内固有酶簇作用下被共价结合到底物蛋白上,参与蛋白质翻译后修饰,这一过程被称为 NEDD 化修饰(NEDDylation)(图4-44)。NEDDylation 的发生机制与泛素化相似,需要酶 E1、E2、E3 介导的一系列酶促反应。NEDD8 可以通过其 C 端第 76 位的甘氨酸与底物的赖氨酸共价结合。底物的去 NEDD 化是由去 NEDD 化酶介导的,NEDD8 在去 NEDD 化后重新进入循环(图4-45)。需要注意的是,一些底物在发生 NEDD 化修饰时会和泛素化修饰共用相同的 E3 连接酶,但与泛素化介导的蛋白酶体依赖的蛋白质降解不同,NEDD 化修饰不会引起蛋白质的降解,而主要通过该种修饰来调节蛋白质的功能。NEDD 化可能参与细胞增殖分化、细胞发育、细胞周期、信号转导等重要生命过程的调控,NEDD

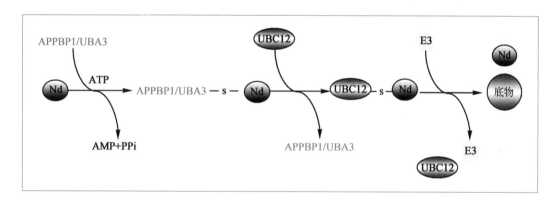

图 4-44 NEDD8 修饰的生化反应

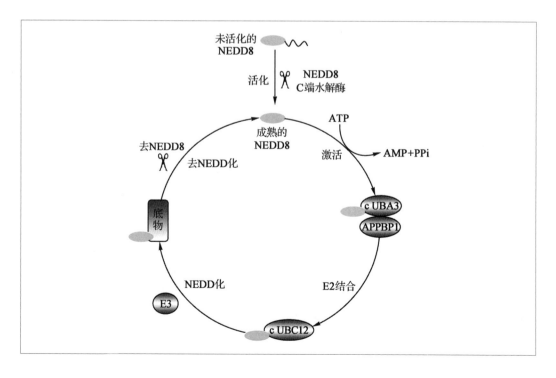

图 4-45 NEDD 化修饰的通路

NEDD 化修饰的主要通路包括 NEDD8 前体活化的过程,通过 E1(UBA3-APPBP1)激活,与 E2(UBC12)结合,通过 E3 连接到底物上的 NEDD 化过程以及相反的去 NEDD 化过程。

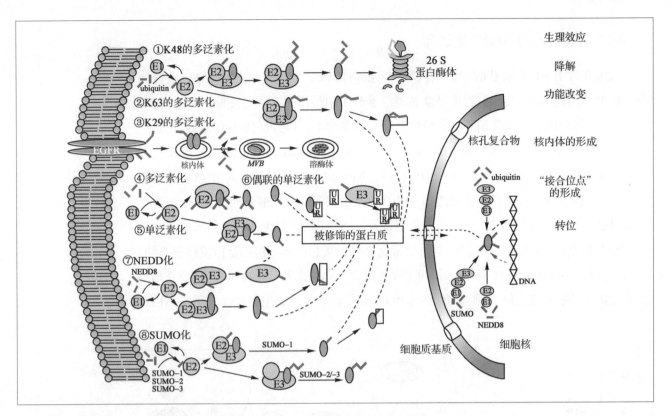

图 4-46　蛋白质的泛素化和类泛素化修饰的生理效应

① K48 位的泛素化导致底物蛋白通过 26S 蛋白酶体的降解。② K63 位的多泛素化引起蛋白质功能的改变。③ K29 位的多泛素化引起溶酶体依赖的蛋白质的降解。特定的多泛素化④、单泛素化⑤、NEDD 化⑦以及 SUMO 化⑧等能够改变蛋白质的功能,使蛋白质亚细胞定位发生变化等,参与细胞内多条重要生物学通路。⑥与泛素受体分子(ubiquitin receptor molecule,UR)结合(coupled monoubiquitination)是另一种生物过程的调控方式。NEDD8 与 SUMO-1 类似易于引起单修饰,而 SUMO-2 和 SUMO-3 能够引起修饰分子链的形成。

化异常会导致人类的神经退行性疾病和癌症。

目前发现的 NEDD 化底物蛋白只有 Cullin 家族蛋白、原癌基因产物 Mdm2、p53 肿瘤抑制因子、p73、表皮生长因子受体 EGFR、乳腺癌相关蛋白 3(BCA3)等。更有趣的是,这些被 NEDD 化修饰的底物要么本身可以被泛素化修饰,要么是泛素化 E3 连接酶的组分,暗示 NEDD8 和泛素之间在进化上存在某种特定的联系。因为 NEDD8 参与 NEDD 化过程的关键位点是赖氨酸残基,该残基同时也可以发生乙酰化、甲基化和泛素化,人们普遍认为,在不同的生理条件下,在蛋白质的同一赖氨酸残基上可能发生不同的修饰以满足不同的生理需求（图 4-46）。深入探讨这些翻译后修饰的动态平衡与相互关系将有助于我们阐明蛋白质翻译后修饰的生物学功能。

4.6.4　蛋白质一级结构对稳定性的影响

成熟蛋白质 N 端的第一个氨基酸(除已被切除的 N 端甲硫氨酸之外,但包括翻译后修饰产物)在蛋白质的降解中有着举足轻重的影响（表 4-13）。当某个蛋白质的 N 端是甲硫氨酸、甘氨酸、丙氨酸、丝氨酸、苏氨酸和缬氨酸时,表现稳定。其 N 端为赖氨酸、精氨酸时,表现最不稳定,平均 2~3 min 就被降解了。泛素调控的蛋白质降解具有重要的生理意义,它不仅能够清除错误蛋白质,对细胞生长周期、DNA 复制以及染色体结构都有重要的调控作用,而且对于理解细胞的许多生理过程和新药的开发也具有重要意义。

表 4-13　蛋白质的半衰期与 N 端氨基酸残基的关系

N 端残基	半衰期
稳定型残基	
甲硫氨酸、甘氨酸、丙氨酸、丝氨酸、苏氨酸、缬氨酸	>20 h
不稳定型残基	
异亮氨酸、谷氨酰胺	~30 min
酪氨酸、谷氨酸	~10 min
脯氨酸	~7 min
亮氨酸、苯丙氨酸、天冬酰胺、赖氨酸	~3 min
精氨酸	~2 min

思考题

1. 简述破译遗传密码的主要过程。
2. 遗传密码有哪些特性？说出遗传密码简并性的生物学意义。
3. 终止密码子主要有哪几种？
4. tRNA 在组成和结构上有哪些特点？
5. tRNA 如何转运活化氨基酸至 mRNA 模板上？
6. 原核生物与真核生物的核糖体组成有哪些异同点？
7. 什么是 SD 序列,其功能是什么？
8. 核糖体主要有哪些活性中心？
9. 真核生物与原核生物在翻译的起始过程中有哪些不同？
10. 链霉素为什么能够抑制蛋白质的合成？
11. 哪些抗生素只能特异性地作用于原核生物核糖体？哪些只作用于真核生物核糖体？哪些能同时抑制原核和真核生物核糖体？
12. 什么是分子伴侣,有哪些重要功能？
13. 什么是信号肽？它在序列组成上有哪些特点,有何功能？
14. 简述线粒体和叶绿体蛋白质的跨膜运转机制。
15. 蛋白质有哪些翻译后加工修饰,其作用机制和生物学功能是什么？
16. 什么是核定位信号序列,其主要功能是什么？

参考文献

1. Ling J, Reynolds N, Ibba I. Aminoacyl-tRNA synthesis andtranslational quality control. Annu. Rev. Microbiol., 2009, 63: 61-78.
2. Ramakrishnan V. Ribosome structure and the mechanism of translation. Cell, 2002, 108: 557-572.
3. Selmer M, Dunham C M, Murphy F V, et al. Structure of the 70S ribosome complexed with mRNA and tRNA. Science, 2006, 313: 1935-1942.
4. Laursen B S, Sorenson H P, Mortenson K K, et al. Initiation of protein synthesis in bacteria. Microbiol. Mol.

Biol.Rev.,2005,60:101−123.

5. Sonenberg N,Hinnebusch A G. Regulation of translation initiation in eukaryotes:Mechanisms and biological targets.Cell,2009,136:731−745.

6. Gebauer F,Hentze M W. Molecular mechanisms of translational control. Nat. Rev. Mol. Cell Biol.,2004,5: 827−835.

数字课程学习

𝑒教学课件　　　▤在线自测　　　🖥思考题解析

第 5 章 ____

分子生物学研究法（上）
——DNA、RNA 及蛋白质操作技术

分子生物学研究之所以从 20 世纪中叶开始得到高速发展,其中最主要的原因可能是现代分子生物学研究方法、特别是基因操作和基因工程技术的进步。基因操作主要包括 DNA 分子的切割与连接、核酸分子杂交、凝胶电泳、细胞转化、核酸序列分析以及基因的人工合成、定点突变和 PCR 扩增等,是分子生物学研究的核心技术。基因工程是指在体外将核酸分子插入病毒、质粒或其他载体分子,构成遗传物质的新组合,使之进入新的宿主细胞内并获得持续稳定增殖能力和表达。该项技术其实是核酸操作的一部分,只不过我们在这里强调了外源核酸分子在另一种不同的宿主细胞中的繁衍与性状表达。事实上,这种跨越天然物种屏障、把来自任何生物的基因置于毫无亲缘关系的新的宿主生物细胞之中的能力,是基因工程技术区别于其他技术的根本特征。本章将在回顾重组 DNA 技术发展史的基础上,讨论 DNA 操作技术、基因克隆、表达分析技术及蛋白质组学、单核苷酸多态性分析等现代生物学领域里最广泛应用的实验技术和方法。

5.1　重组 DNA 技术史话

近半个多世纪来,分子生物学研究取得了前所未有的进步,主要有三大成就:第一,在 20 世纪 40 年代确定了遗传信息的携带者,即基因的分子载体是 DNA 而不是蛋白质,解决了遗传的物质基础问题;第二,50 年代提出了 DNA 分子的双螺旋结构模型和半保留复制机制,解决了基因的自我复制和世代交替问题;第三,50 年代末至 60 年代,相继提出了"中心法则"和操纵子学说,成功地破译了遗传密码,阐明了遗传信息的流动与表达机制。

DNA 分子体外切割与连接技术及核苷酸序列分析技术的进步直接推动了重组 DNA 技术的产生与发展。因为重组 DNA 的核心是用限制性内切核酸酶(restriction endonuclease,RE)和 DNA 连接酶对 DNA 分子进行体外切割与连接,所以,科学家认为,这些工具酶的发现和应用是现代生物工程技术史上最重要的事件(表 5-1)。1967 年,世界上有 5 个实验室几乎同时报道了通过合成相邻核苷酸之间的磷酸二酯键,修复缺口或催化黏合完全分离的两个 DNA 片段的 DNA 连接酶。1972 年,Boyer 实验室发现有一种内切核酸酶 *Eco*R I 能特异性识别 GAATTC 序列,将双链 DNA 分子在这个位点切开并产生具有黏性末端的小片段。他们还发现,能够把 *Eco*R I 酶切产生的任何不同来源的 DNA 片段通过 DNA 连接酶彼此"黏合"起来。此后,大量类似于 *Eco*R I 但具有独特识别序列的内切核酸酶被陆续发现,它们中的大多数识别的序列为回文序列且切割后形成黏性末端,少数为非回文序列(如 *Bsa* I),也有些切割成平末端(如 *Pvu* II)(图 5-1)。

表 5-1　重组 DNA 技术史上的主要事件

年份	事件
1869	F. Miescher 首次从莱茵河鲑鱼精子中分离 DNA
1957	A. Kornberg 从大肠杆菌中发现了 DNA 聚合酶 I
1959—1960	Uchoa 发现 RNA 聚合酶和信使 RNA,并证明 mRNA 决定了蛋白质分子中的氨基酸序列
1961	Nirenberg 破译了第一个遗传密码;Jacob 和 Monod 提出了调节基因表达的操纵子模型
1964	Yanofsky 和 Brenner 等人证明,多肽链上的氨基酸序列与该基因中的核苷酸序列存在着共线性关系
1965	Holley 完成了酵母丙氨酰 tRNA 的全序列测定;科学家证明细菌的抗药性通常由"质粒"DNA 所决定
1966	Nirenberg、Uchoa、Khorana 和 Crick 等人破译了全部遗传密码
1967	第一次发现 DNA 连接酶
1970	Smith、Wilcox 和 Kelley 分离了第一种限制性内切核酸酶,Temin 和 Baltimore 从 RNA 肿瘤病毒中发现反转录酶
1972—1973	Boyer、Berg 等人发展了重组 DNA 技术,于 1972 年获得第一个重组 DNA 分子,1973 年完成第一例细菌基因克隆
1975—1977	Sanger 与 Maxam 和 Gilbert 等人发明了 DNA 序列测定技术,1977 年完成了全长 5 387 bp 的噬菌体 φ174 基因组测定
1978	首次在大肠杆菌中生产由人工合成基因表达的人脑激素和人胰岛素
1980	美国联邦最高法院裁定微生物基因工程可以被专利化
1981	Palmiter 和 Brinster 获得转基因小鼠,Spradling 和 Rubin 得到转基因果蝇
1982	美、英批准使用第一例基因工程药物——胰岛素,Sanger 等人完成了入噬菌体 48 502 bp 全序列测定
1983	获得第一例转基因植物
1984	斯坦福大学获得关于重组 DNA 的专利
1986	遗传修饰生物体(GMO)首次在环境中释放
1988	Watson 出任"人类基因组计划"首席科学家
1989	DuPont 公司获得转肿瘤基因小鼠——"Oncomouse"
1992	欧洲 35 个实验室联合完成酵母第三染色体全序列测定(315 kb)
1994	第一批基因工程西红柿在美国上市
1996	完成酵母基因组全序列测定(1.25×10^7 bp)
1997	英国爱丁堡罗斯林研究所获得克隆羊
2000	完成第一个高等植物拟南芥的全序列测定(1.2×10^8 bp)
2001	完成第一个人类基因组全序列测定(2.7×10^9 bp)
2012	首次报导具有革命性的基因编辑体系——CRISPR/Cas9 技术

　　当然,仅仅能在体外利用限制性内切核酸酶和 DNA 连接酶进行 DNA 的切割和重组,还远远不能满足基因工程的要求,因为大多数 DNA 片段不具备自我复制的能力,只有将它们连接到具备自主复制能力的 DNA 分子上,才能在宿主细胞中进行繁殖。这种具备自主复制能力的 DNA 分子就是所谓分子克隆的载体(vector),病毒、噬菌体和质粒等小分子量复制子都可以作为基因导入的载体。

图 5-1 几种主要限制性内切核酸酶所识别的序列、切割位点及常用的保护碱基

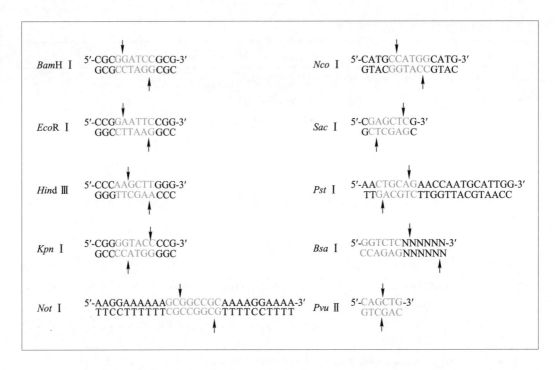

分子克隆的载体种类繁多,但目前全世界各实验室广泛使用的质粒载体大多是从以下几种载体派生出来的。pSC101 是第一代质粒载体$^{(图 5-2a)}$,全长 9.09 kb,带有四环素抗性基因(tet^r),具有 EcoR I、HindⅢ、BamH I、Sal I、Xho I、PvuⅡ以及 Hpa I 7 种限制性内切核酸酶的单酶切位点。该载体是一种严紧型复制控制的低拷贝质粒,平均每个宿主细胞仅有 1~2 个拷贝,因此,从带有该质粒的宿主细胞中很难大量提取质粒 DNA,不利用后续实验的进行;而 ColE1 质粒载体则是松弛型复制控制的多拷贝质粒$^{(图 5-2b)}$,每个宿主细胞中的拷贝数可达到 1 000~3 000 个;pBR322 质粒载体同样具有较高的拷贝数(1 000~3 000 个),便于制备重组 DNA,它由 3 个不同来源的部分组成$^{(图 5-2c)}$,第一部分来源于 pSF2124 质粒易位子 Tn3 的氨苄青霉素抗性基因(amp^r),第二部分来源于 pSC101 质粒的四环素抗性基因(tet^r),第三部分则来源于 ColE1 的派生质粒 pMB1 的 DNA 复制起点(ori)。最后一类是 pUC 质粒载体$^{(图 5-2d)}$,由包括来自 pBR322 质粒的复制起点(ori),氨苄青霉素抗性基因(amp^r),大肠杆菌 β-半乳糖苷酶基因(lacZ)启动子及编码 α-肽的 DNA 序列,特称为 lacZ' 基因等 4 部分所组成。一旦有外源 DNA 插入位于 lacZ' 基因 5' 端的多克隆位点(MCS)处,lacZ' 基因功能被破坏,不能产生功能型半乳糖酶。

lacZ' 基因编码 β-半乳糖苷酶氨基端 146 个氨基酸的 α-肽,IPTG(异丙基 -β-D-硫代半乳糖苷)诱导该基因表达,所合成的 β-半乳糖苷酶 α-肽与宿主细胞编码的缺陷型 β-半乳糖苷酶互补,产生有活性的 β-半乳糖苷酶,水解培养基中的 X-gal(5-溴 -4-氯 -3-吲哚 -β-D-半乳糖苷),生成蓝色的溴氯吲哚。利用这一原理可对重组载体进行蓝白斑筛选,在含 X-gal 的培养基中,非转化菌落呈蓝色,含有重组 DNA 分子的菌落呈白色。

获得了用外源 DNA 片段和载体分子连接后的重组载体后,还必须通过一个细菌转化的过程将其重新导入到宿主细胞中,才能保证重组载体的增殖。1970 年,Mandel 和 Higa

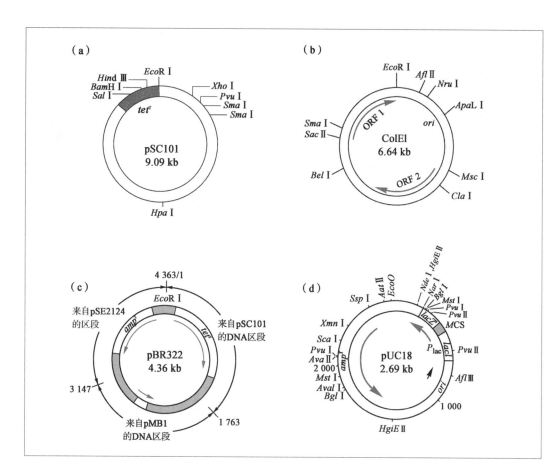

图 5-2 分子克隆中最常见的载体演变

(a) pSC101 质粒载体,全长 9.09 kb,带有四环素抗性基因(*tet*r)及 7 种限制性内切核酸酶的单酶切位点,在 *Hind*Ⅲ、*Bam*HⅠ和 *Sal*Ⅰ等 3 个位点插入外源基因,会导致 *tet*r 失活;(b) ColE1 质粒载体;(c) pBR322 质粒载体;(d) pUC18 质粒载体。

发现,大肠杆菌细胞经适量氯化钙处理后,能有效地吸收 λ 噬菌体 DNA。1972 年,又有实验室报道,经氯化钙处理的大肠杆菌细胞能够有效摄取质粒 DNA。从此,大肠杆菌就成了分子克隆中最常用的转化受体。同年,美国斯坦福大学的 Berg 等人在体外用限制性核酸内切酶 *Eco*RⅠ分别消化病毒 SV40 和 λ 噬菌体 DNA,再用 T4 DNA 连接酶将两种不同的酶切片段连接起来,首次获得了同时含有 SV40 和 λ 噬菌体 DNA 的重组 DNA(图 5-3a)。1973 年,Cohen 实验室也成功地进行了体外 DNA 重组,他们将分别经限制性内切核酸酶处理的含有编码卡那霉素抗性基因的大肠杆菌质粒 R6-5 DNA 与含有编码四环素抗性基因的另一种大肠杆菌质粒 pSC101 DNA 混合后加入 T4 DNA 连接酶,得到的重组杂种 DNA 分子表现出既抗卡那霉素又抗四环素的双重抗性特征(图 5-3b)。

由来自大肠杆菌的质粒 DNA 形成的重组 DNA 分子可以在原来的宿主细胞中增殖,这似乎还比较容易理解。那么,不同物种的外源 DNA 片段是否也可以在大肠杆菌细胞中增殖呢? 为了回答这个问题,Cohen 和 Boyer 等人合作,把非洲爪蟾核糖体蛋白基因片段与 pSC101 质粒 DNA 片段重组后导入大肠杆菌,证明动物基因也能进入大肠杆菌细胞并转录出相应的 mRNA 分子。上述实验表明:

① 类似 pSC101 的质粒 DNA 分子可以作为基因克隆的载体,从而将外源 DNA 导入宿主细胞。

② 来自高等生物非洲爪蟾基因片段可以被成功地转移到原核细胞中并实现功能表达。

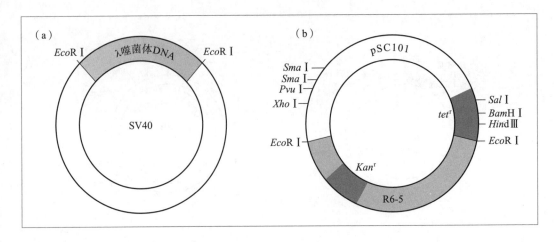

图 5-3 科学家早期构建的重组 DNA

(a) 经 *Eco*R I 酶切后的 λ 噬菌体 DNA 和猿猴病毒 SV40,在 T4 DNA 连接酶的催化下形成重组 DNA;(b) 含有编码卡那霉素抗性基因的质粒 R6-5 与含有编码四环素抗性基因的质粒 pSC101 分别经 *Eco*R I 酶切,并在 T4 DNA 连接酶的作用下形成重组质粒 DNA,其能同时降解卡那霉素和四环素,具有双重抗性。

③ 质粒 DNA-大肠杆菌细胞作为一种成功的基因克隆体系,有可能在重组 DNA 或基因工程研究中发挥重要作用。

5.2 DNA 基本操作技术

自从 1953 年 DNA 分子双螺旋被发现,分子生物学研究得到各国科学家的高度重视并且迅速发展成一门新兴学科,这首先要归功于各种 DNA 操作核心技术——包括基因组 DNA 提取、凝胶电泳、PCR、重组载体的构建及基因组 DNA 文库的构建等技术的迅速发展与应用。时至今日,分子生物学研究已经进入三维基因组和三维蛋白质结构大数据时代,但最基本的 DNA 操作技术仍然不可或缺。

5.2.1 基因组 DNA 的提取

广义的基因组(genome)是指一个单倍体细胞内细胞核、线粒体和叶绿体中所包含的全部 DNA 分子,而我们通常说的基因组 DNA 则特指细胞核内染色体上的包括编码区和非编码区在内的全部 DNA 分子。获取高相对分子质量和高纯度的基因组 DNA,可以使后续实验如 PCR 反应、Southern 杂交、文库构建或者基因组测序等结果更加可信可靠。

根据不同材料的性质,提取基因组 DNA 时方法略有不同。一般首先将组织材料磨碎或细胞材料均匀分散。因为植物组织具有细胞壁结构,较难破碎,所以一般先用液氮速冻帮助研磨,随后加入裂解液破碎细胞,释放细胞核及核内的染色质。动物组织及细胞材料一般加入 SDS 进行裂解。SDS 是一种阴离子去污剂,可溶解细胞膜,并使蛋白质变性,释放出染色质中的 DNA。植物组织一般加入一种阳离子去污剂——CTAB,它可以更好地除去细胞壁中的多糖成分,溶解细胞膜,并与释放出来的核酸形成复合物。用苯酚和氯仿做有机相来分离裂解后的各种细胞组分,包括蛋白质、糖类、酚类等有机物,使之与溶解于水相的 DNA 相分离。最后用乙醇洗涤分离后的 DNA,吸收与 DNA 相结合的水分子,使之沉淀并得到进一步的纯化。将 DNA 沉淀晾干后,溶解于超纯水或 Tris-HCI 和 EDTA 配制的 TE 缓冲液中(图 5-4a)。基因组 DNA 制备后可以在 4℃适当保存,但最好尽快使用。

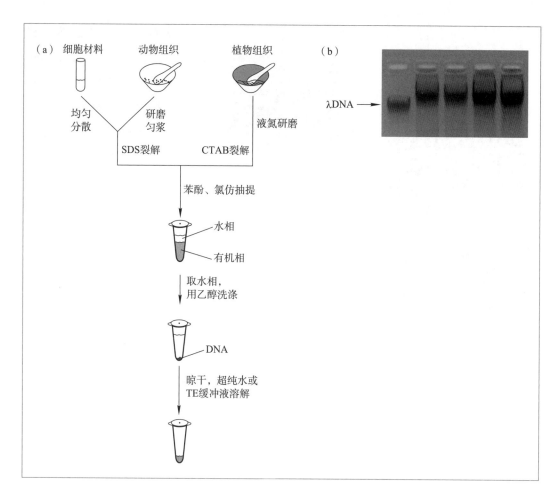

图 5-4 基因组 DNA 的提取

(a) 基因组 DNA 提取的主要实验流程;(b)陆地棉不同组织的核 DNA 样品电泳图。

实验中还常将含有 DNA 样品的细胞破碎液通过一个硅胶膜纯化柱,使 DNA 吸附在硅胶膜上而与其他成分分开,进一步在低盐浓度下从硅胶膜上直接洗脱 DNA,得到纯度较高的 DNA 样品。

DNA 的浓度和纯度可以通过测定其 OD_{260} 和 OD_{280} 来判断。OD_{260} 为 1 时相当于浓度为 50 μg/mL,而 OD_{260}/OD_{280} 的比值如果在 1.8 ~ 2.0 之间,表示所提取的 DNA 纯度较好,如果样品中有蛋白质或酚污染,则 OD_{260}/OD_{280} 的比值将明显低于 1.8。

提取基因组 DNA 时一定要保证核酸一级结构的完整性,确保所提取的 DNA 片段显著大于 50 kb。在操作时要尽可能避免机械力对 DNA 的损伤。可通过琼脂糖凝胶电泳检测基因组 DNA 片段大小。常用相对分子质量为 50 kb 的 λ 噬菌体作为检测基因组 DNA 质量的参照(图 5-4b)。

5.2.2 核酸凝胶电泳

自从琼脂糖(agarose)和聚丙烯酰胺(polyacrylamide)凝胶被发现以来,按相对分子质量大小分离 DNA 的凝胶电泳技术,已经成为分析鉴定重组 DNA 分子及蛋白质与核酸相互作用的重要实验手段。

在生理条件下,核酸分子中的磷酸基团呈离子化状态,把这些核酸分子放置在电场当

图 5-5　琼脂糖凝胶电泳

(a) 琼脂糖凝胶电泳装置,电泳仪为电泳槽施加电压,添加适量的电泳缓冲液,将琼脂糖凝胶置于其中,DNA 即可在凝胶中由负极向正极迁移;(b) 将琼脂糖粉末加入电泳缓冲液中加热熔化,倒入凝胶模具中并插入梳子形成上样孔,待其冷却后拔去梳子,即制备好琼脂糖凝胶。凝胶电泳完毕后在紫外下显示 DNA 条带。

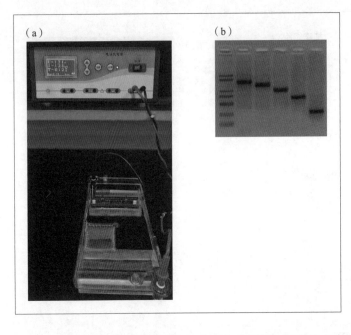

中,它们会向正电极方向迁移(图5-5)。由于核酸分子中的磷酸基团在结构上的重复性,相同数量的双链 DNA 几乎具有等量的净电荷,因此它们能以同样的速度向正电极方向迁移。在一定的电场强度下,DNA 分子的这种迁移速度,亦即电泳的迁移率,就完全取决于核酸分子本身的大小。因此,可以通过电泳将不同相对分子质量的核酸分子彼此分离开来。

　　将琼脂糖粉末加热到熔点后冷却凝固便会形成良好的无反应活性的电泳介质。凝胶的分辨能力与凝胶的类型和浓度有关(表5-2)。琼脂糖凝胶分辨 DNA 片段的范围为 0.2~50 kb,而要分辨较小相对分子质量的 DNA 片段,则要用聚丙烯酰胺凝胶,其分辨范围为 1~1 000 bp。凝胶浓度的高低影响凝胶介质孔隙的大小,浓度越高,孔隙越小,其分辨能力就越强。反之,浓度降低,孔隙就增大,其分辨能力也就随之减弱。

表 5-2　琼脂糖及聚丙烯酰胺凝胶分辨 DNA 片段的能力

凝胶类型及含量	分离 DNA 片段的大小范围 /bp
0.3% 琼脂糖	50 000~1 000
0.7% 琼脂糖	20 000~1 000
1.4% 琼脂糖	6 000~300
4.0% 聚丙烯酰胺	1 000~100
10.0% 聚丙烯酰胺	500~25
20.0% 聚丙烯酰胺	50~1

　　因为溴化乙锭(ethidium bromide,EB)能插入到 DNA 或 RNA 分子的相邻碱基之间,并在紫外光照射下发出荧光,所以,常在琼脂糖凝胶冷却凝固前,加入适量溴化乙锭,电泳完毕后将凝胶放置在 300 nm 波长的紫外光下,可十分灵敏而快捷地检测出凝胶介质中的 DNA(约50 ng)条带。

　　用普通琼脂糖凝胶电泳很难分离大于 50 kb 的 DNA 分子,为了进行超大片段 DNA 研究,科学家发明了脉冲电场凝胶电泳(pulsed-field gel electrophoresis,PFGE)技术,用于分离超大相对分子质量(有时甚至是整条染色体)DNA。在脉冲电场中,DNA 分子的迁移方向随着电场方向的周期性变化而不断改变(图5-6)。由于琼脂糖凝胶的电场方向、电流大小及作用时间都在交替变换,DNA 分子必须随时调整运动方向以适应凝胶孔隙的无规则

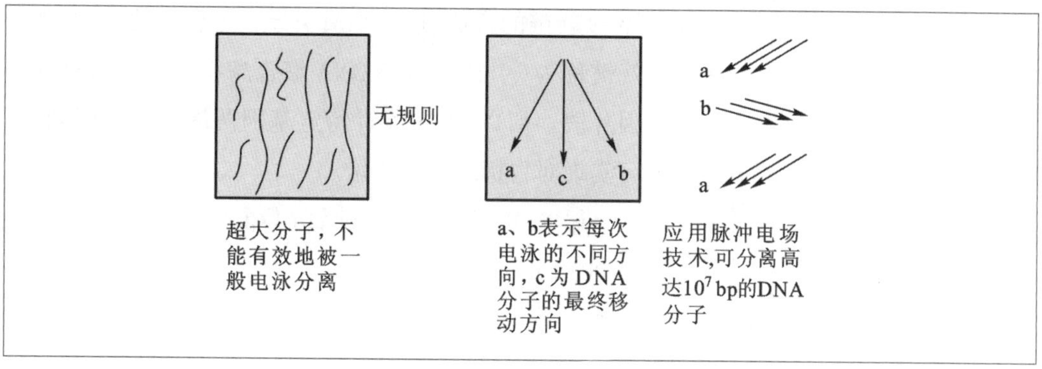

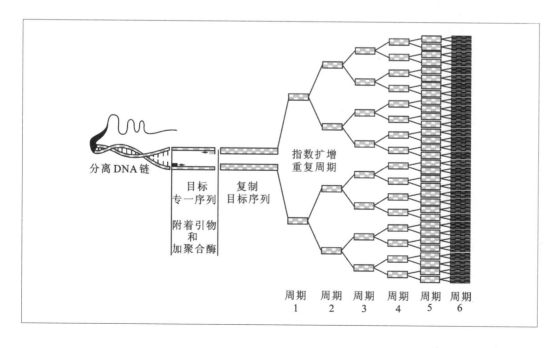

図 5-6 DNA 脉冲电场凝胶电泳示意图

超大分子，不能有效地被一般电泳分离

a、b表示每次电泳的不同方向，c为DNA分子的最终移动方向

应用脉冲电场技术，可分离高达10^7bp的DNA分子

无规则

变化。相较于相对分子质量较小的 DNA,相对分子质量较大的 DNA 需要更多的脉冲次数来更换其构型和运动方向。应用脉冲电场凝胶电泳技术,可成功地分离到相对分子质量高达 10^7 bp 的 DNA 大分子。

5.2.3 聚合酶链式反应技术

聚合酶链式反应(polymerase chain reaction,PCR)技术是目前体外快速扩增特定基因片段最常用的方法。20 世纪 80 年代,美国 Cetus 公司的 Kary Mullis 发明了该技术。

PCR 技术的原理并不复杂。首先将模板 DNA(质粒、基因组 DNA 或 mRNA 反转录产生的 cDNA)在临近沸点的温度下加热分离成单链 DNA 分子,然后 DNA 聚合酶在一对引物(一小段单链 DNA)的引导下以单链 DNA 为模板并利用反应混合物中的 4 种脱氧核苷三磷酸(dNTP)合成新的 DNA 互补链(图5-7)。DNA 聚合酶是一种天然产生的能催化 DNA(包括 RNA)合成和修复的生物大分子。所有生物体基因组的准确复制都依赖于这类酶的活性。PCR 反应中使用的 DNA 聚合酶不同于一般的聚合酶,它具有很强的耐高温性,在高温下数小时不丧失酶活性。DNA 聚合酶开始工作时先要产生一小段双链 DNA 来启动("引

图 5-7 聚合酶链式反应(PCR)技术原理示意图

分离DNA链

目标专一序列

附着引物和加聚合酶

复制目标序列

指数扩增重复周期

周期 1　周期 2　周期 3　周期 4　周期 5　周期 6

图5-8　PCR指数扩增时循环次数与DNA产物量比较

图5-8　PCR指数扩增时循环次数与DNA产物量比较

周期	拷贝
1	2
2	4
3	8
4	16
5	32
6	64
7	128
8	256
9	512
10	1 024
11	2 048
12	4 096
13	8 192
14	16 384
15	32 788
16	65 536
17	131 072
18	262 144
19	524 288
20	1 048 576
21	2 097 152
22	4 194 304
23	8 388 608
24	16 777 216
25	33 554 432
26	67 108 864
27	134 217 728
28	268 435 456
29	536 870 912
30	1 073 741 824

导”)新链的合成,这一小段引导新链合成的DNA序列就被称为"引物",引导DNA聚合酶特异性扩增目标基因片段。所以,通过设计特定基因两端的引物序列,即可实现对目标基因的扩增。

做PCR时,只要在试管内加入模板DNA、引物、dNTP及缓冲液(酶催化反应的缓冲液),DNA聚合酶就能在数小时内将目标序列扩增100万倍以上。模板DNA分子首先在高温下解开成单链,适当降温后引物立即与该模板DNA特定序列相结合,产生双链区,DNA聚合酶从引物3′端开始复制其互补链,迅速产生与目标序列完全相同的拷贝。在后续反应中,所有新形成的DNA双链,都会在高温下解开成单链,体系中的引物分子再次与其互补序列相结合,DNA聚合酶也再度复制模板DNA。由于在PCR反应中所选用的一对引物,是按照与扩增区段两端序列彼此互补的原则设计的,因此,每一条新生链的合成都是从引物的退火结合位点开始并朝相反方向延伸的,每一条新合成的DNA链上都具有新的引物结合位点。整个PCR反应的全过程,即DNA解链(变性)、引物与模板DNA相结合(退火)、DNA合成(链的延伸)3步,可以被不断重复。经多次循环之后,反应混合物中所含有的双链DNA分子数,即两条引物结合位点之间的DNA区段的拷贝数,理论上的最高值应是2^n(图5-8),能满足进一步遗传分析的需要。

5.2.4　重组载体构建

要完成对目的基因的功能研究,首先要获取它的重组表达载体,而第一步则是引物设计。引物长度一般为18~27 bp,GC含量控制在40%~60%,T_m值在60℃左右。两个DNA引物的5′端还需要各加上一个外切核酸酶的识别位点及其保护碱基,以利于外切核酸酶稳定结合到DNA双链并发挥切割作用,而所选择的外切核酸酶必须与载体上的多克隆位点相匹配(图5-9a)。

引物合成后,选择合适的DNA聚合酶和模板DNA,用PCR扩增目的基因片段(图5-9b)。通过琼脂糖凝胶电泳检测目标条带是否符合预期,如果条带单一,只需要将PCR产物通过硅胶膜纯化柱进行纯化就可以了;若条带不单一,还需要在电泳后,在紫外灯下对目标条带进行割胶回收,溶胶后同样用硅胶膜纯化柱纯化。

用相同的外切核酸酶在适当温度下分别双酶切目的基因片段和载体DNA(图5-9c)。根据所加DNA总量,确定酶切10 min至数小时,保证酶切完全。用T4 DNA连接酶进行连接反应(图5-9d),根据插入目的基因片段与载体各自的DNA浓度及片段长度的不同,一

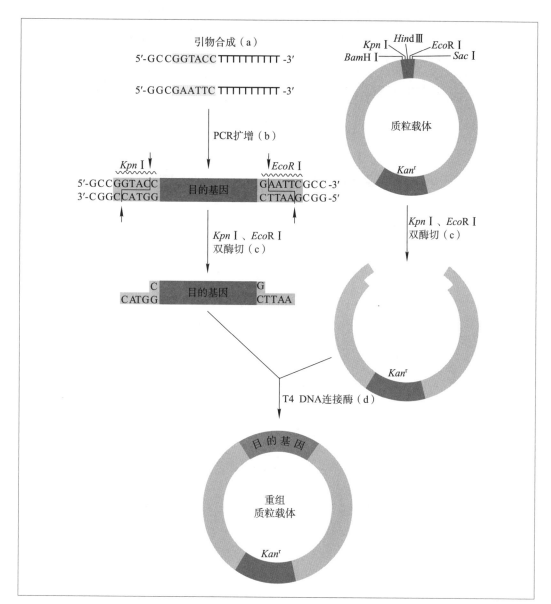

引物合成（a）

5'-GCCGGTACC ⊤⊤⊤⊤⊤⊤⊤⊤⊤⊤⊤⊤ -3'

5'-GGCGAATTC ⊤⊤⊤⊤⊤⊤⊤⊤⊤⊤⊤ -3'

PCR扩增（b）

Kpn I ↓   ↓ *Eco*R I

5'-GCC GGTAC C ▮目的基因▮ G AATTC GCC -3'
3'-CGG CCATG G ▮目的基因▮ CTTAA G CGG-5'

↑   ↑

Kpn I 、*Eco*R I
双酶切（c）

C ▮目的基因▮ G
CATGG ▮目的基因▮ CTTAA

Kpn I   *Hind* Ⅲ   *Eco*R I
*Bam*H I   *Sac* I

质粒载体

*Kan*ʳ

Kpn I 、*Eco*R I
双酶切（c）

*Kan*ʳ

T4 DNA连接酶（d）

目 的 基 因

重组
质粒载体

*Kan*ʳ

图 5-9　常 规 重 组
载体的构建示意图

（a）合成目的基因片段
两端的引物；(b) PCR
扩增目的基因；(c) 对
目 的 基 因 和 质 粒 载 体
进 行 双 酶 切；(d) T4
DNA 连 接 酶 将 酶 切
后目的基因和质粒载
体连接成一个整体。

次连接反应需要投入的插入片段与载体 DNA 总量的摩尔比应控制在(8～10)∶1 时较有
利于连接反应的进行。连接温度为 22℃时,T4 DNA 连接酶的活性较高,1～2 h 即可完成
连接,但酶较易失活,连接不稳定;4℃或 16℃连接时,酶的活性维持时间较长,连接后更
稳定,但通常需要反应 8 h 以上。

　　近几年,一种称为恒温一步法且不依赖 T4 DNA 连接酶的克隆技术已得到广泛应
用。首先将载体线性化,通过引物设计在插入片段两端引入线性化载体的末端序列
(15～25 bp),PCR 扩增插入片段后,其两端具有与线性化载体末端相同的序列。然后,按
一定比例加入插入片段和线性化载体,再加入 dNTP,在 T5 外切核酸酶、DNA 聚合酶和
Taq DNA 连接酶的混合催化下,50℃恒温反应 15～30 min 即可完成连接反应（图 5-10）。

　　由于连接成功的重组载体数量有限,远远不能满足实验需求,有必要通过细菌转化以
获得大量重组载体的拷贝（图 5-11a）。大肠杆菌在 CaCl₂ 溶液处理后,细胞膨胀,细胞膜通透

图 5-10　恒温一步法构建重组载体示意图

对载体进行双酶切,使其线性化,在插入片段两端引入与线性化载体末端一致的序列。线性化载体和插入片段在一种混合酶的催化下,50℃恒温反应 15~30 min 即可完成连接反应。首先 T5 外切核酸酶消化 DNA 片段 5' 端产生单链突出部分,插入片段和线性化载体末端重新退火成双链,然后 DNA 聚合酶填补退火双链两边的缺口,*Taq* DNA 连接酶将缝隙黏合,完成连接反应。

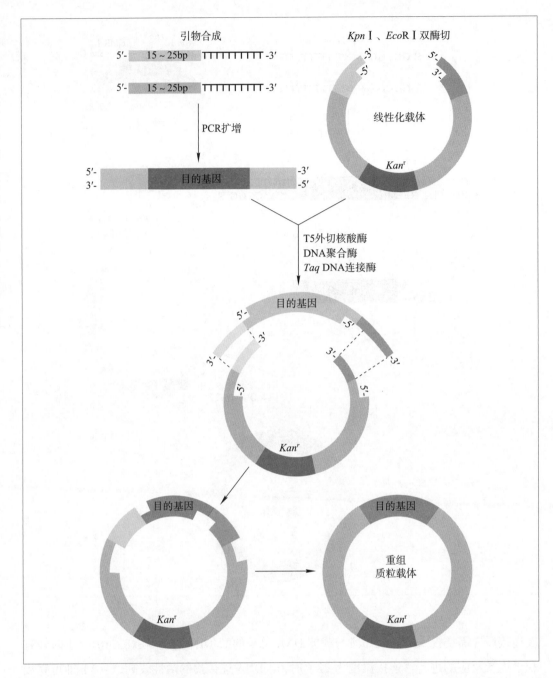

性发生改变,易于吸附外源 DNA,这种状态的细胞被称作感受态细胞。将连接产物与感受态细胞在试管中混匀,于冰上静置 30 min,然后转移到 42℃热刺激 30~90 s,此时连接产物就可能被感受态细胞吸收。再将其置于 37℃摇床复苏约 1 h,然后均匀地涂布在含有抗生素的培养基上,37℃培养箱中倒置培养^(图 5-11b)。因为连接产物,即重组后的质粒载体上带有抗性基因和表达元件,进入大肠杆菌后所产生的蛋白质能降解被大肠杆菌细胞吸收的抗生素,从而使重组大肠杆菌细胞能够在培养基中存活下来。

　　过夜培养后培养基上应该长出很多单菌落,随机挑取部分菌落,用菌内的重组质粒做 DNA 模板,进行菌落 PCR(colony PCR)扩增,鉴定目的基因片段是否插入载体中^(图 5-11c)。挑取阳性菌落于液体培养基中 37℃培养 10~13 h,而后采用碱裂解法提取细菌中的质粒

DNA。在强碱性溶液中裂解菌体,释放质粒 DNA,然后用酸中和反应,离心收集上清液后,通过硅胶膜纯化柱纯化出质粒 DNA[图 5-11d],经酶切鉴定和测序确定序列无误后用于进一步的实验。

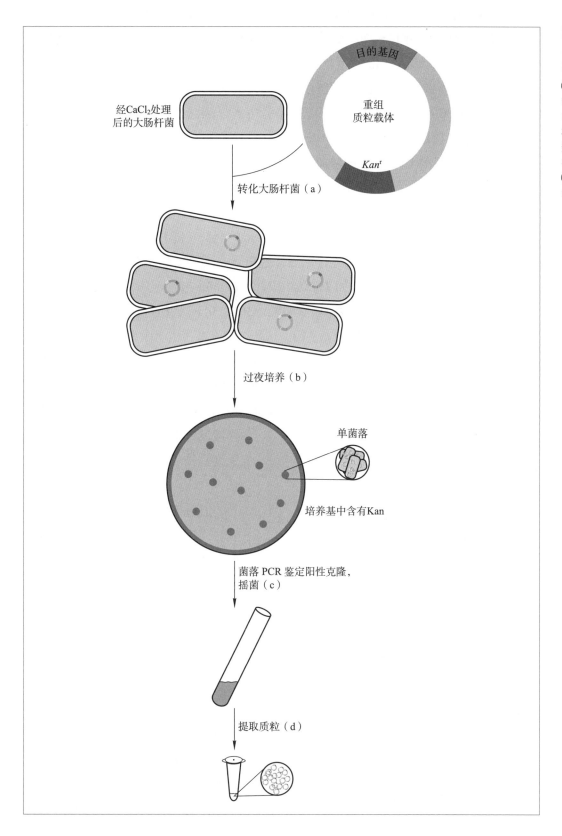

图 5-11 细菌转化及重组质粒提取示意图

(a) 将重组后的质粒载体转化到大肠杆菌中;(b) 过夜培养大肠杆菌,让重组质粒拷贝数增加;(c) 鉴定出含有重组质粒的单菌落;(d) 裂解菌体,获取重组质粒载体。

5.2.5　实时定量 PCR

由于 PCR 技术具有极高的敏感性,扩增产物总量的变异系数常常达到 10%～30%。因此,人们普遍认为应用简单方法对 PCR 扩增的产物进行最终定量是不可靠的。随着技术的进步,20 世纪 90 年代末期出现了实时定量 PCR(real time quantitative PCR,qPCR)技术,利用带荧光检测的 PCR 仪对整个 PCR 过程中扩增 DNA 的累积速率绘制动态变化图,从而消除了在测定终端产物丰度时有较大变异系数的问题。

实时定量 PCR 反应在带透明盖的塑料小管中进行,激发光可以直接透过管盖,激发荧光探针。荧光探针事先混合在 PCR 反应液中,只有与 DNA 结合后,才能够被激发出荧光。随着新合成目的 DNA 片段的增加,结合到 DNA 上的荧光探针增加,被激发产生的荧光也相应增加。最简单的 DNA 结合的荧光探针是非序列特异性的,例如荧光染料 SYBR Green I,激发光波长 520 nm,这种荧光染料只能与双链 DNA 结合^(图5-12)。

利用 SYBR Green I 可以检测 PCR 反应中获得的全部双链 DNA,但是不能区分不同的双链 DNA。为了进一步确保荧光检测的就是靶 DNA 序列,人们又设计了仅能与目的 DNA 序列特异结合的荧光探针,如 *TaqMan* 探针。*TaqMan* 探针是一小段被设计成可以与靶 DNA 序列中间部位结合的单链 DNA(一般为 50～150 bp),并且该单链 DNA 的 5′ 和 3′ 端带有短波长和长波长两个不同荧光基团。这两个荧光基团由于距离过近,在荧光共振能量转移(FRET)作用下发生荧光淬灭,因而检测不到荧光。PCR 反应开始后,随着双链 DNA 变性产生单链 DNA,*TaqMan* 探针结合到与之配对的靶 DNA 序列上,并被具有外切酶活性的 *Taq* DNA 聚合酶逐个切除而降解,从而解除荧光淬灭的束缚,荧光基团在激发光下发出荧光,所产生的荧光强度直接反映了被扩增的靶 DNA 总量^(图5-13)。

通过实时定量 PCR 确定靶基因表达强度时,每次实验都应设阴性对照和 4 个以上的标准品(将已知浓度的 DNA 模板进行一系列的稀释后成为标准品),每个样品都至少平行做 3 个重复。通常以 10～15 个循环的荧光值作为阈值或基线,也可以以阴性对照荧光值的最高点作为基线。图 5-14a 显示随着扩增反应循环数增加,代表扩增产物含量的荧光强度增加;图 5-14b 中标准曲线由标准样品浓度的 lg 值和其相对应的 *Ct* 值所组成。*Ct* 值是产物荧光强度首次超过

图 5-12　SYBR Green I 作探针的实时定量 PCR 实验过程图示

加入到 PCR 反应体系中的荧光染料 SYBR Green I 仅能与双链 DNA 结合,被激发出绿色荧光,其荧光强度反映 PCR 产物的产量。

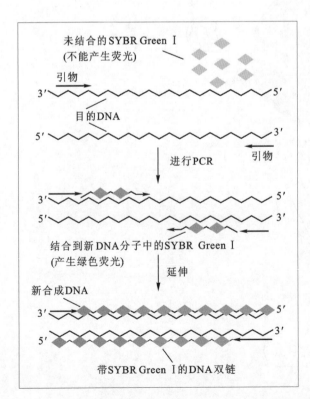

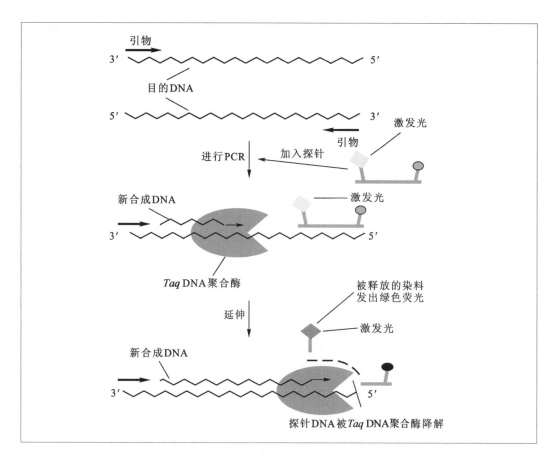

图5-13 应用 *TaqMan* 探针的实时定量 PCR 技术

TaqMan 探针具有 3 个要素:一端的短波长荧光基团(菱形),一段目的 DNA 特异的碱基序列和另一端的长波长荧光基团(小圆形),探针上的荧光基团十分接近,因此两个荧光基团相互发生淬灭,不产生绿色荧光。探针上的特异的碱基序列被设计成能与目的 DNA 中部序列结合,在 PCR 反应中,当 *Taq* 聚合酶延伸链时,它的核酸酶活性会逐个切掉结合在目的 DNA 中部的 *TaqMan* 探针的碱基,从而使两个荧光基团被释放出来,解除了荧光淬灭的束缚。短波长的荧光基团在激发光下产生绿色荧光,它的荧光强度反映新合成目的 DNA 的产量。

设定阈值时,PCR 反应所需的循环数。利用标准曲线,可以确定样品中待检测靶 DNA 的绝对含量。

野生型拟南芥(WT)整株中 *WUS* 基因的表达丰度很低,3 次重复的平均 Ct 值为 31.23 ± 0.32,而在拟南芥抑癌基因失活突变体植株中 *WUS* 基因的表达丰度显著增加,3 次重复的平均 Ct 值为 21.92 ± 0.13。两者的差值 ΔCt 值为 9.31 ± 0.19,设定实验中 PCR 扩增效率为 1.8(理论值为 2),*WUS* 基因在突变体整株与野生型拟南芥整株中表达丰度的

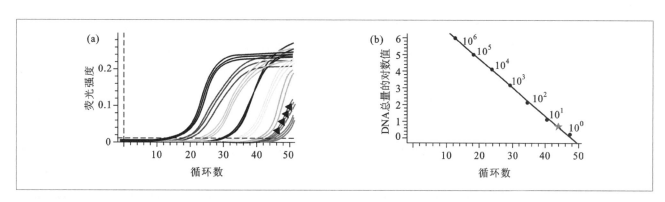

图 5-14 用实时定量 PCR 法分析未知样品靶基因的绝对表达量

(a)扩增曲线:由已知总量(起始量从 1 至 1 000 000 个拷贝)的 7 个标准品和一个未知样品(三角形连线)得到的扩增曲线。随着 PCR 循环数(横坐标)的增加,代表 PCR 产物产量的荧光强度(纵坐标)增加。(b) 标准曲线:纵坐标是每个标准品中所含 DNA 总量的对数值(lg),横坐标是每个标准品 PCR 产物荧光强度首次超过设定阈值(a 中虚线)时反应所需的循环数(Ct 值)。由扩增曲线获得未知样品的 Ct 值,通过对标准曲线的线性回归分析可计算出未知样品中靶 DNA 的起始量(星号)。

相对比值为 n,则 $n=1.8^{\Delta Ct}$。由此算出 *WUS* 基因在突变体植株中的表达丰度比在野生型拟南芥植株中提高了 239±26.25 倍^(表 5-3)。

表 5-3　实时定量 PCR 相对定量实验的数据处理[*]

	野生型拟南芥(WT)	突变体拟南芥(Mu)	$\Delta Ct(AvgCt_{WT}-AvgCt_{Mu})$	相对比值($1.8^{\Delta Ct}$)
	31.49	21.78		
WUS Ct 值	30.87	21.95		
	31.34	22.04		
平均值(Avg)	31.23±0.32	21.92±0.13	9.31±0.19	239±26.25

* 拟南芥野生型和突变体样品经由拟南芥管家基因(*UBQ10*)进行均一化处理。

5.2.6　基因组 DNA 文库的构建

把某种生物的基因组 DNA 切成适当大小,分别与载体组合,导入微生物细胞,形成克隆。基因组中所有 DNA 序列(理论上每个 DNA 序列至少有一份代表)克隆的总汇被称为基因组 DNA 文库,常被用于分离特定的基因片段、分析特定基因结构、研究基因表达调控,还可以用于全基因组物理图谱的构建和全基因组序列测定等。

构建基因组 DNA 文库的第一步是制备大小合适的随机 DNA 片段,在体外将这些 DNA 片段与适当的载体相连成重组子,转化到大肠杆菌或其他受体细胞中,从转化子克隆群中筛选出含有靶基因的克隆。为保证能从基因组文库中筛选到某个特定基因,基因组文库必须具有一定的代表性和随机性。也就是说文库中全部克隆所携带的 DNA 片段必须覆盖整个基因组。在文库构建中通常采用两种策略提高文库代表性:一是用机械切割法或限制性内切核酸酶切割法随机断裂 DNA,以保证克隆的随机性。二是增加文库重组克隆的数目,以提高覆盖基因组的倍数。预测一个完整基因组文库应包含的克隆数目,可用 Clark 和 Carbon 于 1975 年提出的公式:

$$N = \ln(1-p)/\ln(1-f)$$

式中,N 表示一个基因组文库所应该包含的重组克隆数目;p 表示所期望的靶基因在文库中出现的概率;f 表示重组克隆平均插入片段的长度和基因组 DNA 总长的比值。

为了获得整个基因簇或一个基因及其两翼延伸序列,实验中所制备的 DNA 随机片段一般约 20 kb 或更大。以人为例,其基因组大小为 3×10^9 bp,若 $p=99\%$,平均插入片段大小为 20 kb,则 $N=6.9\times10^5$。

构建基因组文库最常用的是 λ 噬菌体载体(克隆能力 15~20 kb)和限制性内切酶部分消化法。常用识别 4 个核苷酸的限制性内切核酸酶 *Sau*3A 部分消化基因组 DNA,因为 *Sau*3A 与 *Bam*H I 是一对同尾酶,所以由 *Sau*3A 酶切产生的 DNA 片段可插入到经 *Bam*H I 消化的 λ 噬菌体载体上(基本流程如图 5-15 所示)。提取真核基因组 DNA,用 *Sau*3A 局部消化,消化产物经琼脂糖凝胶电泳或者蔗糖梯度离心,收集相对分子质量为 15~20 kb 范围的 DNA 片段。同时用 *Bam*H I 消化 λ 噬菌体载体 DNA,纯化后用 T4 连

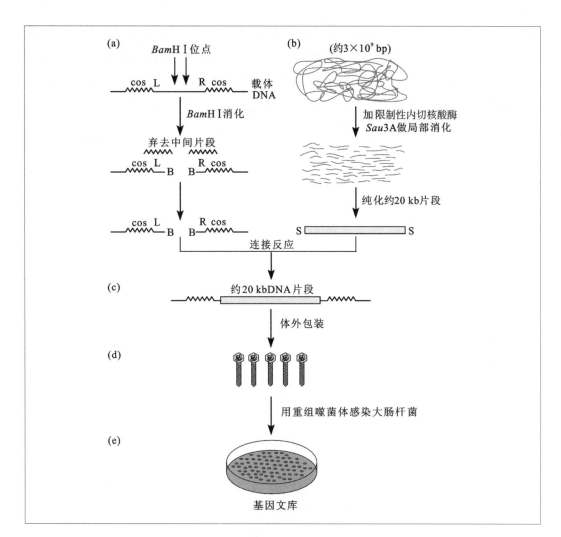

图 5-15　用 *Sau*3A 限制性内切核酸酶消化真核生物基因组 DNA 并利用 λ 噬菌体载体构建基因组文库的过程图示。(a) 载体 DNA 片段的制备;(b) 真核基因组 DNA 片段的制备;(c) 体外连接载体 DNA 及基因组 DNA 片段的反应;(d) 体外包装;(e) 感染大肠杆菌细胞。B=*Bam*H I 末端;S=*Sau*3A 末端。

接酶与收集的 DNA 片段相连接,形成嵌合分子。体外包装后用重组噬菌体感染大肠杆菌受体细胞,产生噬菌斑,组成包含该真核生物基因组绝大部分序列的 DNA 文库。λ 噬菌体文库构建方法简单高效,所获得的文库易于用分子杂交法进行筛选,因此被广泛用于细菌、真菌等基因组较小物种的研究。

此外,还有许多高容量克隆载体,如柯斯质粒、细菌人工染色体(BAC)、P1 源人工染色体(PAC)、酵母人工染色体(YAC)都可用于基因组文库的构建。这些载体的优点是可以插入大片段 DNA,如柯斯质粒可以接受大至 45 kb 的插入,但是稳定性相对较差,在大量的复制过程中容易出现缺失现象。BAC、YAC、PAC 可以容纳 70~1 000 kb 的外源片段,主要用于基因组作图,测序和克隆序列的比对。

5.3　RNA 基本操作技术

真核生物基因组 DNA 非常庞大,而且含有大量重复序列,无论用电泳分离技术还是用杂交方法都难以直接分离到靶基因片段。而 cDNA(complementary DNA)是来自反转录的 mRNA，不含冗余序列，通过特异性探针筛选 cDNA 文库，可以较快地分离到相关基因。由于单链 RNA 分子不稳定且易发生降解，在自然状态下难以被扩增，因此，为了研究 mRNA 所包含的功能基因信息，一般将其反转录成稳定的 DNA 双螺旋，再插入到可以自我复制的载体中。一个高质量的 cDNA 文库代表了生物体某一器官或者组织 mRNA 中所含的全部或绝大部分遗传信息。

5.3.1 总 RNA 的提取

细胞中的总 RNA 包括编码蛋白质的 mRNA 和不编码蛋白质的 ncRNA（rRNA、tRNA 以及其他 RNA）。一个典型的动物细胞约含 10^{-5} µg RNA，其中 80%～85% 为 rRNA，15%～20% 为 tRNA 及其他 ncRNA，这些 RNA 分子具有确定的大小和核苷酸序列，特别是总 RNA 电泳后 rRNA 的 2 条特征性条带 28S 和 18S 是鉴定总 RNA 纯度和完整性的重要参数。mRNA 占总 RNA 的 1%～5%，同时，由于 mRNA 呈单链状，容易受核酸酶的攻击，对 RNA 的操作要求比 DNA 操作更严格，要保证实验环境、所用器皿及溶液均没有 RNA 酶的污染。

总 RNA 的抽提方法有多种，目前实验室常用的方法是用异硫氰酸胍 – 苯酚抽提法。Trizol 试剂是使用最广泛的抽提 RNA 专用试剂，主要由苯酚和异硫氰酸胍组成，可以迅速破坏细胞结构，使存在于细胞质及核内的 RNA 释放出来，并使核糖体蛋白与 RNA 分子分离，还能保证 RNA 的完整。提取 RNA 时，首先用液氮研磨材料，匀浆，加入 Trizol 试剂，进一步破碎细胞并溶解细胞成分。然后加入氯仿抽提，离心，分离水相和有机相，收集含有 RNA 的水相，通过异丙醇沉淀，获得比较纯的总 RNA，用于下一步 mRNA 的纯化(图 5-16a)。也可以将含有 RNA 样品的细胞破碎液通过硅胶膜纯化柱纯化。要根据不同植物组织的特点，预先去除酚类、多糖或其他次生代谢产物对 RNA 的干扰。

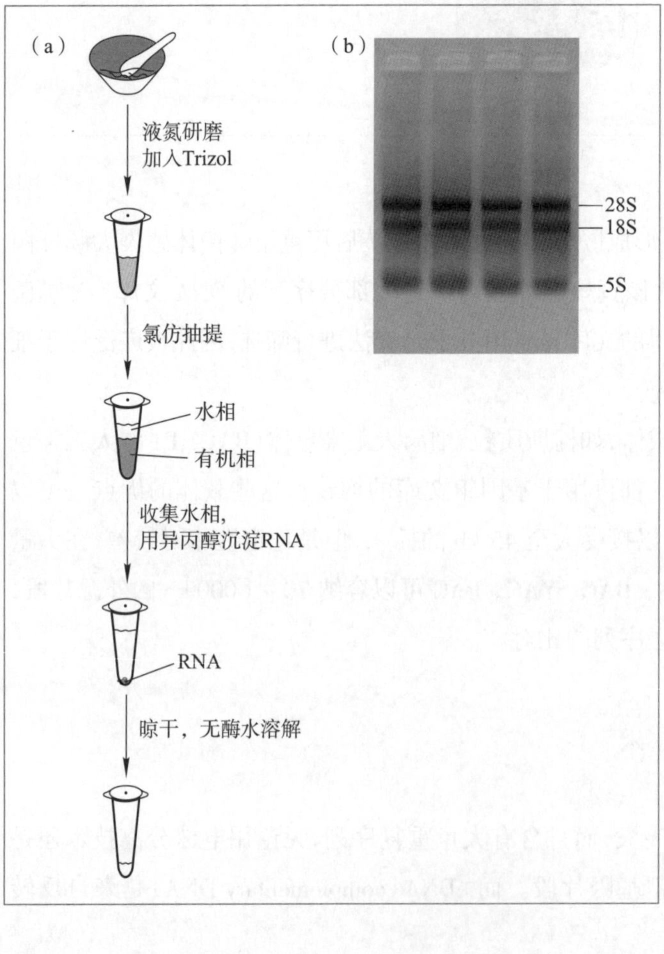

同样可以通过测定 RNA 样本的 OD_{260} 和 OD_{280} 来判断其浓度和纯度。OD_{260} 为 1 时相当于浓度为 50 µg/mL，

图 5–16 总 RNA 提取

（a）总 RNA 提取的主要实验流程；（b）陆地棉不同组织的总 RNA 样品电泳图。

（a）
液氮研磨
加入 Trizol

氯仿抽提

水相
有机相

收集水相，
用异丙醇沉淀 RNA

RNA

晾干，无酶水溶解

（b）
28S
18S
5S

当 OD_{260}/OD_{280} 的比值在 1.8 ~ 2.0 之间,表示纯度较好,如果样品中有蛋白质或酚污染,则 OD_{260}/OD_{280} 的比值将明显低于 1.8。而 OD_{260}/OD_{280} 的比值大于 2.0,则说明提取的 RNA 可能有降解。可通过琼脂糖凝胶电泳检测 RNA,但要保证整个操作过程中没有 RNase 的污染。电泳后如果 rRNA 大小完整,而且 28S rRNA 和 18S rRNA 亮度接近 2∶1,mRNA 分布均匀,则认为 RNA 质量较好(图 5-16b)。

5.3.2　mRNA 的纯化

真核细胞的 mRNA 分子最显著的结构特征是具有 5′ 端帽子结构(m^7G)和 3′ 端的 poly(A)尾巴,这种 poly(A)结构为真核生物 mRNA 的提取提供了极为方便的选择性标志,实验中常用寡聚(dT)– 纤维素柱层析法获得高纯度 mRNA。该方法利用 mRNA 3′ 端含有 poly(A)的特点,当 RNA 流经寡聚(dT)纤维素柱时,在高盐缓冲液的作用下,mRNA 被特异性地结合在柱上,再用低盐溶液或蒸馏水洗脱 mRNA。经过两次寡聚(dT)纤维柱后可得到较高纯度的 mRNA。实验中常用 poly(AT)Tract mRNA 分离系统将生物素标记的寡聚(dT)引物与细胞总 RNA 温育,加入与微磁球相连的抗生物素蛋白以结合 poly(A)mRNA,通过磁场吸附作用将 poly(A)mRNA 从总 RNA 中分离(图 5-17)。

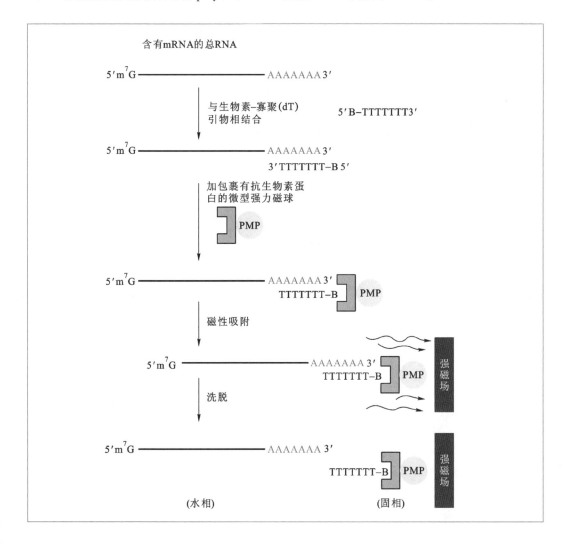

图 5-17　mRNA 的分离纯化过程简图

5.3.3 cDNA 的合成

cDNA 的合成包括第一链和第二链 cDNA 的合成,整个流程如图(图5-18)所示。第一链 cDNA 的合成是以 mRNA 为模板,反转录时加入寡聚(dT)做引物,在反转录酶催化下形成 cDNA。寡聚(dT)引物一般包含 12～20 个脱氧胸腺嘧啶核苷酸,后面加一个连接引物(通常为 Xho I 等酶切位点)以便于克隆构建。

在 cDNA 合成的过程中,应选用活性较高的反转录酶及甲基化 dCTP,cDNA 两端应加上不同内切酶所识别的接头序列,保证所获得双链 cDNA 的方向性(图5-19)。反应体系中一般加入甲基化 dCTP,保证新合成的 cDNA 链被甲基化修饰,以防止构建克隆时被限制性内切酶切割。第二链 cDNA 的合成是以第一链为模板,由 DNA 聚合酶催化。常用 RNase H 切割 mRNA-cDNA 杂合链中的 mRNA 序列所产生的小片段为引物合成第二条 cDNA 的片段,再通过 DNA 连接酶的作用连成完整的 DNA 链。此时加入含有另一个酶切位点的黏性接头(如 EcoR I),与 cDNA 相连接后用 Xho I 酶切,使 cDNA 双链 5′ 端和 3′ 端分别具有 EcoR I 和 Xho I 黏性末端,保证它与载体相连时有方向性。因为绝大多数大肠杆菌细胞都会切除带有 5′– 甲基胞嘧啶的外源 DNA,所以实验中常选用 mcrA⁻ mcrB⁻ 菌株以防止 cDNA 被降解。

图 5–18 cDNA 合成过程示意图

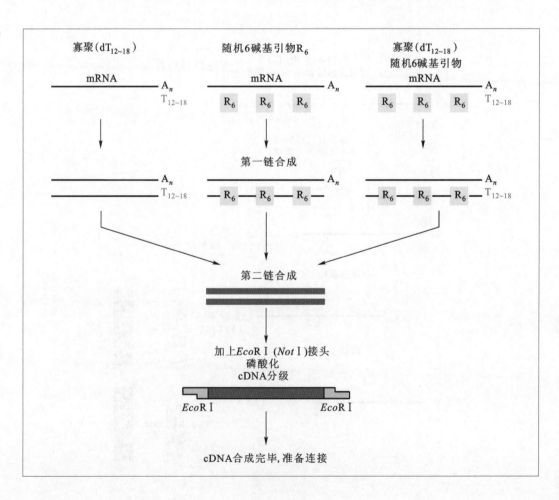

图 5-19 定向 cDNA
合成及分子修饰

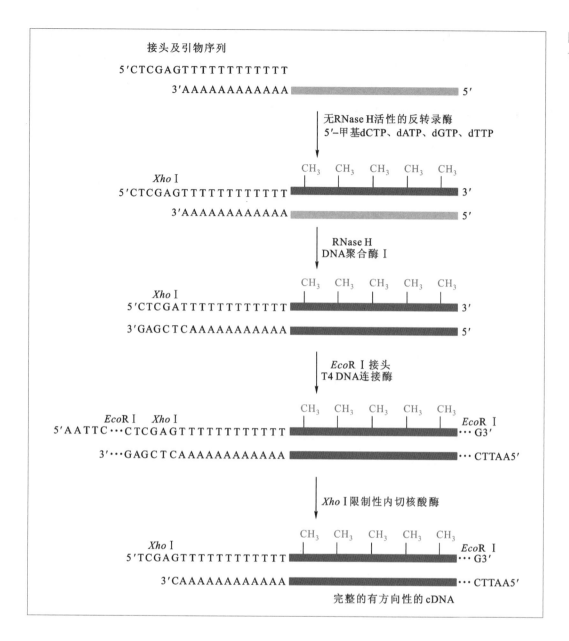

接头及引物序列

5′CTCGAGTTTTTTTTTTTT

3′AAAAAAAAAAA ▭▭▭▭ 5′

无RNase H活性的反转录酶
5′-甲基dCTP、dATP、dGTP、dTTP

CH₃ CH₃ CH₃ CH₃ CH₃

Xho I
5′CTCGAGTTTTTTTTTTTT ▭▭▭▭ 3′

3′AAAAAAAAAAA ▭▭▭▭ 5′

RNase H
DNA聚合酶 I

CH₃ CH₃ CH₃ CH₃ CH₃

Xho I
5′CTCGATTTTTTTTTTTT ▭▭▭▭ 3′

3′GAGCTCAAAAAAAAAAA ▭▭▭▭ 5′

*Eco*R I 接头
T4 DNA连接酶

CH₃ CH₃ CH₃ CH₃ CH₃

*Eco*R I   *Xho* I   *Eco*R I
5′AATTC···CTCGAGTTTTTTTTTTTT ▭▭▭▭ ···G3′

3′···GAGCTCAAAAAAAAAAA ▭▭▭▭ ···CTTAA5′

Xho I 限制性内切核酸酶

CH₃ CH₃ CH₃ CH₃ CH₃

Xho I   *Eco*R I
5′TCGAGTTTTTTTTTTTT ▭▭▭▭ ···G3′

3′CAAAAAAAAAAA ▭▭▭▭ ···CTTAA5′

完整的有方向性的cDNA

5.3.4 cDNA 文库的构建

由于 cDNA 的长度一般在 0.5 ~ 8 kb 之间,常用的质粒载体和噬菌体类载体都能满足
要求。cDNA 文库的载体选择要根据该文库的用途来确定,例如常用的 Uni-zap XR 载体
是一种 λ 噬菌粒载体,具备噬菌体的高效性和质粒载体系统可利用蓝白斑筛选的便利,可
容纳 0 ~ 10 kb DNA 插入片段。该载体内部含有 pBluescript 载体的全部序列,重组后可通
过体内剪切反应(*in vivo* excision)将 cDNA 插入片段转移到质粒系统中进行筛选、克隆和
序列分析。

含有 cDNA 插入片段的重组噬菌粒只有经过体外蛋白外壳包装反应,才能成为有侵
染和复制能力的成熟噬菌体。DNA 和蛋白提取物的浓度、二者的体积比、反应温度及时
间对包装效果都有很大影响,而包装反应结果的好坏对重组噬菌体的侵染能力至关重要。

用经包装的噬菌体感染大肠杆菌培养物后涂布在琼脂平板上,便会产生成千上万个独立噬菌斑,每个噬菌斑由一个重组噬菌体分子形成。一个比较完整的 cDNA 文库常包含大于 5×10^5 的独立克隆。一旦获得含有某种组织器官 cDNA 信息的噬菌粒文库,就可用于筛选目的基因、大规模测序、基因芯片杂交等功能基因组学研究。

5.3.5 基因文库的筛选

基因文库的筛选是指通过某种特殊方法从基因文库中鉴定出含有所需重组 DNA 分子的特定克隆的过程。主要筛选方法包括核酸杂交法、PCR 筛选法和免疫筛选法等。

1. 核酸杂交法

核酸杂交法以其广泛的适用性和快速性成为基因文库筛选中最常用的方法之一,常用放射性标记的特异 DNA 探针进行高密度的菌落杂交筛选(图 5-20)。将圆形硝酸纤维素膜放在含有琼脂培养基的培养皿表面,将待筛选菌落从其生长的平板上转移到硝酸纤维素膜上,进行适当温育。同时保留原来的菌落平板作对照。取出已经长有菌落的膜,用碱液处理,使菌落发生裂解,DNA 随之变性。接着用蛋白酶 K 处理硝酸纤维素膜去除蛋白质,形成菌落 DNA 的印迹。80℃烘烤滤膜,将 DNA 固定在膜上。将滤膜与放射性标记的 DNA 或 RNA 探针杂交,通过放射性自显影显示杂交结果。在 X 光底片上显黑色斑点的就是实验中寻找的目的克隆,可以通过对应于平板上的位置找到相应克隆。

也可用杂交筛选法进行重组噬菌斑的筛选。将硝酸纤维素膜覆盖在琼脂平板表面,使之与噬菌斑直接接触,噬菌斑中大量没有被包装的游离 DNA 及噬菌体颗粒便一齐转移到膜上。可从同一噬菌斑平板上连续印几张同样的硝酸纤维素膜,进行重复实验,而且可以使用两种或数种不同的探针筛选同一套重组子,提高结果的可靠性。

2. PCR 筛选法

PCR 筛选法与核酸杂交筛选法具有同样的通用性,而且操作简单,但前提是已知足够的序列信息并获得基因特异性引物。例如要从一个基因组 DNA 文库筛选目的基因,首先

图 5-20 通过核酸杂交筛选目的克隆流程图

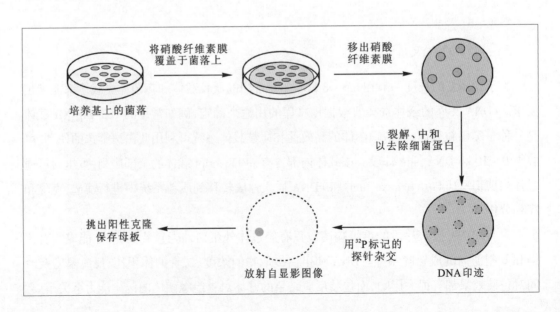

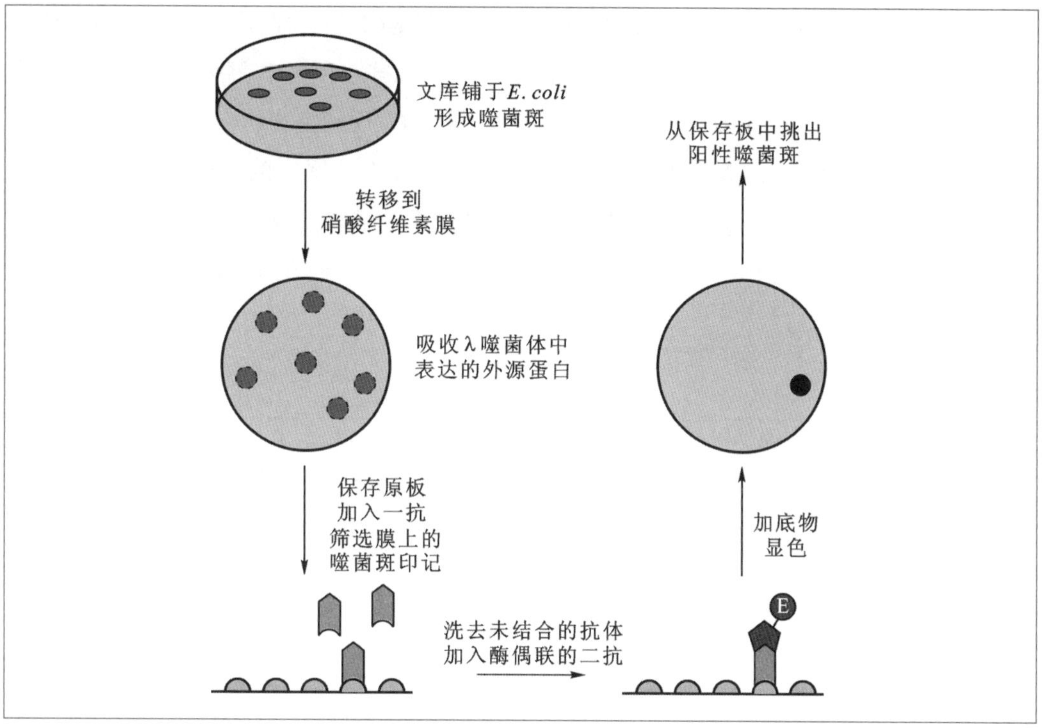

图 5-21 噬菌体表达文库的免疫化学筛选法示意图

将整个文库(以质粒或菌落的形式均可)保存在多孔培养板上,用设计好的目的基因探针对每个孔进行 PCR 筛选,鉴定出阳性的孔,把每个阳性孔中的克隆再稀释到次级多孔板中进行 PCR 筛选。重复以上程序,直到鉴定出与目的基因对应的单个克隆为止。

3. 免疫筛选法

由于免疫筛选法是基于抗原抗体特异性结合原理,所以该法适用于对表达文库的筛选。也就是说如果该 DNA 或者 cDNA 文库是用表达载体构建的,每个克隆都可以在宿主细胞中表达,产生所编码的蛋白质,就可以用免疫筛选法进行筛选。即使实验中靶基因的序列完全未知,只要拥有针对该基因产物的特异性抗体,也能用这个方法进行筛选。

免疫检测与菌落或噬菌斑的核酸杂交相似,先将菌落或噬菌斑影印到硝酸纤维素膜上,原位溶解菌落释放抗原蛋白,再用抗体与固定了抗原的膜杂交,抗原抗体结合后,再用标记的二抗与之反应,通过对标记物的检测,就可以找到阳性克隆(图 5-21)。

5.3.6 非编码 RNA 研究

高等真核生物的基因组中,蛋白质编码区只占很少一部分,非蛋白质编码区占据基因组中绝大部分位置。而高等真核生物基因组中一半以上的 DNA 会转录为 RNA,所以大部分 RNA 是不编码蛋白质的,这些 RNA 被统称为非编码 RNA(non-coding RNA,ncRNA)。非编码 RNA 种类很多,依据功能不同,可分为两类,一类是组成型的非编码 RNA,如 rRNA 和 tRNA,它们是蛋白质合成机器的重要组成成员;另一类是调控型的非编码 RNA,包括 miRNA(microRNA)、siRNA(small interfering RNA)、piRNA(piwi-interactiing RNA)、snRNA(small nuclear RNA)、snoRNA(small nucleolar RNA)、lncRNA(long non-coding RNA)及

circRNA（circular RNA）等，它们在转录和翻译水平调控基因表达，维持基因组的稳定，或在细胞功能与命运的决定中发挥至关重要的作用。由于非编码 RNA 在序列特征及调控功能上的复杂性，目前的研究主要集中在非编码 RNA 基因的发现和生物学功能的鉴定层面上。

非编码 RNA 不像 mRNA 那样有一个标志性的 poly（A）尾巴的结构，无法通过寡聚（dT）直接分离，而其他的分离方式又会受到含量较大的 rRNA 及部分 tRNA 的干扰，所以目前只能依据非编码 RNA 的大小和形态结构，通过以下几种方式分离出不同的非编码RNA（图 5-22）。

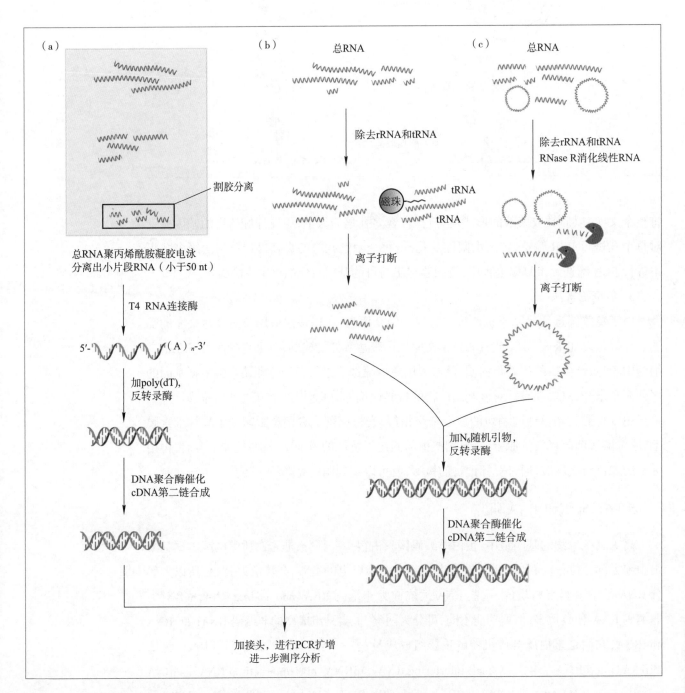

图 5-22　不同非编码 RNA 的分离方法示意图

对于较短的,如 miRNA、siRNA、piRNA 等常常小于 50 nt 的非编码 RNA 的分离。提取总 RNA 后,用聚丙烯酰胺电泳分离出小于 50 nt 的 RNA,割胶回收并用乙醇将 RNA 沉淀出来,一般加入糖原和乙酸钠做助沉剂,也可用专一性吸附小片段 RNA 的硅胶膜柱子纯化。用 T4 RNA 连接酶处理纯化后的 RNA 样品,在其 3′ 端连接一段寡核苷酸序列如 poly(dA),在反转录酶催化下合成 cDNA 第一链,用 DNA 聚合酶催化形成双链 cDNA。用 A 尾酶(A-tailing)在双链 cDNA 的 3′ 端加上一个 dAMP,再将带有一个 dTMP 的接头引物加到双链 cDNA 的两端,进行 PCR 扩增,进一步用于测序或文库构建等。

也可以从总 RNA 样品中去除 rRNA 和 tRNA,再分离其他非编码 RNA。该方法首先合成 rRNA 和 tRNA 特异性生物素标记的寡核苷酸探针,这些探针与各种 rRNA 及 tRNA 杂交,杂合链因为带有生物素标记而被偶联了链霉亲和素的磁珠高效捕获,链霉亲和素与生物素之间稳定的非共价结合使得生物素标记的双链分子紧密结合在磁珠上。用磁铁将磁珠从样品中分离,就排除了这两种组成型 RNA 的干扰。将剩余的 RNA 样品随机打断成 200~300 bp 的片段,用六聚体引物 N6 反转录合成 cDNA。这个样品中包含了全部 mRNA 和非编码 RNA 的信息,测序完成后,借助 mRNA 的典型特征,如起始子、终止子、可读框及剪切位点等将其分离去除,再根据各种非编码 RNA 的结构特征,通过不同的生物学软件进行归类分析。

非编码 RNA 中有一类具有闭合环状结构的 RNA 分子,称 cirRNA,利用它的这一特殊结构可单独将其分离出来。将 rRNA 和 tRNA 从总 RNA 中除去后,使用具有 3′ 端核糖核酸外切酶活性的 RNase R 专一性降解单链线性 RNA 分子,即可将 mRNA 和其他线性非编码 RNA 一并除去,留下环状的 RNA 分子。将环状 RNA 分子随机打断,用六聚体引物 N6 在反转录酶的催化下合成 cDNA,按前面介绍的程序进行建库测序等后续分析。

5.4 基因克隆技术

在当今生命科学的各个研究领域中,"克隆"(clone)一词已被广泛使用。在多细胞的高等生物个体水平上,人们用克隆表示由具有相同基因型的同一物种的两个或数个个体组成的群体,所以说,从同一受精卵分裂而来的单卵双生子(monozygotic twins)便是属于同一克隆。在细胞水平上,克隆一词是指由同一个祖细胞(progenitor cell)分裂而来的一群带有完全相同遗传物质的子细胞。在分子生物学上,人们把将外源 DNA 插入具有复制能力的载体 DNA 中,使之得以永久保存和复制这种过程称为克隆。由于真核生物基因组 DNA 十分复杂,实验中常通过筛选由 mRNA 产生的 cDNA 文库来分离到目的基因片段。高等生物虽然可拥有 3 万~5 万种不同的基因,但在一定时间段的单个细胞或组织中,仅有 15% 左右的基因得以表达,产生出 5 000~10 000 种不同的 mRNA 分子,使得筛选过程相对简单些。

5.4.1 RACE 技术

cDNA 末端快速扩增法（rapid amplification of cDNA ends, RACE）是一项在已知 cDNA 序列的基础上克隆 5′ 端或 3′ 端缺失序列的技术，在很大程度上依赖于 RNA 连接酶连接和寡聚帽子的快速扩增。已知 cDNA 序列可来自序列表达标签，减法 cDNA 文库，差式显示和基因文库筛选。主要操作步骤如下^(图 5-23)：

①　获得高质量总 RNA。含有大量完整 mRNA、tRNA、rRNA 和部分不完整 mRNA。

②　去磷酸化作用。带帽子结构的 mRNA 不受影响。

③　去掉 mRNA 的 5′ 帽子结构，加特异性 RNA 寡聚接头并用 RNA 连接酶相连接。

④　以特异性寡聚 dT 为引物，在反转录酶的作用下，反转录合成第一条 cDNA 链，包含了寡聚接头的互补序列。

⑤　分别以第一链 cDNA 为模板进行 RACE 反应。5′ RACE 以 5′ 端 RNA 寡聚接头的部分序列和基因特异的 3′ 端反向引物进行 PCR 扩增，获得基因的 5′ 端序列。3′ RACE 以 5′ 端基因特异的引物和 3′ 端寡聚 dT 下游部分序列为引物进行 PCR 扩增，获得基因的 3′ 端序列。如果只对 3′ 端序列感兴趣，可以越过 2、3 两步，直接从第 4 步开始进行 3′ RACE。

⑥　将纯化后的 PCR 产物克隆到载体 DNA 中，进行序列分析。除了获得全长 cDNA 之外，RACE 技术还被用于获得 5′ 和 3′ 端非转录序列，研究转录起始位点的不均一性，研

图 5-23　5′(a) 和 3′ (b) RACE 流程图

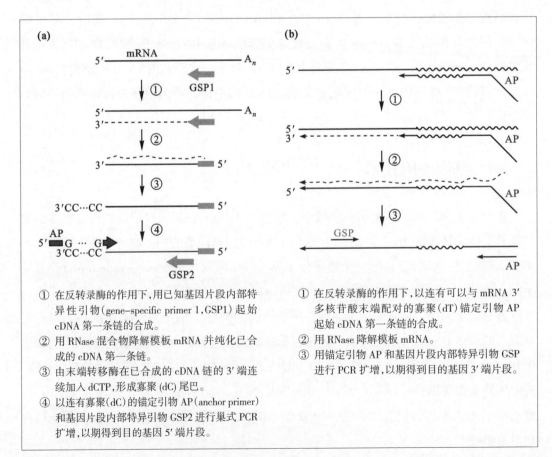

① 在反转录酶的作用下，用已知基因片段内部特异性引物（gene-specific primer 1, GSP1）起始 cDNA 第一条链的合成。

② 用 RNase 混合物降解模板 mRNA 并纯化已合成的 cDNA 第一条链。

③ 由末端转移酶在已合成的 cDNA 链的 3′ 端连续加入 dCTP，形成寡聚 (dC) 尾巴。

④ 以连有寡聚 (dC) 的锚定引物 AP（anchor primer）和基因片段内部特异引物 GSP2 进行巢式 PCR 扩增，以期得到目的基因 5′ 端片段。

① 在反转录酶的作用下，以连有可以与 mRNA 3′ 多核苷酸末端配对的寡聚 (dT) 锚定引物 AP 起始 cDNA 第一条链的合成。

② 用 RNase 降解模板 mRNA。

③ 用锚定引物 AP 和基因片段内部特异引物 GSP 进行 PCR 扩增，以期得到目的基因 3′ 端片段。

究启动子区的保守性。

5.4.2　RAMPAGE 技术

高等真核生物往往具有复杂的基因组,很多基因的表达都具有组织特异性,可变的启动子选择是造成基因在不同组织特异表达的根本原因,所以有必要对启动子做全面而深入的分析。RAMPAGE(RNA annotation and mapping of promoters for the analysis of gene expression)技术是在基因表达的加帽分析技术(cap analysis of gene expression,CAGE)和前面介绍的 RACE 技术的基础上进一步优化的实验技术,是一种在全基因组范围内鉴定所有蛋白质编码基因和部分非编码 RNA 基因的转录起始位点,确定启动子的具体位置,并且能够高通量检测基因表达水平的方法。

首先在带接头序列的随机引物作用下反转录已除去 rRNA 和 tRNA 的总 RNA 样本,加入山梨醇和海藻糖可提高酶的热稳定性。将反转录酶的工作温度从 42℃提高到 55～60℃,以进一步解开 RNA 模板可能的二级结构,削弱 RNA 5′端由于 GC 含量较高而相对牢固的二级结构,使得反转录能延伸到 RNA 5′端帽结构处。在 RNA 链的末端引入生物素标记,利用 NaIO$_4$ 的氧化特性,通过氧化反应将位于所有 RNA 5′端帽子结构处以及 3′端的二醇基团打开,并使其氧化产物醛基与长臂生物素酰酐反应,从而在 RNA 5′端帽子结构处以及 3′端加上一个生物素。由于随机引物很少刚好结合到 RNA 的 3′端,因此 RNA 的 3′端在大多数情况下仍然是单链,用 RNase I 特异性切割单链状态的 RNA,去掉 3′端的生物素标记。最后,用偶联了链霉亲和素的磁珠筛选出 5′端帽结构处加上生物素标记的 RNA-cDNA 双链。然后用 RNase H 将磁珠上的 RNA 降解掉,再从磁珠上分离单链 cDNA。

得益于反转录酶的末端转移酶(terminal deoxynucleotidyl transferase,TdT)活性,它能催化脱氧核糖核苷酸结合到 DNA 分子的 3′羟基端,使反转录产生的 cDNA 3′端加上了 3个胞嘧啶脱氧核糖核苷酸(dCTP),同时 RNA 的 5′端帽结构(m^{7}G)也有利于 dCTP 的添加。所以,在反转录时加入一段末端有 3 个鸟嘌呤核糖核苷酸(GTP)的锚定引物,即可让所有反转录产生的 cDNA 3′端带上这一锚定引物。利用这一锚定引物和随机引物上的接头序列做引物进行 PCR 扩增,形成双链 cDNA(图 5-24),然后用一种纳米级的微球磁珠进行纯化和相对分子质量大小筛选。筛选获得包含帽子结构端序列的 200～700 bp 的 cDNA 后便可用高通量二代测序技术进行序列分析等。

5.4.3　Gateway 大规模克隆技术

随着越来越多的动植物基因组全序列被测定,前所未有的编码基因(开放读码框)被识别,但是,要阐明这些基因的功能,就必须把不同的开放读码框连入各种载体,进行蛋白质表达、抗体制备、宿主细胞或植物转化、表型分析、细胞内定位以及目的蛋白与其他分子的相互作用等后续研究。传统的酶切连接方法不能满足大规模克隆的需要,只有通过一种高效的对载体和宿主没有依赖性的克隆系统,才能完成这项繁杂的工作。Gateway 基因大规模克隆技术利用 λ 噬菌体进行位点特异性 DNA 片段重组,实现了不需要传统的酶切

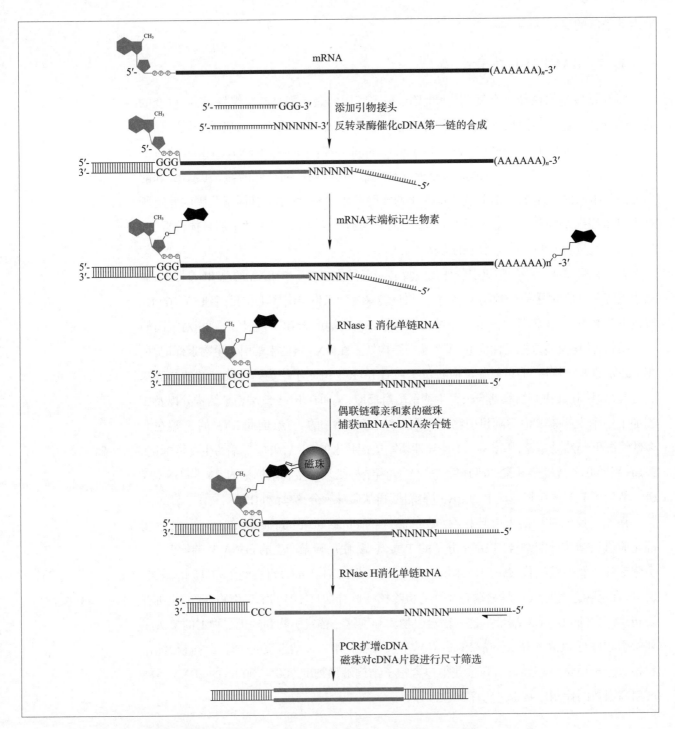

图 5-24　RAMPAGE 技术操作流程图

联接过程的基因快速克隆和载体间平行转移,为大规模克隆基因组注释的开放读码框提供了保障。

　　Gateway 克隆技术主要包括 TOPO 反应和 LR 反应两步。TOPO 反应将目的基因 PCR 产物连入 Entry 载体,该载体上的 CCCTT 能被拓扑异构酶所识别,切开后通过该酶 274 位上的酪氨酸与切口处的磷酸基团形成共价键,被偶联在载体上。加入 PCR 产物后,载体

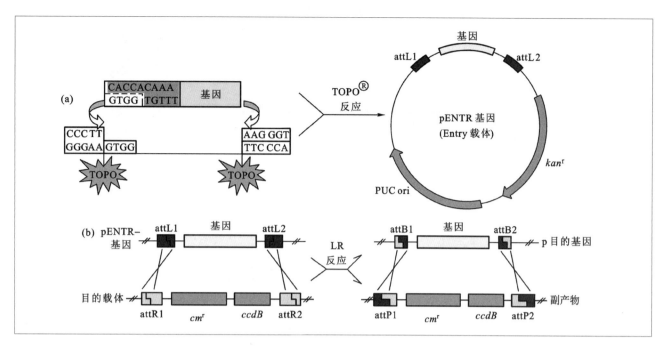

图 5-25　Gateway 大规模克隆策略

(a) TOPO 反应, 将由 PCR 得到的目的基因连入 Entry 载体;(b) LR 反应, 通过位点特异性重组将目的基因从 Entry 载体连入表达载体。

上 3′ 突出端 GTGG 与 PCR 产物的互补性末端接头序列 CACC 配对, 使 PCR 产物以正确方向连入 Entry 载体^(图 5-25a)。

LR 反应被用于将目的片段从 Entry 载体中重组入表达载体。Entry 载体上基因两端具有 attL1 和 attL2 位点, 目的载体上含有 attR1 和 attR2 位点, 在重组蛋白的作用下发生定向重组, 形成新的位点 attB1 和 attB2, 将目的基因转移到表达载体中^(图 5-25b)。

5.4.4　基因的图位克隆法

基因的图位克隆法 (map-based cloning) 是分离未知性状目的基因的一种好方法, 从理论上说, 所有具有某种表型的基因都可以通过该方法克隆得到。首先, 通过构建遗传连锁图, 将目的基因定位到某个染色体的特定位点, 并在其两侧确定紧密连锁的 RFLP 或 RAPD 分子标记。其次, 通过对许多不同生态型个体的大量限制性内切酶和杂交探针的分析, 找出与目的基因距离最近的分子标记, 通过染色体步移技术将位于这两个标记之间的基因片段分离并克隆出来^(图 5-26), 再根据基因功能互作原理鉴定目的基因。

在 RFLP 作图中, 连锁距离是根据重组率来计算的, 1 cM (厘摩) 相当于 1% 的重组率。人类基因组中, 1 cM ≈ 1 000 kb; 拟南芥中, 1 cM ≈ 290 kb; 小麦中, 1 cM ≈ 3 500 kb。

由于水稻基因组比较小, 与其他单子叶植物有较高的共线性现象, 其基因组序列已经被测定, 基因转化系统也比较完善, 所以成为单子叶植物功能基因研究的模式系统。科学家已利用自主筛选的水稻突变体和高密度分子标记遗传图谱, 应用该技术成功地分离出多个具有重要生理功能的水稻基因, 包括控制水稻分蘖的关键基因 *MOC1* 和控制植株茎秆强度的脆杆基因 *BC1*。图 5-27 介绍了图位法克隆 *BC1* 基因的实验流程。

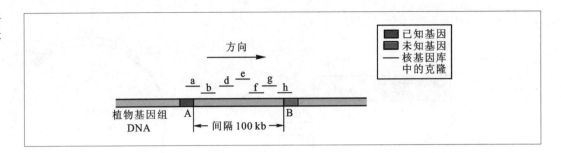

图 5-26 染色体步移法克隆基因示意图

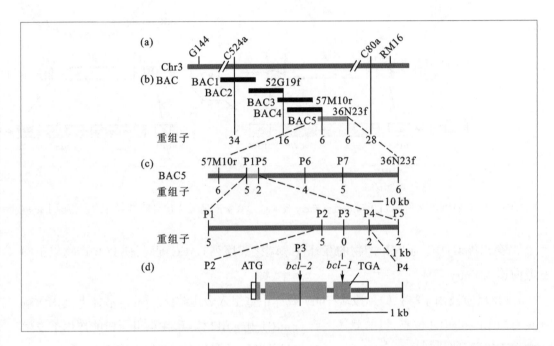

图 5-27 用图位克隆法获得水稻脆秆基因 *BCl*

(a) 首先将 *BCl* 位点定位于水稻 3 号染色体(Chr3)着丝粒区的分子标记 C524a 和 RM16 之间。(b) 覆盖 *BCl* 位点的 BAC 大片段,数字表示从 7 068 个 *bcl-2* 突变体 F₂ 植株中鉴定出的重组子数目。(c) *BCl* 位点的精细定位。*BCl* 位点被定位于 CAPS (cleaved amplified polymorphic sequence) 分子标记 P2 和 P4 之间 3.3 kb 的 DNA 区段,并与 P3 标记共分离。(d) *BCl* 基因结构。实心矩框为编码区,空心矩框为 5′ 和 3′ 非翻译区,矩框之间的线段为内含子。*bcl-1* 和 *bcl-2* 表示两个脆秆突变体的突变位点。

5.4.5 热不对称交错多聚酶链式反应克隆 T-DNA 插入位点侧翼序列

热不对称交错多聚酶链式反应(thermal asymmetric inter-laced PCR,TAIL-PCR) 常用于扩增 T-DNA 插入位点侧翼序列,从而获得转基因植物插入位点特异性分子证据(图 5-28)。该方法使用一套巢式(nested)特异引物(T-DNA 边界引物,TR)和一个短的随机简并引物(AD)。第一轮反应(primary reaction,PCR I)是 TAIL-PCR 的重要环节,先进行 5 轮高严谨性循环,特异性引物 TR1 与模板退火,只能发生单引物循环,T-DNA 上游侧翼序列得到线性扩增。再大幅度降低退火温度,使 AD 及 TR1 均与模板 DNA 相结合,指数扩增一个循环。此后,两个高严谨、一个低严谨循环交替进行,共 15 个循环。特异性序列(两端分别拥有 TR1 和 AD 序列)和非特异性序列 I (只有 TR1,没有 AD 序列)大大超过非特异性序列 II (两端均为 AD 序列)。

PCR II 以 TR2 为特异性引物与 AD 配对,进行 12 个 TAIL-PCR 循环,特异性序列再次被优先扩增,非特异性序列 I 也大大降低,此时已没有明显的背景片段。PCR III 是真正意义上的 PCR,用 TR3 为特异性引物与 AD 配对,共 20 个循环,进一步扩增特异性序列。

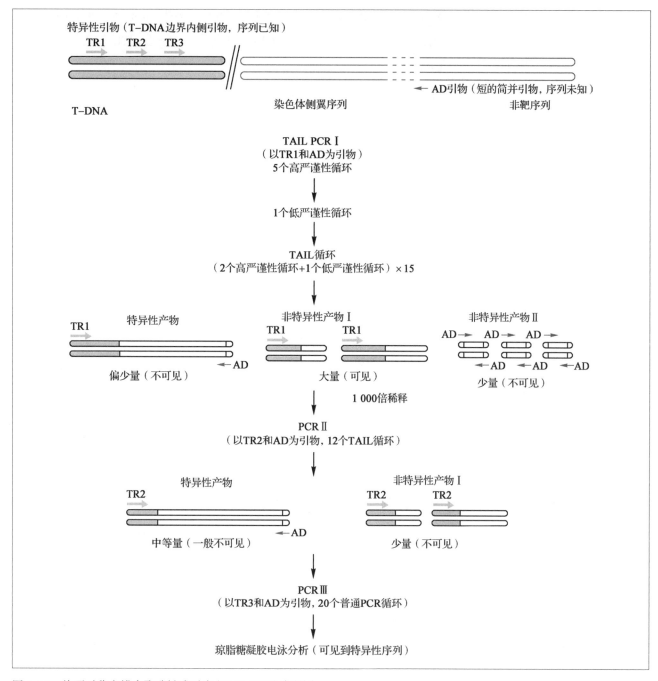

图 5-28　热不对称交错多聚酶链式反应（TAIL-PCR）流程图

5.5　蛋白质与蛋白质组学技术

　　蛋白质组学是蛋白质（protein）和基因组（genome）研究在形式和内容两方面的完美组合，该技术致力于研究某一物种、个体、器官、组织或细胞在特定条件、特定时间所表达的全部蛋白质图谱。蛋白质组与基因组既相互对应又存在显著不同，因为基因组是确定的，组成某个体的所有细胞共同享有固定的基因组，而各个基因的表达调控及表达程度却会根据时间、空间和环境条件发生显著的变化，所以，不同器官、组织或细胞内拥有不同的蛋白质组。由于蛋白质分离(改进后的双向电泳技术和高效液相层析技术)和鉴定技术(现代质谱)的快速发展,以及基因组学研究和生物信息学的交叉渗透,蛋白质组学研究在近年来获得了长足的进展。

5.5.1 双向电泳技术

到目前为止,双向电泳(two-dimensional electrophoresis,2-DE)技术是分离大量混合蛋白质组分的最有效方法,该技术主要依赖于蛋白质等电聚焦(isoelectric focusing,IEF)及 SDS- 聚丙烯酰胺凝胶(SDS-PAGE)双向电泳技术(图 5-29),通过等电点和相对分子质量分离不同的蛋白质。

蛋白质是两性分子,在不同 pH 的缓冲液中表现出不同的带电性,因此,在电流的作用下,在以两性电解质为介质的电泳体系中,不同等电点的蛋白质会聚集在介质上不同的区域(等电点)从而被分离。因为聚丙烯酰胺凝胶中的去垢剂 SDS 带有大量的负电荷,与之相比,蛋白质所带电荷量可以忽略不计。所以,蛋白质在 SDS 凝胶电场中的运动速度和距离完全取决于其相对分子质量而不受其所带电荷的影响,不同相对分子质量的蛋白质将位于凝胶的不同区段而得到分离。

固相化 pH 梯度技术(immobilized pH gradients,IPG)的应用,建立了稳定的可精确设定的 pH 梯度,直接避免了载体两性电介质向阴极漂移等许多缺点,增大了蛋白质上样量,大大提高了双向凝胶电泳结果的可重复性。随着各种试剂质量的不断提高和新试剂的开发,双向凝胶的分辨率空前提高,其最大分辨率已达到每块胶 10 000 个蛋白点。

5.5.2 荧光差异显示双向电泳技术

早期的蛋白质组学研究内容主要是蛋白质组的表达模式,即利用常规 2-DE 技术鉴定并建立某一生物体在特定时期的全部蛋白表达谱。然而蛋白质组在生物体的生命进程

图 5-29 用 2-DE 胶展示拟南芥种子萌发 48 h 后的蛋白质表达情况

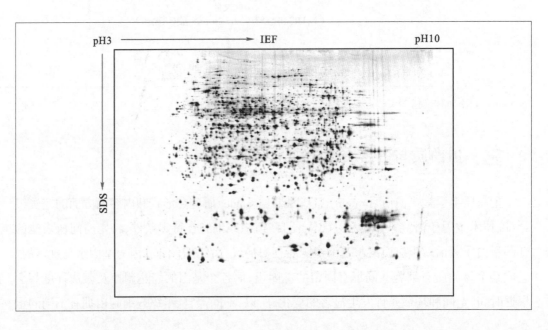

中是动态变化的,不同生物的个体、组织或细胞在不同发育时期、分化阶段,以及不同的生理、病理条件下基因表达是不一致的,所对应的蛋白质组也具有特异性。于是,比较蛋白质组学(comparative proteomics)应运而生,并逐渐成为后基因组学时代的重要技术。

得益于 CyDye DIGE 荧光标记染料的发现和应用,荧光差异显示双向电泳技术(2-D fluorescence difference gel electrophoresis,2D-DIGE)在传统 2-DE 技术上结合多重荧光分析技术,基本克服了传统 2-DE 的系统误差问题,提高了实验结果的可重复性和可信度。以最小标记法为例,试验中用 3 种荧光染料对不同样本分别进行标记,所有标记样本混合后,在同一块胶上通过双向电泳得到有效分离,对每块凝胶进行 Cy2、Cy3 和 Cy5 3 次扫描,所得图像经过统计分析软件进行自动匹配和统计分析,鉴别和定量分析不同样本间的生物学差异(图 5-30)。该技术可检测低至 25 pg 的单一蛋白质,能对多达 5 个数量级的蛋

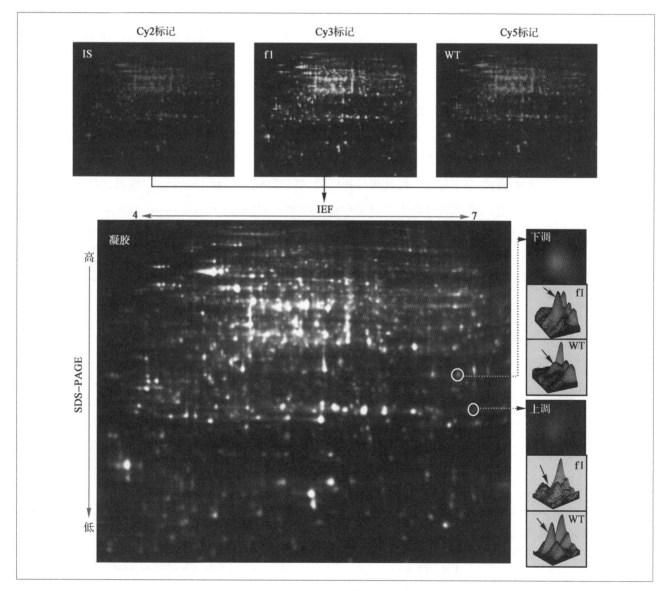

图 5-30　野生型陆地棉'徐州 142'(WT)和无长绒无短绒突变体(fl)0 DPA 胚珠总蛋白 2D-DIGE 比较分析图谱(另见书末彩插)
用 Cy2 标记 WT 和 fl 0 DPA 胚珠等量混合蛋白作为内标(显示为蓝色),Cy3 标记 fl 胚珠蛋白(显示为绿色),Cy5 标记 WT 胚珠蛋白(显示为红色)。
图中绿色蛋白点代表 WT 0 DPA 胚珠中相对于 fl 下调的蛋白质,红色蛋白点则代表 WT 0DPA 胚珠中相对于 fl 上调的蛋白质。

白质浓度变化给出线性反应,而常规银染法只能检测低至 1～60 ng 的蛋白质,仅有约 2 个数量级的线性动态范围。虽然 2D-DIGE 极大地降低了实验中出现的系统误差,但由于所用荧光染料在不同波长激发光下表现出不同的荧光特性,低丰度蛋白质定量仍较易出现偏差。

5.5.3　蛋白质质谱分析技术

蛋白质组学中最有意义的突破是用质谱鉴定电泳分离后的蛋白质。现行的质谱仪可分为 3 个连续的组成部分,即离子源、离子分离区和检测器。目前常用的是基质辅助的激光解析电离 – 飞行时间质谱(matrix-assisted laser desorption ionization time-of-flight spectrometry,MALDI-TOF)和电喷雾质谱(electrospray ionisation,ESI-MS)。MALDI-TOF 的工作原理是将从 2-DE 胶中分离得到的或其他来源的蛋白质酶解成小肽段后与基质(主要是有机酸)混合,将样品混合物点到金属靶表面上并使之干燥结晶,然后用激光轰击,将呈离子化气体状态的待分析物从靶表面喷射出去。离子化的气体中每个分子带有一个或更多的正电荷,这些气体肽段在电场中被加速后到达检测器的时间由肽段的质量和其所带电荷数的比值(m/z)决定[图 5-31]。

实验中,将感兴趣的蛋白点回收后,进行胰蛋白酶胶内酶解,收集酶解肽段。一级质谱将经蛋白酶降解后的肽段按照质荷比(m/z)及强度(intensity)进行解析,形成肽指纹图谱(PMF),每个母离子峰代表一种肽段,其强度代表了肽段多少。二级质谱是挑选一级质谱中有代表性的母离子峰以诱导碰撞解离(collision-induced dissociation,CID)方式打碎,形成肽段碎片指纹图谱(PFF)。然后,结合一级 PMF 和二级 PFF 数据,进行数据库搜索,获得蛋白质的具体鉴定信息[图 5-32]。此外,质谱技术还可以用于鉴定蛋白质复合物组成、确定蛋白质翻译后修饰的类型与发生位点,例如用于蛋白磷酸化、硫酸化、糖苷化以及其他修饰的研究。

图 5-31　MALDI-TOF 分子质谱仪原理图

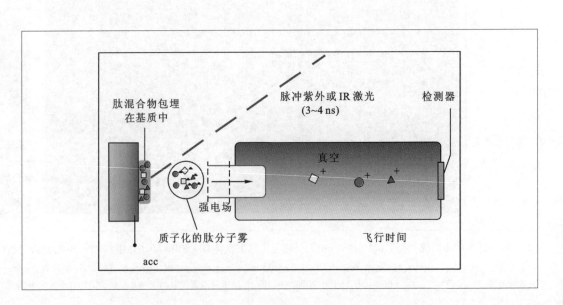

肽混合物包埋在基质中　　脉冲紫外或 IR 激光(3～4 ns)　　检测器

真空

强电场

质子化的肽分子雾

飞行时间

acc

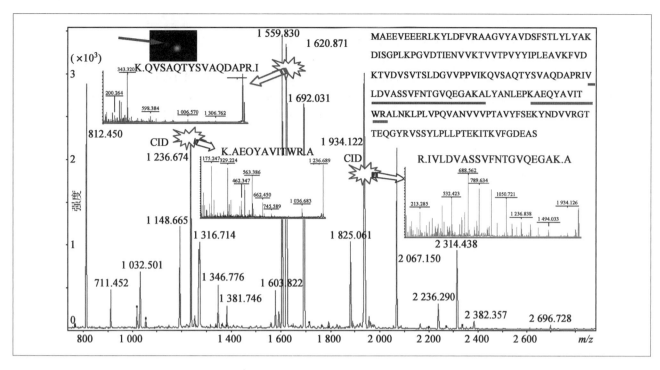

图 5-32　典型蛋白质一级和二级质谱鉴定结果（另见书末彩插）

将明显诱导的蛋白点（Spot 1,左上箭头所示。来自图 5-30 中表达量上调的蛋白点）回收后,进行胰蛋白酶胶内酶解,收集酶解肽段。一级质谱将蛋白质经酶解后的肽段按照质荷比(*m/z*)及强度(intensity)进行解析,形成肽指纹图谱(PMF),每个母离子峰代表一种肽段,其强度代表了肽段多少。二级质谱是挑选一级质谱中有代表性的母离子峰以诱导碰撞解离(CID)方式打碎,形成肽段碎片指纹图谱(PFF)。然后,结合一级 PMF 和二级 PFF 数据,进行数据库搜索,获得具体的蛋白质鉴定信息。

思考题

1. 试述 PCR 扩增的原理和步骤。
2. 试比较常规重组载体构建和恒温一步法载体构建的异同点。
3. 比较荧光染料 SYBR Green I 和 *TaqMan* 荧光探针的主要不同点。
4. 分析基因组 DNA 文库和 cDNA 文库的主要区别。
5. cDNA 合成时的方向性是如何实现的?
6. 热不对称交错多聚酶链式反应(TAIL-PCR)的主要技术和原理?
7. 说说从总 RNA 的提取到分离出非编码 RNA 的主要过程。
8. 已知一个 cDNA 3′ 端的部分序列,请设计实验流程得到该基因的全长 cDNA。
9. 试分析 RACE 技术与 RAMPAGE 技术的相同点和不同点。
10. 简述 Gateway 大规模克隆技术原理及基本操作流程。
11. 说说基因图位克隆法的原理和过程。
12. 比较基因组与蛋白质组的主要差别。
13. 说出蛋白质质谱技术的主要原理。

参考文献

1. Gefter M L,et al. The enzymatic repair of DNA. I. Formation of circular lambda-DNA. PNAS,1967,58: 240-247.
2. Hedgpeth J,et al. DNA nucleotide sequence restricted by the RI endonuclease. PNAS,1972,69:3448-

3452.

3. Olivera B M, Lehman I R. Linkage of polynucleotides through phosphodiester bonds by an enzyme from *Escherichia coli*. PNAS, 1967, 57: 1426−1433.

4. Venter J C, et al. The sequence of the human genome. Science, 2001, 291: 1304−1351.

5. Weiss B, Richardson C. Enzymatic breakage and joining of deoxyribonucleic acid, I. Repair of single−strand breaks in DNA by an enzyme system from *Escherichia coli* infected with T4 bacteriophage. PNAS, 1967, 57: 1021−1028.

6. Wilmut I, et al. Viable offspring derived from fetal and adult mammalian cells. Nature, 1997, 385: 810−813.

7. Zimmerman S B, et al. Enzymatic joining of DNA strands: a novel reaction of diphosphopyridine nucleotide. PNAS, 1967, 57: 1841−1848.

数字课程学习

e 教学课件　　　　🗐 在线自测　　　　🖥 思考题解析

第 6 章

分子生物学研究法（下）
——基因功能研究技术

随着越来越多的基因组序列相继被测定,人类对生物本质的认识已经发生了重大变化。但是,海量序列信息也向我们提出了新的挑战。如何开发利用这些序列信息,如何通过生物化学、分子生物学等方法研究基因的功能,从而进一步了解生物体内各种生理过程,了解生物体生长发育的调节机制,了解疾病的发生、发展规律,给出控制、减缓甚至完全消除人类遗传疾病,是新时期生物学家所面临的主要问题。转录组测序技术、原位杂交技术为研究单个或多个基因在生物体某些特定发育阶段或在不同环境条件下的表达模式提供了强有力的手段;基因定点突变(site-directed mutagenesis)技术、基因敲除技术、RNAi技术可以全部或部分抑制基因的表达,通过观察靶基因缺失后生物体的表型变化研究基因功能;酵母单、双杂交技术等都是研究蛋白质相互作用、蛋白质–DNA 相互作用等的重要手段。随着分子生物学技术的发展,研究者可以在活细胞内和细胞外研究蛋白质之间的相互作用,为认识信号转导通路、蛋白质翻译后修饰加工等提供了丰富的技术支持。本章将主要介绍研究基因功能的各种分子生物学技术和方法。

6.1 基因表达研究技术

6.1.1 转录组测序分析和 RNA–Seq

转录组(transcriptome),广义上指在某一特定生理条件或环境下,一个细胞、组织或者生物体中所有 RNA 的总和,包括信使 RNA(mRNA)、核糖体 RNA(rRNA)、转运 RNA(tRNA)及非编码 RNA(non–coding RNA 或 sRNA);狭义上特指细胞中转录出来的所有 mRNA 的总和。基因组 – 转录组 – 蛋白质组(genome-transcriptome-proteome)是中心法则在组学框架下的主要表现形式。通过特定生理条件下细胞内的 mRNA 丰度来描述基因表达水平并外推到最终蛋白质产物的丰度是目前基因表达研究的基本思路。

基于传统的 Sanger 测序法对转录组进行研究的方法主要包括:表达序列标签(expressed sequence tag,EST) 测序技术和基因表达系列分析技术(serial analysis of expression,SAGE)。EST 测序数据是目前数量最多,涉及物种最广的转录组数据,但测序读长较短(每个转录本测定 400 ~ 500 bp),测序通量小,测序成本较高,而且无法通过测序同时得到基因表达丰度的信息。有人使用 SAGE 测序法,将不同转录本 3′ 端第一个CATG 位点下游 14 bp 长的短标签序列来标识相应的转录本。由于标签序列较短,可以将多个标签串联测序,使 SAGE 法相对于 EST 测序在通量上大大提高。但过短的序列标签使得序列唯一性降低,即使改进过的 LongSAGE 用 21 bp 标签测序,仍然有约一半的标签无法被准确注释到基因组上。

高通量测序技术(high-throughput sequencing)又名深度测序(deep sequencing),包括二代测序(second-generation sequencing)和三代测序(third-generation sequencing),可以一次性测序几十万甚至几百万条序列,是传统测序技术的一次革命。

转录组 RNA 样品上机测序前需要进行文库构建,根据不同的需求,建库策略会略有差别。图 6-1a 是二代 mRNA 建库测序的主要流程:首先提取高质量的组织或细胞总 RNA,质量检测合格后用 poly(T)磁珠富集 mRNA 并打断成短片段,用随机引物反转录成 cDNA,并进行 DNA 末端修复、加碱基 A、加测序接头,进行 PCR 扩增后建库,最后选择合适的平台测序。

利用高通量测序技术对转录组进行测序分析,对测序得到的大量原始读长(reads)进行过滤、组装及生物信息学分析的过程被称为 RNA-Seq。对于有参考基因组序列的物种,需要根据参考序列进行组装(referenced assembly);对于没有参考序列的,需要进行从头组装(*de novo* assembly),利用大量读长之间重叠覆盖和成对读长(pair-end reads)的相对位置关系,组装得到尽可能完整的转录本,并以单位长度转录本上覆盖的读长数目(reads per kilo-base gene per million bases,RPKM)作为衡量基因表达水平的标准。如表 6-1 所示,通过 RNA-seq 可以鉴定在棉花根或者茎特异表达的所有基因。

表 6-1　棉花组织特异性转录因子表达强度分析

序列标识	基因	RPKM		序列标识	基因	RPKM	
		根	茎			根	茎
Unigene58528	*MYB-L*	81.86	0.16	Unigene85367	*FAR1*	0.40	65.51
Unigene58563	*B3*	56.02	0.00	Unigene29146	*HD-ZIP*	0.00	44.49
Unigene58582	*B3*	53.66	0.29	Unigene51008	*HB*	0.24	43.60
Unigene58458	*Dof*	45.54	0.00	Unigene18073	*MIKC*	0.13	36.74
Unigene55872	*Dof*	41.56	0.00	Unigene64521	*MYB*	0.15	31.71
Unigene51911	*bHLH*	36.64	0.19	Unigene58698	*B3*	0.09	24.01
Unigene58446	*NAC*	28.40	0.37	Unigene62109	*MYB*	0.04	18.45
Unigene57837	*bHLH*	20.27	0.00	Unigene52681	*bZIP*	0.20	17.62
Unigene58640	*S1Fa-L*	20.25	0.68	Unigene64531	*G2-L*	0.34	16.92
Unigene55579	*B3*	15.71	0.13	Unigene64486	*bHLH*	0.00	14.49

转录组组装过程中,同一个非重复序列上覆盖有来自根、茎等不同组织的读长,不同读长数目通过归一化转变为 RPKM 值,进而筛选得到组织特异表达的转录因子。

基于二代测序的 RNA-seq 读长较短,得到的基因转录产物(transcript isoforms)是通过一定的算法进行组装得到的,这可能会导致较多的嵌合体(chimeric)组装错误,对于后续的转录组分析造成影响。科学家又开发了基于 PacBio 单分子实时测序的三代测序法,凭借其超长读长可以很精确地进行全长转录组测序,建库过程中无需打断转录本(图 6-1b),其平均 10~15 kb 的读长可以轻松跨越从 5′ 端到 3′-poly(A)尾巴的完整转录本,从而准确鉴定异构体,并对可变剪接、融合基因、同源基因、超家族基因或等位基因表达等进行精

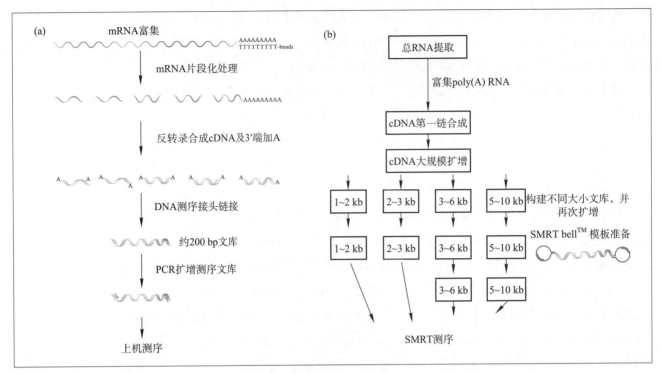

图 6-1　二代转录组建库测序(a)与三代转录组建库测序(b)流程示意图

确分析。与二代测序相比,三代测序价格较高并有一定的碱基测序错误,因此,实践中常将各个组织混合进行三代测序得到准确的全长转录物,然后通过对各个组织或者细胞样本单独进行二代测序,从而准确鉴定基因在各个组织中的表达水平。

6.1.2　RNA 的选择性剪接研究

RNA-seq 还可用于研究全基因组水平的 RNA 选择性剪接。所谓 RNA 的选择性剪接是指用不同的剪接方式(选择不同的剪接位点组合)从一个 mRNA 前体产生不同的 mRNA 剪接异构体的过程。一般将选择性剪接分为如下几类:内含子保留(intron retention)、5′ 选择性(alternative donor)剪接、3′ 选择性(alternative acceptor)剪接、外显子遗漏型(exon skipping)剪接及相互排斥性剪接[图 6-2]。

常用 RT-PCR 方法在单个基因水平上验证由 RNA-seq 预测得到的选择性剪接的真实性。首先,以 cDNA 两端特异引物或来自不同外显子的引物序列扩增不同组织来源的 RNA 样品中,观察 PCR 产物是否存在差异。如果发现差异,测序后检测这种差异是否来自于选择性剪接。图 6-3 为棉花中发现的有选择性剪接基因的物理图谱。选择性剪接使一个基因翻译为多种蛋白质序列,是基因表达多样性的重要表现形式。分析人类基因组数据发现,有 60% 的基因在表达过程中可通过选择性剪接产生各种形式的 mRNA。最新的研究表明,果蝇的 *Dscam* 基因最多可能够产生 38 016 种不同形式的剪接体[图 6-4]。由于选择性剪接与细胞的生理、发育调节以及肿瘤的发生、转移等有密切关系,阐明基因的选择性剪接机制是了解动植物个体发育和基因功能的重要环节。因此,发现新的可变剪

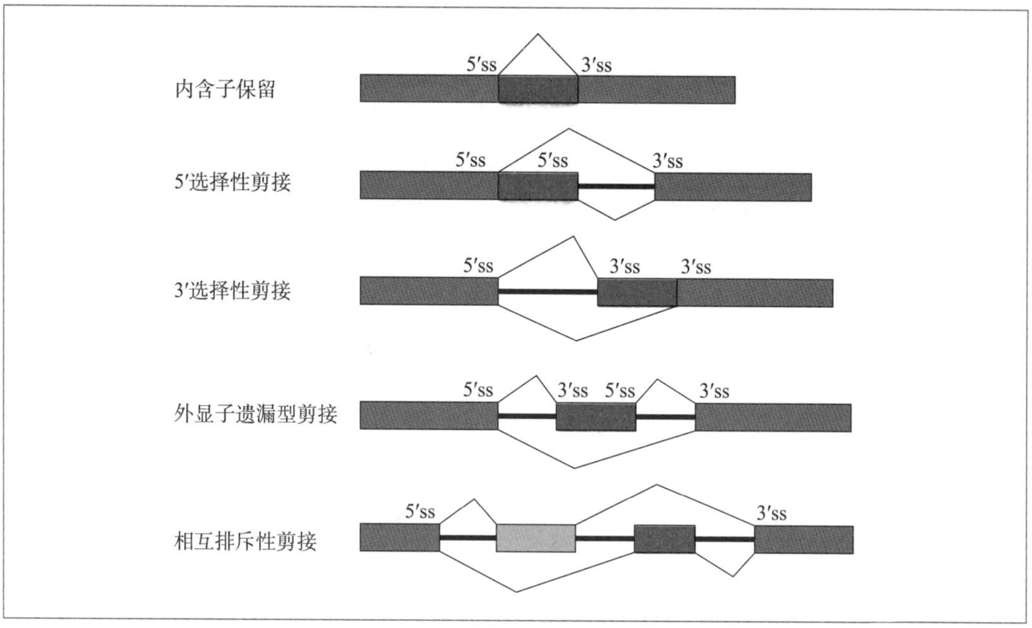

图 6-2　选择性剪接的不同类型

内含子保留

5′选择性剪接

3′选择性剪接

外显子遗漏型剪接

相互排斥性剪接

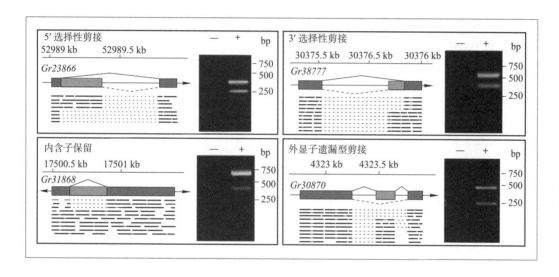

图 6-3　转录组测序和 RT-PCR 验证棉花基因不同形式的选择性剪接

灰框表示组成型基因的外显子,蓝框表示可变的基因外显子,基因内含子用直线连接,基因下方的短线条表示 RNA-seq 测序得到的 reads 比对到该基因对应的位置。每个图的右边为琼脂糖凝胶电泳图,RT-PCR 进一步验证左边可变剪接预测的结果。

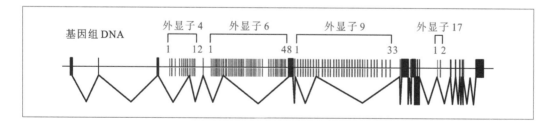

图 6-4　果蝇的 *Ds-cam* 基因可以通过可变剪接产生 38 000 多种可能的 mRNA 异构体

接异构体,确定每个异构体的独特功能和生物学意义并阐明其调节机制,是功能基因组时代的一个重要特征。

6.1.3　原位杂交技术

原位杂交(*in situ* hybridization,ISH)是用标记的核酸探针,经放射自显影或非放射

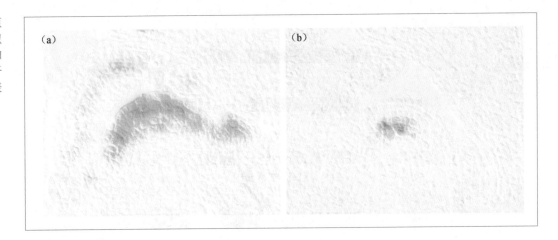

图 6-5 用组织原位杂交技术检测拟南芥 *BARD1*（a）和干细胞决定因子 *WUS1*（b）基因的表达模式

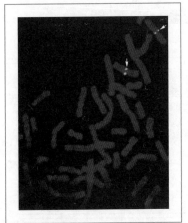

图 6-6 人肌肉糖原磷酸酶基因在 11 号染色体上的荧光原位杂交结果（另见书末彩插）

检测体系,在组织、细胞、间期核及染色体上对核酸进行定位和相对定量研究的一种手段,通常分为 RNA 原位杂交和染色体原位杂交两大类。RNA 原位杂交用放射性或非放射性(如地高辛、生物素等)标记的特异性探针与被固定的组织切片反应,若细胞中存在与探针互补的 mRNA 分子,两者杂交产生双链 RNA,就可通过检测放射性标记或经酶促免疫显色,对该基因的表达产物在细胞水平上做出定性定量分析[图 6-5]。

荧光原位杂交(fluorescence *in situ* hybridization, FISH)技术首先对寡核苷酸探针做特殊的修饰和标记,然后用原位杂交法与靶染色体或 DNA 上特定的序列结合,再通过与荧光素分子相耦联的单克隆抗体来确定该 DNA 序列在染色体上的位置[图 6-6]。FISH 技术不需要放射性同位素,实验周期短,检测灵敏度高,若用经过不同修饰的核苷酸分子标记不同的 DNA 探针,还可能在同一张切片上观察几种 DNA 探针的定位,得到相应位置和排列顺序的综合信息。

6.1.4 基因定点突变技术

定点突变(site-directed mutagenesis)是重组 DNA 进化的基础,该方法通过改变基因特定位点核苷酸序列来改变所编码的氨基酸序列,常用于研究某个(些)氨基酸残基对蛋白质的结构、催化活性以及结合配体能力的影响,也可用于改造 DNA 调控元件特征序列,修饰表达载体,引入新的酶切位点等。由于迄今尚未建立能精确预测特定氨基酸残基变化对整个蛋白质结构及活性影响的模型,选择氨基酸突变的位点存在一定的盲目性。因为即使知道了该蛋白质的三维结构,人们仍然无法了解某个氨基酸残基对其高级结构的影响。少数几个氨基酸残基的改变,有时根本不影响靶蛋白的功能,有时影响了靶蛋白的活性位点,有时还能从根本上改变整个蛋白质的高级结构。所以,基因的定点突变是我们进一步了解蛋白质的结构与功能关系的重要手段。

图 6-7　寡核苷酸介导的 DNA 突变技术

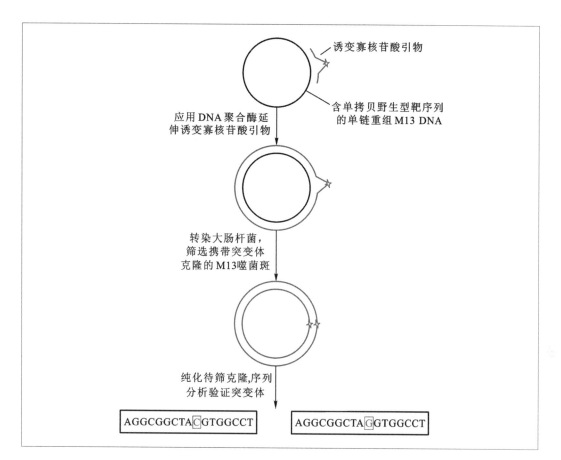

诱变寡核苷酸引物

含单拷贝野生型靶序列的单链重组 M13 DNA

应用 DNA 聚合酶延伸诱变寡核苷酸引物

转染大肠杆菌，筛选携带突变体克隆的 M13 噬菌斑

纯化待筛克隆，序列分析验证突变体

AGGCGGCTACGTGGCCT

AGGCGGCTAGGTGGCCT

　　最早在 20 世纪 70 年代初进行小噬菌体 ΦX174 单链基因组易突变位点图谱分析工作时认识到基因定点突变的可能性。在人工成功合成寡核苷酸、获得高品质 DNA 聚合酶和 DNA 连接酶的基础上，科学家建立了体外寡核苷酸介导的 DNA 突变技术(图 6-7)。PCR技术的出现大大促进了定点突变技术的发展，简化了实验操作程序，提高了突变效率。科学家主要采用两种 PCR 方法，重叠延伸技术和大引物诱变法，在基因序列中进行定点突变。

　　图 6-8 阐述了重叠延伸介导的定点诱变机制。首先将模板 DNA 分别与引物对 1(正向引物 1 和反向引物 2)和 2(正向引物 3 和反向引物 4)退火，通过 PCR 1 和 2 反应扩增出两种靶基因片段。PCR 产物 1 和 PCR 产物 2 在重叠区发生退火，用 DNA 聚合酶补平缺口，形成全长双链 DNA。

　　大引物诱变法首先用正向突变引物(M)和反向引物(R1)，扩增模板 DNA 产生双链大引物(PCR1)，与野生型 DNA 分子混合后退火并使之复性，第二轮 PCR 中加入正向引物(F2)，与 PCR1 中产生的一条互补链配对，扩增产生带有突变的双链 DNA(图 6-9)。由于 F2的退火温度显著高于第一轮 PCR 所使用的引物 M 和 R1，因此，可以忽略引物 M 和 R1 在本轮反应中所造成的干扰。获得定点突变 PCR 产物以后，一般需进行 DNA 序列分析以验证突变位点。

　　与经典定点突变方法相比，PCR 介导的定点突变方法具有明显的优势：①突变体回收

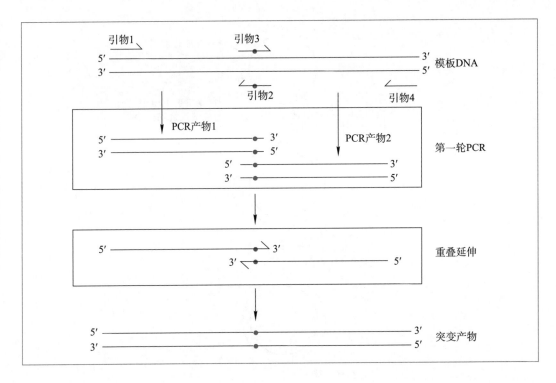

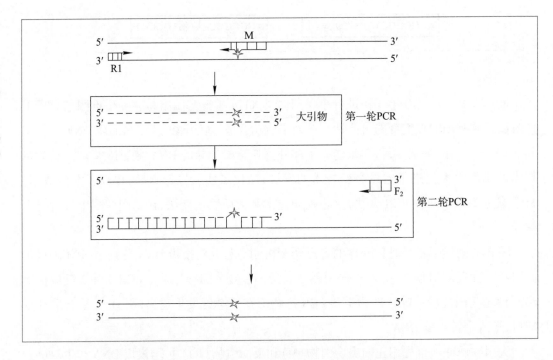

率高,以至于有时不需要进行突变体筛选;②能用双链DNA作为模板,可以在任何位点引入突变;③可在同一试管中完成所有反应;④快速简便,无需在噬菌体M13载体上进行分子克隆。所以,PCR介导的定点突变方法已成为定点突变的主要技术。

6.2 基因敲除技术

6.2.1 基本原理

经典遗传学（forward genetics）是从一个突变体的表型出发，研究其基因型，进而找出该基因的编码序列。在后基因组时代，大规模基因功能的研究正成为生命科学研究的热点，现代遗传学（reverse genetics，反向遗传学）首先从基因序列出发，推测其表型，进而推导出该基因的功能。基因敲除（gene knock-out）又称基因打靶，该技术通过外源 DNA 与染色体 DNA 之间的同源重组，进行精确的定点修饰和基因改造，具有专一性强、染色体 DNA 可与目的片段共同稳定遗传等特点。

1985 年，科学家利用同源重组将一段外源质粒 pΔβ117 插入到人类染色体 DNA β–珠蛋白位点，首次在哺乳动物细胞中进行基因打靶并获得成功。目前，在胚胎干细胞（ES 细胞）中进行同源重组已经成为遗传修饰基因组位点的常规技术。通过对这些基因敲除生物个体的表型分析，鉴定或推测该基因的生物学功能。

基因敲除分为完全基因敲除和条件型基因敲除（又称不完全基因敲除）两种。完全基因敲除是指通过同源重组法完全消除细胞或者动物个体中的靶基因活性，条件型基因敲除是指通过定位重组系统实现特定时间和空间的基因敲除。噬菌体的 Cre/LoxP 系统、Gin/Gix 系统、酵母细胞的 FLP/FRT 系统和 R/RS 系统是现阶段常用的 4 种定位重组系统，尤以 Cre/LoxP 系统应用最为广泛。

1. 完全基因敲除

实验中一般采用取代型或插入型载体在 ES 细胞中根据正 – 负双向选择（positive-negative selection，PNS）原理^(图 6-10)进行完全基因敲除实验。正向选择基因 neo 通常被插入载体靶 DNA 功能最关键的外显子中，或通过同源重组法置换靶基因的功能区。neo 基因有双重作用，一方面形成靶位点的插入突变，同时可作为正向筛选标记。负向选择基因 *HSV-tk*（human semian virus–thymidine kinase）则被置于目的片段外侧，含有该基因的重组

图 6-10 正 – 负筛选法（PNS 法）筛选已发生同源重组的细胞

目标序列的第一个外显子中插入 *neo*^r 基因，两侧为单纯疱疹病毒胸腺嘧啶激酶基因，在 ES 细胞中发生同源重组后，*neo*^r 基因插入基因组中，而单纯疱疹病毒胸腺嘧啶激酶基因被剪切掉，发生重组的 ES 细胞由于有 *neo*^r 基因而获得对抗生素 G148 抗性。因为缺失了单纯疱疹病毒胸腺嘧啶激酶基因，转化细胞同时对嘌呤类似物产生了抗性。

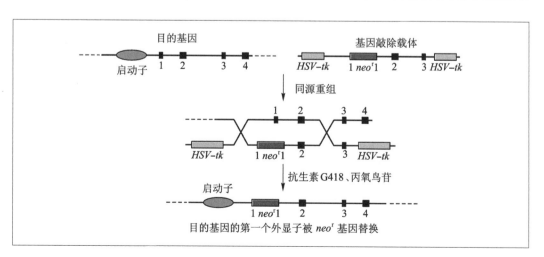

图 6–11　条件型基因敲除策略

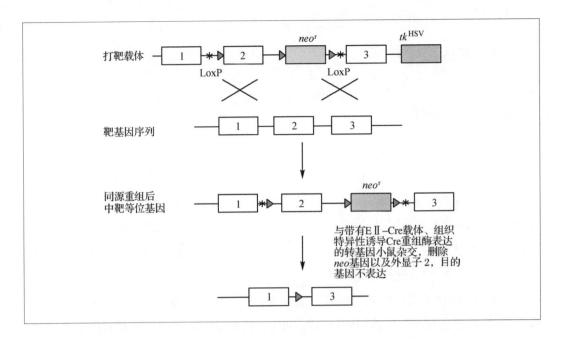

细胞不能在选择培养基上生长。如果细胞中发生了随机重组,负向选择基因就可能被整合到基因组中,导致细胞死亡。由于基因转移的同源重组自然发生率极低,动物的重组概率为 $10^{-2} \sim 10^{-5}$,植物的概率为 $10^{-4} \sim 10^{-5}$,即使采用双向选择法也很难保证一次就从众多细胞中筛选出真正发生了同源重组的胚胎干细胞,必须用 PCR 及 Southern 杂交等多种分子筛选技术验证确实获得了目的基因被敲除的细胞系。

2. 条件型基因敲除

对于许多有重要生理功能的基因来说,完全基因敲除往往导致胚胎死亡,有关该基因功能的研究便无法开展。而条件型基因敲除,特别是应用 Cre/LoxP 和 FLP/FRT 系统所开展的组织特异性敲除,由于其可调节性而受到科学家的重视。构建条件型基因敲除打靶载体时,常将正向选择标记 neo^r 置于靶基因的内含子中,并在靶基因重要功能域两侧内含子中插入方向相同的 LoxP 位点$^{(图\,6-11)}$。当实验中需要消除靶基因活性时,与带有 Cre 重组酶基因的 ES 细胞杂交,Cre 重组酶就能把两个 LoxP 位点中间的 DNA 片段切除,导致靶基因失活。标记基因两侧也常常带有 LoxP 序列,因为许多时候即使标记基因位于内含子中也会阻断靶基因的转录。一旦出现这种情况,可以用 Cre 重组酶表达质粒转染中靶 ES 细胞,通过 LoxP 位点重组将 neo 抗性基因删除。

以 Cre/loxP 系统为基础,可以在动物的一定发育阶段和一定组织细胞中实现对特定基因进行遗传修饰。利用控制 Cre 表达的启动子活性或所表达的 Cre 酶活性具有可诱导性的特征,人们常常通过设定诱导时间的方法对动物基因突变的时空特异性进行人为控制,以避免出现死胎或动物出生后不久即死亡的现象。

6.2.2　高等动物基因敲除技术

胚胎干细胞分离和体外培养的成功奠定了哺乳动物基因敲除的技术基础。真核生物基因敲除的技术路线主要包括构建重组基因载体,用电穿孔、显微注射等方法把重组DNA导入胚胎干细胞纯系中,使外源DNA与胚胎干细胞基因组中相应部分发生同源重组,将重组载体中的DNA序列整合到内源基因组中并得以表达,主要实验流程及筛选步骤如图6-12所示。

利用neo基因替换目的基因外显子Ⅳ至外显子Ⅵ区段,得到肠碱性磷酸酶(intestinal alkaline phosphatase,IAP)基因敲除的ES细胞,用显微注射或电穿孔法将IAP基因敲除的ES细胞注入早期胚胎的囊胚腔中,诱导胚胎分化,获得嵌合体胚胎后与野生型纯合体胚

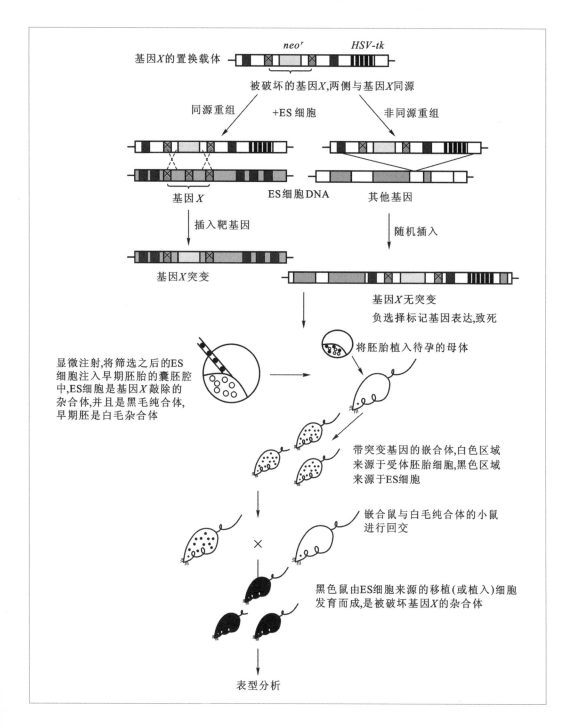

图 6-12 模式动物小鼠中完全基因敲除的主要技术策略与应用举例

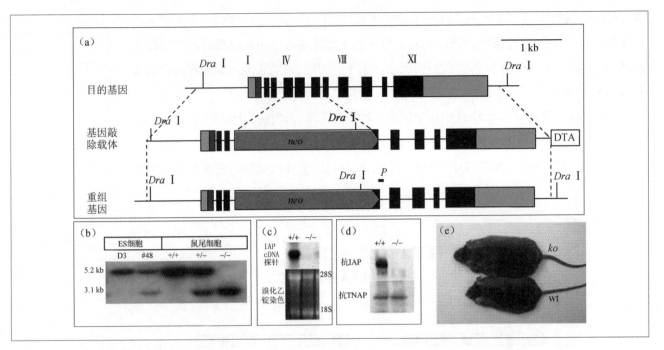

图 6–13　肠碱性磷酸酶基因敲除加速小鼠肥胖

(a) 利用 *neo* 基因替换目的基因外显子Ⅳ至外显子Ⅵ区段,得到 IAP 基因敲除的 ES 细胞。*P*,内源 Southern 杂交探针。(b) Southern 杂交实验,IAP 基因已从基因组中敲除。D3,来自于亲本 ES 细胞的 DNA。# 48,IAP 基因敲除的 ES 细胞 DNA。+/+、+/– 和 –/– 分别代表野生型、杂合体和纯合体。(c) Northern 杂交实验,纯合小鼠体内 IAP 基因不表达。(d) Western 杂交实验,纯合小鼠体内检测不到 IAP 蛋白。TNAP,非组织特异性碱性磷酸酶。(e) 在高脂饲养条件下,IAP 基因敲除的小鼠 (*ko*) 较野生型小鼠 (wt) 更易发胖。

胎回交,获得由 ES 细胞分化产生的 IAP 基因敲除小鼠,实验证明,纯合小鼠体内检测不到 IAP 蛋白,而该基因的敲除导致小鼠变胖^(图 6–13)。一般来说,动物基因敲除时用显微注射胚胎干细胞,虽然技术难度相对大些,但命中率相对较高。电穿孔法操作相对简单易行,但命中率比较低。

因为同源重组常常发生在某一条染色体上,要得到稳定遗传的纯合体基因敲除模型,至少需要两代以上的遗传。除了基因敲除法,还有人用基因捕获的方法通过随机插入突变破坏靶基因表达^(图 6–14)。基因捕获载体包括一个无启动子的报告基因(通常为 *neo*ʳ 基因),当该基因插入到 ES 细胞染色体某个部位,利用所在位点的转录调控元件得到表达时,该 ES 细胞就获得在含 G418 的选择性培养基上生长的能力。可通过分析标记基因侧翼 cDNA 或染色体 DNA 序列来获得靶基因的相关信息。

由于受整合位点附近染色质区的影响,转基因整合具有显著的位置效应,基因 5′ 端启动子和增强子区,3′ 端终止子区都会对转基因的整合产生影响,这是某些打靶载体选择组织特异性启动子的原因之一。外源转基因的有效表达有时还取决于其是否有内含子,因为内含子中存在的转录调控元件可影响 mRNA 的剪切以及启动子与内含子间的相互作用。另外,内含子可能含有能开放染色质功能域的序列,还可能通过影响核质成分、位置等来影响基因表达强度。

除了研究基因功能之外,基因敲除技术还被广泛应用于建立人类疾病的转基因动物

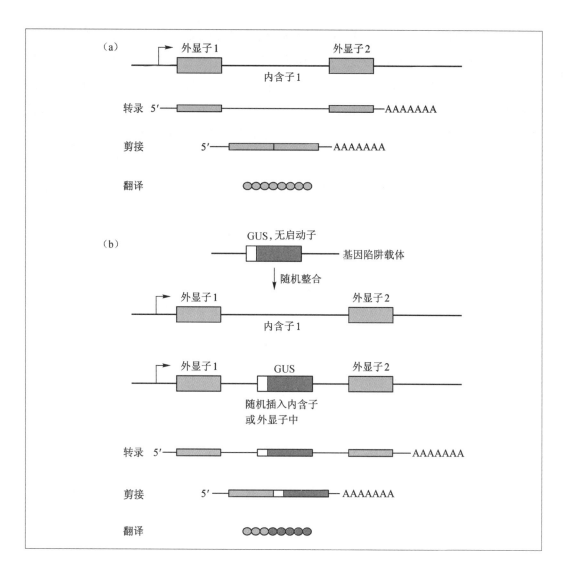

图 6-14 基因捕获法原理示意图

(a) 未插入基因捕获载体前,需要被敲除的靶基因转录翻译出活性蛋白质,未知;(b) 插入基因捕获载体后,靶位点基因转录翻译出带有 GUS (报告基因) 蛋白区段的融合蛋白,可用组织化学法检测。

模型,为医学研究提供遗传学数据,为遗传病的治疗、生物新品种的培育奠定新基础。

6.2.3 植物基因敲除技术

由于动植物细胞结构显著不相同,植物细胞基因敲除常采用不同于动物细胞的策略。T-DNA 插入失活技术是目前在植物中使用最为广泛的基因敲除手段。T-DNA 插入失活就是利用根瘤农杆菌 T-DNA 介导转化,将一段带有目的基因的 DNA 序列整合到宿主植物基因组 DNA 上。

农杆菌本身带有 Ti(tumor-inducing)质粒,该质粒上除了 T-DNA 片段(具有介导 DNA 转移的功能)和致毒 *Vir*(virulence region)基因之外,还有 3 套基因,其中两套基因分别控制合成植物生长素与分裂素,促使植物创伤组织无限制地生长与分裂,形成冠瘿瘤。第三套基因负责合成冠瘿碱,是一种农杆菌细胞生长所必需的物质。植物根部受到损伤后常分泌出酚类物质乙酰丁香酮和羟基乙酰丁香酮,这些酚类物质会诱导 *Vir* 基因表达,将 Ti 质粒上 T-DNA 单链切下,并与农杆菌染色体上操纵子编码的基因产物结合形成复合物并转移进入植物根部细胞的细胞核,最终导致 T-DNA 被整合到宿主基因组上。

Ti 质粒本身比较大,很难进行分子重组操作,为了实现植物转基因,通过对 Ti 质粒进行改造发展成为共整合载体和双元载体两大系统,图 6-15a 是共整合载体示意图。先将目的基因克隆到带有 T-DNA 的分子克隆载体上,与 Ti 质粒同时导入到农杆菌中,通过同源重组使目的基因整合到 Ti 质粒上,进行植物转基因实验。双元载体系统(图 6-15b)包括辅助 Ti 质粒和含有目的基因的穿梭质粒。该系统的 Ti 质粒缺失 T-DNA 区域,主要是提供 *Vir* 基因功能,*Vir* 基因能识别并切割穿梭质粒中的 LB、RB 区域中的 T-DNA 片段。与共整合载体系统所不同的是,双元载体的两个质粒之间不发生同源重组,两个质粒均能在农杆菌内独立复制。

T-DNA 在基因组中无专一整合位点,在植物基因组中一般发生随机整合,所以,只要突变株的数目足够大,理论上就可能获得每一个功能基因都发生突变的基因敲除植物文库。拟南芥基因组冗余序列少,基因密度高,几乎每一个 DNA 插入都会导致某个基因功能的丧失,结合已完成的拟南芥基因组信息,人们很容易筛选到新的功能基因。已经用

图 6-15　共整合载体系统(a)和双元系统(b)示意图

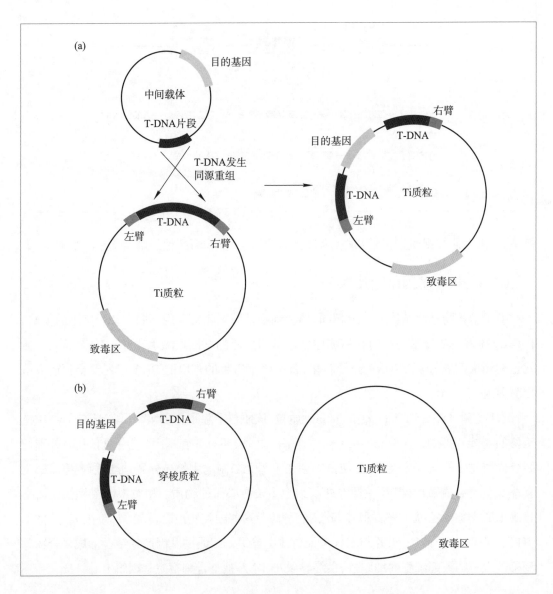

T-DNA 插入失活方法建立了拟南芥大规模基因敲除突变体库,研究人员可以方便地在多个数据库中检索到感兴趣基因的突变体,再开展深入的表型分析和功能研究。

6.2.4　基因组编辑技术

基因组编辑(genome editing)技术是利用序列特异核酸酶在基因组特异位点产生DNA 双链断裂,从而激活生物体自身的同源重组或非同源末端连接修复机制,以达到特异性改造基因组之目的。锌指核酸酶和转录激活样效应因子核酸酶(transcription activator-like effector nucleases,TALEN)是 2013 年之前应用最为广泛的基因组编辑工具,随着 CRISPR/Cas9 系统(clustered regularly interspaced short palindromic repeats/CRISPR-associated protein 9 system)的开发及利用,基因组编辑技术的应用出现了新的高潮。

该系统原来是细菌及古菌适应性免疫系统的一部分,其功能是抵御病毒及外源 DNA 的入侵。CRISPR/Cas 系统由 CRISPR 序列和 Cas 基因家族组成。其中,CRISPR 序列由一系列间隔序列及高度保守的正向重复序列相间排列形成,Cas 基因簇位于 CRISPR 序列的 5′ 端,编码的蛋白质可特异性切割外源 DNA。

CRISPR/Cas 系统分为Ⅰ型、Ⅱ型和Ⅲ型,以Ⅱ型的应用最为广泛。有外源 DNA 入侵时,CRISPR 序列转录并被加工形成约 40 nt 的成熟 crRNA(CRISPR RNAs)。成熟的 crRNA 与 tracrRNA(trans-activating CRISPR RNA)通过碱基互补配对形成双链 RNA,激活并引导 Cas9 切割外源 DNA 中的原型间隔序列(protospacer)。Cas9 蛋白具有两个核酸酶结构域:RuvC-like 结构域和 HNH 结构域,其中,HNH 结构域切割原型间隔序列中与 crRNA 互补配对的 DNA 链,RuvC-like 结构域切割另一条非互补链[图 6-16a]。研究表明,Cas9 对靶序列的编辑依赖于原型间隔序列下游的短序列 PAM(protospacer-adjacent motifs),PAM 通常为 5′-NGG-3′,极少情况下为 5′-NAG-3′,Cas9 切割的位点位于 PAM 上游第三个碱基。

根据 CRISPR/Cas9 系统的特点,研究者将 crRNA::tracrRNA 双分子结构融合成具有发夹结构的 sgRNA(single guide RNA),sgRNA 分子 5′ 端 20 nt 的引导序列可完全与 DNA 靶序列互补,从而引导 Cas9 对靶 DNA 进行编辑[图 6-16b]。只要改变 sgRNA 中的 20 nt 引导序列,基因组上任意 5′-(N)$_{20}$-NGG-3′ 序列都可被 CRISPR/Cas9 系统编辑。

利用 CRISPR/Cas9 技术对植物基因组进行编辑,首先需要根据被编辑基因的 DNA 序列选定 20 bp 引导序列及其随后紧跟的 5′-NGG PAM 序列,如果研究中需要破坏该基因功能,则要避免把基因的 3′ 端或内含子区序列用作引导序列。先把该序列克隆到相应的含有 sgRNA 骨架和 Cas9 基因的植物表达载体中,一般由 U6 或 U3 启动子驱动 sgRNA 在植物中的表达。将构建好的载体导入到植物细胞中,使 sgRNA 和 Cas9 在植物中瞬时或稳定表达。由于 CRISPR/Cas9 在靶标位点上引起核苷酸插入或缺失,可通过 PCR- 酶切方法鉴定突变体。如果靶位点含有一个限制性内切酶位点,且恰好能被 Cas9 切割破坏,则可以利用该限制性内切酶切割含有靶位点的 PCR 产物。来自野生型植株的 PCR 片段含有完整的酶切位点,可被限制性内切酶消化,电泳检测可见相对分子质量较小的两条

图 6–16 CRISPR/
Cas9 原理

(a)细菌的 CRISPR/Cas9
系统,crRNA::tracrRNA
双 RNA 分子结构引
导 Cas9 核酸酶切割
DNA 双链靶位点;
(b) 改造的 CRISPR/
Cas9 系统,将 crRNA::
tracrRNA 双分子结构
融合成一个 sgRNA,
以引导 Cas9 对靶基序
列的编辑。

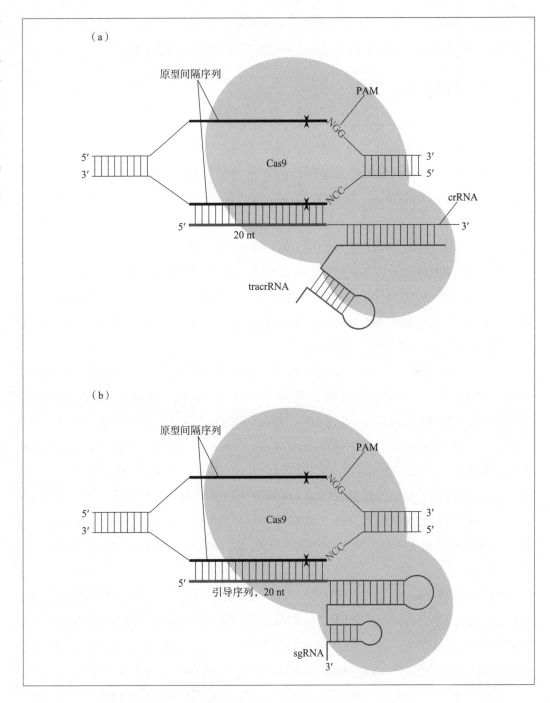

带;来自突变体的 PCR 片段中,酶切位点被破坏,PCR 产物无法被该内切酶消化,电泳检
测仍为一条带。如果靶位点中没有合适的限制性内切酶,那么,可利用 T7 核酸内切酶Ⅰ
来检测 PCR 产物。分别向经变性、复性的 PCR 产物中加入 T7 核酸内切酶Ⅰ,来自野生
型植株的 PCR 产物双链间完全匹配,T7 核酸内切酶Ⅰ无法将其切割,电泳可见一条野生
型带;来自突变体的 PCR 产物可退火形成不完全匹配的 DNA 双链,被 T7 核酸内切酶Ⅰ
识别并切割,电泳可检测到两条较小的突变型条带。最后,通过 DNA 测序确定突变体中
已准确地插入或者缺失相应碱基(图 6-17)。

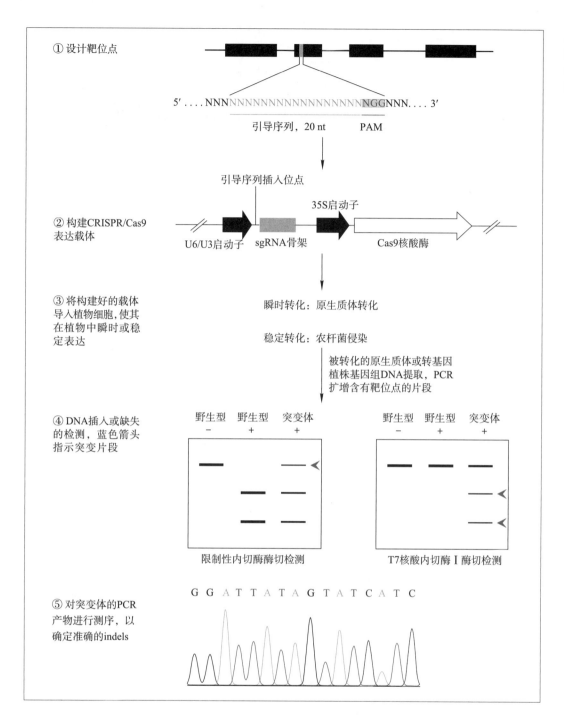

① 设计靶位点

5′ .... NNNNNNNNNNNNNNNNNNNNNNNGGNNN.... 3′

引导序列，20 nt   PAM

② 构建CRISPR/Cas9
表达载体

引导序列插入位点

35S启动子

U6/U3启动子   sgRNA骨架   Cas9核酸酶

③ 将构建好的载体
导入植物细胞,使其
在植物中瞬时或稳
定表达

瞬时转化：原生质体转化

稳定转化：农杆菌侵染

被转化的原生质体或转基因
植株基因组DNA提取，PCR
扩增含有靶位点的片段

④ DNA插入或缺失
的检测，蓝色箭头
指示突变片段

野生型 野生型 突变体   野生型 野生型 突变体
  −   +   +   −   +   +

限制性内切酶酶切检测   T7核酸内切酶Ⅰ酶切检测

⑤ 对突变体的PCR
产物进行测序，以
确定准确的indels

G G A T T A T A G T A T C A T C

图 6–17 利用 CRIS–PR/Cas9 技术编辑植物基因组的实验流程

6.3 蛋白质及 RNA 相互作用技术

6.3.1 酵母单杂交系统

酵母单杂交系统（yeast one-hybrid system）是 20 世纪 90 年代中期发展起来的新技术，可识别稳定结合于 DNA 上的蛋白质,可在酵母细胞内研究真核生物中 DNA– 蛋白质之间的相互作用,并通过筛选 DNA 文库直接获得靶序列相互作用蛋白的编码基因。此外,该

图 6-18 酵母单杂
交的基本原理示意
图

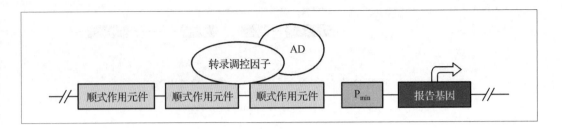

转录调控因子与顺式
作用元件结合,激活最
基本启动子 P_{min},使报
告基因表达。若连接
入 3 个以上顺式作用
元件,可增强转录因子
的识别和结合效率。

体系也是分析鉴定细胞中转录调控因子与顺式作用元件相互作用的有效方法。

酵母单杂交的基本原理如图 6-18 所示,首先将已知的特定顺式作用元件构建到最基本启动子(minimal promoter, P_{min})的上游,把报告基因连接到 P_{min} 下游。然后,将编码待测转录因子 cDNA 与已知酵母转录激活结构域(transcription activation domain, AD)融合表达载体导入酵母细胞,该基因产物如果能够与顺式作用元件相结合,就能激活 P_{min} 启动子,使报告基因得到表达。

目前,酵母单杂交体系主要用来确定某个 DNA 分子与某个蛋白质之间是否存在相互作用,用于分离编码结合于特定顺式作用元件或其他 DNA 位点的功能蛋白编码基因,验证反式转录调控因子的 DNA 结合结构域,准确定位参与特定蛋白质结合的核苷酸序列。由于该方法的敏感性和可靠性,现已被广泛用于克隆细胞中含量极低且用生化手段难以纯化的那部分转录调控因子。常用的酵母单杂交体系基本选用 *HIS3* 或 *LacZ* 作为报告基因,虽然有的体系将带有报告基因的载体直接整合于酵母染色体上,大部分实验中报告基因都位于质粒 DNA 上。图 6-19 是利用酵母单杂交体系和已知的顺式作用元件 DRE 从

图 6-19 从拟南芥 cDNA 文库中筛选与顺式作用元件 DRE 相结合的转录因子示意图

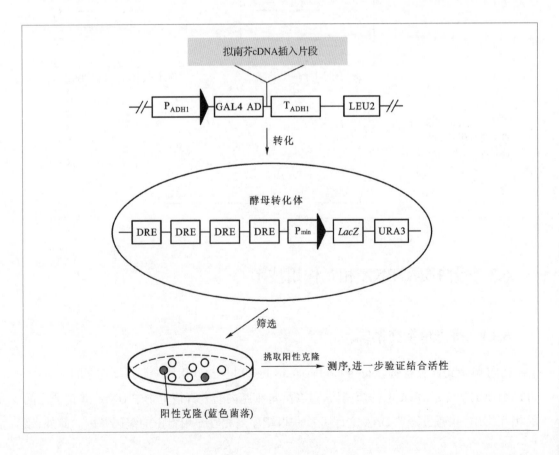

拟南芥 cDNA 文库中筛选转录调控因子的基本流程。若将不同的未知基因与酵母 GAL4 的 DNA 结合结构域相融合,通过检测位于 GAL4 顺式作用元件下游的报告基因的表达状况,还可以鉴定出该转录因子是否具有转录激活功能。

6.3.2 酵母双杂交系统

酵母双杂交系统(yeast two-hybrid system)巧妙地利用真核生物转录调控因子的组件式结构(modular)特征,因为这些蛋白质往往由两个或两个以上相互独立的结构域构成,其中 DNA 结合结构域(binding domain,BD)和转录激活结构域(AD)是转录激活因子发挥功能所必需的。单独的 BD 能与特定基因的启动区结合,但不能激活基因的转录,而由不同转录调控因子的 BD 和 AD 所形成的杂合蛋白却能行使激活转录的功能。实验中,首先运用基因重组技术把编码已知蛋白的 DNA 序列连接到带有酵母转录调控因子(常为 GAL1、GAL4 或 GCN1)BD 结构域基因片段的表达载体上。导入酵母细胞中使之表达带有 DNA 结合结构域的杂合蛋白,与报告基因上游的启动调控区相结合,准备作为"诱饵"捕获与已知蛋白相互作用的基因产物。此时,若将已知的编码转录激活结构域 AD 的基因片段分别与待筛选的 cDNA 文库中不同插入片段相连接,获得"猎物"载体,转化含有"诱饵"的酵母细胞,只要酵母细胞中表达的"诱饵"蛋白与"猎物"载体中表达的某个蛋白质发生相互作用,不同转录调控因子的 AD 和 BD 结构域就会被牵引靠拢,激活报告基因表达。分离有报告基因活性的酵母细胞,得到所需要的"猎物"载体,就能得到与已知蛋白质相互作用的新基因(图6-20)。

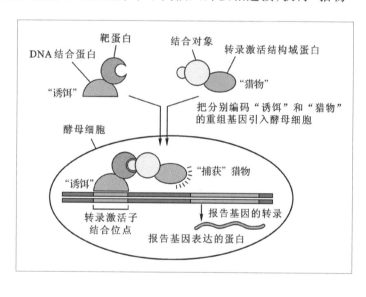

图 6-20　酵母双杂交技术原理示意图

6.3.3 蛋白质相互作用技术

1. 等离子表面共振(SPR)技术

该技术是将诱饵蛋白结合于葡聚糖表面,将葡聚糖层固定于纳米级厚度的金属膜表面。当有蛋白质混合物经过时,如果有蛋白质同"诱饵"蛋白发生相互作用,那么两者的结合将使金属膜表面的折射率上升,从而导致共振角度的改变。而共振角度的改变与该处的蛋白质浓度成线性关系,由此可以检测蛋白质之间的相互作用(图6-21)。该技术不需要标记物和染料,安全灵敏快速,还可定量分析。缺点是需要专门的等离子表面共振检测仪器。

图 6-22 应用 SPR 技术研究 COI1 蛋白与 JAZ1 蛋白之间的相互作用。研究人员首先

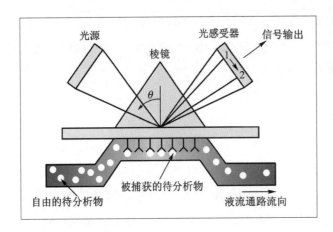

图 6-21 离子表面共振技术示意图

光源　棱镜　光感受器　信号输出

自由的待分析物　被捕获的待分析物　液流通路流向

在葡聚糖芯片表面固定 1 000 共振单位的茉莉酸(JA)信号通路负调控因子 JAZ1 蛋白,当体系中同时有茉莉酸-异亮氨酸(JA-Ile)及 COI 蛋白存在时,可以检测到最高达 380 共振单位的 SPR 反应信号。加入一种在结构和功能上与茉莉酸甲脂(MeJA)相似的名为冠毒素(COR)的细菌毒素,也能使 COI1 和 JAZ1 发生相互作用。

2. 免疫共沉淀技术(co-immuno precipitation,CoIP)

该技术的核心是通过抗体来特异性识别候选蛋白。首先,将靶蛋白的抗体通过亲和反应连接到固体基质上,再将可能与靶蛋白发生相互作用的待筛选蛋白加入反应体系中,用低离心力沉淀或微膜过滤法在固体基质和抗体的共同作用下将蛋白复合物沉淀到试管

图 6-22 等离子表面共振技术(SPR)研究 COI1 蛋白与 JAZ1 蛋白之间的相互作用

(a) 只有同时加入 JA-Ile 和 COI 蛋白后,可以检测到最高 380 共振单位的 SPR 反应信号。(b) 加入冠毒素(COR),也能使 COI1 和 JAZ1 发生相互作用,而加入 JA、MeJA 和邻苯二胺(OPDA)等都无效。

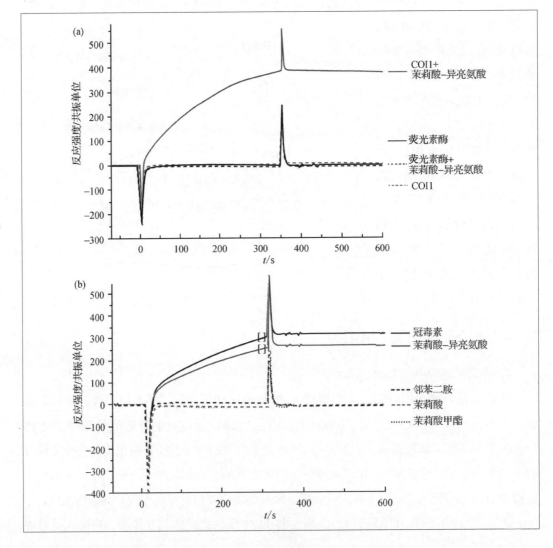

图 6-23 免疫共沉淀示意图

将蛋白抗体基质复合体加入含有不同组分的蛋白质溶液中

固体基质 特异性抗体

亲和试剂

与抗体特异结合的蛋白质

结合后被共沉淀到试管的底部

的底部或微膜上。如果靶蛋白与待筛选蛋白质发生了相互作用,那么,这个待筛选蛋白质就通过靶蛋白与抗体和固体基质相互作用而被分离出来^(图 6-23)。

免疫共沉淀实验中常用 pGADT7 和 pGBKT7 质粒载体分别以融合蛋白形式表达靶蛋白,体外转录、翻译后将产物混合温育,分别用 Myc 或 HA 抗体沉淀混合物,过柱后再用 SDS-PAGE 电泳分离,检测两个靶蛋白之间是否存在相互作用^(图 6-24)。实验表明,棉花乙烯合成酶 ACS2 与钙离子依赖性蛋白激酶 CDPK1 之间存在相互作用,而该蛋

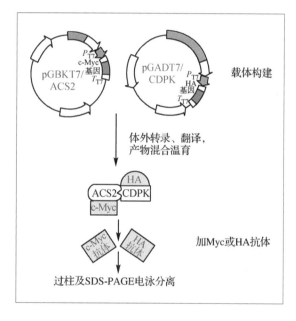

图6-24 c-Myc-ACS2 以及 HA-CDPK1 免疫共沉淀载体构建流程图

白与 CDPK32 及 CRK5 没有发生相互作用。ACO1 与这 3 个蛋白都没有发生相互作用^(图 6-25)。

3. GST 及 GAD 融合蛋白沉降技术

该技术利用 GST 对谷胱甘肽偶联的琼脂糖球珠的亲和性,从混合蛋白质样品中纯化得到相互作用蛋白^(图 6-26)。GST 沉降试验通常有两种应用:确定探针蛋白与未知蛋白间的相互作用,确证探针蛋白与某个已知蛋白质之间的相互作用。与此相类似,实验中把 GAD 与 PIF3 的不同区段相连接成为钓饵,研究该重组蛋白在体外与光敏素 B(phyB)、其缺失 N-37 位氨基酸的突变体或光敏素 A(phyA)的相互作用情况。研究发现,光敏素 B(phy

图 6–25 免疫共沉
淀实验

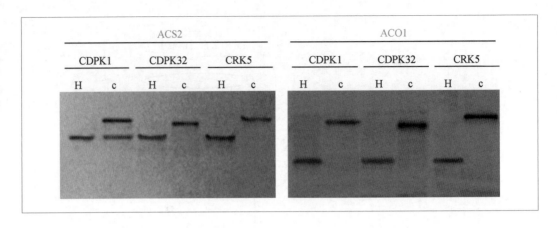

结果表明棉花乙烯
合成酶 ACS2 与钙离
子依赖性蛋白激酶
CDPK1 之间存在相
互作用。ACO1 不与
CDPK1 发生相互作用。

图 6–26 GST 融合
蛋白沉降技术流程

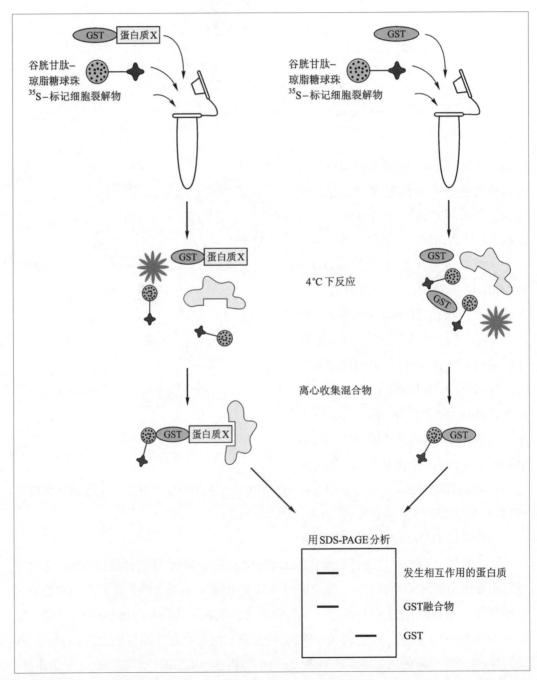

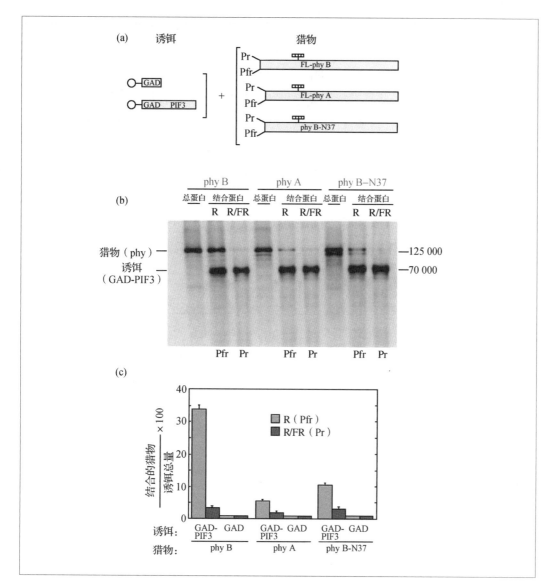

图 6-27 体外融合蛋白沉降研究表明

光敏素 B(phyB) 能与 PIF3 发生强烈的相互作用,但缺失 N-37 位氨基酸的 phyB 突变体以及光敏素 A(phyA) 只能与 PIF3 发生较弱的相互作用。

B)能与 PIF3 发生强烈的相互作用(超过 30% 的光敏素 B 能被 PIF3 沉淀下来),但缺失 N-37 位氨基酸的 phy B 突变体以及光敏素 A(phy A) 只能与 PIF3 发生较弱的相互作用,约 5% 的光敏素 A,或约 10% 的 N-37 位氨基酸缺失突变光敏素 B 能被沉淀下来^(图 6-27)。

4. 细胞内蛋白质相互作用研究——荧光共振能量转移(FRET)

FRET 现象是 21 世纪初叶发现的。FRET 荧光能量给体与受体之间通过偶极 - 偶极耦合作用以非辐射方式转移能量的过程又称为长距离能量转移,有 3 个基本条件:

① 给体与受体在合适的距离(1 ~ 10 nm);

② 给体的发射光谱与受体的吸收光谱有一定的重叠(这是能量匹配的条件);

③ 给体与受体的偶极具有一定的空间取向(这是偶极 - 偶极耦合作用的条件)。

FRET 需要有两个探针,即荧光给体和荧光受体,要求给体的发射光谱与受体的吸收光谱有部分重叠,而与受体的发射光谱尽量没有重叠。常用的探针有 3 种:荧光蛋白、传统有机染料和镧系染料。

荧光蛋白是一类能发射荧光的天然蛋白或突变体,常见的有绿色荧光蛋白(GFP)、蓝色荧光蛋白(BFP)、青色荧光蛋白(CFP)和黄色荧光蛋白(YFP)等。不同蛋白质的吸收和发射波长不同,可根据需要组成不同的探针对。

传统有机染料是指一些具有特征吸收和发射光谱的有机化合物组成的染料对。常见的有荧光素、罗丹明类化合物和青色染料 Cy3、Cy5 等,该类染料分子体积较小,种类较多且大部分为商品化的分子探针染料,因此被广泛应用。镧系染料一般与有机染料联合使用,分别作为 FRET 的给体或受体,检测的准确性和信噪比较之传统染料有提高。

研究蛋白质间相互作用时,FRET 一般与荧光成像技术联用,将蛋白质标记上荧光探针,当蛋白质间不发生相互作用时,其相对距离较大,无 FRET 现象,而蛋白质发生相互作用时,其相对距离缩小,有 FRET 现象发生(图6-28),可根据成像照片的色彩变化直观地记录该过程。

图 6-28 荧光共振能量转移

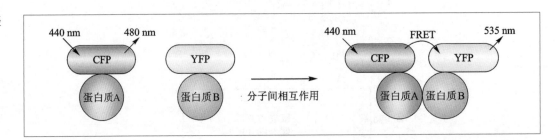

6.3.4 染色质免疫共沉淀技术

染色质免疫共沉淀(chromatin immuno precipitation,ChIP)技术是一项新发展的研究活体细胞内染色质 DNA 与蛋白质相互作用的技术,图 6-29 显示其主要实验流程:在活细胞状态下固定蛋白质 –DNA 复合物,并通过超声或酶处理将其随机切断为一定长度的染色质小片段,然后通过抗原抗体的特异性识别反应,沉淀该复合体,从而富集与目的蛋白相结合的 DNA 片段。对目的片段进行纯化和测序分析,就能获知与目的蛋白发生相互作用的 DNA 序列信息,包括 DNA 序列特征、在基因组上的位置、结合亲和程度(结合强度)以及对基因表达的影响等(图6-30)。

ChIP 技术不仅可以用来检测体内转录调控因子与 DNA 的动态作用,还可以研究组蛋白的各种共价修饰与基因表达的关系,定性或定量检测体内转录因子与 DNA 的动态作用。如果能将你所研究的目的蛋白定位到染色质 DNA 上某个或某些功能基因的启动子区或附近,对于确定你所感兴趣的蛋白质的生物学功能可能会是一次质的飞跃。

6.3.5 RNAi 技术及其应用

RNAi(RNA interference,RNA 干涉)技术利用双链小 RNA 高效、特异性降解细胞内同源 mRNA 从而阻断靶基因表达,使细胞出现靶基因缺失的表型。研究发现,对线虫注射外源双链 RNA(double-stranded RNA)可诱发与该 RNA 高度同源的基因序列的特异性"沉

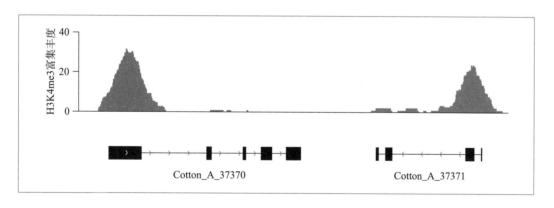

图 6-29　染色质免疫共沉淀技术主要实验流程示意图

染色质消化

DNA富集

末端修复及加接头

高通量测序

组蛋白

转录因子

超声破碎

抗体特异性识别

Cotton_A_37370

Cotton_A_37371

默"。现在已经知道,RNAi 是一个多步骤反应过程,包括对触发物的加工、与目标 mRNA 的结合以及目标 mRNA 的降解。至今已在果蝇、锥虫、涡虫、线虫等许多动物及大部分植物中陆续发现了 RNAi 效应。

双链 RNA 是 RNAi 的触发物,引发与之互补的单链 RNA(ssRNA,single-stranded RNA)的降解。经过 Dicer(一种具有 RNAase Ⅲ 活性的核酸酶)的加工,细胞中较长的外源双链RNA(30个核苷酸以上)首先被降解形成21~25个核苷酸的小分子干扰核糖核酸(siRNA,short interfering RNA),并有效地定位目标mRNA。因此,siRNA是导致基因沉默和序列特异性RNA降解的重要中间媒介。较短的双链RNA不能被有效地加工为siRNA,因而不能介导RNAi。siRNA具有特殊的结构特征,即5′端磷酸基团和3′端的羟基,其两条链的3′端各有两个碱基突出于末端。由siRNA中的反义链指导合成一种被称为RNA诱导的沉默复合体(RISC)的核蛋白体,再由RISC介导切割目的mRNA分子中与siRNA反义链互补的区域,从而实现干扰靶基因表达的功能(图6-31)。siRNA还可作为特殊引物,在依赖于RNA的RNA聚合酶的作用下,以目的mRNA为模板合成dsRNA,后者又可被降解为新的siRNA,重新进入上述循环。因此,即使外源siRNA的注入量较低,该信号也可能迅速被放大,导致全面的基因沉默。

在哺乳动物细胞内,较长的dsRNA会导致非特异性基因沉默,只有21~25个核苷酸的siRNA才能有效地引发特异性基因沉默。非哺乳动物细胞可以利用较长的双链RNA

图 6-31 RNAi 作用机制示意图

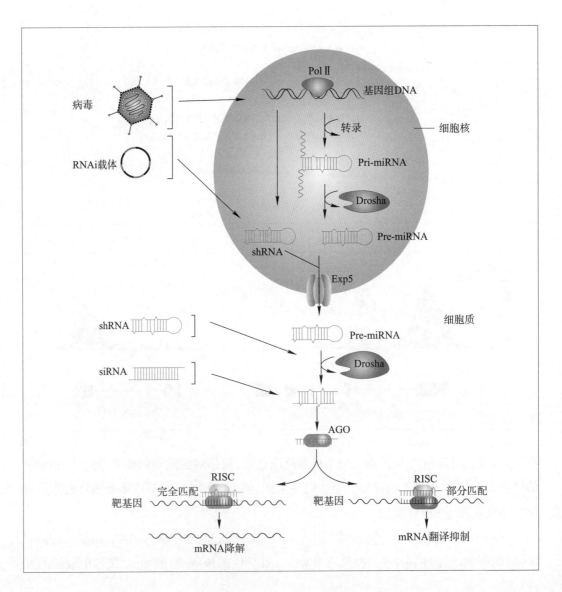

直接诱导产生 RNAi 而无须合成 siRNA,因此,设计非哺乳动物细胞 RNAi 实验的步骤比较简便,只要通过目的基因体外转录得到所需要的 dsRNA,再通过浸泡、注射或转染靶细胞即可实现 RNAi。

6.4 在酵母细胞中鉴定靶基因功能

酿酒酵母作为单细胞真核生物,具有和动植物细胞相似的结构特征,包括细胞核、内质网、高尔基体、线粒体、过氧化物酶体、细胞骨架等,而且其细胞生长发育过程和动植物细胞也有很高的相似性,很多基因在酵母和动植物细胞中是高度保守的。而且,酵母细胞很容易进行生物化学和分子生物学操作,因此,酵母是基因功能研究中常用的模式生物。

6.4.1 酵母基因转化与性状互补

利用 Yip(整合型质粒)可以对酵母基因组中的任意基因进行精确的敲除(置换),并通过孢子繁殖中的四分体分析技术进行观测和研究。带有致死突变位点和可能的外源功能互补基因的酵母二倍体细胞在饥饿条件下形成四分体孢子,将这 4 个孢子用酵母四分体分离系统分开,如果所引入的外源基因具备互补突变位点的功能,含有突变基因的单倍体可以存活,否则就不能存活。图 6-32 中将多个棉花 KCS 基因(编码超长链脂肪酸合成酶)克隆到含有 URA3 筛选标记的表达质粒上,用带有 URA3 筛选标记的表达质粒替换带有 TRP1 筛选标记的质粒,实验发现,KCS12 和 KCS6 基因都能完全互补野生型的表型,KCS13 和 KCS2 虽然没有导致野生型的表型,但仍能使酵母细胞恢复生长,表明这些 KCS 基因都具备与 elo2 或 elo3 相似功能。

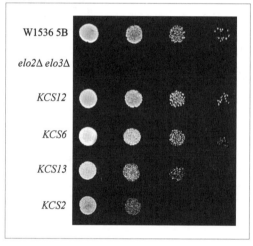

图 6-32 棉花不同 KCS 基因互补酵母 elo2Δelo3Δ 突变体细胞程度分析

W1536 5B 为野生型单倍体细胞;elo2Δelo3Δ 为酵母自身的超长链脂肪酸合成酶双突变的单倍体,为致死型;KCS12、KCS6、KCS2、KCS13 为不同的棉花 KCS 基因。

6.4.2 外源基因在酵母中的功能鉴定

将外源基因克隆于酵母表达载体上,转化野生型或突变酵母菌株,通过观察酵母的表型变化或分析细胞中化学成分的变化即可推测该基因的生物学功能。例如,在酵母细胞中表达外源基因与绿色荧光蛋白基因的融合蛋白后,可通过荧光显微镜观察荧光所在的亚细胞区域,从而了解该基因产物在细胞中的定位。将棉花中可能编码超长链脂肪酸合成酶的基因 GhKCS 转入野生型酵母细胞中,诱导该基因的表达,然后用气相色谱和质谱技术分析细胞的脂肪酸组成,在带有棉花基因的酵母细胞中出现 C22:0 饱和脂肪酸,证明该基因编码了合成 C22:0 类型的超长链脂肪酸合成酶(图 6-33)。因为酵母细胞中有与动植物细胞比较接近的蛋白质转录后修饰系统,许多在大肠杆菌中不产生功能蛋白质的动植

图6-33 用气相色谱法检测基因功能

将棉花超长链脂肪酸合成酶基因 *GhKCS* 转入到酵母细胞后,用气相色谱证明细胞抽提物中载体转入酵母细胞后,与野生型酵母细胞比较发现,C22:0大量增加,C24:0和C26:0大量减少,说明该基因编码的蛋白质可能主要负责合成C22:0类型的超长链脂肪酸。

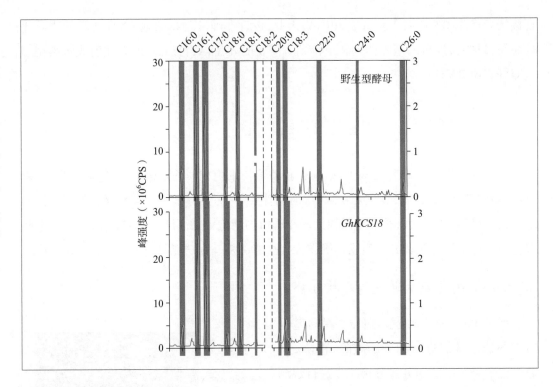

物基因在酵母中表达后往往能正常发挥其生物学功能。

6.5 其他分子生物学技术

6.5.1 凝胶滞缓实验

凝胶滞缓试验(electrophoretic mobility shift assay,EMSA)是体外分析 DNA 与蛋白质相互作用的一种特殊的凝胶电泳技术。其基本原理是,蛋白质与 DNA 结合后将大大增加相对分子质量,而凝胶电泳中 DNA 朝正电极移动的距离与其相对分子质量的对数成正比,因此,没有结合蛋白质的 DNA 片段迁移得快,而与蛋白质形成复合物的 DNA 由于受到阻滞而迁移得慢。历史上,该技术首次为大肠杆菌乳糖阻遏物与其 DNA 结合位点的相互作用提供了动态数据。实验中,当特定的 DNA 片段与细胞提取物混合后,若该复合物在凝胶电泳中的迁移速率变小,就说明该 DNA 可能与提取物中某个蛋白质分子发生了相互作用。这一方法简单、快捷,是分离纯化特定 DNA 结合蛋白质的经典实验方法。

在 EMSA 试验中,用放射性同位素标记待检测的 DNA 片段(即探针 DNA),然后与细胞提取物共温育,形成 DNA- 蛋白质复合物,将该复合物加到非变性聚丙烯酰胺凝胶中进行电泳。通常用 ^{32}P 标记 DNA 分子,而不标记蛋白质。电泳结束后,用放射自显影技术显现具放射性标记的 DNA 条带位置。如果细胞蛋白提取物中不存在与同放射性标记的 DNA 探针相结合的蛋白质,那么所有放射性标记都将出现在凝胶的底部;反之,将会形成 DNA- 蛋白质复合物,由于受到凝胶阻滞的缘故,放射性标记的 DNA 条带就会出现在凝

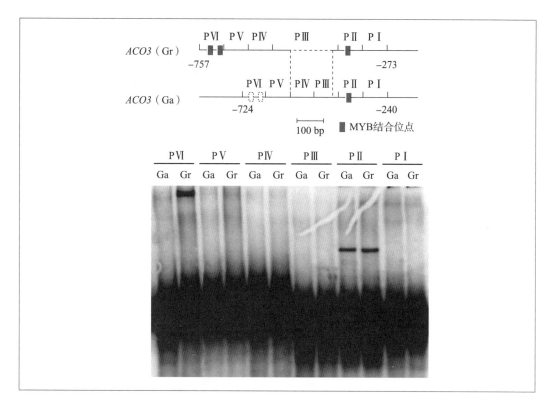

图 6-34 棉花乙烯合成酶 *ACO3* 基因上游启动子不同区域(PⅠ~PⅥ)在亚洲棉(Ga)和雷蒙德棉(Gr)两种不同棉花材料结合蛋白质能力的比较

最下面的为没有结合蛋白质的自由探针,探针为 γ-³²P 同位素标记。

胶的不同部位^(图6-34)。

6.5.2　噬菌体展示技术

　　噬菌体是细菌病毒的总称,英文为 bacteriophage,来源于希腊文"phagos",有"吞噬"之意。噬菌体可在脱离宿主细胞的状态下保持自己的生命,但一旦脱离了宿主细胞,它们就既不能生长也不能复制,因为大多数的噬菌体只能利用宿主核糖体、合成蛋白质的因子、各种氨基酸及能量代谢体系进行生长和增殖。噬菌体可被分为溶菌周期和溶原周期两种不同的类型。在溶菌周期,噬菌体将其感染的宿主细胞转变成为噬菌体的"制造厂",产生出大量的子代噬菌体颗粒。实验室常将只具有溶菌生长周期的噬菌体叫作烈性噬菌体。而溶原周期是指噬菌体 DNA 被整合到宿主细胞染色体 DNA 上,成为它的一个组成部分,感染过程中不产生子代噬菌体颗粒。具有溶原周期的噬菌体被称为温和噬菌体。

　　噬菌体展示技术是将基因表达产物与亲和选择相结合的技术,其基本原理是将编码"诱饵"蛋白(研究中所发现的任何感兴趣的蛋白质)的 DNA 片段插入噬菌体基因组,并使之与噬菌体外壳蛋白编码基因相融合。该重组噬菌体侵染宿主细菌后,复制形成大量带有杂合外壳蛋白的噬菌体颗粒,直接用于捕获靶蛋白库中与"诱饵"相互作用的蛋白质^(图6-35)。噬菌体次要结构蛋白 pⅢ 和主要结构蛋白(外壳蛋白)pⅧ 均可作为载体来展示外源多肽。pⅢ 基因融合时表达强度低(每个噬菌体上有不超过 5 个拷贝),与 pⅧ 基因融合时,表达强度高(每个噬菌体外壳上可能有 2 700~3 000 个拷贝)。在 pⅢ 和 pⅧ 基因的信号肽与成熟蛋白质编码区之间都有单一的克隆位点便于外源基因插入,表达的融合蛋白被分泌到细胞间质并由宿主蛋白酶切除信号肽,融合蛋白被作为结构外壳蛋白呈现到病

图 6-35 噬菌体展示技术研究蛋白质相互作用

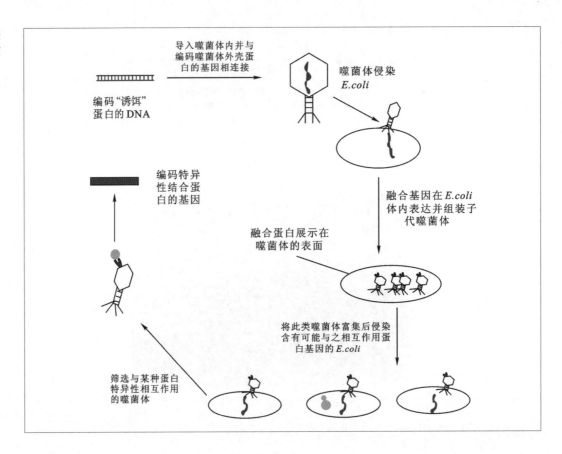

毒粒子的表面。

直接法亲和筛选是将靶蛋白质分子耦联到固相支持物上,文库噬菌体与固相支持物温育后洗去未结合的噬菌体,即获得与所筛选蛋白有亲和性的噬菌体。间接法亲和筛选是将生物素标记的蛋白质分子与文库噬菌体温育后铺在含有链霉亲和素(能与生物素相结合)的平皿上,洗去未结合的噬菌体,保留在平皿上的就是结合状态的噬菌体。洗脱结合状态噬菌体后感染细菌,扩增噬菌体,开始新一轮的筛选,连续几次亲和纯化反应后就能选择性富集并扩增结合靶蛋白的噬菌体。

6.5.3 蛋白质磷酸化分析技术

细胞的生长发育、周期调控、基因表达、蛋白质合成以及神经功能、肌肉收缩等都离不开蛋白质特异性磷酸化,因此,由蛋白激酶和蛋白磷酸酯酶所催化的蛋白质可逆磷酸化过程,是生物体内一种普遍且重要的调节方式,控制着众多的生理生化反应和生物学过程。许多复杂的细胞信号转导系统还涉及由多个蛋白激酶所催化的磷酸化级联反应。通常蛋白激酶催化 ATP 或 GTP 的 γ 磷酸基团转移到底物蛋白的丝氨酸、苏氨酸或酪氨酸残基上,促使底物蛋白发生磷酸化,而蛋白磷酸酯酶则能催化底物蛋白发生去磷酸化。此外,底物蛋白的组氨酸、赖氨酸、精氨酸、天冬氨酸、谷氨酸和半胱氨酸残基上也能发生可逆磷酸化。

一般采用双向电泳及质谱分析等检测底物蛋白磷酸化。由于细胞内可能有多达上千个蛋白激酶,体内检测某个蛋白激酶活性非常困难,科学家常用体外激酶活性分析法来检

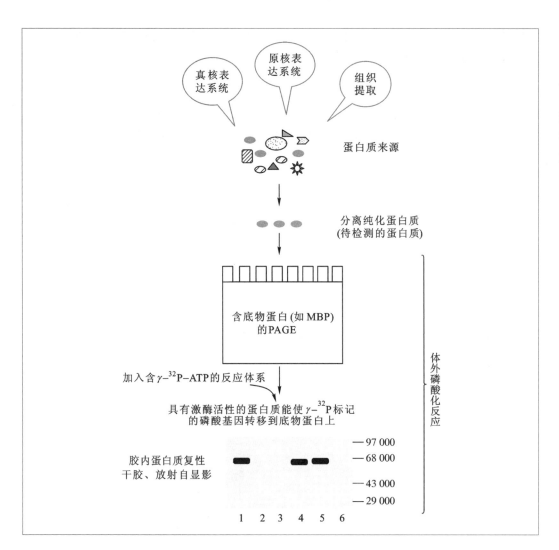

图 6-36 蛋白激酶体外磷酸化活性分析

泳道 1、4 和 5 中的蛋白质具有使蛋白质磷酸化的激酶活性,泳道 2、3 和 6 中的蛋白质不能使 MBP(myelin basic protein)磷酸化。

蛋白质来源

分离纯化蛋白质(待检测的蛋白质)

含底物蛋白(如 MBP)的 PAGE

加入含 $\gamma\text{-}^{32}P\text{-}ATP$ 的反应体系

具有激酶活性的蛋白质能使 $\gamma\text{-}^{32}P$ 标记的磷酸基因转移到底物蛋白上

体外磷酸化反应

胶内蛋白质复性干胶、放射自显影

测蛋白激酶活性。该方法能十分可靠地鉴定某个蛋白激酶对底物的磷酸化作用,筛查激酶的特异性底物。蛋白激酶体外磷酸化活性分析如图 6-36 所示,主要分为获取底物蛋白或待检测蛋白激酶和进行蛋白质体外磷酸化反应两步。可以直接从组织中提取目的蛋白(包括底物蛋白及待检测蛋白激酶),也可由原核或真核表达载体诱导表达目的蛋白。如图6-37 所示,将体外表达的棉花钙离子依赖性蛋白激酶 CDPK1 与乙烯合成酶 ACS2 置于蛋

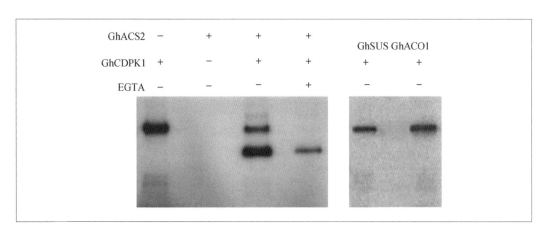

图 6-37 体外蛋白激酶磷酸化特异性分析

有钙离子存在时,蛋白激酶 CDPK1 能磷酸化乙烯合成酶 ACS2,但 ACO1 及 SUS 蛋白都不能被磷酸化。

白质体外磷酸化实验体系中,研究发现,有钙离子存在时,ACS2 能被有效地磷酸化,ACO1及 SUS 蛋白则不能被磷酸化。

6.5.4 蛋白质免疫印迹实验

蛋白质免疫印迹(Western blotting)是 20 世纪 70 年代末 80 年代初在蛋白质凝胶电泳和固相免疫测定基础上发展起来的一种技术,是分子生物学中最常用的蛋白质研究技术,为检测样品中是否存在蛋白抗原提供了一种可靠的方法。该方法的基本原理是被测蛋白质只能与标记的特异性抗体相结合,而这种结合不改变该蛋白质在凝胶电泳中的相对分子质量。免疫印迹法具有高效、简便、灵敏等特点,能被用于测定抗原的相对丰度或与其他已知抗原的关系,也是评价新抗体特异性的一种好方法。

免疫印迹程序可分为 5 个步骤:①蛋白质样品的制备;② SDS-PAGE 电泳分离样品;③将已分离的蛋白质转移到尼龙或其他膜上,转移后首先将膜上未反应的位点封闭起来以抑制抗体的非特异性吸附;④用固定在膜上的蛋白质作为抗原,与对应的非标记抗体(一抗)结合;⑤洗去未结合的一抗,加入酶偶联或放射性同位素标记的二抗,通过显色或放射自显影法检测凝胶中的蛋白质成分^(图 6-38)。

图 6-38 Western blotting 示意图

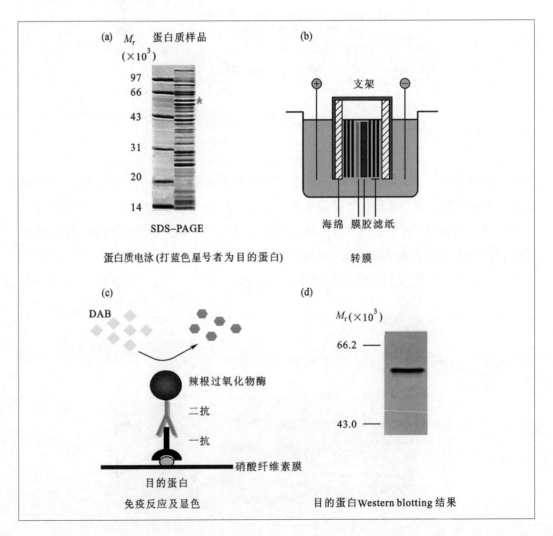

影响免疫印迹成败的一个主要因素是抗原分子中可被抗体识别的表位性质,所以,在选择抗体(一抗)时要考虑所选抗体是否能识别凝胶电泳后转印到膜上的变性蛋白,以及所选抗体是否会引起交叉反应。第二个影响因素是蛋白原液中的抗原浓度。对于中等相对分子质量的蛋白质(5×10^4左右)其浓度需大于 0.1 ng 才能被检出。如果要检测更低量的蛋白质,样品要做进一步的纯化。

6.5.5 细胞定位及染色技术

真核生物具有非常复杂的亚细胞结构,每种亚细胞结构或细胞器均含有特定的蛋白质。蛋白质在组织及细胞内的亚定位,一直是细胞生物学和分子生物学研究的核心问题,因为了解特定蛋白质的定位,才有可能了解其生物学功能。研究细胞定位可采取多种方法,最常用的是荧光蛋白标记和免疫荧光法。

最常用的可能是绿色荧光蛋白(GFP),它由 238 个氨基酸组成,有两个吸收峰,主要吸收峰在 395 nm,另一个则在 475 nm,前者由紫外光激发,后者由蓝光激发。发射光也有两个峰值,分别是 509 nm 和 540 nm,呈绿色或黄绿色荧光。将绿色荧光蛋白的编码序列与目的基因启动子融合形成嵌合基因,或者将绿色荧光蛋白编码序列与目的蛋白编码序列直接相连接,构成融合基因,通过花序浸染法、基因枪、显微注射法、愈伤组织转化法、细胞转染等技术,转染植物组织或动物细胞,由于融合基因与目的基因表达模式相同(使用相同的表达调控元件),通过荧光显微镜观察 GFP 在组织或亚细胞中的分布就相应确定了目的蛋白在细胞中的定位(图 6-39)。

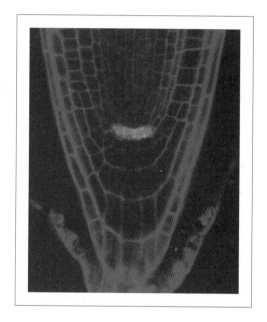

图 6-39 野生型拟南芥中 *WOX5~pro~::GFP* 融合基因的表达(另见书末彩插)

将 *AtWOX5* 的启动子序列与 GFP 的编码序列融合,构建植物转化载体,通过花序浸染法转化野生型拟南芥。在 WOX5 启动子的指导下,*GFP* 基因表达,指示 WOX5 蛋白应定位于根端分生组织(RAM)的静止中心(QC);红色荧光:用 PI 对细胞壁染色;绿色荧光:GFP 自发荧光。

免疫荧光技术是将免疫学方法(抗原抗体特异结合)与荧光标记技术结合起来研究特异蛋白抗原在细胞内定位的方法。用针对特异蛋白抗原的荧光标记抗体作为分子探针检测细胞或组织内的相应抗原,由于所形成的抗原抗体复合物上含有荧光素,利用荧光显微镜观察标本,确定荧光所在细胞或组织,从而对抗原蛋白进行定位(图 6-40)。

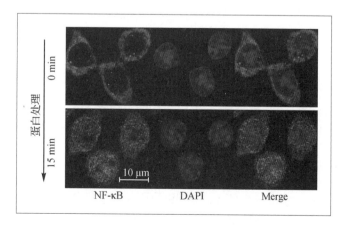

图 6-40 结核杆菌外膜蛋白影响核转录因子 NF-κB 在巨噬细胞中的定位(另见书末彩插)

用结核杆菌外膜蛋白刺激巨噬细胞 15 min,诱导在胞质定位的 NF-κB 分子转运到细胞核中。绿色荧光:FITC 标记 NF-κB 分子;蓝色荧光:DAPI 标记细胞核 DNA。

6.5.6 全基因组关联分析及应用

全基因组关联分析（genome-wide association study，GWAS）是一种在人类或动植物全基因组中以百万计的单核苷酸多态性（single nucleotide ploymorphism，SNP）为分子遗传标记，进行全基因组水平上的对照分析或相关性分析，通过比较发现影响复杂性状基因变异的一种新策略。1996年，Risch最早提出了GWAS设想，他认为人类复杂疾病的研究可以通过全基因组水平检测每一个基因的变异来确定疾病与基因的关联。2001年，Hansen等最早应用GWAS研究发现控制海甜菜春化抽苔基因与全基因组范围内的两个分子标记位点相关联。2005年，*Science*杂志报道了第一篇用GWAS研究人年龄相关性视网膜黄斑变性疾病基因网络的论文，之后GWAS在人类医学领域的研究中得到了极为广泛的应用，许多重要的复杂疾病研究因此取得了突破性进展。

GWAS分析首先通过SNP分子遗传标记，进行总体关联分析，在全基因组范围内选择遗传变异进行基因分型，比较实验组和对照组之间每个遗传变异及其频率的差异，统计分析每个变异与目标性状之间的关联性大小，选出最相关的遗传变异进行验证，并根据验证结果最终确认其与目标性状之间的相关性。

典型的GWAS基本流程包括：①建立研究群体，选择尽可能大的样本群，建立目标性状库；②提取每个样本的DNA进行测序从而得到群体的基因型（genotype）；③利用合适的统计模型建立测序得到的SNPs和目标性状的关联性；④最终实验确认与目标性状之间的相关性。近年来，该方法在农业动植物重要经济性状主效基因的筛查和鉴定中得到了广泛应用。图6-41所示为GWAS应用于研究棉花种子油产量高低，通过GWAS鉴定得到了同时控制棉花种子油棕榈酸（C16:0）和棕榈油酸（C16:1）含量的高低与棉花基因组11号染色体上的SNP相关联，最高的SNP位点位于基因 *GaKAS Ⅲ* 的第一个外显子上，该位

图6-41 通过GWAS鉴定得到棉花中控制种子油棕榈酸（C16:0）和棕榈油酸（C16:1）含量的基因

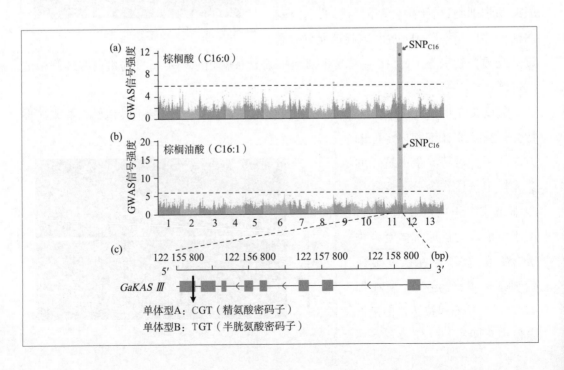

点存在一个非同义突变的 SNP,导致了精氨酸突变成半胱氨酸,从而导致了棉花不同群体种子油分的差异。

思考题

1. 写出用 RNA-seq 技术进行转录组学分析的原理。
2. 写出 RNA 原位杂交的主要实验过程及应用。
3. 说出免疫共沉淀实验的原理与过程,比较酵母双杂交技术和免疫共沉淀技术在研究蛋白质相互作用方面的优缺点。
4. 简述 RNAi 技术原理以及在分子生物学领域应用的前景。
5. 写出基因定点突变的原理与实验过程。
6. 说出经典遗传学与现代遗传学的异同。
7. 假设某哺乳动物基因可能编码了超长链脂肪酸,请在酵母细胞中设计试验研究该基因的功能。
8. 简述蛋白质 Pull-down 实验原理与主要步骤。
9. 简述 CRISPR/Cas9 系统工作原理。
10. 简述染色质免疫共沉淀技术原理与基本过程。
11. 什么是完全基因敲除和条件型基因敲除。
12. 简述酵母单、双杂交系统的基本原理与应用。
13. 说出凝胶滞缓实验的原理与应用。

参考文献

1. 门可,段醒妹,杨阳,魏于全. 基于 CRISPR/Cas9 基因编辑技术的人类遗传疾病基因治疗相关研究进展. 中国科学:生命科学,2017,47(11):1130−1140.
2. Jinek M,Chylinski K,et al. A programmable dual−RNA−guided DNA endonuclease in adaptive bacterial immunity. Science,2012,337:816−821.
3. Johnson D S,et al. Genome−wide mapping of in vivo protein−DNA interactions. Science,2007,316:1497−1502.
4. Klein R J,et al. Complement factor H Polymorphism in age−related macular degeneration. Science,2005,308:385−389.
5. Peter D A,Michael O. Identification of associated proteins by coimmunoprecipitation. Nature Methods,2005,2:475−476.
6. Ran F A,Hsu P D,et al. Genome engineering using the CRISPR−Cas9 system. Nature Protocol,2013,8:2281−2308.
7. Risch N,Merikangas K. The future of genetic studies of complex human diseases. Science,1996,273:1516−1517.
8. Robertson G,et al. Genome−wide profiles of STAT1 DNA association using chromatin immunoprecipitation and massively parallel sequencing. Nature Methods,2007,4:651−657.
9. Romano N,Macino G. Quelling:transient inactivation of gene expression in *Neurospora crassa* by transformation with homologous sequences. Molecular Microbiology,1992,6:3343−3353.

数字课程学习

e 教学课件   📋 在线自测   🖥 思考题解析

第7章

原核基因表达调控

在自然界,原核生物及单细胞真核生物直接暴露在变幻莫测的环境中,能量供应常常没有保障,它们只有适应不同的环境来合成各种不同的蛋白质,使代谢过程适应环境的变化,才能维持自身的生存和繁衍。虽然高等真核生物代谢途径和食物来源都比较稳定,但它们是多细胞有机体,在个体发育过程中出现细胞分化,形成各种组织和器官,而不同类型的细胞所合成的蛋白质在质和量上都是不同的。因此,不论是真核细胞还是原核细胞都有一套准确地调节基因表达和蛋白质合成的机制。

自然选择倾向于保留高效率的生命过程。在单细胞生物群体中,如果出现一个细胞代谢总效率增加的突变细胞,它的生长将略快于野生型,只要有足够的时间,该突变细胞系将占据整个细胞群体的主导地位。例如,在一个每 30 min 增殖一倍的 10^9 细菌群体中,若有一个细菌变成了 29.5 min 增殖一倍,大约经过 80 天的连续生长后,这个群体中 99.9% 的细菌都是 29.5 min 增殖一倍的生长速度(在这个过程中要不断补充新的培养液,否则细菌将在一两天内停止生长)。

原核生物细胞的基因组较小,编码的蛋白质种类较少。据估计,一个原核细胞中总共含有 10^7 个蛋白质分子。大肠杆菌基因组约为 4.60×10^6 bp,共有 4 288 个开放读码框,如果每个基因等同翻译的话,任何一个多肽应有约 2 500 个拷贝。但是事实上,这些蛋白质并不是以相同拷贝数存于每个细胞中,有些蛋白质的数量在细胞中相当稳定,而另一些蛋白质的数量则波动很大。例如,每个大肠杆菌细胞有约 15 000 个核糖体,与其结合的约 50 种核糖体蛋白数量也是十分稳定的。糖酵解体系的酶、DNA 聚合酶、RNA 聚合酶等细胞代谢过程和生长发育过程中必需的蛋白质,合成速率不受环境变化或代谢状态的影响,这一类蛋白质称为组成型(constitutive)合成蛋白质。其他参与糖代谢的酶和氨基酸、核苷酸合成系统的酶类,其合成速度和总量都随着环境的变化而改变,这些细胞内合成速率明显受环境影响而变化的蛋白质称为适应型或调节型(adaptive or regulated)合成蛋白质。例如一般情况下,一个大肠杆菌细胞中只有 15 个 β- 半乳糖苷酶分子,但若将大肠杆菌培养在只含乳糖的培养基中,每个细胞中这个酶的量可高达几万个分子。

细菌中大多数的基本调控机制一般执行如下规律:一个体系在需要时被打开,不需要时被关闭。这种"开 - 关"(on-off)机制是通过调节基因转录来建立的,也就是说通过调节 mRNA 的合成来实现。实际上,当我们说一个系统处于"off"状态时,也可能有本底水平的基因表达,常常是每世代每个细胞只合成 1 或 2 个 mRNA 分子和极少量的蛋白质分子。为了方便,我们常常使用"off"这一术语,但必须明白所谓"关"实际的意思并不是说这个基因不表达,而是其表达量特别低,低至很难甚至无法检测到。

7.1 原核基因表达调控总论

我们知道,所有生物的遗传信息,都是以基因的形式储藏在细胞内的 DNA(或 RNA)
分子中。随着个体的发育,DNA 分子能将其所承载的遗传信息,有序地通过密码子–反
密码子系统,转变成蛋白质分子,执行各种生理生化功能,完成生命的全过程。科学家把
这个从 DNA 到蛋白质的过程称为基因表达(gene expression)(图 7-1)。对该过程的调节就
称为基因表达调控(gene regulation 或 gene control)。基因表达调控是现阶段分子生物学
研究的中心课题。要了解生物生长发育的规律、形态结构特征和生物学功能,就必须弄清
楚基因表达调控的时间和空间概念。

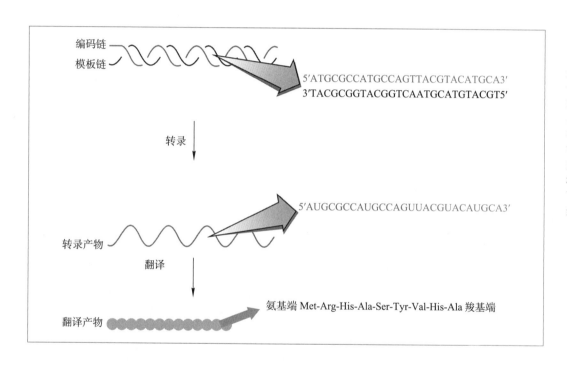

图 7-1　生物体基因表达的过程

第一步是由 RNA 聚合酶以 DNA 双链中的模板链为模板,合成与模板链序列完全互补(除了 T 被置换成 U 之外)的 RNA 链;第二步以 RNA 链为模板,在核糖体的作用下翻译成为由氨基酸组成的多肽链。

基因表达调控主要表现在以下两个方面:

① 转录水平上的调控(transcriptional regulation);

② 转录后水平上的调控(post-transcriptional regulation)。

转录后水平上的调控又包括两个方面:

① mRNA 加工成熟水平上的调控(differential processing of RNA transcript);

② 翻译水平上的调控(differential translation of mRNA)。

基因调控的指挥系统也是多样的,不同的生物使用不同的信号来调控基因表达。原
核生物中,营养状况(nutritional status)和环境因素(environmental factor)对基因表达起着
举足轻重的作用。在真核生物尤其是高等真核生物中,激素水平(hormone level)和发育
阶段(developmental stage)是调控基因表达的最主要因素,营养和环境因素的影响力大为
下降。

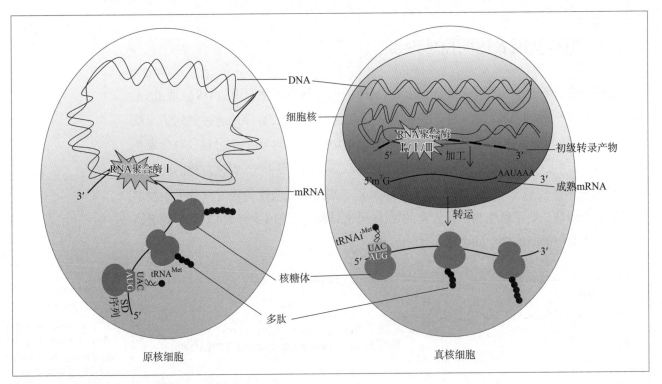

图 7-2 真核与原核生物转录及翻译调控的总体特征比较

在转录水平上对基因表达的调控决定于 DNA 的结构、RNA 聚合酶的功能、蛋白质因子及其他小分子配基的相互作用。在研究转录及转录调控以前,我们先来分析一下原核与真核生物转录与翻译的特点。因为原核细胞没有细胞核,mRNA 边合成边结合核糖体,所以,原核细胞的转录与翻译过程几乎同时发生,即转录与翻译相耦联(coupled transcription and translation)。而真核生物中,转录产物(primary transcript)需要从细胞核内运转到细胞核外,才能被核糖体翻译成蛋白质。原核生物只存在一种 RNA 聚合酶参与转录,而真核生物中有 3 种 RNA 聚合酶参与(高等植物如水稻中存在 RNA 聚合酶Ⅳ和Ⅴ,属于 RNA 聚合酶Ⅱ的同源基因)。而对于转录后水平的调控,原核生物的蛋白质合成于甲酰 – 甲硫氨酸(tRNA^{Met}),并且在起始 AUG 序列上游存在一段富含嘌呤的 SD 序列(AGGAGGU),促进翻译起始。在真核生物中不存在 SD 序列,并且蛋白质的合成起始于非甲酰化的甲硫氨酸(tRNAi^{Met})(图 7-2)。

7.1.1 原核基因表达调控分类

原核生物的基因表达调控主要发生在转录水平上,根据调控机制的不同可分为负转录调控(negative transcription regulation)和正转录调控(positive transcription regulation)。在负转录调控系统中,调节基因的产物是阻遏蛋白(repressor),起着阻止结构基因转录的作用。根据其作用特征又可分为负控诱导和负控阻遏两大类(表 7-1)。在负控诱导系统中,阻遏蛋白不与效应物(诱导物)结合时,结构基因不转录;在负控阻遏系统中,阻遏蛋白与效应物结合时,结构基因不转录。阻遏蛋白作用的部位是操纵区。在正转录调控系统中,调节基因的产物是激活蛋白（activator）。正转录调控系统可根据激活蛋白的作用性质分为正控诱导系统和正控阻遏系统。在正控诱导系统中，效应物分子（诱导物）的存在使激活蛋白处于活性状态；在正控阻遏系统中，效应物分子的存在使激活蛋白处于非活性状态（图 7-3）。

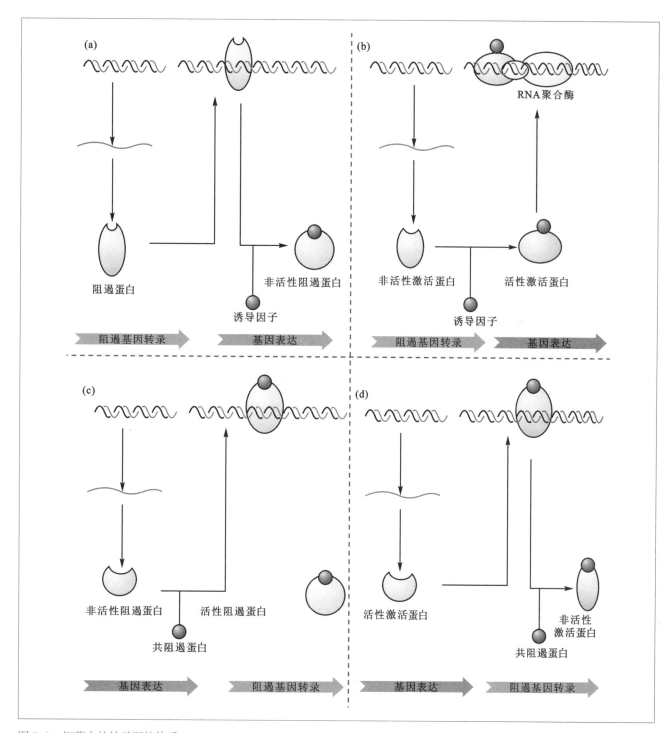

图 7-3　细菌中的转录调控体系
(a)负控诱导系统；(b)正控诱导系统；(c)负控阻遏系统；(d)正控阻遏系统。

表 7-1　负转录调控的类型及其特点

调节物结合到 DNA 上	正调节	负调节
是	开启	关闭
否	关闭	开启

7.1.2　原核基因表达调控的主要特点

1. 操纵子的调控

原核基因表达调控的一个重要特点就是大多数基因表达调控是通过操纵子机制来实现的,如乳糖操纵子、色氨酸操纵子、阿拉伯糖操纵子等。操纵子机制在原核基因调控中具有较普遍的意义。

(1) 乳糖操纵子

细菌对环境的改变必须做出迅速的反应,以应对营养供给随时都可能发生的变化。因此,细菌产生了一种调节机制,即在缺乏底物时就阻断相应酶类的合成途径,但同时做好了准备,在特殊的代谢物或化合物的作用下,由原来关闭的状态转变为工作状态,一旦有底物出现,又立即合成这些酶类。这类基因中最典型的例子是大肠杆菌的乳糖操纵子。

大肠杆菌在含有葡萄糖的培养基中生长良好,在只含乳糖的培养基中开始时生长不好,直到合成了利用乳糖的一系列酶,具备了利用乳糖作为碳源的能力才开始生长。细菌获得这一能力的原因就是因为在诱导物乳糖的诱导下开动了乳糖操纵子,表达它所编码的 3 个酶:β- 半乳糖苷酶(使乳糖水解为半乳糖和葡萄糖)、β- 半乳糖苷透过酶(使乳糖进入细菌细胞内)、β- 半乳糖苷乙酰基转移酶(使 β- 半乳糖第 6 位碳原子乙酰化)。这个操纵子开动的效果是十分明显的。以 β- 半乳糖苷酶为例,在葡萄糖培养基中生长时,每个细菌细胞内只有几个酶分子,但若转移到乳糖培养基中,几分钟后,每个细菌细胞内可产生 3 000 个酶分子。

(2) 色氨酸操纵子

色氨酸操纵子由启动子和操纵基因区组成,该操纵基因区控制一个编码色氨酸生物合成需要的 5 种蛋白质的多顺反子 mRNA 的表达。一般情况下,大肠杆菌中合成色氨酸的操纵子是开启的。如果在培养基中加入色氨酸,使大肠杆菌能直接利用培养基中的色氨酸来维持生活而不需要再费力合成,大肠杆菌往往能在 2 ~ 3 min 内完全关闭该操纵子。这就是说,某一代谢途径最终产物合成酶的基因可以被这个产物本身所关闭,这个现象被称为可阻遏现象,这些起阻遏作用的小分子被称为阻遏物。在这里,色氨酸或与其代谢有关的某种物质在阻遏过程(而不是诱导过程)中起作用。

2. 转录起始阶段的调控

在所有的调控方式中,基因表达终止得越早,就越不会将能量浪费在合成不必要的 mRNA 和蛋白质上,因此,调控其表达开关的关键机制主要发生在转录的起始阶段。

原核生物的 RNA 聚合酶由核心酶和 σ 因子组成,核心酶参与转录延长,全酶控制转录起始。在转录起始阶段,σ 因子负责模板链的选择和转录的起始,使酶专一性识别模板上的启动子。不同的 σ 因子决定特异编码基因的转录激活,也决定不同 RNA(mRNA、rRNA 和 tRNA)基因的转录,参与启动子的识别、结合以及转录起始复合物的异构化,在细胞发育和对环境的应答反应中起主导作用。

3. 转录终止阶段的调控

转录终止阶段的调控一般包括抗终止作用和弱化作用。

能够阻止转录终止的蛋白称为抗终止因子。在终止子上游具有抗终止子作用信号,一部分 RNA 聚合酶能够与抗终止因子结合,跨越终止子序列,顺利通过具有茎 – 环结构的终止子,使转录继续进行。

当操纵子被阻遏,RNA 合成被终止时,起终止转录信号作用的那一段核苷酸被称为弱化子。弱化作用在原核生物中相当普遍,如大肠杆菌中的色氨酸操纵子、苯丙氨酸操纵子、苏氨酸操纵子、异亮氨酸操纵子和缬氨酸操纵子以及沙门氏菌的组氨酸操纵子和亮氨酸操纵子、嘧啶合成操纵子等都含有弱化子。我们将在后面分析色氨酸基因操纵子结构时加以详述。

4. 转录后调控

原核生物在转录水平的调控是最直接最有效的调控方式,而转录后调控是在转录生成 mRNA 之后,再在翻译或者翻译后水平上的"微调",被认为是对转录水平调控的有效补充。如 λ 噬菌体的后期基因是长达 26 kb 的一个片段,作为一个单位转录多顺反子 mRNA。然而其不同基因编码的蛋白质表达量相差很大,这就需要通过翻译水平来调控。原核生物转录后调控主要包括 mRNA 自身结构对翻译的调节、反义 RNA 对翻译的调控及翻译阻遏等现象。

7.2　乳糖操纵子与负控诱导系统

操纵子学说是关于原核生物基因结构及其表达调控的学说,由法国巴斯德研究所著名科学家 Jacob 和 Monod 在 1961 年首先提出,并在 10 年内经许多科学家的补充和修正得以逐步完善。我们将在本节介绍建立这一模型的研究过程及实验依据,从而帮助读者了解原核生物基因表达调控的主要模式和机制。

大肠杆菌乳糖操纵子(lactose operon)包括 3 个结构基因:Z、Y 和 A,以及启动子、控制子和阻遏子等,如图 7-4 所示。转录时,RNA 聚合酶首先与启动区(promoter,P)结合,通过操纵区(operator,O)向右转录。转录从 O 区中间开始,按 $Z \rightarrow Y \rightarrow A$ 方向进行,每次转录出来的一条 mRNA 上都带有这 3 个基因。转录的调控是在启动区和操纵区进行的。

3 个结构基因各编码一种酶:Z 编码 β– 半乳糖苷酶,Y 编码 β– 半乳糖苷透过酶,A 编码 β– 半乳糖苷乙酰基转移酶。

β– 半乳糖苷酶是一种作用于 β– 半乳糖苷键的专一性酶,除能将乳糖水解成葡萄糖

图 7-4　*lac* 操纵子
主要组分分析

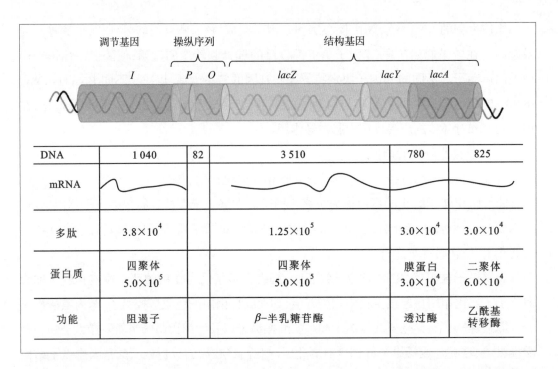

DNA	1 040	82	3 510	780	825
mRNA					
多肽	$3.8×10^4$		$1.25×10^5$	$3.0×10^4$	$3.0×10^4$
蛋白质	四聚体 $5.0×10^5$		四聚体 $5.0×10^5$	膜蛋白 $3.0×10^4$	二聚体 $6.0×10^4$
功能	阻遏子		$β-$半乳糖苷酶	透过酶	乙酰基 转移酶

和半乳糖外,还能水解其他 $β-$ 半乳糖苷(如苯基半乳糖苷)。$β-$ 半乳糖苷透过酶的作用
是使外界的 $β-$ 半乳糖苷(如乳糖)透过大肠杆菌细胞壁和原生质膜进入细胞内,所以,如
果用乳糖为大肠杆菌生长的唯一碳源和能源,这两种酶是必需的。$β-$ 半乳糖苷乙酰基转
移酶的作用是把乙酰辅酶 A 上的乙酰基转移到 $β-$ 半乳糖苷上,形成乙酰半乳糖,它在乳
糖的利用中并非必需。

7.2.1　酶的诱导——*lac* 体系受调控的证据

在不含乳糖及 $β-$ 半乳糖苷的培养基中,*lac*[+] 基因型大肠杆菌细胞内 $β-$ 半乳糖苷酶和
透过酶的浓度很低,每个细胞内只有 1 ~ 2 个酶分子。但是,如果在培养基中加入乳糖,这
两种酶的浓度将很快达到细胞总蛋白量的 6% 或 7%,每个细胞中可有超过 10^5 个酶分子。

当有乳糖供应时,在无葡萄糖培养基中生长的 *lac*[+] 细菌中将同时合成 $β-$ 半乳糖苷酶
和透过酶,如图 7-5 所示。进一步用 ^{32}P 标记的 mRNA 与模板 DNA 进行定量分子杂交,

图 7-5　*lac* 体系的
"开 - 关"特性

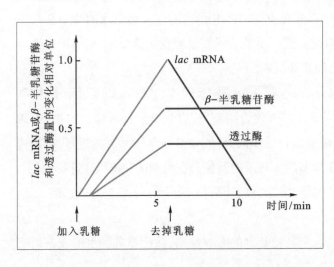

表明培养基中加入乳糖 1 ~ 2 min
后,编码 $β-$ 半乳糖苷酶和透过酶
的 *lac* mRNA 量就迅速增加。去
掉乳糖后,*lac* mRNA 量立即下降
到几乎无法检测到,表明乳糖确
实能激发 *lac* mRNA 的合成。

事实上,研究诱导作用时很
少使用乳糖,因为培养基中的乳
糖会被诱导合成的 $β-$ 半乳糖苷
酶所催化降解,从而使其浓度不

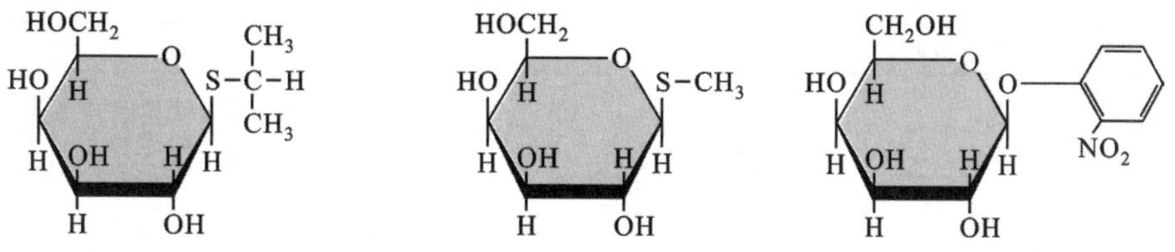

图 7-6 3 种乳糖类
似物结构式

异丙基巯基半乳糖苷(IPTG)　　　巯甲基半乳糖苷(TMG)　　　*O*-硝基半乳糖苷(ONPG)

断发生变化。实验室里常常使用两种含硫的乳糖类似物——异丙基巯基半乳糖苷(IPTG)和巯甲基半乳糖苷(TMG)来代替。另外,在酶活性分析中常用发色底物 *O*- 硝基半乳糖苷(ONPG)来做乳糖替代物,研究发现这些乳糖类似物都是高效诱导物[图7-6],因为它们都不是半乳糖苷酶的底物,所以又称为安慰性诱导物(gratuitous inducer)。

为了证实诱导物的作用是诱导新酶合成,而不是将已存在于细胞中的酶前体转化成有活性的酶,科学家设计了同位素示踪实验。他们把大肠杆菌细胞放在加有放射性 ^{35}S 标记的氨基酸但没有任何半乳糖苷诱导物的培养基中繁殖几代,然后再将这些带有放射活性的细菌转移到不含 ^{35}S、无放射性的培养基中,随着培养基中诱导物的加入,β- 半乳糖苷酶便开始合成。分离纯化 β- 半乳糖苷酶,发现这种酶无 ^{35}S 标记,说明酶的合成不是由前体转化而来的,而是加入诱导物后新合成的。

7.2.2　操纵子模型及其影响因子

1961 年 Jacob 和 Monod 发表 *lac* 操纵子负控诱导模式时,生物界反应之强烈,可与 Watson 和 Crick 在 1953 年发表 DNA 双螺旋模型相媲美。他们还根据基因调控模式预言了 mRNA 的存在,直接导致了后者的发现,启动了对于氨基酸密码子的实验研究并使整个分子遗传学体系得以迅速建成和完善。

Jacob 和 Monod 认为诱导酶(他们当时称为适应酶)现象是个基因调控问题,而且可以用实验方法进行研究,他们通过大量实验及分析,加上后人的研究成果,乳糖操纵子的控制模型已经被人们广泛接受[图7-7],其主要内容如下:

① *Z*、*Y*、*A* 基因的产物由同一条多顺反子的 mRNA 分子所编码。

② 该 mRNA 分子的启动区(*P*)位于阻遏基因(*I*)与操纵区(*O*)之间,不能单独起始半乳糖苷酶和透过酶基因的高效表达。

③ 操纵区是 DNA 上的一小段序列(仅为 26 bp),是阻遏物的结合位点。

④ 当阻遏物与操纵区相结合时,*lac* mRNA 的转录起始受到抑制。

⑤ 诱导物通过与阻遏物结合,改变它的三维构象,使之不能与操纵区相结合,从而激发 *lac* mRNA 的合成。这就是说,有诱导物存在时,操纵区没有被阻遏物占据,所以启动子能够顺利起始 mRNA 的转录。

这一简单模型解释了 *lac* 体系及其他负控诱导系统,我们会在以后发现这种解释并不是完善的,因为乳糖操纵子中同样也存在着正调控。

图 7–7 *lac* 操纵子
的负调控模型

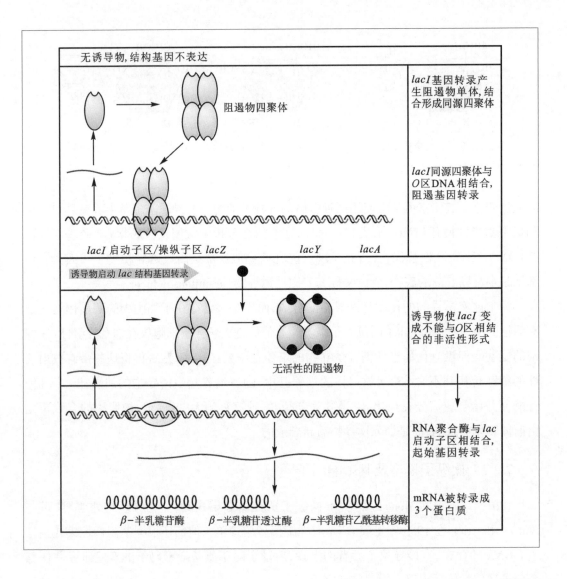

1. *lac* 操纵子的本底水平表达

有两个矛盾是操纵子理论所不能解释的。

首先,诱导物需要穿过细胞膜才能与阻遏物结合,而转运诱导物需要透过酶,后者的合成又需要诱导。这样我们必须要解释第一个诱导物是如何到达细胞内的。只有两种可能,或者一些诱导物可以在透过酶不存在时进入细胞,或者一些透过酶可以在没有诱导物的情况下合成。研究表明,第二种解释是正确的。

其次,人们发现乳糖(葡萄糖 –1,4– 半乳糖)并不与阻遏物相结合,真正的诱导物是乳糖的异构体——异构乳糖(葡萄糖 –1,6– 半乳糖),而后者是在 β– 半乳糖苷酶的催化下由乳糖形成的,因此,乳糖诱导 β– 半乳糖苷酶的合成需要有 β– 半乳糖苷酶的预先存在。对这一现象的解释同样是:在非诱导状态下有少量的 *lac* mRNA 合成(每个世代中有 1 ~ 5 个 mRNA 分子),这种合成被称之为本底水平的组成型合成(background level constitutive synthesis)。由于阻遏物的结合并不是绝对紧密的,即使在它与操纵基因紧密结合时,也会偶尔掉下来;这时启动子的障碍被解除,RNA 聚合酶开始转录。这种现象以每个细胞周期 1～2 次的概率发生。

2. 大肠杆菌对乳糖的反应

假设细菌生长在以甘油为碳源的培养基中,按照 *lac* 操纵子本底水平的表达,每个细胞内可有几个分子的 β- 半乳糖苷酶和乳糖透过酶。现在加入乳糖,在单个透过酶分子作用下,少量乳糖分子进入细胞,又在单个 β- 半乳糖苷酶分子的作用下转变成异构乳糖。某个异构乳糖与结合在操纵区上的阻遏物相结合并使后者失活而离开操纵区,开始了 *lac* mRNA 的生物合成。这些 mRNA 分子编码了大量的 β- 半乳糖苷酶和乳糖透过酶,其结果导致乳糖大量涌入细胞。多数乳糖被降解成为葡萄糖和半乳糖,但还有许多乳糖被转变成异构乳糖,然后与细胞内的阻遏物结合(虽然合成速度低,但是阻遏物仍继续合成,因此必须有足够的异构乳糖才能使细胞维持去阻遏状态),阻遏物的失活促使 mRNA

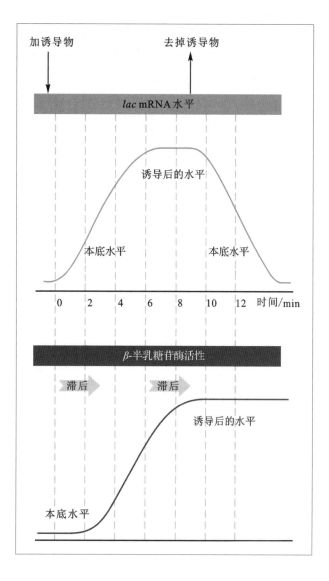

图 7-8 培养基中有无诱导物对 *lac* mRNA 及 β- 半乳糖苷酶活性的影响

高速合成,进一步提高了透过酶和 β- 半乳糖苷酶的浓度(图 7-8)。降解产生的葡萄糖被细胞用作碳源和能源,降解产生的半乳糖则被另一套酶体系转变成葡萄糖,这些酶的合成也是可诱导的。

一旦培养基和细胞中的所有乳糖都被消耗完毕,由于阻遏物仍在不断地被合成,有活性的阻遏物浓度将超过异构乳糖的浓度,使细胞重新建立起阻遏状态,导致 *lac* mRNA 合成被抑制。在细菌中,多数 mRNA 的半衰期只有几分钟,所以在不到一个世代的生长期内,*lac* mRNA 几乎从细胞内消失。β- 半乳糖苷酶及透过酶的合成也趋向停止,这些蛋白质虽然很稳定,但其浓度随着细胞的分裂而不断被稀释。值得注意的是,如果在原有的乳糖被撤去之后的一个世代中再加入乳糖,这时乳糖可以立即开始降解,因为此时细胞内仍有一定浓度的透过酶和 β- 半乳糖苷酶。

3. 阻遏物 *lacI* 基因产物及功能

现有的研究表明,*lac* 操纵子阻遏物 mRNA 是在弱启动子控制下组成型合成的。编码的阻遏蛋白 LacI 的 N 端是 HTH(helix-turn-helix)DNA 结合结构域,中间是两个相似的核心结构域,可以和诱导物结合。LacI 的 C 端是一个 α 螺旋,参与阻遏蛋白的聚合。阻遏蛋白单体通过中间核心结构域的相互作用形成二聚体,两个二聚体进一步通过 C 端的 α 螺旋聚合形成四聚体形式的阻遏物。当细胞中不存在诱导物(异构乳糖)时,阻遏物通过二聚体的两个 HTH 结构域特异性地结合在 lac 操纵区中一段 21 bp 的 DNA 序列上,阻止 RNA 聚合酶与 lac 操纵子启动子区的结合,抑制 lac mRNA 的转录。一旦细胞中乳糖水平提高,异构乳糖数量增加,有效结合到阻遏蛋白的核心结构域,引起阻遏蛋白的构象改变,与 DNA 结合的特异性降低,阻遏蛋白不再特异性结合 lac 操纵区而是随机与 DNA 的任意区域相结合。lac 操纵子的转录起始区暴露并被 RNA 聚合酶结合,激活 lac mRNA 的转录。而当乳糖耗尽,诱导物异构乳糖减少,失去诱导物的阻遏蛋白会重新特异性结合 lac 操纵区,阻止基因转录(图 7-9)。

图 7-9 LacI 的蛋白质结构示意图及负控诱导系统

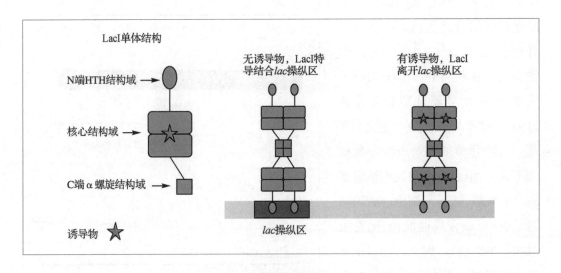

当 lacI 基因由弱启动子突变成强启动子,细胞内就不可能产生足够的诱导物来克服阻遏状态,因此在这些突变体中,整个 lac 操纵子就不可诱导。

4. cAMP 与代谢物激活蛋白

广泛存在于动、植物组织中的 cAMP(图 7-10)是 ATP 在腺苷酸环化酶的作用下转变而来的,在真核生物的激素调节过程中起着重要作用。在大肠杆菌中,cAMP 的浓度受到葡萄糖代谢的调节。如果将细菌放在缺乏碳源的培养基中培养,细胞内 cAMP 浓度就高;如果在含葡萄糖的培养基中培养,cAMP 的浓度就低;如果培养基中只有甘油或乳糖等不经由糖酵解途径的碳源,cAMP 的浓度也会很高,因此推测糖酵解途径中位于葡糖 -6- 磷酸与甘油之间的某些代谢产物是腺苷酸环化酶活性的抑制剂。

图 7-10 3′,5′-cAMP 的化学结构式

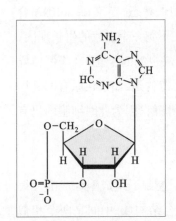

大肠杆菌中的代谢物激活蛋白(CAP,catabolite activator protein),能结合 cAMP,又被称为环腺苷酸受体蛋白(CRP,cAMP receptor protein),由 Crp 基因编码。CRP 和 cAMP 都

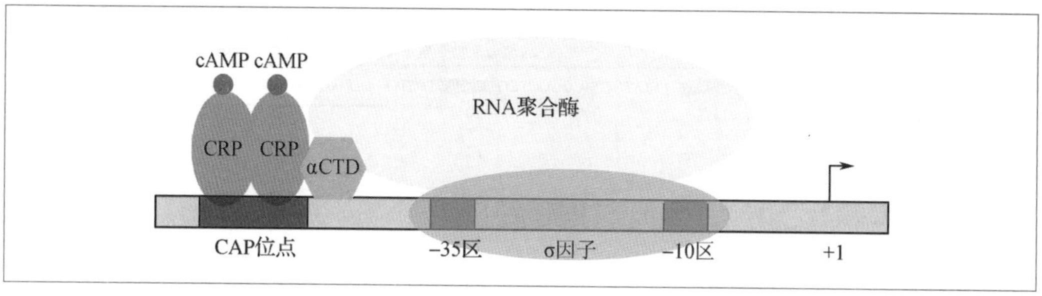

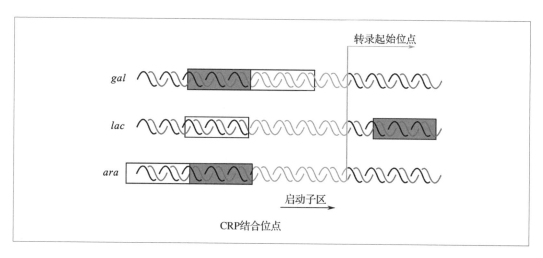

图 7-11 cAMP-CRP 复合物激活 lac 操纵子

CAP位点   −35区   σ因子   −10区   +1

是合成 lac mRNA 所必需的,凡 Crp 及腺苷酸环化酶基因突变的细菌都不能合成 lac mRNA。CRP 蛋白之间通过相互作用形成二聚体,每个 CRP 蛋白可以结合一个 cAMP 分子,只有当 cAMP 装配到 CRP 蛋白上使 CRP 二聚体的构象改变,cAMP-CRP 复合物才能特异地结合到 DNA 上的 CAP 位点(CAP site)。lac 操纵子上的 CAP 位点位于转录起始位点上游约 60 bp 处,紧邻 RNA 聚合酶所结合的启动子区。RNA 聚合酶 α 亚基的 C 端结构域(αCTD)可以结合 CAP 位点,并与 CAP 位点附近的 DNA 结合。通过与 αCTD 的相互作用,cAMP-CRP 复合物帮助 RNA 聚合酶结合到启动子区域,激活 lac mRNA 的转录[图 7-11]。因为 Crp 基因和环化酶基因的突变细菌即使同时也是 I^- 或 O^c 突变,都不能合成出 lac mRNA,一般认为 cAMP-CRP 是一个不同于阻遏体系的正调控因子,而 lac 操纵子的功能是在这两个相互独立的调控体系作用下实现的。CAP 不仅参与了 lac 基因的表达调控,还参与了大肠杆菌中其他基因的表达调控。图 7-12 显示了存在于 gal、lac 和 ara 3 个操纵子上游启动子区的 cAMP-CRP 结合位点的相对位置。

此外,半乳糖、麦芽糖、阿拉伯糖、山梨醇等在降解过程中均转化生成葡萄糖或糖酵解途径中的其他中间产物,所以,这些糖代谢中有关的酶都是由可诱导的操纵子控制的。只要有葡萄糖存在,这些操纵子就不表达,被称为降解物敏感型操纵子(catabolite sensitive operon),实验证明这些操纵子都是由 cAMP-CRP 调节的。对大量操纵子启动区的研究表明,CRP-cAMP 结合位点存在序列特异性[图 7-13]。

cAMP-CRP 复合物与启动子区的结合是 lac mRNA 合成起始所必需的,因为这个复合物结合于启动子上游,能使 DNA 双螺旋发生弯曲,有利于形成稳定的开放型启动子 -RNA 聚

图 7-12 gal、lac 和 ara 操纵子上游启动子区与 CRP-cAMP 结合位点的相对位置分析

转录起始位点

gal

lac

ara

启动子区

CRP结合位点

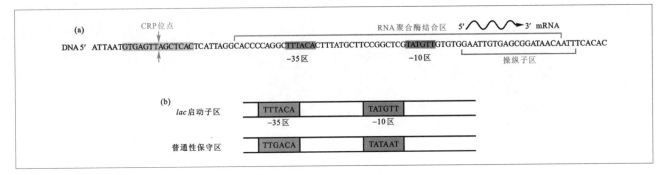

图 7-13　大肠杆菌 *lac* 操纵子启动区 cAMP-CRP 及 -35 区、-10 区序列分析

图 7-14　CRP-cAMP 与上游 DNA 结合后造成模板 DNA 沿对称序列中央发生了大于 90° 的弯曲

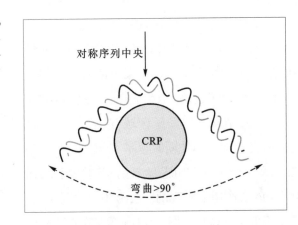

图 7-15　葡萄糖抑制了 *lac* 操纵子基因的表达

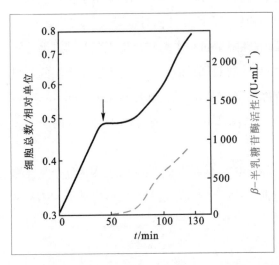

合酶结构^(图 7-14)。而阻遏物则是一个抗解链蛋白(antimelting protein),阻止形成开放结构,从而抑制 RNA 聚合酶的功能。

5. 葡萄糖对 *lac* 操纵子的影响

β-半乳糖苷酶在乳糖代谢中的作用是把前者分解成葡萄糖及半乳糖(半乳糖将在 *gal* 操纵子的作用下再转化成葡萄糖)。如果将葡萄糖和乳糖同时加入培养基中,大肠杆菌在耗尽外源葡萄糖之前不会诱发 *lac* 操纵子^(图 7-15),没有 β-半乳糖苷酶活性;当葡萄糖消耗完以后(图中箭头处),细胞内 cAMP 浓度增加,β-半乳糖苷酶活性增加,一度停止生长的细胞又恢复分裂。研究发现,葡萄糖对 *lac* 操纵子表达的抑制是间接的。例如,有一个大肠杆菌突变体,它在糖酵解途径中不能将葡糖 -6- 磷酸转化为下一步代谢中间物,这些细菌的 *lac* 基因能在葡萄糖存在时被诱导合成。所以,我们说不是葡萄糖而是它的某些降解产物抑制 *lac* mRNA 的合成,科学上把葡萄糖的这种效应称之为代谢物阻遏效应(catabolite repression)。当向乳糖培养基中加入葡萄糖时,葡萄糖的降解产物能降低细胞内 cAMP 的含量,CAP 便不能结合在启动子上。此时,即使有乳糖存在,虽已解除了对操纵基因的阻遏,RNA 聚合酶不能与启动子结合,也不能转录,所以仍不能利用乳糖^(图 7-16)。

7.2.3　*lac* 操纵子 DNA 的调控区域——*P*、*O* 区

已经分离得到含有 *lac* 操纵子的 DNA 片段,发现 *P* 区(即启动子区)一般是从 *I* 基因

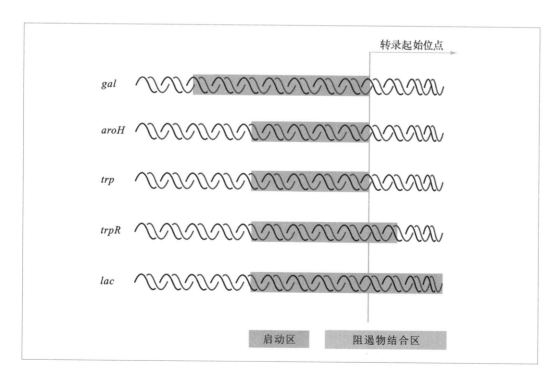

图 7–16　葡萄糖对 *lac* 操纵子的调控

cAMP

CRP

结合
Lac阻遏蛋白

RNA聚合酶

低葡萄糖
高cAMP

乳糖

CRP位点　　启动子

Lac阻遏蛋白

开启转录

高葡萄糖
高cAMP

乳糖

Lac阻遏蛋白

结束到 mRNA 转录起始位点下游 5～10 bp,而 *O* 区(即阻遏物结合区)位于 –7～+28 位,该区的碱基序列有对称性,其对称轴在 +11 位碱基对。图 7–17 分别例举了 *gal*、*aroH*、*trp*、*trpR* 和 *lac* 5 个操纵子中 *P* 区及 *O* 区的相对位置。实验表明,阻遏物与 *O* 区的结合影响了 RNA 聚合酶与启动区结合形成转录起始复合物的效率。

7.2.4　*lac* 操纵子中的其他问题

1. *lacA* 基因及其生理功能

lacA 基因存在于 *lac* 操纵子中,编码了 β– 半乳糖苷乙酰基转移酶。虽然乳糖本身

图 7–17　不同操纵子 *P* 区及 *O* 区相对位置比较

转录起始位点

gal

aroH

trp

trpR

lac

启动区　　　阻遏物结合区

不能被乙酰化,但这个酶能够把乙酰基从供体上转移到半乳糖苷分子上,这具有什么生理意义呢?

自然界中存在着许多种能被 β- 半乳糖苷酶降解的半乳糖苷分子,它们的分解产物往往不能被进一步代谢,很容易在体内积累。这是非常有害的,因为不少半乳糖苷衍生物在高浓度时是细胞正常生长的抑制物。研究发现,当有 IPTG 存在时,$I^-O^cA^-$ 大肠杆菌的生长速度显著慢于相应的 A^+ 株系,两组细胞的差异仅仅在于后者能将 IPTG 乙酰化,而乙酰化的 IPTG 不能被 β- 半乳糖苷酶所分解。所以,A 基因虽然不在乳糖降解中起作用,但它抑制了 β- 半乳糖苷酶产物的有害性衍生物在细胞内积累,在生物进化中是有意义的。

2. *lac* 基因产物数量上的比较

在一个完全被诱导的细胞中,β- 半乳糖苷酶、透过酶及乙酰基转移酶的拷贝数比例为 1 : 0.5 : 0.2。作为数百万年进化演变的结果,这个比例在一定程度上反映了以 β- 半乳糖苷作为唯一碳源时细胞的需要。不同的酶在数量上的差异是由于在翻译水平上受到调节所致。这种调节有以下两种方式:

① *lac* mRNA 可能与翻译过程中的核糖体相脱离,从而终止蛋白质链的翻译。这种现象发生的频率取决于每一个后续的 AUG 密码子再度起始翻译的概率。因此,就存在着一个从 mRNA 的 5′ 端到 3′ 端的蛋白质合成梯度。对于大多数多顺反子 mRNA 分子来说,这种现象具有普遍性。

② 在 *lac* mRNA 分子内部,A 基因比 Z 基因更易受内切酶作用发生降解,因此,在任何时候 Z 基因的完整拷贝数要比 A 基因多。事实上,对于某个活跃表达的多顺反子操纵子,该 mRNA 所编码的各种蛋白质的相对浓度都由每一个顺反子的翻译频率所决定。

3. 操纵子的融合与基因工程

操纵子在自然条件下可能发生融合,典型的例子是 *lac* 操纵子与负责嘌呤合成的 *pur* 操纵子的耦联。尽管 *pur* 操纵子以完全不同于 *lac* 操纵子的方式进行调节,但它在染色体上位于 *lac* 操纵子沿转录方向的下游,中间只隔了一个控制细胞对 T6 噬菌体敏感性的 *tsx* 基因。科学家从 tsx^sZ^+ 细胞中分离到 tsx^RZ^- 突变体,研究该突变体的 DNA 序列,发现它缺失了从 *lac* 操纵子的 Z 基因开始,包括整个 *tsx* 基因以及 *pur* 操纵基因和 *pur* 启动子的一部分。这一突变使 Z 基因缺失终止序列,当转录作用从 *lac* 启动子处开始后,就合成出由一部分 Z 基因编码区和整个 *pur* 基因转录生成的 mRNA 分子。因此,在这个体系中,*pur* 操纵子被"嫁接"到 *lac* 启动子上,形成融合基因。这一现象给了生物学家以很大的启发,因为 *lac* 启动子是一个很强的启动子,通过它可以使较弱启动子的转录增强,从而增加蛋白质的合成量。到目前为止,基因融合技术已经成为基因工程操作中应用最广泛的技术。

7.3 色氨酸操纵子与负控阻遏系统

由于 *trp* 体系参与生物合成而不是降解,它不受葡萄糖或 cAMP–CRP 的调控。色氨酸的合成主要分 5 步完成,有 7 个基因参与整个合成过程^(图 7–18)。*trpE* 和 *trpG* 编码邻氨

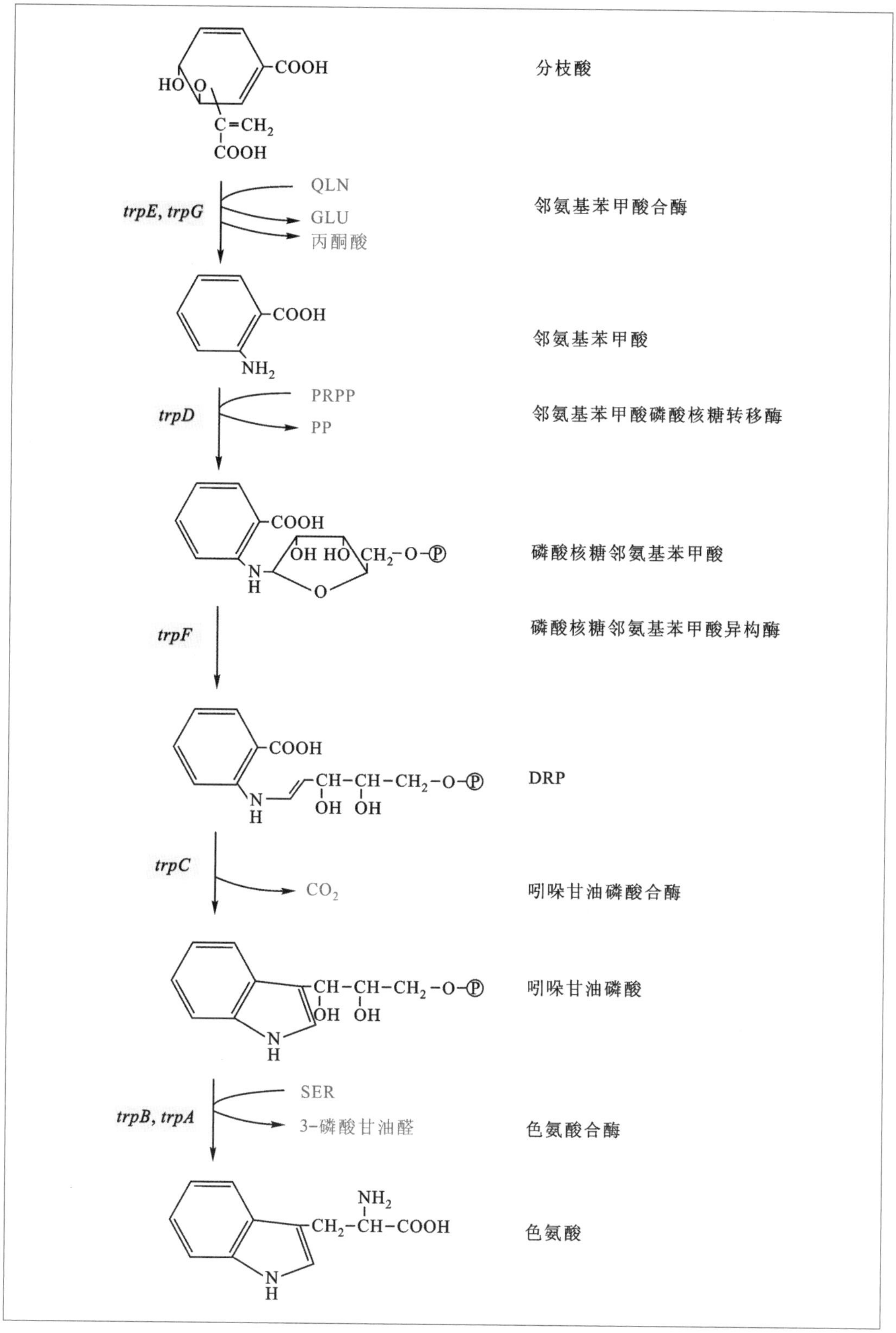

图 7-18　细菌中色氨酸生物合成途径

基苯甲酸合酶, *trpD* 编码邻氨基苯甲酸磷酸核糖转移酶, *trpF* 编码异构酶, *trpC* 编码吲哚甘油磷酸合酶, *trpA* 和 *trpB* 则分别编码色氨酸合酶的 α 和 β 亚基。研究发现, 在大肠杆菌等许多细菌中, *trpD* 和 *trpG* 融合成一个功能基因, *trpC* 和 *trpF* 也融合成一个基因, 产

图 7-19　细菌中参与分枝酸代谢的主要酶系统

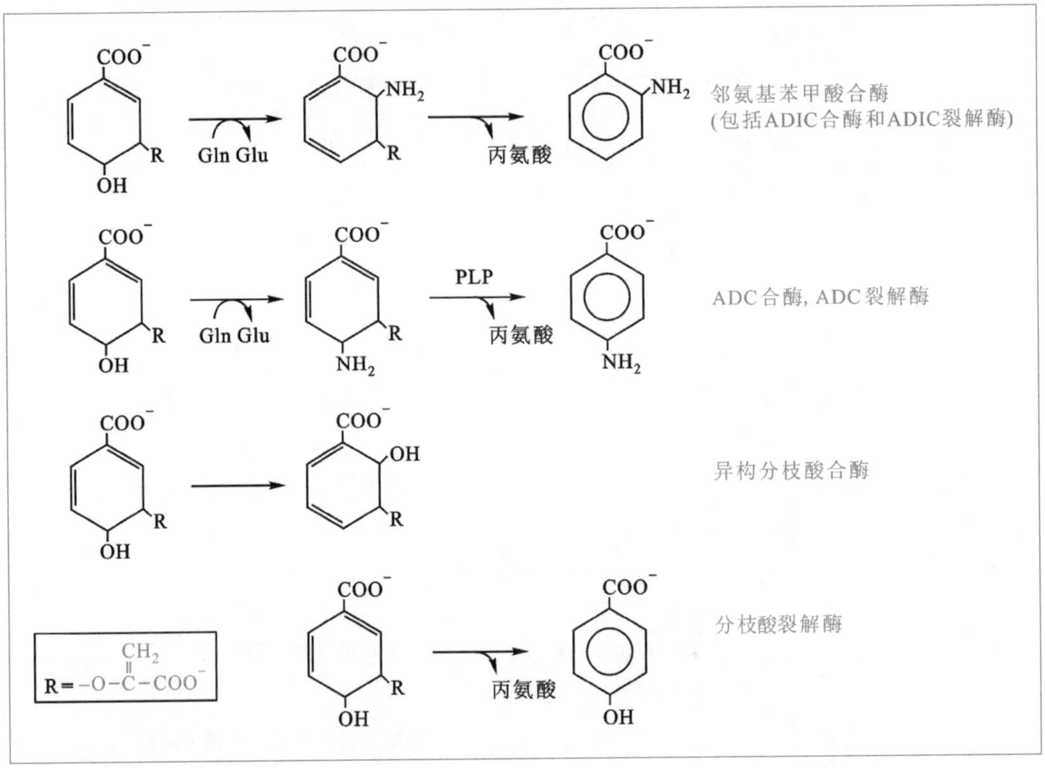

生具有双重功能的蛋白质。除上述 7 个基因之外,细菌中还有 *pabA* 和 *pabB* 基因分别编码 ADC 合酶的两个亚基,*pabC* 基因编码 ADC 裂解酶,*ubiC* 基因编码分枝酸裂解酶,*entC* 基因编码异构分枝酸合酶[图 7-19],这些基因产物都在不同程度上参与了分枝酸代谢,与色氨酸合成有一定关系。

trpE 基因是第一个被翻译的基因,和 *trpE* 紧邻的是启动子区和操纵区。另外,前导区和弱化子区分别定名为 *trpL* 和 *trpa*(不是 *trpA*)。*trp* 操纵子中产生阻遏物的基因是 *trpR*,该基因距 *trp* 基因簇很远。后者位于大肠杆菌染色体图上 25 min 处,而前者则位于 90 min 处。在位于 65 min 处还有一个 *trpS*(色氨酸 tRNA 合成酶),它与携带有色氨酸的 tRNA^{Trp} 共同参与 *trp* 操纵子的调控作用[图 7-20]。*trp* 操纵子的转录调控包括阻遏系统和弱化系统,下面分别予以介绍。

7.3.1　*trp* 操纵子的阻遏系统

trpR 基因突变常引起 *trp* mRNA 的组成型合成,该基因产物因此被称为辅阻遏蛋白(aporepressor)。除非培养基中有色氨酸,否则这个辅阻遏蛋白不会与操纵区结合。辅阻遏蛋白与色氨酸相结合形成有活性的阻遏物,与操纵区结合并关闭 *trp* mRNA 转录[图 7-20]。

研究发现,这个系统中的效应物分子是色氨酸,是由 *trp* 操纵子所编码的生物合成途径的末端终产物。当培养基中色氨酸含量较高时,色氨酸与游离的辅阻遏蛋白相结合,并使之与操纵区 DNA 紧密结合;当培养基中色氨酸供应不足时,辅阻遏蛋白失去色氨酸并从操纵区上解离,*trp* 操纵子去阻遏。

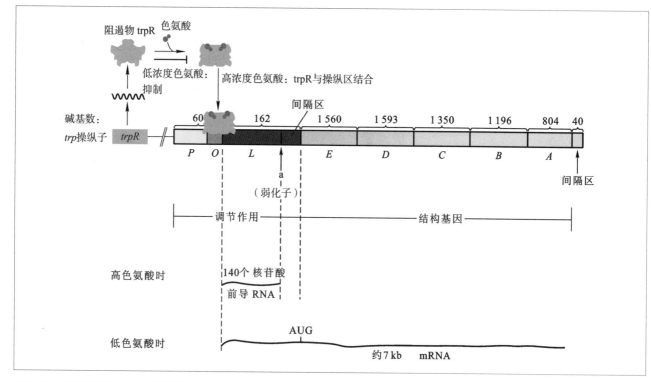

图 7–20　大肠杆菌中的 *trp* 操纵子

7.3.2　*trp* 操纵子的弱化作用

随着对色氨酸操纵子的深入研究,发现有些现象与以阻遏作为唯一调节机制的观点不一致,例如,在色氨酸高浓度和低浓度下观察到 *trp* 操纵子的表达水平相差约 600 倍,然而阻遏作用仅使转录降低 70 倍。此外,使阻遏物失活突变不能完全消除色氨酸对 *trp* 操纵子表达的影响。显然,*trp* 操纵子的这种调控与阻遏物的控制无关,必然还有其他调控机制。通过对缺失突变株的研究发现,这种调控机制就是弱化作用(attenuation)。事实上,阻遏 – 操纵机制对色氨酸来说只是一个一级开关,主管转录是否启动,相当于 *trp* 操纵子的粗调开关,弱化作用相当于精细开关,对氨基酸的生物合成进行精细调控并决定已经启动的转录是否继续下去。

1. 弱化子

弱化系统作为一个细微调控,是通过转录达到第一个结构基因之前的过早终止来实现的,细胞中色氨酸的浓度是实现过早终止的根本原因。

在 *trp* mRNA 5′ 端 *trpE* 基因的起始密码前有一个长 162 bp 的 mRNA 片段被称为前导区,其中 123 ~ 150 位碱基序列如果缺失,*trp* 基因表达可提高 6 ~ 10 倍,而且无论是在阻遏细胞内还是在永久性突变的细胞内都是这样。研究发现,当 mRNA 合成起始以后,除非培养基中完全没有色氨酸,转录总是在这个区域终止,产生一个仅有 140 个核苷酸的 RNA 分子,终止 *trp* 基因转录,这就是 123 ~ 150 区序列缺失会提高 *trp* 基因表达的原因(图 7-20)。因为转录终止发生在这一区域,并且这种终止是被调节的,这个区域就被称为

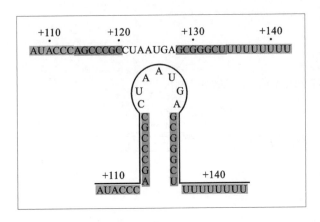

图 7-21 *trp* 弱化子 mRNA 的终止区

弱化子。研究引起终止的 mRNA 碱基序列[图 7-21]，发现该区 mRNA 通过自我配对可以形成茎 – 环结构，有典型的终止子特点。

2. 前导肽

各种实验表明弱化作用需要负载 tRNA^Trp 参与，这意味着前导序列的某些部分被翻译了。分析前导序列发现，它包括起始密码子 AUG 和终止密码子 UGA；如果翻译起始于 AUG，应该产生一个含有 14 个氨基酸的多肽。这个假设的多肽（还未实际观察到）被称为前导肽。前导区序列具有一个非常有意义的特点，在其第 10 和第 11 位上有相邻的两个色氨酸密码子。这一点很重要，因为组氨酸操纵子中，也具有弱化子，也具有一个类似的能编码前导肽的碱基序列，此序列中含有 7 个相邻的组氨酸密码子。苯丙氨酸操纵子中同样存在弱化子结构，其前导序列中也有 7 个苯丙氨酸密码子。这些密码子参与了 *trp* 及其他操纵子中的转录弱化机制。

trp 前导区的碱基序列已经全部测定，引人注目的是其中 4 个分别以 1、2、3 和 4 表示的片段能以两种不同的方式进行碱基配对[图 7-22]，有时以 1–2 和 3–4 配对，有时只以 2–3 方式互补配对。RNase T1 降解实验（此酶不能水解配对的 RNA）表明，纯化的 *trp* 前导序

图 7-22 原核生物 RNA 中前导序列变构引起转录的终止或弱化

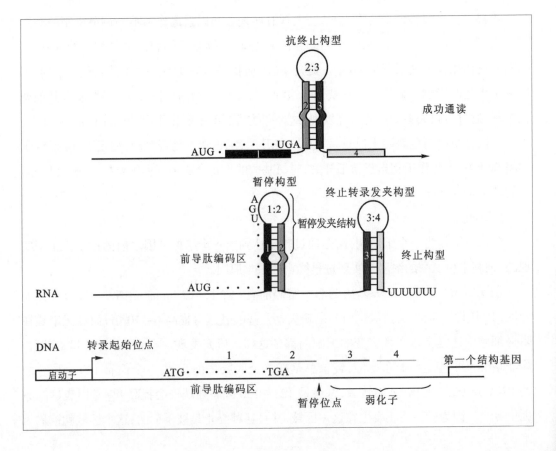

列中确有 1-2 和 3-4 的配对方式,由此定位的 3-4 配对区正好位于终止密码子的识别区,当这个区域发生破坏自我配对的碱基突变时有利于转录的继续进行^(图 7-22)。

3. 转录的弱化作用

转录的弱化理论认为 mRNA 转录的终止是通过前导肽基因的翻译来调节的。因为在前导肽基因中有两个相邻的色氨酸密码子,所以这个前导肽的翻译必定对 tRNA^{Trp} 的浓度敏感。当培养基中色氨酸的浓度很低时,负载有色氨酸的 tRNA^{Trp} 也就少,这样翻译通过两个相邻色氨酸密码子的速度就会很慢,当 4 区被转录完成时,核糖体才进行到 1 区(或停留在两个相邻的 trp 密码子处),这时的前导区结构是 2-3 配对,不形成 3-4 配对的终止结构,所以转录可继续进行,直到将 trp 操纵子中的结构基因全部转录。而当培养基中色氨酸浓度高时,核糖体可顺利通过两个相邻的色氨酸密码子,在 4 区被转录之前,核糖体就到达 2 区,这样使 2-3 不能配对,3-4 区可以自由配对形成茎–环状终止子结构,转录停止,trp 操纵子中的结构基因被关闭而不再合成色氨酸^(图 7-23)。所以,弱化子对 RNA 聚合酶的影响依赖于前导肽翻译中核糖体所处的位置。已从大肠杆菌和沙门氏菌中陆续发现了不少具有弱化作用的操纵子,它们都具有前导肽,并且前导肽中都富含该操纵子所合成的那种氨基酸。

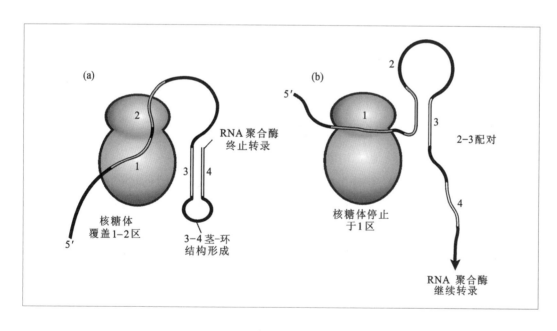

图 7-23 *trp* 操纵子的转录与翻译调控
(a) 高色氨酸时;(b) 低色氨酸时。

4. *trp* 操纵子弱化机制的实验依据

对一个前导区及 *D* 基因缺失的 *trp* 操纵子突变体(*trpΔLD102*)研究发现,该细菌在补充了过量色氨酸的培养基中有高于野生型亲本株系 8 ~ 10 倍的色氨酸合成酶活性,这种去阻遏作用不论在 *trpR⁺* 或 *trpR⁻* 菌株中都存在^(表 7-2)。

从表 7-2 中可以看出前导区的调节作用。*trpΔED53* 的 *L* 区中不缺失弱化子,而 *trpΔLD102 L* 区中缺失弱化子。缺失前导区后的表达比有前导区的表达要高得多,充分说明 *trp* 操纵子的表达调控除阻遏作用外,还受到前导区的影响,失去了这个因素就失去了

表 7–2 *trpL* 缺失突变株与非缺失菌株色氨酸合成酶活性比较(相对单位)

株系	*trpR*+	*trpR*−
Trp*ΔED53*(*trpa*+)	0.17	11.8
Trp*ΔLD102*(*trpa*−)	1.82	100

一个调控机制。

trpL29 是增强终止的突变型,它的前导序列 29 位核苷酸由原来的 G 变为 A,……AUG……→……AUA……,AUG 是前导肽的起始密码,变为 AUA 后便不能起始蛋白质合成,有利于 *trp* mRNA 形成 1–2、3–4 稳定的二级结构,从而增强终止。这一突变型的邻氨基苯甲酸合成酶活性很低,并且对色氨酸不敏感。因为前导肽根本不能翻译下去,即使在色氨酸饥饿条件下仍然不能做出解除终止的反应。

另一个增强终止的突变型是 *trpL75*,其 75 位上的 G 变成了 A。野生型 75 位上的 G 在 2 区内,它可以与 3 区内 118 位上的 C 形成氢键,当 G 变为 A 后,减弱了 2 区和 3 区形成茎–环结构的能力,导致终止增强,*trpL75* 对色氨酸饥饿不能做出反应。此外,缺失了 3′ 端 4 个 U 的突变株 *ΔtrpLC1419*,也导致终止解除,说明 3′ 端 U 对转录终止起作用。

细菌通过弱化作用弥补阻遏作用的不足,因为阻遏作用只能使转录不起始,对于已经起始的转录,只能通过弱化作用使之中途停顿下来。阻遏作用的信号是细胞内色氨酸的多少,弱化作用的信号则是细胞内载有色氨酸的 tRNA 的多少。它通过前导肽的翻译来控制转录的进行,在细菌细胞内这两种作用相辅相成,体现着生物体内周密的调控作用。

细菌中为什么需要有弱化子系统呢? 一般认为,阻遏物从有活性向无活性的转变速度较慢,需要有一个能更快地做出反应的系统,以保持培养基中适当的色氨酸水平。弱化子能较快地通过抗终止的方法来增加 *trp* 基因表达,迅速提高内源色氨酸浓度。

那么,为什么还要有阻遏体系呢? 没有阻遏体系,似乎只有弱化也可以调节色氨酸酶系的合成。目前认为阻遏物的作用是在有大量外源色氨酸存在时,阻止非必需的先导 mRNA 的合成,它使这个合成系统更加经济。事实上,自然界中存在着不同类型的合成体系。组氨酸操纵子拥有在功能上与 *trp* 操纵子完全相同的弱化子结构,但没有阻遏物,它的表达完全受弱化子调节。

7.3.3 *trp* 操纵子的其他调控机制

大肠杆菌中共有 5 个基因参与色氨酸生物合成,构成色氨酸操纵子。其中 *trpG~D* 和 *trpC~F* 为融合基因,翻译出的多肽具有双重功能。有两个启动子(一个位于操纵子 5′,一个位于 *trpG~D* 编码区,称为内源启动子)控制整个操纵子的转录,能够感受色氨酸和无负载的 tRNA^{Trp} 的浓度变化。

枯草杆菌(*Bacillus subtilis*)色氨酸操纵子包括 6 个基因,处于一个 12 个基因的大操纵子内。其他基因控制部分芳香族氨基酸的生物合成。*B. subtilis* 还有第 7 个色氨酸

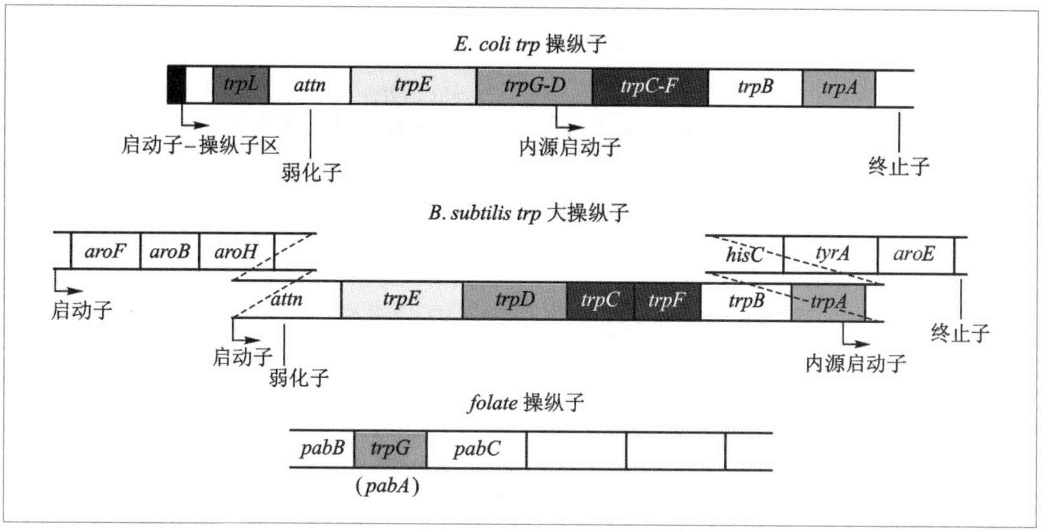

图 7–24 *B. subtilis* 和 *E. coli* 色氨酸操纵子的结构比较

合成基因 *trpG*（又称 *pabA*），位于叶酸操纵子中。翻译出来的 TrpG–PabA 多肽链能发挥两个酶的作用，一个用于色氨酸途径，一个用于叶酸途径。*B. subtilis* 的色氨酸操纵子也有两个启动子区。RNA 聚合酶在任何一个启动子区起始转录都会受到色氨酸和无负载 tRNA^{Trp} 的调控（图 7-24）。

大肠杆菌色氨酸操纵子受到由色氨酸激活的阻遏蛋白的调节作用。一旦转录越过前导区，开始结构基因的转录，又会受弱化子的调控，感受无负载的 tRNA^{Trp} 的变化，使转录机器在前导区附近停止或者继续结构基因的转录。在 *Bacillus subtilis* 色氨酸操纵子中，色氨酸激活 TRAP 调节蛋白并使之与前导 RNA 相结合，形成 RNA 终止子结构终止转录。而无负载 tRNA^{Trp} 的聚集使 TRAP 蛋白失活，从而激活转录和翻译。另外，当无负载 tRNA^{Trp} 的浓度升高时，由 *trpA* 基因编码的 AT 蛋白与 TRAP 蛋白结合，抑制该蛋白形成转录终止复合物从而激活色氨酸操纵子的转录（图 7-25）。

7.4 其他操纵子

7.4.1 半乳糖操纵子

大肠杆菌半乳糖操纵子（galactose operon）在大肠杆菌遗传图上位于 17 min 处，包括 3 个结构基因：异构酶（UDP-galactose-4-epimerase, *galE*）、半乳糖 – 磷酸尿嘧啶核苷转移酶（galactose transferase, *galT*）、半乳糖激酶（galactose kinase, *galK*）。这 3 个酶的作用是使半乳糖变成葡糖 –1– 磷酸。半乳糖操纵子的调节基因是 *galR*，位于遗传图上 55 min 处。*gal* 操纵子与 *lac* 操纵子所不同的是 *galR* 与 *galE*、*T*、*K* 及操纵区 *O* 等的距离都很远，而 *galR* 产物对 *galO* 的作用与 *lacI–lacO* 的作用相同。在 *galR*⁻ 和 *galO*ᶜ 突变体中，*E*、*T*、*K* 基因得到组成型表达。*gal* 操纵子的诱导物主要是半乳糖。图 7-26 是几个相关联操纵子的代谢途径及基因图谱。半乳糖的跨细胞膜运转需要 *galP* 基因产物参与。

图 7–25 *B. subtilis* 中色氨酸操纵子的调控机制

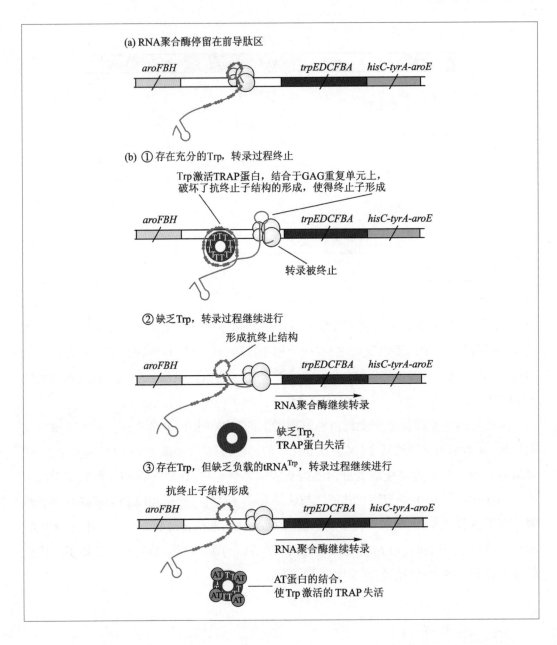

此外，*gal* 操纵子还有两个特点：①它有两个启动子，其 mRNA 可从两个不同的起始点开始转录；②它有两个 *O* 区，一个在 *P* 区上游 –67～–73，另一个在结构基因 *galE* 内部。

1. cAMP–CRP 对 *gal* 启动子的作用

因为半乳糖的利用效率比葡萄糖低，人们猜想葡萄糖存在时半乳糖操纵子不被诱导，但实际上有葡萄糖存在时，*gal* 操纵子仍可被诱导。现已分离到一些突变株，其中一类突变株能在不含葡萄糖的培养基中高水平合成半乳糖代谢酶类（*gal* 结构基因高效表达）；另一类突变株中，*gal* 基因的表达完全依赖于葡萄糖，培养基中如无葡萄糖存在，这些细菌的 *gal* 基因不表达，不合成半乳糖代谢酶类。分析 *gal* 操纵子 *P–O* 区的碱基序列发现有两个相距仅为 5 bp 的启动子，*gal* 操纵子可以从两个启动子分别起始基因转录，每个启动子拥有各自的 RNA 聚合酶结合位点 S_1 和 S_2（图 7-27）。cAMP–CRP 对从 S_1 和 S_2 起始的转录

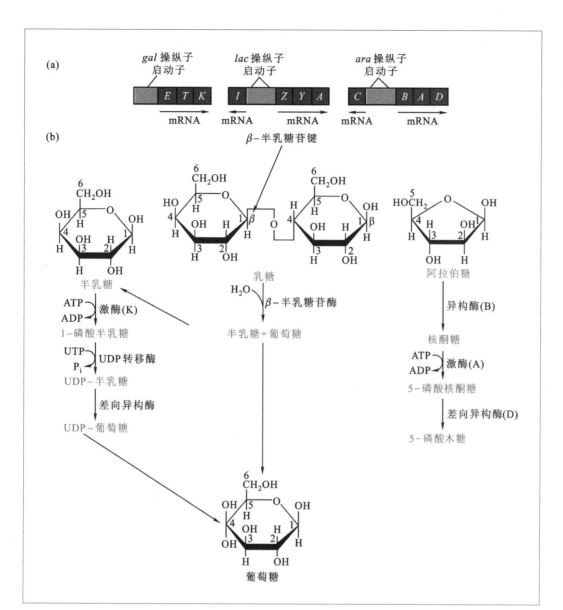

图 7-26 *gal* 操纵子、*lac* 操纵子和 *ara* 操纵子的结构及其代谢途径

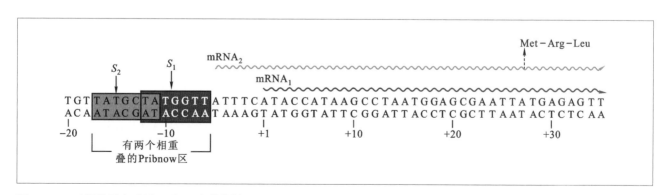

图 7-27 *gal* 操纵子启动区 S_1 和 S_2 序列分析

有不同的作用。

从 S_1 起始的转录只有在培养基中无葡萄糖时才能顺利进行,RNA 聚合酶与 S_1 的结合需要半乳糖、CRP 和较高浓度的 cAMP。当腺苷环化酶突变(cya^-)或 cAMP 受体蛋白突变(crp^-)时,gal 操纵子不能从 S_1 起始转录。此时如在体外系统中加入 cAMP-CRP,就能够诱发从 S_1 起始的转录。体外转录的实验证明,cAMP-CRP 能够刺激 gal 操纵子转录,用含有 gal 操纵子调节区的 DNA 片段作模板进行体外转录时,发现 cAMP-CRP 抑制从 S_2 的转录而刺激从 S_1 的转录。当有 cAMP-CRP 时,转录从 S_1 开始,当无 cAMP-CRP 时,转录从 S_2 开始。

从 S_2 起始的转录则完全依赖于葡萄糖,高水平的 cAMP-CRP 能抑制由这个启动子起始的转录,因此,cAMP-CRP 在 gal 操纵子中所起的调节作用比在 lac 操纵子中更为复杂。大肠杆菌的 cya^- 或 crp^- 突变型不能利用乳糖,但可以利用半乳糖作为唯一碳源。

有一个 gal 启动子突变株,不能利用培养基中的半乳糖,若将此突变株再行突变为 cya^- 或 crp^-,细胞就恢复了利用半乳糖的能力。因为第一次突变失去了从 S_1 起始转录的能力,却不影响从 S_2 起始转录的能力。细胞中 cAMP-CRP 的存在抑制了从 S_2 开始的基因转录,使 gal 操纵子既不能从 S_1 起始又无法从 S_2 起始转录。双重突变后,无论是 cya^- 突变,还是 crp^- 突变,都能移去 cAMP-CRP 对 S_2 的阻遏作用,导致 gal 基因表达,恢复利用半乳糖作为能源的能力。

一般认为,cAMP-CRP 有利于 RNA 聚合酶 $-S_1$ 区复合物形成开链构象,从而起始基因转录。同时,由于 S_1 和 S_2 区的核苷酸部分重叠,这一复合物的存在干扰了 RNA 聚合酶 $-S_2$ 复合物的形成,抑制 S_2 起始的基因转录。

2. 双启动子的生理功能

为什么 gal 操纵子需要两个转录起始位点?这与半乳糖在细胞代谢中的双重功能有关。半乳糖不仅可以作为唯一碳源供细胞生长,而且与之相关的物质——尿苷二磷酸半乳糖(UDPgal)是大肠杆菌细胞壁合成的前体。在生长过程中,细胞必须随时合成差向异构酶,以保证尿苷二磷酸的供应。在没有外源半乳糖的情况下,细胞通过半乳糖差向异构酶(galactose epimerase,$galE$ 基因产物)的作用由 UDP-葡萄糖合成 UDPgal。因为细胞壁合成过程对差向异构酶的需要量很小,本底水平的组成型合成就能够满足细胞生理需要。实际上,gal mRNA 的组成型合成水平已高于 lac 操纵子所合成 lac mRNA 的水平,显然这部分 mRNA 是在没有半乳糖的情况下合成的。

现在设想只有 S_1 一个启动子,那么由于这个启动子的活性依赖于 cAMP-CRP,当培养基中有葡萄糖存在时就不能合成异构酶。假如唯一的启动子是 S_2,那么,即使在有葡萄糖存在的情况下,半乳糖也将使操纵子处于充分诱导状态,这无疑是一种浪费。所以,无论从必要性或经济性考虑,都需要一个不依赖于 cAMP-CRP 的启动子(S_2)进行本底水平的组成型合成,以及一个依赖于 cAMP-CRP 的启动子(S_1)对高水平合成进行调节。这就是说,只有在 S_2 活性完全被 cAMP-CRP 抑制时,调控作用才是有效的。

7.4.2 阿拉伯糖操纵子

阿拉伯糖（arabinose）是另一个可以为代谢提供碳源的五碳糖。在大肠杆菌中阿拉伯糖的降解需要 3 个基因：*araB*、*araA* 和 *araD*，它们形成一个基因簇，简写为 *araBAD*。它们分别编码 3 个酶：*araB* 基因编码核酮糖激酶（ribulokinase），*araA* 编码 L- 阿拉伯糖异构酶（L-arabinose isomerase），*araD* 编码 L- 核酮糖 -5- 磷酸 -4- 差向异构酶（L-ribulose-5-phosphate-4-epimerase）。在 *gal* 操纵子中，基因的排列序列就是代谢途径中酶的作用序列，而这个操纵子却不同，阿拉伯糖的代谢是以 *araA*、*araB*、*araD* 的序列进行的。另外还有两个负责将阿拉伯糖运入细胞的基因，即 *araE* 和 *araF*，它们的位置远离这个基因簇，*araE* 和 *araF* 分别编码一个膜蛋白和一个位于细胞壁与细胞膜之间的阿拉伯糖结合蛋白。

与 *araBAD* 相邻的是一个复合的启动子区域、两个操纵区（O_1，O_2）和一个调节基因 *araC*，这个调节基因的性质与我们已介绍过的 *lac* 及 *gal* 操纵子中的调节基因的性质全然不同。AraC 蛋白同时显示正、负调节因子的功能。在 *lac* 和 *gal* 操纵子中，阻遏蛋白只能作为负调节因子，而 cAMP-CRP 蛋白只能是正调节因子。*araBAD* 和 *araC* 基因的转录是分别在两条链上以相反的方向进行的。在标准的遗传学图谱上，*araBAD* 基因簇从启动子 P_{BAD} 开始向右进行转录，而 *araC* 基因则是从 P_c 向左转录（图 7-28）。

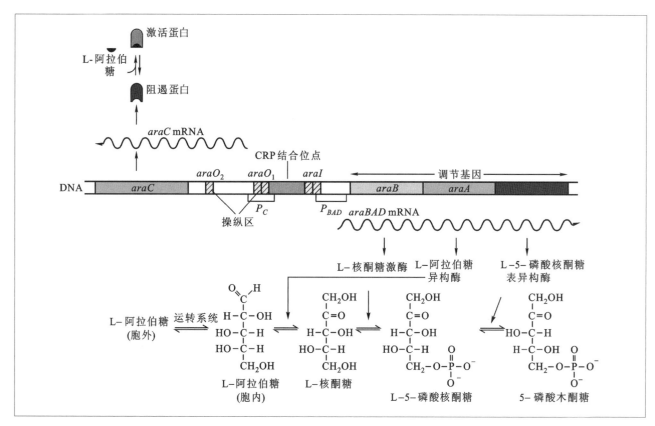

图 7-28　*ara* 操纵子上游调控区序列与功能分析

ara 操纵子也是可诱导的,阿拉伯糖本身就是诱导物。在野生型操纵子中,只有阿拉伯糖存在时才转录出 *araBAD* mRNA,而有葡萄糖存在时则不转录。腺苷酸环化酶缺陷型和 *crp*⁻ 突变株也不形成 *araBAD* mRNA,说明从 P_{BAD} 起始的转录过程也需要 cAMP–CRP。

1. AraC 蛋白的正、负调节作用

AraC 蛋白既是 *ara* 操纵子的正调节蛋白,又是其负调节蛋白[图 7-29]。我们来分析以下实验结果。首先,当 *araC* 基因内发生点突变或缺失突变,会产生不能合成 *araBAD* mRNA 的 *araC*⁻ 突变株。其次,构建基因型为 F'*araC*⁺/*araC*⁻ 的局部二倍体细胞后发现这类细胞中 *ara* 操纵子可以被诱导,说明 *araC*⁻ 等位基因是隐性的。如果 *araC*⁻ 突变体的产物是突变型的阻遏物,那么,*araC*⁻ 对于 *araC*⁺ 来说至少应有部分显性。

遗传学上的其他证据如 *araC* 基因的琥珀突变,也说明 *araC* 基因产物是一种蛋白质,这一点又通过 AraC 蛋白的纯化得到了进一步证实。所以说,*araBAD* mRNA 的合成需要一个有功能的 AraC 蛋白,这个蛋白质与诱导物阿拉伯糖相结合后,诱导 *araBAD* 基因表达[图 7-29]。

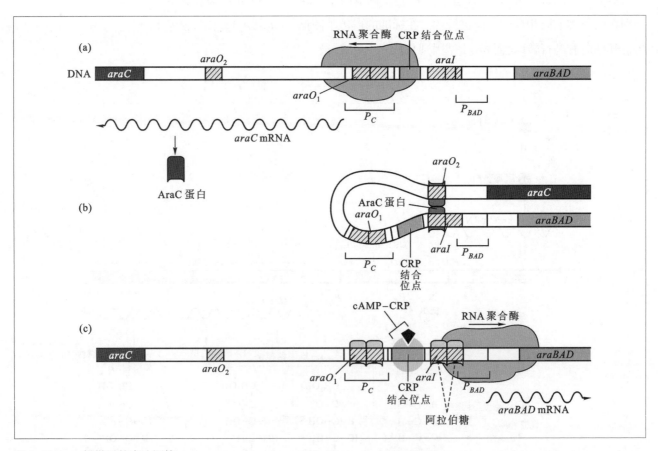

图 7-29 *ara* 操纵子的表达调控

(a) 当细胞内没有 AraC 蛋白时,由 P_c 启动子起始 *araC* 基因转录;(b) 当体系中葡萄糖水平较高,阿拉伯糖水平较低时,AraC 蛋白与操纵区 O_2 以及 *araI* 诱导因子结合区上半区相结合,形成 DNA 回转结构,*ara BAD* 基因不表达;(c) 当体系中有阿拉伯糖但无葡萄糖存在时,AraC 蛋白与阿拉伯糖相结合,改变构象成为激活蛋白,AraC 蛋白同源二聚体分别与 *araO₁* 和 *araI* 区相结合,DNA 回转结构被破坏,RNA 聚合酶在 AraC 蛋白和 cAMP–CRP 的共同作用下起始 P_{BAD} 所调控的结构基因表达。

有实验证明,当 AraC 蛋白以正调控因子作用时,起始转录还需要 cAMP-CRP 的共同参与。在第一个实验里,人们发现当反应体系中只含有 *ara* 操纵子 DNA、RNA 聚合酶、AraC 蛋白及 cAMP-CRP 中的一个成分,*araBAD* mRNA 的转录不能起始,说明只有 AraC 蛋白和 cAMP-CRP 协同作用才能起始 *araBAD* 的转录。在第二个实验里,人们用电镜直接观察 *ara* 操纵子 DNA 分子(这种技术可以看到结合了 RNA 聚合酶的 DNA 分子)发现,除非 AraC 蛋白和 cAMP-CRP 同时存在,RNA 聚合酶一般不能与该操纵子 DNA 相结合。

2. AraC 蛋白的两种形式

AraC 蛋白作为 P_{BAD} 活性正、负调节因子的双重功能是通过该蛋白质的两种异构体来实现的。一般认为,Pr 是起阻遏作用的形式,可以与现在尚未鉴定的类操纵区位点相结合,而 Pi 是起诱导作用的形式,它通过与 P_{BAD} 启动子结合进行调节。推测 Pr 和 Pi 这两种结构处于一种相互平衡之中。在没有阿拉伯糖时,Pr 形式占优势;一旦有阿拉伯糖存在,它就能够与 AraC 蛋白结合,使平衡趋向于 Pi 形式。

3. 营养状况对 *ara* 操纵子活性的影响

图 7-30 是在各种营养状态下 *ara* 操纵子的表达情况。在图 7-30(a)中,培养基含有葡萄糖,cAMP-CRP 没有与操纵区位点相结合,AraC 蛋白处于 Pr 形式并与操纵区 *A* 位点结合,RNA 聚合酶不能与 P_C 结合,*araC* 基因虽然仍有转录,但受到抑制,只有少量 AraC 蛋白形成,整个系统几乎处于静止状态。它虽然不是完全关闭,但是尽可能地关闭了。图 7-30(b)中没有葡萄糖糖,也没有阿拉伯糖,因为没有诱导物,尽管有 cAMP-CRP 与操纵区位点相结合,AraC 蛋白仍以 Pr 形式为主,无法与操纵区 *B* 位点相结合,无

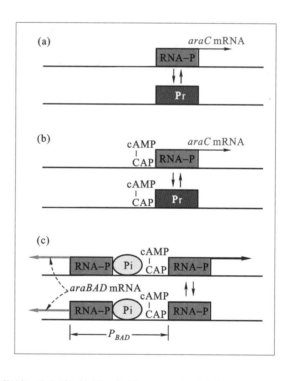

图 7-30　各种营养状态下 *ara* 操纵子的表达调控(RNA-P 代表 RNA 聚合酶)

araBAD mRNA 转录。图 7-30(c)中无葡萄糖,有阿拉伯糖,大量 *araC* 基因产物以 Pi 形式存在,并分别与操纵区 *B*、*A* 位点相结合,在 cAMP-CRP 的共同作用下,*araC* 和 *araBAD* 基因大量表达,操纵子充分激活。

7.4.3　阻遏蛋白 LexA 的降解与细菌中的 SOS 应答

当细菌 DNA 遭到破坏时(如受到紫外线照射),细菌细胞内会启动一个被称为 SOS 的诱导型 DNA 修复系统。研究发现,参与 SOS DNA 修复系统的许多基因虽然分散在染色体的各个部位,但都同时受 LexA 阻遏蛋白的抑制,平时表达水平很低。

图 7-31 大肠杆菌中 LexA 蛋 白 阻 遏 的 SOS DNA 损伤修复系统操纵子的表达调控模式

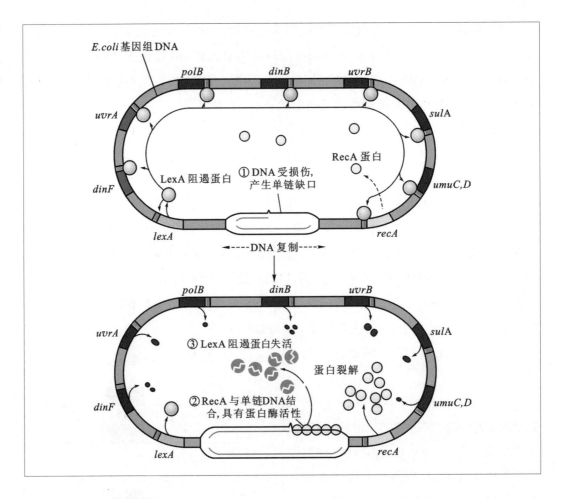

SOS 体系的诱导表达过程其实就是把 LexA 阻遏蛋白从这些基因的上游调控区移开的过程。

一般情况下,recA 基因表达并不完全受 LexA 阻遏,所以,每个细胞中可有 1 000 个 RecA 蛋白单体分散在细胞质中。当 DNA 严重受损时,DNA 复制被中断,单链 DNA 缺口数量增加,RecA 与这些缺口处单链 DNA 相结合,被激活成为蛋白酶,将 LexA 蛋白切割成没有阻遏和操纵区 DNA 结合活性的两个片段,导致 SOS 体系(包括 recA 基因)高效表达,DNA 得到修复(图 7-31)。只要有活化信号存在,该操纵子就一直处于活性状态。当修复完成后,活化信号消失,RecA 蛋白又回到非蛋白水解酶的形式,LexA 蛋白才逐步积累起来,并重新建立阻遏作用。一旦 RecA 蛋白的合成停止,细菌开始生长并进行分裂,RecA 又逐渐地稀释到原先的本底水平。

7.4.4 二组分调控系统和信号转导

细胞生活在不断变化的环境中,温度、pH 和渗透压变化,氧分压变化,营养的变化及细胞浓度的变化等都要求细菌必须随时做出相应的反应以求得生存。前面讨论的诱导和阻遏转录调控系统均是通过环境中的小分子效应物(诱导物或阻遏物)直接与调节蛋白结合进行转录调控,但是在较多情况下,外部信号并不是直接传递给调节蛋白,而是首先通过传感器（sensor）接收信号，然后以不同方式传到调节部位，这个过程就是信号转导（signal transduction）。目前已知的最简单的细胞信号系统称为二组分调控系统（two-components regulatory systems），由两种不同的蛋白质组成：即位于细胞质膜上的传感蛋白（sensor protein）和位于细胞质中的应答调节蛋白（response regulator protein）。因传感蛋白具有激酶活性，所以又称传感激酶。表 7-3 列出了大肠杆菌中存在的各种二组分调控系统。传感激酶常在与膜外环境的信号反应过程中被磷酸化，再将其磷酸基团转移到应答调节蛋白上，磷酸化的应答调节蛋白即成为阻遏蛋白或激活蛋白，通过对操纵子的阻遏或激活作用调控下游基因表达(图 7-32)。

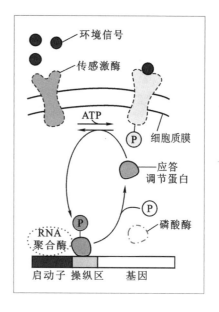

图 7-32　细菌中参与信号转导的二组分调控系统

表 7-3　大肠杆菌中存在的二组分调控系统

刺激信号 / 功能	传感蛋白	应答调节蛋白
氧气缺乏	ArcB	ArcA
渗透压，包被蛋白	EnvZ	OmpR
渗透压，钾离子运输	KdpD	KdpE
磷酸盐清除	PhoR	PhoB
氮代谢	NtrB	NtrC
硝酸盐呼吸作用	NarX	NarL
硝酸盐和亚硝酸盐呼吸作用	NarQ	NarP

7.4.5　多启动子调控的操纵子

1. rRNA 操纵子

大肠杆菌 rRNA 操纵子（$rrnE$）上有两个启动子 P_1 和 P_2(图 7-33)。在对数生长期细菌中，P_1 起始的转录产物比 P_2 起始的产物多 3~5 倍，所以 P_1 是强启动子。但是当细菌处于紧急状态时，如氨基酸饥饿条件下，细胞中 ppGpp 浓度增加，P_1 的作用被抑制。因为 rRNA 是细胞中蛋白质合成机器

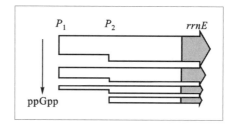

图 7-33　大肠杆菌 $rrnE$ 上有两个启动子（P_1 和 P_2）

随着 ppGpp 浓度增加，P_1 逐渐关闭，而 P_2 活性不变。

核糖体的重要组成部分，不能完全停止供应，由 P_2 起始的 $rrnE$ 基因转录就显得越来越重要。在贫瘠的培养基中，细胞增殖缓慢时，P_2 是合成 rRNA 的主要启动子。

2. 核糖体蛋白 SI 操纵子

与 $rrnE$ 操纵子相类似的有核糖体蛋白 SI 操纵子（$rpsA$），它也受应急反应调节。$rpsA$

图 7-34 DnaQ 蛋白操纵子表达活性受 RNA 聚合酶调节

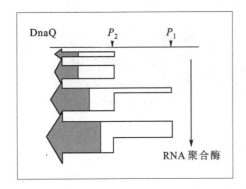

有 4 个启动子,可能是大肠杆菌中启动子最多的操纵子。P_1、P_2 是强启动子,平时主要依靠它们来启动基因的表达,合成 SI 蛋白。P_3、P_4 是弱启动子,只有在紧急情况下,P_1、P_2 启动子受 ppGpp 的抑制,由 P_3、P_4 起始合成的 SI 蛋白维持了生命的最低需要。

3. DnaQ 蛋白操纵子

DnaQ 蛋白是 DNA 聚合酶全酶的亚基之一,其主要功能是校正 DNA 复制中可能出现的错误。已知这一操纵子受 RNA 聚合酶活性的调节,并拥有两个启动子(图 7-34)。在 RNA 聚合酶活性较低时,操纵子的转录由弱启动子 P_2 控制;而 RNA 聚合酶活性较高时,就开始利用强启动子 P_1。因为细胞内 RNA 聚合酶活性与细胞的增殖速度有关,也就是说,在细胞染色体复制比较缓慢时,RNA 聚合酶活性往往较低,此时 DnaQ 蛋白的合成靠弱启动子 P_2 来维持。当细胞增殖速度加快,RNA 聚合酶活性升高时,P_1 就被激活,DnaQ 蛋白的合成就大大增加。

总之,操纵子中有不同的启动子,它们有不同的强度,其启动作用又受不同因子的调控。许多因素相互作用,才使基因表达更加有效,更加协调。在不同的生活环境中,不同的启动子精密地调节基因的表达量,这对维持细菌的生存起着非常重要的作用。

7.5 固氮基因调控

氮是所有生物的基本组成成分,蛋白质、核酸及许多小分子代谢产物都是氮化合物。没有氮,就没有生命。虽然地球大气的 78% 是氮气,但是有能力直接利用这种游离态氮的生物种类却很少,绝大部分生物只能利用化合态氮。固氮是将游离态氮转化为化合态氮的过程。据科学家估计,每年通过雷电等自然现象转化的氮占总固氮量的 5% 左右,人类通过合成氨工业转化的氮占总固氮量的 30% 左右,而总固氮量一半以上是由生物固氮过程贡献的。氮气分子是已知最稳定的双原子分子,打开 N≡N 三键需要大量的能量。人类的合成氨法是在高温高压条件下由催化剂催化将氮气和氢气合成氨气的,每年消耗了人类总能耗的 1%,属于高能耗高污染生产过程。因此,合理有效地利用生物固氮资源可以缓解人类的能源和生态危机。

已经发现的能够固氮的生物都是原核细菌、放线菌和蓝藻。根据这些固氮生物的生活状态可以将它们分为 3 类:第一种是自养(free-living)固氮菌,它们独立生活,利用光合作用或者化能合成的能量支持生物固氮过程;第二种是共生(symbiotic)固氮菌,它们可以和植物形成互相依赖的共生关系,利用植物提供的养料高效固氮,而向植物提供氮化合物,其中研究最广泛的是在豆科植物中形成根瘤的根瘤菌;第三种是联合(associative)固氮菌,它们可以和植物形成比较松散的互利关系,依附在植物根系附近,吸收植物根系分泌的营养成分,回馈氮化合物。

7.5.1　固氮酶

20 世纪 60 年代初期,有科学家将晾干的厌氧微生物芽孢梭菌细胞溶于稀盐溶液中,离心后取上清液,加入 $^{15}N_2$,一定时间后发现反应体系中产生了 $^{15}NH_3$。进一步研究发现,无细胞提取液中的固氮酶活性会很快地完全被空气所破坏。现已查明,所有的固氮生物中都有催化固氮反应的固氮酶,这些固氮酶的结构和功能都很保守。固氮酶催化的反应如下:

$$N_2 + 8e^- + 8H^+ + 16MgATP \longrightarrow 2NH_3 + H_2 + 16MgADP + 16Pi$$

固氮酶由铁蛋白(Fe-protein)和铁钼蛋白(FeMo-protein)两个蛋白质组分构成。铁钼蛋白中一个 α 亚基和一个 β 亚基之间相互作用形成 αβ 异二聚体,铁钼蛋白是由两个 αβ 异二聚体聚合形成的轴对称 $\alpha_2\beta_2$ 异四聚体。每个 αβ 异二聚体结合一个[8Fe-7S]的 P 金属簇和一个铁钼辅因子(FeMo cofactor),铁钼辅因子由一个[7Fe-Mo-9S-X]金属簇的钼原子上连接一个高柠檬酸(homocitrate)构成,其中的 X 原子最近被发现是一个碳原子。铁蛋白是由两个亚基形成的二聚体,每个亚基含有一个 MgATP 结合位点,两个亚基之间由一个[4Fe-4S]金属簇连接。铁蛋白可以和铁钼蛋白的一个 αβ 异二聚体结合,一个固氮酶中包含一个铁钼蛋白异四聚体和两个与之结合的铁蛋白异二聚体。铁蛋白、铁钼蛋白、铁钼辅因子和这些金属簇都是固氮反应不可缺少的。在缺钼条件下,有些固氮生物可以合成铁钒辅因子或者铁铁辅因子代替铁钼辅因子。

固氮酶催化的固氮反应是一个氮还原反应,每还原一个氮气分子,需要传递 8 个电子。首先,铁氧还蛋白和黄素氧还蛋白等电子供体向铁蛋白提供电子,将[4Fe-4S]$^{2+}$ 还原为[4Fe-4S]$^+$。电子从铁蛋白的[4Fe-4S]$^+$ 传递到铁钼蛋白的[8Fe-7S]金属簇,这个过程依赖铁蛋白水解 MgATP,这时铁蛋白会离开铁钼蛋白重新结合 ATP 并接受电子。这步反应每次只传递一个电子,每秒只能传递大约 5 个电子,是固氮反应的限速步骤。在铁钼蛋白中,[8Fe-7S]金属簇向铁钼辅因子传递电子。铁钼辅因子是结合氮分子并催化氮还原反应的活性位点。

在还原氮的同时,固氮酶还有一个次要的活性,它能把氢质子还原成分子氢。这一反应不利于提高固氮酶活性,因为它既消耗了能量又产生了能竞争性抑制固氮活性的氢分子。根瘤菌中有些株系(Hup^+)能通过氢化酶的作用催化氢和氧的结合,从而利用反应中释放的氢。这一反应使得在质子还原过程中丢失的某些 ATP 再生,还有助于除去固氮酶附近的分子氧。

7.5.2　与固氮有关的基因及其表达调控

固氮酶催化氮还原是一个很慢的反应,所以在细菌需要通过固氮反应获得氮源的情况下,细菌需要合成大量的固氮酶。最多时,固氮酶可占细胞总蛋白量的 20%。同时,固氮酶对氧高度敏感,较低的氧分压就能破坏固氮酶的活性。在已经研究的固氮酶中,只有一种高温环境的固氮菌携带的固氮酶是耐受氧的。为了防止氧损害固氮酶造成资源浪费,固氮菌有一套响应氧浓度的基因调控机制。另外,反应产物氨的浓度也会影响固氮酶基因的表达。

1. NifA 和 σ⁵⁴ 共同激活固氮酶基因的转录

固氮酶系统中包含许多基因:编码固氮酶各个蛋白质组分的基因、参与各种金属簇和辅因子合成的基因,以及一些编码转录调控因子基因。固氮酶基因(*nif*)的转录是由 NifA 和 σ⁵⁴ 因子共同激活的。*nif* 基因转录所依赖的 σ⁵⁴ 因子与其他 σ 因子都不一样,它识别和结合的是 DNA 上 –24 和 –12 区。NifA 蛋白由 3 个结构域组成,C 端的 HTH 型 DNA 结合结构域可以识别并结合 *nif* 操纵子的上游激活位点(UAS,upstream activator sequences);中间是保守的 AAA⁺ ATP 酶活性结构域,可以结合并水解 ATP,并且可以与 RNA 聚合酶(RNAP)及 σ⁵⁴ 相互作用,使 NifA 聚合成多聚体;N 端是调控结构域主要负责 NifA 活性的调控。σ⁵⁴ 也称为 RpoN 因子,是 RNA 聚合酶全酶的组分之一,主要作用是与 NifA 或 NtrA 相互作用后,使 RNA 聚合酶定位在固氮基因的启动子区域。NifA 的多聚体结合到 UAS 位点,同时与 RNA 聚合酶的 σ⁵⁴ 因子结合,影响了 σ⁵⁴ 因子的构象并使 DNA 解链形成开放式转录起始复合物,激活 *nif* 基因转录。这个过程依赖于 ATP 的水解^(图7-35)。

2. 固氮基因调控体系中的级联调控模式

固氮基因的表达主要由 NifA 和 σ⁵⁴ 共同在转录水平上调控,而 NifA 的活性和表达水平又受其他调控因子的调节,因此,整个固氮基因调控体系是一个级联调控体系。图 7-36 显示了克氏肺炎杆菌中的级联调控。*nifL* 和 *nifA* 基因位于同一个操纵子。在缺氧环境下,

图 7-35　NifA 激活
nif 基因转录

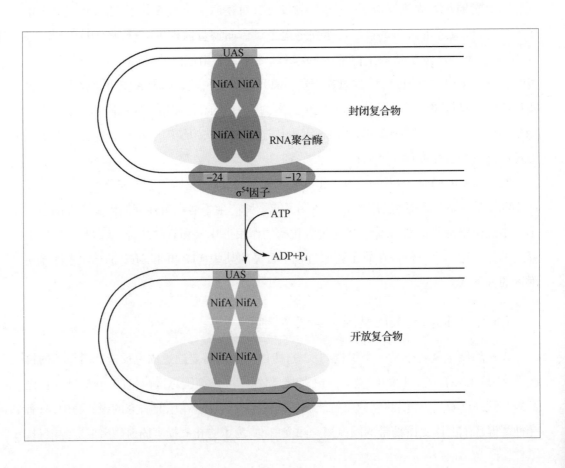

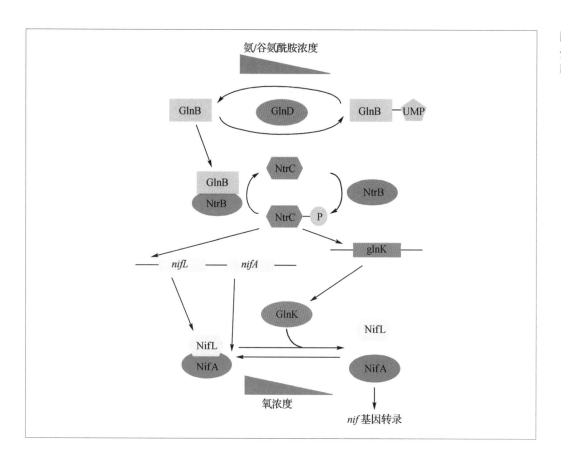

图 7-36 固氮基因受到氧浓度和氨浓度影响的级联调控

NifL 不能结合 NifA；在有氧环境下，NifL 可以结合 NifA 并抑制 NifA 的 ATP 酶活性，遏制 *nif* 基因转录。除了氧浓度，细胞中氨的浓度也会影响固氮基因的表达。NtrC 蛋白是 *nifA* 操纵子的激活因子，它的结构和功能类似 NifA，结合上游 DNA 并与 RNA 聚合酶的 σ^{54} 因子相互作用。当 NtrC 被磷酸化，可使 DNA 解链形成开放复合物并起始转录。细胞中谷氨酰胺的浓度与游离氨的浓度呈正相关，当谷氨酰胺浓度低时，*glnD* 编码的尿苷转移酶能够将尿甘酸（UMP）转移到 GlnB 和 GlnK 蛋白上。此时，NtrB 使 NtrC 磷酸化，*nifA* 操纵子被 NtrC 激活；谷氨酰胺浓度高时，GlnB 和 GlnK 蛋白都不发生尿苷化，GlnB 结合 NtrB 并使 NtrC 去磷酸化，*nifA* 操纵子被关闭。另外，氧浓度低时，不带 UMP 的 GlnK 会抑制 NifL 结合 NifA，保证 NifA 激活 *nif* 基因表达。NifL 是 NifA 的负调控因子，仅在部分固氮菌中存在，*nifL⁻* 型固氮菌的 NifA 则不受 NifL 的调控。例如深红红螺菌（*Rhodospirillum rubrum*）、草螺菌（*Herbaspirillum seropdicae*）和巴西固氮螺菌（*Azospirillum brasilense*）等固氮菌的 NifA 在氮匮乏时由 GlnB 负责激活；茎瘤固氮根瘤菌（*Azorhizobium caulinodans*）的 NifA 在氨富余时受到 GlnB 及 GlnK 的抑制。不同固氮生物中的调控模式在细节上有很大差异，但是基本上都是响应氧浓度和氨浓度的级联调控模式。

7.5.3 根瘤的产生以及根瘤相关基因的调控

1. 根瘤的产生

根瘤菌在豆科植物根际的生长以及与宿主植物根毛幼嫩部位的接触是感染发生的第

一步。通常情况下,根瘤菌特定小种的宿主范围都是很狭窄的,如 *Rhizobium trifolii* 主要感染三叶草,*R. phaseoli* 主要感染菜豆,*R. Leguminosarum* 主要感染豌豆 (表 7-4)。当然,每个小种中可能有些株系能感染宿主以外的其他豆科植物。

表 7-4　感染各种植物的不同根瘤菌

主要类群	根瘤菌名	宿主植物
苜蓿类	*R. meliloti*	苜蓿
三叶草类	*R. trifolii*	三叶草
豌豆类	*R. leguminosarum*	豌豆、某些菜豆及扁豆
菜豆类	*R. phaseoli*	菜豆
黄芩类	*R.loessense*	黄芩
羽扇豆类	*B. lupine*	羽扇豆
大豆类	*B. japonicum*	大豆
豇豆类	*Cowpea rhizobia*	花生、豇豆、金合欢属

根瘤菌细胞以极性的方式与根毛接触,并附着到植物细胞上。这种接触的专一性是由植物凝血素和细菌细胞壁之间的相互作用所决定的。植物凝血素是由植物细胞所产生的一种糖蛋白,它对含有半乳糖、N-乙酰葡糖胺和甘露糖的寡聚糖复合体具有糖类结合特异性,对糖基有很高的亲和力与专一性,现已鉴定出根瘤菌细胞壁上的一种脂多糖组分很可能就是植物凝血素的受体。有实验表明,根瘤菌能产生一定量的寡聚糖来刺激植物凝血素的分泌,由基因型所决定的根瘤菌宿主范围,可能受到植物基因组的影响,因为特定的植物凝血素只能识别特定的细菌表面受体。

2. 豆血红蛋白及根瘤素基因的调控

豆血红蛋白(leghemoglobin,Lb)在体内的主要功能是调节根瘤细胞氧含量,它是根瘤细胞中植物基因组编码的最主要的蛋白质,其血红素辅基可能是由细菌编码的。脱辅基后的 Lb 蛋白相对分子质量为 $1.56 \times 10^4 \sim 1.59 \times 10^4$。已经发现存在 4 种不同的 Lb 异构体(Lba、Lbc1、Lbc2 和 Lbc3),它们在氨基酸序列上虽然只有微小差异,但仍然由不同的基因编码。分析 *Lba* 和 *Lbc* 基因的核苷酸序列表明,它们的读码框中插入了 3 个长短不一的内含子,因此这些基因的总长度不一样。氨基酸序列分析证实,Lb 与动物肌红蛋白存在同源性。

除了 Lb 以外,至少还有 20 种其他多肽是由植物基因组编码但只在根瘤菌诱导的细胞中得到表达,这些蛋白质(包括 Lb)统称根瘤素(nodulin)。科学家通过被 *B. juponicum* 感染的大豆根瘤细胞对根瘤素进行了详细的研究,并根据其生理功能将其分为 3 类:第一类是根瘤结构蛋白;第二类是负责将类菌体固定的氮素同化并转移到植物体内的酶系统;第三类是维持类菌体功能所必需的蛋白质。Lb 就属于第三类根瘤素,它在根瘤固氮体系中起着不容忽视的作用,因为细胞内氧浓度一般都在数百微摩尔左右,而固氮酶只能在几十纳摩尔 O_2 浓度下才能正常工作,这对矛盾就是依靠 Lb 得到解决的。如果将细胞内 O_2 浓度降低到几十纳摩尔以下,呼吸系统的主要酶类早已停止了反应,根本不可能为细胞的生命活动提供能量。Lb 对 O_2 有极高的亲和力,它与大量自由 O_2 相结合,既大大降低了自由 O_2 浓度,又能将分子氧直接输送到呼吸链,真可谓一石二鸟,天衣无缝 (表 7-5)。

表 7-5　大豆根瘤细胞内氧浓度变化分析

	类菌体周膜空间	含类菌体的宿主细胞质
Lb 含量	300 μmol/L	3 000 μmol/L
Lb 氧化程度	20%	20%
氧吸附量	60 μmol/L	600 μmol/L
自由氧浓度	11 nmol/L	11 nmol/L
吸附氧 / 自由氧	5 500	55 000

曾有人用大豆根瘤特异性 cDNA 进行选择性杂交,并利用与多核糖体相结合的多腺苷化 RNA 进行体外翻译,发现每一个含类菌体的根瘤细胞内可有 600 000 个与核糖体相结合的 mRNA 分子,其中大约有 90 000 个 (15%) 是 Lb mRNA 分子。总之,共生固氮是一个很有意思的体系。人类虽然不一定能在不久的将来使禾谷类植物固氮,但对豆科植物与固氮菌的相互识别及固氮基因调控因子的研究,却一定可以更加丰富我们对植物和微生物界的认识。

7.6　转录水平上的其他调控方式

转录过程涉及转录机器附着于 DNA,识别启动子序列,起始 RNA 的合成、延伸和终止。转录的任何一步都受到调控,其中某些步骤是主要的调控点,比如 RNA 转录的起始相对延伸和终止来说。自然选择使得生物的调控策略达到最优化。转录过程的调节是生物基因表达调节最有效的方式。

7.6.1　σ 因子的调节作用

参与大肠杆菌中基因表达调控最常见的蛋白质可能是 σ 因子。对大肠杆菌基因组序列进行分析后发现至少存在 7 种 σ 因子,并根据其相对分子质量的大小或编码基因进行命名 (表 7-6),其中 σ^{70} 参与最基本的生理功能基因的转录调控,如碳代谢、生物合成等。

表 7-6　大肠杆菌中的各种 σ 因子比较

σ 因子	编码基因	主要功能
σ^{70}	RpoD	参与对数生长期和大多数碳代谢过程基因的调控
σ^{54}	RpoN	参与多数氮源利用基因的调控
σ^{38}	RpoH	分裂间期特异基因的表达调控
σ^{32}	RpoS	热休克基因的表达调控
σ^{28}	RpoF	鞭毛趋化相关基因的表达调控
σ^{24}	RpoE	过度热休克基因的表达调控
σ^{19}	FecL	参与调节铁离子转运相关基因的表达调控

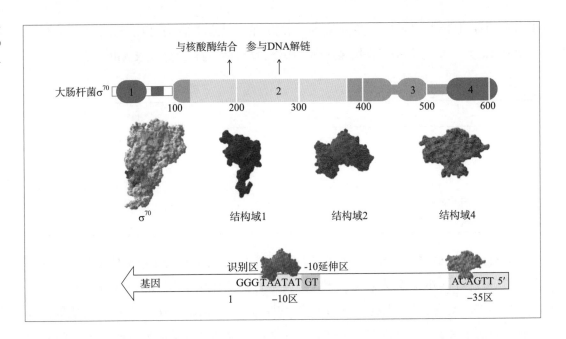

图 7-37 大肠杆菌中的 σ 因子(以 σ^{70} 为例)主要包括 4 个结构域

除参与氮代谢的 σ^{54} 以外,其他 5 种 σ 因子在结构上具有同源性,所以统称 σ^{70} 家族。研究发现,所有 σ 因子都含有 4 个保守区^(图 7-37),其中第 2 个和第 4 个保守区参与结合启动区 DNA,第 2 个保守区的另一部分还参与双链 DNA 解开成单链的过程。与上述 σ 因子特异性结合 DNA 上的 –35 区和 –10 区不同,σ^{54} 因子识别并与 DNA 上的 –24 和 –12 区相结合^(图 7-38)。在与启动子结合的顺序上,σ^{70} 类启动子在核心酶结合到 DNA 链上之后才能与启动子区相结合,而 σ^{54} 则类似于真核生物的 TATA 区结合蛋白(TATA-binding protein,TBP),可以在无核心酶时独立结合到启动子上。大肠杆菌中主要是 σ^{70} 因子参与转录调控,在特定的情况下,其他 σ 因子也可取代 σ^{70} 因子,引导 RNA 聚合酶开启特定的基因转录。例如大肠杆菌面临高温环境时,细胞中参与热休克基因调控的 σ^{32} 因子的数量会迅速增加。这些 σ^{32} 因子会替代一部分 RNA 聚合酶中的 σ^{70} 因子,引导这些 RNA 聚合酶到热休克基因的启动子上,激活热休克基因的转录。

不同的 σ 因子可以独立地起作用,但是,为了保证细胞准确响应不同的环境信号变化,σ 因子之间常常交互作用构成网络调控模式,使得原核基因的表达稳定而平衡。σ 因子本身的活性受到蛋白水解酶的调控,也能被同源的抗 σ 因子失活。这些抗 σ 因子能够与特定的 σ 因子结合,阻止它们与 RNA 聚合酶组装。

图 7-38 σ^{70} (a) 和 σ^{54} (b) 因子识别并结合在所调控基因上游的不同区域

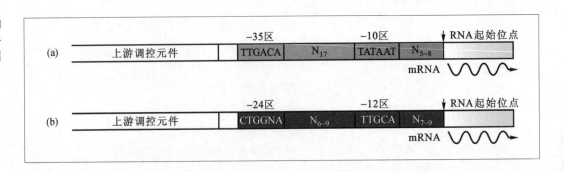

图 7-39　σ^F 的两种
存在形式

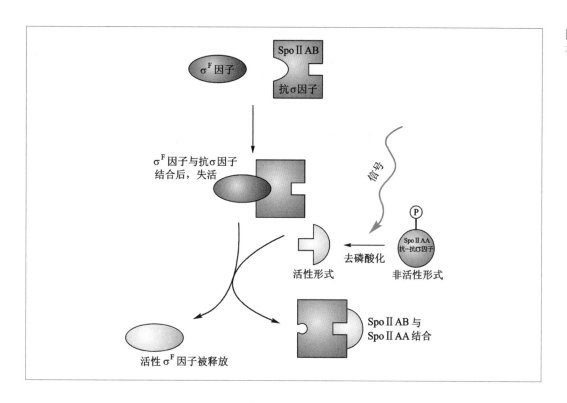

营养物缺乏时,革兰氏阳性菌 *Bacillus* 会形成孢子来度过困难时期。其孢子的形成需要 4 种不同的 σ 因子。σ^E 和 σ^K 存在于母细胞中,一旦开始形成孢子就产生 σ^F 和 σ^G。σ^E 和 σ^K 先以非活性的前体形式被合成,经过特定的蛋白酶作用转变成活性形式。σ^F 也是以非活性形式(与抗 σ 因子 Spo II AB 结合)存在于孢子中,环境刺激导致 Spo II AA 抗 - 抗 σ 因子去磷酸化,并特异性地与抗 σ 因子 Spo II AB 结合,释放出有活性的 σ^F(图 7-39)。活性 σ^F 促使早期孢子形成相关基因(包括 σ^G 和需要进入母细胞中降解前体 σ^E 蛋白酶基因)的转录。活性 σ^G 主要激活后期孢子形成相关基因和需要进入母细胞中降解前体 σ^K 的蛋白酶基因的转录。

7.6.2　组蛋白类似蛋白的调节作用

细菌中存在一些非特异性的 DNA 结合蛋白,用来维持 DNA 的高级结构,被称为组蛋白类似蛋白(histone-like proteins)。细菌中的 H-NS 蛋白,就以非特异性的方式结合 DNA,维持其高级结构。H-NS 包含 2 个结构域,一个 DNA 结合结构域和一个蛋白质 - 蛋白质相互作用结构域。H-NS 先结合到 DNA 上,然后通过蛋白质 - 蛋白质相互作用形成四聚体或者多聚体,帮助维持 DNA 的高级结构。另外,H-NS 与大肠杆菌基因组上分散的大量基因的调控区有较高的亲和性,这些基因大都与环境条件的变化有关。H-NS 非特异性结合在这些 DNA 上,抑制这些基因的转录。这些基因的转录激活需要特定的转录因子参与。

7.6.3　转录调控因子的作用

能够与基因的启动子区相结合,对基因的转录起激活或抑制作用的 DNA 结合蛋白被称之为转录调控因子。大肠杆菌基因组中有 300 多个基因编码这样的蛋白质,它们大多数是序列特异性的 DNA 结合蛋白,能够与特定的启动子结合。有些能够调控大量基因的表达,而有些仅调控一两个基因的表达。转录调控因子 CRP、FNR、IHF、Fis、ArcA、NarL 和 Lrp 调控了 50% 基因的表达,而约有 60 个转录因子仅能特异性结合一两个启动子。有些转录因子对某个基因起激活作用,却对另一个基因起抑制作用。有些转录因子对同一基因也能发挥两种不同的作用,如 AraC 蛋白在结合阿拉伯糖前后就分别起着抑制和激活阿拉伯糖操纵子基因转录的作用。许多基因的启动子区有多个转录调控因子的结合位点,这些转录调控因子的共同作用才能使 RNA 聚合酶顺利地结合在 DNA 上起始基因转录的过程。

7.6.4 抗终止因子的调节作用

抗终止因子是能够在特定位点阻止转录终止的一类蛋白质。当这些蛋白质存在时,RNA 聚合酶能够越过终止子,继续转录 DNA。这种基因表达调控机制主要见于噬菌体和少数细菌中。在 RNA 聚合酶到达终止子之前与抗终止因子结合,因为在终止子上游存在抗终止作用的信号序列,只有与抗终止因子相结合的 RNA 聚合酶才能顺利通过具有茎 – 环结构的终止子,使转录继续进行(图 7-40)。

参与大肠杆菌抗终止作用的蛋白是 Nus 蛋白。转录起始不久,σ 因子从 RNA 聚合酶上解离下来,NusA 蛋白就结合到了核心 RNA 聚合酶上。NusA 的结合增加了 RNA 聚合酶在终止子发夹结构处暂停的过程,从而促进抗终止作用的发生。NusA 和 σ 因子不能同时结合到 RNA 聚合酶上。只要 RNA 聚合酶结合在 DNA 上,NusA 就不会从 RNA 聚合酶上解离,而 σ 因子可以取代游离 RNA 聚合酶上的 NusA,因此,在转录起始和终止的过程中 RNA 聚合酶分别受到 σ 因子和 NusA 的调控。大肠杆菌核糖体 RNA 编码基因 *rrn* 的转录就是抗终止转录的典型。当结合有 NusA 的 RNA 聚合酶遇到 boxA 终止序列时,NusB/S10 抗终止因子在 NusG 的帮助下与 RNA 聚合酶相结合,实现抗终止(图 7-41)。

图 7-40 抗终止因子的通读作用

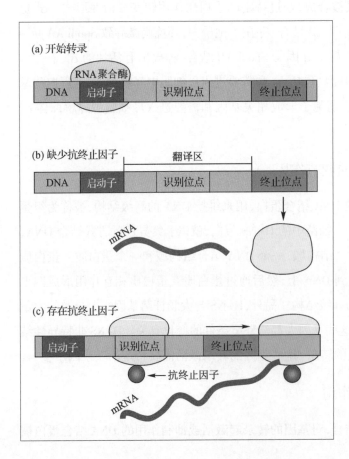

(a) 开始转录

(b) 缺少抗终止因子

(c) 存在抗终止因子

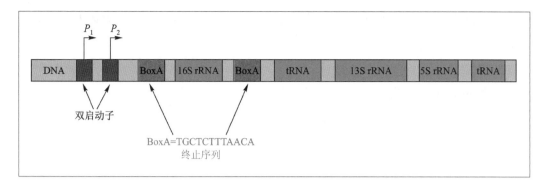

图 7-41 抗终止子
参与大肠杆菌 *rrn*
基因转录的调控

当结合有 NusA 的 RNA
聚合酶遇到 BoxA 终
止序列时，NusB/S10
抗终止因子可在 NusG
的作用下与 RNA 聚
合酶结合，实现抗
终止。

7.7 转录后调控

基因表达的转录调控是生物最经济的调控方式——既然用不着某种蛋白质，就用不着转录了。但转录生成 mRNA 以后，再在翻译或翻译后水平进行"微调"，是对转录调控的补充，它使基因表达的调控更加适应生物本身的需求和外界条件的变化。

7.7.1 mRNA 自身结构元件对翻译的调节

1. 起始密码子

原核生物的翻译要靠核糖体 30S 亚基识别 mRNA 上的起始密码子 AUG，以此决定它的开放读码框，AUG 的识别由 fMet–tRNA 中含有的碱基配对信息（3′–UAC–5′）来完成。原核生物中还存在其他可选择的起始密码子，14% 的大肠杆菌基因起始密码子为 GUG，3% 为 UUG，另有两个基因使用 AUU。这些不常见的起始密码子与 fMet–tRNA 的配对能力较 AUG 弱，从而导致翻译效率的降低。有研究表明，当 AUG 被替换成 GUG 或 UUG 后，mRNA 的翻译效率降低了 8 倍。

2. 5′ 非翻译区（5′ UTR）

遗传信息翻译成多肽链起始于 mRNA 上的核糖体结合位点（ribosome binding site，RBS），一般是起始密子 AUG 上游的包括 SD 序列在内的一段非翻译区，该序列与核糖体 16S rRNA 的 3′ 端互补配对，促使核糖体结合到 mRNA 上，有利于翻译起始。RBS 的结合强度取决于 SD 序列的结构及其与起始密码 AUG 之间的距离。SD 与 AUG 之间相距一般以 4 ~ 10 个核苷酸为佳，9 个核苷酸为最佳。

此外，mRNA 的二级结构也是翻译起始调控的重要因素。因为核糖体的 30S 亚基必须与 mRNA 结合，要求 mRNA 5′ 端有一定的空间结构。SD 序列的微小变化，往往会导致表达效率上百倍甚至上千倍的差异，这是由于核苷酸的变化改变了形成 mRNA 5′ 端二级结构的自由能，影响了核糖体 30S 亚基与 mRNA 的结合，从而造成了蛋白质合成效率上的差异。例如，*lacI* mRNA 是在弱启动子的控制下组成型合成的，其 5′ UTR 的 RNA 序列不利于核糖体的结合，导致 *lacI* mRNA 只能低效地翻译出少量 LacI 蛋白，保证每个细胞里通常只有大约 10 个 LacI 阻遏蛋白的四聚体存在。*lacI* 转录和 LacI 蛋白翻译总是维持在低水平,这就保证了细菌在遇到乳糖时能够很快产生足够的诱导物来解除阻遏状态。

3. 核糖开关

有些 mRNA 还含有一种名为核糖开关(riboswitch)的表达调控元件。核糖开关是一段具有复杂结构的 RNA 序列,在原核生物中通常位于 mRNA 的 5′ UTR 区域。与其他调控元件不同,核糖开关能够感受细胞内诸如代谢物浓度、离子浓度、温度等的变化而改变自身的二级结构和调控功能,从而改变基因的表达状态。核糖开关可能通过影响转录的起始、延伸和终止,或者通过控制核糖体与 mRNA 的结合,或者通过调节 mRNA 的稳定性来调控基因表达。在真核生物中,核糖开关还会通过控制 mRNA 的剪接来调控基因表达。

在枯草杆菌(*Bacillus subtilis*)中,许多参与甲硫氨酸途径的基因在 5′ UTR 有一段大约 200 bp 的 RNA 被认为是 SAM 感受型核糖开关(SAM-sensing riboswitch)。在一些基因中,如图 7-42(a),核糖开关在没有结合 SAM 时,RNA 的二级结构使得核糖体结合位点(RBS)被暴露在外,核糖体结合到 mRNA 上开始翻译蛋白质;而一旦结合了 SAM,核糖开关的二级结构发生改变,与核糖体相结合的 RBS 位点被封闭,蛋白质翻译就被抑制。而在另一些基因中,SAM 感受型核糖开关一旦结合了 SAM,就会在编码区上游产生转录终止的构象,提前终止转录(图 7-42(b))。

枯草杆菌的 *glmS* 基因编码一种合成葡糖胺 -6- 磷酸(glucosamine-6-phosphate,GlcN6P)的酶,在 *glmS* mRNA 的 5′ UTR 序列中有一段核酶(ribozyme)结构。没有 GlcN6P 结合该核酶时,*glmS* mRNA 可以正常翻译出蛋白质;而当翻译得到的酶催化 GlcN6P 合

图 7-42 SAM 感受型核糖开关

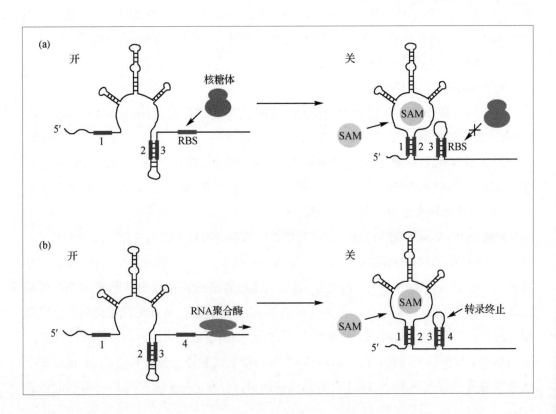

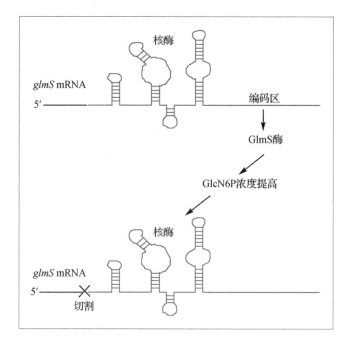

图 7-43　核酶型核糖开关

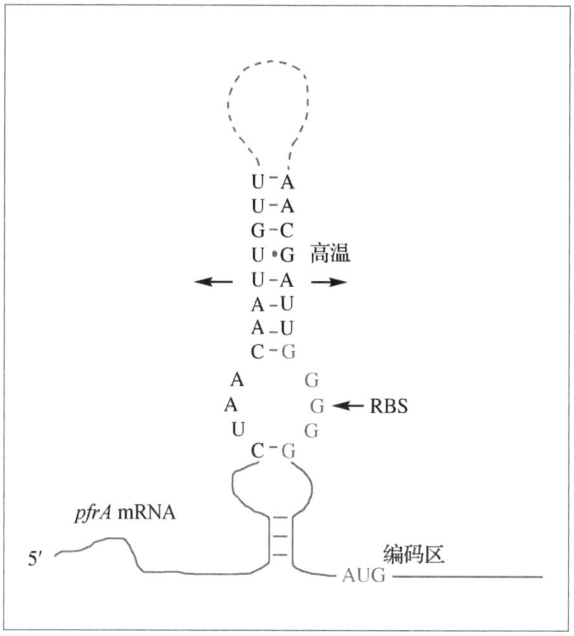

图 7-44　热敏型核糖开关

成反应,提高了细胞中 GlcN6P 的浓度时,GlcN6P 就与核酶相结合,有活性的核酶会切割 *glmS* mRNA,阻止蛋白质翻译[图 7-43]。

有些核糖开关不受代谢物调节,但受到其他因素的影响。如单核增生性李斯特菌 (*Listeria monocytogenes*) *pfrA* 基因的 5′ UTR 有一段被称为热敏 RNA(thermosensor RNA) 的发夹结构封闭了 RBS 位点。当温度由 30℃升高到 37℃时,发夹结构会打开释放出 RBS 位点,使 *pfrA* 基因的表达水平提高 5 倍[图 7-44]。

7.7.2　mRNA 稳定性对转录水平的影响

所有细胞都有一系列核酸酶,用来清除无用的 mRNA。一个典型的细菌 mRNA 半衰期为 2 ~ 3 min。mRNA 分子被降解的可能性取决于它们的二级结构。大肠杆菌有一个 CsrAB 调节系统。CsrA 为一个 RNA 结合蛋白,CsrB 是一个非编码的 RNA 分子。CsrA 可以结合到受其调控的 mRNA 上,也可以与 CsrB 的 RNA 分子相结合。每个 CsrB RNA 分子最多可结合 18 个 CsrA 蛋白。

在静止期细菌细胞内,糖以糖原的形式被储藏起来;在细胞快速生长周期,通过糖酵解途径消耗糖,这两个过程的平衡就是由 CsrAB 调节系统来完成的。CsrA 蛋白可激活糖酵解过程并抑制葡萄糖和糖原的合成。在糖原合成途径中,如果 CsrA 蛋白结合到 *glg* 基因的 mRNA 分子上,该 mRNA 分子就易于受核酸酶攻击,其降解过程加快,其作为蛋白质合成模板的功能就受到抑制[图 7-45]。

7.7.3　调节蛋白的调控作用

细菌中有些 mRNA 结合蛋白可激活靶基因的翻译。大肠杆菌 BipA 蛋白就具有依赖

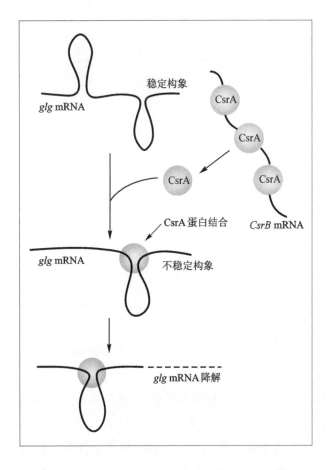

图 7-45 CsrA 蛋白调控 *glg* mRNA 的稳定性

于核糖体的 GTP 酶活性,能够激活转录调控蛋白基因 *fis* mRNA 的翻译,是 fis 蛋白质合成所必需的。

相反,mRNA 特异性抑制蛋白则通过与核糖体竞争性结合 mRNA 分子来抑制翻译的起始。大肠杆菌中核糖体蛋白就存在翻译抑制现象。rRNA 基因正常转录和翻译,产生核糖体蛋白,由于这些蛋白质与 rRNA 分子的亲和力较强,只要细胞中有足够的 rRNA 分子,核糖体蛋白就不会结合到自身 mRNA 分子上。当细胞中缺乏足够的 rRNA 分子时,核糖体蛋白只能结合到自身 mRNA 分子上,导致该 mRNA 的 RBS 位点被封闭,蛋白质合成停止(图 7-46)。这种机制保证了 rRNA 和核糖体蛋白在数量上的平衡。

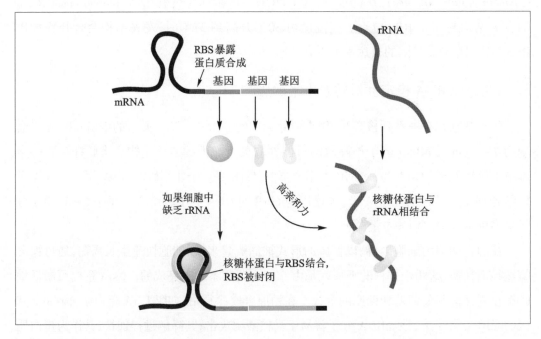

图 7-46 核糖体蛋白对自身 mRNA 翻译的抑制作用

7.7.4 小 RNA 的调节作用

RNA 调节是原核生物基因表达转录后调节的另一种重要机制。细菌响应环境压力(氧化压力、渗透压、温度等)的改变,会产生一些长度在 50 ~ 500 nt 之间的非编码小 RNA 分子。这些小 RNA 能结合 mRNA 或蛋白质,通过改变靶 mRNA 的稳定性,影响蛋白质 –RNA 的结合或者 mRNA 的翻译来调节基因表达。原核细胞中的非编码 RNA 称为非编码小 RNA(small non–coding RNA)即 sRNA。原核生物 sRNA 以反式编码 sRNA 为主,并且大部分都需要 RNA 分子伴侣 Hfq 蛋白的协助来发挥作用,主要是通过不严格的碱基互补配对与靶 mRNA 结合,抑制或促进靶 mRNA 的翻译,加速或减缓靶 mRNA 的降解。

细菌铁蛋白用来储存细胞中过剩的铁离子。*bfr* 基因编码细菌铁蛋白,而 *anti-bfr* 基因编码反义 RNA。培养基中铁离子浓度较低时,不需要细菌铁蛋白;当铁离子浓度升高时,就需要细菌铁蛋白行使功能。然而,细胞中无论铁离子浓度高低,*bfr* 基因都正常转录成 mRNA,而 *anti-bfr* 基因的转录却受到能够感应铁离子浓度变化的 Fur 蛋白的调控。细胞中铁离子过多时,Fur 蛋白作为抑制因子起作用,关掉与铁摄取有关的众多操纵子,包括 *anti-brf* 基因的表达,使 *bfr* 基因能正常翻译出细菌铁蛋白,储存过剩的铁离子。在铁离子浓度低时,*anti-bfr* 基因转录产生大量反义 RNA,与 *bfr* mRNA 配对,阻止细菌铁蛋白基因的翻译(图 7–47)。

此外,大肠杆菌中受氧化压力诱导产生的 *OxyS* 和受低温诱导产生的 *DsrA* 基因也可以反式编码 sRNA 的方式调控多个基因的翻译。OxyS 可以与 fhlA(编码细菌甲酸盐代谢中的转录激活蛋白)mRNA 的核糖体结合位点的部分序列配对,也可以与 fhlA 编码序列中的特定序列配对,阻止核糖体的结合从而抑制 *fhlA* mRNA 的翻译。DsrA 可以通过促进编码胁迫相关 σ 因子 *rpoS* 基因的翻译和克服类核相关的 H–NS 蛋白的转录沉默来调节转录和翻译。在大肠杆菌中,DsrA 主要有两种形式,一种是全长转录形式(full–length transcript,Fform),一种是被截短的转录形式(truncated transcript,Tform),这两种形式的比例会随着温度的变化而存在差异。当温度较低时候,DsrA 以 F 形式为主。*DsrA* RNA 具有 3 个茎 – 环,其第一个茎 – 环结构具有 85 个核苷酸,对于 *rpoS* 的翻译是必须的,而对于抗 H–NS 活性则是不必要的而第二个茎 – 环对于抗沉默是必需的。第三个茎 – 环结构为转录终止子,可被 *trp* 转录终止子取代而不丧失 DsrA 功能。DsrA 的第一个茎 – 环区域可以借助 Hfq 蛋白与 *rpoS* mRNA 的前导序列互补配对,导破坏了 *rpoS* mRNA 核糖体结

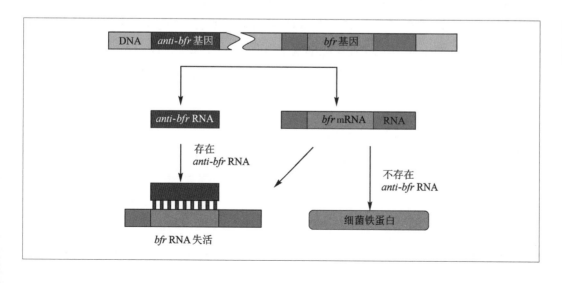

图 7–47 反义 RNA 对 *bfr* 基因翻译的抑制作用

图 7-48　反式编码 sRNA 结合在靶 mRNA 的茎–环结构上，使茎–环结构打开，促进靶 mRNA 翻译

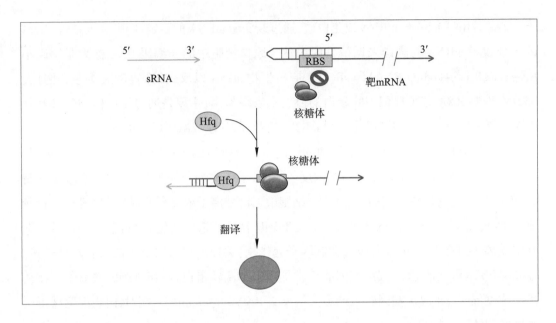

合位点序列处的茎–环结构，释放核糖体结合位点，激活 mRNA 的翻译^{（图 7-48）}，促进 σ 因子的表达，这表明 DsrA 与 *rpoS* mRNA 的配对可能对于翻译调控是重要的。通过核磁共振研究 DsrA 和 DsrA/rpoS 复合物的结构，发现 sRNA 含有第二个茎–环的动态构象平衡，这可能是 DsrA 调节其多个靶 mRNA 翻译的重要机制。

7.7.5　稀有密码子对翻译的影响

在大肠杆菌 DNA 复制时，冈崎片段之前的 RNA 引物是由 *dnaG* 基因编码的引物酶催化合成的，细胞对这种酶的需求量不大，而引物酶过多对细胞是有害的。已知 *dnaG*、*rpoD* 和 *rpsU*（30S 核糖体上的 S21 蛋白）属于大肠杆菌基因组上的同一个操纵子，而这 3 个基因产物在数量上却大不相同，每个细胞内仅有 50 个拷贝的 dnaG 蛋白，却有 2 800 个拷贝的 rpoD 蛋白，更有高达 40 000 个拷贝的 rpsU 蛋白。细胞通过翻译调控，解决了这个问题。

研究 dnaG 序列发现其中含有不少稀有密码子。分别计算大肠杆菌中 25 种结构蛋白和 dnaG、rpoD 序列中 64 种密码子的利用频率，可以看出 dnaG 与其他两类有明显不同^{（表 7-7）}。很明显，稀有密码子 AUA 在高效表达的结构蛋白及 σ 因子中均极少使用，而在表达要求较低的 dnaG 蛋白中使用频率就相当高。此外，UCG（Ser）、CCU（Pro）、CCC（Pro）、ACG（Thr）、CAA（Gln）、AAU（Asn）和 AGG（Arg）等 7 个密码子的使用频率在不同蛋白质中也有明显差异。

表 7-7　几种蛋白质中异亮氨酸密码子使用频率比较

蛋白质	AUU/%	AUC/%	AUA/%
结构蛋白	37	62	1
σ 亚基	26	74	0
dnaG 蛋白	36	32	32

许多调控蛋白如 LacI、AraC、TrpR 等在细胞内含量也很低,这些蛋白质的编码基因中密码子的使用频率和 dnaG 相似,而明显不同于结构蛋白。科学家认为,由于细胞内对应于稀有密码子的 tRNA 较少,高频率使用这些密码子的基因翻译过程容易受阻,影响了蛋白质合成的总量。

7.7.6 重叠基因对翻译的影响

重叠基因最早在大肠杆菌噬菌体 ΦX174 中发现,例如 B 基因包含在 A 基因内,E 基因包含在 D 基因内,用不同的阅读方式得到不同的蛋白质。当时认为重叠基因的生物学意义是它可以包含更多的遗传信息,后来发现丝状 RNA 噬菌体、线粒体 DNA 和细菌染色体上都有重叠基因存在,暗示这一现象可能对基因表达调控有影响。现用 trp 操纵子中的 trpE 基因和 trpD 基因之间的翻译耦联现象来说明这个问题。

trp 操纵子由 5 个基因(trpE、D、C、B、A)组成,在正常情况下,操纵子中 5 个基因产物是等量的,但 trpE 突变后,其邻近的 trpD 产量比下游的 trpBA 产量要低得多。研究 trpE 和 trpD 以及 trpB 和 trpA 两对基因中核苷酸序列与翻译耦联的关系,发现 trpE 基因的终止密码子和 trpD 基因的起始密码子共用一个核苷酸。

trpE——苏氨酸——苯丙氨酸——终止

ACU——UUC ——UGA uggcu

AUG——GCU

甲硫氨酸——丙氨酸——trpD

由于 trpE 的终止密码子与 trpD 的起始密码重叠,trpE 翻译终止时核糖体立即处在起始环境中,这种重叠的密码保证了同一核糖体对两个连续基因进行翻译的机制。实验证明,耦联翻译可能是保证两个基因产物在数量上相等的重要手段。除了上述 trpE 和 trpD 基因之外,trpB 和 trpA 基因也存在着翻译耦联现象,因为这两个基因的产物等量存在于细胞中,而其核苷酸序列同样是重叠的。

trpB——谷氨酸——异亮氨酸——终止

GAA—— AUC——UGAuggaa

AUG——GAA

甲硫氨酸——谷氨酸——trpA

此外,大肠杆菌 gal 操纵子(galETK)中也存在着一种基因重叠现象。galT 的终止密码子虽然与 galK 的起始密码子相隔 3 个核苷酸,galK 基因的 SD 序列却位于 galT 基因终止密码子之前,尽管这一现象与前述耦联翻译并不完全相同,但因为核糖体结合在 mRNA 上,可以覆盖 20 个核苷酸,包括 SD 序列和 galK 基因的起始密码子,所以当 galT 翻译终止时,核糖体还没有脱落就直接与 SD 序列结合,开始 galK 的翻译,也能保证两个基因的等量翻译,这也是一种翻译耦联。

7.7.7　翻译的阻遏

蛋白质阻遏或激活基因转录的例子已经屡见不鲜,那么,蛋白质是否也能对翻译起类似的调控作用呢? 在大肠杆菌 RNA 噬菌体 Qβ 中发现了这种现象。Qβ 噬菌体基因组包含有 3 个基因,从 5′ 到 3′ 方向依次是与噬菌体组装和吸附有关的成熟蛋白基因 A、外壳蛋白基因和 RNA 复制酶基因。当噬菌体感染细菌,RNA 进入细胞后,这条称为(+)链的RNA 立即作为模板指导合成复制酶,并与宿主中已有的亚基结合行使复制功能。但是,Qβ(+)RNA 链上此时已有不少核糖体,它们从 5′ 向 3′ 方向进行翻译,这无疑影响了复制酶催化的从 3′ 向 5′ 方向进行的(−)链合成。克服这个矛盾的办法便是由 Qβ 复制酶作为翻译阻遏物进行调节。

体外实验证明,纯化的复制酶可以和外壳蛋白的翻译起始区结合,抑制蛋白质的合成。由于复制酶的存在,核糖体便不能与起始区结合,但已经起始的翻译仍能继续下去,直到翻译完毕,核糖体脱落,与(+)RNA 3′ 端结合的复制酶便开始了 RNA 的复制。这里复制酶既能与外壳蛋白的翻译起始区结合,又能与(+)链 RNA 的 3′ 端结合。序列分析表明,这两个位点上都有 CUUUUAAA 序列,能形成稳定的茎 – 环结构,具备翻译阻遏特征。

7.7.8　魔斑核苷酸水平对翻译的影响

实验证明,核糖体蛋白(R 蛋白)通过反馈阻遏作用保证所有 R 蛋白合成的协同进行。那么,细胞如何保证蛋白质合成的总速度与蛋白质合成机器主要成分 rRNA 的合成速率相一致,保证在不进行蛋白质合成时没有 RNA 的合成? 起这个调控作用的最早信号是不载有氨基酸的 tRNA。

大肠杆菌营养缺陷型(trp^-his^-)在缺少任何一种必需氨基酸的培养基上生长时,不但蛋白质合成速度立即下降,RNA 合成速度也下降。由于色氨酸和组氨酸不是 RNA 的前体,因此认为 RNA 合成速度下降是蛋白质合成受阻后的次级反应。研究另一个大肠杆菌突变株发现,当氨基酸供应不足时,这个突变株细胞内蛋白质合成虽然停止了,但 RNA 的合成速度却没有下降。科学上把前一种现象称为严紧控制(基因型 rel^+);后一种现象称为松散控制(基因型 rel^-)。

rel^+ 和 rel^- 菌株除上述生理现象不同之外,缺乏氨基酸时 rel^+ 菌株能合成鸟苷四磷酸(ppGpp)和鸟苷五磷酸(pppGpp),rel^- 菌株则不能合成鸟苷酸。因为这两种化合物是在层析谱上检出的斑点,当时称为魔斑(magic spot)。在旺盛生长的细胞中有 65% ~ 90% 的tRNA 是载有氨基酸的。当氨基酸缺乏时,不负载氨基酸的 tRNA 增多,这种不负载氨基酸的 tRNA 仍能与核糖体的 A 位结合,核糖体上不负载氨基酸的 tRNA 是细胞产生严紧控制的信号。在正常的蛋白质合成过程中,将 AA–tRNA 运转到正在延伸的多肽上需要GTP,也许由于这一反应的停止,大量 GTP 便被用作合成魔斑核苷酸的前体(图 7-49)。

参与这个反应的除 relA 基因所编码的 ATP–GTP 3′ 焦磷酸转移酶外,还需要翻译起始因子 EFTu 和 EFG 等。当细菌的生存条件恢复时,一种名为 spoT 的基因编码降解(p)

ppGpp 的酶,因此应急反应随着(p)
ppGpp 的消失很快逆转。ppGpp
是多效性的,它的主要作用除了影
响 RNA 聚合酶与启动子结合的专
一性外,还可以影响核糖体蛋白

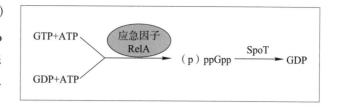

图 7-49 ppGpp 的
合成及降解

的活性,从而成为细胞内严紧控制的关键。有人将 ppGpp 和 cAMP 这类物质称为警报素
(alarmone)。在细胞较好的营养状况下,胞内 ppGpp 水平较低,IF2 介导的翻译起始能够顺
利进行;当细胞营养状况较差,缺乏氨基酸时,胞内的 ppGpp 水平大大提高,抑制了细胞
因子 IF2 介导的翻译起始步骤,使得没有进入翻译起始的 70S 核糖体单体大大增加,造成
活性核糖体比例降低(图 7-50),可在很大范围内做出如抑制核糖体和其他大分子合成等应
急反应,活化某些氨基酸操纵子的转录表达,抑制与氨基酸运转无关的系统,活化蛋白水
解酶等,以节省或开发能源,渡过难关。

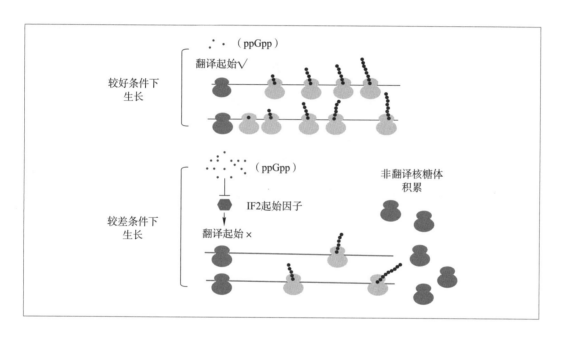

图 7-50 活性核糖
体调控模型

思考题

1. 简述代谢物对基因表达调控的两种方式。
2. 什么是操纵子学说?
3. 简述乳糖操纵子的调控模型。
4. 什么是葡萄糖效应?
5. 什么是弱化作用?
6. 简述抗终止因子的调控机制。
7. 简述反义 RNA 的调控机制。
8. 简述原核基因转录后调控的不同方式。
9. 简述 ppGpp 是如何参与细菌的应急反应。
10. 什么是 σ 因子,简述 σ 因子在原核基因调控中的作用。

参考文献

1. Bae B, Davis E, Brown D, et al. Phage T7 Gp2 inhibition of Escherichia coli RNA polymerase involves misappropriation of σ70 domain 1.1. Proceedings of the National Academy of Sciences of the United States of America, 2013, 110:19772−19777.

2. Dai X, Zhu M, Warren M, et al. Reduction of translating ribosomes enables *Escherichia coli* to maintain elongation rates during slow growth. Nature Microbiology, 2016, 2, 16231.

3. Fouqueau T, Blombach F, Werner F. Evolutionary origins of two-barrel RNA polymerases and site-specific transcription initiation. Annual Review of Microbiology, 2017, 71.

4. Groisman E A. Feedback control of two-component regulatory systems. Annual Review of Microbiology, 2016, 70:103−124.

5. Hoch J A. A Life in *Bacillus subtilis* signal transduction. Annual Review of Microbiology, 2017, 71:1.

6. Jastrab J B, Darwin, K H. Bacterial proteasomes. Annual Review of Microbiology, 2015, 69:109.

7. Martinezpastor M, Tonner P D, Darnell C L, et al. Transcriptional regulation in Archaea: from individual genes to global regulatory networks. Annual Review of Genetics, 2017, 51:143.

8. Mettert E L, Kiley P J. How is Fe−S cluster formation regulated? Annual Review of Microbiology, 2015, 69:505.

9. Narula J, Tiwari A, Igoshin O A. Role of autoregulation and relative synthesis of operon partners in alternative sigma factor networks. Plos Computational Biology, 2016, 12.

10. Quereda J J, Cossart P. Regulating bacterial virulence with RNA. Annual Review of Microbiology, 2017, 71:263−280.

11. Sporer A J, Kahl L J, Price−Whelan A, et al. Redox−based regulation of bacterial development and behavior. Annual Review of Biochemistry, 2016, 86:777−797.

12. Yang Y, Darbari V C, Zhang N, et al. TRANSCRIPTION. Structures of the RNA polymerase−σ54 reveal new and conserved regulatory strategies. Science, 2015, 349:882−885.

数字课程学习

e 教学课件　　　📖 在线自测　　　🖥 思考题解析

第 8 章

真核基因表达调控

8.1 真核基因表达调控相关概念和一般规律

8.1.1 真核基因表达的基本概念

一个细胞或病毒所携带的全部遗传信息或整套基因即基因组(genome),它包括每一条染色体和所有亚细胞器的 DNA 序列信息。基因(gene)则是指能产生一条肽链或功能 RNA 所必需的 DNA 片段。它包括编码区和其上下游区域,以及在编码片段间(外显子)的间断切割序列(内含子)。基因经过转录、翻译,产生具有特异生物学功能的蛋白质分子或 RNA 分子的过程称为基因表达(gene expression)。基因表达是受内源及外源信号调控的。这个调控的过程称为基因表达调控(gene regulation or regulation of gene expression)。

8.1.2 真核基因的断裂结构

1. 外显子与内含子

Gilbert 第一个用"intron"来描述存在于原始转录产物或基因组 DNA 中,但不包括在成熟 mRNA、rRNA 或 tRNA 中的那部分核苷酸序列。现已查明,大多数真核基因都是由蛋白质编码序列和非蛋白质编码序列两部分组成的(表 8-1)。编码序列称为外显子(exon),非编码序列称为内含子(intron)。在一个结构基因中,编码某一蛋白质不同区域的各个外显子并不连续排列在一起,而常常被长度不等的内含子所隔离,形成镶嵌排列的断裂方式。所以,真核基因有时被称为断裂基因(interrupted gene)。不同基因拥有数量和大小都不同的内含子,如胶原蛋白基因长约 40 kb,至少有 40 个内含子,其中短的只有 50 bp,长的可达到 2 000 bp。

表 8-1　不同真核生物基因的平均长度及单个基因平均拥有外显子数量比较

物种	外显子数 / 基因	核基因平均长度 /kb	mRNA 平均长度 /kb
酵母	1	1.6	1.6
真菌	3	1.5	1.5
线虫	4	4.0	3.0
果蝇	4	11.3	2.7
鸡	9	13.9	2.4
哺乳类	7	16.6	2.2

许多情况下,高等真核基因核 DNA 序列中对应于外显子的部分可能还不到 10%。图 8-1 是哺乳动物二氢叶酸还原酶基因,全长 25～31 kb,但其 6 个外显子总长只有 2 kb。

少数基因,如组蛋白及 α 型、β 型干扰素基因,根本不带内含子。目前尚不清楚内含子的生理功能。在某些基因中,完全除去内含子以后,照样可以产生有活性的 mRNA;而另一些基因,如 SV40 T 抗原基因,一旦除去内含子,成熟 mRNA 运入细胞质的过程就完全被阻断。研究发现,只有真核生物具有切除基因中内含子,产生功能型 mRNA 和蛋白质的能力,原核生物一般不具有这种本领。如果要在原核细胞里表达真核基因,必须首先构建切除内含子的重组基因,才有可能得到所研究的蛋白质。

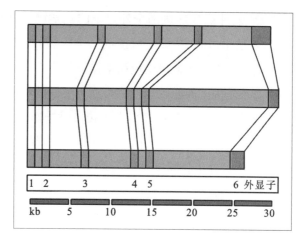

图 8-1 哺乳动物二氢叶酸还原酶的基因结构

断裂基因的结构形式为某些重要蛋白质的编码区域提供了进行重组的潜在位点,使这些 DNA 序列有充分的机会进行重复和组合,非常有利于真核基因的进化。

2. 外显子与内含子的连接区

真核基因断裂结构的另一个重要特点是外显子 – 内含子连接区(exon-intron junction)的高度保守性和特异性碱基序列。外显子 – 内含子连接区就是指外显子和内含子的交界或称边界序列,它有两个重要特征:内含子的两端序列之间没有广泛的同源性,因此内含子两端序列不能互补,说明在剪接加工之前,内含子上游序列和下游序列不可能通过碱基配对形成发夹二级结构。外显子 – 内含子连接区序列虽然很短,但却是高度保守的,因此,该序列可能与剪接机制密切相关,是 RNA 剪接的信号序列。我们将在转录初级产物的加工这一节中做详细介绍。

序列分析表明,几乎每个内含子 5′ 端起始的两个碱基都是 GT,而 3′ 端最后两个碱基总是 AG,由于这两个碱基的高度保守性和广泛性,有人把它称为 GT–AG 法则,即:5′GT……AG 3′。由于内含子两端的序列不同,可定向标明内含子的两个末端,根据剪接加工过程沿内含子自左向右进行的原则,一般将内含子 5′ 端接头序列称为左剪接位点,3′ 端接头序列称为右剪接位点,有时也将前者称为供体位点(donor site),将后者称为受体位点(acceptor site)。

外显子 – 内含子连接区的保守序列几乎存在于所有高等真核生物基因中,表明可能存在着共同的剪接加工机制。但是在线粒体基因和酵母 tRNA 基因中不存在这类保守序列,暗示存在着不同类型的加工剪接过程。

3. 外显子与内含子的可变调控

在基因转录、加工产生成熟 mRNA 分子时,内含子通过剪接加工被去掉,保留在成熟 mRNA 分子中的外显子被拼接在一起,最终被翻译成蛋白质。因此通过反转录酶的作用,由成熟 mRNA 产生的 cDNA 分子中,只含有外显子,没有内含子。

初级转录产物内含子与外显子边界序列在剪接酶或 RNA 本身的作用下,发生磷酸二酯键断裂,并产生连接两个外显子的化学键。有些真核基因,如肌红蛋白重链基因虽有41个外显子,却能精确地剪接成一个成熟的 mRNA,我们称这种方式为组成型剪接。一个基因的转录产物通过组成型剪接只能产生一种成熟的 mRNA,编码一个多肽。但是,有不少真核基因的原始转录产物可通过不同的剪接方式,产生不同的 mRNA,并翻译成不同的蛋白质。另外一些核基因由于转录时选择了不同的启动子,或者在转录产物上选择不同的多(A)位点而使初级转录产物具有不同的二级结构,因而影响剪接过程,最终产生不同的 mRNA 分子。同一基因的转录产物由于不同的剪接方式形成不同 mRNA 的过程称为选择性剪接。

小鼠淀粉酶基因表达的组织特异性变化就是一个例子(图8-2)。已知在肝和唾液腺中都合成这个酶,由同一个基因编码。在这两种组织中,淀粉酶 mRNA 的编码序列完全相同,只是 5′ 端起始部分长度不同。它的编码序列起始于第 2 号外显子,该外显子与其余一系列外显子相连,形成完整的编码序列。不同组织中不编码蛋白质的第一号外显子的序列却不相同。在肝中,mRNA 5′ 端的 161 个碱基是由位于第 2 号外显子转录起始点上游 4 500 碱基对处的 L 外显子编码的。在唾液腺中,mRNA 5′ 端的 50 个碱基是由位于转录起始点上游 7 300 碱基对处的 S 外显子编码的。这样,L 外显子和 S 外显子分别为淀粉酶 mRNA 提供了不同的起始序列。事实上,L 外显子只是唾液腺淀粉酶基因中内含子序列的一部分,将在 mRNA 成熟过程中被切除。有实验证明,由 S 外显子起始的转录产物是由 L 外显子起始转录产物的 100 倍以上。由于一个基因的内含子成为另一个基因的外显子,形成基因的差别表达,这是真核基因断裂结构的一个重要特点。

图 8-2 不同外显子的使用导致 α-淀粉酶基因在不同组织中的表达差异

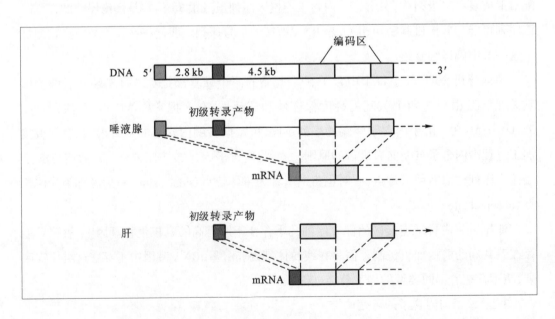

8.1.3 基因家族

在原核细胞中,密切相关的基因往往组成操纵子,并且以多顺反子 mRNA 的方式进行转录,整个体系被置于一个启动子的控制之下。真核细胞的 DNA 是单顺反子结构,很

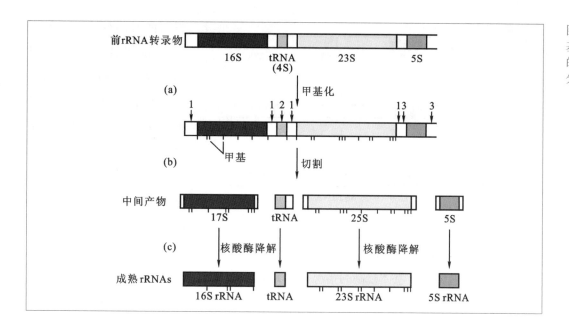

图8-3 细菌中rRNA
基因家族各成员
的分布与成熟过程
分析

少出现置于一个启动子控制之下的操纵子。真核细胞中许多相关的基因常按功能成套组合,被称为基因家族(gene family)。同一家族中的成员有时紧密地排列在一起,成为一个基因簇;更多的时候,它们却分散在同一染色体的不同部位,甚至位于不同的染色体上,具有各自不同的表达调控模式。

1. 简单多基因家族

简单多基因家族中的基因一般以串联方式前后相连。在大肠杆菌中,16S、23S 和 5S rRNA 基因联合成一个转录单位,各种 rRNA 分子都是从这个转录单位上剪切下来的(图 8-3)。事实上,细菌中所有 rRNA 和部分 tRNA 都来自这个沉降系数为 30S(约 6 500 个核苷酸)的前 rRNA。初级转录产物首先被特异性甲基化,然后分别经 RNaseⅢ、RNase P 和 RNase E 在特定位点切开,生成 17S rRNA、tRNA、35S rRNA 和 5S rRNA 前体分子,最后由特定核酸酶降解部分非必需序列,得到成熟的 16S rRNA、tRNA、23S rRNA 和 5S rRNA。参与前 rRNA 降解成熟过程的 RNase P 是一个核酶。基因组分析表明,大肠杆菌中共有 7 个这样的拷贝,每一个拷贝中只有 tRNA 基因的种类、数量和存在部位有些变化。个别拷贝中 5S rRNA 基因下游还发现了部分共同转录的 tRNA 基因。

在真核生物中,前 rRNA 转录产物的沉降系数为 45S(约有 14 000 个核苷酸),包括 18S、28S 和 5.8S 3 个主要 rRNA 分子。前 rRNA 分子中至少有 100 处被甲基化(主要是核糖的 2–OH 甲基化),初级转录产物也被特异性 RNA 酶切割降解,产生成熟 rRNA 分子。这个过程需要 snoRNAs 的参与(图 8-4)。5S rRNA 作为一个独立的转录单位,由 RNA 聚合酶Ⅲ(而不是聚合酶Ⅰ)完成转录。

2. 复杂多基因家族

复杂多基因家族一般由几个相关基因家族构成,基因家族之间由间隔序列隔开,并作为独立的转录单位。现已发现存在不同形式的复杂多基因家族。

我们先来看一下海胆的组蛋白基因家族(图 8-5)。在这种动物中,5 个分别编码不同组

前rRNA转录物
18S
5.8S
28S
(a)
甲基化
甲基
(b)
切割
成熟 rRNA
18S rRNA
5.8S rRNA
28S rRNA

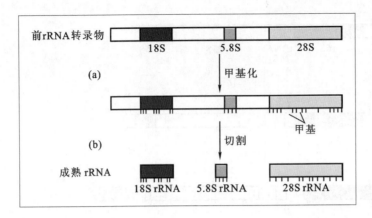

图 8-4 脊椎动物中 rRNA 基因家族主要成员的分布与成熟过程分析

蛋白的基因处于一个约为 6 000 bp 的片段中，分别被间隔序列所隔开。这 5 个基因组成的串联单位在整个海胆基因组中可能重复多达 1 000 次。串联单位中的每一个基因分别被转录成单顺反子 RNA，这些 RNA 都没有内含子，而且各基因在同一条 DNA 链上按同一方向转录，每个基因的转录与翻译速度都受到调节。因为组蛋白只有在适合于染色体复制的情况下才大量合成，而且所合成的 H_2A、H_2B、H_3 和 H_4 摩尔数相等，H_1 的量恰好是前者的一半。这是染色体组蛋白的实际比例。研究还表明，在一个特定的细胞中，并不是所有串联的单位都得到转录。胚胎发育的不同阶段或不同组织中，有不同的串联单位被转录，暗示可能存在具有不同专一性的组蛋白亚类和发育调控机制。

组蛋白
(海胆)
H1
H4
H2B
H3
H2A
H1
重复单位
组蛋白
(果蝇)
H1
H3
H4
H2A
H2B
重复单位

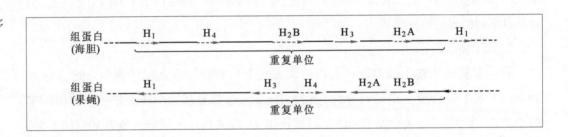

图 8-5 复杂的多基因家族

果蝇 tRNA 基因家族具有两个海胆组蛋白家族所没有的特点，那就是在基因家族中含有 3 个 $tRNA^{Lys}$ 基因，而且基因家族中的每个基因都单独按各自的方向进行转录。

3. 发育调控的复杂多基因家族

血红蛋白是所有动物体内输送分子氧的主要载体，由 2α2β 组成的四聚体加上一个血红素辅基（结合铁原子）后形成功能性血红蛋白。已知所有动物物种中血红蛋白基因的基本结构都相同（图 8-6）。然而，在生物个体发育的不同阶段，却出现几种不同形式的 α 和 β 亚基。人 α 珠蛋白基因簇位于 16 号染色体短臂上，约占 30 kb，其中 ζ 为胚胎期基

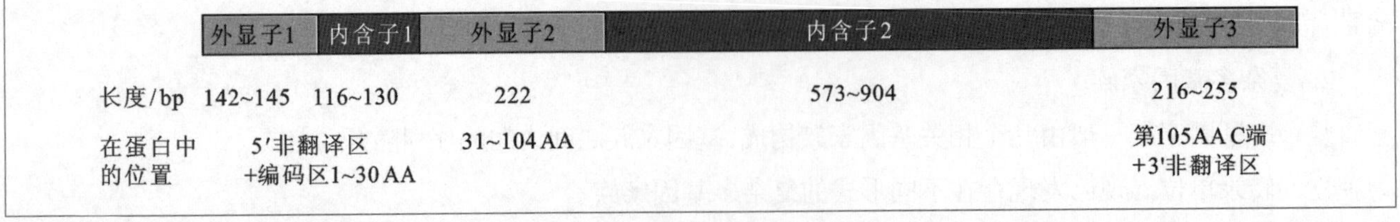

外显子1
内含子1
外显子2
内含子2
外显子3
长度/bp
142~145
116~130
222
573~904
216~255
在蛋白中的位置
5′非翻译区 +编码区1~30 AA
31~104 AA
第105AA C端 +3′非翻译区

图 8-6 珠蛋白基因的基本结构（以人的 β- 珠蛋白基因结构为例）

图 8-7 人体发育过程中不同类型 β-珠蛋白的含量变化

因^(表 8-2)。β珠蛋白基因簇位于 11 号染色体短臂上,占 50~60 kb,其中 ε 为胚胎期基因, $G\gamma$ 和 $A\gamma$ 为胎儿型基因,δ 和 β 为成人期基因^(图 8-7)。

表 8-2　不同发育阶段血红蛋白亚型

发育阶段	组成
胚胎期(8 周以前)	$\zeta_2\varepsilon_2$、$\zeta_2\gamma_2$ 和 $\alpha_2\varepsilon_2$
胎儿期(8~41 周)	$\alpha_2\gamma_2$
成人期(出生以前)	$\alpha_2\delta_2$ 和 $\alpha_2\beta_2$

　　胚胎期类 α- 珠蛋白,最先以 ζ_2 型出现,以后逐渐被 ζ_1 型所取代。在胎儿期有两类等分子数 β 型链,即 G γ 型和 A γ 型链(在肽链的同一位点上,一条链含有甘氨酸,另一条含有丙氨酸)。因此,胚胎型血红蛋白中含有两个 ζ_2 型 α 链和两个 ε_2 型 β 链(即 $2\zeta_2 2\varepsilon_2$)。新生儿出生后,98% 的血红蛋白中含有两个 α_2 亚单位和两个 β 亚单位,2% 的血红蛋白含两个 α_2 亚单位和两个 δ 亚单位。在每个基因家族中,基因排列的顺序就是它们在发育阶段的表达顺序^(图 8-8)。

　　原始鱼类、海蚕及昆虫只有单个珠蛋白基因,两栖类的 α 和 β 基因则紧密地连锁在同一条染色体上,而低等哺乳动物和鸟类的 α 和 β 基因有多种亚型,基因家族分别位于不同的染色体上。科学家认为,原始珠蛋白大约产生于 8 亿年前,由单基因编码,现代珠蛋白基因家族是由同一个原始基因通过一系列重复、突变和转位演变而成的。原始生物

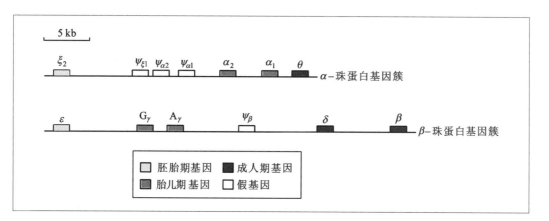

图 8-8　人细胞中 α 和 β- 珠蛋白基因簇结构

的体积都很小,虽然只有一个血红蛋白亚基,运氧能力有限,但也能满足生理功能的需要。随着物种的进化,动物体积相对变大,对氧的需求量越来越大,在这一进化压力下,血红蛋白基因通过自发突变产生杂合基因,编码出对氧的结合和释放能力要大大高于单分子血红蛋白的四聚体。在哺乳动物的进化过程中,两条 β 链基因又发生突变和重复,形成了胎儿中 ε 和 γ 型珠蛋白。胎儿血红蛋白对氧的亲和力比成人更大,因而有利于胎儿的快速发育。

8.1.4 真核基因表达的方式和特点

1. 基因表达的方式

根据对刺激的反应模式,可分为组成性表达和选择性表达两大类。

某些基因在个体的所有细胞中持续表达,这些基因通常被称为管家基因(housekeeping gene),其表达模式又被称为组成性基因表达(constitutive gene expression)。管家基因通常具备以下特点:①是细胞结构和代谢过程中所必需的基因,例如编码 rRNA、肌动蛋白、微管蛋白等的基因。②通常能够保持较高的表达量。根据这些特点,实验研究中常把 rRNA、肌动蛋白或微管蛋白基因作为 RT-PCR 的对照。

在特定环境信号刺激下,相应的基因被激活,基因表达产物增加,这种基因称为可诱导基因(inducible gene)。而如果基因被环境信号所被抑制,这种基因就是可阻遏基因(repressible genes)。基因表达调控大多数是对这些基因的转录和翻译速率的调节,从而导致其编码产物的水平发生改变并影响其功能。

2. 基因表达的时空特异性

基因表达的时间特异性(temporal specificity),即按功能需要,某一特定基因的表达严格按特定的时间顺序发生。多细胞生物基因表达的时间特异性又称阶段特异性(stage specificity)。时间特异性基因表达普遍存在于各种生命过程中,例如上一节所提及的人体不同类型珠蛋白基因的表达,就是根据人体发育过程中不同阶段的需要在特定的时段特异表达。

基因表达的空间特异性(spatial specificity),是指在个体生长过程中,某种基因产物按不同组织空间顺序出现。基因表达伴随时间顺序所表现出的这种分布差异,实际上是由细胞在不同器官的分布所决定的。所以,空间特异性又称细胞或组织特异性(cell or tissue specificity)。空间特异性的基因表达也普遍存在于动植物生长发育的各个阶段,如果蝇胚胎发育中许多调节体节形成的基因表达均呈现出显著的组织特异性。基因表达调控能够维持细胞的增殖、分化,维持个体的生长、发育,有助于生物体更好地适应外界环境变化。

8.1.5 真核基因表达调控一般规律

真核生物和原核生物在基因表达调控上的巨大差别是由两者基本生活方式不同所决定的。原核生物一般为自由生活的单细胞,只要环境条件合适,养料供应充分,它们就能无限生长、分裂,因此,它们的调控系统就是要在一个特定的环境中为细胞创造高速生长的基础,或使细胞在受到损伤时,尽快得到修复。它们主要是通过转录调控,以开启或关闭某些基因的表达来适应环境条件(主要是营养水平的变化)。环境因子往往是调控的诱导物,群体中每个细胞对环境变化的反应都是直接和基本一致的。

　　真核生物(除酵母、藻类和原生动物等单细胞类之外)主要由多细胞组成,每个真核细胞所携带的基因数量及总基因组中蕴藏的遗传信息量都大大高于原核生物,如人类细胞单倍体基因组就包含有 3×10^9 bp 总 DNA,约为大肠杆菌总 DNA 的 800 倍,是噬菌体总 DNA 的 10 万倍左右! 真核生物基因组 DNA 中有许多重复序列,基因内部还常插入不翻译成蛋白质的序列,都影响了真核基因的表达。真核生物的 DNA 还常与蛋白质(包括组蛋白和非组蛋白)结合,形成十分复杂的染色质结构。染色质构象的变化、染色质中蛋白质的变化及染色质对 DNA 酶敏感程度的变化等都会对基因表达产生重要影响。此外,真核生物染色质被包裹在细胞核内,基因的转录(核内)和翻译(细胞质内)被核膜所隔开,核内 RNA 的合成与转运、细胞质中 RNA 的剪接和加工等无不扩大了真核生物基因调控的范围,使真核生物基因调控达到了原核生物所不可能拥有的深度和广度。对大多数真核细胞来说,基因表达调控的最明显特征是能在特定时间和特定的细胞中激活特定的基因,从而实现"预定"的、有序的、不可逆转的分化、发育过程,并使生物的组织和器官保持正常功能。

　　真核生物基因调控可分为两大类,第一类是瞬时调控或称可逆性调控,它相当于原核细胞对环境条件变化所做出的反应,包括某种底物或激素水平升降时,或细胞周期不同阶段中酶活性的调节;第二类是发育调控或称不可逆调控,是真核基因调控的精髓部分,它决定了真核细胞生长、分化、发育的全部进程。根据基因调控在同一事件中发生的先后次序,又可将其分为转录水平调控(transcriptional regulation)及转录后水平调控(post-transcriptional regulation),前者可以分为遗传水平的 DNA 调控和表观遗传水平的染色质调控,后者又进一步分为 RNA 加工成熟过程的调控(RNA processing)、翻译水平的调控(translational regulation)及蛋白质加工水平的调控(protein maturation and processing)等(图8-9)。

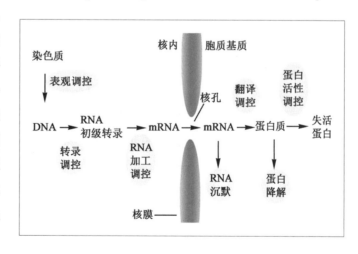

图 8-9　真核基因表达调控的主要步骤

　　研究基因调控主要回答 3 个问题:

　　① 什么是诱发基因转录的信号?

　　② 基因调控主要是在哪一步(模板 DNA 的转录、mRNA 的成熟或蛋白质合成)实现的?

　　③不同水平基因调控的分子机制是什么?

8.2 真核基因表达的转录水平调控

真核细胞与原核细胞在基因转录、翻译及 DNA 的空间结构方面存在如下几个方面的差异：

① 在真核细胞中，一条成熟的 mRNA 链只能翻译出一条多肽链，很少原核生物中常见的多基因操纵子形式。

② 真核细胞 DNA 与组蛋白和大量非组蛋白相结合，只有一小部分 DNA 是裸露的。

③ 高等真核细胞 DNA 中很大部分是不转录的，真核细胞中有一部分由几个或几十个碱基组成的 DNA 序列，在整个基因组中重复几百次甚至上百万次。此外，大部分真核细胞的基因中间还存在不被翻译的内含子。

④ 真核生物能够有序地根据生长发育阶段的需要进行 DNA 片段重排，还能在需要时增加细胞内某些基因的拷贝数，这种能力在原核生物中也是极为鲜见的。

⑤ 在原核生物中，转录的调节区都很小，大都位于转录起始位点上游不远处，调控蛋白结合到调节位点上可直接促进或抑制 RNA 聚合酶对它的结合。在真核生物中，基因转录的调节区则大得多，它们可能远离核心启动子达几百个甚至上千个碱基对。虽然这些调节区也能与蛋白质结合，但是并不直接影响启动子区对于 RNA 聚合酶的接受程度，而是通过改变整个所控制基因 5′ 上游区 DNA 构型来影响它与 RNA 聚合酶的结合能力。

⑥ 真核生物的 RNA 在细胞核中合成，只有经转运穿过核膜，到达细胞质后，才能被翻译成蛋白质。原核生物中不存在这样严格的空间间隔。

⑦ 许多真核生物的基因只有经过复杂的成熟和剪接过程，才能被顺利地翻译成蛋白质。

8.2.1 真核基因的一般结构特征

一个完整的真核基因，不但包括编码区（coding region），还包括 5′ 和 3′ 端长度不等的特异性序列，它们虽然不编码氨基酸，却在基因表达的过程中起着重要作用[图 8-10]。基因转录调节的基本要素包括顺式作用元件（*cis*-acting elements）、反式作用因子（*trans*-acting factors）、RNA 聚合酶（RNA polymerase）[图 8-11]。

顺式作用元件是指启动子（promoters）和基因的调节序列。主要包括启动子（promoter）、增强子（enhancer）、沉默子（silencer）等。反式作用因子是指能够结合在顺式作用元件上调控基因表达的蛋白质或者 RNA。RNA 聚合酶是催化基因转录最主要的酶。原核生物只有一种 RNA 聚合酶，真核生物有 3 种 RNA 聚合酶，催化转录不同 RNA 产物。由于真核生物 3 种 RNA 聚合酶中，只有聚合酶 II 能够转录信使 RNA 前体，并在加工成熟后按照三联子密码的原理翻译成蛋白质产物，我们在这里主要讨论 RNA 聚合酶 II 的基因转录及其调控过程。启动子、调节序列和调节蛋白通过 DNA-蛋白质相互作用、蛋白质-蛋白质相互作用影响 RNA 聚合酶活性。

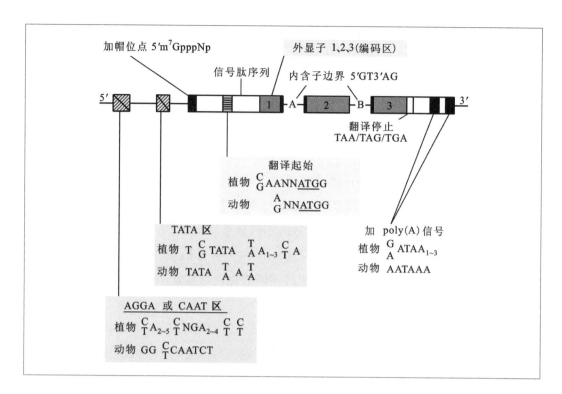

图 8-10 真核基因的一般构造示意图

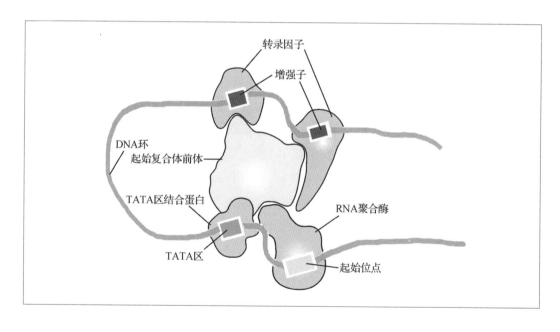

图 8-11 转录调控模式

1. 启动子

真核基因启动子由核心启动子和上游启动子两个部分组成,是在基因转录起始位点 (+1)及其 5′ 上游 100~200 bp 以内的一组具有独立功能的 DNA 序列,每个元件长度为 7~20 bp,是决定 RNA 聚合酶 Ⅱ 转录起始点和转录频率的关键元件。

① 核心启动子(core promoter)是指保证 RNA 聚合酶 Ⅱ 转录正常起始所必需的、最少的 DNA 序列,包括转录起始位点及转录起始位点上游 −25 ~ −30 bp 处的 TATA 盒。核心启动子单独起作用时,只能确定转录起始位点并产生基础水平的转录。

② 上游启动子元件（upstream promoter element, UPE）包括通常位于 –70 bp 附近的 CAAT 盒（CCAAT）和 GC 盒（GGGCGG）等，能通过 TF Ⅱ D 复合物调节转录起始的频率，提高转录效率。

2. 转录模板

包括从转录起始位点到 RNA 聚合酶 Ⅱ 转录终止处的全部 DNA 序列。

3. RNA 聚合酶 Ⅱ

RNA 聚合酶 Ⅱ 是一类能够直接或间接与启动子核心序列 TATA 盒特异结合、并启动转录的调节蛋白。RNA 聚合酶 Ⅱ 在转录因子帮助下，形成转录起始复合物。RNA 聚合酶 Ⅱ 由至少 10 ~ 12 个亚基组成，各亚基的相对分子质量在 1×10^4 ~ 2.4×10^5 之间，有些亚基也在聚合酶 Ⅰ、Ⅲ 中共用。其中 2.4×10^5 最大亚基的羧基端含有由 7 个氨基酸残基（Tyr-Ser-Pro-Thr-Ser-Pro-Ser）组成的多磷酸化位点重复序列，称为羧基端结构域（CTD）。

4. RNA 聚合酶 Ⅱ 基础转录所需的蛋白质因子（以"TF Ⅱ"表示）

在生理条件下，RNA 聚合酶 Ⅱ 转录某个基因时通常需要与 20 种以上的蛋白质因子结合形成转录起始复合物（图 8-12）。TF Ⅱ D、TF Ⅱ B 和 TF Ⅱ F 与 RNA 聚合酶 Ⅱ 可在启动子上形成最初级复合物，开始转录 mRNA，加入 TF Ⅱ E 和 TF Ⅱ H 后形成完整的转录复合物并转录出长链 RNA，加入 TF Ⅱ A 可进一步提高转录效率。RNA 聚合酶 Ⅱ 沿模板滑动时，TF Ⅱ D 及 TF Ⅱ A 滞留在转录起始位点上，其他因子随聚合酶向模板 DNA 的 3′ 端移动。

关于 RNA 聚合酶 Ⅱ 如何整合成为转录起始复合物从而发挥作用，目前有两种假说，一种认为是一步结合，另一种认为是分步结合。"一步结合"论者认为，RNA 聚合酶 Ⅱ 先同大量的转录因子和转录相关蛋白结合成转录复合体，然后在 TATA 结构域结合蛋白（TBP）的帮助下结合到 DNA 上，起始基因转录。"分步结合"理论则认为，在起始转录的过程中，TATA 结构域结合蛋白（TBP）和 11 个 TBP 相关因子先后结合到 TATA 盒上，最终构成有功能的转录起始复合物，起始靶基因转录。通常情况下，TF Ⅱ B 首先与 DNA 结合，使 RNA 聚合酶更接近所生成 RNA 与 RNA 聚合酶分离的位点，并帮助其结合到 DNA 上。对于真核生物来说，基因的转录受到 RNA 聚合酶 Ⅱ C 端（RNA Pol Ⅱ C-terminal domain, CTD）的时间、空间调节的影响。CTD 拥有含 25 ~ 52 个氨基酸的结构域，都包含 7 元重复序列 $Y_1S_2P_3T_4S_5P_6S_7$，这个 7 元重复序列上 2 位和 5 位的丝氨酸是蛋白质的主要磷酸化位点。CTD 的磷酸化导致其结构中部分脯氨酸的构象发生变化，使之更容易与其他转录相关因子结合，从而提供一个动态的有利于形成转录复合物的平台。

在 RNA 聚合酶 Ⅱ 参与转录调节的整个过程中，其 CTD 上 2 位和 5 位丝氨酸的

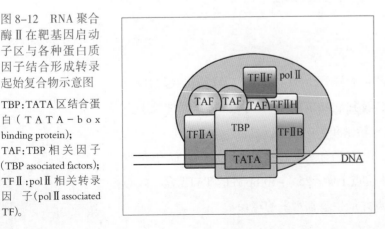

图 8-12 RNA 聚合酶 Ⅱ 在靶基因启动子区与各种蛋白质因子结合形成转录起始复合物示意图

TBP：TATA 区结合蛋白（TATA-box binding protein）；
TAF：TBP 相关因子（TBP associated factors）；
TF Ⅱ：pol Ⅱ 相关转录因子（pol Ⅱ associated TF）。

磷酸化能够引发并确保转录过程各个步骤的顺利进行。在转录起始阶段,CTD 上 5 位丝氨酸的磷酸化是形成转录起始复合物的必要前提。此外,该位点磷酸化还有利于募集加帽酶,促进 mRNA 加帽过程顺利进行。在转录延伸阶段,磷酸化的 5 位丝氨酸逐步去磷酸化,2 位丝氨酸逐步转化为磷酸化形式,该位点的磷酸化有助于在转录终止过程中确保 3′ RNA 加工过程顺利进行。转录结束后,CTD 7 元重复序列上的两个丝氨酸都保持去磷酸化状态,有助于转录复合物的解离,使 RNA 聚合酶Ⅱ与新的启动子相结合,启动新一轮基因转录。

研究 RNA 聚合酶Ⅱ起始的基因转录的终止位点发现,几乎所有真核基因的 3′ 端都存在一个多(A)位点,该位点上游 15～30 bp 处的保守序列 AATAAA 对于初级转录产物的准确切割及加多(A)是必需的。点突变实验将 AATAAA 变为 AAGAAA,虽然维持了该基因的转录活性,却发现 mRNA 的剪接加工受阻,因而不能产生功能性 mRNA。

尽管多(A)位点及 AATAAA 的存在对于基因的转录和成熟意义重大,但 RNA 聚合酶Ⅱ却不在该位点终止转录,大部分已知基因的初级转录产物拥有多(A)位点下游 0.5～2 kb 序列。到目前为止,科学家尚未发现某个单一位点具有特异的转录终止性能。但是,小鼠 β- 珠蛋白基因的终止区(terminator)能被用来终止腺病毒基因的转录,农杆菌胭脂碱合成酶基因终止区能被用来终止几乎所有的外源基因,说明可能存在共同的转录终止机制。

8.2.2　增强子及其对转录的影响

增强子是指能使与它连锁的基因转录频率明显增加的 DNA 序列,最早发现于 SV40 早期基因的上游,有两个长 72 bp 的正向重复序列。病毒、植物、动物和人类正常细胞中都发现有增强子存在。重组实验表明,如果把 SV40 增强子上的两个 72 bp 重复序列同时删除,基因表达的水平会降低很多。但如果把该增强子的一个重复序列放回原处或重组 DNA 的任何位置上,则基因转录正常。如果将人 β- 血红蛋白基因克隆到带有 72 bp 重复序列的 DNA 上,这个基因在体内的表达将提高 200 倍以上,即使 72 bp 序列位于该基因转录起始位点上游 3 kb 对或下游 2.5 kb,仍不例外。

作为基因表达的重要调节元件,增强子通常具有下列特性:

① 增强效应十分明显。一般能使基因转录频率增加 10～200 倍,有的可以增加上千倍,如经人巨大细胞病毒增强子增强后的珠蛋白基因表达频率比该基因正常转录高 600～1 000 倍。

② 增强效应与其位置和取向无关。不论增强子以什么方向排列(5′ → 3′ 或 3′ → 5′),甚至与靶基因相距 3 000 碱基对或在靶基因下游,均表现出增强效应。

③ 大多为重复序列,一般长约 50 bp,适合与某些蛋白因子结合。其内部常含有一个核心序列:(G)TGGA/TA/TA/T(G),该序列是产生增强效应时所必需的。

④ 其增强效应有严密的组织和细胞特异性,说明增强子只有与特定蛋白质(转录因子)相互作用才能发挥功能。

⑤ 没有基因专一性,可以在不同的基因组合上表现增强效应。

⑥ 许多增强子还受外部信号的调控,如金属硫蛋白基因启动区上游所带的增强子,就可以对环境中的锌、镉浓度做出反应。

那么,增强子的作用原理是什么呢?由于增强子常在电镜下呈现环状结构,其活性与半周 DNA 双螺旋(5 bp)的奇、偶倍数有关,表明它的功能受 DNA 双螺旋空间构象的影响。增强子可能有如下 3 种作用机制:①影响模板附近的 DNA 双螺旋结构,导致 DNA 双螺旋弯折或在反式作用因子的参与下,以蛋白质之间的相互作用为媒介形成增强子与启动子之间"成环"连接,活化基因转录;②将模板固定在细胞核内特定位置,如连接在核基质上,有利于 DNA 拓扑异构酶改变 DNA 双螺旋结构的张力,促进 RNA 聚合酶Ⅱ在 DNA 链上的结合和滑动;③增强子区可以作为反式作用因子或 RNA 聚合酶Ⅱ进入染色质结构的"入口"。

在研究工作中,科研工作者利用增强子的功能构建 T–DNA 序列。例如用 4 倍重复的 CaMV 的 35S 增强子序列可以大大增强目的基因的转录。若通过转基因方法将该 T–DNA 片段整合到植物基因组中,植物基因组上与 T–DNA 插入位点相近的基因表达量增高,就能获得这个基因过表达的转基因植物。

另外,科研工作者还构建包含一个报告基因(lacZ)和基本启动子的转化载体,将其整合到基因组中。这段启动子本身不足以启动报告基因,但是如果插入位点附近有增强子,报告基因就会表达。因此只要通过观测报告基因的表达情况(如时空特异性等)就可以知道这个增强子的作用,进而研究由这个增强子调控的内源基因的表达特性。

8.2.3 反式作用因子

真核生物启动子和增强子是由若干 DNA 序列元件组成的,由于它们常与特定的功能基因连锁在一起,因此被称为顺式作用元件。这些序列组成基因转录的调控区,影响基因的表达。在转录调控过程中,除了需要调控区外,还需要反式作用因子(图 8-13)。根据不同功能,常将反式作用因子分为以下 3 类:具有识别启动子元件功能的基本转录因子、能识别增强子或沉默子的转录调节因子,以及不需要通过 DNA– 蛋白质相互作用就参与转录调控的共调节因子(transcriptional regulator / co-factor)。

实验中,常将前两类反式作用因子统称为转录因子(transcription factor,TF),包括转录激活因子(transcriptional activator)和转录阻遏因子(transcriptional repressor)。这类调节蛋白能识别并结合转录起始点的上游序列或远端增强子元件,通过 DNA– 蛋白质相互作用而调节转录活性,并决定不同基因的时间、空间特异性表达。共调节因子本身无 DNA 结合活性,主要通过蛋白质 – 蛋白质相互作用影响转录因子的分子构象,从而调节转录活性。实验中,常将与转录激活因子有协同作用的那一类共调节因子称为共激活因子,将与转录阻遏因子有协同的作用那一类共调节因子称为共阻遏因子。所有共激活因子都能识别靶位点(启动子、增强子),而靶位点的特异性则由 DNA 结合域的特定序列决定。DNA 结合域结合在特定的序列上,从而将激活因子上的转录激活域带到基础转录区域附近。

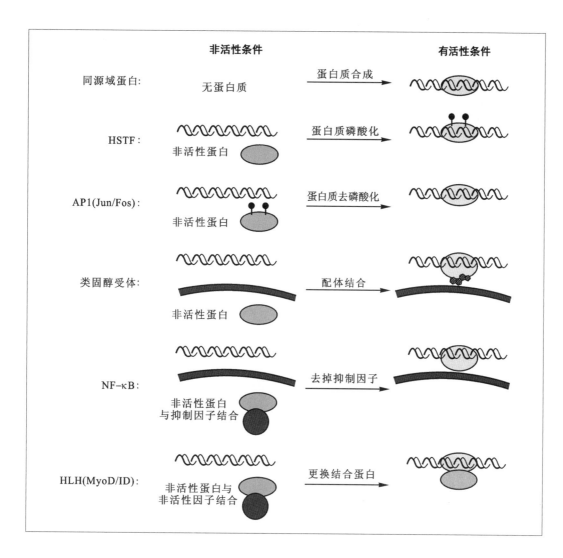

图 8-13　真核生物中转录因子活性调节的主要方式

| 非活性条件 | | 有活性条件 |

同源域蛋白：　无蛋白质　　蛋白质合成→

HSTF：　非活性蛋白　　蛋白质磷酸化→

AP1(Jun/Fos)：　非活性蛋白　　蛋白质去磷酸化→

类固醇受体：　非活性蛋白　　配体结合→

NF-κB：　非活性蛋白与抑制因子结合　　去掉抑制因子→

HLH(MyoD/ID)：　非活性蛋白与非活性因子结合　　更换结合蛋白→

通常情况下直接作用的激活因子具有 DNA 结合域和转录激活域。没有转录激活域的激活因子可能与具有转录激活域的共激活因子一起行使功能。基础转录区域中许多元件是激活因子的靶位点。

一般认为,如果某个蛋白质是体外转录系统中起始 RNA 合成所必需的,它就是转录复合物的一部分。根据各个蛋白质成分在转录中的作用,能将整个复合物分为 3 部分:

① 参与所有或某些转录阶段的 RNA 聚合酶亚基　不具有基因特异性。

② 与转录的起始或终止有关的辅助因子　不具有基因特异性。

③ 与特异调控序列结合的转录因子　它们中有些被认为是转录复合物的一部分,因为所有或大部分基因的启动区都含有这一特异序列。更多的则是基因或启动子特异性结合调控蛋白,它们是起始某个(类)基因转录所必需的。

科研工作者根据顺式作用元件和反式作用因子间能够互相作用的原理,创造出酵母双杂交实验、酵母三杂交实验等实验技术(图 8-14)。

在植物学相关领域,科研工作者利用相关原理构建出诱导型的含有标签的转化载体。首先,设计特殊的启动子,保证融合的转录因子(包括 DNA 结合域、转录激活域和受体调

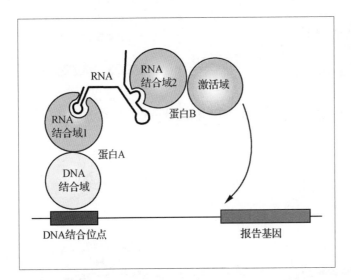

图 8-14 酵母三杂交基本原理

酵母三杂交常用于实验分析蛋白质和RNA之间的互作关系。实验将一个蛋白A与DNA结合域蛋白融合表达,将另一个蛋白B与能够激活下游信号的激活域蛋白融合表达,当有RNA能与蛋白A、蛋白B互相作用时,由于DNA结合域蛋白结合在DNA结合位点,将激活域拉到恰当的结构位点,从而激活下游报告基因。

控域)组成性表达。一旦实验中加入化学小分子,该小分子与受体调控结构域相结合,导致融合表达的转录因子构象发生变化,由细胞质转移进入核内。融合蛋白就能特异性识别相关的DNA结合域并与之结合,该蛋白质的转录激活域就能激活相关基因高水平表达。

在诸多转录因子中被广泛研究的主要有识别TATA区的TFⅡD,识别CAAT区的CTF,识别GGGCGG的SP1以及识别热激蛋白启动区的HSF。已知每个细胞中可含有约60 000个SP1,而CTF的含量则高达每细胞300 000个。在SV40早期基因启动子区,从 –70～–110 区,有6个GC区同方向串联排列,基因活跃表达时,6个区全部与SP1结合。在胸腺嘧啶激酶基因的启动子上,各有一个GC区分别位于TATA区和CAAT区5′上游端。研究认为,SP1与GC区结合后,可同时在DNA链的不同方向与CAAT区结合因子(CTF或NF1)及TATA区结合因子TFⅡD发生作用,从而促进RNA聚合酶Ⅱ识别特定类型的启动子。

1. DNA识别或结合域

反式作用因子是能直接或间接地识别或结合在各类顺式作用元件核心序列上(表 8-3),参与调控靶基因转录效率的蛋白质。

常见的DNA结合域包括碱性氨基酸结合域、酸性激活域、谷氨酰胺(Q)富含域、脯氨酸(P)富含域等。通常情况下,配体调节受体大多有DNA结合域和转录激活域。而甾醇类受体通常都是转录因子,其N端都有保守的DNA结合域,C端都有激素结合域。

表 8-3　部分球蛋白基因5′调控区序列的保守性比较

基　因	−80 区	−30 区
小鼠 β^{min}	GGCC*AAT*CTGCTC	GGT*ATA*TAAA
小鼠 β^{maj}	GGCC*AAT*CTGCTC	AGC*ATA*TAAG
兔 β	GGCC*AAT*CTAC−−	GGC*ATA*AAAG
山羊 β^A	AGCC*AAT*CTGCTC	GGC*ATA*AAAG
山羊 β^C	AGCC*AAT*CTGCTC	GGC*ATA*AAAG
人 β	GGCC*AAT*CTACTC	GGC*ATA*AAAG
人 δ	AACC*AAT*CTGCTC	−GC*ATA*AAAG
人 A^γ	GACC*AAT*AGCCTT	GGC*ATA*AAAG
人 G^γ	GACC*AAT*AGCCTT	GGC*ATA*AAAG
人 α	GACC*AAT*GACTTT	GGC*ATA*AAAG

注:斜体表示高度保守的序列。

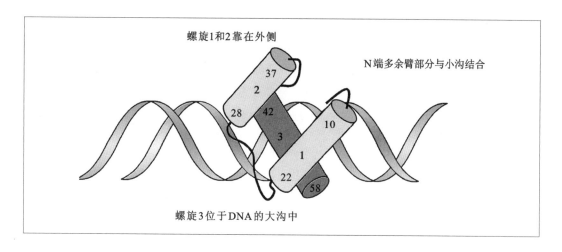

图 8-15 同源域蛋白通过其第三个螺旋与双链 DNA 的大沟相结合,其 N 端的延伸部分则与 DNA 的小沟相结合,提高了稳定性

(1) 螺旋 – 转折 – 螺旋(helix–turn–helix,H–T–H)结构

这一类蛋白质分子中有至少两个 α 螺旋,中间由短侧链氨基酸残基形成"转折",近羧基端的 α 螺旋中氨基酸残基的替换会影响该蛋白质在 DNA 双螺旋大沟中的结合。控制酵母交配型 *MAT* 基因座以及果蝇体节发育的调节基因(*antp*、*ftz*、*ubx*)等同源盒(homeobox)基因所编码的蛋白都有 H–T–H 结构。与 DNA 相互作用时,同源域蛋白的第一、二两个螺旋往往靠在外侧,其第三个螺旋则与 DNA 大沟相结合,并通过其 N 端的多余臂与 DNA 的小沟相结合(图 8-15)。

同源域是指编码 60 个保守氨基酸序列的 DNA 片段,它广泛存在于真核生物基因组内,由于最早从果蝇 *homeotic loci*(该遗传位点的基因产物决定了躯体发育)中克隆得到而命名,同源转换基因与生物有机体的生长、发育和分化密切相关。许多含有同源转换区的基因具有转录调控的功能,同源转换区氨基酸序列很可能参与形成了 DNA 结合区。表 8-4 总结了部分含同源转换区转录因子所识别的 DNA 序列,Oct–1、Oct–2 与 Pit–1/GHF–1 所识别的核心序列仅有一个碱基之差,而果蝇 *en*、*ftz* 和 *ubx* 基因产物能识别完全相同的 DNA 序列。*eve* 基因产物除识别与前者相同的序列外,还识别另一个靶序列。

表 8-4　含有同源转换区的转录因子及其 DNA 靶序列

蛋白因子	靶 DNA 序列
Oct–1、Oct–2	ATTTGCAT
Pit–1/GHF–1	TATGCATAA
EN、FTZ、UBX	TCAATTAAAT
Eve	TCAATTAAAT TCAGCACCG
Bicoid	TCAATCCC

Oct–1 和 Oct–2 专一结合于启动子内 8 碱基区,它们都含有 75 个氨基酸的 pou 区和 60 个氨基酸的同源转换区。尽管 Oct–1 和 Oct–2 中的同源盒与经典的果蝇同源转换区变异较大(60 个氨基酸中只有 20 个相同,外加 8 个保守性替换),该区在这两个蛋白质中却是高度保守的(60 个氨基酸中有 53 个相同)。哺乳类转录因子 Pit–1/GHF–1 及线虫 *unc-86* 基因中都存在类似于 Oct–1 的结构。分析 20 个含同源转换区的果蝇基因发现,该区

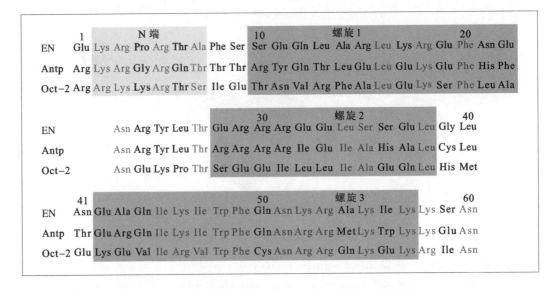

图 8-16 各种同源域 DNA 结合蛋白中保守序列分析

的保守性高达 80% ~ 90%；即使与亲缘关系很远的哺乳类同源转换区相比较，同源率也在 35% ~ 40% 以上^{（图 8-16）}。突变 Oct-2 或果蝇 *eve* 和 *ftz* 基因同源转换区某些核苷酸，可以完全防止这些转录因子与 DNA 相互作用。一般认为，同源转换区蛋白之所以具有转录调节功能，与这些蛋白质 C 端类似于原核基因阻遏物螺旋 – 转角 – 螺旋结构有关。

(2) 锌指（zinc finger）结构

锌指结构家族蛋白大体可分为锌指、锌扭（twist）和锌簇（cluster）结构，其特有的半胱氨酸和组氨酸残基之间氨基酸残基数基本恒定，有锌参与时才具备转录调控活性。重复的锌指结构都是以锌将一个 α 螺旋与一个反向平行 β 片层的基部以锌原子为中心，通过与一对半胱氨酸和一对组氨酸之间形成配位键相连接，锌指环上突出的赖氨酸、精氨酸参与 DNA 的结合。由于结合在大沟中重复出现的 α 螺旋几乎联成一线，这类蛋白质与 DNA 的结合很牢固，特异性也很高。类固醇激素受体家族含有连续的两个锌指结构，其中两个锌原子将两个 α 螺旋装配成类似 H-T-H 的结构，再以同源或异源性二聚体的方

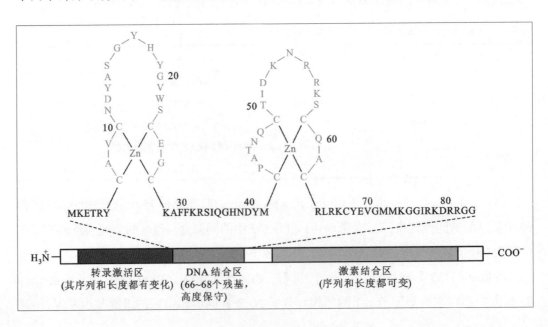

图 8-17 典型的类固醇激素受体结构示意图

式将两个 α 螺旋结合在相邻的两个大沟中[图 8-17]。

大部分蛋白质中的锌指区都聚合成一组,但也发现少量蛋白质如果蝇中的 Hunchback 因子,有不止一个锌指簇。锌指簇在这些调控蛋白上的分布也很不相同,在 ADR1 中,锌指区只占一个很小的结构区,而在 TFⅢA 中,整个蛋白质几乎被各个锌指区所覆盖。由于锌指区最早是从 RNA 聚合酶Ⅱ和Ⅲ的转录因子中发现的,所以一般认为,某个蛋白质如果拥有一个或多个成簇的锌指区,那么它就很可能是转录因子,这就是为什么尽管我们不了解 TDF、Kruppel 及 Hunchback 的功能,但仍把它们归纳在表 8-5 中的原因。

表 8-5　一些转录因子和蛋白质通过 Cys2/His2 与 DNA 相结合

蛋白质	来源	相对分子质量	锌指数	DNA 结合区 /bp	靶序列	功能
TFⅢA	哺乳类	7.3×10^4	9	50	5S 基因	与 RNA 聚合酶Ⅲ作用,促进 5S 基因转录
SP1	哺乳类	1.1×10^4	3	10	GC 区	与 RNA 聚合酶Ⅱ作用,广泛性调控因子
ADR1	果蝇	1.5×10^4	2	22	ADH2 基因	与 RNA 聚合酶Ⅱ作用,激活 ADH2 基因
TDF	哺乳类	?	13	?	?	决定雄性性别
Kruppel	果蝇	6.0×10^4	5	?	?	胚胎分化
Hunchback	果蝇	8.0×10^4	4+2	?	?	胚胎分化

此外,有些锌指蛋白具有不同的序列:

$$Cys—X_2—Cys—X_{13}—Cys—X_2—Cys$$

这一结构被称为 Cys2/Cys2 锌指,表 8-6 是部分具有这种锌指的转录因子及其一般特征。从表中可以看出,这些蛋白质一般不具有大量重复性锌指,它们与 DNA 的结合区域短而具有对称性。删除突变分析证实,锌指区是这些蛋白质与 DNA 相结合所必需的。有人将雌激素受体蛋白中的两个锌指区删去,换上从糖皮质素受体中切出来的两个锌指区后发现,这个融合蛋白只能与糖皮质素受体基因靶序列 GRE 相结合,而不再识别雌激素受体基因本身的靶序列 ERE,说明这类调控蛋白中的锌指区在与靶序列相结合的过程中起着主导作用。

表 8-6　具有 Cys2/Cys2 锌指区的转录因子

蛋白	相对分子质量	锌指数	靶序列
皮质糖受体	9.4×10^4	2	GRE 中 20 bp
雌激素受体	6.6×10^4	2	ERE 中 20 bp
GAL4	9.9×10^4	1	UAS$_G$ 中 17 bp
腺病毒 E1A	约 3.0×10^4	1	?

实验表明 Cys2/Cys2 锌指区与 Cys2/His2 锌指区是不同的。如果把固醇类受体蛋白锌指区中的后两个 Cys 突变成为 His,那么靶基因就不会被这个经过改造的转录因子所识别和激活。

图 8-18 ZFN 技术原理模型

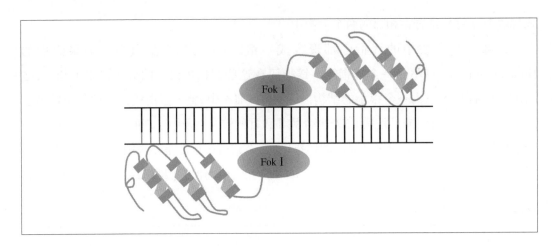

锌指结构中每一个 α 螺旋可以特异地识别 3~4 个碱基。利用不同的锌指结构识别特异 DNA 序列的特点以及核酸酶能够切断靶 DNA 的原理,科研工作者获得了一类被称为锌指核酸酶(zinc-finger nucleases,ZFN)的新型限制性内切核酸酶。根据改变锌指结构通用序列中 7 个 X 序列就能识别不同的 DNA 序列这一特征,人工设计识别特异 DNA 序列的 α 螺旋,用 TGEK 作为螺旋间的连接序列,构建成对人工锌指结构域和 FokⅠ融合蛋白(ZFN),就能在指定区域切断 DNA 双链(图 8-18)。目前,科研工作者已利用 ZFN 技术进行多种基因编辑或基因敲除实验,已建成能识别多种 DNA 序列的 ZFN 库。现在还不能识别所有随机挑选的 DNA 序列。

(3) 碱性-亮氨酸拉链(basic-leucine zipper)

即 bZIP 结构(图 8-19),是肝、小肠上皮、脂肪细胞以及某些脑细胞中存在的一大类 C/EBP 家族蛋白质,它们的特征是能够与 CCAAT 区和病毒的增强子结合。C/EBP 家族蛋白的羧基端 35 个氨基酸残基具有能形成 α 螺旋的特点,其中每隔 6 个氨基酸就有一个亮氨酸残基,这就导致第 7 个亮氨酸残基都在螺旋的同一方向出现。由于这类蛋白质都以二聚体形式与 DNA 结合,两个蛋白质 α 螺旋上的亮氨酸一侧是形成拉链型二聚体的基础。然而,亮氨酸拉链区并不能直接结合 DNA,只有肽链氨基端 20~30 个富含碱性氨基酸结构域与 DNA 结合。若不形成二聚体,该碱性区对 DNA 的亲和力明显降低。所以,这类蛋白质的 DNA 结合结构域实际是以碱性区和亮氨酸拉链结构域整体作为基础的(图 8-20)。

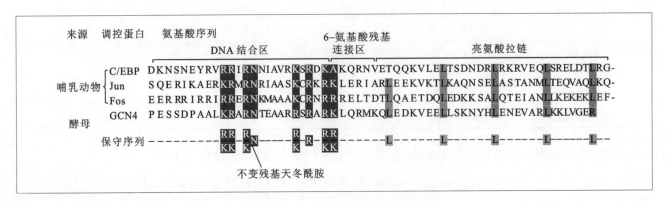

图 8-19　碱性亮氨酸拉链结构域转录激活因子序列比较

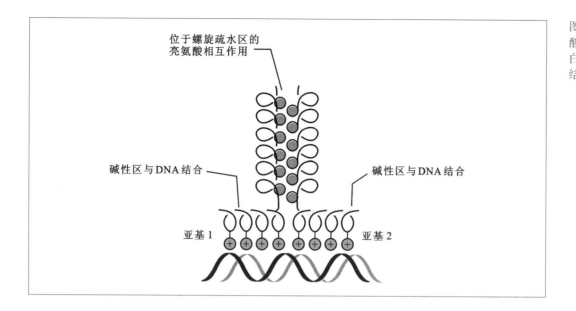

图 8-20　碱性亮氨酸拉链转录激活蛋白与调控区 DNA 相结合的示意图

（4）碱性 – 螺旋 – 环 – 螺旋（basic-helix/loop/helix）

即 bHLH 结构。在免疫球蛋白 κ 轻链基因的增强子结合蛋白 E12 与 E47 中，羧基端 100 ~ 200 个氨基酸残基可形成两个双性 α 螺旋，被非螺旋的环状结构所隔开，蛋白质的氨基端则是碱性区，其 DNA 结合特性与亮氨酸拉链类蛋白相似。肌细胞定向分化的调控因子 MyoD-1、原癌基因产物 Myc 及其结合蛋白 Max 等都属于 bHLH 蛋白。研究发现，bHLH 类蛋白只有形成同源或异源二聚体时，才具有足够的 DNA 结合能力。当这类异源二聚体中的一方不含有碱性区（如 Id 或 E12 蛋白）时，该二聚体明显缺乏对靶 DNA 的亲和力[图 8-21]。

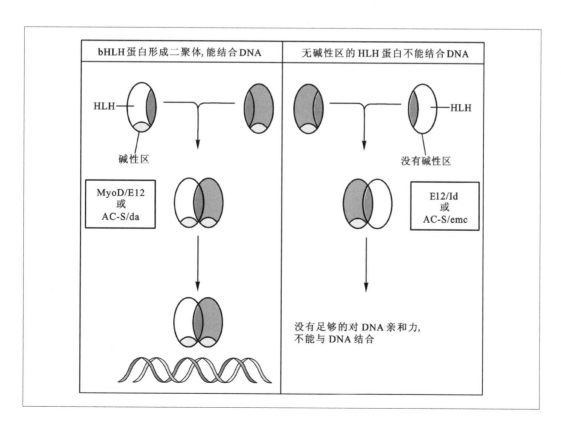

图 8-21　bHLH 蛋白的 DNA 结合能力分析

2. 转录活化结构域

在真核生物中,反式作用因子的功能由于受蛋白质 – 蛋白质之间相互作用的调节变得精密、复杂,完整的转录调控功能通常以复合物的方式来完成,这就意味着并非每个转录因子都直接与 DNA 结合。因此,是否具有转录活化域就成为反式作用因子中唯一的结构基础。反式作用因子的功能具有多样性,其转录活化域也有多种,通常依赖于 DNA 结合结构域以外的 30 ~ 100 个氨基酸残基。不同的转录活化域大体上有下列几个特征性结构:

① 带负电荷的螺旋结构　哺乳动物细胞中糖皮质激素受体的两个转录活化域,AP1 家族的 Jun 及 GAL4 都有酸性的螺旋结构,这种酸性螺旋结构特异性诱导转录起始的活性并不是很强,它们可能与 TFⅡD 复合物中某个通用因子或 RNA 聚合酶Ⅱ本身结合,并有稳定转录起始复合物的作用(图 8-22)。

② 富含谷氨酰胺的结构　SP1 是启动子 GC 盒的结合蛋白,除结合 DNA 的锌指结构以外,SP1 共有 4 个参与转录活化的区域,其中最强的转录活化域很少有极性氨基酸,却富含谷氨酰胺,达该区氨基酸总数的 25% 左右。哺乳动物细胞中的 Oct1/2、Jun、AP2、血清应答因子(SRF)等都有相同的富含谷氨酰胺的结构域。

③ 富含脯氨酸的结构　CTF-NF1 因子的羧基端富含脯氨酸(达 20% ~ 30%),很难形成 α 螺旋。在 Oct2、Jun、AP2、SRF 等哺乳动物因子中也有富含脯氨酸的结构域。

利用顺式作用元件和反式作用因子间相互作用的原理,科研人员研发了许多调控基因表达的技术。其中最新的应用当属 TALEN 技术(TALEN=transcription activator–like effector + FokⅠ nuclease fusion protein),该技术利用转录激活因子 34 个氨基酸重复肽段中第 12、13 个氨基酸可以特异识别 DNA 单个碱基的特性,串联合成可识别目的碱基序列的

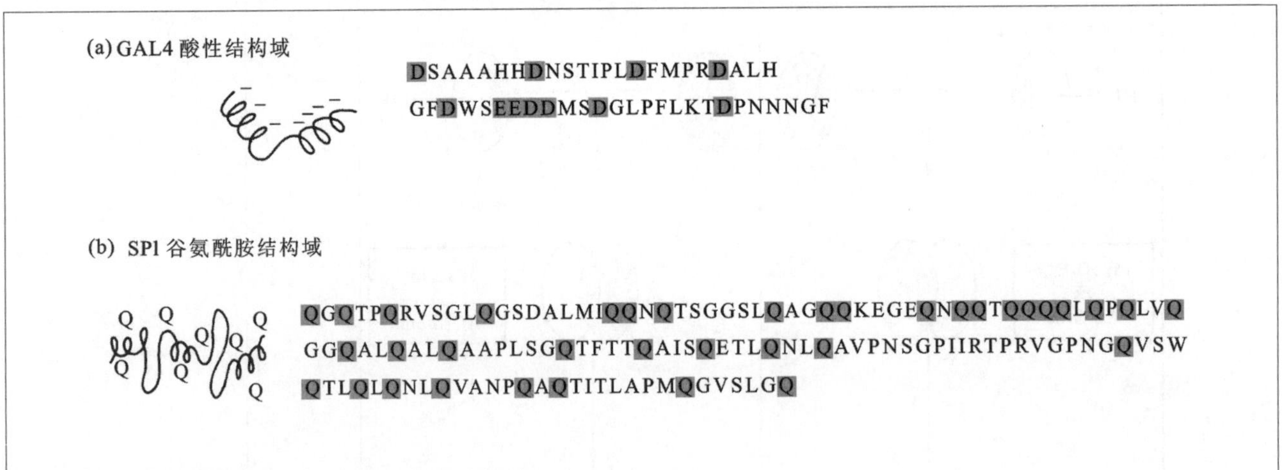

(a) GAL4 酸性结构域

DSAAAHHDNSTIPLDFMPRDALH
GFDWSEEDDMSDGLPFLKTDPNNNGF

(b) SP1 谷氨酰胺结构域

QGQTPQRVSGLQGSDALMIQQNQTSGGSLQAGQQKEGEQNQQTQQQQLQPQLVQ
GGQALQALQAAPLSGQTFTTQAISQETLQNLQAVPNSGPIIRTPRVGPNGQVSW
QTLQLQNLQVANPQAQTITLAPMQGVSLGQ

(c) 富含脯氨酸结构域

PPHLNPQDPLKLVSLACDPASQQPGRLNGSGQLKMPSHCLSAQMLPPPPGLPR
LPPATKPATTSEGGATSPSYSPPDTSP

图 8-22　常见的转录活化结构域

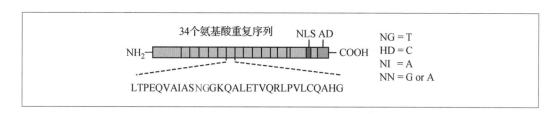

图 8–23　TALEN 的作用原理

TALE 蛋白,与内切核酸酶 Fok I 融合表达,可切割特异识别序列下游 9~13 bp,从而实现敲除指定内源基因的功能 (图 8-23)。

8.3　真核基因表达的染色质修饰和表观遗传调控

在真核生物中,发生在转录之前的、染色质水平上的结构调整,称之为基因表达的表观遗传调控,主要包括 DNA 修饰 (DNA 甲基化)和组蛋白修饰 (组蛋白乙酰化、甲基化)两个方面。

8.3.1　真核生物 DNA 水平上的基因表达调控

分子生物学的最新研究表明,在个体发育过程中,用来合成 RNA 的 DNA 模板也会发生规律性变化,从而控制基因表达和生物体的发育。

高度重复基因的形成通常与个体分化阶段 DNA 的某些变化有关。例如,一个成熟的红细胞能产生大量的可翻译出成熟珠蛋白的 mRNA,而其前体细胞却不产生珠蛋白。许多情况下,这种变化是由于基因本身或它的拷贝数发生了永久性变化。这种 DNA 水平的调控是真核生物发育调控的一种形式,它包括了基因丢失、扩增、重排和移位等方式,通过这些方式可以消除或变换某些基因并改变它们的活性。这些调控方式与转录及翻译水平的调控是不同的,因为它使基因组发生了改变。

1. “开放”型活性染色质 (active chromatin)结构对转录的影响

真核基因的活跃转录是在常染色质上进行的。转录发生之前,染色质常常会在特定的区域被解旋松弛,形成自由 DNA。这种变化可能包括核小体结构的消除或改变、DNA 本身局部结构的变化甚至从右旋型变为左旋型 (Z-DNA)等,这些变化可导致结构基因暴露,促进转录因子与启动区 DNA 结合,诱发基因转录。

用 DNA 酶 I 处理各种组织的染色质时,发现处于活跃状态的基因比非活跃状态的 DNA 更容易被 DNA 酶 I 所降解。鸡成红细胞 (erythroblast)染色质中,β- 血红蛋白基因比卵清蛋白基因更容易被 DNA 酶 I 切割降解。与此相反,鸡输卵管细胞的染色质中被 DNA 酶 I 优先降解的是卵清蛋白基因,而不是 β- 血红蛋白基因。那么,活跃状态的 DNA 为什么更易于受核酸酶的攻击而降解呢? 研究发现,活跃表达基因所在染色质上一般含有一个或数个 DNA 酶 I 超敏感位点 (hypersensitive site),它们大多位于基因 5′ 端启动区,少数在其他位置。非活性态基因的 5′ 端相应位点却不表现对 DNA 酶 I 的超敏感性。果蝇唾腺染色体中,胶原蛋白基因 sgs4 的转录区上游 330 碱基对和 405 碱基对左右各有一

图 8-24 "灯刷形"
染色体（a）及存在
于"活性"染色质区
的环状 DNA 结构（b）
（a）中箭头所示为不同
姐妹染色体对之间的
交叉点。

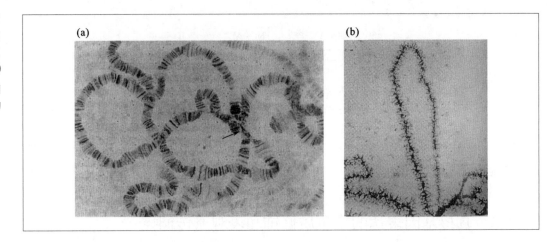

个超敏感位点,有突变体缺失了包括这两个超敏感位点大约 100 个碱基对的 DNA 序列后就不再具备合成胶原蛋白的能力,说明两个完整的超敏感位点是 *sgs4* 基因转录所必需的。

　　鸡成红细胞中 β 血红蛋白基因 5′ 端 –50～–280 碱基对区是超敏感位点。有人用专一切割单链 DNA 的 SI 核酸酶处理该基因活跃表达的染色体 DNA,证实有 DNA 被水解,说明该基因活跃表达时启动区部分序列可能解开成单链,从而不能继续缠绕在核小体上,使启动区 DNA "裸露"在组蛋白表面,形成了对 DNA 酶 I 的超敏感现象。上述事实充分说明,超敏感位点的产生可能是染色质结构规律性变化的结果。正是由于这种变化,使 DNA 容易与 RNA 聚合酶和其他转录调控因子相结合,从而启动基因表达,同时也更易于被核酸酶所降解。

　　有证据表明,存在于"灯刷形"染色体(lamp brush)上的环形结构可能与基因的活性转录有关[图 8-24]。"灯刷形"染色体只有在两栖类动物卵细胞发生减数分裂时才能被观察到,它是染色体充分伸展时的一种形态。此时,两对姐妹染色体常常通过"交叉点"(chiasmata)连成一体[图 8-24(a)]。高倍电镜下观察发现,灯刷形染色体上存在许多突起的"泡"状或"环"状结构,有时还能看到 RNP 沿着这些突起结构移动,表明这些 DNA 正在被 RNA 聚合酶所转录[图 8-24(b)]。³H 尿嘧啶核苷酸标记实验表明,最活跃的 DNA 转录区结构较为伸展,形成蓬松区。

　　2. 基因扩增

　　基因扩增是指某些基因的拷贝数专一性大量增加的现象,它使细胞在短期内产生大量的基因产物以满足生长发育的需要,是基因活性调控的一种方式。例如,非洲爪蟾的卵母细胞中原有 rRNA 基因(rDNA)约 500 个拷贝,在减数分裂 I 的粗线期,这个基因开始迅速复制,到双线期它的拷贝数约为 200 万个,扩增近 4 000 倍,可用于合成 10^{12} 个核糖体,以满足卵裂期和胚胎期合成大量蛋白质的需要。在基因扩增之前,整个 rDNA 区位于单个核仁中(人们发现大部分动物细胞中都有这种含 rDNA 的核内小体)。在该细胞发育成卵母细胞的过程中(约 3 周时间),不但 rDNA 数量猛增,核仁数量也大大增加,每个核中可有几百个这样的小核仁。一旦卵母细胞成熟,多余的 rDNA 就没有用了,将被逐渐降解。受精之后,染色体 DNA 开始复制,并通过有丝分裂的方式,不断扩大细胞群体。在此期间,多余的 rDNA 继续被降解,直到分裂产生几百个细胞时,rDNA 的过剩现象就不复存在了。

3. 基因重排与变换

将一个基因从远离启动子的地方移到距它很近的位点从而启动转录,这种方式被称为基因重排。通过基因重排调节基因活性的典型例子是免疫球蛋白结构基因和 T 细胞受体基因的表达,前者是由 B 淋巴细胞合成的,而后者则由 T 淋巴细胞合成。免疫球蛋白的肽链主要由可变区(V 区)、恒定区(C 区)以及两者之间的连接区(J 区)组成(表 8-7),V、C 和 J 基因片段在胚胎细胞中相隔较远。编码产生免疫球蛋白的细胞发育分化时,通过染色体内 DNA 重组把 4 个相隔较远的基因片段连接在一起,从而产生了具有表达活性的免疫球蛋白基因(图 8-25)。

表 8-7　人类基因组中免疫球蛋白基因主要片段的数量比较

成分	基因位点	染色体	基因片段数量			
			V	D	J	C
重链	IGH	14	86	30	9	11
轻链(K 链)	IGK	2	76	0	5	1
轻链(λ 链)	IGL	22	52	0	7	7

此外,人血红蛋白基因表达也有这种现象。β 链基因家族的调节基因和受体基因原来是被间隔序列分隔开的,因此这些结构基因没有活性。在胚胎发育早期,由于间隔序列 S_1 缺失,导致调节基因 R_1 和受体基因 A_1 连接在一起,形成调节启动基因(R_1A_1),邻近的结构基因转录产生 ε 肽链。在胚胎发育后期(3~9 个月),由于间隔序列 S_2 缺失,使调节基因 R_2 和 A_2 连接在一起,形成调节启动基因(R_2A_2),邻近的结构基因转录产生 γ 肽链。人出生以后,由于 S_3 的缺失,形成了 R_3A_3 调节启动基因,激活 β 和 δ 结构基因转录,产生 β 和 δ 肽链。α 肽链基因的变换也按这个模式进行,形成了人类血红蛋白肽链组成的规

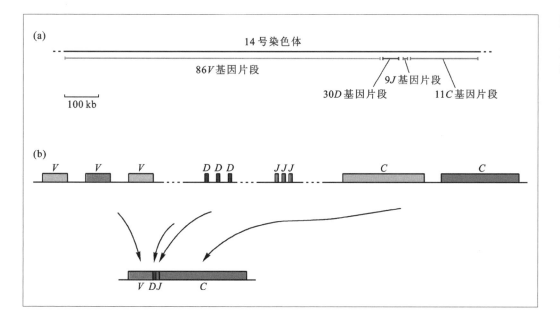

图 8-25　免疫球蛋白重链基因片段重排与组织特异性表达

律性变化。

8.3.2 DNA 甲基化与基因活性的调控

DNA 甲基化是最早发现的修饰途径之一,这一修饰途径可能存在于所有高等生物中并与基因表达调控密切相关。大量研究表明,DNA 甲基化能关闭某些基因的活性,去甲基化则诱导了基因的重新活化和表达。DNA 甲基化能引起染色质结构、DNA 构象、DNA 稳定性及 DNA 与蛋白质相互作用方式的改变,从而控制基因表达。研究证实,CpG 二核苷酸中胞嘧啶的甲基化导致了人体 1/3 以上由于碱基转换而引起的遗传病。我们将在本节中对 DNA 甲基化和去甲基化的机制、DNA 甲基化对发育过程中基因表达的调控以及与之有关的研究进展作一简述。

1. DNA 的甲基化

DNA 甲基化修饰现象广泛存在于多种有机体中。在染色体水平上,DNA 甲基化在着丝粒附近水平最高;在基因水平上,DNA 甲基化高水平区域涵盖了多数的转座子、假基因和小 RNA 编码区。甲基化似乎对于长度较短的基因有较强的转录调控能力,而对长基因的调控能力十分微弱。实验证明,这个过程不但与 DNA 复制起始及错误修正时的定位有关,还通过改变基因的表达参与与细胞的生长、发育过程及染色体印迹、X 染色体失活等的调控。DNA 甲基化主要形成 5- 甲基胞嘧啶(5-mC)和少量的 N^6- 甲基腺嘌呤(N^6-mA)及 7- 甲基鸟嘌呤(7-mG,图 8-26)。在真核生物中,5- 甲基胞嘧啶主要出现在 CpG 序列、CpXpG、

图 8-26　5- 甲基胞嘧啶、N^6- 甲基腺嘌呤和 7- 甲基鸟嘌呤结构式

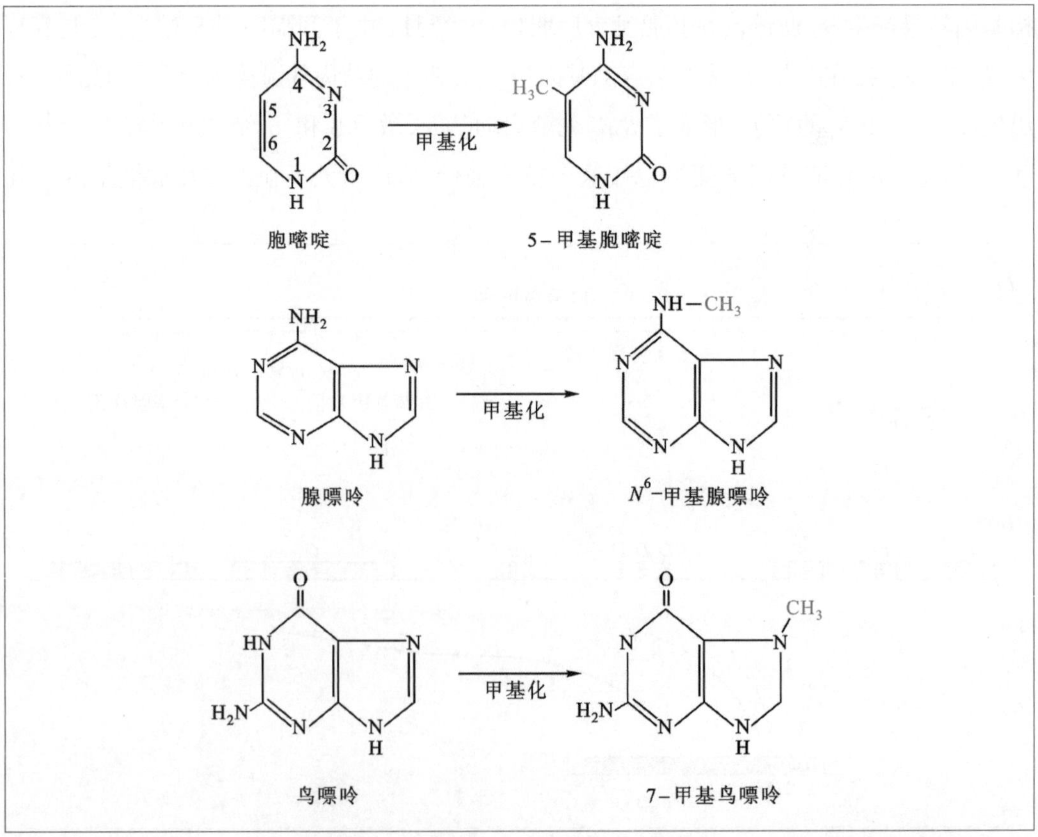

CCA/TGG 和 GATC 中。因为高等生物 CpG 二核苷酸序列中的 C 通常是甲基化的,极易自发脱氨,生成胸腺嘧啶,所以 CpG 二核苷酸序列出现的频率远远低于按核苷酸组成计算出的频率。由于这些 CpG 二核苷酸通常成串出现在 DNA 上,这段序列往往被称为 CpG 岛。

真核生物细胞内存在两种甲基化酶活性:一种被称为日常型甲基转移酶,另一种是从头合成型甲基转移酶,前者主要在甲基化母链(模板链)指导下使处于半甲基化的 DNA 双链分子上与甲基胞嘧啶相对应的胞嘧啶甲基化。该酶催化特异性极强,对半甲基化的 DNA 有较高的亲和力,使新生的半甲基化 DNA 迅速甲基化,从而保证 DNA 复制及细胞分裂后甲基化模式不变。后者催化未甲基化的 CpG 成为 mCpG,它不需要母链指导,但速度很慢。这类甲基化酶是导致特异基因受甲基化调控的主要因子,在基因表达的表观遗传学研究中有十分重要的地位。

2. DNA 甲基化抑制基因转录的机制

DNA 甲基化导致某些区域 DNA 构象变化,从而影响了蛋白质与 DNA 的相互作用,抑制了转录因子与启动区 DNA 的结合效率。研究表明,当组蛋白 H_1 与含 CCGG 序列的甲基化或非甲基化 DNA 分别形成复合体时,DNA 的构型存在着很大的差别,甲基化达到一定程度时会发生从常规的 B-DNA 向 Z-DNA 的过渡。由于 Z-DNA 结构收缩,螺旋加深,使许多蛋白质因子赖以结合的元件缩入大沟而不利于基因转录的起始。有实验用序列相同但甲基化水平不同的 DNA 为材料,比较其作为 RNA 聚合酶转录模板的活性,发现甲基的引入不利于模板与 RNA 聚合酶的结合,降低了其体外转录活性。

5- 甲基胞嘧啶在 DNA 上并不是随机分布的,基因的 5′ 端和 3′ 端往往富含甲基化位点,而启动区 DNA 分子上的甲基化密度与基因转录受抑制的程度密切相关(图 8-27)。对于弱启动子来说,稀少的甲基化就能使其完全失去转录活性。当这一类启动子被增强时(带有增强子),即使不去甲基化也可以恢复其转录活性。若进一步提高甲基化密度,即使

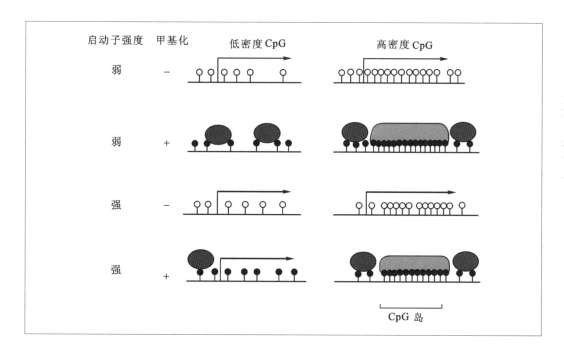

图 8-27 DNA 甲基化对基因转录的抑制作用

箭头粗细表示转录活性强弱,空心圆表示 DNA 未甲基化,小黑点表示 DNA 甲基化,椭圆形表示 MeCP1 松散结合,长方形表示 MeCP1 紧密结合。

增强后的启动子仍无转录活性。因为甲基化对转录的抑制强度与 MeCP1(methyl CpG-binding protein 1)结合 DNA 的能力成正相关,甲基化 CpG 的密度和启动子强度之间的平衡决定了该启动子是否具有转录活性。

　　研究证实,小鼠 α-珠蛋白基因和人 γ-珠蛋白基因内 CpG 密度较低,前者 1.4 kb 序列内含有 28 个 CpG(相当于每 50 bp 有一个 CpG),后者 3.3 kb 序列内含有 26 个 CpG(相当于每 126 bp 有一个 CpG),而人 α-珠蛋白基因内 CpG 密度很高,1.5 kb 序列中有 141 个 CpG(相当于每 10 bp 有一个 CpG) ^{(图 8-28(a))}。可以用细菌 Hha I 甲基转移酶处理人 α-珠蛋白基因使其低水平甲基化(平均每 62 个 bp 有一个 mCpG,1.5 kb 序列中有 24 个 mCpG),也可以用 Sss I 甲基化酶把该基因上所有 CpG 全部甲基化。将上述 CpG 密度不同、甲基化水平也不同的基因导入人 HeLa 细胞发现,一旦 CpG 完全甲基化,这 3 个基因都不表达。但如果在这些基因的启动区装上 SV40 增强子序列,CpG 密度较低的基因如小鼠 α-珠蛋白基因和人 γ-珠蛋白基因就得到表达,高 CpG 密度但只有部分甲基化的

图 8-28　3 个珠蛋白的基因编码区及启动区的 CpG 密度比较(a)以及甲基化对这些基因表达强度的影响分析(b)
无:没有甲基化;部:部分甲基化。β-珠蛋白 mRNA 作为对照。

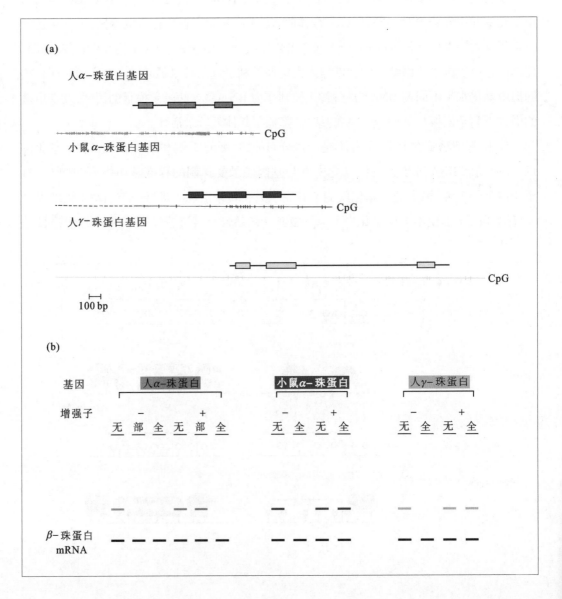

人 α-珠蛋白基因也能被转录,CpG 密度高同时又完全甲基化的人 α-珠蛋白基因仍然不被转录^{(图 8-28(b))}。

　　DNA 的甲基化还提高了该位点的突变频率。真核生物中 5-mC 主要出现在 5′-CpG-3′序列中,5-mC 脱氨后生成的胸腺嘧啶(T)不易被识别和矫正。因此,特定部位的 5-mC 脱氨基反应,将在 DNA 分子中引入可遗传的转化(C → T),若位点突变发生在 DNA 功能区域,就可能造成基因表达的紊乱。在脑瘤、乳腺癌和直肠癌细胞中,*p53* 基因第 273 位密码子含 CpG 序列,常由 CGT 突变为 CAT 或 TGT(Arg → His 或 Cys)。在非小细胞肺癌中 *p53* 基因该位点 C → T 的突变频率高达 59.3%。由于 CpG 甲基化增加了胞嘧啶残基突变的可能性,5-mC 也作为内源性诱变剂或致癌因子调节基因表达。

8.3.3　组蛋白乙酰化对真核基因表达的影响

　　蛋白质乙酰化普遍存在于生物体细胞内,涉及许多生理生化过程。目前主要研究组蛋白乙酰化对基因表达调控的影响。

　　1. 组蛋白的基本组成

　　组蛋白(histone)是组成核小体的基本成分,核小体(nucleosome)是组成染色质的基本结构单元。核小体由组蛋白八聚体(由两个包含 H_2A、H_2B、H_3 和 H_4 的四聚体组成)和缠绕两圈的 DNA 组成。在相邻的核小体之间有一个 20 ~ 200 bp 的间隔区,在电子显微镜下,一列核小体看上去像一串珠子,每个珠子的直径大约是 10 nm。另一个组蛋白 H_1 结合在核小体核心之外,起到稳定核小体序列和染色质的高级结构的作用。

　　2. 核心组蛋白的乙酰化和去乙酰化

　　核心组蛋白朝向外部的 N 端部分被称为"尾巴",可被组蛋白乙酰基转移酶和去乙酰化酶修饰,加上或去掉乙酰基团。图 8-29 是已报道的组蛋白 N 端"尾巴"主要被修饰位点。

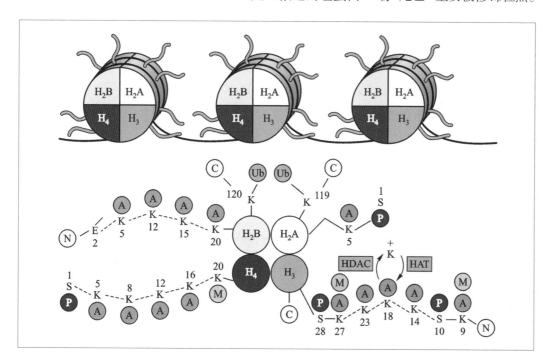

图 8-29　已知组蛋白 N 端"尾巴"主要被修饰位点

N,组蛋白 N 端;C,组蛋白 C 端;A,乙酰基团;P,磷酸基团;M,甲基基团;Ub,泛素基团;HAT,乙酰基转移酶;HDAC,去乙酰化酶。

图 8-30 具有组蛋白乙酰基转移酶活性的蛋白质参与转录调控示意图

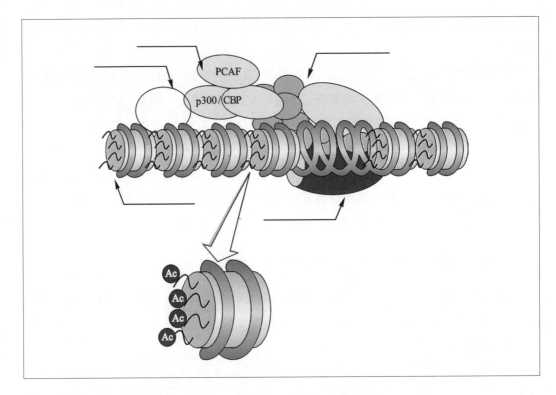

3. 组蛋白乙酰基转移酶

催化组蛋白乙酰化反应的是组蛋白乙酰基转移酶(histone acetyltransferase, HAT)。目前已经发现的 HAT 酶主要有两类:一类与转录有关,另一类与核小体组装以及染色质的结构有关。HAT 并不是染色质结合蛋白,但是可以通过与其他蛋白质相互作用来影响染色质的结构。许多转录激活因子都有 HAT 活性(图 8-30),与转录有关的 HAT 催化亚基是酵母调控蛋白质 GCN5 的同源物,而 GCN5 本身具有乙酰化组蛋白 H_3 和 H_4 的活性。

TAFⅡ250 组蛋白乙酰基转移酶是 TFⅡD 复合物的一个亚基,它的主要功能是与启动子结合协助起始转录,能使组蛋白 H_3 和 H_4 乙酰化。转录共激活子 PCAF 也能使这两个组蛋白乙酰化。组蛋白乙酰基转移酶 p300/CBP 也是转录共激活子,通过与增强子结合蛋白相互作用来调节转录,能使组蛋白 H_2A、H_2B、H_3 和 H_4 乙酰化。

4. 组蛋白去乙酰化酶

组蛋白去乙酰化酶(histone deacetylase, HDAC)负责去除组蛋白上的乙酰基团,目前研究比较深入的是人类中的 HDAC1 和酵母中的 Rpd3。HDAC 和 Rpd3 都形成很大的蛋白复合体发挥作用。Rpd3 能特异性去除组蛋白上的乙酰基团,使核小体相互靠近,并在转录共抑制子 Sin3 及 R 的协同作用下,抑制基因转录(图 8-31)。

5. 组蛋白乙酰化及去乙酰化对基因表达的影响

组蛋白乙酰基转移酶和去乙酰化酶通过使组蛋白乙酰化和去乙酰化对基因表达产生影响。组蛋白 N 端"尾巴"上赖氨酸残基的乙酰化中和了组蛋白尾巴的正电荷,降低了它与 DNA 的亲和性,导致核小体构象发生有利于转录调节蛋白与染色质相结合的变化,从而提高了基因转录的活性。核心组蛋白 H_2A、H_2B、H_3 和 H_4 通过组蛋白"尾部"选择性乙

酰基化影响核小体的浓缩水平和
可接近性。研究发现,受乙酰化修
饰的组蛋白形成的核小体的结构
比未经修饰的组蛋白核小体松散。
由于乙酰化的组蛋白抑制了核小
体的浓缩,使转录因子更容易与基
因组的这一部分相接触,有利于提
高基因的转录活性。

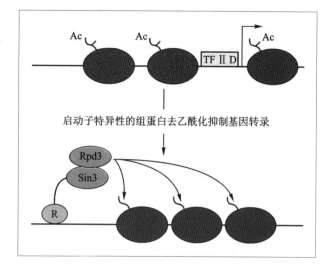

图 8-31 组蛋白去
乙酰化酶复合体能
与靶基因启动子区
结合,抑制基因转录

　　组蛋白乙酰基转移酶和去乙
酰化酶只能有选择地影响一部分
基因的转录。哺乳动物和酵母中
得到的实验数据都表明,转录抑制主要是由于新产生的 HDAC/Rpd3 复合体专一性结合于
某个或某类基因启动子区附近的组蛋白位点并使之去乙酰化,导致染色质结构发生不利
于基因转录的变化。

　　视网膜母细胞瘤蛋白(retinoblastoma protein,Rb)是另一类被广泛研究的肿瘤抑制因
子,该蛋白质主要与 E2F 类转录激活因子相互作用,抑制主要参与细胞周期调控的靶基
因的转录活性。研究发现,与 E2F 类转录激活因子相结合的 Rb 能进一步募集去乙酰化
酶 1(HDAC1),使这类基因的启动子区发生特异性的去乙酰化反应,导致该区段染色质浓
缩,靶基因转录活性消失(图 8-32)。

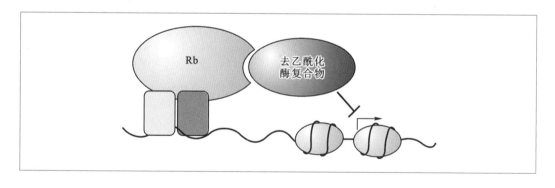

图 8-32 组蛋白去
乙酰化酶与肿瘤抑
制因子 Rb 相互作
用抑制靶基因转录

8.3.4 组蛋白甲基化对于真核基因表达的调控

1. 组蛋白甲基化的功能

　　目前已知的识别各种组蛋白赖氨酸甲基化修饰的蛋白质或者与这些识别蛋白相互作
用的蛋白质非常多,暗示组蛋白赖氨酸的甲基化十分重要。一般来说,各种组蛋白甲基化
修饰在染色体上的分布以及功能不尽相同,比如 H3K9me3 标记通常与异染色质化有关,
H3K27me3 通常与抑制基因表达有关,而 H3K4me3 常被视作转录活化区的标记(表 8-8)。
近年的研究发现,异染色质化区域可以分成非组成型和组成型异染色质化,这两种情况的
组蛋白甲基化修饰也不相同。

表 8-8　常见的组蛋白修饰

组蛋白甲基化	染色体常见分布	主要功能
H3K9me3	中心粒、端粒	组成型异染色质
H3K27me3	沉默基因	沉默基因
H3K4me3	转录起始位点	转录活性区标记
H3K36me3	转录区	转录活性区标记

① 非组成型异染色质化　多发生在不同生长发育时期一些需要被沉默的基因区域。动物中最常见的一种形式就是雌性的随机失活的一条 X 染色体。研究发现,失活的 X 染色体上有很高水平的 H3K27me3 修饰,而且 H3K27me3 的修饰上往往伴有 polycomb 抑制复合物(polycomb repressor complexes,PRCs)。核心 PRC 是一个三元复合物,其中一个成员 E(Z)是 H3K27 甲基转移酶,因此 PRC 介导的异染色质化通常会由异染色质成核中心向周围扩散 H3K27me3 修饰,将附近一段区域内的染色质都异染色质化(图 8-33)。随着越来越多的染色质免疫共沉淀 – 测序(ChIP-chip,ChIP-seq)数据报道,人们发现动物染色体上具有高水平 H3K27me3 修饰的染色体片段往往很长,覆盖染色体大片区域,而拟南芥中这种修饰却集中于基因转录区,覆盖长度只有一个基因。这个现象暗示动植物中可能采取了不同的 H3K27 甲基化修饰抑制基因表达的策略。

② 组成型异染色质化　通常发生在染色质中心粒、端粒区域,常由 HP1 蛋白介导,该蛋白质形成二聚体识别并结合 H3K9me2/3。因为 HP1 能与 H3K9 甲基转移酶 SUV39

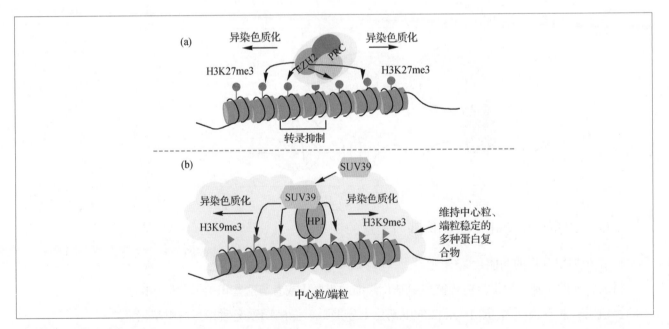

图 8-33　异染色质化的功能

(a) 为组蛋白甲基化引起的基因组中某些区域被非组成型异染色质化。某些特定发育时期带有 H3K27me3 标记的染色质区域会在特定转录调节因子作用下被 PRC 特异识别、结合并在 H3K27 甲基转移酶作用下将该区域附近的其他染色质上的组蛋白三甲基化,从而引起大范围的异染色质化导致整个区域发生基因表达沉默。(b) 则代表了一类在细胞内通常会发生的组成型异染色质化,该过程一般发生在中心粒和端粒附近,HP1 识别组蛋白 H3K9me2/3 标记,然后招募 SUV39 使新生成的组蛋白发生三甲基化,这样就会使得中心粒和端粒附近的区域始终保持异染色质状态。

发生相互作用,导致了高水平的 H3K9me3 修饰。与 H3K27 的机制相似,细胞分裂时母细胞的 H3K9me2/3 标记结合了 HP1 蛋白,HP1 又招募 SUV39 到邻近染色质区域催化新组装组蛋白产生新的 H3K9me3 标记,保持中心粒、端粒的异染色质化^(图 8-33)。

③ 表观修饰的遗传 表观修饰是可遗传的,当母细胞分裂出子细胞时,母细胞染色质具有的特定表观修饰会在子代细胞 DNA 的相同位置重现。一般认为表观修饰的遗传是通过已经存在的标记招募相应甲基转移酶到染色质附近而实现的。比如细胞分裂时母细胞 H3K27me3 标记与 PRC 相互作用,新复制的 DNA 因为附近有 PRC 存在,被 E(Z) 催化生成新的 H3K27me3,因此子代细胞被打上同样的标记。

④ 常表达染色质 该区域比异染色质区有更宽松的修饰环境,也存在一些较普遍的标记,如基因的增强子区常有 H3K4me1 修饰。各种组蛋白甲基化修饰有不同的分布倾向,H3K4me3 常富集在转录起始区,而 H3K36me3 在整个转录区都有比较高的水平。酵母中 Set1 基因编码 H3K4 甲基转移酶,可与 C 端(CTD)第 5 位丝氨酸被磷酸化的 RNA 聚合酶 II 相互作用。Set2 是 H3K36 甲基转移酶,可与 C 端(CTD)第 2 位丝氨酸被磷酸化的 RNA 聚合酶 II 相结合,而第 2 位丝氨酸磷酸化正是 RNA 聚合酶 II 在转录延伸过程中的标记,随着转录的进行而增多。因此,不同甲基转移酶蛋白和不同磷酸化状态的 RNA 聚合酶 II 相互作用,导致两种组蛋白甲基化在基因区的不同分布方式^(图 8-34)。

2. 组蛋白甲基转移酶

组蛋白上有两种残基,赖氨酸和精氨酸,可以被甲基化修饰。据此将组蛋白甲基转移酶分成两类,即组蛋白赖氨酸甲基转移酶(histone lysine methyltransferase,HKMT)和蛋白质精氨酸甲基转移酶(protein arginine methyltransferase,PRMT)。目前,已从各个物种中鉴定出一批 HKMT,它们几乎都拥有甲基转移酶催化活性区 SET 结构域。不同的 HMKT 催化不同的底物,最早发现的甲基转移酶是与组成型异染色质化有关的 SUV39H1,催化 H3K9 的甲基化。有的底物特异性催化 H3K9,有的只催化 H3K4 甲基化。DIM5 能催化

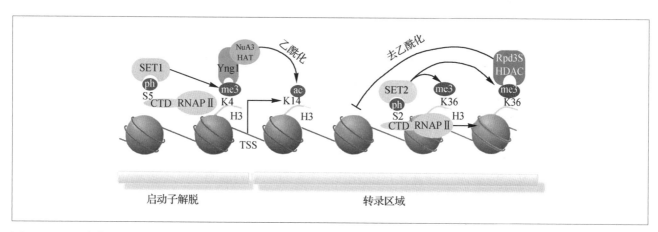

图 8-34 组蛋白修饰分布倾向

酵母中启动子区的 RNA 聚合酶 II 是第 5 位丝氨酸被磷酸化,该磷酸化状态的 RNA 聚合酶 II 能够与 H3K4 甲基转移酶 Set1 发生相互作用,使得启动子区发生 H3K4me3 修饰,进一步招募 HAT 使得该区域发生乙酰化,使得转录起始区域保持较高的转录起始效率。而在转录过程中 RNA 聚合酶 II 第 2 位丝氨酸被磷酸化,该磷酸化状态的 RNA 聚合酶 II 与 H3K36 甲基转移酶 Set2 相互识别,进而招募 HDAC 使得转录区域发生去乙酰化,转录起始事件发生频率比较低,使得转录延伸顺利进行。

图 8-35　组蛋白甲基转移酶家族

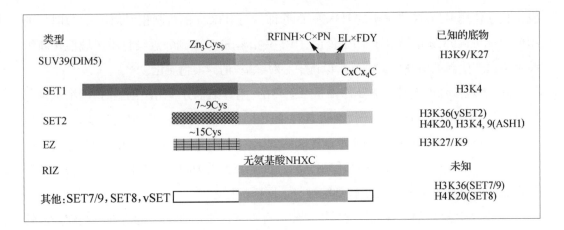

类型				已知的底物
SUV39(DIM5)		Zn₃Cys₉	RFINH×C×PN　EL×FDY	H3K9/K27
			CxCx₄C	
SET1				H3K4
SET2		7~9Cys		H3K36(ySET2) H4K20, H3K4, 9(ASH1)
EZ		~15Cys		H3K27/K9
RIZ			无氨基酸NHXC	未知
其他:SET7/9, SET8, vSET				H3K36(SET7/9) H4K20(SET8)

H3K9 的单、双、三甲基化,而 SET7/9 只能催化 H3K4 的单甲基化。结构生物学研究表明酶催化中心的一些关键氨基酸所构成的不同的空间位阻决定该酶能够添加多少个甲基,因为如果将 DIM5 和 SET7/9 相应的核心氨基酸互换,那么 DIM5 只能催化单甲基化,而 SET7/9 则可以催化三甲基化(图 8-35)。

精氨酸甲基转移酶(PRMT)分成一型和二型,一型催化单甲基和非对称双甲基化,二型催化单甲基和对称双甲基化。常见精氨酸甲基转移酶有 PRMT 1,4,5 和 6。此外,在果蝇和拟南芥的相关研究中还发现有 PRMT 家族成员参与调控 pre-mRNA 的可变剪切,从而影响生物的昼夜节律。

3. 组蛋白去甲基化酶

曾经有很长一段时间,人们认为组蛋白甲基化修饰是稳定存在的,没有主动的去甲基化过程。2002 年以后才逐渐发现生物体内存在为数不少的组蛋白去甲基化酶。最早发现的赖氨酸去甲基化酶是 LSD1(lysine-specific demethylase),该酶用 FAD 为辅助因子,可在体外系统中催化 H3K4me1/2 的去甲基化,但不能催化三甲基化的去甲基反应。体内研究发现,LSD1 可与不同的复合物相互作用并通过这些复合物被募集到相应的染色质区域。与不同的复合物相结合还能改变 LSD1 催化底物的特性。当 LSD1 与 Co-REST 抑制复合物相结合时催化 H3K4me1/2 的去甲基化,若与雄激素受体结合则可催化 H3K9 的去甲基化。因此,同一个去甲基化酶可以行使转录激活和转录抑制两种相反的功能,视与其合作的因子而定。

研究发现,存在于许多赖氨酸去甲基化酶中的 jumonji 结构域是去甲基化酶的催化活性结构域。在最早鉴定的赖氨酸去三甲基化酶 JMJD2 中,JMJD2 可催化 H3K9me3 和 H3K38me3 的去甲基化,酶催化活性区为 JmjC 结构域(图 8-36)。

8.3.5　RNA 水平修饰对基因表达的影响

RNA 水平的化学修饰能影响自身活性、定位以及稳定性等多个方面。真核生物的 RNA 上存在 100 多个化学修饰,然而只有极少数的修饰方式广泛存在于 mRNA 上。其中,N^6- 甲基腺苷化修饰(N^6-methyladenosine,m⁶A)是 mRNA 上较为常见的一种 RNA 修饰方

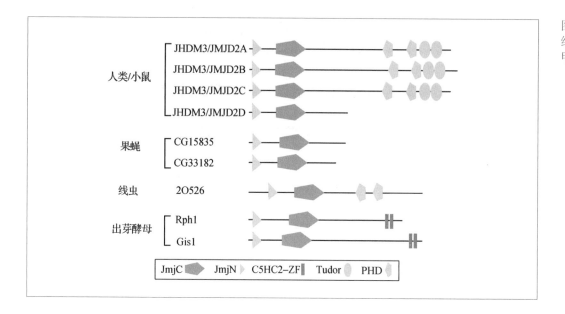

图 8-36 具有 JmjC 结构域的组蛋白去甲基化酶

式,并且有报道表明这种方式可以在转录后水平调控基因表达,影响多个重要的生理调控过程。

N^6-甲基腺苷化修饰(m^6A)指的是 mRNA 中腺嘌呤第 6 位氮原子上的甲基化修饰,这种修饰广泛存在于各个物种中。m^6A 既不容易受化学修饰,如硫酸氢盐处理的影响,也不会影响 RNA 中基本的碱基配对能力。因此,尽管这种修饰很早就被发现,但是 m^6A 所具有的生物学功能一直到后期才被发现报道。结合新一代测序技术(NGS)和基于抗体亲和技术,人们发现小鼠和人类细胞中将近 7000 种 mRNA 上拥有 m^6A 修饰位点。另外,随着 mRNA m^6A 去甲基化酶的鉴定,人们进一步确认了 m^6A 的动态调控方式^(图 8-37)。

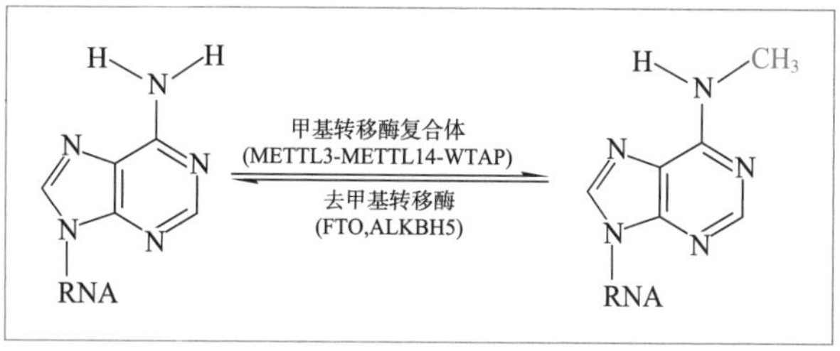

图 8-37 mRNA 上可逆的 m^6A 修饰

1. m^6A 修饰甲基化酶

通过体外转录或合成 mRNA,HeLa 细胞核提取物能在体外催化 m^6A 修饰的形成。为进一步鉴定负责 m^6A 甲基化活性的每一个组分,这些提取物被分为不同级别的片段,最终,人们筛选到包含 3 个成员的甲基转移酶复合体,分别将其命名为 MT-A1、MT-A2 以及 MT-B。其中,MT-A1 在催化过程中起主要作用。随后,研究者又新鉴定到一个 7×10^4 大小的甲硫氨酸结合亚基,命名为 methyltransferaselike 3(METTL3)。人 METTL3 上负责甲基活性的两个功能区域已经被鉴定,分别是 CM I 和 CM II ^(图 8-38)。其中,CM I 是甲硫氨酸结合区域,而 CM II 包含负责甲基活性的催化残基。Northern 印迹杂交分析表明 METTL3 广泛表达在人体组织中,并在睾丸中有较高的表达。HepG2 细胞中 METTL3 基因表达量降低后会加速细胞凋亡。同时,分析 HepG2 细胞中 METTL3 基因表达量下调前后的差异表达基因发现,p53 信号途径的基因在 METTL3 基因表达发生改变后得到了富

图 8-38 不同物种中负责 m⁶A 修饰的甲基转移酶结构示意图

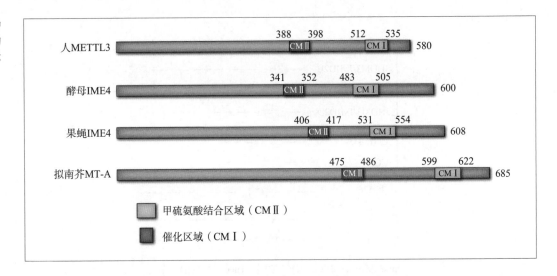

集。免疫荧光分析表明 METTL3 基因定位于核质,尤其是在富集有 mRNA 加工因子的核散斑体中,这些结果与 m⁶A 修饰调控精子发生过程的功能相吻合。

除了哺乳动物外,METTL3 的同源基因也已经在酵母、果蝇以及拟南芥中被鉴定到(图 8-38)。所有的这些蛋白质都包含两个一致的甲基转移酶基序 CM Ⅰ 和 CM Ⅱ。酵母中的甲基转移酶是 IME4/SPO8,主要参与调控减数分裂和孢子形成过程。IME4 基因失活的酵母突变体表现出 mRNA 上的 m⁶A 修饰消失并且孢子形成会受影响。拟南芥中 METTL3 的同源基因 MT-A 也在分裂的组织中大量表达,尤其是在生殖发育器官、茎顶端分生组织以及新形成的侧根中。MT-A 的失活会导致 m⁶A 修饰的缺失,并且胚胎发育停滞在球型期。Dm IME4 是果蝇中 METTL3 的同源基因,主要表达在卵巢和睾丸中。这说明在演化水平上,负责 m⁶A 修饰的甲基转移酶在调控配子发育过程中功能保守。甲基化修饰只在 MT-A 和 MT-B 复合体同时存在时才发生,这暗示了 METTL3 还需要在其他的因子参与下才能发挥功能。负责 m⁶A 修饰的甲基转移酶是目前所鉴定的甲基转移酶中较为复杂的一类。研究发现用核酸酶处理或者甲基鸟苷抗体过滤都不能影响 HeLa 细胞核提取物的甲基化活性,这一结果表明 RNA 本身并不是酶组分所必需的。拟南芥中,MT-A 在体内和 AtFIP37 蛋白互作。AtFIP37 是果蝇中雌性发育致死相关蛋白 FL(2)(D)以及人中肾母细胞瘤相关蛋白 WTAP 的同源蛋白。拟南芥中 AtFIP37 蛋白破坏后会导致胚胎致死,表现为胚胎发育停留在球型期。另外,METTL3 mRNA 在胚胎发育过程中表达量会发生改变,这进一步暗示了 m⁶A 修饰在发育过程中的重要作用。

2. m⁶A 修饰去甲基化酶

m⁶A 甲基化修饰是一个动态的修饰过程。和 DNA 以及组蛋白中甲基转移酶和去甲基转移酶行使的可逆甲基化作用相似,m⁶A 甲基化修饰也是一个可逆的过程。有报道表明 FTO 和 ALKBH5 是调控 m⁶A 去甲基化修饰的两个重要的酶。FTO 和 ALKBH5 属于 AlkB 家族,具备保守的铁离子结合基序以及一个酮戊二酸盐互作区域(图 8-39)。

已知人 FTO 基因具有调控肥胖以及能量平衡的作用,但其作为去甲基酶发挥的功能却被人们了解得不多。另外,一个基于 mRNA 的光交联蛋白组学分析结果表明 ALKBH5

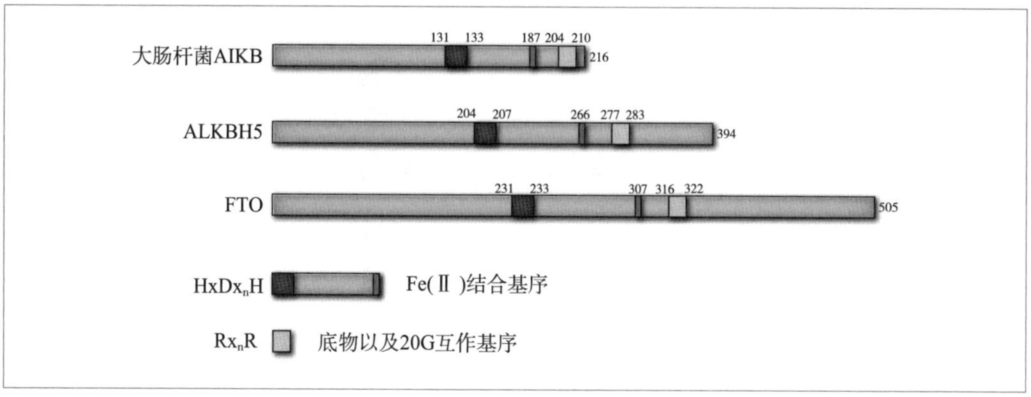

图 8-39 不同物种中负责 m^6A 修饰的去甲基转移酶结构示意图。

是一个 mRNA 结合蛋白。ALKBH5 的缺失能提高小鼠管状 mRNA 中 m^6A 修饰的水平，进一步导致睾丸萎缩和精子数量、运动能力的降低等。这暗示了 ALKBH5 通过去甲基化 mRNA 上的 m^6A 修饰调控了精子发生的过程。有意思的是，ALKBH5 基因表达能在基因毒性应激或在低氧情况下被精氨酸去甲基转移酶 PRMT7 调控，这也说明 ALKBH5 广泛参与多个生物学过程调控。FTO 和 ALKBH5 都具有 m^6A 去甲基转移酶活性并且在生物体中广泛表达，然而除了作为去甲基转移酶外，它们所具备的生物学功能各不相同，这很有可能与它们本身的特异表达模式相关。例如，FTO 在大脑和肌肉中具有较高的表达，而 ALKBH5 却在睾丸和肺中具有较高的表达。

3. m^6A 修饰调控基因表达的机制

m^6A 修饰能够调控基因表达，并且这一调控机制被扰乱时往往会导致人类疾病的产生。目前的研究认为，m^6A 修饰是通过改变 RNA 的二级结构，使得某种 RNA 结合蛋白能够能接近 RNA 序列，从而干扰 m^6A 修饰的进行，进一步调控基因表达。研究表明，m^6A 调控基因表达需要几种基本的组分，包括将 m^6A 修饰信息"写入"mRNA 的甲基化酶蛋白复合物，将 m^6A 修饰信息"擦除"的去甲基化酶以及一种"阅读"m^6A 修饰信息的蛋白(图 8-40)。

"写入"蛋白功能受损时，会导致多种组织出现发育停滞的现象。在人中，编码"擦除"蛋白的基因发生遗传性质的改变后会导致糖尿病和癌症的发生。同时，测序技术的发展使人们对 m^6A 修饰位点的了解从几个变成了几千个，并且这些位点在人和小鼠中高度保守。另外，负责 m^6A 修饰的"阅读"蛋白也参与基因的表达。所有的"阅读"蛋白都能直接结合一种叫作"YTH"的 RNA 结合域。这个区域结合甲基化 RNA 的亲和度比非甲基化 RNA 高数倍。

另一方面，RNA 的二级结构也对基因表达有影响。例如，当一个单链 RNA（ssRNA）的两个区域形成一个碱基对双链，末端未配对碱基形成环状时，就能产生 RNA 茎-环结构。这一结构会通过调控相关蛋白，使其作用在 RNA 的茎、环或者茎-环部位。同时，RNA 的茎-环也可以作为 RNA 水平的调控开关。当其响应到不同的因子后，茎-环结构发生改变，进一步影响细胞功能。这些因子包括一些物理化学参数，例如 pH、温度以及离子结合和代谢情况等，也可以是一些生物大分子包括核酸以及蛋白质等。研究表明，mRNA 上有成千个这样的调控开关，而这些开关往往都受 RNA 修饰激活。之前报道鉴定

图 8-40 m⁶A 修饰
调控选择性剪切

选择性剪切指的是由
单个基因产生不同
mRNA 的过程。剪切
可以直接去除内含子
和外显子之间的阻隔
（a 所示）；当腺嘌呤碱
基（A）被某一"写入"
蛋白甲基化后，就会形
成 m⁶A 修饰（A–CH₃)，
进而结合一个"阅读"
蛋白，使得剪切产生
的 mRNA 中全部是外
显子。"擦除"蛋白可
以逆转 m⁶A 修饰；当
m⁶A 修饰发生在 RNA
的茎 – 环结构上时，
这种修饰能通过碱基
配对改变环的结构。
HNRNPC 调控蛋白
能结合在环上的尿嘧
啶核苷酸链上，产生包
含全部外显子的产物
（c 所示)。

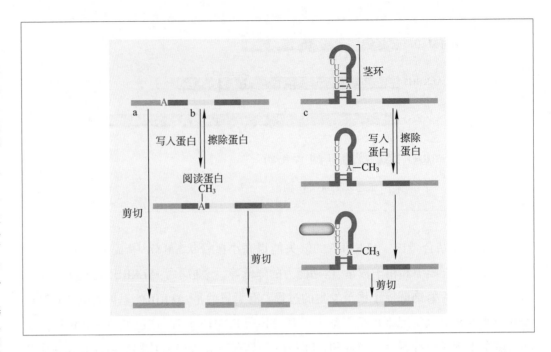

了一个长链非编码 RNA MALAT1 茎 – 环上 m⁶A 修饰位点。随后，有研究表明，一个富含 ssRNA 的结合蛋白 HNRNPC 倾向于结合在甲基化形式的 MALAT1 上。HNRNPC 蛋白能调控转录后基因表达过程，例如可变剪切。HNRNPC 结合位点包含一段尿嘧啶核苷酸，其位于 m⁶A 修饰位点对面的茎 – 环上。研究表明，m⁶A 位点的甲基化能通过破坏碱基对的稳定和增加富含尿嘧啶核苷酸单链的长度而进一步改变茎 – 环结构，使得结合位点更加接近 HNRNPC。一般情况下，MALAT1 的 m⁶A 修饰不会直接招募效应蛋白（reader)，而是通过间接地改变 RNA 的结构完成这个过程，即甲基化作为一个改变茎–环结构的开关，同时茎 – 环结构的改变能进一步促进相关蛋白质与之结合。这两个步骤的结合精准地调控了由 m⁶A 修饰开关控制的一系列生物学事件。

4. m⁶A 修饰对 RNA 代谢的影响

不同类型的 mRNA 转录本中包含的 m⁶A 修饰位点不尽相同。例如，催乳素 mRNA 中只有一个 m⁶A 修饰位点；鲁斯氏肉瘤病毒 mRNA 则包含 7 个 m⁶A 修饰位点；二氢叶酸还原酶（DHFR）转录本中包含了 3 个 m⁶A 修饰位点；SV40 mRNA 中则包含有超过 10 个以上的 m⁶A 修饰位点，然而组蛋白和珠蛋白 mRNA 中则没有 m⁶A 修饰。转录物研究表明，46% 的 mRNA 只包含一个 m⁶A 修饰的峰，37.3% 的 mRNA 包含两个 m⁶A 修饰的峰，剩余的 mRNA 则包含超过两个以上的 m⁶A 修饰峰。这一结果暗示了 m⁶A 修饰本身对 RNA 代谢过程具有调控作用。进一步研究发现 m⁶A 修饰可通过影响 RNA 代谢包括 mRNA 的剪切、稳定性、核输出以及翻译等过程，最终影响基因的表达，调控多个生物学过程（图 8-41)。

① m⁶A 修饰对 mRNA 剪接的影响　前体 mRNA 的剪接是调控基因表达较为关键的一个步骤，其过程包括内含子的切除以及细胞核中初级转录物外显子的联合，最终产生成熟的 mRNA。有研究证据表明 m⁶A 修饰和 mRNA 剪接过程相关。例如，在环亮氨酸处理的腺肉瘤病毒感染细胞中，前体 mRNA 的含量升高，而相应的成熟 mRNA 含量却降

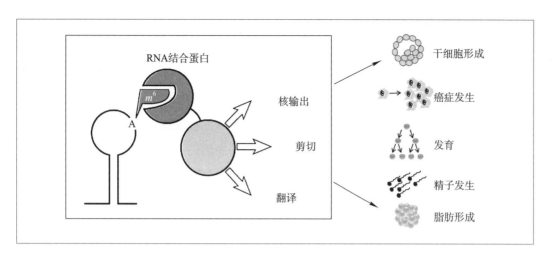

图8-41 m⁶A 对 RNA 代谢的影响

低。核内牛催乳素 bPRL 的定量 S1 核酸酶定位图揭示腺苷类似物（NPC）处理的 CHO 细胞的细胞核比未处理细胞中多含 4~6 倍的 bPRL 前体。在环亮氨酸处理的 CHO 细胞中，核内不均一 RNA（hnRNA）的相对分子质量会从低往高处迁移。相似的结果也在 NPC 处理的 SV40 RNA 中观察到，这暗示了 m⁶A 修饰有助于 RNA 剪接的发生。目前关于 m⁶A 修饰调控剪接的机制还不是很清楚。有研究认为甲基化的发生可能会干扰剪接因子和 mRNA 之间的相互作用。另外，m⁶A 修饰位点有可能是某些 RNA 结合蛋白的锚定位点或者 m⁶A 修饰后会使得某些 A-U 碱基配对不稳定从而影响了 RNA 的二级结构等。与甲基化酶或去甲基化酶互作的蛋白质也可能参与了剪接过程的调控。

② m⁶A 修饰对核输出过程的影响　剪接完成后，成熟的 mRNA 需要从细胞核中运出进入细胞质进一步完成翻译或者降解。在 STH（S-tubercidinylhomocysteine）处理的 HeLa 细胞中，mRNA 在核内的停留时间提高了 40%。有证据表明不同类型的 RNA 利用不同的途径通过核孔复合物调控核输出过程。mRNA 的核输出主要通过 TAP-P15 复合物以及一些接头蛋白、SR 蛋白和 TREX 复合体完成。由于 ASF/SF2 的磷酸化水平与剪接或者核输出有关，研究者们认为由 ALKBH5 缺失造成的 ASF/SF2 磷酸化水平下降将加强 ASF/SF2 和 TAP/P15 复合体的互作，从而进一步提高核内 mRNA 的输出。ALKBH5 去甲基化对细胞内 mRNA 加工因子的定位具有重要影响，推测 ALKBH5 靶定的 mRNA 转录物中 m⁶A 的甲基化状态可能影响了这些加工因子在细胞内的动态变化过程。

5. m⁶A 对翻译过程的影响

大多数的 m⁶A 修饰发生在外显子区域，剪切完成后 m⁶A 修饰仍然保留在成熟的 mRNA 上。因此，m⁶A 修饰也可能会影响 mRNA 转录物的翻译。有证据表明，将小鼠 DHFR mRNA 在体外进行甲基化和翻译后，甲基化的转录本的翻译水平比未甲基化的转录物高 1.5 倍。相似地，将环丝氨酸处理的细胞中纯化出的细胞质转录物进行体外翻译后发现，低甲基化的 mRNA 产生 DHFR 蛋白数量比甲基化程度高的 mRNA 产生的蛋白质量少 20%。

8.4 非编码 RNA 对真核基因表达的调控

非编码 RNA（non-coding RNA，ncRNA）是一类不编码蛋白质的 RNA。尽管人类基因组上四分之三的基因可以进行转录，然而只有一小部分的基因能够继续翻译成蛋白质。根据 RNA 的大小，非编码 RNA 可以分为小分子非编码 RNA，包括干扰小 RNA（short interfering RNA，siRNA）、微 RNA（miRNA）等，以及长链非编码 RNA（lncRNA）^{（图 8-42）}。其中 siRNA 和 miRNA 往往在基因沉默发面发挥功能，从而进一步影响基因表达。

图 8-42　人类基因组中编码 RNA 与非编码 RNA 的比较

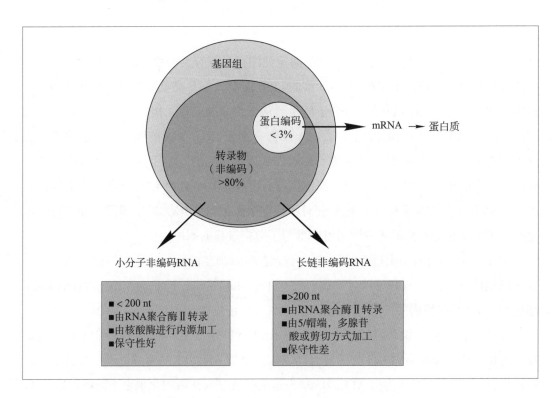

8.4.1　干扰小 RNA

1. 干扰小 RNA（siRNA）的发现

早在 1988 年就有 RNAi 现象的报道。当时的研究人员希望通过转基因过表达的手段使得牵牛花的颜色变深，但在他们得到的诸多转基因牵牛花中，有些花不但颜色没有更深，反而变成白色了。以后相类似现象也在其他转基因植物中出现，被称为基因表达的共抑制现象（co-suppression）。人们发现不论引入靶基因的正义链（sense）还是反义链（antisense），都有可能导致内源靶基因表达量下降。这种现象在许多真核生物中都有报道，在线虫、果蝇的研究中被称为 RNA 干扰。

1998 年，研究人员通过实验发现 RNAi 的重要特性是以双链 RNA（dsRNA）行使功能。通过微注射将基因 *MEX3* 的反义 mRNA 和 dsRNA 注射入线虫性腺细胞中，在子代胚胎中用原位杂交方法检测内源 *MEX3* 的表达水平。没有注射的胚胎中，*MEX3* 表达量很高；

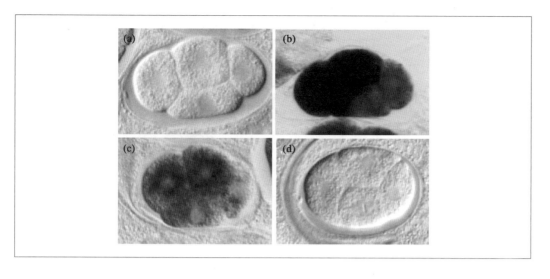

图 8-43 RNAi 注射实验明确 RNA 是以双联形式行使功能的

利用原位杂交技术检测 4- 细胞胚胎时期的线虫内源 *MEX3* RNA（以深色表示）。(a) 正常胚胎，无杂交探针；(b) 未注射 RNA，杂交探针检测线虫胚胎细胞内源 *MEX3* RNA；(c) 注射 *MEX3* RNA 反义链，杂交探针检测出 *MEX3* RNA 水平略有下降；(d) 注射双链 *MEX3* RNA，杂交探针未检测出内源 *MEX3* RNA。

注射了反义 RNA 的，*MEX3* 表达量明显降低；而注射了双链 RNA 的胚胎中几乎检测不到 *MEX3* 的表达^(图 8-43)。

实验表明，双链 RNA 对内源基因表达的干扰效率远高于单链的 RNA，真正起到 RNA 沉默作用的应该是双链 RNA。此外，研究还发现，引入的外源 RNA 只对同源基因有高沉默效率，暗示它们之间可能需要形成配对的基础。2000 年 RNAi 研究有了重要进展，揭示了 dsRNA 介导的 RNAi 现象的许多重要特性。研究者开发了一套基于果蝇细胞提取物的体外 RNAi 研究系统，发现不论是否有靶 mRNA 的存在，引入的外源 dsRNA 的正义、反义链都会被切割成 21 ~ 23 nt 的小片段，相对应的靶 mRNA 也会被降解成长度差为 21 ~ 23 nt 的片段，说明这种降解很可能是由 21 ~ 23 nt 小片段介导的，并且这种降解需要 ATP 提供能量。现在，已统一将介导这种沉默现象的小片段 RNA 称为干扰小 RNA（short interfering RNA，siRNA）。

2. siRNA 的生物合成

病毒 RNA 以及由环境、实验因素引入的外源 RNA 都可能是 siRNA 的来源。此外，基因组重复片段、转座子等序列也可能产生 siRNA。通常一个长为 21 nt 的双链小 RNA，其中 19 nt 形成配对双链，3′ 端各有两个不配对核苷酸，而 5′ 端为磷酸基团。其中一条链为引导链（guide strand），介导 mRNA 的降解；另一条链为乘客链（passenger strand），在 siRNA 形成有功能的复合体前被降解。

siRNA 的产生过程主要包括着 3 个核心步骤：经 Dicer 切割形成双链小片段；组装复合物；形成有活性的沉默复合物（RNA induced silencing complex，RISC）^(图 8-44)。

① Dicer 切割　Dicer 是一类 RNaseⅢ 蛋白，主要包括一对 RNaseⅢ 结构域、双链 RNA 结合域、解旋酶结构域和 PAZ 结构域。PAZ 结构域可以结合双链 RNA 的两个 3′ 不配对核苷酸。两个 RNaseⅢ 结构域形成分子内二聚体结构，各催化剪切一条链，产生双链断裂^(图 8-45)。结构生物学研究表明，PAZ 结构域和 RNaseⅢ 催化切点约相距 6.5 nm，与 20 多个核苷酸的长度相当，因此，Dicer 本身可以作为一把裁剪的尺子，用来切出长为 21 ~ 23 个核苷酸的 siRNA。

图 8-44 siRNA 的产生过程

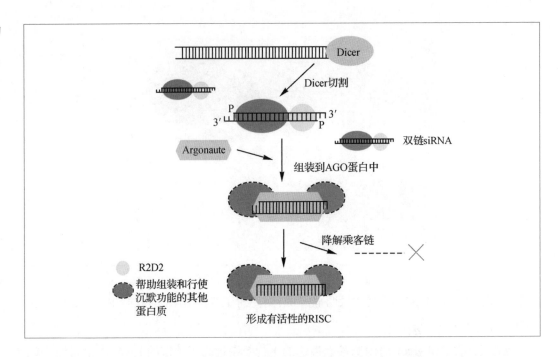

图 8-45 Dicer 结构及切割示意图

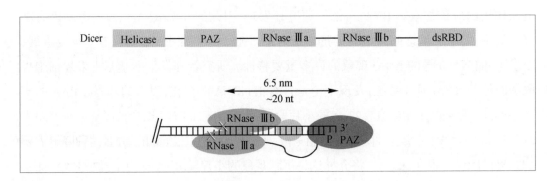

② R2D2 的装配　siRNA 的装载需要双链 RNA 结合蛋白 R2D2 的帮助。R2D2 包含两个一前一后的双链 RNA 结合结构域,有报道认为 R2D2 可以结合双链小 RNA 热稳定性较高的一端。由于引导链的 5′ 端稳定性一般较差,因此,R2D2 常结合在引导链 3′ 端一侧。Dicer 和 R2D2 形成异源二聚体,Dicer/R2D2/siRNA 三者形成 RISC 装载复合物。R2D2 招募 Argonaute 蛋白,开始组装 RISC。

③ RISC 的装配和成熟　Argonaute 与 Dicer 可以发生蛋白质 – 蛋白质相互作用,Argonaute 首先与 Dicer 交换,结合到 siRNA 双链的一端,然后与 R2D2 交换,将整个双链小 RNA 都转载到 Argonaute 中。此时,Argonaute 将乘客链降解,形成有功能的沉默复合物。

3. siRNA 介导的基因沉默机制

已知 siRNA 介导的基因沉默主要发生在两个水平上,即转录后水平的 mRNA 的降解以及染色体水平上形成异染色质。实验证明靶 mRNA 可以被 siRNA 切割成若干片段,片段之间往往长度均为 21～23 个核苷酸,而且被切割出的片段长度由 siRNA 与 mRNA 的哪段区域互补配对所决定。有研究表明,siRNA 介导的 mRNA 的降解需要核酸酶催化以及镁离子的帮助。

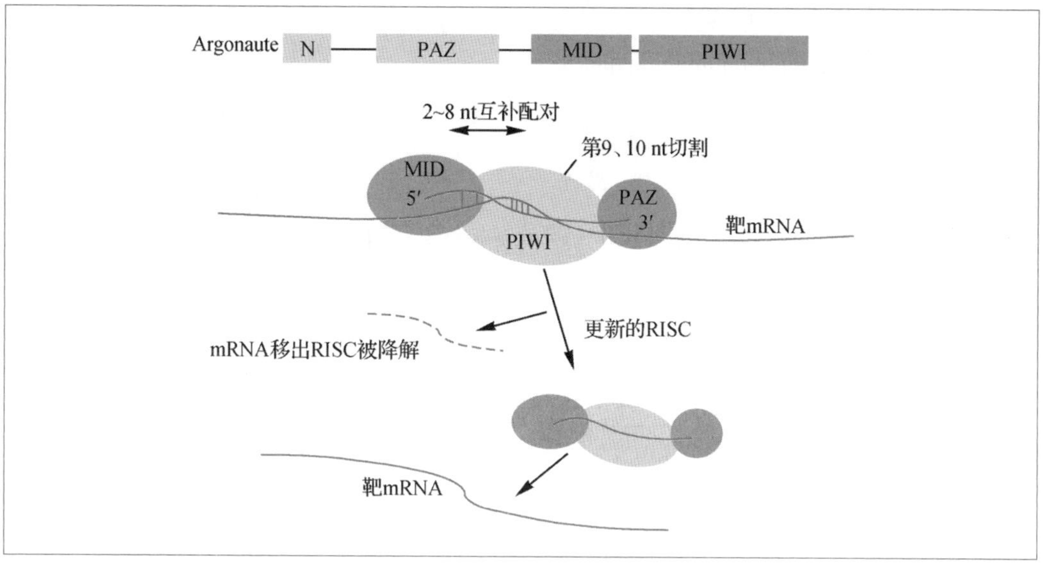

图 8-46　Argonaute 蛋白与 RISC 的组装、成熟

　　在装配好的 RISC 中，siRNA 引导链的 5′ 端与 Argonaute 蛋白的 MID 结合，延伸 MID/PIWI 界面至 3′ 端与 PAZ 结合。通常 siRNA 的第 2~8 个核苷酸被认为是核心种子序列，用来提供与靶 mRNA 的特异性配对。长约 10 个核苷酸的 mRNA-siRNA 配对物位于 PIWI 功能域，切割往往发生在第 9、10 个核苷酸上，由 PIWI 催化将靶 mRNA 切断，并使被切断的 mRNA 离开 RISC^(图 8-46)。

　　RNA 依赖的 RNA 聚合酶(RNA-dependent RNA polymerase，RDRP)使 siRNA 继续扩增，产生次级 siRNA 放大效应。植物、线虫和酵母中都发现存在以 RNA 为模板的 RNA 扩增机制，但哺乳动物和果蝇的基因组分析却没有发现相关基因。有多种机制可导致以 RNA 为模板的 RNA 扩增。通常情况下，成熟的真核 mRNA 与各种蛋白质，如 5′ 帽子结合蛋白和 3′ 多腺苷酸结合蛋白相结合，这些结合蛋白保护了 mRNA，使 RDRP 无法靠近 mRNA。当细胞中缺少这些 RNA 结合蛋白时，RDRP 可以结合 mRNA 并以其为模板，扩增出双链 RNA，经 Dicer 切割等步骤产生 siRNA，来降解内源 RNA。这个过程也可视作机体清除错误 mRNA 的机制。

　　对于结合蛋白完好的 mRNA，如果体内有与它相配对的 siRNA，该 siRNA 便作为扩增的引物以 mRNA 为模板合成双链 RNA，产生新的 RISC，新扩增产生的各种次级 siRNA 可以与靶 mRNA 的不同区域配对，更大范围地降解靶 mRNA^(图 8-47)。植物中的研究发现，次级 siRNA 可以传递到其他细胞中，它既可以在相邻的细胞 - 细胞间近距离传递，也可以通过韧皮部在不同组织间广泛传播。

　　4. siRNA 的生物学意义

　　RNAi 的生物学意义可以简单概括为如下 3 点：① 在转录水平、转录后水平参与基因的表达调控；② 维持基因组的稳定；③ 保护基因组免受外源核酸侵入。

　　入侵病毒与被入侵宿主借助 RNAi 的机制相互抑制，如同人类社会的军备竞赛。宿主可以病毒 RNA 为模板，通过 RDRP 合成病毒的双链 RNA，经过 Dicer 切割组装成

图 8-47 次级 siRNA
的产生

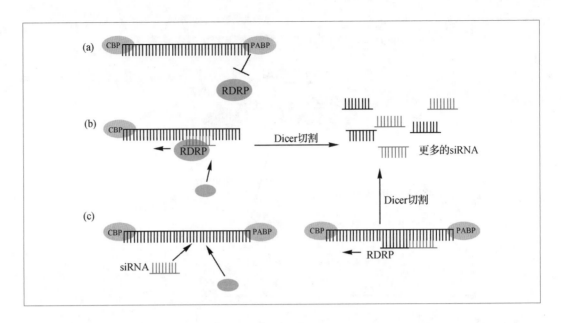

RISC,降解病毒 RNA,从而抑制病毒对宿主细胞的破坏。这样的 siRNA 还可以通过胞间连丝在细胞－细胞间传递,通过韧皮组织远距离传输到其他组织和器官中,让这些细胞以及组织提前具有抵抗病毒的能力。另一方面,病毒也进化出与宿主抗病基因序列相似的 RNA,借助相似的机制生成 RISC,降解宿主细胞抗病基因的 mRNA。这种 siRNA 也会在宿主体内传播,增加了未被侵染的细胞的易感性。

8.4.2　miRNA

1. miRNA 的发现

1993 年,研究者第一次确定了 microRNA *lin-4* 的存在。*lin-4* 是调控线虫胚胎后期发育的重要基因,它可以负调控 Lin-14 蛋白,使该蛋白质水平在线虫特定发育时期——第一幼虫期初期,开始下降,保证幼虫具有正常的发育模式。他们克隆了 4 种不同种的线虫的 *lin-4* 基因,都能够很好地恢复 *lin-4* 突变体表型。惊人的是,对 *lin-4* 的基因组序列进行开放阅读框预测发现,*lin-4* 基因并不编码蛋白质。通过 Northern 印迹等实验进一步分析 *lin-4* 的转录情况发现,转录物在线虫中形成一大一小两个片段(61 个和 22 个核苷酸)。这两个片段同时对应在 *lin-4* 基因序列的同一区域,并且转录方向也是一致的。二级结构预测发现,大片段可以形成不完美配对的茎－环结构,小片段则是真正起作用的 miRNA。序列比对发现,*lin-4* 转录物的小片段和 *lin-14* mRNA 的 3′UTR 区域的重复序列互补配对,可以形成 *lin-4:lin-14* RNA-RNA 杂合结构,因此实现了 *lin-4* 对 *lin-14* 的转录后调控(图 8-48)。

2. miRNA 的生物合成

miRNA 在动物和植物基因组中普遍存在,是一类重要的行使基因功能但不编码蛋白质的基因。与许多真核生物基因的转录物相似,miRNA 的最初转录产物 pri-miRNA 5′端有加帽,3′ 端有多腺苷酸结构,这类基因的转录能够被 RNA 聚合酶 II 的抑制剂 alphaamani 所抑制。研究还发现,RNA 聚合酶 II 与许多 miRNA 的启动子区结合在一起。因此,与许多真核基因相类似,miRNA 也由 RNA 聚合酶 II 转录,并具有自己的启动子区域,它们的表达会受到各种时空上的调节。动物和植物中形成成熟的 miRNA 的基本过程很相似:先由 RNA 聚合酶 II 产生的较长的初级转录物 pri-miRNA,中间有一段不完美配对的茎-环结构。经过第一步切割产生 pre-miRNA,再经第二步切割产生双链 miRNA,双链解链形成成熟的

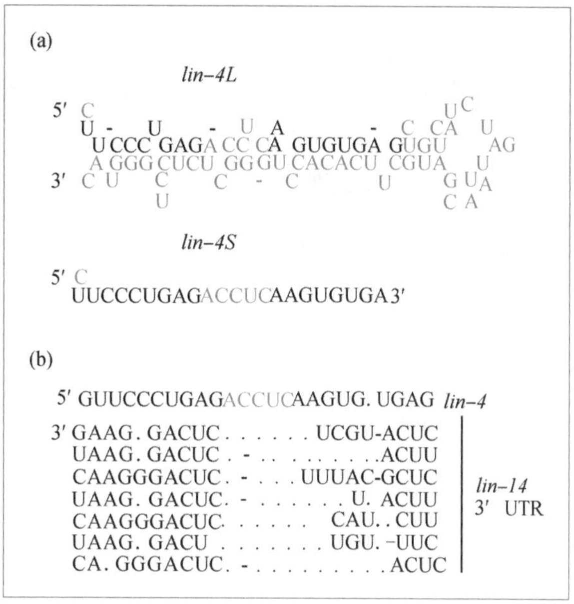

图 8-48 *lin-4* 对 *lin-14* 的转录后调控

长 21 个核苷酸左右的单链 miRNA。参与整个过程的基因和切割过程在动植物中略有不同。

动物中 miRNA 前体的两次切割都需要有 RNaseⅢ内切核酸酶以及双链 RNA 结合蛋白完成。Drosha 是一种 RNaseⅢ,将 pri-miRNA 的 3′ 端和 5′ 端切割产生长约 70 个核苷酸、5′ 端带磷酸基团,3′ 端为羟基的 miRNA 前体(pre-miRNA),保留茎-环结构区,并且切割端具有 2~3 个核苷酸的 3′ 不配对碱基,这是由 RNaseⅢ的性质所决定的。Drosha 的正确切割还需要一类双链 RNA 结合蛋白,在果蝇中是 Pasha 蛋白,在线虫中是 Pash-1 蛋白,而在哺乳动物中则为 DGCR8 蛋白的帮助。切割后的前体 pre-miRNA 经由 Exportin 5/RanGTP 运出细胞核进入胞质中。胞质中的 RNaseⅢ为 Dicer,切割 pre-miRNA 茎-环结构环的一端形成成熟的长约 21 个核苷酸的双链 miRNA,即 miRNA-miRNA*,其中的 miRNA 链是之后真正行使功能的成熟 miRNA 链。有研究认为,哪条链作为 miRNA 由其 5′ 端热不稳定性所决定,5′ 端相对不稳定的链更有可能成为 miRNA。

植物中没有 Drosha 的同源基因,pri-miRNA 的两步切割由 Dicer 的同源基因 Dicer-Like1(*DCL1*)完成。*DCL1* 在细胞核内,pri-miRNA 经 *DCL1* 两步切割,两端形成双链 miRNA,由 Exportin5 的同源基因 *HASTY* 运输出细胞核。与动物中的 miRNA 不同,植物双链 miRNA 两个 3′ 端的自由羟基被甲基转移酶 HEN1 甲基化,以羟甲基的形式存在。甲基化的 3′ 端被保护不受降解,还有助于形成成熟的 RISC(图 8-49)。

3. miRNA 的功能

miRNA 的功能主要有两个方面:一是和 siRNA 一样装载成 RISC 后使互补配对的 mRNA 降解。其次,miRNA 可抑制 mRNA 的翻译,降低靶基因的蛋白质水平但不影响其 mRNA 的水平。

miRNA-RISC 的原理和 siRNA 相似,但由此介导的基因沉默还需要一些其他功能比较保守的元件的参与。果蝇的研究发现,靶 mRNA 的降解除了需要 AGO 蛋白以外,还需

图 8-49　动、植物 miRNA 产生过程比较

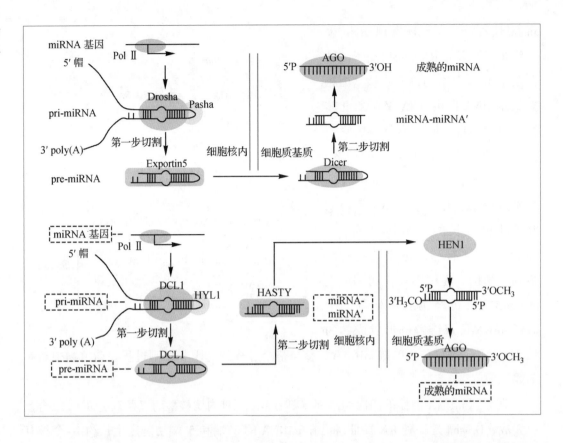

要 GW182、脱腺苷基因(NOT1/CAF1)、脱帽相关基因(DCP)等,说明这种转录后沉默机制需要经历"脱帽脱尾"事件。GW182 蛋白还可以与多腺苷酸结合蛋白(PABP)相互作用。

到目前为止,尚不能确定 miRNA 介导的翻译抑制发生在哪个阶段。有研究者将 miRNA 转染到人的实验细胞系中,添加翻译抑制剂 hippuristanol(抑制 eIF4A)阻断翻译过程,再通过密度梯度离心分离分析核糖体,发现有 miRNA 的体系中靶 mRNA 很快从翻译的多核糖体中移出,可检测到更多的自由核糖体,他们据此推测 miRNA 介导的翻译抑制可能是通过形成 miRNA:mRNA 配对分子,阻碍有功能的核糖体与 mRNA 结合、装配,发生核糖体的"drop-off"(图 8-50)。

8.4.3　长链非编码 RNA

1. 长链非编码 RNA(lncRNA)的种类

lncRNA 指长度大于 200 bp 的非编码 RNA。根据基因组位点或者相关的 DNA 链特征,lncRNA 可以进一步分为正义 lncRNA、反义 lncRNA、基因内 lncRNA、基因间 lncRNA、增强子 lncRNA 或环状 lncRNA 等(图 8-51)。

正义 lncRNA 是指基因位点通过共享相同的启动子和某个蛋白编码基因有重叠;反义 lncRNA 指基因位点以反向的方式插入在某个已知的蛋白编码基因中;基因内 lncRNA 指基因位于某个蛋白编码基因的内含子区;基因间 lncRNA 指的是编码 lncRNA 的基因位点位于两个蛋白编码的基因中;增强子 lncRNA 指的是编码 lncRNA 的基因位点位于某一蛋白编码基因的增强子区域;环状 lncRNA 则指通过共价键形成闭合的环 lncRNA,其一

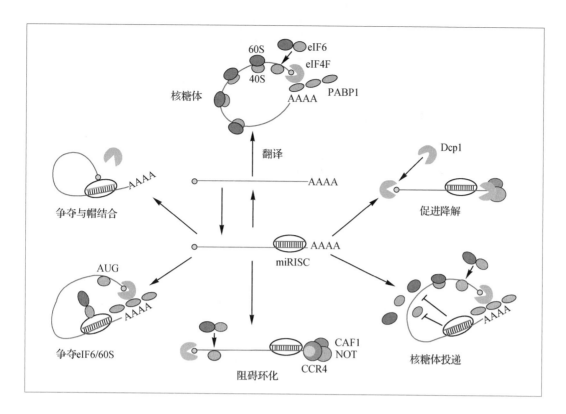

图 8-50 miRNA 介导的翻译抑制机制

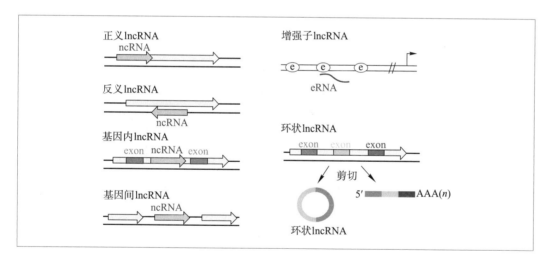

图 8-51 长链非编码 RNA 的类型

e,增强子;exon,外显子。

般来自可变剪切的编码蛋白基因。

2. 长链非编码 RNA 的作用机制

（1）lncRNA 作为信号分子行使功能

研究表明,lncRNA 可以作为信号分子、诱饵分子、引导分子以及骨架分子等形式对基因表达进行调控。大部分 lncRNA 由 RNA 聚合酶Ⅱ负责转录。lncRNA 表现出细胞类型特异表达的特征,并且能响应各种外界刺激,这表明其表达会在转录水平受调控。因此,lncRNA 可以作为分子信号形式功能^(图 8-52),即每个 lncRNA 的转录都具有时空表达特异性,以进一步整合不同的发育信号、细胞内容物以及响应不同的外界刺激等。这一类型的 lncRNA 一部分具有调控功能,另外一部分则只是转录的副产物。lncRNA 能参与调控

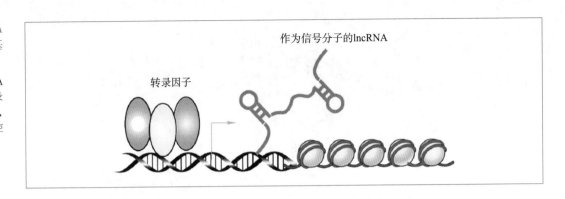

图 8-52 lncRNA 作为信号分子的基因调控机制示意图

作为信号分子,lncRNA 的表达与结合的转录因子或信号途径相关,从而对相关基因调控具有时空特异性。

转录起始、延伸或终止等阶段。这些情况下,调控元件的染色质状态只被相关的 lncRNA 表达影响。作为信号分子的 lncRNA 可进一步用来标记时空、发育阶段以及调控基因表达。

哺乳动物为携带两个常染色体等位基因的二倍体生物。通常情况下这些等位基因遗传信息一个来自母本,一个来自父本。然而,部分基因的表达则会通过表观调控的方式只取决于母本或是父本基因,这种现象称为基因印记。近来的证据表明,一些 lncRNA 能通过与染色体互作以及招募染色质修复装置等进一步参与介导大量基因的转录沉默。例如,在小鼠胎盘中,长链非编码 RNA *Kcnq1ot1* 和 *Air* 能聚集在所沉默的等位基因的启动子染色质区域,并以等位基因特异的方式,进一步介导抑制效应的组蛋白修饰的发生。*Kcnq1ot1* 是一个来自父本的长为 90 kb 的长链非编码 RNA,其介导了 *Kcnq1* 印记区域的一类基因的沉默。*Kcnq1ot1* 与组蛋白甲基转移酶 G9a 和 PRC2 互作,通过招募多梳复合体,迅速在顺式作用元件到转录位点之间形成一个抑制区域。同时,非编码 RNA 本身在 *Kcnq1* 区域双向沉默基因方面具有关键作用,其作用机制类型于 *Xist* RNA。

Xist 是一种在 X 染色体失活中起重要作用的非编码 RNA。在雌性动物发育中,*Xist* RNA 在失活的 X 染色体上表达,进一步覆盖在 X 染色体上进行转录,此时大量的组蛋白被甲基化,导致 X 染色体上的基因表达被抑制,X 染色体失活。其反义转录物 *Tsix* 能抑制 *Xist* 的表达,而另外一种非编码 RNA *Jpx* 能在失活的 X 染色体中积累,并进一步激活 *Xist* 的表达。

(2) lncRNA 作为诱饵分子行使功能

启动子或增强子的转录对 lncRNA 的转录调控具有重要作用。作为诱饵分子的 lncRNA 转录并结合在蛋白质靶点上,但不会附加额外的功能。这一类的 RNAs 作为一种"分子过滤器",进一步诱导 RNA 结合蛋白与之结合。这些蛋白质可以是转录因子、染色质修复子或者其他类型的调控因子等^(图 8-53)。

同一个基因具有不同的启动子在基因表达中是一种较为普遍的现象。不同基因的这种可选调控机制各不相同。人 DHFR 基因(二氢叶酸还原酶,dihydrofolate reductase)具有依赖 RNA 的转录抑制调控机制。DHFR 基因弱启动子上游的 lncRNA 通过和启动子序列以及通用转录因子 ⅡB(TF Ⅱ B)结合形成一个稳固的非编码 RNA-DNA 复合体,进一步抑

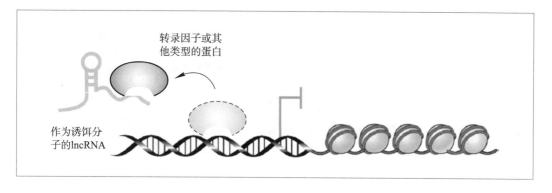

图 8-53 lncRNA 作为诱饵分子的基因调控机制示意图

作为诱饵分子,lncRNA 能将转录因子或相关的其他类型蛋白带离染色质或将其带入染色质的核心区域。

制前起始复合体在主启动子上的聚集。当 lncRNA 被特异的 siRNA 沉默后,TFⅡB 仍然占据在主启动子上。这是一个动态变化的过程,并且展现出特异的调控机制,这一机制能进一步靶定或抑制启动子,这也暗示了基因间 lncRNA 作为一个诱饵分子对邻基因表达调控的重要性。

有报道鉴定了一种叫作 *Gas5*(生长停滞特异转录物 5,crowth arrest-specific 5)的 lncRNA。细胞在 *Gas5* 的作用下能营造一种耐糖皮质激素的状态。*Gas5* 抑制了糖皮质激素受体通过其中的一个茎 – 环结构形成 RNA 基序,这一作用类似于糖皮质响应基因启动子区域中的激素响应元件 DNA 基序类似物。随后,*Gas5* 作为诱饵分子,竞争性结合在糖皮质激素受体的 DNA 结合区域,有效地阻止了受体与染色体的互作。

(3) lncRNA 作为引导分子行使功能

第三种类型的 lncRNA 可以作为 RNA 结合蛋白的引导分子,进一步介导核糖体蛋白复合体定位在特定的靶点上[图 8-54]。目前研究表明,lncRNA 可通过顺式(邻近的基因)或反式(远处的基因)的方式介导基因表达的改变。

这些 RNA 在转录水平的调控作用表明染色质结构上的改变不仅是一种局部效应,也是一种远距离的结构影响。例如,*Air* 或者 *eRNAs* 这类的 lncRNA 可以通过转录调控的局部序列元件,如启动子或者增强子等,扩大其影响范围。相反的,对于 *HOTAIR* 以及 *linc-p21* 这类的 lncRNA,长距离的基因调控作用则需要额外的互作组分参与,并且这些组分需要正确的定位在所作用的位点。总之,lncRNA 能以共转录或作为小 RNA 的互补靶标最终以顺式作用方式进一步介导染色质的改变;当 lncRNA 作为 RNA-DNA 异源双链核酸分子如 RNA∶DNA∶DNA 三重复合物或特定染色质表面的 RNA 识别特征时,则会结合在靶 DNA 上以反式调控的方式介导染色质发生改变。

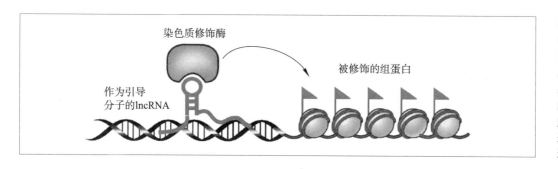

图 8-54 lncRNA 作为引导分子的基因调控机制示意图

作为引导分子,lncRNA 招募染色质修饰酶对靶基因进行调控,或以顺式或反式的方式对远距离的靶基因表达进行调控。

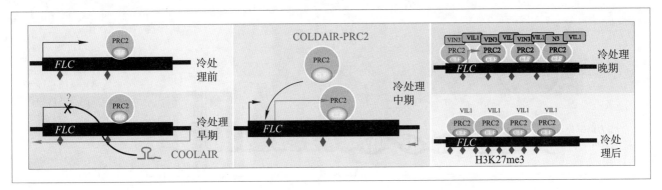

图 8-55　由 lncRNA *COLDAIR* 介导的基因调控过程

　　lncRNA 介导的基因调控组分包括抑制复合体、激活复合体以及转录因子。然而，无论是从距离还是机制上讲，总体的调控原则就是通过一段中间延伸的 DNA 来运输调控信息，进一步调控靶基因的表达，最终使得表观基因组发生改变。其中，一些 lncRNA 以顺式调控方式发挥作用。例如，*Air* 通过启动子位置，特异与 lncRNA 和染色质互作，进一步沉默等位染色体上靶基因的转录。随后，启动子区域聚集的 *Air* 招募 G9a，导致靶点 H3K9 及其等位基因甲基化并沉默表达。受冷诱导的植物 lncRNA *COLDAIR* 则在建立及维持稳定的抑制性染色质中起作用。春化过程中，*COLDAIR* 引导 PRC2 到调控开花的抑制子 FLC 染色体上，通过三甲基化 H3K27 抑制基因表达(图 8-55)。这些发现表明 lncRNA 能通过与染色体特异结合，以顺式方式介导抑制组蛋白修复物质的招募，进一步从表观遗传水平沉默转录。

　　lncRNA 也能通过转录共激活复合体或共抑制复合体，如 CBP 蛋白和 p300 组蛋白去乙酰化转移酶，进一步调控基因的表达。RNA 结合蛋白 TLS 通过一个拴在 cyclin D1 启动子区域的 lncRNA 招募到染色体上。lncRNA 与 TLS 的结合反过来导致 TLS 构象改变。这样的构象改变使氨基端抑制了 p300 和 CBP 的组蛋白去乙酰化转移酶活性，从而抑制基因表达(图 8-56)。尽管这一机制是否具有普遍性还未知，然而高度保守的 lncRNA 以及转录共调控子上大量的 RNA 结合区域的发现增加人们对该调控机制普遍性的认可。

　　和这些顺式调控的 lncRNA 不同，一些 lncRNA 则以反式作用的方式对基因表达进行调控，即通过染色体进一步扩大其对基因的转录影响。有报道表明 lncRNA *HOTAIR* 的表达与癌症转移有关。在原发性和转移性乳腺癌中均发现 *HOTAIR* 表达有所提高。另外，癌细胞中 *HOTAIR* 的缺失会导致 *PRC2* 基因高表达的细胞侵袭性降低。这些发现表明非编码 RNA 介导的多梳蛋白复合体在乳腺肿瘤发生中起着关键性作用，尤其暗示了 *HOTAIR* 这类的 lncRNA 能通过反式作用的方式靶定染色质修复复合体的定位、酶活等，进一步调控细胞的表观遗传状态。

　　(4) lncRNA 作为骨架分子行使功能

　　lncRNA 能作为一个中心平台招募相关生物学过程中的分子组分进一步调控基因表达。在许多不同的生物学过程中，这一精确的调控对分子间的相互作用及信号转导的特异性和动态过程具有至关重要的作用。这一类型的 lncRNA 具有不同的功能区域，并结

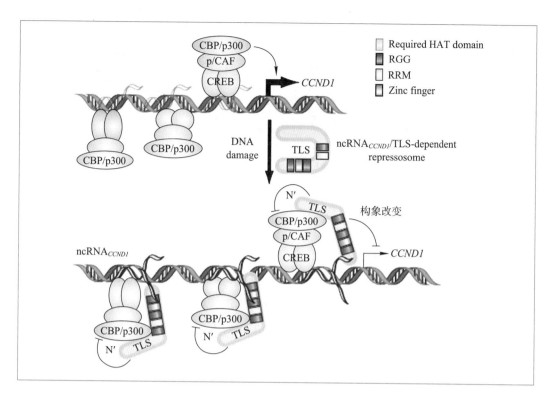

图 8-56 lncRNA 介导的蛋白质构象改变控制基因表达过程

合不同的效应分子,是较为复杂的一类 lncRNA。lncRNA 可能在同一个时间会结合多个效应分子,进一步带入具有转录激活或抑制作用的效应蛋白^(图 8-57)。

　　lncRNA 与染色质修复复合体之间的互作对 *INK4a* 基因的转录抑制具有重要的作用。肿瘤抑制子位点 *INK4b/ARF/INK4a* 在正常细胞和癌细胞中的表达受多梳蛋白复合体介导的 H3K27 甲基化的影响。研究表明,反义非编码 RNA *ANRIL* 与 *INK4b* 具有相同的位点,其能和 PRC1、PRC2 复合体组分具有直接相互作用。*ANRIL* 和 PRC1、PRC2 之间的任意互作被打破都会影响 *INK4b* 靶基因的转录抑制。因此,*ANRIL* 作为一类典型支架分子,招募不同染色质修复复合体最终使得靶基因沉默,动态调控基因转录活性。

　　另外,上文中提到 lncRNA *HOTAIR* 结合 PRC2,从而甲基化 H3K27,促进基因抑制的

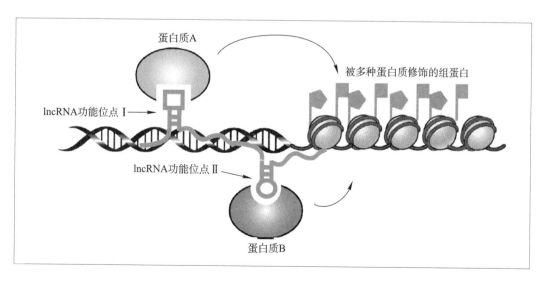

图 8-57 lncRNA 作为骨架分子的基因调控机制示意图

作为骨架分子,lncRNA 结合多种蛋白质形成核糖核蛋白复合体(RNP)。lncRNA-RNP 复合体进一步作用染色体影响组蛋白修饰。

图 8-58 *HOTAIR* 作为骨架分子介导的基因沉默过程

HOTAIR 分别通过其 5′ 端和 3′ 端分别连接组蛋白甲基化酶 PRC2 和去甲基酶 LSD1,进一步导致 H3K27 和 H3K4 的去甲基化,抑制靶基因的表达。

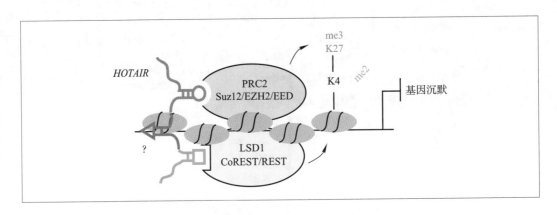

发生。后续的报道发现 *PRC2* 结合在 *HOTAIR* 5′ 端的前 300 个氨基酸上,而 *HOTAIR* 3′ 端的前 700 个氨基酸则会和第二个复合体,包括 LSD1、CoREST 以及 REST 等互作,进一步去甲基化 H3K4,阻止基因激活。这表明 *HOTAIR* 能靶定多个染色质修复复合体,作为一个骨架分子,在 PRC1、PRC2 复合体和 LSD1/CoREST/REST 复合体之间起到桥梁分子的作用,将这些不同的分子打包成为一个整体^(图 8-58)。*HOTAIR*/PRC2/LSD1 复合体可以同时通过多个机制实现基因表达的抑制。*HOTAIR* 的表达能诱导 PRC2 和 LSD1 复合体之间的相互作用,而 *HOTAIR* 缺失则导致靶基因上这些复合体的丢失。值得一提的是,在不同类型的细胞中,许多额外的 lncRNA 能和 PRC2、LSD1 复合体互作。这些额外的 lncRNA 很有可能也包含许多结合不同蛋白复合体的位点,从而带来更为特异的靶基因上组蛋白修复的不同组合。

8.5 真核基因其他水平上的表达调控

8.5.1 蛋白质磷酸化对基因转录的调控

真核基因转录前基因组中某些位置上的染色质结构改变为伸展型或“开放”状态,为基因的活化奠定了基础并起着“开关”的作用。染色质的伸展结构使细胞核中相应位置上的基因有可能成为 RNA 聚合酶 II 转录的模板,从而启动基因的表达,开始将遗传信息从 DNA 转移到 RNA 上并翻译为蛋白质,实现了遗传信息传递的“中心法则”。

蛋白质的磷酸化与去磷酸化过程^(图 8-59)是生物体内普遍存在的信号转导调节方式,几乎涉及所有的生理及病理过程,如糖代谢、光合作用、细胞的生长发育、神经递质的合成与释放甚至癌变等。

细胞表面受体与配体分子的高亲和力特异性结合,能诱导受体蛋白构象变化,使胞外信号顺利通过质膜进入细胞内,或使受体发生寡聚化而被激活。一般情况下,受体分子活化细胞功能的途径有两条:一是受体

图 8-59 蛋白质的磷酸化及去磷酸化过程

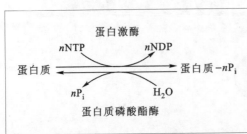

本身或受体结合蛋白具有内源酪氨酸激酶活性,胞内信号通过酪氨酸激酶途径得到传递;二是配体与细胞表面受体结合,通过G蛋白介异的效应系统产生介质,活化丝氨酸/苏氨酸或酪氨酸激酶,从而传递信号。按照"碰撞耦联"或称"动态受体"学说,受体的侧向流动性使受体分子与效应分子在胞质膜

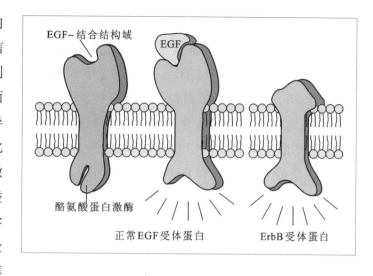

图 8-60 酪氨酸受体蛋白激酶磷酸化与细胞癌变示意图

酪氨酸受体蛋白激酶与表皮生长因子(EGF)相结合后,刺激了该受体蛋白的激酶活性,引发一系列生理反应。原癌蛋白 ErbB 虽然没有正常酪氨酸受体蛋白激酶的胞外结构域,其胞内结构域却具有蛋白激酶活性,刺激细胞持久分裂,诱发癌变。

磷脂双层内相互作用,这是信号转导的关键。酪氨酸激酶受体侧向扩散使受体寡聚化,是活化信号转导时受体 – 受体间自身磷酸化所必需的。对于依赖 G 蛋白介导的配体信号转导途径来说,配体与受体结合后,G 蛋白和受体 – 配体复合物由于各自在细胞膜内侧向扩散而发生瞬时随机碰撞导致 G 蛋白活化效应分子。研究认为,信号转导是维系外部刺激与细胞反应的桥梁,千变万化的环境因子使信号转导的途径与机制成了变幻莫测的迷宫。在已知的上游信号转导途径中,酪氨酸蛋白激酶(protein tyrosine kinase,PTK)途径及受体耦联的 G 蛋白途径广为引人注目(图 8-60)。

1. 受 cAMP 水平调控的 A 激酶

科学家把依赖于 cAMP 的蛋白激酶称为 A 激酶(PKA),它能把 ATP 分子上的末端磷酸基团加到某个特定蛋白质的丝氨酸或苏氨酸残基上。被 A 激酶磷酸化的氨基酸 N 端上游往往存在两个或两个以上碱性氨基酸,特定氨基酸的磷酸化(X-Arg-Arg-X-Ser-X)改变了这一蛋白质的酶活性,动物细胞中这一酶活性代表了 cAMP 所引起的全部反应。在不同的细胞体系中,A 激酶的反应底物是不一样的,这就决定了 cAMP 能在不同靶细胞中诱发不同的反应,非活性状态的 PKA 全酶由 4 个亚基 R2C2 所组成,相对分子质量为150 ~ 170,调节亚基与 cAMP 相结合,引起构象变化并释放催化亚基,后者随即成为有催化活性的单体(图 8-61)。

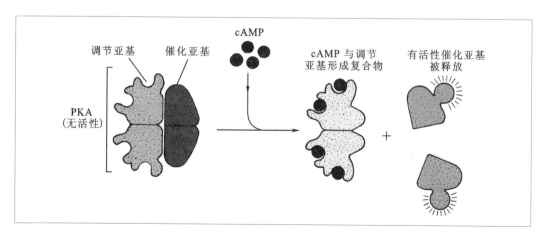

图 8-61 cAMP 调控的 A 激酶活性

已经证实,许多转录因子都可以通过 cAMP 介导的蛋白质磷酸化过程而被激活,因为这类基因的 5′ 端启动区大都拥有一个或数个 cAMP 应答元件(cAMP-response element, CRE),其基本序列为 TGACGTCA。膜上的受体 R 与外源配基(ligand)相结合,引起受体构象变化,并与 GTP 结合蛋白相结合,R 与 G 蛋白耦合激活了与膜相关的腺苷酸环化酶(AC),导致胞内 cAMP 浓度上升,活化 A 激酶,释放催化亚基并进入核内,实施底物磷酸化。被磷酸化的底物,如 CREB、CREM 等,可作为转录激活因子诱发基因转录。

2. C 激酶与 PIP_2、IP_3 和 DAG

磷酸肌醇级联放大的细胞内信使是磷脂酰肌醇 -4,5- 二磷酸(PIP_2)的两个酶解产物:肌醇 1,4,5- 三磷酸(IP_3)和二酰基甘油(DAG)。IP_3 和 DAG 是该途径的主要活性分子,G 蛋白通过活化的受体调控磷酸肌醇酶系统的活性。图 8-62 是 C 激酶信号传递示意图,因为该蛋白激酶活性是依赖于 Ca^{2+} 的,所以称为 C 激酶(PKC)。IP_3 引起细胞质 Ca^{2+} 浓

图 8-62 激酶信号传递与基因表达示意图

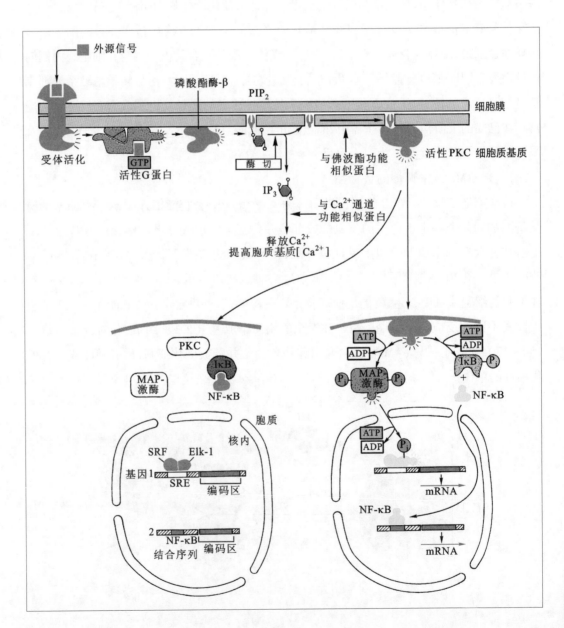

度升高,导致 C 激酶从胞质转运到靠近原生质膜内侧处,并被 DAG 和 Ca^{2+} 的双重影响所激活。DAG 激活 C 激酶的原因是前者大大提高了 C 激酶对于 Ca^{2+} 的亲和力,从而使得 C 激酶能被生理水平的 Ca^{2+} 离子所活化。C 激酶是一个 7.7×10^4 的蛋白质,主要实施对丝氨酸、苏氨酸的磷酸化,它具有一个催化结构域和一个调节结构域。DAG 结合后还能解除调节区所造成的抑制作用,提高酶活性。

3. CaM 激酶及 MAP 激酶

Ca^{2+} 的细胞学功能主要通过钙调蛋白激酶(CaM-kinase)来实现,它们也是一类丝氨酸 / 苏氨酸激酶,但仅应答于细胞内 Ca^{2+} 水平。MAP 激酶(mitogen-activated proteinkinase,MAP-kinase,又称为 extracellular-signal-regulated kinase,ERKS)活性受许多外源细胞生长、分化因子的诱导,也受到酪氨酸蛋白激酶及 G 蛋白受体系统的调控。MAP 激酶的活性取决于该蛋白质中仅有一个氨基酸之隔的酪氨酸、丝氨酸残基是否都被磷酸化[图 8-63],图中 Jun、E1K-1 等为转录因子,其磷酸化状态的改变能够影响其后介导的基因转录起始与否。科学家把能同时催化这两个氨基酸残基磷酸化的酶称为 MAP- 激酶 - 激酶,它的反应底物是 MAP 激酶。MAP- 激酶 - 激酶本身能被 MAP- 激酶 - 激酶 - 激酶所磷酸化激活,后者能同时被 C 激酶或酪氨酸激酶家族的 Ras 蛋白等激活,从而在信息传导中发挥功能。

4. 蛋白质磷酸化与细胞分裂调控

细胞通过 p53 及 p21 蛋白控制 CDK(cyclin-dependent protein kinase)活性,调控细胞分裂的进程。如果 p21 蛋白过量,大量周期蛋白(cyclin)E-CDK2 复合物与 p21 蛋白相结合,使 CDK2 丧失磷酸化 pRb 蛋白的功能。没有被磷酸化的 pRb 蛋白与转录因子 E2F 相结合并使后者不能激活一系列与 DNA 合成有关的酶,导致细胞不能由 G_1 期进入 S 期,细

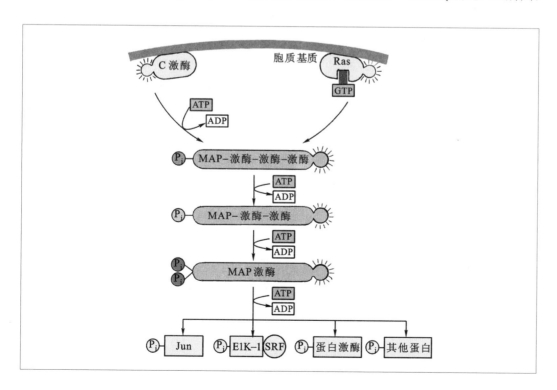

图 8-63 Ras 蛋白和 C 激酶激活丝氨酸 / 苏氨酸"瀑布式"磷酸化(级联磷酸化),引起相关生理反应图示

图 8-64 pRb 蛋白
的磷酸化和去磷酸
化过程控制了细胞
分裂的周期性

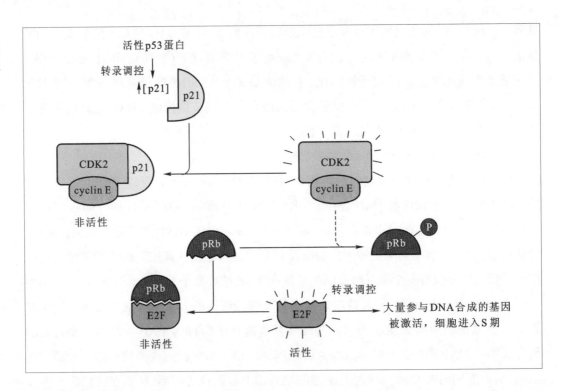

胞分裂受阻。如果细胞中 *p53* 基因活性降低,p21 蛋白含量急剧下降,周期蛋白 E-CDK2
复合物就能有效地将 pRb 蛋白磷酸化。此时,pRb 蛋白不能与 E2F 相结合,使后者发挥
转录调控因子的作用,激活许多与 DNA 合成有关的基因表达,使细胞从 G_1 期进入 S 期,
引发细胞分裂[图 8-64]。

8.5.2 蛋白质乙酰化对转录活性的影响

肿瘤抑制因子 p53 蛋白与人类多种肿瘤有着密切的关系,因此可能是该领域中研究
最为深入的蛋白质。p53 参与多种信号通路,如细胞周期调控、DNA 损伤修复、血管的生
成与抑制以及细胞凋亡等的调控。已知 p53 蛋白的活性受翻译后修饰(如磷酸化、乙酰
化等)机制调控,经修饰的 p53 蛋白能与不同的靶分子或蛋白复合体相结合,从而抑制或
激活参与特定生理反应的靶基因。p53 在所有细胞中都转录产生 2.2 ~ 2.5 千核苷酸的
mRNA,编码由 393 个氨基酸组成的相对分子质量为 5.3×10^4 的蛋白质(p53 蛋白)。根据
p53 的结构特点可将其分为 3 个不同区域:N 端酸性区(1 ~ 80 位氨基酸残基)、C 端碱性区
(319 ~ 393 位)和中间(100 ~ 300 位)的疏水区[图 8-65(a)]。

p53 能识别不同构象靶基因的相同序列。靶基因启动子的拓扑结构和 p53 蛋白(及
与其相互作用的辅助蛋白)的构象决定该蛋白质是否与启动子区相互作用。乙酰化使 p53
蛋白的 DNA 结合区域暴露,增强了 DNA 结合能力,从而促进了靶基因的转录[图 8-65(b)]。
CBP/p300 等蛋白复合体既能诱导染色体结构发生有利于结合 p53 蛋白的改变,又使 p53
蛋白被乙酰化,从而显著提高受 p53 调控的靶基因的转录活性。

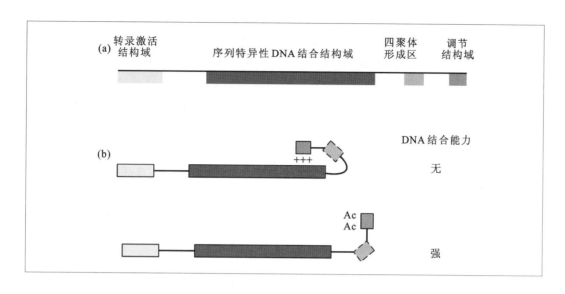

图 8-65 p53 蛋白乙酰化有利于激活靶基因转录

(a) p53 蛋白基本结构示意图;(b) p53 蛋白的乙酰化提高了它的 DNA 结合能力。

8.5.3 激素对基因表达的影响

1. 激素对靶基因的影响

许多类固醇激素(如雌激素、孕激素、醛固酮、糖皮质激素和雄激素,图 8-59)以及一般代谢性激素(如胰岛素)的调控作用都是通过起始基因转录而实现的。靶细胞具有专一的细胞质受体,可与激素形成复合物,导致三维结构甚至化学性质的变化。经修饰的受体与激素复合物通过核膜进入细胞核内,并与染色质的特定区域相结合,导致基因转录的起始或关闭。研究发现,体内存在的许多糖皮质类激素应答基因都有一段大约 20 bp 的顺式作用元件(激素应答元件,简称 HRE),该序列具有类似增强子的作用,其活性受激素制约。表 8-12 是 3 种激素应答序列成分保守性分析。靶细胞中含有大量激素受体蛋白,而非靶细胞中没有或很少有这类受体,这是激素调节转录组织特异性的根本原因。

糖皮质激素通过核穿梭(nuclear shuttling)激活下游信号通路。该激素与相应受体结合,改变其构象,使之进入细胞核内,结合在能够促进转录的相应增强子上,从而促进下游基因的转录。实验中,利用糖皮质激素地塞米松(dexamethasone,DEX)激活靶基因表达的原理,构建可诱导表达融合蛋白系统。首先,将糖皮质激素受体 GR 和要研究的核蛋白 X 构建成融合蛋白,转基因到酵母、动物细胞或者植物中。不施加外源 DEX 时,融合蛋白与 HSP90 形成复合物,由于构象和空间位阻等原因,融合蛋白存在于胞质中,不能定位到细胞核内。添加 DEX 时,DEX 扩散入胞与 GR 相结合,融合蛋白构象改变,核定位信号暴露,行使入核功能,导致下游基因表达。

雌激素刺激鸡输卵管中卵清蛋白合成可能是激素诱导转录作用的典型例子。将雌激素注入鸡体内,输卵管组织便开始合成卵清蛋白 mRNA。只要有雌激素或类雌激素(如二乙基己烯雌酚)存在,合成便能继续下去。一旦停止供应激素,合成速度便下降直至完全消失。多肽激素胰高血糖素接触靶细胞时,首先与受体结合,并激活膜上的腺苷酸环化酶,使之以 Mg^{2+}–ATP 为底物生成环腺苷酸和焦磷酸。细胞内 cAMP 浓度升高,导致蛋白激酶

图 8-66　几种常见的疏水性小分子激素的结构式

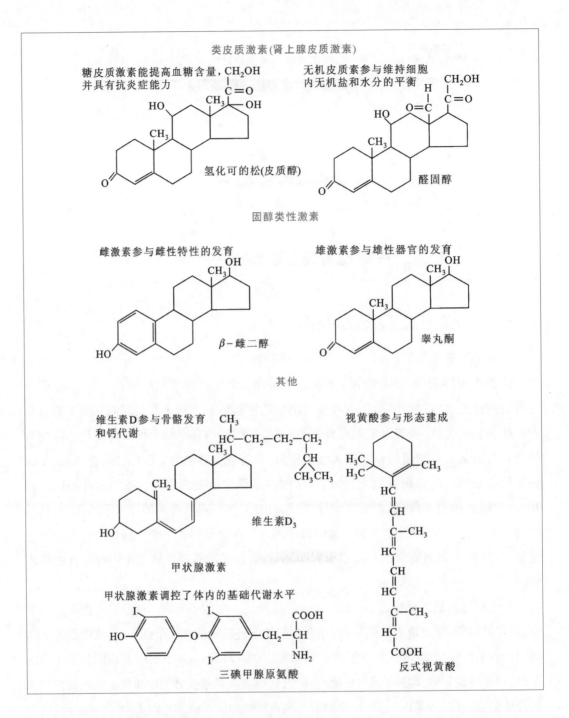

活性增强,特定酶系的磷酸化水平及酶活性都得到改善,促进糖原最终分解为葡萄糖 –1– 磷酸(图 8-67)。

8.5.4　热激蛋白对基因表达的影响

现代分子生物学上把能与某个(类)专一蛋白因子结合,从而控制基因特异表达的 DNA 上游序列称为应答元件(response element),如热激应答元件(heat shock response element,HSE)、糖皮质应答元件(glucocorticoid response element,GRE)、金属应答元件(metal response element,MRE)等,这些应答元件与细胞内专一的转录因子相互作用,协调相关基

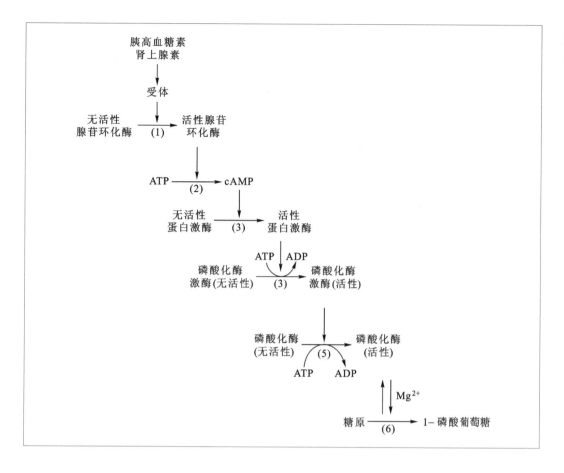

图 8-67　胰高血糖素激活糖原分解连锁反应

因的转录(表 8-9)。

许多生物在最适温度范围以上,能受热诱导合成一系列热休克蛋白(heat shock protein, HSP)。受热后,果蝇细胞内 HSP70 mRNA 水平提高 1 000 倍,就是因为热激因子(heat shock factor,HSF)与 HSP70 基因 TATA 区上游 60 碱基对处的 HSE 相结合,诱发转录起始。

表 8-9　特异转录因子与各类应答元件的相互作用

调控因子	应答元件	DNA 序列	结合蛋白	相对分子质量
热激	HSE	CNNGAANNTCCNNG	HSF	9.3×10^4
镉	MRE	CGNCCCGGNCNC	?	?
佛波酯	TRE	TGACTCA	AP1	3.9×10^4
血清	SRE	CCATATTAGG	SRF	5.2×10^4

按相对分子质量的大小以及同源程度可将热休克蛋白分为 HSP90、HSP70、小分子 HSP 及泛素 4 个家族,各家族 HSP 又由多种不同形式或经不同修饰的蛋白质分子所组成。 HSP 分布广泛,诱导迅速,即使在非热休克细胞中也存在着由热休克同源基因编码的类似 蛋白质。真核细胞的热休克蛋白可能具有机体保护功能并在细胞的正常生长和发育中起 重要作用,HSP70 的主要功能是参与蛋白质的代谢,而泛素的主要功能是清除细胞内的变 性蛋白质。HSP 还常与具有不同功能的多种蛋白质形成天然复合物,参与有关蛋白质折

叠、亚基的组装、细胞内运输以及降解等过程。热休克蛋白参与靶蛋白活性和功能的调节，却不是靶蛋白的组成部分，因此，一般称它为分子伴侣或伴侣蛋白（chaperonine）。现将主要 HSP 家族及其生理功能列于表 8-10。

表 8-10 主要 HSP 家族及其生理功能

家族	主要成员	主要生理功能	免疫应答中的可能作用
HSP90	HSP90,HSP83	促进甾醇激素受体与激素的结合及与 DNA 结合,调节激酶磷酸化活性	抗肿瘤,提高自身免疫性能
HSP70	HSP70,BiP,Dnat,Hsc70,Grp78	参与蛋白质折叠和去折叠、蛋白质转位及多聚复合物的组装	免疫球蛋白装配,类抗原加工,病原体抗原及自身免疫性诱导
小分子 HSP	HSP27,Gro23,HSP16	参与蛋白质折叠和去折叠及多聚复合物的装配	病原体抗原及自身免疫性诱导
泛素	泛素	蛋白质降解	类抗原加工,淋巴细胞回巢,自身免疫性诱导

HSP 基因中内含子数量都很少。至今为止尚未发现 HSP70 基因中有内含子，而人 HSP90、果蝇 HSP82、人 HSP27、鸡 HSP108 和泛素等都只有少量内含子。HSP 的这一基本特征保证了它们一旦起始转录不需剪接就可产生出成熟 mRNA 以适应 HSP 大量快速表达的需要，防止严重的热休克影响 mRNA 前体的剪接。

在没有受热或其他环境胁迫时，HSF 主要以单体的形式存在于细胞质和核内。单体 HSF 没有 DNA 结合能力，HSP70 可能参与了维持 HSF 的单体形式。受到热激或其他环境胁迫时，细胞内变性蛋白增多，它们都与 HSF 竞争结合 HSP70，从而释放 HSF，使之形成三体并输入核内。HSF 一旦形成三体，便拥有与 HSE 特异结合、促进基因转录的功能。这种能力可能还受磷酸化水平的影响，因为热激以后，HSF 不但形成三体，还会迅速被磷酸化。HSF 与 HSE 的特异性结合，引起包括 HSP70 在内的许多热激应答基因表达，大量产生 HSP70 蛋白。随着热激温度消失，细胞内出现大量游离的 HSP70 蛋白，它们与 HSF 相结合，形成没有 DNA 结合能力的单体并脱离 DNA（图 8-68）。

8.5.5 翻译水平调控

在蛋白质生物合成的起始反应中主要涉及细胞中的 4 种装置，这就是：①核糖体，它是蛋白质生物合成的场所；②蛋白质合成的模板 mRNA，它是传递基因信息的媒介；③可溶性蛋白因子，这是蛋白质生物合成起始物形成所必需的因子；④ tRNA，它是氨基酸的携带者。只有这些装置和谐统一才能完成蛋白质的生物合成。

1. 真核生物 mRNA 的"扫描模式"与蛋白质合成的起始

大量实验证明，在真核生物起始蛋白质合成时，40S 核糖体亚基及有关合成起始因子首先与 mRNA 模板靠近 5′ 端处结合，然后向 3′ 方向滑行，发现 AUG 起始密码子时，与 60S 大亚基结合形成 80S 起始复合物。这就是 Kozak 提出的真核生物蛋白质合成起始的

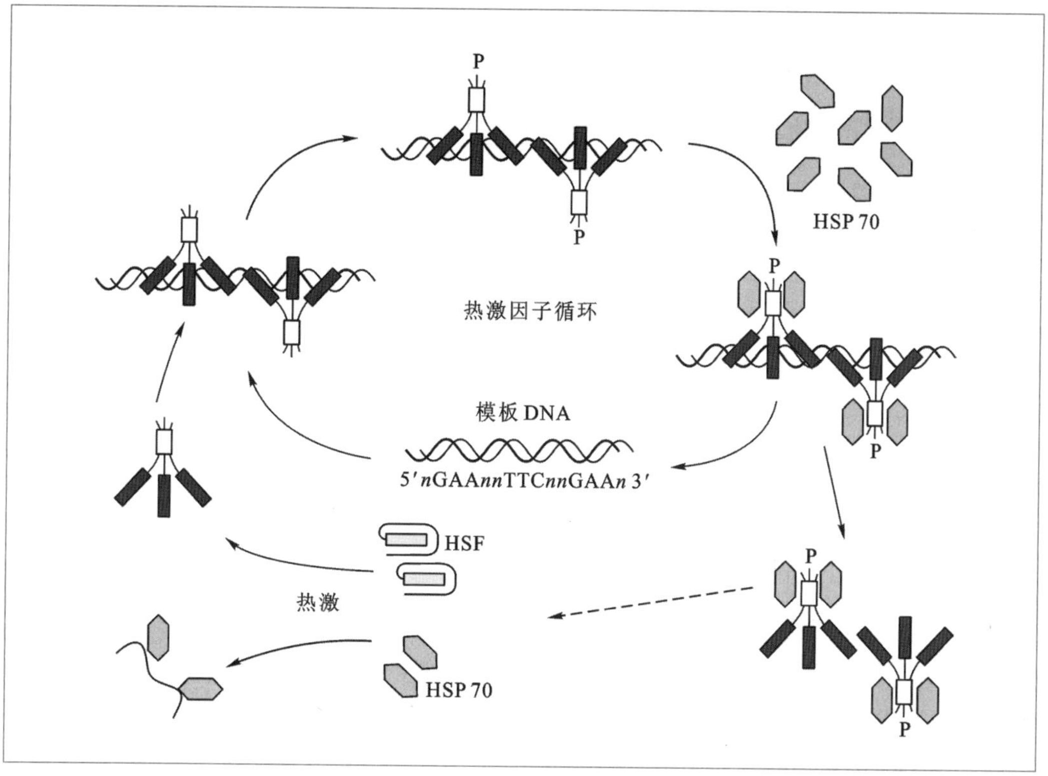

图 8-68 热激蛋白调控的基因表达机制

HSP 70

热激因子循环

模板 DNA

5′nGAAnnTTCnnGAAn 3′

HSF

热激

HSP 70

"扫描模式"。

　　为什么核糖体滑行到 mRNA 的第一个 AUG,即在离 5′ 端最近的起始密码位点就停下来并起始翻译呢? 现在认为,这是由 AUG 的前(5′ 方向)和后(3′ 方向)序列所决定的。调查了 200 多种真核生物 mRNA 中 5′ 端第一个 AUG 前后序列发现,除少数例外,绝大部分都是 A/G NNAUGG,说明这样的序列对翻译起始来说是最为合适的。所以, "扫描模式"相当合理地说明了许多真核生物 mRNA 的单一顺反子性质,也合理地解释了为什么将 mRNA 水解之后,它内部的起始密码子会被活化。因为 mRNA 的水解产生出了新的 5′ 端,所以它又可以成为 40S 起始复合物的进入位点。

　　那么,真核生物中具有相关生物功能的基因通过什么样的补偿机制得以协同表达呢? 有人提出,真核生物通过"融合基因"的方式产生出多顺反子的替代物,即"多聚蛋白质"。多聚蛋白质是由相当长的 mRNA 编码的,如色氨酸合成酶,它的 α 亚基(相对分子质量 28 727)和 $β_2$ 亚基(相对分子质量 42 756)在大肠杆菌中分别由不同基因编码,但是,在真核生物酵母中,这两个多肽融合形成相对分子质量为 76 000 的双功能蛋白质。红色链孢霉的 arom 基因簇也编码多功能蛋白,参与多芳香化合物的生物合成。此外,酵母的 his4 基因编码了一个三功能蛋白质。从功能上说,哺乳动物的脂肪酸合成酶(相对分子质量 2.4×10^5)相当于大肠杆菌中一组 7 个之多的功能各不相同的多肽。所以,基因融合可能补偿了真核生物核糖体不能利用多顺反子型 mRNA 来协调各种不同蛋白质生物合成的缺陷。

　　2. mRNA 5′ 端帽子结构的识别与蛋白质合成

　　因为绝大多数真核生物 mRNA 5′ 端都带有"帽子"结构,所以,核糖体起始蛋白质的合成,首先面临的问题是如何识别这顶"帽子"。

真核生物 mRNA 5′ 端可有 3 种不同的帽子,即 O 型、I 型和 II 型,其主要差异在于帽子中碱基甲基化程度的不同。表 8–11 列举了这 3 种不同类型帽子的结构。

表 8–11　真核生物 mRNA 的帽子结构

种类	结构	mRNA
O 型	$m^7GpppA/GpNp-$	酵母、黏菌
I 型	$m^7GpppA_{mp}Gm\ pNp-$	海胆胚、卤虫
II 型	$m^7GpppN_{1mp}N_{2p}$	哺乳动物
	$m^7GpppN_{1mp}N_{2mp}$	哺乳动物

真核生物的加帽子反应发生在 mRNA 前体刚转录出来不久或尚未转录完成时,催化这一过程的是鸟苷酸转移酶和甲基转移酶,它们都位于细胞核内。据认为,细胞中的帽子化酶是同时具有 RNA 三磷酸酯酶和鸟苷酸转移酶活性的多功能酶。通过鸟苷酸转移酶生成的是 5′–5′ 磷酸二酯键。从 O 型到 I 型帽子的生成都在细胞核内进行,由 I 型帽子进一步加工成 II 型帽子在细胞质内进行。

3. mRNA 的稳定性与基因表达调控

在高等真核生物中转运铁蛋白受体(TfR)和铁蛋白负责铁吸收和铁解毒。这两个 mRNA 上存在相似的顺式作用元件,称为铁应答元件(iron responsive element,IRE),IRE 与 IRE 结合蛋白(IREBP)相互作用控制了这两个 mRNA 的翻译效率。当细胞处于缺铁或高铁水平时,能产生两个数量级的蛋白水平差异,却没有在 mRNA 水平上发现存在显著差异。研究表明,位于 5′ 非翻译区的 IRE 控制了铁蛋白 mRNA 的翻译效率,去掉这个非翻译区 IRE,可造成铁蛋白的永久性高水平翻译。当细胞缺铁时,IREBP 与 IRE 具有高亲和力,两者的结合有效地阻止了铁蛋白 mRNA 的翻译,与此同时,TfR mRNA 上 3′ 非翻译区中的 IRE 也与 IREBP 特异结合,有效地阻止 *TfR* mRNA 的降解,促进 TfR 蛋白的合成(图 8-69)。

4. 可溶性蛋白因子的修饰与翻译起始调控

许多可溶性蛋白因子,即起始因子,对蛋白质合成的起始有着重要的作用,对这些因子的修饰也会影响翻译起始。

① eIF–2 磷酸化对翻译起始的影响　用兔网织红细胞粗抽提液研究蛋白质合成时发现,如果不向这一体系中添加氯高铁血红素,几分钟之内蛋白质合成活性急剧下降,直到完全消失。这就是说,当没有氯高铁血红素存在时,网织红细胞粗抽提液中的蛋白质合成抑制剂就被活化,从而抑制蛋白质合成。现已查明,该抑制剂 HCI 是受氯高铁血红素调节的,它其实是 eIF–2 的激酶,可以使 eIF–2 的 α 亚基磷酸化,并由活性型变成非活性型。没有生物活性的 HCI 也可以通过自身的磷酸化变成活性型,这个过程可能是自我催化的,并与一个被称为 HS 因子的热稳定蛋白有关。氯高铁血红素能够阻断 HCI 的活化过程(图 8-70)。

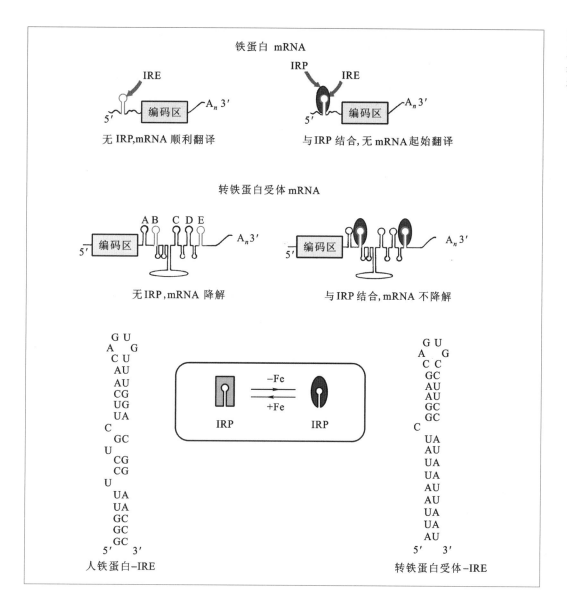

图 8-69 人铁蛋白及转运铁蛋白受体 mRNA 的翻译调控机制

实验表明,eIF-2 的 α 亚基磷酸化以后,eIF-2 与 eIF-2B 紧密结合,直接影响了 eIF-2 的再利用,从而抑制翻译,影响蛋白质合成起始复合物的生成。eIF-2 磷酸化阻碍蛋白质生物合成这一现象,同样可由添加氧化型谷胱甘肽或双链 RNA 等引发。

② CBPⅡ 活性与翻译的起始 在脊髓灰质病毒感染的 HeLa 细胞中,有帽子结构的宿主 mRNA 的翻译受阻,宿主蛋白质合成停止,但没有帽子结构的脊髓灰质炎病毒 mRNA 的翻译却不受影响。研究表明,宿主细胞 CBPⅡ 失活是导致这种 mRNA 选择性翻译的根本原因。如果在这种感染细胞抽提液的蛋白质合成体系中加入由兔网织红细胞中提取的 CBPⅡ,

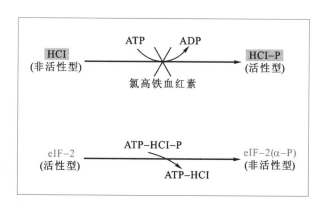

图 8-70 eIF-2、HCI 及氯高铁血红素的相互关系

就能恢复有帽子 mRNA 的翻译活性。添加 CBP Ⅱ 对脊髓灰质炎病毒 RNA 的翻译没有影响。

在蛋白质生物合成的过程中,特别是在起始反应中,mRNA 的"可翻译性"是起决定作用的,其 5′ 端的帽子结构、二级结构、与 rRNA 的互补性以及起始密码附近的核苷酸序列都是蛋白质生物合成的信号系统。蛋白质生物合成的调控就是通过 mRNA 本身所固有的信号与可溶性蛋白因子或者与核糖体之间的相互作用而实现的。

思考题

1. 简述基因家族的分类及其主要表达调控模式。
2. 简述何为外显子、内含子及其结构特点和可变调控。
3. 简述 DNA 甲基化对基因表达的调控机制。
4. 简述真核生物转录元件组成及其分类。
5. 简述增强子的作用机制。
6. 简述反式作用因子的结构特点及其对基因表达的调控。
7. 如何确定拟南芥基因组 T–DNA 插入的位点?
8. 如何确定影响某表型的相关基因?
9. 如何通过实验的方法分析 CTD 上 S2 和 S5 不同磷酸化 pattern 的功能?
10. 如何鉴定 activation tagging 的转基因植物中是哪个基因的表达上调而导致所观测的表型?
11. 举例说明蛋白质磷酸化如何影响基因表达。
12. 说明组蛋白乙酰化和去乙酰化影响基因转录的机制。
13. 说明激素影响基因表达的基本模式。
14. 说明分子伴侣的分类及其影响基因表达的机制。

参考文献

1. Akhade V S,Pal D,Kanduri C. Long noncoding RNA:genome organization and mechanism of action,Adv Exp Med Biol.,2017:47–74.
2. Edupuganti R R,Geiger S,Lindeboom R G H,et al. N[6]–methyladenosine(m[6]A)recruits and repels proteins to regulate mRNA homeostasis. Nat Struct Mol Biol.,2017,24:870–878.
3. Fu Y,Dominissini D,Rechavi G,et al. Gene expression regulation mediated through reversible m[6]A RNA methylation. Nat Rev Genet.,2014,15:293–306.
4. Roberts T C,Morris K V,Weinberg M S. Perspectives on the mechanism of transcriptional regulation by long non–coding RNAs. Epigenetics,2014,9:13.
5. Theler D,Allain F H. Molecular biology:RNA modification does a regulatory two–step. Nature,2015,518:492–493.
6. Wu R,Jiang D,Wang Y,et al. N[6]–Methyladenosine(m[6]A)methylation in mRNA with adynamic and reversible epigenetic modification.Molecular Biotechnology,2016,58:450–459.

数字课程学习

e 教学课件　　　**目** 在线自测　　　**旦** 思考题解析

第 9 章

疾病与人类健康

9.1 肿瘤与癌症

癌(cancer)也称恶性肿瘤,是一群不受生长调控、过度增殖且不受常规的区域限制的细胞。良性肿瘤细胞虽然也是过度增殖的细胞群,却仅局限在自己的正常位置,不侵染周围其他组织和器官。因此,绝大多数癌是由肿瘤细胞经过一系列突变转化而来的[图9-1]。癌症是人类生存的头号敌人。今天,科学家已经能够对许多种癌症做出早期诊断,延长患者的生存期,但并未从根本上征服这个病魔。20世纪50年代以来,对肿瘤医学的研究有3项最为突出的成就:①癌基因的发现及其研究的深入;②染色体畸变与致癌基因表达相互关系的揭示;③抑癌基因的发现及表达调控。已经发现了上百个原癌基因(proto-oncogene)和许多抑癌基因(anti-oncogene),证明细胞癌变的分子基础是基因突变,DNA的变化和不正常活动导致了细胞癌变。

图 9-1 肿瘤组织示意图

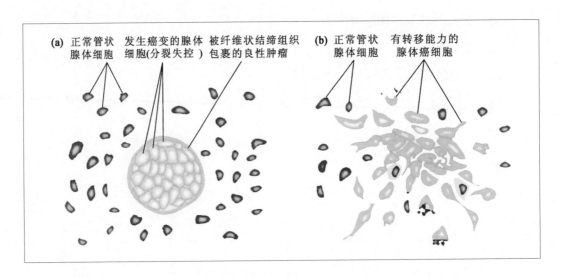

癌基因(oncogene)可分为两大类:一类是病毒癌基因(viral oncogene, $V-onc$),编码病毒癌基因的主要有DNA病毒和RNA病毒。DNA病毒包括乙型肝炎病毒、猴病毒40和多瘤病毒、乳头瘤病毒、腺病毒、疱疹病毒和痘病毒。RNA病毒主要是反转录病毒。反转录病毒致癌基因(retrovirus oncogene)可能是研究最多的病毒基因,它们能使靶细胞发生恶性转化。第二类是细胞转化基因(cellular oncogene, $C-onc$),它们能使正常细胞转化为肿瘤细胞,这类基因与病毒癌基因有显著的序列相似性。事实上,细胞转化基因可能就是存在于人体正常细胞中的原癌基因的突变产物,它们广泛存在于生物界,有相当强的保守性,属于管家基因,正常表达时对细胞的生长和分化有调控作用。

9.1.1 反转录病毒致癌基因

早在1910年,Rous就发现带有肉瘤病毒(一种反转录病毒)的鸡肉瘤无细胞滤液能在鸡体内诱发新的肉瘤。这种病毒的基因组是由单链RNA组成的,一般只有6~9 kb。RNA上的基因数目很少,它们被包裹在由*gag*和*env*两个基因编码的蛋白质外壳中,其中*env*基因指导外壳蛋白的合成,*gag*基因则指导"鞘"蛋白的合成,这些"鞘"蛋白好像"道钉"一样"箍"在外壳的表面,维持外壳蛋白结构的稳定性(图9-2)。反转录病毒的复制由其自身基因组上*pol*基因编码的反转录酶指导完成。当病毒感染细胞时,病毒最外层囊膜不进入细胞,含有基因组RNA和反转录酶的核心颗粒进入细胞并在病毒核心颗粒内开始利用自身携带的反转录酶(可能还需要某些宿主细胞因子)进行病毒基因组的反转录,合成含有完整病毒基因组信息的线性双链DNA并被运入细胞核,在病毒整合酶作用下随机整合进入宿主细胞基因组(图9-3)。

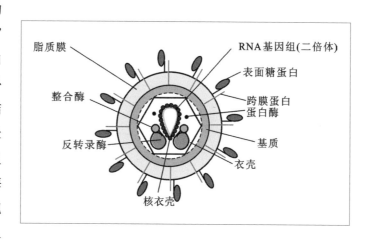

图9-2 反转录病毒颗粒示意图

被整合的病毒DNA分子称为原病毒(provirus)。由于反转录病毒一般不会引起细胞死亡,所以,原病毒象孟德尔单一基因遗传一样传给子代细胞。整合的原病毒LTR含有细胞RNA聚合酶Ⅱ以及识别细胞转录因子的所有信号和原件,能转录出完整病毒mRNA,并利用宿主细胞中的蛋白质合成机器,翻译病毒外壳蛋白和其他相关蛋白质,最后组装成病毒颗粒。已在各种反转录病毒中发现了大量致癌基因,它们感染后诱导宿主产生肿瘤的主要原因是激活特定基因表达,从而破坏宿主细胞本身固有的平衡,导致细胞发生转化。

最早发现的致癌基因是劳斯氏(Rous)肉瘤病毒中的*V-Src*基因,它编码了一个被称为p60^{Src}的蛋白质。序列分析表明,该蛋白有514个氨基酸,是一个磷酸化蛋白。其C端250个氨基酸是活性区域,负责将磷酸基团转移到酪氨酸残基上。它的作用主要是使多个靶蛋白发生磷酸化,从而影响它们的功能,加速细胞癌变过程。

p60^{Src}使多个蛋白质中的酪氨酸发生磷酸化以后,又如何促使细胞发生癌变呢?科学家发现,一种存在于细胞基部质膜附着点内被称为枢纽蛋白(vinculin)的细胞骨架蛋白磷酸化可能是引起细胞癌变的中心环节。已知质膜附着点的主要作用是通过细胞膜固着蛋白,将细胞固定在所处的表面,它也能使肌动蛋白的纤丝依附在上面。位于附着点内的枢纽蛋白则起着连接肌动蛋白纤丝束和细胞膜固着蛋白的作用。正常情况下,该蛋白上的酪氨酸残基只有轻度磷酸化。在转化细胞中,由于p60^{Src}结合在附着点内靠近或位于枢

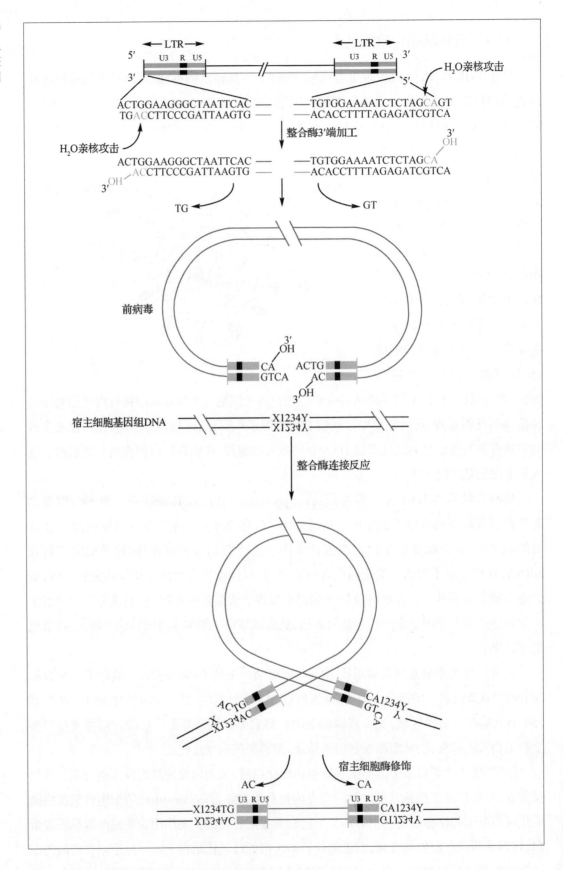

图 9-3 含有反转录病毒完整基因组信息的双链 DNA 整合到宿主细胞基因组 DNA 上

纽蛋白处,使这一蛋白的磷酸化水平提高了20倍以上,明显降低了枢纽蛋白连接肌动蛋白纤丝束和细胞膜固着蛋白的功能,导致肌动蛋白纤丝束松散,细胞黏附能力减弱,容易发生脱落和转移。

1. 急性转化型和非急性转化型

根据反转录病毒转化细胞的能力,可将其分为急性转化型和非急性转化型两大类。急性转化型反转录病毒具有3个主要特征:①这类病毒感染动物后,很短时期内(几天或几周)就出现实体瘤或白血瘤(leukemia);②它们所带的癌基因一般位于病毒基因组内部,也可位于基因组的3′端,但不会插入结构基因内部;③具有体外转化细胞的能力。非急性转化型则正好相反,它们感染宿主细胞后需要较长时间(几个月,数年甚至数十年)才会致癌。

2. *V–onc* 基因的起源

研究发现,反转录病毒基因组中所带有的 *onc* 基因并非来自病毒本身,而是这些病毒在感染动物或人体之后获得的细胞原癌基因^(图9-4)。这些动物或人原癌基因经病毒修饰和改造后,成为病毒基因组的一部分并具有了致癌性,其作用的靶分子也往往发生改变。已经证实,各种脊椎动物染色体 DNA 上都有与 *Src* 相类似的 DNA 序列,说明它是正常细胞所固有的。因为正常细胞中这些基因是不表达的,只有在细胞发生癌变时才有活性,所以称为原癌基因。一般说来,细胞原癌基因大都是断裂基因,带有插入序列,而病毒的致癌基因往往是一个完整的没有断裂的读码框。

目前已鉴定了超过100个致癌基因,最常见的是 *ras* 与 *myc* 基因家族。突变的 *Ha-ras* 基因产物与结肠癌、肺癌、胰腺癌等相关,*K-ras* 与恶性骨髓瘤、成淋巴细胞瘤等有关,而 *N-ras* 则多见于泌尿系统癌症。研究发现,*c-myc* 表达主要在 G_0/G_1 交界或 G_1 早期,而 *C-H-ras* 和 *C-K-ras* 则主要在 G_1 中晚期。G_1 期对于细胞生长的控制具有关键性意义,因为该时相中存在一个"生长控制点",在正常情况下,细胞可根据对信号的应答,发挥"生长控制点"的调节作用,使细胞通过该点,进入 S、M 期再回到 G_1 期,或者阻止细胞通过该控制点而使其进入 G_0 期。*c-myc* 的表达可能使细胞获得了通过"生长控制点"的潜能,而 *c-ras* 的表达似乎加强了 *c-myc* 的这种作用潜能,二者协同作用使细胞向 S 期过渡

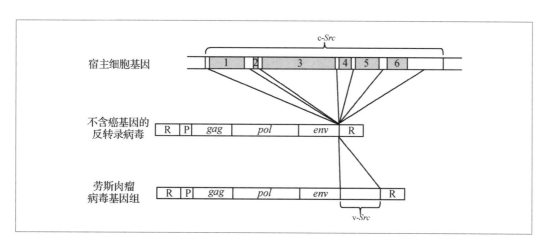

图 9-4 劳斯肉瘤病毒基因结构及 *c-Src* 原癌基因的转变

宿主细胞原癌基因(上)和不含癌基因的反转录病毒基因组及所编码的主要蛋白质(中);含有癌基因的劳斯肉瘤病毒基因结构(下)。

成为可能。也就是说,*c-myc* 和 *c-ras* 的协同作用是细胞分裂的必要步骤。在肿瘤细胞中,"生长控制点"不起作用,所以瘤细胞一直处于细胞周期循环之中。

9.1.2 原癌基因(细胞转化基因)产物及其分类

除了病毒感染会诱发细胞癌变外,尚有许多非病毒因子(如放射性物质、化学试剂亚硝酸、烷化剂等)也能诱导细胞转化。这些因子并没有把致癌基因或其他致癌的遗传信息带入细胞,而仅仅通过某种激活机制改变了细胞内原有的遗传信息,使细胞发生恶性转化。对大量致癌因子的研究证明,它们的作用都是使基因发生突变^(图9-5),充分说明内源基因在细胞转化中的地位。实验证明,此时引起细胞恶性转化的因子仍然是 DNA,化学诱变后的细胞中同样存在着决定细胞命运的致癌基因。从人膀胱癌 T24 肿瘤细胞中提取 DNA,转染正常小鼠成纤维细胞使之变为转化细胞。从发生转化的成纤维细胞集落中分离单细胞,培养、扩增后再提取 DNA,第二次转染正常小鼠成纤维细胞,又出现转化细胞集落。如果细胞转化特性是由分散在不同 DNA 片段上的遗传因子决定的,那么,在这个基因重复导入过程中细胞的转化特性可能消失。事实上,经过连续多次基因导入后,细胞仍被转化,说明致癌因子可能存在于一个特定的区域。

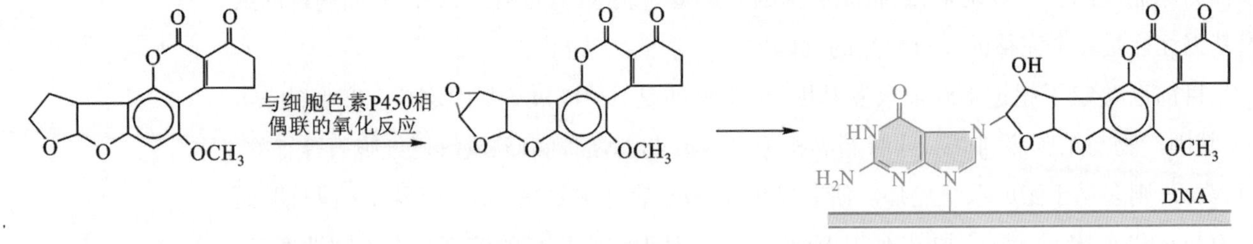

图 9-5 黄曲霉素(aflatoxin)导致细胞发生癌变的分子机制

根据原癌基因产物在细胞中的位置将其分为 3 大类:第一类是与膜结合的蛋白质,主要有 *erbB*、*neu*、*fms*、*mas* 和 *Src* 基因产物;第二类是可溶性蛋白,包括 *mos*、*sis* 和 *fps* 基因产物;第三类是核蛋白,包括 *myc*、*ets*、*jun* 和 *myb* 等。根据这些蛋白质的功能,它们又常被分为 6 类,即蛋白激酶类、生长因子类、生长因子受体类、GTP 结合蛋白类、核蛋白类和功能未知类。原癌基因产物的一个共同特征是它们都能诱发一系列与细胞生长分化有关的基因表达,从而改变细胞的表型。

9.1.3 原癌基因的表达调控

原癌基因在正常细胞中通常以单拷贝形式存在,只有低水平的表达或根本不表达。在很多情况下,原癌基因的结构发生了点突变或插入、重排、缺失及扩增等,改变其转录活性^(图9-6)。

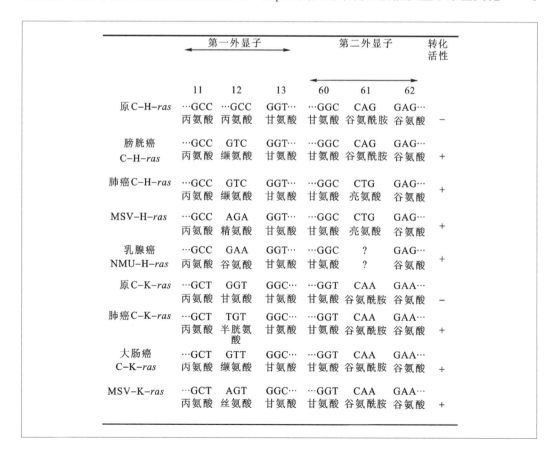

图 9-6 细胞中原癌基因转变为癌基因的主要途径

编码缺失或单碱基突变　　基因扩增　　　　　　　染色体重排

DNA　　　　　　　　　　　　　　　　　　　　　　　　或　　　　　　　　DNA

RNA　　　　　　　　　　　　　　　　　　　　　　　　　　　　　　　　RNA

蛋白质活性大大提高　　蛋白质未变化，但总量大大提高　　增强子功能使癌基因高效表达　　与强启动子基因融合，提高癌变基因表达效率

1. 点突变

虽然原癌基因活化导致癌变的原因多种多样,但点突变可能是最常见的机制。在 *ras* 基因家族中,存在着许多原癌基因发生点突变的实例。*Ha-ras* 和 *K-ras* 基因最初是从小鼠肉瘤病毒中分离出来的,*N-ras* 是从人神经母细胞瘤细胞系中分离得到的,*C-ras* 基因存在于非肿瘤细胞生物机体中,可能是细胞发挥正常的生理功能所必需的。研究发现,*ras* 基因编码了一个相对分子质量为 2.1×10^4 的癌蛋白(p21),从人类膀胱癌细胞系 T24 DNA 中克隆的 *Ha-ras* 基因能够诱发 NlH/3T3 细胞转化,而从正常细胞 DNA 中克隆的该原癌基因没有这种功能。因为 T24 膀胱癌细胞中 *Ha-ras* 基因的表达水平较之正常细胞并无明显提高,科学家推测点突变使癌基因产物 p21 蛋白的结构和功能发生了某些变化(图9-7)。

图 9-7　*ras* 基因的点突变及转化活性分析

	第一外显子			第二外显子			转化活性
	11	12	13	60	61	62	
原 C–H–*ras*	···GCC 丙氨酸	···GCC 丙氨酸	GGT··· 甘氨酸	···GGC 甘氨酸	CAG 谷氨酰胺	GAG··· 谷氨酸	–
膀胱癌 C–H–*ras*	···GCC 丙氨酸	GTC 缬氨酸	GGT··· 甘氨酸	···GGC 甘氨酸	CAG 谷氨酰胺	GAG··· 谷氨酸	+
肺癌 C–H–*ras*	···GCC 丙氨酸	GTC 缬氨酸	GGT··· 甘氨酸	···GGC 甘氨酸	CTG 亮氨酸	GAG··· 谷氨酸	+
MSV–H–*ras*	···GCC 丙氨酸	AGA 精氨酸	GGT··· 甘氨酸	···GGC 甘氨酸	CTG 亮氨酸	GAG··· 谷氨酸	+
乳腺癌 NMU–H–*ras*	···GCC 丙氨酸	GAA 谷氨酸	GGT··· 甘氨酸	···GGC 甘氨酸	? ?	GAG··· 谷氨酸	+
原 C–K–*ras*	···GCT 丙氨酸	GGT 甘氨酸	GGC··· 甘氨酸	···GGT 甘氨酸	CAA 谷氨酰胺	GAA··· 谷氨酸	–
肺癌 C–K–*ras*	···GCT 丙氨酸	TGT 半胱氨酸	GGC··· 甘氨酸	···GGT 甘氨酸	CAA 谷氨酰胺	GAA··· 谷氨酸	+
大肠癌 C–K–*ras*	···GCT 丙氨酸	GTT 缬氨酸	GGC··· 甘氨酸	···GGT 甘氨酸	CAA 谷氨酰胺	GAA··· 谷氨酸	+
MSV–K–*ras*	···GCT 丙氨酸	AGT 丝氨酸	GGC··· 甘氨酸	···GGT 甘氨酸	CAA 谷氨酰胺	GAA··· 谷氨酸	+

如人类肺癌细胞系 Hs242 的转化基因与 *Ha-ras* 高度相似，在这个基因中导致转化活性的遗传损伤是第二个外显子中引起 p21 蛋白第 61 位谷氨酰胺被亮氨酸所替代的一个点突变。所以，p21 分子某些部位发生单个氨基酸替代足以引起蛋白质构象的改变，并使细胞获得转化活性。

在肺癌和结肠癌细胞系中也发现了 *K-ras* 型转化基因。肺癌细胞系含有第 12 位密码子由 TGT 取代 GGC，从而以半胱氨酸取代甘氨酸的 *K-ras2* 转化基因；而 SW480 结肠癌细胞系也含有 *K-ras* 转化基因，其第 12 位密码子为 GTT，编码了缬氨酸。这两个细胞系都经历了点突变激活过程，突变部位就是人类膀胱癌细胞系 T24Ha-ras 的对应部位。现在已经证明由 NIH/3T3 细胞转染检出的 *ras* 原癌基因中，第 12 位密码子是个突变"热点"。

2. LTR 插入

LTR 是反转录病毒基因组两端的长末端重复序列（long terminal repeat），其结构中含有强的启动子序列，当 LTR 插入原癌基因启动子区域或邻近部位后，可从根本上改变基因的正常调控规律。最早发现 LTR 插入激活现象是在慢性反转录病毒感染的细胞中。LTR 插入到 *c-myc* 5′ 上游启动子附近，使 *c-myc* 的转录水平大大增加。其他原癌基因中也发现了类似现象。LTR 插入后，与血小板衍生生长因子 β 链（PDGF-β）相似的 *c-sis* 基因的转录和翻译水平均有明显增加。表 9-1 是受 LTR 插入激活的部分原癌基因。

表 9-1 LTR 插入激活的原癌基因

原癌基因	LTR 来源	诱发的肿瘤
	禽类白血病病毒	禽类黏液性囊性淋巴瘤
myc	鼠白血病病毒	鼠 T 细胞淋巴瘤
	猫白血病病毒	猫 T 细胞淋巴瘤
erbB	禽类白血病病毒	禽类红白血病
H-ras	禽类白血病病毒	禽肾细胞瘤
K-ras	小鼠白血病病毒	小鼠髓性细胞白血病
myb	禽类白血病病毒	禽类黏液性囊性淋巴瘤
fms	小鼠白血病病毒	小鼠髓性细胞白血病
Int-1	小鼠乳头瘤病毒	小鼠乳腺癌
Pim-1	小鼠白血病病毒	小鼠 T 细胞淋巴瘤
Lck	小鼠白血病病毒	小鼠 T 细胞淋巴瘤
evi-1	小鼠白血病病毒	小鼠髓性细胞白血病

3. 基因重排

在大多数类型的人肿瘤中存在染色体数目和结构异常现象，说明存在原癌基因重排的可能。现已查明基因重排包括原癌基因之间，以及原癌基因与非原癌基因之间的重排。重排后基因内部结构可不受影响，也可能发生改变。在 Burkitt 淋巴瘤中，Ig 基因与 *c-myc*

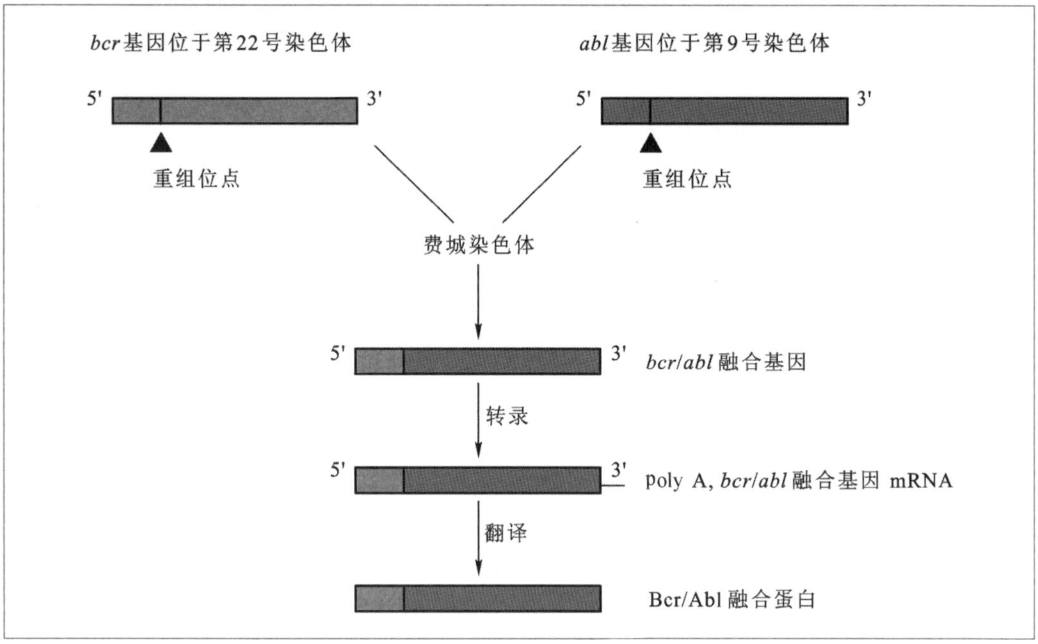

图 9-8　*abl* 原癌基因通过选择性染色体重排转变成细胞癌基因

之间发生重排。正常情况下，*c-myc* 定位于 $8q^{24}$，免疫球蛋白重链基因（IgH）定位于 $14q^{32}$，轻链 λ 基因（Igλ）定位于 $22q^{12}$，轻链 k 基因（Igk）定位于 $2p^{11}$，。重排时，*c-myc* 从其上游区到第 2 外显子的区域内断裂，易位至 IgH、Igk 或 Igλ 的位点，使 Ig 基因与 *c-myc* 相连在一起，Ig 基因 5′ 端的启动子发挥作用，使原来不表达的 *c-myc* 大量表达。由于人体的特殊需求，通常 Ig 基因的表达能力非常强。*c-myc* 一旦与 Ig 基因启动子和增强子重组后，可使原来的调控机制失去作用，导致极高水平的表达。在正常人体细胞中，非受体型酪氨酸蛋白激酶基因 *abl* 位于第 9 号染色体上，表达量极低，不会诱发癌变。在慢性骨髓瘤病人细胞中，该基因却被转移到第 22 号染色体上，与 *bcr* 基因相融合，表达量大为提高，导致细胞分裂失控，发生癌变[图 9-8]。

4. 缺失

很多原癌基因 5′ 上游区存在负调控序列，一旦该序列发生缺失或突变，就丧失抑制基因表达调控的能力。如 Brukitt 淋巴瘤中 *c-myc* 可因负调控序列的缺失或 LTR 插入破坏其结构而增强表达。

5. 基因扩增

使每个细胞中基因拷贝数增加，从而直接增加可用的转录模板数以提高基因表达。某些正常细胞在生长、发育过程中需要大量相关蛋白质，可通过基因扩增的方式来达到提高表达量的效果。细胞也可通过基因扩增的产物来抵抗环境胁（如对化学物质和药物的抗性等），以获得生存能力。在肿瘤细胞中，DNA 扩增事件的发生频率至少比在正常细胞中高上千倍。一旦发生基因扩增，肿瘤细胞就获得了选择性生长优势。实验证明，癌基因常常是肿瘤细胞中 DNA 扩增的靶位点，在各种人类肿瘤中已发现了十几种癌基因的扩增。

9.1.4　基因互作与癌基因表达

1. 染色体构象对原癌基因表达的影响

基因表达不仅取决于基因本身及其相邻区域的一级结构,也取决于其空间构象。当两个基因相距太近时,往往不易形成有利于高效转录的空间结构。因此,基因与基因之间的间隔距离被定义为"基因领域"(gene territory)。同一 DNA 链上两个具有相同转录方向的基因间隔小于一定长度时,影响有效转录所必需的染色质结构的形成,从而使这两个基因中的一个或两个均不能转录或转录活性显著降低,产生所谓基因领域效应(gene territorial effect)。对大量基因的分析表明,基因之间的间隔距离与两个基因的总长度相关,当两个基因的总长度在 0.3 kb 至 5 kb 之间时,最佳间隔距离与两个基因的总长度成正相关。

正常人 c-myc 定位于第 8 号染色体,在其两侧分别存在强表达基因,在基因领域效应的影响下,c-myc 转录受抑制。在 Burkitt 淋巴瘤中,由于发生基因重排,使 c-myc 基因一侧的强表达基因消失,从而消除了对 c-myc 的基因领域效应,使后者的转录活性增强。由于 c-myc 转录增强,反过来对另一侧的基因产生了基因领域效应,使原来强表达的基因变为不表达状态。

在正常小鼠细胞中,c-myc 的 5′ 上游区域也存在一个强表达基因,其长度约为 15 kb,它距 c-myc 只有 3 kb 左右,很显然,这一间隔距离太短,与基因有效转录应有的最小距离相差甚远,此时,c-myc 受基因领域效应的影响非常大,表达完全受到抑制。在小鼠乳腺癌细胞中,上述间隔距离被显著拉长,激活 c-myc 转录。

2. 原癌基因终产物对基因表达的影响

这种影响包括某种原癌基因产物对另一种原癌基因表达的调控作用,也包括某种原癌基因产物对自身表达的反馈调控作用。一些原癌基因的产物是生长因子类、生长因子受体类或激素受体类物质,这些物质作为细胞外信号或信息传递物质,会对原癌基因的表达产生调控作用。癌基因产物通过介质传递生长刺激信号主要有 3 种方式:①癌基因产物本身模拟了生长因子,因而与相应的受体作用,以自分泌的方式刺激细胞生长;②癌基因产物模拟了已结合配体的生长因子受体,从而在无外源生长因子时提供了促进细胞分裂的信号;③癌基因产物作用于细胞内生长控制途径,解除此途径对外源刺激信号的需求。人血小板衍生生长因子(PDGF)与猴肉瘤病毒(SSV)的 V-ras 癌基因产物,上皮生长因子(EGF)与 Src 及 V-erb 癌基因产物之间,都存在着极高的相似性,表明生长因子与癌基因转化有关。

3. 抑癌基因产物对原癌基因的调控

因为抑癌基因产物能够抑制细胞的恶性增殖,所以它也被认为是一种隐性癌基因。当细胞内由于某种原因造成这些基因的表达受抑制时,原癌基因就活跃表达,引起细胞癌变。一般来说,抑癌基因在细胞生长中起负调控作用,主要是抑制增殖、促进分化、成熟和衰老,引导多余的细胞进入程序化死亡途径,而原癌基因的作用则正好相反;原癌基因通常是显性的,激活后参与促进细胞增殖和癌变过程,而抑癌基因是隐性的,抑癌基因的两个等位基因中失去任何一个都不影响其抑癌功能,只有两个等位基因全部失活才能失去抑癌功能;不仅体细胞中可能发生抑癌基因突变,生殖细胞中也可能发生抑癌基因突变并通过生殖细胞得到遗传,而原癌基因突变只发生在体细胞中。

p53 是通过杂合缺失鉴定的一个抑癌基因,在星形细胞癌、乳癌、肺癌、肠癌及骨肉瘤中都有高频率缺失现象。从癌细胞中得到的 *p53* 基因,其保守序列区有单一位点的突变,推测可能由于这一突变导致 *p53* 基因产物结构与功能的改变,失去抑癌活性。另外,在人类某些肿瘤细胞中也可观察到 *p53* 等位基因的缺失,这种缺失同样影响了肿瘤的发生。*p53* 这种抑癌作用可能是通过其蛋白质与 DNA 的结合而实现的。这种结合既影响 DNA 的复制,又影响基因的转录。

Rb 基因是从视网膜纤维瘤中克隆到的另一个抑癌基因,其功能是阻止处于 G_0/G_1 期的细胞进入 S 期,从而控制细胞增殖。正常 *Rb* 基因的表达几乎可抑制所有培养细胞的分裂。

细胞的癌变绝非单一因素引起,它可能是显性的癌基因与隐性的抑癌基因经过多阶段的协同作用而形成的。一般说来,在一种肿瘤中起主要作用的几乎不可能是两种以上的癌基因,但很可能涉及两个以上抑癌基因的突变。

4. 外源信号对原癌基因表达的影响

细胞外信号(包括生长因子、激素、神经递质、药物等)作用于靶细胞后,通过细胞膜受体系统或其他直接途径被传递至细胞内,再通过多种蛋白激酶的活化,对转录因子进行修饰,然后引发一系列基因的转录激活(图 9-9)。这一过程进行得很快,通常在几分钟至几十分钟内即可完成。据测定,在这么短时间内,有 70~80 种基因的转录被激活,其中包括众多的原癌基因。研究表明,*c-fos* 基因的转录激活可能是最快、最显著的,信号刺激后几分

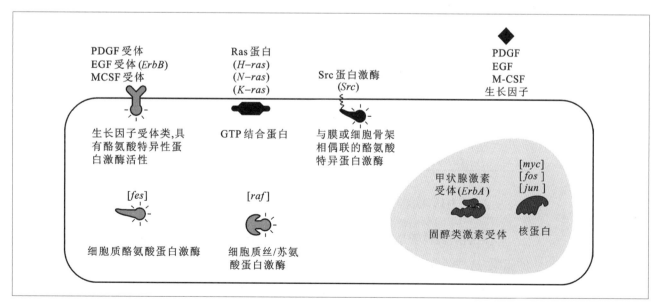

图 9-9　许多原癌基因参与细胞信号转导过程

钟内即可检测到 *c-fos* 基因产物。随后,另一些编码核蛋白的原癌基因如 *c-myc*、*c-myb*、*c-erbB*、*c-ets* 等的转录也相继被激活。这些对细胞外信号反应迅速的基因被称为快速反应基因。

快速反应基因的转录有两个特点:①不受蛋白质合成抑制剂的阻断。在许多情况下,还会因为蛋白质合成抑制剂抑制了不稳定蛋白质的合成而使转录产物的半寿期显著延长。②快速反应基因的转录激活维持时间很短,通常在半小时内完成,然后逐渐恢复原状。从这一点看,这类基因产物的主要功能是作为转录因子及调节因子去调节别的基因表达,以介导细胞外信号在细胞水平上的应答。

9.2　人类免疫缺陷病毒(HIV)

人类免疫缺陷病毒(HIV),俗称艾滋病(AIDS)病毒,诱发人类获得性免疫缺损综合征。该病毒在分类上属反转录病毒科(Retroviridae)慢病毒属中的灵长类免疫缺陷病毒亚属,过去还有人将其命名为 LAV、ARV、IDAV 和 HTLV3,现统一命名为 HIV。1983 年,法国巴斯德研究所的 Montaginer 和美国国家卫生研究院癌症研究所 Gallo 等人首次证实 HIV 是艾滋病的病因。该病已在 30 多年间席卷全球,几乎没有一个国家或地区可以幸免。已发现人免疫缺损病毒主要有两种,即 HIV-Ⅰ 和 HIV-Ⅱ。HIV-Ⅰ 是从欧洲和美洲分离的毒株,与猴艾滋病毒只有约 45% 的相似性,它的致病力很强,是引起全球艾滋病流行的主要病原。HIV-Ⅱ 与猴艾滋病毒的相似性高达 75%,其毒力较弱,引起艾滋病的病程较长,症状较轻,且主要局限于非洲西部(表 9-2)。有关 HIV 的研究主要是针对 HIV-Ⅰ 进行的。

表 9-2　反转录病毒科主要成员

属名	典型成员
哺乳动物 C 型拟转录病毒属	小鼠乳腺瘤病毒
D 型拟转录病毒属	鼠白血病病毒
禽 C 型拟转录病毒属	Mason-Pfizer 猴病毒
泡沫病毒属	禽白血病病毒
人嗜 T 淋巴细胞病毒	人泡沫病毒
白血病毒属	人嗜 T 淋巴细胞病毒 I 型
慢病毒属	人类免疫缺陷病毒

9.2.1　HIV 病毒颗粒的形态结构及传播

艾滋病病毒粒子是一种直径约为 120 nm 的球状病毒,粒子外包被着由两层脂质组成的脂膜,这种结合有许多糖蛋白分子(主要是 gp41 和 gp120)的脂质源于宿主细胞的外膜。蛋白质 p24 和 p18 组成其核心,内有基因组 RNA 链,链上附着有反转录酶,其功能是催化病毒 RNA 的反转录(图 9-10)。

HIV 病毒广泛存在于感染者的血液、精液、阴道分泌物、乳汁、脑脊液、有神经症状的脑组织液等体液中，其中以血液、精液、阴道分泌物中浓度最高。HIV 可以依靠血液、血液制品，以及人体分泌液，如精液和乳汁等传播。研究发现，艾滋病患者经长期鸡尾酒疗法治疗后，血液中可能检测不到艾滋病病毒，但是眼泪中的病毒数量和新近确诊艾滋病人血液中病毒含量相差并不大，但目前尚无眼泪传播艾滋病毒的临床病例。

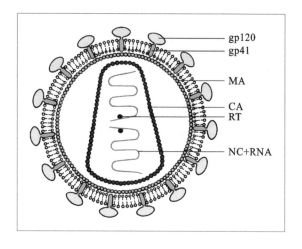

图 9-10 HIV-I 病毒粒子结构模型图

gp120 和 gp41 是外膜蛋白，MA 是内膜蛋白，CA 是外壳蛋白，NC 是核衣壳蛋白，RT 是反转录酶。

HIV 主要感染 T4 淋巴细胞，也可以感染其他类型如 B 淋巴细胞和单形核细胞等。HIV 感染后可引起明显病变，形成多核巨细胞，并导致细胞死亡。HIV 病毒可以通过所感染细胞扩散到全身，已在淋巴细胞、脑、胸腺、脾等组织发现了该病毒。不同毒株在试管内感染细胞的能力差异很大，说明自然界广泛存在着突变株。迄今为止，尚缺乏研究艾滋病的理想动物模型。与人类亲缘关系最近的黑猩猩感染 HIV 后，早期情况与人相似，会产生抗体和暂时性 T 细胞比例失调，但后期并不发展成艾滋病的临床病症。

9.2.2 HIV 基因组及其编码的蛋白质

1. HIV 基因组结构

HIV 基因组由两条单链正链 RNA 组成，每个 RNA 基因组约为 9.7 kb。在 RNA 5′ 端有一帽子结构（m⁷G5′GmpNp），3′ 端有多（A）尾巴。HIV 的主要基因结构和组织形式与其他反转录病毒相同，均由 5′ 端 LTR、结构蛋白编码区（gag）、蛋白酶编码区（pro）、具有多种酶活性的蛋白编码区（pol）、外膜蛋白（env）和 3′ 端 LTR 组成。HIV 较其他反转录病毒复杂，因为它有较多的调控基因。为了最大程度地利用有限的基因，HIV 基因编码区有很多重叠，尤其在基因组的 3′ 端。HIV 基因组中的部分基因如 Tat 和 Rev 是不连续的，被插入的内含子分隔成两个外显子(图 9-11)。HIV-I 至少有 4 个功能性的剪接供体位点和 6 个受体位点。

2. HIV 编码的蛋白质及其主要功能

HIV 具有独特的粒子结构，其结构蛋白主要包括 4 个基因。gag 基因编码病毒的核心蛋白，翻译时先形成一个 5.5×10^4 的前体蛋白（p55），然后在 HIV 蛋白酶的作用下被切割成 p17、p24、p15 3 个蛋白。P24 和 p17 分别组成 HIV 颗粒的外壳（CA）和内膜蛋白（MA），p15 进一步被切割成与病毒 RNA 结合的核衣壳蛋白（NC）p7 和 p6。pol 基因编码病毒复制所需的酶类包括反转录酶 p66、整合酶 p32。从 pol 和 gag 基因重叠区内起始的一段序列为 PR 基因，它编码蛋白酶 p10。P10 在切割上述 HIV 蛋白前体产生成熟蛋白

图 9-11 HIV-I 基因组结构及所编码的主要蛋白质

gag 基因编码了由 p55 前体蛋白切割形成的 MA(p17)、CA(p24) 和 NC(p15) 等 4 个结构蛋白(因为 p15 进一步被切割为 p7 和 p6); PR(p10) 是蛋白酶, IN(p32) 是整合酶, p66 和 p51 是反转录酶; gp120 和 gp41 是主要外壳蛋白。酰胺化的 MA 附着于病毒包膜的内部,酰胺化用橘红色小片段表示。

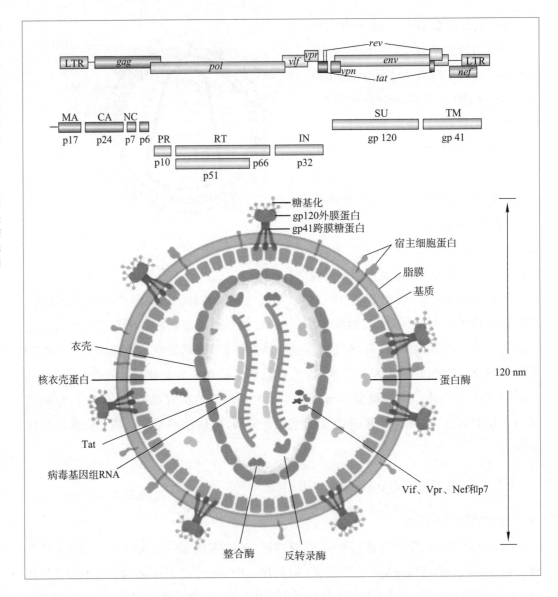

的过程中起主要作用。env 基因编码了 8.8×10^4 的蛋白质,经糖基化后其相对分子质量增至 1.6×10^5,是 HIV 包膜糖蛋白 gp160 的前体。该前体蛋白在蛋白酶作用下被切割成 gp120 和 gp41,gp120 暴露于病毒包膜外,称为外膜蛋白,感染细胞时可与细胞的 CD4 受体蛋白相结合;外膜糖蛋白 gp120 与 CD4 结合后,与 G 蛋白偶联受体(GPCR)家族中的一个跨膜蛋白发生相互作用。这种跨膜蛋白被称为辅助受体,在 HIV 感染中发挥重要作用。gp41 被称为跨膜蛋白(TM),嵌入病毒包膜脂质中。当 gp120 与 CD4 受体结合后,其构象改变导致与 gp41 分离,游离的 gp41 可插入细胞膜,形成膜融合使病毒核心颗粒进入细胞内。辅助受体对 HIV 的侵染和致病是非常重要的,研究表明,CD4 分子与 gp120 及辅助受体的相互作用促进随后的膜融合和病毒侵袭的细胞内信号传导。图 9-12 表示 HIV-I 与 CD4 及辅助受体 CXCR4、CCR5 在感染小神经胶质细胞和巨噬细胞时发生相互作用的情况。表 9-3 是已经发现的辅助受体,表 9-4 则系统介绍了 HIV 编码的主要蛋白及其功能。

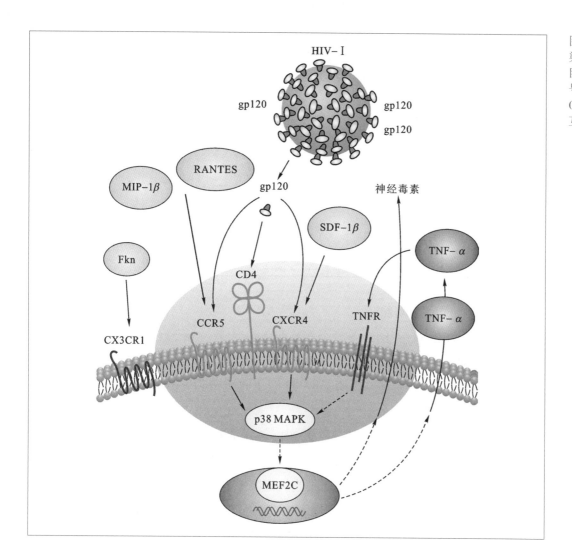

图 9-12 HIV-I 感染小神经质细胞和巨噬细胞过程中信号传导及与其受体 CD4 和辅助受体相互作用示意图

表 9-3　HIV-Ⅰ、HIV-Ⅱ 和 SIV 的辅助受体及表达模式分析

辅助受体	病毒	细胞类型或组织
CCRI	HIV-Ⅱ	活化的体细胞、单核细胞、树突状细胞
CCR2b	HIV-Ⅰ,HCV-Ⅱ SIV	单核细胞、T 细胞
CCR3	HIV-Ⅰ,H1V-Ⅱ	嗜曙红细胞、树突状细胞、TH2
CCR4	HIV-Ⅱ	TH2、脑
CCR5	HIV-Ⅰ,HIV-Ⅱ,SIV	活化的 T 细胞、单核细胞、树实状细胞
CCR8	HIV-Ⅰ,HIV-Ⅱ,SIV	TH2、脑腺细胞、脑
CCR9	HIV-Ⅰ	淋巴细胞、脑、胎盘
CXCR2	HIV-Ⅱ	中性粒细胞、脑
CXCR4	HIV-Ⅰ,HIV-Ⅱ,SIV	淋巴细胞、单核细胞、脑
CXCR5	HIV-Ⅱ	B 细胞
CXCR6	HIV-Ⅰ,SIV	淋巴细胞
CXCR7（RCD1）	HIV-Ⅰ,HIV-Ⅱ,SIV	单核细胞、脑
ROC1	HIV-Ⅰ,HIV-Ⅱ,SIV	淋巴细胞、脑

表 9-4　HIV 编码的主要蛋白质及其功能

基因产物	功能
Gag	核心蛋白
Pol	多种酶功能
Env	包膜蛋白
Tat(Tat-3、Ta)	RNA 沉默抑制因子,转录激活子
Rev(Art、Trs)	调控 RNA 剪切和运输,与 RRE 结合增加 *env* 的翻译
Vif(Sor、A、P′、Q)	侵染因子,病毒在巨噬细胞扩散所必需
Vpr(R)	增加病毒复制
Vpu	辅助病毒组装和释放,以及 gp160/CD4 复合体的解聚
Nef(3′ORF、B、E、F)	形成同源二聚体,引起多效应性的影响,如负调控 CD4

3. HIV 膜蛋白主要功能区

HIV-Ⅰ 中的 gp160 由 845 ~ 870 个氨基酸残基组成,在第 511 位被蛋白酶切割后产生 gp120 和 gp41,其氨基端与其他分子以非共价键形式结合。gp120 有 24 个糖基化位点,糖基化是 gp120 与 CD4 受体结合所必需的。已通过重组和突变实验定位了 gp120 蛋白的多个功能区,简述如下。

① 主要抗原决定簇　包括 V3 区(第 301 ~ 324 位的环状肽段)的主抗原决定簇及若干个较弱的决定簇,其中有两个分别位于 gp41 的 616 ~ 632 位和 724 ~ 751 位。

② T 细胞决定簇　两个辅助性 T 细胞决定簇 T2 和 T1 分别在 105 ~ 117 位的 C1 区和 421 ~ 436 位的 C4 区,一个主要细胞毒 T 细胞决定簇位于第 308 ~ 322 位,与 V3 区有部分重叠。另有 3 个较弱的细胞毒 T 细胞决定簇在 gp41 上。

③ CD4 受体结合区:该区位于 423 ~ 427 位(C4 区)。在上述功能区以外的某些氨基酸突变也能影响 gp120 的功能,说明上述各功能区发挥作用还依赖于整个分子特定的空间构象。

9.2.3　HIV 的复制

HIV 主要侵染人体的 T 淋巴细胞及巨噬细胞,并通过病毒膜蛋白 gp120 与细胞表面的 CD4 受体蛋白结合。CD4 分子含有两个免疫球蛋白结构域,它在人体内所结合的正常配体是 Ⅱ 型 MHC 抗原。HIV 与受体结合后,病毒核心蛋白和两条 RNA 链进入细胞^(图 9-13)。反转录酶以病毒 RNA 为模板合成单链 DNA,并由宿主细胞 DNA 聚合酶合成双链 DNA(原病毒)。双链 DNA 经环化后进入细胞核,在病毒整合酶的作用下,整合入细胞染色体中,病毒核酸随细胞的分裂而传至子代细胞,可长期潜伏。

在病毒复制期间,整合到 DNA 上的原病毒被转录成 RNA 前体,其中一些通过 RNA 剪接产生成熟的 mRNA。这些 mRNA 从细胞核输出到细胞质中,并被翻译为调控蛋白 Tat 和 Rev。新产生的 Rev 蛋白迅速移动到细胞核中,并与未剪接的全长病毒 RNA 结合,帮助其离开细胞核。一些全长 RNA 作为病毒子代基因组起作用,而另一些则翻译产生结

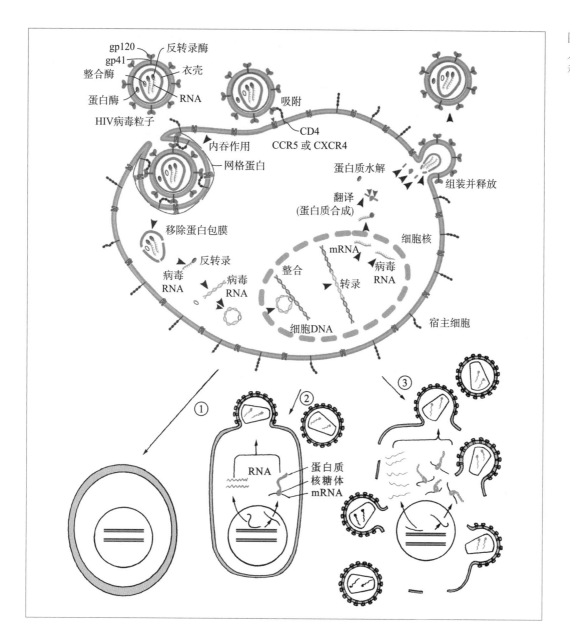

图 9–13 HIV–I在人体细胞内的复制和侵染过程示意图

构蛋白 Gag 和 Env。Gag 蛋白与病毒基因组 RNA 结合,将其包装成新的病毒颗粒。最后病毒核衣壳经过细胞膜以出芽方式形成完整病毒体释放到细胞外。HIV 复制的主要过程如下:①原病毒整合到宿主染色体上,无症状;②原病毒利用宿主细胞的转录和合成系统转录产生病毒 mRNA,其中一部分编码病毒蛋白,与基因组 RNA 组装成新的病毒颗粒,从宿主细胞中释放出来侵染其他健康细胞;③宿主细胞瓦解死亡。

对 HIV–I 编码的 RNA 酶 H 和反转录酶的 X 射线衍射晶体结构分析发现,合成前病毒第一条 DNA 链的过程中没有宿主细胞 DNA 酶的参与,完全由 HIV–I 反转录酶完成。该酶由两个 N 端完全一致的亚单位(p66 和 p51)组成,具有 DNA 聚合酶活性,其 N 端功能区以病毒 RNA 为模板催化合成互补 DNA 链。此外,p66 的 C 端功能区还能在 p51 亚基的协同作用下降解病毒模板 RNA 链。

HIV 的转录从基因组 5′ 端 LTR 起始,先形成一条长链 RNA 并迅速切割成短 mRNA

分子,用于指导合成 HIV 调控蛋白,但不翻译结构蛋白。当调控蛋白 Rev 达到一定阈值后,转录由早期向晚期变换。此时,主要是转录长链 mRNA 并指导合成结构蛋白,组装成完整的病毒颗粒。HIV 复制的复杂调控机制使 HIV 感染细胞后产生不同的结果。在复制和表达量非常高的情况下可立即杀死细胞,低水平复制和表达时仅造成细胞功能失常,而不复制、不表达时病毒基因组以 DNA 形式与染色体整合,与宿主长期共存。这就是艾滋病在临床上潜伏期长短不一、病程快慢不一的主要原因。HIV 前病毒整合是随机的,并不要求特定的 DNA 序列,因而可以整合到染色体上的任何部位。

9.2.4　HIV 基因表达调控

与大多数反转录病毒相比,HIV 的最大特点就是含有许多调控基因。这些基因编码相应的调控蛋白,它们在病毒 RNA 的转录、转录后加工、蛋白质翻译、包装以及病毒颗粒的释放等各个过程中发挥重要作用。在这些过程中,除 HIV 自身的调控蛋白外,还有许多宿主细胞的调控蛋白参与。

1. LTR 序列

LTR 位于 HIV 基因组两端,其序列是高度保守的,在 HIV-Ⅰ与 HIV-Ⅱ及 SIV 之间的保守性高达 95% 以上。HIVI 的 5′ 端 LTR(5′-LTR)和 3′ 端 LTR(3′-LTR)都可以启动转录,但 HIV 的转录由位于 5′-LTR 内的启动子控制。来自 5′-LTR 的转录调控可能抑制了 3′-LTR 的启动子活性,在 5′-LTR 缺陷的情况下,可以激活来自 3′-LTR 的转录。5′-LTR含有 HIV 基因调控所必需的多个特定调控区,能够劫持宿主细胞转录装置,严格控制病毒基因组的转录。HIVI 的 5′-LTR 在结构上分为 U3、R 和 U5 区域(图9-14)。HIV 转录起始于 5′-LTR R 区域的转录起始位点(TSS),然后转录产物通过 U5 区域加帽并进行延伸至整个病毒基因组。转录终止通常发生在 3′-LTR 的 R 区域内。转录终止时,3′-LTR 的 U5区编码 poly(A)信号进行加尾。5′-LTR 包含相对于 TSS 核苷酸 -454 ~ +188 之间的区域。根据各区调控功能的异同进一步划分为 4 个主要功能元件:调控单位(-455 ~ -104),增强

图 9-14　HIV 基因组 LTR 结构示意图

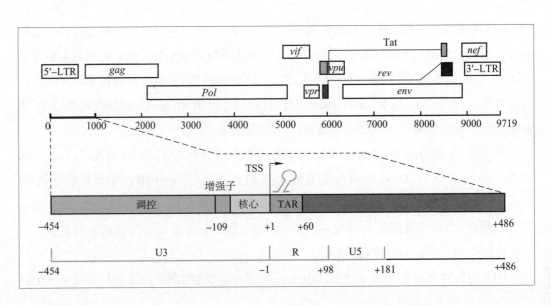

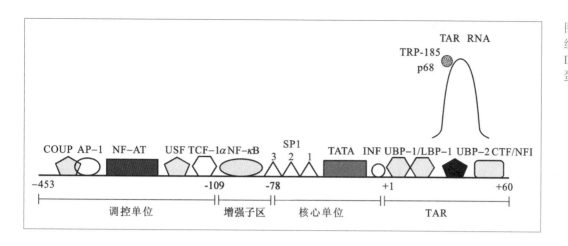

图 9-15 HIV 基因组 5′-LTR 区中的 DNA 和 RNA 结合蛋白的作用位点

子区域(-109 ~ -79),核心单位(-78 ~ -1)和 TAR 区域(+1,+60)[图 9-14],并在其中发现了许多细胞转录因子结合位点[图 9-15]。

(1) 核心调控元件

该元件从 LTR 起始延伸到 -78 位核苷酸,包含多个可与细胞转录调控因子结合的区域。鸡卵蛋白转录因子(COUP-TF),结合于 LTR-371 ~ -334 位,激活蛋白 1(activator protein 1,AP1)结合于 LTR 的 -347 ~ -329 位。激活 T 细胞核因子(NFAT)在 LTR-292 ~ -255 位和 -216 ~ -203 位上有两个结合位点。上游激活因子(USF)结合于 -173 ~ -160 位,T 细胞因子 -1α(TCF-1α)结合于 -139 ~ -124 位。除 COUP-TF 和 USF 对 HIV 的转录起负调控作用外,其余均为正调控因子。AP1 是由含亮氨酸拉链结构的 C-Jun 和 C-Fos 家族成员组成的二聚体,COUP-TF 家族中的低相对分子质量蛋白质含有锌指结构,USF 为螺旋 - 环 - 螺旋结构,TCF-1α 含有高速泳动族基序(HMC motif)。该区域还包括 3 个 CCAAT / 增强子结合蛋白(C / EBP)结合位点,激活转录因子 / 环 AMP 应答位点、淋巴细胞增强因子(LEF-1)结合位点、c-Myb 结合位点、Ets-1 结合位点和核因子 NF-κB 结合位点。核因子 NF-κB 与 HIV-Ⅰ 感染后的调节区域结合并对病毒转录产生负影响。在核心调控区域的上游 -130 ~ -201 之间的序列,包含在 T 细胞中高度表达的 LEF-1、NF-AT 和 Ets-1 转录因子的共有结合位点,在外周血淋巴细胞和一些 T 细胞系中对病毒表达具有非常重要的调节作用。

(2) 增强子区域

该区域主要包括核因子 κB(NF-κB)结合位点(结合于 -104 ~ -81 位)。NF-κB 含有锌指结构及锚定蛋白重复序列,由间隔 3 ~ 4 个核苷酸的两个 10 bp 的 GGGACTTTCC 序列组成,负责调控 HIV 基因在多种细胞特别是 T 淋巴细胞中的高效表达。在多种 HIV 亚型中均存在 NF-κB 和相关因子的 10 bp 共有结合位点的串联重复序列,类似的序列在其他病毒如 SV40、巨细胞病毒及白细胞介素 -2 受体、β- 干扰素等基因的特异性和诱导型表达过程中都发挥了重要的调控作用。HIVⅠ增强子区域内的两个 NF-κB 结合位点也可以被 NF-AT 因子结合;NF-AT 与位于 U3 区域的 NF-κB 基序的末端 3′ 端半结合,具有与 p50 相似的序列偏好,并且调节 HIV 启动子活性,增加 T 细胞中的感染性。

(3) 核心转录单位

HIV-I LTR 核心转录单位的结构与其他病毒或细胞启动子的转录起始区相似,有 TATA 区、SP1 结合位点和转录起始位点 TSS。这些序列对转录的激活具有重要作用,一旦缺失将使 LTR 失去启动子活性。

在核心转录单位 −78 ~ −46 位点的富含 GC 区有 3 个连续的 SP1 结合位点。SP1 蛋白含有 DNA 结合结构和两个富含谷氨酰胺的结构域,可形成二聚或三聚体。当 3 分子 SP1 与 LTR 结合后,由于彼此间以及 SP1 与周围蛋白的相互作用改变了 DNA 的空间结构,诱导了依赖于 DNA 的蛋白激酶对 SP1 的磷酸化作用,激活 HIV-I 基因转录。HIV-I LTR 的 −28 ~ −24 位含有 TATA 元件,其两侧还有一个 CAXXTG 的同向重复序列,该重复序列可能是转录因子螺旋–环–螺旋 DNA 结合蛋白的识别位点。不同 HIV-I 亚型的遗传学研究表明,病毒能够使用重叠的 CATA 区而不是典型的 TATA 区,并且某些亚型包含 4~5 个 Sp1 位点。TATA 区和 Sp 位点对于病毒转录起始、保持启动子活性以及 Tat 蛋白介导的反式激活都是必需的。

最近的研究表明三联基序蛋白 TRIM22 干扰 Sp1 结合从而抑制预起始复合物(PIC)形成和原病毒转录。TATA 盒侧翼的 CTGC 基序也显示为体外转录起始和活细胞中 Tat 依赖性激活所需的。另外,紧接 TSS 上游的转录因子 ZASC1 结合位点,显示出 ZASC1 与 Tat 和正向转录延伸因子 b(P–TEFb)相互作用并协同促进 HIV-I 转录延伸的调节作用。

(4) 反式激活因子应答元件

在 HIV 基因组 +1 ~ +60 位的核苷酸序列是反式激活因子(Tat)激活 HIV-I 转录所必需的,称为反式激活应答元件(TAR)。该序列存在于 HIV 基因组 RNA 和原病毒 DNA 上,是 HIV 复制所不可缺少的重要调控位点。TAR 是含有多个调节元件和两个 CTCTCGG 重复序列拷贝的短 RNA 转录物,从而介导 Tat 向 HIV-I 启动子的募集。体外研究表明,该 RNA 元件具有发夹样结构,作为 Tat 的结合位点,对于反式激活是必不可少的。

研究发现,TAR 可以产生一个 miRNA,通过降低细胞凋亡通路下游基因 ERCC1 和 IER3 表达,阻止细胞凋亡,以利于病毒的复制。另外,还在 TAR 元件中发现 Psi 元件,Gag 和 Rev 蛋白可以识别该元件进行病毒基因组和结构蛋白的组装。

(5) TSS 下游区域

TSS 下游的序列在调节转录中的作用近年来才引起重视。HIV-I 5′-LTR 在 TSS 下游同样含有转录因子结合位点,其中一些在不同的 HIV-I 株系和亚型中是非常保守的。重要的下游 HIV-I 调控结合位点是:3 个激活转录因子 AP-1 结合位点分别位于 +87 ~ +94 位、+118 ~ +125 位和 +155 ~ +163 位,NFATc2 和 C / EBP 结合于 U5 区域的 +158 ~ +171 位,类 AP-3 结合位点在 +162 ~ +177 位,NFAT 结合位点与类 AP-3 相同,DBF-1 结合位点和 Sp 位点位于 U5 区域下游,分别为 +200 ~ +219 位和 + 270 ~ +278 位(图 9-16)。

包括 AP1、C / EBP、NFAT 在内的一些因子通过募集染色质重塑和组蛋白修饰辅因子复合物来促进转录激活,从而改善 RNA 聚合酶 II 复合物对染色质的亲和力。其他因子可能通过影响转录起始和延伸来促成转录激活。总的来说,这个区域可能有助于调节

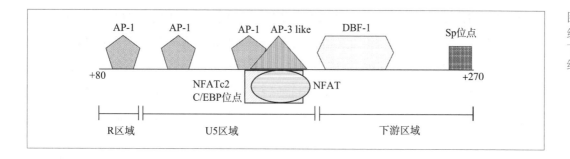

图 9-16 HIV 基因组 5′-LTR 的 TSS 下游区域转录因子结合位点

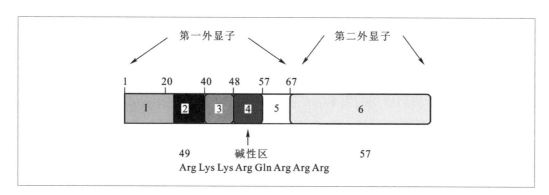

图 9-17 Tat 蛋白的结构示意图

HIV-Ⅰ对激活信号的转录反应。

2. 参与 HIV 复制的调控蛋白

（1）Tat 蛋白

该蛋白质是一个转录激活因子,在 HIV-Ⅰ、HIV-Ⅱ和 SIV 中高度保守,是病毒复制所必需的。HIV-Ⅰ的 *tat* 基因与 *env* 编码区有部分重叠,它含有两个外显子,编码了由 101 个氨基酸残基组成的 Tat 蛋白。第一个外显子所编码的 67 个氨基酸组成的多肽同样具有反式激活作用[图 9-17]。Tat 蛋白有 3 个功能域,第一个是与其他已知转录调控蛋白激活功能区结构基本一致的酸性氨基酸区,与 Tat 激活 HIV-Ⅰ基因表达有关。第二个功能区富含 Cys,在其 16 个氨基酸残基中就有 7 个 Cys,可与二价金属离子结合并形成 Tat 二聚体。在这 7 个 Cys 中有 6 个是维持 Tat 活性所必需的,替代其中的任意一个均可使 Tat 失活却不影响 Tat 与金属离子的结合。该肽段能与相对分子质量 3.0×10^4 的宿主细胞核蛋白相结合。

Tat 蛋白还是一个 RNA 沉默抑制因子。缺失突变和点突变结果表明,抑制 RNA 沉默功能区位于该蛋白质的 38~72,且这段区域不具有转录激活功能,说明 Tat 蛋白的转录激活功能和 RNA 沉默抑制功能是分开的。HIV-Ⅰ和Ⅱ也编码一个称为 Tax 的异源转录激活因子,它的主要作用是通过宿主细胞中的转录因子与 LTR 中的顺式作用元件结合,从而调控基因转录。

研究认为,Tat 的主要作用可能是促进 RNA 聚合酶Ⅱ（RNAPⅡ）转录起始复合物的组装。在 HIV-Ⅰ整合入宿主基因组后,RNAPⅡ在位于 5′-LTR 的病毒启动子处组装并开始转录病毒 RNA 的过程。在没有 Tat 蛋白存在的情况下,转录起始位点附近的顺式作用元件虽然也指导转录复合物的形成,但其延伸效率较低,只能转录出短的不完整的病毒转录物。加入 Tat 蛋白后,短链 RNA 转录产物浓度迅速下降,取而代之的是长链 RNA。

Tat 的第三个功能区由一组带正电的碱性氨基酸残基构成,行使两个主要功能。一个是 +48 ~ +52 位的 GRKKR 序列,是核 – 核仁定位信号,可介导自身或异种蛋白进入细胞核。若将此肽段与 β- 半乳糖苷酶融合即可使后者在核内聚集。该肽段第二个功能是与 TAR RNA 凸出部分的特异性结合,通过 Tat 第 52 和第 53 位 Arg 残基与后者的磷酸基团相互作用得以实现。

(2) Tat 与 TAR 对 HIV 复制的协同调控作用

实验表明,Tat 和 TAR 结合并不能有效地激活 HIV 基因表达,还依赖于如下因素:

TAR 序列及完整高级结构的影响。Tat 虽能结合环区有突变的 TAR 蛋白,但此时不能激活 HIV 的表达。

宿主细胞因子协同作用的影响。在不同细胞内,Tat 的活性可有上千倍的差异。在人鼠杂交细胞中,只有在保持人第 12 号染色体的杂交瘤细胞中,Tat 才能有效地激活 HIV–I 转录。研究发现,Tat 与 TBP–I 结合形成复合体而发挥作用,说明 Tat 与 TAR 对 HIV 复制的调控还需宿主细胞编码蛋白的协同作用。

上游启动子和增强子序列。当 TAR 远离其上游启动子时,它的活性迅速下降。而且这种依赖作用对非激活细胞和 Tat 激活细胞的表现是不一样的,增强子 SP1 序列在 Tat 诱导细胞中对 HIV 转录的促进作用远远大于非激活细胞,去除 SP1 序列甚至可提高非激活细胞中 HIV 的转录。而 NF-κB 序列在对两种细胞的作用正好与 SP1 相反。TATA 启动子序列的改变对未激活细胞影响很小,却可明显降低 HIV 在 Tat 诱导细胞中的复制。

Tat 的主要辅助因子是细胞周期蛋白 T1（CCNT1）,它与细胞周期蛋白依赖性激酶 9（CDK9）一起构成正转录延伸因子 b（P-TEFb）。这种异二聚体宿主激酶可以磷酸化激活暂停的 RNAP II,并调节大多数细胞基因的延伸。Tat 将 P-TEFb 复合物募集到新生的 TAR RNA 中,该 RNA 将激酶定位在停滞的聚合酶附近用于磷酸化依赖性激活。有趣的是,CCNT1 也有助于 RNA 结合,因为它与 TAR 环中的碱基接触以实现高亲和力相互作用。Tat–P-TEFb 复合物有效地刺激病毒基因表达,启动生命周期的后整合步骤,最终导致病毒萌芽和新细胞的感染。

(3) Rev 蛋白

rev 基因由两个外显子组成,分别编码 25 个氨基酸和 91 个氨基酸的两个肽段,最终组装成有 116 个氨基酸、相对分子质量为 1.9×10^4 的调控结构蛋白表达活性的 Rev 蛋白(图 9-18)。它是一个重要的反式激活因子,调控 RNA 剪切和运输,与 RRE 结合增加 env 的翻译。对 HIV 的许多调控蛋白编码基因有负调控作用,而对其结构蛋白基因有正调控作用。Rev 蛋白的上述作用是通过与 env 和 gag/pol mRNA 上的一段 234 个核苷酸的 Rev 效应元件实现的,是 HIV–I 特异的。它的主要功能是增加细胞质中未经编辑的基因组全长转录产物,增加含有 Rev 效应原件 RNA 的稳定性,并促进它们向细胞质运转。Rev 蛋白还通过阻碍剪接子的组装来抑制 RNA 的编辑,增加这些 mRNA 的翻译,从而促进 HIV 基因表达由早期(转录调控蛋白 mRNA)向晚期(转录 HIV 结构蛋白 mRNA)的转变。在

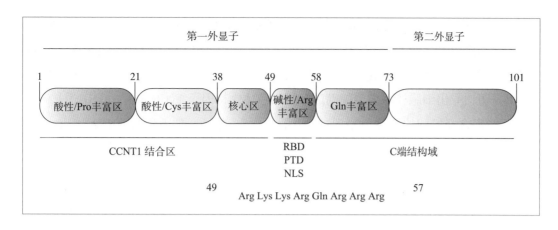

图 9-18 Rev 蛋白
的结构示意图

rev 基因缺陷型 HIV 前病毒中,仅有早期基因表达。只有加入 Rev 蛋白后,晚期基因才开始转录。Rev 蛋白还在结构蛋白 mRNA 进入细胞质的过程中发挥作用。

已经证实,Rev 蛋白和 RRE(Rev response element)的结合是通过 Rev 蛋白中富含碱性氨基酸的一段 14 肽(EGTRQARNRRRRWR)与 RRE 二级结构 IIB 茎区特异性结合实现的[(图 9-19)]。第一个 Rev 蛋白与 RRE 的结合有助于其他 Rev 蛋白的结合,这些蛋白质不

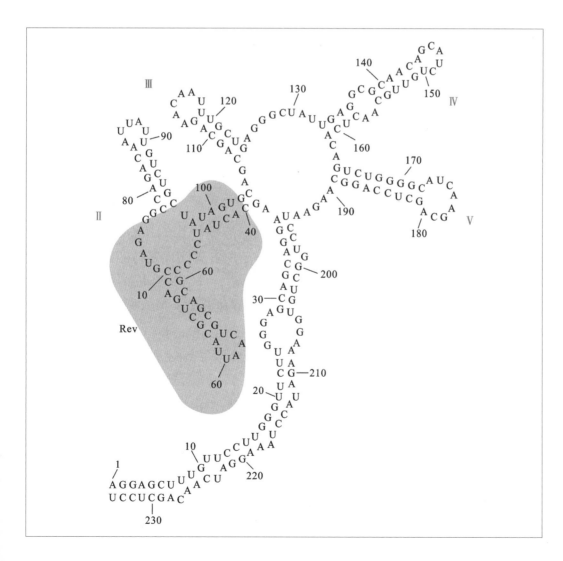

图 9-19 Rev 蛋白
与 RRE 区的结合

是结合在 RRE 的特异位点上,而是直接结合到第一个 Rev 蛋白上,形成多聚体。Rev 蛋白功能的实现依赖于它向核内的运转,而这一过程是通过 Rev 蛋白的核定位信号功能区完成的。宿主细胞蛋白可结合到 Rev 蛋白近 C 端的功能区,协助加工和转运 HIV mRNA。

Rev 蛋白导出细胞核的主要辅助因子是染色体维持因子 1(CRM1)。CRM1 通常向细胞质运输富含亮氨酸的核输出序列(NES)的蛋白质,并且通常不参与 mRNA 输出。Rev 通过充当适配器劫持 CRM1 用于病毒 RNA 的输出,其中 Rev NES 结合宿主输出因子,而 Rev 核定位信号(Rev–NLS)结合 RRE。有趣的是,最近的研究表明,病毒出核复合物中含有 CRM1 的二聚体。考虑到 CRM1 已被证明只能作为单体运输细胞成分,Rev 依赖的 CRM1 二聚化可能是提高对低亲和力 RevNES 位点的识别的一种方式。组装这种病毒 – 宿主输出复合体可以使含有内含子的 HIV–Ⅰ 遗传信息在细胞质内运输,以完成病毒生命周期的后期阶段。

(4) Nef 蛋白

一般认为,Nef 蛋白是一个负调控因子和磷酸化蛋白,相对分子质量为 2.7×10^4,它不是 HIV 复制所必需的,但可抑制由 HIV LTR 特异性转录的 HIV–Ⅰ 前病毒基因的表达。研究发现,烷基化后定位于细胞膜上的 Nef 蛋白比未烷基化并弥散于细胞核及细胞质内的 Nef 蛋白抑制 HIV–Ⅰ 基因表达的效率比后者高 10 倍,推测 Nef 可能是通过膜细胞信使分子获得对 HIV LTR 的调控作用。Nef 的存在可提高和维持 HIV 在体内的含量,并在 HIV 病理过程中起作用。此外,Nef 蛋白形成同源二聚体,引起多效应性的影响,如负调控 CD4、MHC Ⅰ 以及 MHC Ⅱ。

(5) Vpr 蛋白

该蛋白质又称病毒 R 蛋白,由 96 个氨基酸组成,它不是 HIV 复制所必需的,但存在于病毒颗粒中。Vpr 蛋白与 p6 Gag 存在特异性相互作用,每个病毒粒子包装大约 250 个 Vpr 拷贝,病毒核心中也发现 Vpr。含有 vpr 基因的 HIV 毒株与无 vpr 基因的 HIV 毒株相比,前者在细胞中生长较快,引发细胞病变也较强。无 vpr 基因的 HIV–Ⅱ 不能在巨噬细胞中繁殖。Vpr 蛋白可作用于 HIV–Ⅰ 的 LTR 区,使它所调控的 HIV 复制速度提高 2 ~ 3 倍,说明 Vpr 在病毒早期侵染中有作用。

Vpr 蛋白在 HIV–Ⅰ 复制中最重要的一个功能是能够结合并协助将病毒整合前复合体导入不分裂的细胞和细胞周期阻滞细胞的细胞核。病毒 cDNA 整合到宿主染色体 DNA 中过程通常被核膜所阻止。HIV–Ⅰ 进入宿主基因组的两种主要方式是:细胞分裂时,核膜被分解;或者借助 IN 蛋白和 Vpr 在核孔的相互作用,通过输入核内整合复合体进入细胞核。Vpr 还能在细胞周期的 G_2 阶段阻断细胞分裂,诱导细胞凋亡并产生其他致病作用,有可能增加了病毒复制、传播和免疫逃逸。

(6) Vpu 蛋白

这个蛋白质是 HIV–Ⅰ 特有的,其他灵长类动物免疫缺陷病毒以及 HIV–Ⅱ 和 SIV 均无此基因。它编码由 81 个氨基酸组成的磷酸化蛋白,称为病毒 U 蛋白,主要存在于细胞膜中。vpu 基因的翻译受 Rev 调控,HIV 复制时并不需要 vpu 基因的表达,但若缺失 vpu

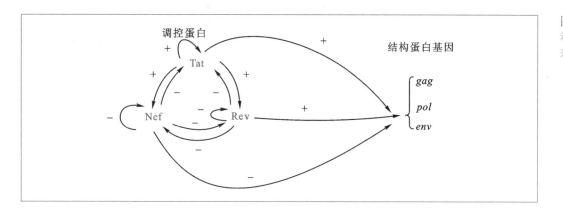

图 9-20 Tat、Rev 和 Nef 对 HIV 基因表达的影响分析

基因可使感染性病毒粒子的产量降低 5~10 倍,大大减少了病毒颗粒在细胞膜上的释放。据此,人们推测 Vpu 蛋白可能促进 HIV-Ⅰ 病毒粒子的组装、成熟和释放。此外,Vpu 蛋白有助于 gp160/CD4 复合体的解聚。

(7) Vif 蛋白

该蛋白质是相对分子质量为 2.3×10^4 的病毒感染性因子,是 HIV-Ⅰ 侵染所必需的。缺失 *vif* 基因的 HIV-Ⅰ 虽然仍在细胞内正常复制并产生病毒粒子,但这些粒子的侵染性不及野生 HIV-Ⅰ 病毒粒子的 1/1 000。Vif 蛋白是病毒在巨噬细胞间扩散所必需的。图 9-20 揭示了 Tat、Rev 和 Nef 对 HIV 基因表达的综合性影响。

9.2.5　HIV 的感染及致病机制

HIV 初次感染人体后,立即大量复制和扩散,此时,感染者血清中出现 HIV 抗原,从外周血细胞、脑脊液和骨髓细胞中均能分离出 HIV。这是 HIV 原发感染的急性期。大约 70% 以上的原发感染者在感染后 2~4 周内出现急性感染症状,包括发热、咽炎、淋巴结肿大、关节痛、中枢及外周神经系统病变、皮肤斑丘疹、黏膜溃疡等,持续 1~2 周后进入 HIV 感染的无症状潜伏期。在这个时期感染者无任何临床症状,外周血中 HIV 抗原含量很低甚至检测不到。但随感染时间的延长,HIV 重新开始大量复制并造成免疫系统损伤。临床上病人感染逐步发展到持续性全身性淋巴腺病(PGL)、艾滋病相关综合征(APC)等,直至发展到艾滋病。

在 HIV 自然感染过程中,机体可产生高滴度的抗 HIV 多种蛋白质的抗体,主要是细胞类型特异性的中和抗体,其主要作用是在急性感染期降低血清中的病毒含量或部分清除病毒。HIV 的感染也刺激机体产生细胞免疫应答,对于杀伤 HIV 感染的细胞,阻止 HIV 经细胞接触而扩散等可能发挥重要作用,还能协助清除急性感染期 HIV 感染灶和 HIV 感染早期的少量有 HIV 复制的细胞。

人体一旦被 HIV 感染,便会终生带毒,随着时间延续,发病的可能性也逐渐增加。感染 7~8 年内一般有约半数的带毒者发病,体内产生大量病毒颗粒,并造成感染细胞死亡。属于典型的反转录病毒科慢病毒亚科病毒特征。此外,HIV 还通过以下途径导致免疫功能下降:① HIV 粒子表面的 gp120 蛋白脱落,与正常细胞膜上 CD4 受体结合,使该细胞被免疫系统误认为病毒感染细胞而遭杀灭；②因 T 细胞 CD4 受体被 gp120 封闭,影响了其免疫辅助功能；③ HIV 的 gp120 蛋白可刺激机体产生抗 CD4 结合部位的特异性抗体,阻断 T 细胞功能；④带有病毒包膜蛋白的细胞可与其他细胞融合形成多核巨细胞而丧失功能。

研究还发现,除了主要感染富含 CD4 蛋白的 T 细胞外,HIV 还能感染只带少量 CD4 蛋白或无此受体蛋白的 B 细胞、巨噬细胞、树突状细胞、郎格罕氏细胞、肠上皮细胞、脑内的星形细胞和小神经胶质细胞以及毛细血管内皮细胞等。HIV 可侵染巨噬细胞并随该细胞游走至体内许多组织细胞组织或脏器。HIV 还可侵染脑和肠细胞,因此,艾滋病患者的中枢神经系统常常发生病变,并伴有腹泻等症状。

尽管 HIV 有上述导致细胞病变的作用,但还不足以解释 HIV 感染所造成的免疫系统进行性损伤直至崩溃的严重病症。因为即使是艾滋病人,其外周血淋巴细胞中也仅有极少数的细胞被 HIV 感染。有研究报道,鼠反转录病毒和鼠免疫缺陷病毒感染的小鼠中病毒基因编码一种超抗原,可导致小鼠体内特定的 T 细胞亚群的消失和免疫缺陷的发生,暗示艾滋病人中也可能存在 HIV 编码的超级抗原,导致特定 T 细胞亚群缺失并使机体的免疫防御网出现重大漏洞,对某些致病微生物处于无反应状态。这种免疫病理机制可以解释艾滋病人既出现了严重的免疫系统缺陷,病人血液中却只有极少部分淋巴细胞带有 HIV 这种十分矛盾的现象。

9.2.6 艾滋病的治疗及预防

迄今为止,虽然对艾滋病的研究受到了高度重视,仍无任何药物可以完全抑制 HIV 在感染者体内的增殖并彻底治愈艾滋病。目前,已批准的抗 HIV 病毒药物主要有以下几类 (表 9-5)。图 9-21 是核苷酸型和非核苷酸型反转录酶抑制 HIV 病毒的作用机制。

目前治疗艾滋病的标准疗法是高效抗反转录病毒疗法 (highly active antiretroviral therapy,HAART),又称为抗反转录病毒鸡尾酒疗法,该疗法可以阻断正在进行的病毒复制,减少单一用药产生的抗药性,使机体被破坏的免疫功能部分甚至全部恢复,从而延长患者生命,改善生活质量。但该疗法无法彻底清除潜伏感染的静息性记忆 CD4$^+$ T 细胞等细胞内的 HIV 病毒,无法完全治愈 (sterilizing cure) 艾滋病。全球唯一实现 HIV 完全治愈的病人是著名的"柏林病人",2007 年,一位同时罹

表 9-5 已被批准的抗 HIV 药物

核苷酸型反转录酶抑制剂
   Abacavir（ABC）
   Stavudine（d4T）
   Didanosine（ddI）
   Zalcitabine（ddc）
   Lamivudine（3Tc）
   Zidovudine（AZT）
   Emtricitabine（FTC）
   Tenofovir disoproxil fumarate（TDF）

非核苷酸型反转录酶抑制剂
   Efavirenz
   Nevirapine
   Delavirdine
   Etravirine
   Rilpivirine

蛋白酶抑制剂
   Amprenavir
   Indinavir
   Lopinavir
   Nelfinavir
   Ritonavir
   Saquinavir（已经退出市场）
   Saquinavir mesylate
   Tipranavir
   Fosampernavir Calcium
   Darunavir
   Atazanavir sulfate
   Nelfinavir mesylate

融合酶抑制剂
   Enfuvirtide

CCR5 受体抑制剂
   Maraviroc

HIV 整合酶转移抑制剂
   Raltegravir
   Dolutegravir
   Elvitegravir

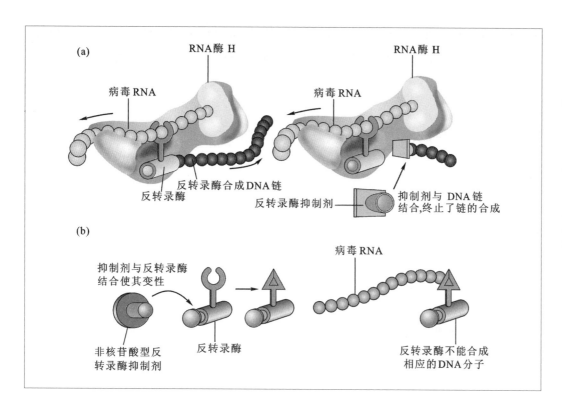

图 9-21 核苷酸型和非核苷酸型反转录酶抑制剂的作用机制分析

（a）核苷酸型反转录酶抑制剂。由于它在结构上与脱氧核苷酸的相似性,掺入后使病毒DNA 的合成不能进行。（b）非核苷酸型反转录酶抑制剂。与反转录酶相结合,通过限制该酶的移动性而影响它的活性。

患艾滋病和急性髓性白血病的患者在柏林接受了异源 CCR5 受体缺陷型的骨髓造血干细胞移植。20 个月后,接受骨髓移植的艾滋病患者在没有任何抗病毒药物治疗的情况下,其血液、骨髓和肠中艾滋病毒检测均为阴性。但由于很难找到与患者白细胞抗原匹配并对 HIV 天然免疫的供体干细胞,且移植手术危险性高,费用昂贵,使得该疗法难以复制和推广。

受治疗"柏林病人"的启发,科学家们采用锌指核酸酶(zinc-finger nuclease, ZFN)介导的特异性基因敲除等基因组编辑手段,对来源于患者本人的 CD4$^+$ T 细胞的 CCR5 或者 CXCR4 受体进行突变,并在体外进行扩增后重新输回患者体内。几周后,患者体内艾滋病毒含量急剧下降,其后恢复 HAART 治疗,在 36 周观察期内,患者体内病毒均降至未能检出水平,可见敲除 CCR5 受体基因对治疗艾滋病是有效的。但由于回输的 CD4$^+$ T 细胞属于已成熟的 T 细胞,复制能力有限,在外周血中会慢慢消减,需要反复回输,且对 T 细胞或者造血干细胞的体外改造、扩增和回输是非常复杂的过程,费用昂贵,风险性高,难以大规模临床应用。

整合在宿主免疫细胞基因组中的 HIV 前病毒是潜伏库存在的根本原因。近年来,随着对 HIV 病毒潜伏储存库形成机制的研究以及基因组编辑技术的重大突破,研究者利用锌指核酸酶、类转录激活因子效应物核酸酶(transcription activator-like effector nulease, TALENS)以及 CRISPR/Cas9 等基因组编辑技术,定向突变、清除或沉默病毒潜伏储存库细胞中的 HIV 前病毒靶片段。

近年来,从 HIV 感染者体内发现并分离到很多广谱中和抗体,因此,以诱导广谱中和抗体为目的的包膜免疫原设计成为目前疫苗研究领域的最新方向。随着与 HIV 侵染有关的病毒基因产物及宿主相关受体分子三维结构与功能的逐步阐明,针对 HIV 不同生命阶段的特异疫苗会在不远的将来被研制出来,将对预防和控制艾滋病的发生发展具有重要意义。

9.3 乙型肝炎病毒(HBV)

病毒性肝炎是严重威胁人类健康的世界性传染病,引起肝炎的病毒通称肝炎病毒(hepatitis virus)。目前已经知道的至少有甲肝病毒(HAV)、乙肝病毒(HBV)、丙肝病毒(HCV)、丁肝病毒(HDV)和戊肝病毒(HEV)等 5 种病毒。这些病毒在基因组结构、传播途径、临床症状和分类地位上很不相同。甲肝病毒属小 RNA 病毒科,乙肝病毒属嗜肝病毒科。丙肝病毒与黄热病毒和瘟病毒相似,为 RNA 病毒。丁肝病毒基因组由一个单链环状 RNA 分子组成,但其外壳能识别乙肝病毒的表面抗原,是一种与乙肝有关的缺陷型病毒,需要有 HBV 的辅助才能复制增殖。戊肝病毒基因组为单链正链有多(A)RNA,球形无包膜,可能属于杯状病毒科。

9.3.1 肝炎病毒的分类及病毒粒子结构

1986 年,国际病毒命名委员会正式将乙肝病毒定为嗜肝 DNA 病毒科成员,1990 年又将该科病毒分为正嗜肝病毒属和禽嗜肝病毒属,乙肝病毒是正嗜肝病毒属成员。

HBV 完整粒子的直径为 42 nm,称为 Dane 颗粒,由外膜和核壳组成,有很强的感染性(图 9-22)。其外膜由病毒的表面抗原、多糖和脂质构成。核壳直径 27 nm,由病毒的核心抗原组成,并含有病毒的基因组 DNA、反转录酶和 DNA 结合蛋白等。在慢性乙肝病人的血清中还有直径为 22 nm、长度不等的球状或棒状颗粒,它们只含表面抗原和脂质,不具有基因组 DNA,无侵染性。根据表面抗原性血清反应的不同,HBV 可以分为 adr、adw、ayr 和 ayw 等 4 个亚型。不同亚型的地区分布不同,我国大部分地区以 adr 为主,adw 次之。西藏、新疆和内蒙等地主要为 ayw 亚型。

图 9-22 HBV 病毒粒子模型图

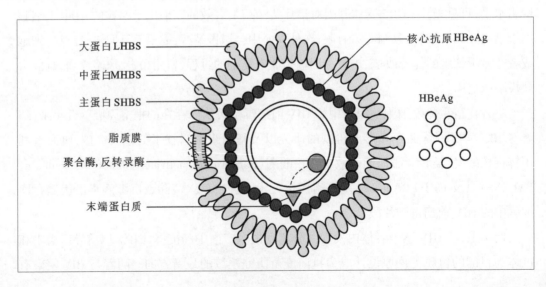

9.3.2　乙肝病毒基因组及其所编码的主要蛋白质

1. 基因组结构

乙肝病毒的基因组是一个有部分单链区的环状双链 DNA 分子,两条单链长度不一样。长链 L(3.2 kb)为负链,而短链 S 为正链,其长度不确定,为负链的 50%~80%。因为它的 3′ 端随不同来源毒株而有不同的缺失,所以位置可变,产生了部分环状结构。基因组依靠正链 5′ 端约 240 bp 的黏性末端与负链缺口部位的互补维持了环状结构。长链的 5′ 端有一个共价结合的末端蛋白,可能是引物酶。而短链 5′ 端则通过共价键与具有帽子结构的短 RNA 结合。末端蛋白和短 RNA 都与病毒 DNA 的复制相关。此外,在两条链的互补区两侧各有一个 11 碱基的直接重复序列(5′TTCAC-CTCTGC-3′),分别开始于第 1842 和 1590 核苷酸处,称为 DR1 和 DR2^(图 9-23)。HBV 基因组的多态性是该病毒高变异率的分子基础,其生物学意义是近年来该领域研究热点之一。

2. HBV 转录产物

HBV 基因组结构的最大特点是功能单位非常密集,基因组高度压缩,编码区重复利用,所以有人也称之为基因经济型基因组。它的核酸序列全部都是蛋白编码区。HBV 在感染过程中分别产生 3.5 kb、2.4 kb、2.1 kb、0.8 kb 4 种转录产物^(图 9-23),都有多(A)尾巴。其中 3.5 kb 和 2.1 kb 转录产物由 L 链录而来,2.4 kb 和 0.8 kb 转录产物由 S 链转录得到。3.5 kb mRNA 编码核心蛋白,其 3′ 端与 2.1 kb mRNA 的 3′ 端相同,比 HBV 基因组 L 链的全长还多 200 bp 以上,推测它的末端部分可能来自共价闭合的双链区。2.4 kb mRNA 编

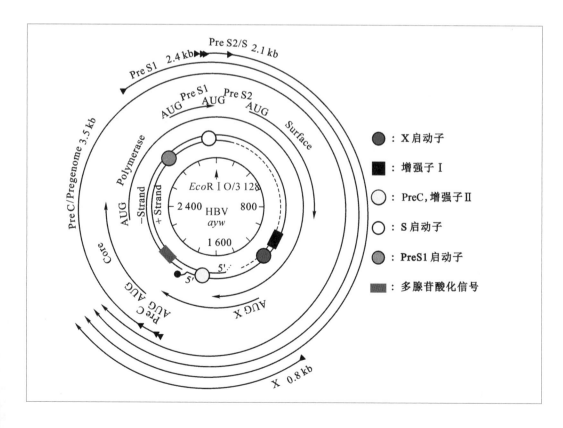

图 9-23　HBV 基因组结构(ayw 株)

码 S 蛋白,2.1 kb mRNA 编码原 S_1 和 S_2 蛋白,而 0.8 kb mRNA 编码 X 蛋白。上述 4 种转录产物在病毒感染的细胞中相对含量有明显差异,其中 3.5 kb 和 2.1 kb mRNA 的转录量远远高于 2.4 kb 和 0.8 kb mRNA。

3. HBV 基因转录的调控

① 顺式作用元件 HBV 的 4 种转录产物虽然有不同的 5′ 端,但都利用同一终止信号和多(A)位点,它们的启动子序列已经被确定。C 启动子调控 3.5 kb mRNA 的转录起始过程,它定位于 1705 ~ 1805 位核苷酸处。在该启动子下游还发现一个具有启动子功能的区域,推测不同的 3.5 kb mRNA 可由不同的启动子控制。C 启动子上存在类似于 TATA 区的序列。SP1 启动子位于 –89 ~ –77 核苷酸处,调控 2.4 kb mRNA 的转录起始过程。该启动子含有典型的 TATA 区序列以及与该序列相距 45 个碱基的肝细胞特异性转录因子 HNF1 的结合位点。该位点主要存在于某些肝细胞特异表达基因的启动子区,HNF1 的结合是 SP1 启动子在分化的肝癌细胞株中高水平转录的必要条件。

SP2 启动子调控 2.1 kb mRNA 的转录起始过程。它与 SV40 晚期启动子相似,位于 RNA 转录起始位点上游 200 个核苷酸内,可分为 A、B、C、D、E、F 和 G 7 个区,这些区都可能通过与特异的调控蛋白结合而影响转录水平。A、B、C 3 个区位于启动子远端(–168 ~ –68 位核苷酸之间),若同时缺失,2.1 kb mRNA 转录水平下降到 30% 以下。D 区位于 –69 ~ –49 处,是启动子的必需元件。近端的 E、F、G 3 个区位于转录起始位点上游 45 个核苷酸内,该 DNA 序列与 SV40 主要晚期启动子有一定的序列相似性。F 为负调控区,E 区能抑制 F 区的负调控作用并与 G 区功能互补。B、D、E、F 4 个区可与相同或相似的转录因子结合,若将外源表达的转录因子 SP1 与病毒 DNA 进行共转染,可起始 HBV 基因转录。SP1 可以直接与 B、D 和 F 区结合。

X 启动子位于 –24 ~ –124 核苷酸处,调控 0.8 kb mRNA 转录过程。有关该启动子的活性尚未见详细的研究报道。

② 增强子 HBV DNA 中存在两个可以激活 HBV 启动子转录的增强子区域。增强子 I 位于表面抗原基因的 3′ 端,X 基因的 5′ 端,与 X 启动子相重叠。该增强子在肝细胞中对启动子的增强活性是非肝细胞的 10 ~ 20 倍,暗示它具有细胞特异性,这也可能是 HBV 病毒嗜肝性的基础。

已在增强子 I 序列中发现多种细胞反式作用因子结合位点,NF-la、NF-lb、NF-lc、AP1、C/EBP、EP 以及 X 蛋白等都可以与增强子 I 相结合。根据主要的核蛋白结合位点,增强子 I 被分为 2C、EP、E 和 NF-I 4 个区段。前两者为基础增强子,2C 与肝细胞专一性有关。若在基础增强子上加 E 和 NF-1 结合区,该启动子活性可提高 10 倍以上,其中 E 结合区可以与多种蛋白因子相结合。E 结合区不仅能提高基础增强子的活性,还与 X 基因启动子的转录活性直接相关。一般认为,增强子 I 能明显促进 SP1、SP2、X 和 C 启动子的转录。

增强子 II 位于增强子 I 下游 600 碱基处,是一个 148 碱基长的 DNA 片段,根据其与主要核蛋白的结合位点分为 A、B 两个区。A 区为 60 碱基,是正调控元件,与增强子 II 的肝细胞专一性有关。A 区单独存在时无增强子活性,必须与 B 区协同作用才有活性。B 区是增强子Ⅱ的基本单位,由 88 个碱基组成,单独存在时带有增强子Ⅱ活性的 60%～70%,又可分为 B1、B2 和 B3 3 部分,其中前两部分是主要功能区,B2 是主要转录因子的结合位点。

③ 反式作用因子　自从 HBV 全序列被测定后,人们就发现了 X 基因,但其产物 X 蛋白具有反式调控因子功能。研究发现,X 蛋白不仅能激活 HBV 自身启动子如 C、SP1、SP2 和 X 以及 HBV 增强子Ⅰ,还可以激活多种异源启动子和增强子,如 β- 干扰素、HIV-Ⅰ、SV40 早期启动子以及一些细胞因子如Ⅰ型 MHC 等的表达。

X 蛋白虽然具有转录水平上的反式激活作用,但尚未发现它有 DNA 结合能力,说明 X 蛋白必须通过其他蛋白因子起作用。分析 X 蛋白对 HBV 增强子Ⅰ的作用时发现,该增强子的 E 元件十分重要,所以又将这个由 26 碱基组成的元件命名为 X 应答元件(X-responsive elememt,XRE)。X 蛋白与相关细胞因子结合后,再结合于靶序列上发挥作用。XRE 有 NF-κB、AP1、AP2 及 CREB 类似物的结合序列。近来有报道认为 X 蛋白本身具有丝氨酸 / 苏氨酸激酶活性。

4. HBV 的编码区及产物

① S 编码区　S 编码区编码乙肝表面抗原蛋白,分别编码由 226 个氨基酸残基的表面抗原主蛋白(SHBS)、108～115 个氨基酸的原 S1 蛋白和 55 个氨基酸组成的原 S2 蛋白 3 部分组成。S 蛋白和原 S2 蛋白组合在一起被称为中蛋白(MHBS),S 蛋白和原 S1、原 S2 蛋白组合在一起时被称为大蛋白(LHBS)。SHBS 是病毒外壳蛋白和 22 nm 颗粒表面抗原的主要成分,占病毒蛋白的 70%～90%,中蛋白和大蛋白则暴露于病毒颗粒表面,这三种蛋白质可以部分或完全被糖基化。表面抗原有很强的免疫原性,是乙肝疫苗的主要成分。

② P 编码区　该区长 2532 碱基,约占全基因组 3/4 以上,是最长的编码区,包含全部 S 编码区并与 C 和 X 编码区有部分重叠。P 编码区由 3 个功能区和一个间隔区构成,排列顺序为末端蛋白(又称引物酶)、间隔区、反转录酶 /DNA 聚合酶及 RNase H。末端蛋白是病毒进行反转录时的引物。P 编码区可能先翻译成 9.5×10^5 多肽,然后加工成较小的功能型多肽。

③ C 编码区　该区长 639 碱基,翻译产物为病毒核心抗原(HBcAg)。其原初翻译产物是前核心蛋白,切除 N 端 19 肽和富含精氨酸的 C 端后,成为 E 抗原(HBeAg),相对分子质量为 2.2×10^4 蛋白,是核衣壳上唯一的结构蛋白。HBeAg 可分泌到 Dane 颗粒以外,存在于血清中。

④ X 编码区　该区是最小的编码区,编码 X 蛋白,覆盖了负链的缺口部位,虽然长度不等,但主要产物由 154 个氨基酸残基组成。X 蛋白具有反式调控作用,能激活多个同源或异源启动子或增强子,与肝癌的发生有相关性。

9.3.3　HBV 的复制

乙肝病毒基因组虽为双链 DNA,但其复制并不通过半保留复制方式,而是通过如图

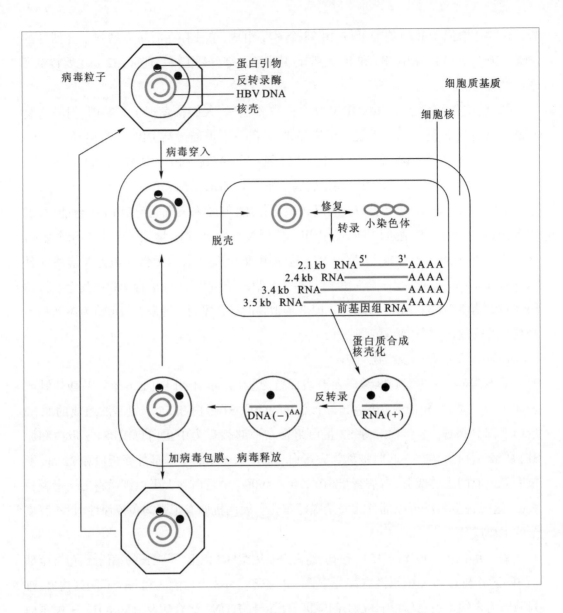

图 9–24　HBV 基因组复制模型图

9–24 所示的反转录途径。病毒感染宿主后,首先脱掉外壳进入细胞质,基因组 DNA 进入细胞核,经 DNA 聚合酶修复正链缺失部分,形成共价闭环状双链 DNA 作为转录模板。此后,该环状 DNA 在感染细胞核中大量扩增,成为 HBV 基因组复制时的独特现象。

其次,HBV 基因组在宿主 RNA 聚合酶作用下开始转录,产生各种 mRNA,在这些RNA 中,全长 3.5 kb 产物为前基因组 RNA,其 5′ 端自 DR1 处开始,自 5′ 向 3′ 延伸,经过 DR2 后继续合成至 DR1,最后终止于 DR1 后 85 碱基处的 TATAAA 序列,全长比病毒DNA 多 130 ~ 270 个碱基。

第三步,前基因组中的部分 RNA 被包装到核心颗粒中并进行反转录。以与母本负链DNA 5′ 端相连接的末端蛋白为引物,在反转录酶作用下,自 DR1 处开始反转录合成负链DNA(图 9–25)。cDNA 合成后,由 RNase H 将模板(前基因组 RNA)降解,但 5′ 端从帽子结构到 DR1 不被降解区域作为正链合成时的引物。

第四步,在 DNA 聚合酶作用下合成正链,合成自 DR1 处开始,再经跳跃传位至 DR2,

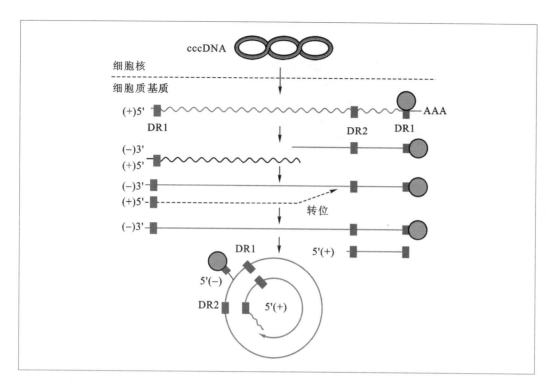

图 9-25　HBV 基因组的复制过程

这一过程称为"引物易位"。因此,正链 5′ 端覆盖了负链的缺口,维持了双链 DNA 的环状。在某些情况下也可能不发生引物易位现象,导致线性双链 DNA 的合成。正链合成尚未完成时,就可能由于某些障碍而被终止。外壳蛋白便将核衣壳包装成病毒颗粒,形成了不完整的双链基因组。由于病毒复制增殖过程中部分酶类与细胞因子可能来自宿主细胞,所以,病毒的复制增殖过程也是干扰细胞正常代谢的致病过程。

9.4　人禽流感的分子机制

人禽流感(human avian influenza,HAI)是人感染 AIV(avian influenza virus)后引起的以呼吸道症状为主的临床综合征。引起 HAI 的病原为禽流感病毒,属正黏病毒科流感病毒 A 型流感病毒。禽流行性感冒(avian influenza,AI)简称禽流感,又名真鸡瘟、欧洲鸡瘟、鸡疫等,是由 A 型流感病毒引起的从呼吸系统病变到全身败血症的一种高度急性传染病。鸡、火鸡、鸭等家禽及野鸟均可感染。美洲、欧洲、亚洲的许多国家和地区都曾发生过此病,对养禽业造成了巨大的损失。禽流感病毒不仅是人流感病毒株形成的最庞大的基因库,它还能直接感染人类,因此,禽流感已成为人类面临的重大危害之一。

9.4.1　人禽流感病毒特点及分型

禽流感属正黏病毒科(Orthomyxoviridae)流感病毒属(Influenza Virus)的 A 型流感病毒。正黏病毒分为 3 个属,即 AB 型流感病毒属、C 型流感病毒属和类托高土病毒属(Thogoto like viruses),病毒颗粒大小为 80 ~ 120 nm,平均 100 nm,典型的病毒粒子呈球状,基因组为多个负链 RNA 片段组成(图 9-26)。AIV 属 A 型流感病毒,是正黏病毒属中唯一感染禽类

图 9–26　禽流感病毒颗粒主要结构蛋白及功能分析

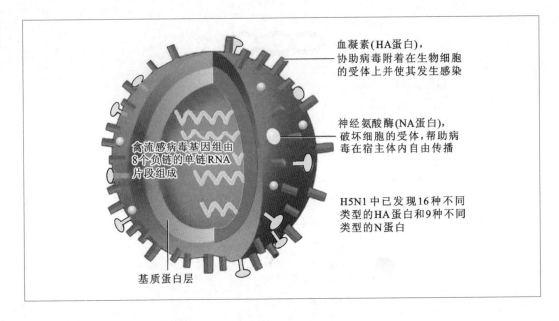

血凝素(HA蛋白)，协助病毒附着在生物细胞的受体上并使其发生感染

神经氨酸酶(NA蛋白)，破坏细胞的受体，帮助病毒在宿主体内自由传播

禽流感病毒基因组由8个负链的单链RNA片段组成

H5N1 中已发现16种不同类型的HA蛋白和9种不同类型的N蛋白

基质蛋白层

的病毒。禽流感病毒可按病毒粒子表面对红细胞有凝集性的血凝素(hemagglutnin,HA)和能将吸附在细胞表面的病毒子解脱下来的神经氨酸酶(neuraminidase,NA)糖蛋白进行分类,共有 18 个 H 亚型和 11 个 N 亚型,其中除了 H17N10 和 H18N11 仅在蝙蝠中分离得到外,其余亚型均能在野生水禽中发现。根据 HA 与 NA 的不同,又可将禽流感分为上百个血清亚型。导致禽流感暴发的主要是以 H5、H7 为代表的高致病性禽流感(HPAI)和以 H9 亚型为代表的低致病性禽流感(LPAI)毒株。

1997 年,我国香港首次分离到由禽病毒跨越物种屏障同时感染鸡和人的 A 型流感病毒——H5N1。由于该病毒所有基因片段与禽流感病毒在序列上有很高的相似性,一般认为该病毒起源于禽类。甲型流感病毒亚型 H7N9 是 2013 年在中国首次报告感染人类的新型禽流感病毒。大部分人类感染病例均有严重的呼吸系统症状。世界卫生组织(WHO)已经将 H7N9 确定为"对人类非常危险的病毒"。2013 年初至 2017 年初的 4 年中,共有 916 例经实验室确诊的人类 H7N9 病例,并怀疑可能存在人与人之间的传播。当流感病毒开始感染新的宿主时,为了适应环境和新的宿主细胞,病毒可能会在强大的选择压力下进行 DNA 重组以产生新的株系或致病型。

9.4.2　禽流感病毒的主要感染过程

H5N1 禽流感病毒通过 HA 蛋白上的凝集素位点与细胞表面含唾液酸的糖蛋白受体结合,通过受体介导的细胞内吞作用进入细胞(图 9–27)。由于内涵体(endosome)pH 较低,导致 HA 构象变化,细胞膜与病毒外膜发生融合,释放病毒衣壳进入细胞质。流感病毒启动转录时,病毒内切核酸酶将宿主细胞 mRNA 5′ 端的帽子结构切下作为病毒 RNA 聚合酶的引物,转录产生 6 个单顺反子的 mRNA,并翻译成 HA、NA、NP 和 3 种聚合酶(PB1、PB2 和 PA)。*NS* 和 *M* 基因的 mRNA 进行拼接后,每一个产生了两个 mRNA,依不同阅读框架(ORF)进行翻译,产生 NS1、NS2、M1 和 M2 蛋白(表 9–6)。NA 是病毒核衣壳的主要成

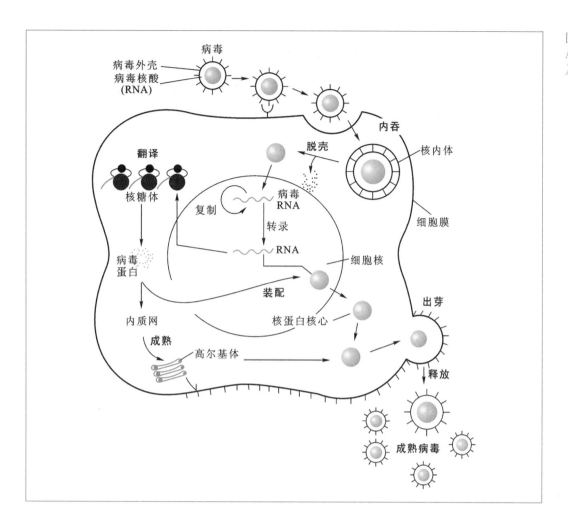

图 9-27　流感病毒
A 株进入宿主细胞
及其复制过程图示

分,MA 是主要结构蛋白,存在于病毒囊膜内侧,分为 M1 和 M2。PB1、PB2 和 PA 是病毒复制酶的 3 个主要组分。NS1 和 NS2 为非结构蛋白,在病毒复制早期起重要作用,NS1 蛋白调节病毒 RNA 的合成、pre-mRNA 的运输、剪切及 mRNA 的翻译过程。NS2 蛋白与 M1 蛋白相互作用,参与病毒复制周期的调控。

表 9-6　禽流感病毒 RNA 在不同类型病毒中可能编码不同的蛋白质

RNA	流感病毒编码蛋白		
	A 型	B 型	C 型
1	B2	PB1	P1
2	PB1	PB2	P2
3	PA	PA	P3
4	HA	HA	HE
5	NP	NP	NP
6	NA	NA、NB	
7	M1、M2	M1、M2	M
8	NS1、NS2	Ns1、Ns2	NS1、Ns2

9.4.3 禽流感病毒感染人类的机制

有关禽流感病毒导致人类流感大暴发的假说主要有以下两种,以猪作为中间宿主的混合器假说和禽流感病毒直接感染人(即人本身充当混合器)的假说。研究发现,禽流感病毒跨越种属间的屏障从家禽直接感染人与其基因的分子结构的特殊性有关,禽流感病毒的基因组分为多个片段,极易发生基因的交换、重组并发生变异,造成感染宿主和致病性的改变。

1. HA 受体结合位点的突变导致禽流感病毒易于感染人类细胞

HA 是流感病毒表面主要的糖蛋白,在病毒感染过程中起关键作用,病毒利用 HA 与宿主细胞表面受体的相互识别,从而吸附于宿主细胞表面。禽流感病毒与宿主细胞结合的特异性与 HA 结合受体位点的第 226 位氨基酸密切相关,如果该位点氨基酸残基为谷氨酰胺(Gln),则表现为 SAa22,3 Gal 受体(禽类呼吸道上皮细胞表面受体)结合特性;但若该位点为亮氨酸(Leu),则表现为 SAa22,6 Gal 受体(人呼吸道上皮细胞表面受体)结合特性;若该位点为甲硫氨酸(Met),对 SAa22,3 Gal 和 SAa22,6 Gal 具有相同的结合活性。1997 年香港禽流感 H5N1 病毒就是由于 HA 第 226 位氨基酸由谷氨酰胺突变为甲硫氨酸,导致流感病毒的宿主特异性改变,使禽流感病毒直接感染人细胞。对 H5 及 H7 亚型高致病力毒株的核酸序列和氨基酸序列分析表明,高致病力毒株的 HA 在裂解位点附近有多个碱性氨基酸残基,易被宿主蛋白酶系统裂解为 HA1 和 HA2,致病性明显增强。

此外,近年研究人员分析 H7N9 禽流感病毒的基因序列发现,其 HA 蛋白的第 160 位点出现苏氨酸(Thr)和丙氨酸(Ala)的替换,导致 HA 蛋白糖基化位点丢失,推测可能由于这个糖基化位点的丢失增强了 H7N9 病毒与人细胞受体的亲和力。同时,HA 第 186 位的甘氨酸(Gly)突变为缬氨酸(Val),结合第 226 位氨基酸由谷氨酰胺(Gln)突变为亮氨酸(Leu),导致 HA 对 α–2,6 半乳糖苷唾液酸受体的结合活性显著增强。

2. PB2 蛋白 627 位氨基酸的点突变导致人禽流感病毒复制能力增强

禽流感病毒感染人体细胞后必须进行有效复制,达到具有一定量的群体后,才能诱发机体的非特异性免疫反应,产生对机体的直接或间接损伤。而禽流感病毒是否能在人体细胞内进行有效复制,主要与病毒复制酶(PB1、PB2 和 PA)基因有关。当 PB2 蛋白基因来源于人流感病毒,无论其他基因片段来源于禽流感病毒或人流感病毒,重组病毒在哺乳动物体细胞中都能有效复制;当 PB2 蛋白基因来源于禽流感病毒时,重组病毒不能在哺乳动物细胞中进行有效复制。禽流感病毒株 PB2 的 627 位氨基酸都是谷氨酸(Glu),而人流感病毒该位点上是赖氨酸(Lys)。香港 H5N1 毒株中 PB2 的第 627 位氨基酸就发生了由谷氨酸向赖氨酸的转化。因此,有人认为,PB2 的 627 位氨基酸是决定 A 型流感病毒宿主范围的关键位点。

近年流行的 H7N9 毒株的 PB2 蛋白 627 位点存在谷氨酸和赖氨酸替换,701 位点发生天冬氨酸(Asp)和天冬酰胺(Asn)的替换。PB2 蛋白这两个关键位点的突变在禽类中并未发现,仅在人感染的 H7N9 禽流感病毒中出现,说明 H7N9 可能是在感染人后才发生突变。这两个位点的突变有可能增强病毒在哺乳动物间的传播力。

3. NS1 第 92 位氨基酸的突变导致人禽流感病毒致病能力显著增强

人禽流感 H5N1 病毒感染后与普通的人流感病毒相比具有极强的致病性。研究表明,人禽流感 H5N1 亚型病毒的高致病性与其非结构蛋白有密切的关系。普通流感病毒感染时,非结构蛋白(NS1)产生于机体受感染的细胞,与病毒复制产生的双链 RNA 相互作用,产生的细胞内信号作用于 RNA 病毒蛋白激酶(PKR)以及核因子 NF2KB,启动干扰素基因的转录和干扰素的合成,从而发挥抗病毒的非特异性免疫作用。虽然在高致病性的人禽流感 H5N1 亚型病毒感染者体内发现高浓度的干扰素和肿瘤坏死因子 2α,这些细胞因子却不能抑制或杀死高致病性的人禽流感病毒,因为这种病毒不仅对干扰素和肿瘤坏死因子 2α 具有极强的抵抗力,而且在细胞内增殖速度极快,加速了炎症细胞因子的产生,引起全身性炎症反应综合征,从而表现出极高的致病力。造成这种现象的原因可能与 H5N1 亚型病毒的非结构蛋白基因(NS1 第 92 位氨基酸)发生变异有关。

另外,人和禽类中分离到的 H7N9 禽流感病毒均发现了 NS1 蛋白 42 位点脯氨酸(Pro)替换为丝氨酸(Ser),有研究表明,H5N1 禽流感病毒 NS1 蛋白 42 位点突变增加了病毒感染小鼠的毒力。由于 NS1 蛋白作为干扰素拮抗剂对病毒的基因表达调节起作用,因此推测 NS1 蛋白的第 42 位氨基酸能够影响病毒的致病性。

9.5 严重急性呼吸综合征的分子机制

9.5.1 严重急性呼吸综合征冠状病毒的结构与分类

严重急性呼吸综合征冠状病毒(severe acute respiratory syndrome coronavirus,SARS-CoV)属冠状病毒科(coronaviridase)、冠状病毒属(coronavirus),一般呈多形态,病毒颗粒直径在 80 ~ 160 nm,有囊膜,囊膜表面镶嵌有 12 ~ 24 nm 的球形梨状或花瓣状纤突(spike),纤突之间有间隙。由于囊膜上的纤突呈规则状排列成皇冠状,故称之为冠状病毒(图 9-28)。病毒颗粒的囊膜由两层脂质组成,在两层脂质中镶嵌有两种糖蛋白,纤突蛋白 S(又称 E2)和血凝素酯酶 HE(hemagglutinin esterase,又称 E3),还有膜蛋白 M(又称 E1)和小包膜糖蛋白 E(envelope protein)。病毒粒子内部为核衣壳蛋白 N 和核基因组 RNA

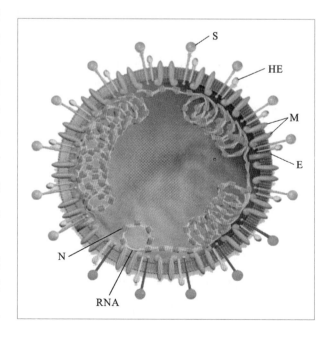

图 9-28 冠状病毒颗粒结构示意图

图 9-29 SARS-CoV 病毒与其他冠状病毒的系统进化分析

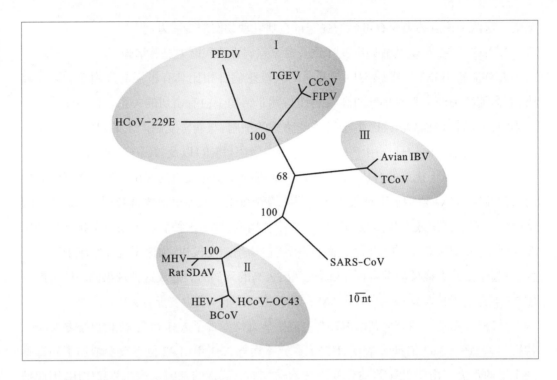

组成的核蛋白核心。

已知冠状病毒分为 3 组,第 1 和第 2 组为哺乳动物病毒,第 3 组是禽类病毒。基因序列分析表明,SARS-CoV 的基因组序列与其他 3 组都存在很大的差异,很难被归入某一组^(图 9-29)。虽然有学者认为它可能是第 2 组的重组病毒,但也有人认为 SARS-CoV 可能是第 4 组冠状病毒的代表。一般认为 SARS-CoV 最可能来源于动物,特别是野生动物如果子狸、蝙蝠、猴、蛇等。

9.5.2 SARS-CoV 的基因组结构

冠状病毒是最大的 RNA 病毒,其基因组为单链正链 RNA。SARS-CoV 基因组全长 27 ~ 30 kb,其 5′ 端有甲基化帽状结构,前约 2/3 的区域编码病毒 RNA 聚合酶复合蛋白,后 1/3 的区域编码病毒的结构蛋白和非结构蛋白,按基因组上的排列顺序依次为 S、E、M、N 蛋白,在 S 和 E 之间、M 和 N 之间以及 N 蛋白基因的下游有一些未知功能的开放读码框,其 3′ 端有不少于 50 个碱基的 poly(A) 尾巴,这种结构与真核生物 mRNA 非常相似,这也是其基因组 RNA 可以在人体细胞内发挥翻译模板作用的重要结构基础。冠状病毒整个结构蛋白 mRNA 不存在转录后修饰、剪切等过程,而是直接在初级转录过程中,通过 RNA 聚合酶和某些转录因子以一种不连续转录机制,通过识别特定的转录调控序列(transcription regulating sequences, TRS)有选择地从反义链 RNA 上一次性转录得到整个功能 mRNA。SARS-CoV 全基因组共有 14 个开放读码框。在 SARS-CoV 的包膜上有 3 种主要糖蛋白,即 S 蛋白、M 蛋白和 HE 蛋白。S 蛋白被认为可能是病毒诱发机体免疫系统产生特异性抗体和细胞毒性 T 细胞的主要抗原蛋白,参与 SARS-CoV 侵入宿主细胞的过程。S 蛋白可进一步分为 S1 和 S2 两部分,S1 蛋白主要与宿主细胞膜受体结合,S2 蛋白介导病毒囊膜和宿主细胞膜融合。

9.5.3　SARS-CoV 的侵染过程

SARS-CoV 的生活周期包括病毒侵染、复制和组装及分泌几个阶段。在 SARS-CoV 侵染靶细胞时,病毒首先通过病毒囊膜上的 S 蛋白与敏感细胞的受体结合,然后通过其编码蛋白的自身折叠与相互结合牵引将病毒囊膜和细胞膜拉近而发生融合,使得病毒的遗传物质以内吞作用的方式进入靶细胞。最近的研究发现,ACE2(血管紧张素转换酶Ⅱ)是 SARS 冠状病毒的主要受体。ACE2 为依赖于锌离子的金属肽酶,是已知的唯一在血压调节中起关键作用的血管紧张素转换酶(ACE)的同系酶,该酶可将血管紧张素Ⅱ转换成血管紧张素。ACE2 是 SARS 病毒进入细胞的主要靶点,因此 ACE2 成为对 SARS 进行药理干预的首选目标。SARS 冠状病毒 S 蛋白的 S1 亚单位既具有与靶细胞受体结合的功能,又具有中和抗原表位。所以,S1 亚单位的特异性抗体能中和 SARS 冠状病毒感染。

SARS-CoV 病毒侵入细胞后基因组被释放到细胞质中,其转录和复制在细胞质中完成。病毒首先直接从其基因组 RNA 翻译出 RNA 依赖的 RNA 聚合酶。该聚合酶随后会以病毒基因组 RNA 为模板合成负链 RNA,之后再以新合成的负链 RNA 为模板转录生成新的病毒基因组 RNA。同时该聚合酶还会以负链基因组 RNA 为模板从基因组 RNA 的多个位点起始转录,产生 5~7 个亚基因组 mRNA 组分。亚基因组 RNA 都具有 5′ 端甲基化帽状结构和 3′ 端多 poly(A)尾结构,且长度呈递减分布。除最短的 mRNA 为单顺反子外其余的均为多顺反子,可以合成多聚蛋白前体,这些多聚蛋白再由病毒和宿主的蛋白切割,最终形成大小不同的功能蛋白质。

SARS-CoV 病毒的囊膜蛋白在粗面内质网内翻译,同时发生 N- 糖基化,并在糙面内质网的表面聚合形成非共价的同源三聚体。随后被运输到高尔基复合体中进行高甘露糖的低聚糖基化修饰,同时部分区域连接末端糖基并发生脂酰化。成熟的囊膜蛋白主要集中在高尔基体,少量可以被转运至细胞膜表面引起被感染细胞间发生膜融合而形成合胞体。在病毒蛋白合成的同时,病毒基因组进行复制,当病毒蛋白和基因组完成翻译和复制时,子代基因组 RNA 通过基因组中的包装信号与新合成的 N 蛋白结合,形成螺旋状的核衣壳之后再通过 M 蛋白的作用与囊膜结组装出芽。在病毒粒子的出芽的过程中,M、S、E 蛋白嵌入到病毒粒子的囊膜中,形成的子代病毒粒子经细胞膜融合而释放到细胞外完成其生命周期(图 9-30)。

9.5.4　SARS-CoV 病毒的起源及变异

目前,SARS-CoV 的起源仍不明了。但是,我国广东的一项调查显示,70% 的果子狸携带 SARS-CoV,而 40% 的野生动物经销商体内都含有 SARS-CoV 的抗体,其中单营果子狸者 SARS 冠状病毒感染率为 58%,明显高于单营蛇类者,暗示果子狸可能是 SARS 病毒的重要载体。基因组比较结果表明,果子狸的 SARS 样病毒比人类的 SARS-CoV 多 29 个核苷酸。从进化的角度看,果子狸 SARS 样病毒比人的 SARS-CoV 更原始,估计动物的

图 9-30　冠状病毒的生活周期图示

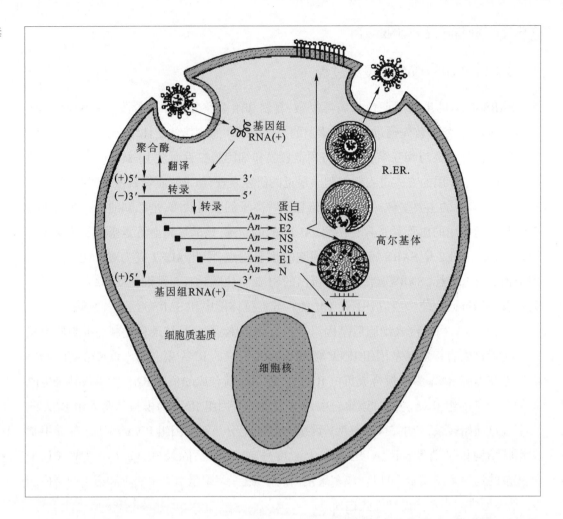

SARS 样病毒可能是人类 SARS-CoV 的前体。有研究从蝙蝠、猴、果子狸、蛇、老鼠和禽体内都扩增出与人类 SARS 病毒高度同源的基因片段。因此，人 SARS-CoV 的最终源头问题有待于进一步研究。

9.6　基因治疗

人类疾病的发生，其实都是人体细胞中自身基因的改变或由外源病原体的基因产物与人体基因相互作用的结果。因此，长期以来，科学家设想人类能否最终运用遗传物质，无论是人类自身的或是外源遗传物质来治疗疾病，纠正人体本身基因结构或功能上的错乱，阻止病菌的侵染，杀灭病变的细胞或抑制外源病原体遗传物质的复制，保证人体健康。

9.6.1　基因治疗的主要途径

1990 年，科学家第一次用反转录病毒为载体，把腺苷脱氨酶（ADA）基因导入来自病人自身的 T 淋巴细胞，经扩增后输回患者体内，获得了成功。5 年后，患者体内 10% 的造血细胞呈 ADA 基因阳性，除了还须服用小剂量的 ADA 蛋白之外，其他体征都正常。这一成功标志着基因治疗时代的开始。那么,基因治疗为什么具有诱人的前景,它与基因工程究竟有什么差别呢?

基因工程是将具有应用价值的基因,即"目的基因",装配在具有表达元件的特定载体中,导入相应的宿主如细菌、酵母或哺乳动物细胞中,在体外进行扩增,经分离、纯化后获得其表达的蛋白质产物。基因治疗是将具有治疗价值的基因,即"治疗基因"装配于带有在人体细胞中表达所必备元件的载体中,导入人体细胞,直接进行表达。进行基因治疗时无需对表达产物进行分离纯化,因为人细胞本身可以完成这个过程。

基因工程的"目的基因"主要是可分泌蛋白,如生长因子、多肽类激素、细胞因子、可溶性受体等,而非分泌性蛋白,如受体、各种酶、转录因子、细胞周期调控蛋白、原癌基因及抑癌因子等,由于它们不能有效地进入细胞而不能被应用于基因工程。基因治疗却不受上述限制,几乎所有的基因,只要它具有治疗作用,理论上均可应用于基因治疗。

基因工程的操作全部在体外完成,基因治疗则必须将基因直接导入人体细胞。这不仅在技术上具有很大难度,而且在有效性与安全性方面提出了更为苛刻的要求。

基因治疗主要有 *ex vivo* 和 *in vivo* 两条途径。

① *ex vivo* 途径 这是指将含外源基因的载体在体外导入人体自身或异体(异种)细胞,这种细胞被称为"基因工程化的细胞",经体外细胞扩增后输回人体。这种方法易于操作,而且因为细胞扩增过程中对外源添加物质的大量稀释,不容易产生副作用。同时,治疗中用的是人体细胞,尤其是自体细胞,安全性好。但是,这种方法不易形成规模,而且必须有固定的临床基地。

② *in vivo* 途径 这是将外源基因装配于特定的真核细胞表达载体上,直接导入人体内。这种载体可以是病毒型或非病毒型,甚至是裸 DNA。这种方式非常有利于大规模工业化生产。但是,对这种方式导入的治疗基因以及其载体必须证明其安全性,而且导入体内之后必须能进入靶细胞,有效地表达并达到治疗目的。因此,在技术上要求很高,其难度明显高于 *ex vivo* 模式。

9.6.2 基因治疗中的病毒载体

用于基因治疗的病毒载体应具备以下基本条件:

① 携带外源基因并能装配成病毒颗粒;

② 介导外源基因的转移和表达;

③ 对机体没有致病力。

因为大多数野生型病毒对机体都具有致病性,需要对其进行改造后才能被用于人体。理论上,各种类型的病毒都能被改造成病毒载体,但由于病毒的多样性及与机体之间复杂的依存关系,人们至今对许多病毒的生活周期、分子生物学、与疾病发生发展的关系等的认识还很不全面,从而限制了许多病毒发展成为具有实用性的载体。到目前为止,只有少数几种病毒如反转录病毒、腺病毒及腺病毒伴随病毒、疱疹病毒(包括单纯疱疹病毒、痘苗病毒及 EB 病毒)等被成功地改造成为基因转移载体。

1. 病毒载体的产生

研究病毒载体首先要对病毒的基因组结构和功能有充分的了解,最好在获得病毒基因组全序列信息的基础上进行。病毒基因组可分为编码区和非编码区,编码区的序列产生病毒的结构蛋白和非结构蛋白。根据其对病毒感染性复制的影响,又可分为必需基因和非必需基因。非编码区中含有病毒进行复制和包装等功能所必需的顺式作用元件。各种野生型病毒颗粒都具有一定的包装容量,即对所包装的病毒基因组的长度有一定的限制。一般来说,病毒包装容量不超过自身基因组大小的105% ~ 110%。

最简单的办法是将适当长度的外源DNA插入病毒基因组的非必需区,包装成重组病毒颗粒。有科学家将4.5 kb的 *lacZ* 基因表达盒插入HSV– I病毒的 *UL44*(编码糖蛋白C)基因的 *Xba* I位点中,构建成重组HSV病毒。由于 *UL44* 基因产物对于HSV病毒在培养细胞中产毒性感染是非必需的,因此,该重组病毒可以在细胞中增殖传代。用这种重组病毒感染细胞,发现 *lacZ* 基因能进入细胞并得到高效表达。

然而,重组病毒作为基因转移载体有许多缺点。首先,许多野生型病毒可通过在细胞中的复制而导致细胞裂解死亡,或带有病毒癌基因而使细胞发生转化,必须经过改造使其成为复制缺陷型病毒并且删除致癌基因后才能用于基因治疗。其次,插入外源DNA的长度受到很大限制,尤其对于基因组本身较小的病毒如腺病毒伴随病毒(4.7 kb)、反转录病毒(8 ~ 10 kb)、腺病毒(36 kb),如果不去除病毒基因,可供外源DNA插入的容量就很小,要删除更多的病毒基因以腾出空间以插入较大的外源DNA。为了增加病毒载体插入外源DNA的容量,除了删除病毒的非必需基因外,还可以进一步删去部分或全部必需基因,这些必需基因的功能由辅助病毒或宿主细胞提供。

2. 病毒载体的分类

① 重组型病毒载体 这类载体以完整的病毒基因组为改造对象,在不改变病毒复制和包装所需的顺式作用元件的情况下,有选择性地删除病毒的某些必需基因尤其是前早期或早期基因以控制其表达,所缺失的必需基因的功能由同时导入细胞中的外源基因表达单位提供。一般通过同源重组方法将目的基因插入到病毒基因组中。

② 无病毒基因的病毒载体 这类载体可以看作是重组病毒载体的一种极端减毒情况,往往由重组载体和辅助系统组成。重组载体主要由外源基因表达盒、病毒复制和包装所必需的顺式作用元件及载体骨架组成。辅助系统包括病毒复制和包装所必需的所有反式作用元件。在辅助系统的作用下,重组载体以特定形式(单链或双链DNA或RNA)被包装到不含有任何病毒基因的病毒颗粒中。这类载体的优点在于载体病毒本身安全性好,容量大。缺点在于往往需要辅助病毒参与载体DNA的包装,造成终产品中辅助病毒污染,影响其应用。

3. 病毒载体在基因治疗中的应用

据不完全统计,自1990年开展第一例人体基因治疗以来,已进行了数百项基因治疗临床试验,涉及病人上千人,其中2/3以上的临床方案应用了病毒载体进行基因导入。不同的病毒载体具有特定的生物学功能,决定了其在基因治疗中的应用,表9–7列举了常用的病毒载体的特性和适用范围。

表 9-7　常用病毒载体的特性和适用范围

病毒载体	生物学特性	适用范围
反转录病毒载体	可感染分裂细胞 整合到染色体中 表达时间较长 有致癌的危险	*ex vivo* 基因治疗 肿瘤基因治疗
腺病毒载体	可感染分裂和非分裂细胞 不整合到染色体中 外源基因表达水平高 表达时间较短 免疫原性强	*in vivo* 基因治疗 肿瘤基因治疗 疫苗
腺病毒伴随病毒载体	可感染分裂和非分裂细胞 整合到染色体中 无致病性,免疫原性弱 可长期表达外源基因 在骨骼肌、心肌、肝、视网膜等组织 中表达水平较高	*in vivo* 基因治疗 *ex vivo* 基因治疗 遗传病基因治疗 获得性慢性疾病的基因治疗
疱疹病毒载体	具嗜神经性,可逆轴突传递 可潜伏感染 容量大 可感染分裂和非分裂细胞	神经系统疾病的基因治疗 肿瘤的基因治疗

4. 基因治疗中的问题

基因治疗要取得突破,必须在基因导入系统、基因表达的可控性及获得更多更好的治疗基因这三个方面下工夫。

① 靶向性基因导入系统　基因治疗中的关键问题是必须将治疗基因送入特定的靶细胞,并在该细胞中得到高效表达。这对于恶性肿瘤治疗尤为重要,如果不能有效地将治疗基因导入大多数肿瘤细胞,则至少要求它尽可能不进入或较少进入正常细胞。因此,目前针对恶性肿瘤的免疫基因治疗仍按 *ex vivo* 形式操作,很少有体内直接导入的治疗模式。病毒型载体中,除直接注射入瘤体外,若用全身给药,在肿瘤细胞中分布极低,很难期望达到治疗作用。当务之急是要尽快建立靶向性导入系统。

② 外源基因表达的可控性　由于电脉冲介导裸 DNA 技术的改进,科学家已能将许多基因,如分泌性蛋白基因(包括生长因子、激素、细胞因子,可溶性受体)导入肌肉并维持相当时间的表达,已达到可发挥药效的水平。但是,如果这些基因导入后表达处于无调控状态,将会造成严重后果。

最理想的可控性是模拟人体内基因本身的调控形式。这是今后长期的追求目标,需要全基因或包括上下游的调控区及内含子序列,将对导入基因的载体系统产生严峻的挑战,因为今后设计的载体须有几十 kb 甚至上百 kb 的包装能力。图 9-31 是导入基因表达诱导系统示意图。以酵母 *gal4* 系统为例,在目的基因上游区接上 *gal4* 的顺式元件,所用的激活蛋白是一个带有疱疹病毒 VP16/*gal4* DNA 结合区的孕酮受体的变异体。该变异体(PR-LBD △)只能与孕酮的拮抗剂(RU486)相结合而不与孕酮或其他衍生物结合。当体系中不存在 RU486 时,治疗基因的表达水平极低;而给予 RU486 后,RU486 与 PR-

图 9-31　导入基因的表达诱导框架图

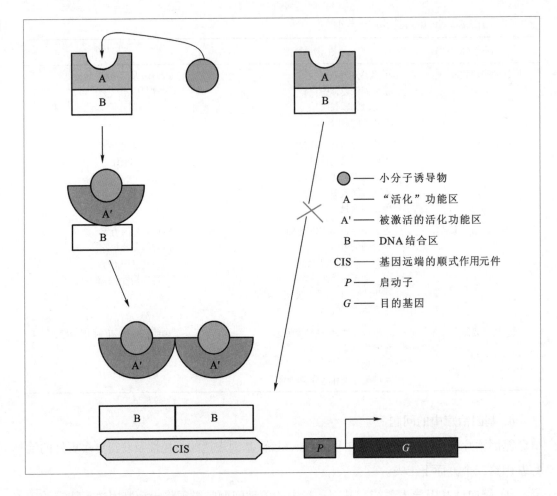

小分子诱导物

A ——"活化"功能区

A' —— 被激活的活化功能区

B —— DNA 结合区

CIS —— 基因远端的顺式作用元件

P —— 启动子

G —— 目的基因

LBD △结合,激活 VP16,杂种激活蛋白形成二体并通过 *gal4* DNA 结合区与治疗基因上游区的 *gal4* 顺式元件结合,启动治疗基因的表达。

③ 治疗基因过少　目前用于临床试验的治疗基因数量很少。绝大部分多基因疾病,如恶性肿瘤、高血压、糖尿病、冠心病、神经退行性疾病的致病基因还有待阐明,因此,可选择的靶基因不多。只有尽快发现并克隆大量的功能基因,迅速确定其调控序列,基因治疗才能获得更大的发展。

9.6.3　基因治疗中的非病毒载体

病毒载体存在许多不足,主要体现在免疫原性高、毒性大、目的基因容量小、靶向特异性差、制备较复杂及费用较高等。现在,人们愈来愈重视人工合成的非病毒载体的研究。目前常用的非病毒载体包括裸 DNA(naked DNA)、脂质体载体(liposome vector)及阳离子多聚物型载体(cationic polymer vector)等。

1. 裸 DNA

裸 DNA 又称自由 DNA,是结构最简单的非病毒载体。使用裸 DNA 进行基因治疗的最大困难在于如何将目的基因导入相应的细胞并得到有效而长期的表达。主要通过物理或机械方法(如直接注射或基因枪法)将 DNA 导入适当部位(如皮肤、骨骼肌、肝、支气管内、心肌和瘤体内）。当用于激发免疫反应时又称为 DNA 疫苗（DNA vaccine），是一种非常有希望的疫苗方式。

基因枪方法又叫微粒轰击技术，它采用能自发吸收 DNA 的钨或金微粒，通过高压电所产生的高能电弧促使被 DNA 包裹着的金属颗粒产生极高的速度，有效穿透单细胞层或靶器官从而将 DNA 导入培养细胞或动物组织中。

裸 DNA 虽能有效运转并表达目的基因，但缺乏靶向性，并且只能在局部作用，不能转染大量细胞，经常需要进行外科手术以暴露靶器官，使用时局限性较大。

2. 脂质体 /DNA 复合物

脂质体是具有双层膜的封闭式粒子，它们能促进极性大分子穿透细胞膜。根据脂质体包裹 DNA 的方式不同可将脂质体分为阳离子脂质体、阴离子脂质体、pH 敏感脂质体及融合脂质体等。

阳离子脂质体是目前最常用的脂质体类型，它主要由带正电荷的脂质及中性辅助脂质组成，两者通常是等摩尔混合。由于电荷的相互作用，阳性电荷的脂质体和带负电荷的 DNA 之间可以有效地形成复合物，制备时只须将二者直接混合形成复合物，不受基因体积大小的限制。

脂质的化学结构、组成对载体的活性和毒性有很大的影响。具有多个正电荷头部的脂质体转染率较高，这可能是因为它与 DNA 结合更牢固。脂质体在酸性环境中与细胞膜结合能力大大降低，在细胞间的转运也取决于脂质体中类脂的成份。DC-Chol/DOPE 阳离子脂质体是第一个被批准用于人体的脂质体。由于制备技术的不稳定性，对靶细胞的毒性和试剂价格较贵等原因，其应用受到了一定的限制。

细胞摄取脂质体主要通过内吞途径，脂质体与其内含物遇到溶酶体即被降解。pH 敏感脂质体可在一定程度上避免溶酶体降解并增加 DNA 摄取量和稳定性。pH 敏感脂质体的原理是酸性条件下脂肪酸羧基质子化，形成六角晶相发生膜融合。在形成内吞小泡进入溶酶体之前，由于 pH 从 7.4 降至 5.3 ~ 6.3 左右，pH 敏感脂质体与内吞小泡膜融合，将内含物导入胞浆。这类脂质体主要由二油酰胆碱（DOPE）、胆固醇和油酸以 4：4：2（摩尔比）组成，脂质成份中常用的 DOPE 决定了脂质体在中性 pH 条件下的稳定性和酸性条件下与细胞融合的能力。

pH 敏感脂质体虽然通过静电吸附与细胞膜产生非特异性相互作用，转运效率比普通脂质体高，但实际上也只有 10% 的基因释放至细胞质中，其余仍在溶酶体中降解。

3. 多聚物 /DNA 复合物

由于 DNA 带负电，利用阳离子多聚体的氨基基团的正电荷与 DNA 的磷酸基团结合发生电性中和，可以使 DNA 缩合形成稳定的多聚复合物（polyplex），不易被核酸酶降解，并可防止沉淀，从而提高转染效率。此外，复合体大小为 80 ~ 100 nm，带正电荷，可与细胞表面带负电荷的受体结合，因此能有效地被内吞摄入，介导基因转移。常见的阳离子多聚体有多左旋赖氨酸、鱼精蛋白、组蛋白、多聚乙胺、多聚乙烯亚胺和星状树突体等，可以分别形成线型、分支型、球型或类球体状结构。虽然多聚阳离子型载体系统具有合成比较方便、安全无毒的特点,但是,单独使用多聚阳离子同样具有基因转移组织特异性和靶向性差、体内基因转移效率较低等缺点,有待于进一步改善和提高。

4. DNA 微球体(DNA-nanospheres)

白明胶和聚氨基葡萄糖等生物高聚物属阳离子复合物,能与 DNA 形成大小为 200～750 nm 的微球体复合物。白明胶和聚氨基葡萄糖等有如下特点:①它们是可降解生物材料;② DNA 可均一地分布在微球体中,免于被 DNA 酶降解;③可与活性物质共包装达到靶向运输增加了基因治疗的可能性;④储存方便稳定;⑤可以达到可控持续释放,延长了基因表达时间;⑥毒性低。

9.7 肿瘤的免疫治疗

手术、放疗和化疗是目前治疗肿瘤的主要手段和传统方法,但大部分情况下患者都不能获得理想的疗效。随着免疫细胞及炎症因子在肿瘤微环境中的发现,以及正常机体免疫系统监视和杀伤癌细胞的作用逐渐被揭示,肿瘤免疫细胞疗法成为一种杀伤肿瘤细胞的新疗法,被称为现代肿瘤治疗的第四种模式。

肿瘤的免疫治疗通过激活机体的免疫系统,增强抗肿瘤免疫效应,从而特异性清除肿瘤微小残留病灶或者明显抑制肿瘤增殖。继发现 CD8[+]T 细胞可以特异性地杀伤表达肿瘤抗原的肿瘤细胞后,树突状细胞(dendritic cells,DC)和自然杀伤细胞(natural killer cell,NK)先后被发现在肿瘤免疫中发挥作用。2015 年底,程序性死亡蛋白 1(programmed death protein 1,PD-1)抗体的免疫治疗配合手术和放疗成功控制了美国前总统卡特的黑色素瘤。近年来,免疫疗法在癌症治疗中展现出了巨大的潜力并取得了很大的进展。

按照免疫的作用机制,免疫治疗可以分为主动免疫治疗、被动免疫治疗和非特异性免疫调节剂治疗。

9.7.1 主动免疫治疗

主动免疫治疗主要指接种肿瘤疫苗,利用肿瘤细胞或者肿瘤相关蛋白或多肽等抗原物质免疫机体,激活患者自身的免疫系统,诱导宿主产生针对肿瘤抗原的免疫应答,从而阻止肿瘤生长、转移和复发。肿瘤疫苗包括肿瘤细胞疫苗、肿瘤多肽(蛋白)疫苗、树突状细胞疫苗(DC 疫苗)、抗独特型抗体疫苗和 DNA 疫苗等,对患者进行免疫接种,激发患者机体产生对肿瘤的特异性免疫应答(图 9-32)。主动免疫治疗可使患者产生免疫记忆,因此抗肿瘤作用比较持久。

1. 肿瘤细胞疫苗

肿瘤细胞疫苗是采用灭活的患者自体或异体肿瘤细胞,引发特异性抗肿瘤免疫反应的一种治疗性疫苗。其中自体肿瘤细胞疫苗含有患者自身特异的肿瘤抗原和抗原递呈细胞表面 HLA 分子,比异体肿瘤细胞疫苗更安全。但存在制备过程复杂、肿瘤组织获取较困难、机体免疫耐受以及肿瘤抗原被稀释等问题。因异体肿瘤细胞与患者自体肿瘤细胞

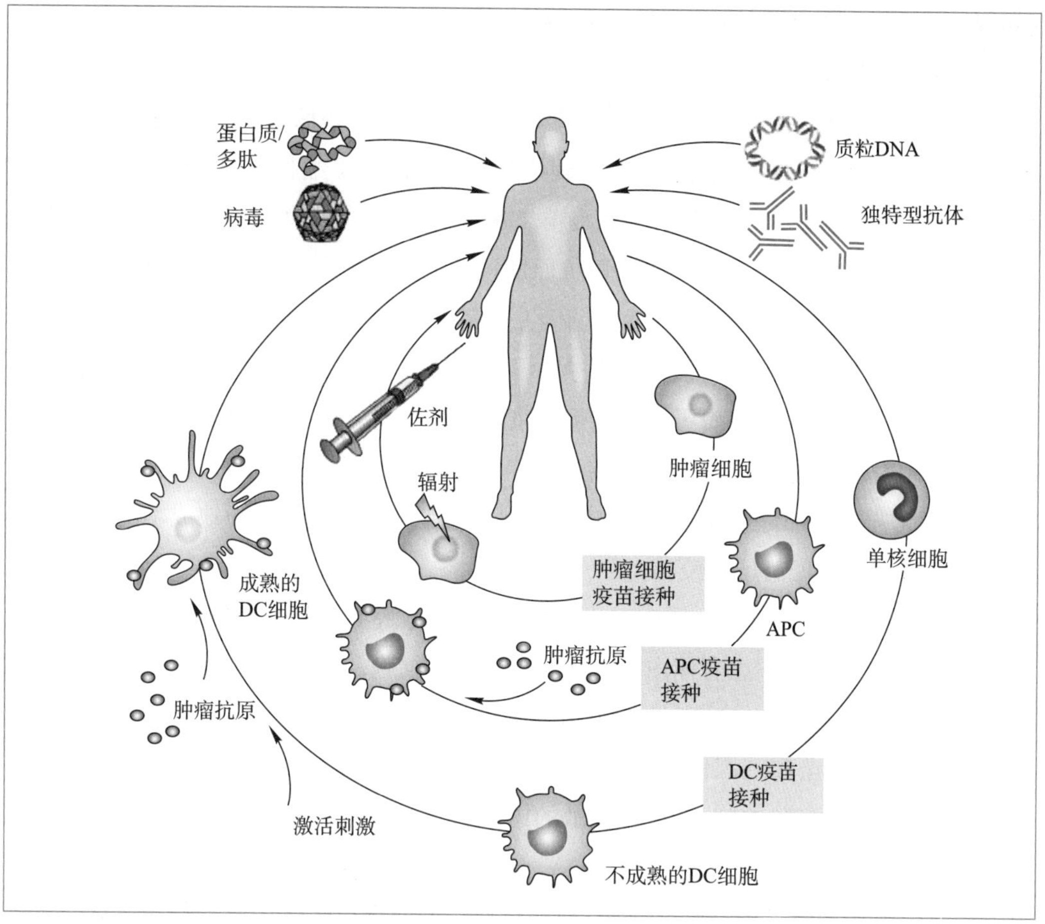

图 9-32 肿瘤疫苗
的分类及作用方式
示意图

存在交叉抗原,可部分替代自体肿瘤疫苗,解决自体肿瘤细胞来源有限的问题。但大部分
异体肿瘤细胞疫苗与患者肿瘤的组织学类型及相关抗原不符,临床应用局限性较大,效果
不很理想。肿瘤细胞疫苗根据形式又可分为肿瘤全细胞疫苗、肿瘤细胞裂解物疫苗以及
基因修饰的肿瘤细胞疫苗。

　　肿瘤全细胞疫苗通过射线照射灭活肿瘤组织细胞,抑制其增殖力而保留其免疫活性,
并通常加入卡介苗、弗氏完全佐剂等免疫佐剂以增强其免疫活性。该类疫苗富含肿瘤抗
原,自体肿瘤细胞疫苗具有全部肿瘤细胞的抗原,必须完全灭活才能临床使用。OncoVAX
是经放射处理的患者肿瘤细胞与卡介苗混合而成,目前主要用于结肠癌术后的患者。Ⅲ
期临床试验数据显示,OncoVAX 显著降低 44% Ⅱ期和Ⅲ期结肠癌患者的复发率。仅Ⅱ期
结肠癌患者而言,OncoVAX 能降低 61% 的复发率。

　　肿瘤细胞裂解物疫苗是用肿瘤细胞的裂解物或外泌小体等亚细胞结构作为疫苗,这
样既保留肿瘤抗原免疫活性,又保证疫苗的安全性,是肿瘤疫苗治疗常采用的方式。

　　基因修饰的肿瘤细胞疫苗是指通过基因重组技术将不同的目的基因如细胞因子、辅
助刺激分子、MHC Ⅰ类抗原分子等导入肿瘤细胞而制备的疫苗。前列腺癌疫苗 GVAX 是
由经遗传修饰分泌免疫刺激性细胞因子粒细胞－巨噬细胞集落刺激因子(GM-CSF)的肿
瘤细胞组成的癌症疫苗。目前对于 GVAX 治疗胰腺癌的研究处于Ⅱ期临床试验,同时开

展的还有 GVAX 与 PD-1 抑制剂组合的试验。

2. 肿瘤多肽(蛋白质)疫苗

肿瘤抗原的提呈必须先经过抗原递呈细胞(APC)降解为短肽,然后与 MHC 分子结合,形成"抗原肽 -MHC-TCR"复合物,提呈到细胞表面才能被 T 细胞识别并激发细胞毒性 T 淋巴细胞(CTL)反应。因此,肿瘤多肽疫苗是通过人工合成肿瘤抗原肽段,单独或者与佐剂一起输注入患者体内,通过这些肿瘤抗原肽段来激发机体特异性抗肿瘤免疫反应。肿瘤多肽疫苗成分较单一,便于研究和产业化,不存在肿瘤细胞的抑制成分,无肿瘤种植的风险;但因为其相对分子质量小、容易降解,导致其免疫原性弱,易诱发特异性免疫耐受且应用受 MHC 类型限制。肿瘤蛋白疫苗是指将肿瘤抗原整个或部分蛋白质作为疫苗,进入机体后经 APC 摄取递呈,激发抗肿瘤免疫应答。与多肽疫苗相比肿瘤蛋白疫苗的免疫原性更强,通常需要添加佐剂,激发的免疫反应以体液免疫为主。目前尚缺成功的例子。

3. 树突状细胞疫苗(DC 疫苗)

树突状细胞是最主要的 APC,也是唯一能激活初始 T 细胞的专职 APC 并激活 CTL 反应。DC 疫苗首先分离患者体内树突状细胞的前体细胞,体外培养并使之负载肿瘤抗原肽段,然后回输到患者体内,通过树突状细胞激发特异性抗肿瘤 T 细胞反应。又分为肿瘤抗原致敏的 DC 疫苗和基因修饰的 DC 疫苗。肿瘤抗原致敏的 DC 疫苗是通过不同形式的肿瘤抗原致敏树突状细胞,然后将致敏的树突状细胞接种或回输给患者,诱导机体产生特异性的 CTL 和记忆性 T 细胞。Sipuleucel-T 就是一个 DC 疫苗,从患者的外周血单核细胞中提取树突状细胞,负载前列腺癌特异的抗原后回输至患者体内发挥作用。此类个性化定制的疫苗制作过程复杂,费用高且持久性一般较差。

基因修饰的 DC 疫苗是将编码肿瘤抗原的基因导入树突状细胞,在其中表达肿瘤抗原,经树突状细胞递呈后活化初始 T 细胞。编码肿瘤抗原的基因通常以质粒或病毒为载体以 DNA 或 RNA 的形式转入树突状细胞。

4. 抗独特型抗体疫苗

抗原可刺激机体产生抗体 Ab1,该抗体可变区的独特型决定簇具有免疫原性,可诱导产生抗体 Ab2,后者被称为独特型抗体。将可以模拟原来抗原结构的具有内影像抗原性的 Ab2 作为肿瘤疫苗应用,可以诱导产生抗独特型抗体,具有模拟抗原和免疫调节的双重作用,即为抗独特型抗体疫苗。抗独特型抗体疫苗主要用于不易获得的肿瘤抗原,该疫苗可打破机体对肿瘤抗原免疫耐受的状态,特异性强而且不含有肿瘤细胞,使用起来相对更安全可靠。独特型抗体多为鼠源,反复应用容易引起人抗鼠抗体反应,而人源化独特型抗体可避免这一缺陷。

非霍奇金淋巴瘤疫苗 BiovaxID(ID-KLH/GM-CSF)是自体肿瘤来源的免疫球蛋白独特型抗体疫苗。是通过活检采集患者肿瘤样品,获得肿瘤细胞特异性抗原 ID,然后将 ID 偶联到载体蛋白钥孔血蓝蛋白(KLH),最后注入患者体内刺激 T 细胞应答。

5. DNA 疫苗

DNA 疫苗也被称为基因疫苗,是通过基因工程技术将编码肿瘤抗原的基因与表达载体整合之后,将疫苗直接注入机体,借助机体内的基因表达系统表达肿瘤抗原,从而诱导出针对肿瘤抗原的细胞免疫应答。基因疫苗所用表达载体通常为重组病毒或质粒 DNA,具有便于生产、使用安全、表达时间长、易于诱发肿瘤免疫应答等优点,缺点是肿瘤抗原的表达差异大且细胞中长期低水平表达肿瘤抗原会产生免疫耐受。

6. 溶瘤病毒疫苗

溶瘤病毒疫苗是将基因工程改造的溶瘤病毒注射入肿瘤内,由于溶瘤病毒优先感染肿瘤细胞,病毒复制导致肿瘤细胞溶解,释放增强免疫反应的细胞因子,刺激宿主抗肿瘤免疫反应,从而杀伤肿瘤。2015 年,用于治疗晚期黑色素瘤的肿瘤疫苗 T-Vec 成为世界首个溶瘤病毒疫苗。

目前虽然有不少肿瘤疫苗进入了临床试验,但体内抗肿瘤效果和治疗效果都不尽如人意。半个世纪多以来,研究人员一直梦想着为癌症患者注射一种疫苗,帮助他们的免疫系统识别、抵御并最终清除肿瘤。随着研究的深入,至少目前还不能指望仅仅使用该疗法就能治愈晚期肿瘤。发展个体化肿瘤疫苗已成为一个新的发展方向,而如何将主动免疫治疗与其他治疗方法有机结合起来,充分发挥综合治疗的优势,成为另一个重要研究方向。

9.7.2 被动免疫治疗

被动免疫治疗又称为过继免疫治疗(adoptive immunotherapy),是被动地将具有抗肿瘤活性的免疫制剂或者细胞过继回输到肿瘤患者机体进行治疗,以达到治疗肿瘤的目的。被动免疫治疗与肿瘤疫苗不同,并不需要机体产生初始免疫应答,不依赖于宿主的免疫功能状态,因此适用与肿瘤晚期患者,按治疗采用的载体分为单克隆抗体治疗和过继性细胞治疗两类。

1. 单克隆抗体治疗

恶性肿瘤细胞表面表达的特异性抗原可以作为单克隆抗体的靶点应用于肿瘤治疗,因为针对这些靶位点的抗体可以引起细胞凋亡,并通过补体介导的细胞毒性(complement-mediated cytotoxicity,CMC)以及抗体依赖细胞介导的细胞毒性(antibody-dependent cellular cytotoxicity,ADCC)杀死靶细胞,也可以通过自然杀伤细胞(NK 细胞)和阻断信号转导通路起到抗肿瘤的作用(图 9-33)。

单克隆抗体还可以携带抗肿瘤物质进行导向治疗。放射免疫偶联物、具有细胞毒性的小分子以及免疫系统里的细胞因子都可以通过单抗运输向肿瘤细胞。放射性元素已被用于标记抗体进行肿瘤的诊断和治疗。淋巴瘤是较为适合放射性疗法的癌症,已有药物上市。抗体–药物偶联物(antibody-drug conjugates)是最近研发的极具前景的抗癌药物,它将带有细胞毒性的药物和特异性抗体偶联,在提高了特异性的同时可以更好地杀死肿瘤细胞。此外免疫细胞因子如 IL-2 和 GM-CSF 也被结合在抗体上,用于靶向肿瘤细胞,改变肿瘤微环境。

2. 过继性细胞治疗

过继性细胞治疗又称为过继性细胞免疫疗法(adoptive cellular immunetherapy,ACT),

图 9-33 抗体依赖性细胞介导的细胞毒性示意图

当自然杀伤（NK）细胞上的 Fc 受体与结合癌细胞的抗体的 Fc 区相互作用时，NK 细胞释放穿孔素和粒酶，导致癌细胞凋亡。

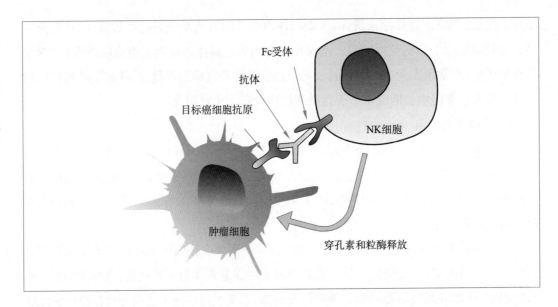

是将抗原特异性识别的细胞经体外培养扩增和功能鉴定后输回患者体内，从而直接杀伤或激发机体的免疫应答杀伤肿瘤细胞^(图 9-34)。过继细胞免疫治疗主要包括非特异性免疫治疗和特异性免疫治疗。

（1）非特异性免疫治疗。

主要包括淋巴因子激活的杀伤细胞（lymphokine activated killer，LAK）疗法和细胞因子诱导的杀伤细胞（cytokine induced killer，CIK）疗法。

图 9-34 过继性细胞治疗示意图

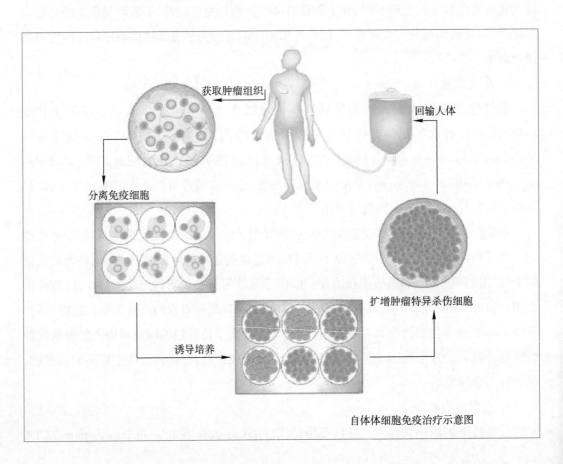

自体体细胞免疫治疗示意图

LAK 疗法是利用白细胞介素 2(IL-2)刺激活化外周血淋巴单核细胞,诱导具有非特异性细胞毒作用的效应细胞,这些细胞主要是由很多种淋巴细胞组成的混合体,包括 NK 细胞和 T 淋巴细胞,在体外对肿瘤作用不依赖于抗原致敏。LAK 细胞杀伤靶细胞的机制与 NK 细胞类似,可以通过细胞与细胞接触识别靶细胞表面结构,也可以通过分泌细胞因子参与杀伤肿瘤细胞。它对恶性黑色素瘤、肾细胞癌、非霍奇金淋巴瘤、鼻咽癌疗效较好,对控制微小残留灶及恶性胸腹水治疗效果比较显著。

CIK 细胞由是外周血单个核细胞经抗 CD3 单克隆抗体,以及 IL-2、IFN-γ 和 IL-1α 等细胞因子体外诱导分化获得的 NK 样 T 细胞。CIK 细胞来源于患者或健康人的外周血,培养扩增较容易,目前已经进行了大量临床实验治疗多种肿瘤,已经发现 CIK 在肾癌、肝癌、肺癌和白血病等多种肿瘤中具有抗瘤活性。与 LAK 细胞相比,CIK 细胞具有增殖速度快,杀瘤活性高,肿瘤杀伤谱广等优点,且对多重耐药肿瘤细胞同样敏感,对正常骨髓造血前体细胞毒性小,能抵抗肿瘤细胞引发的效应细胞 Fas/FasL 凋亡,广泛用于肿瘤的辅助治疗。

(2) 特异性免疫治疗

特异性嵌合抗原受体免疫治疗(chimeric antigen receptor T-cell immunotherapy,CAR-T)是通过基因修饰获得携带识别肿瘤抗原特异性受体 T 细胞的个性化治疗方法。提取患者外周血 T 细胞,通过基因重组赋予 T 细胞特异性识别肿瘤抗原的能力,再将改造后的 T 细胞经体外扩增后回输到患者体内从而特异性杀伤肿瘤细胞。与传统的 T 细胞识别抗原相比,CAR 通过增加共刺激分子信号增强了 T 细胞对肿瘤的杀伤性,因此 CAR-T 细胞可以克服 MHC 分子表达下调和共刺激分子减少等肿瘤细胞免疫逃逸机制。另外,CAR 可以针对任何类型的表面抗原,包括糖和糖脂类,提高了识别范围。该免疫疗法在白血病和淋巴瘤患者的早期临床试验中取得了显著疗效。

一个完整的 CAR 分子通常包括胞外抗原结合区(来自单链抗体可变区基因片段,scFv)、铰链区、跨膜区和胞内受体信号转导区(包括 CD3-ζ 链、Fcε、RIγ 和协同刺激因子)4 个区域。CAR-T 细胞技术现已发展到第三代[图 9-35]。第一代 CAR 只有 1 个 T 细胞 CD3ζ 受体信号区,第二代则增加了 1 个共刺激分子信号,第三代增加到 2 个共刺激分子信号。目前用于临床治疗研究的主要为第二代 CAR-T 细胞技术,携带 CAR 的载体主要来源于反转录病毒和慢病毒。

已有抗 CD19 的 CAR-T 细胞治疗儿童和成人 B 细胞恶性肿瘤(包括慢性、急性淋巴细胞性白血病和 B 细胞淋巴瘤)的早期临床试验。即使经多次化疗并且已经产生癌症复发或耐药性的病人,CAR-T 细胞治疗反应的有效率仍能达到 60%~80%。也有靶向 CD22 抗原的 CAR-T 细胞方案,可与 CD19 靶向 T 细胞合用于急性淋巴细胞白血病和 B 细胞恶性肿瘤。CAR-T 的主要副作用是引发细胞因子释放综合征,导致患者发高烧或血压急剧下降,可能需要采取额外的处理措施。

过继免疫细胞疗法虽然具有高度的肿瘤抗原特异性,这类疗法也面临一系列挑战,如肿瘤细胞特异性抗原数量极少,输入体内的 T 细胞存活期短,活化的 T 细胞很难进入肿瘤

图 9-35　CAR 的结构演变示意图

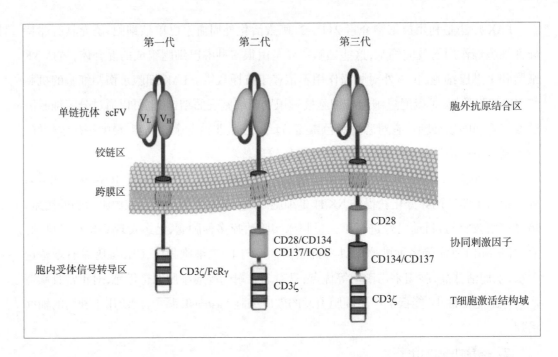

组织或免疫抑制性的肿瘤微环境。结合精准医学,筛选生物标志物,筛选对过继细胞治疗有明确靶向作用的肿瘤患者,可能是肿瘤免疫细胞治疗的核心问题。

9.7.3　非特异性免疫调节剂治疗

非特异性免疫调节剂治疗主要包括效应细胞刺激剂和免疫负调控抑制剂。效应细胞刺激剂的主要作用是刺激活化免疫效应细胞。α 干扰素是第一个被证实具有抗肿瘤活性的细胞因子,具有免疫调节、抗增殖、诱导分化、抗血管生成等多种作用。IL-2、卡介苗、咪喹莫特等都具有激活免疫应答的作用。免疫负调控抑制剂主要作用是抑制免疫负调控细胞或分子,抑制免疫检查点,打破免疫耐受,增强 T 细胞活性,提高免疫应答。免疫检查点是指免疫系统中存在的一些抑制性信号通路。

正常情况下,免疫检查点的调节功能可使机体免受自身免疫的攻击和炎症反应的损害。细胞癌变后,肿瘤细胞能抑制免疫检查点的功能,下调人体免疫系统反应能力,从而逃脱机体的免疫监视与杀伤,保证肿瘤细胞生长。主要抑制因子有:PD-1 及 PD-1 的配体(programmed death ligand,PD-L)、细胞溶解性 T 淋巴细胞相关抗原 4(CTLA-4)、B/ T 淋巴细胞衰减子(B and T lymphocyte attenuator,BTLA)、淋巴细胞活化基因 3(lymphocyte-activation gene 3,LAG-3)和 T 细胞膜蛋白 3(T-cell membraneprotein 3,TIM-3)、腺苷 A2a 受体(A2aR)等。

PD-1 是免疫球蛋白超家族细胞表面受体,主要在激活的 T 细胞和 B 细胞中表达。通过促进淋巴结中抗原特异性 T 细胞凋亡和抑制 T 细胞炎症活性的双重机制来下调免疫系统和促进自身耐受。过度的 T/B 细胞激活会引起自身免疫病,所以 PD-1 抑制免疫系统是一种自稳机制,可以预防自身免疫性疾病。但是,肿瘤微环境会诱导浸润的 T 细胞高表达 PD-1 分子,同时肿瘤细胞会高表达 PD-1 的配体 PD-L1 和 PD-L2,导致肿瘤微环

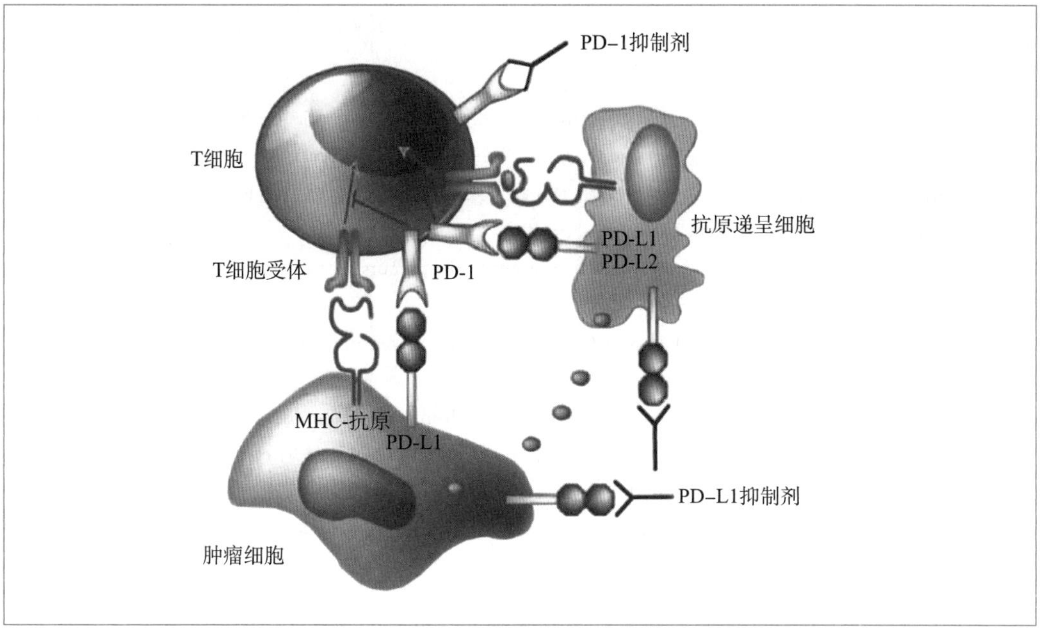

図 9-36 PD-1 和 PD-L1 抑制剂作用示意图

境中 PD-1 通路持续激活,抑制 T 细胞的增殖和活化,使 T 细胞处于失活状态,无法杀伤肿瘤细胞,最终导致免疫逃逸。PD-1 和 PD-L1 的抑制剂均可以阻断二者的结合,部分恢复 T 细胞功能,促进 T 细胞生长和增殖,增强 T 细胞对肿瘤细胞的识别,调动人体自身的免疫功能实现抗肿瘤功能^(图 9-36)。

思考题

1. 癌症为何对人类具有重大危害? 癌症的防治为何如此困难?
2. 如果你是一家生物技术公司的 CEO 或者负责技术的高层人员,有人向你推荐一种治疗癌症的特效药,寻求与你们公司合作。你将在哪些方面对这种药物进行评价?
3. 能否对艾滋病患者进行定时输入通过基因工程生产的特定 T4 淋巴细胞而延长其生命,主要存在哪些技术上的障碍?
4. 什么是基因领域和基因领域效应?
5. 为什么 HIV 变异这么快? HIV 的变异有无规律,主要在哪些方面发生变异?
6. 不同人感染 HIV 和 HBV 病毒在人体内潜伏的时间存在很大差异,有哪些原因?
7. 为何 HIV 病毒在猩猩与人类这两种生物中有不同的危害? 人类是否可参考猩猩抵御 HIV 的方式?
8. 试分析 CAR-T 细胞疗法治疗癌症的优缺点。
9. 禽流感病毒感染人类的机制是什么? 如何控制人禽流感的大范围传播,有效的预防措施有哪些?
10. 比较 SARS-CoV 引起的非典和人禽流感,哪种病在流行上易于控制,为什么?
11. 病毒致癌基因很多是宿主本身的原癌基因,这种选择对于病毒本身有何意义?
12. 简述病毒载体和非病毒载体的优缺点。
13. 假如你得到一个通过改造并适合作为基因治疗载体的病毒,你将如何分析这种可行性,主要在哪些方面作改造? 你将如何测试改造后的病毒载体的效率和安全性?

参考文献

1. Yang R Y, Hung M C. The role of T−cell immunoglobulin mucin−3 and its ligand galectin−9 in antitumor immunity and cancer immunotherapy. Science China Life Sceinces, 2017, 60:1058−1064

2. Steichen J M, et al. HIV vaccine design to target germline precursors of glycan−dependent broadly neutralizing antibodies. Immunity, 2016, 45:483−496.

3. Sok D, et al. Priming HIV−1 broadly neutralizing antibody precursors in human Ig loci transgenic mice. Science, 2016, 353:1557−1560.

4. Descours B, et al. CD32a is a marker of a CD4 T−cell HIV reservoir harbouring replication−competent proviruses. Nature, 2017, 543:564−567.

5. Faust T B, et al. Making sense of multifunctional proteins: human immunodeficiency virus type 1 accessory and regulatory proteins and connections to transcription. Annual Review of Virology, 2017, 4:241−260.

6. Ramos C A, et al. CAR−T cell therapy for lymphoma. Annual Review of Medicine, 2016, 67:165−183.

7. Xiong X, et al. CRISPR/Cas9 for human genome engineering and disease research. Annual Review of Genomics and Human Genetics, 2016, 17:131−154.

数字课程学习

e 教学课件   在线自测   思考题解析

第 10 章

基因与发育

10.1　果蝇的发育与调控

果蝇是一种双翅目昆虫,其幼虫和成虫依赖于正在腐烂的果实。果蝇的个体小、生命周期快、繁殖容易,每只雌虫两周就可以产生约 300 个后代。此外,果蝇的巨大多线染色体特性使它最适合于遗传分析和基因定位,是基因与发育领域最好的模式生物之一。

果蝇发育在 25℃下 9～14 天为一个周期^(图 10-1),其中第一天为胚胎发育期,幼虫经历三个阶段,到第四天蜕皮分化后蛹化(popation),在蛹中经过 5 天的变态,再发育为成虫。

图 10-1　果蝇的发育时期

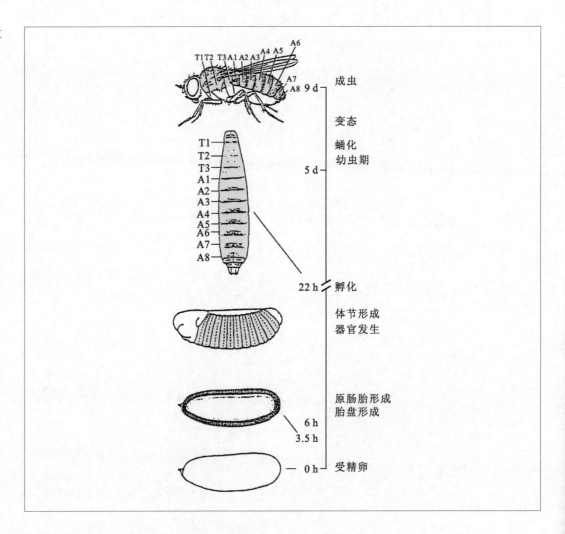

10.1.1 卵子发育与卵裂

果蝇卵在卵巢管中形成,卵巢管被横向的管壁分成许多小室^(图 10-2)。卵原细胞经过
4 次有丝分裂成为 16 个细胞,称为并合体(fusomes)的这些细胞通过胞质桥构成内部连
接,其中之一以后将发育成为卵母细胞(oocyte),其余 15 个姐妹细胞将发育成为抚育细胞
(nurse cell)。卵母细胞为双倍体,完成减数分裂后成为单倍体。抚育细胞由于反复进行
DNA 复制而成为多倍体。

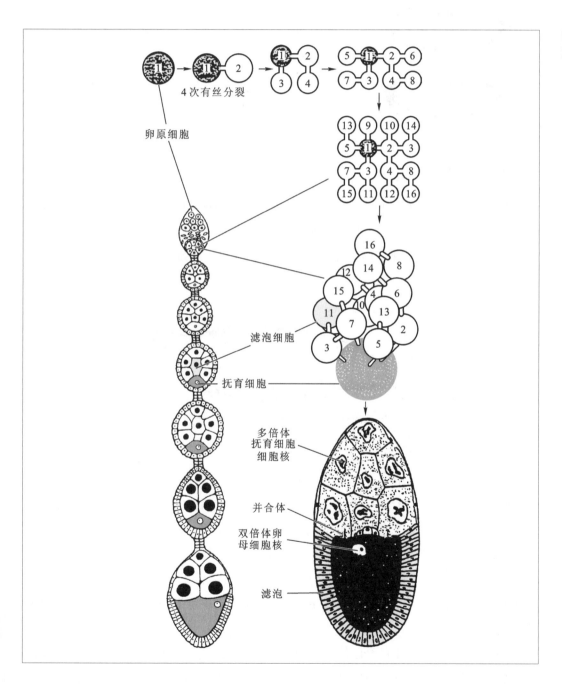

图 10-2 果蝇卵子
形成过程示意图

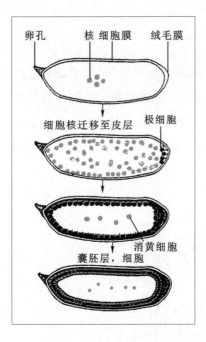

图 10-3　果蝇的卵裂过程简图

卵孔　核　细胞膜　绒毛膜

细胞核迁移至皮层　极细胞

消黄细胞

囊胚层, 细胞

果蝇的胚胎发育非常快, 在产卵后立即开始, 并在一天内孵化成幼虫$^{(图 10-3)}$。细胞核以每 9 min 一次的高频率复制, 直至达到约有 6 000 个核出现为止。在这段时间, 卵子发育成为一个合胞体(syncytium)。当出现 256 个以上的细胞核时, 这些细胞核开始向卵的外周移动, 并定居到皮层组织。此时, 细胞质膜沿核间内陷, 细胞质环绕每个核封闭成一个个小室(细胞产生), 这就是细胞胚盘期。胚盘的腹部构成生殖带, 产生胚胎固着层。在果蝇的细胞胚盘产生以后, 其身体的发育和形成从生殖带腹部开始, 并发展到卵背侧, 整个发育过程涉及中胚层的形成、神经索和脑的形成等过程。

10.1.2　胚胎发育

果蝇的卵、胚胎、幼虫和成体具有明确的前－后轴和背－腹轴。果蝇形体模式的形成按前－后轴和背－腹轴进行。果蝇胚胎和幼虫均沿前－后轴显示规律性分节, 分属 3 个解剖区, 从前到后分别被称为头节、3 个胸节及 8 个腹节。果蝇幼虫的前后端又特化产生原头和尾节$^{(图 10-4)}$。

图 10-4　书馆果蝇 1 龄幼虫形体结构模式

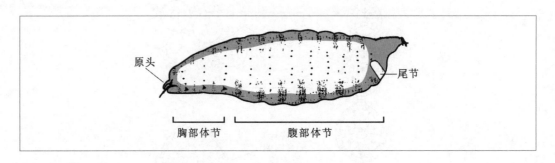

原头　尾节

胸部体节　腹部体节

1. 母源效应基因与前－后轴极性形成

早在 20 世纪初, 胚胎学家就已经注意到很多动物受精卵中特定部位的细胞质定位与胚胎发育直接相关。如果使果蝇卵前端少量的细胞质流失, 该卵发育成的胚胎就会缺失头部和胸部。这种缺失突变体与后来发现的 *bicoid* 突变体的表型相似。卵后端的细胞质流失时, 胚胎缺失腹部而并不影响最后的尾节。卵子其他部位细胞质的少量流失不会影响整个身体模式形成, 说明卵子前、后端的细胞质中含有决定果蝇身体模式形成有关的信息物质存在。

果蝇胚胎发育过程中的合胞体相当于一个多核细胞, 这是果蝇胚胎发育的结构基础。mRNA、蛋白质等物质可以在某些因子作用下通过扩散、运输、合成、降解等机制, 在这个细胞内形成浓度不对称分布。因为卵母细胞(oocyte)自身细胞核不具转录活性, 所以果蝇胚胎轴决定是在母源效应基因(maternal effect genes)而非胚胎本身基因的调控下发生的。所谓母源效应基因是指那些由母源抚育细胞及滤泡细胞(follicle cell)等利用自身的基因和细胞资源提供遗传信息和营养物质,然后输入到卵母细胞中的基因。这些基因在母体输卵管中的抚育细胞或滤泡细胞中很活跃,它们转录产生的 mRNA 以核蛋白形式运输到卵子中发挥作用。至少已发现 4 组母源效应基因与果蝇胚轴的形成有关,其中 3 组参与胚胎前 – 后轴,即前端系统决定头和胸部的分节,后端系统决定腹部的分节,末端系统决定胚胎两端不分节的原头区和尾节,第四组基因决定胚胎的背 – 腹轴。

在卵细胞受精之前,*bicoid* mRNA、*nanos* mRNA 由抚育细胞分泌进入卵母细胞,*bicoid* mRNA 与 RNA 结合蛋白 swallow、exuperantia、staufen 等结合后在微管作用下被铆定在卵细胞前端。*nanos* mRNA 则与 RNA 结合蛋白 tudor、oskar 等结合后在微管作用下被运送到后端。这一 mRNA 分子的浓度梯度,bicoid 蛋白在果蝇的胚胎发育阶段产生由前向后的梯度性递减,而 nanos 蛋白则呈梯度性递增分布。

果蝇胚胎、幼虫和成虫的前 – 后极性均源于卵子期发生的极性。*bicoid* 和 *hunchback* 调控胚胎前端结构的形成,*nanos* 和 *caudal* 调控胚胎后端结构的形成。

bicoid 蛋白是含有同源域,兼具 DNA 及 RNA 结合能力的转录因子,其转录激活作用存在显著的阈值效应。高浓度的 bicoid 蛋白会激活 *orthodenticle* 等基因在胚胎前端表达,而低浓度的 bicoid 蛋白会激活 *hunchback* 等基因的表达[图 10-5]。bicoid 蛋白这种在转录水平的激活或者抑制作用使间隙基因(gap gene)在胚胎中形成了梯度分布。另外,bicoid 蛋白可结合到 *caudal* mRNA 的 3′ UTR(3′un-translated region)上,与 mRNA 上的 5′帽子结合蛋白(5′ capbinding protein)eIF4E(eukaryotic initiation factor 4E)发生相互作用,阻碍 eIF4E 与 eIF4G 的识别,进而阻碍了核糖体大、小亚基在 5′ UTR 上的组装,抑制 *caudal* mRNA 的翻译。所以,caudal 蛋白主要分布在 bicoid 蛋白水平较低的胚胎后端。

研究发现,nanos 蛋白可能对 *hunchback* mRNA 的翻译具有抑制作用,使 hunchback 蛋白含量在果蝇的胚胎发育过程中由前向后端逐渐降低,而 caudal 蛋白的含量则正好相反,由前向后端渐次增高[图 10-6]。

2. 分节基因

果蝇躯体的分节是分步发生的。母源效应基因表达后,首先激活间隙基因表达,再由间隙基因激活成对控制基因(pair-rule gene),由成对控制基因激活体节极性基因(segment polarity gene)表达。同时,间隙基因、成对控制基因及体节极性基因产物与同源域基因(homeotic gene)上游调控区发生相互作用,调节同源域基因表达,最终决定了每个体节的命运[图 10-7]。

在合胞体囊胚层中,胚胎细胞开始转录和表达自身基因产物,其中有许多是转录调控因子。这些因子在果蝇身体内并不沿身体呈均匀分布,而是在空间上被限制在某些被称为表达区(expression zones)的区域内形成特殊的表达模式。目前已克隆了大约 25 个参与体节精细结构形成的基因。

① 间隙基因　这类基因包括 *hunchback*(*hb*)、*krippel* 和 *Knirps*(*kni*)等。这些基因的

图 10-5 bicoid 蛋白作用机制示意图

(a) bicoid 蛋白、*orthodenticle* mRNA、*hunchback* mRNA 及 caudal 蛋白浓度梯度示意图;(b) bicoid 蛋白转录调控作用;(c) bicoid 蛋白的翻译抑制机制。

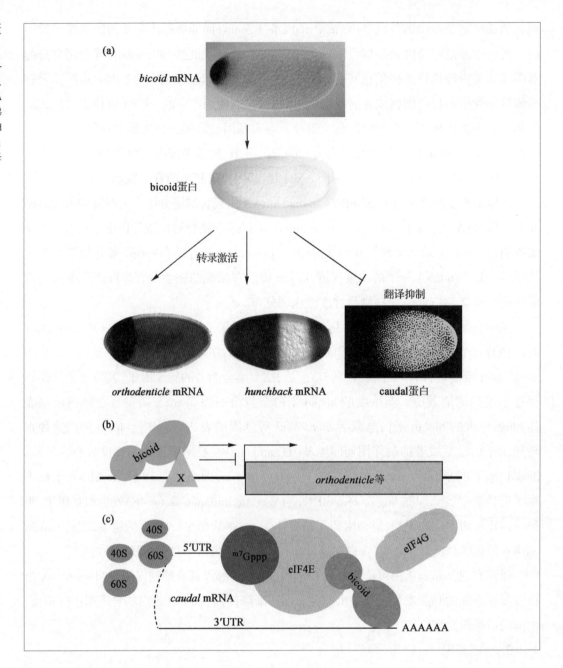

图 10-6 4 种母源效应基因的 mRNA 和蛋白质沿果蝇卵子和胚胎前－后轴分布的浓度变化图

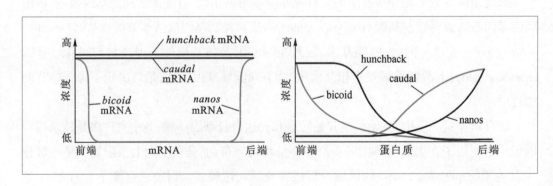

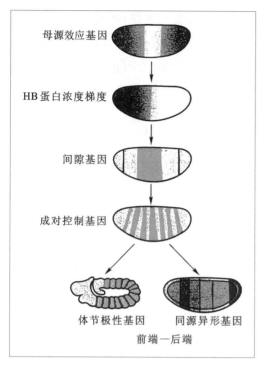

图 10-7　果蝇胚胎模式建立过程中关键基因的
表达顺序

图中文字：
母源效应基因
HB 蛋白浓度梯度
间隙基因
成对控制基因
体节极性基因　　同源异形基因
前端—后端

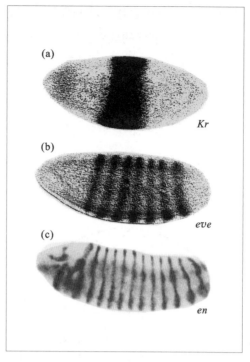

图 10-8　3 组参与胚胎发育早期体节分化基因
的表达谱分析

间隙基因(*Krüppel*,*Kr*);(b) 成对控制基因(*eve*);(c) 本
节极化基因(*engrailed*,*en*)。

表达很有特点,最初在整个胚胎中都有很弱的表达,以后随着卵裂的进行而逐渐变转成一
些不连续的表达区带^(图 10-8)。

② 成对控制基因　这些基因一般以两个体节为单位相互间隔一个副体节表达,其分
布具有周期性。成对控制基因的功能是把间隙基因确定的区域进一步分化成体节。成对
控制基因的表达是胚胎出现分节的最早标志之一,它们的表达模式较为独特,沿前 – 后轴
形成一系列斑马纹状的条带分布,正好把胚胎分为预定的体节。

③ 体节极性基因　发育到细胞囊胚期时,体节极性基因就把不同体节再进一步划分
成更小的条纹^(图 10-9)。当果蝇体节极性基因发生突变时,每个体节都会缺失一个特定的
区域。*engrailed*(*en*)和 *wingless*(*wg*)基因是两个最重要的体节极胜基因。*en* 基因在每
一副体节最前端的一列细胞中表达,而 *wg* 基因的表达区域恰好位于 *en* 基因表达带之前。

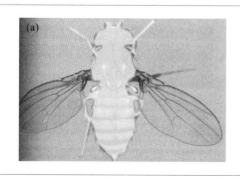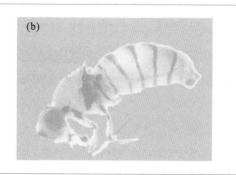

图 10-9　果蝇的
体节特征(左)与用
ENGRAILED 抗 体
检测的该基因的表
达(右)相吻合

所以,这两个基因表达区域的界线正好是确立副体节的界线。*en* 和 *wg* 基因表达的起始受含有同源异型框的成对控制基因 *eve* 和 *ftz* 等编码转录调节因子的制约。*en* 基因在基因产物 FTZ 和 EVE 的浓度达到一定阈值以后时才能被激活,但 *wg* 基因的活化浓度显著低于这一阈值。

10.1.3　果蝇的末端系统及背 – 腹极性基因与发育调控

如果控制前端和后端系统的基因都发生突变,果蝇胚胎仍可产生某些前 – 后模式,并发育成具有两个尾节的胚胎,暗示还存在第三个前 – 后轴确定系统,即末端系统。末端系统包括约 9 个母源效应基因。这些基因缺失会导致胚胎的前端原头区和后端尾节(不分节部分)缺失。在这个系统中发挥关键作用的是 *torso*(*tor*) 基因。该基因编码一种跨膜酪氨酸激酶受体,其 N 端序列位于细胞膜外,C 端位于膜内。在卵子发育中,*tor* 基因在整个合胞体胚胎的表面表达^(图 10-10)。受精后配体被释放出来并穿过卵黄膜进入围卵隙。只有当胚胎前、后末端细胞外存在配体(信号分子)时,才能使 *tor* 特异性活化,导致胚胎前后末端细胞特化。

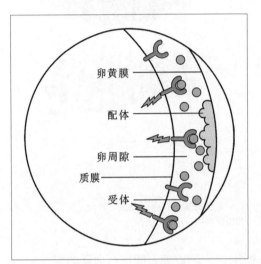

图 10-10　*tor* 基因在控制果蝇胚胎末端的分化中的作用

母源性 *toll* mRNA 产物是卵细胞的跨膜受体,其作用是感知外部信号并提示胚胎在何处产生腹侧^(图 10-11)。toll 受体与调控果蝇腹侧发育的外部信号可能是由一种蛋白酶从锚定复合体中释放出并定位于卵细胞周围外卵黄膜上或附近的母源效应基因 *spatzl* 的表达产物。因为只有在腹侧的受体能找到配基,所以,*spatzl* 前体定位于卵子的腹侧而不是背侧。被配基占据的受体能使 DORSAL 蛋白磷酸化从而引起 DORSAL 蛋白的重新分布,保证胚胎腹侧的细胞核中 DORSAL 蛋白浓度较高。当胚胎中 *DORSAL* 基因发生缺失时,胚胎不能产生腹侧结构,整个个体将呈现背侧外观。这个胚胎被称为背部化(dorsalized)胚胎。

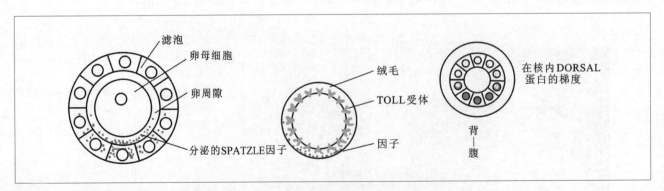

图 10-11　果蝇背 – 腹轴形态发生过程中 DORSAL 蛋白的分布示意图

10.1.4 果蝇的同源域基因

同源域基因最终决定躯体体节命运。躯体的部分最终是发育成为无翅的前胸还是有翅的中胸，是有平衡器的后胸还是腹部的体节，都是由同源域基因决定的。在果蝇中同源域基因统称 HOM 复合体（HOM-C）。大多数同源域基因位于第三号染色体上，排成两簇。一簇称为触角复合体（Antp-C）；另一簇称为双胸复合体（BX-C）。同源域基因的存在是通过一系列非常引人注目的突变而得以证实的。果蝇的 *Antennapedia* 突变就是一个典型的例证。这

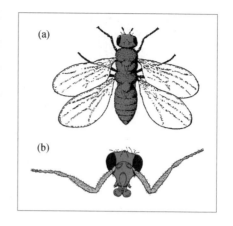

图 10-12 果蝇触角足复合物基因簇（*Antennapedia complex*）突变，引起同源异形转换

(a) 平衡器发育成翅膀（产生四翅果蝇）；(b) 触角变成足。

种突变使果蝇的触角转变为足^(图 10-12)。典型的同源域基因不参与基本躯干的建成，也不参与体节和肢芽的完善，它们只保证体节或肢芽的最终典型特征。若将调控形成头胸体节的 5 个 *Antp-C* 基因或参与胸腹体节形成的 3 个 *BX-C* 基因突变，可产生惊人的同源异型转换（homeotic transformation），使形态正确的结构长到了错误的地方。在触角足基因（*Antennapedia*）显性突变中，该基因在头以及胸部表达，使头结构部分转变成胸体节。因为该体节要承受的是腿而非触角，所以，头部出现了两条腿。

10.2 高等植物花发育的基因调控

高等植物开花的控制是长期以来人们非常关心的事情，对这个问题的探索可追溯到 20 世纪初有关碳／氮比对开花迟早影响的学说，30 年代关于开花素的学说和春化的概念，70 年代所提出的关于植物由营养生长过渡到生殖生长前的感受状态理论。这个时期对开花的探索主要着重于植物的形态、生理学以及环境的影响等方面。也从遗传学角度利用植物本身的突变体或用人工创造的突变体对植物的开花提出了一些新的概念，并根据分生组织的形态特征，将植物从营养生长到生殖生长的转变分为 3 个阶段，即营养分生组织阶段、花序分生组织发生阶段和花分生组织发生阶段。随着植物分子生物学技术的不断完善，尤其是有关克隆技术和诱变技术的出现，人们已从模式植物如拟南芥（*Arabidopsis thaliana*）或金鱼草（*Antirrhinum majus*）中分离克隆到许多控制植物开花的基因，为进一步认识植物开花的内在控制机制以及与外界环境因素的相互作用奠定了基础。

10.2.1 植物的花器官结构

种子植物的花由枝条变态产生，而花器官由叶片变态产生。一般认为，种子植物的成年花器官由花萼、花瓣、雄蕊、雌蕊（心皮）等 4 轮结构所组成^(图 10-13)。成年花器官是从顶端分生组织（shoot apical meristem）发育而来的，营养分生组织（vegetative meristem）产生花序分生组织（inflorescence meristem），花序分生组织产生花分生组织（floral meristem），花分

图 10-13　拟南芥花的构成

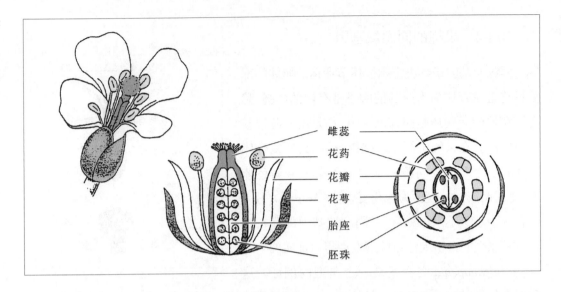

雌蕊
花药
花瓣
花萼
胎座
胚珠

生组织可被进一步分为早期花分组织和晚期花分生组织,早期花分生组织有点类似于营养分生组织,具有无限生长的特点。花分生组织产生花器官原基,最后产生花器官。

10.2.2　调控花器官发育的主要基因

花分生组织决定基因(floral meristem identity gene)促进从花序分生组织产生花分生组织并进一步分化产生花器官原基,但产生何种花器官则由同源域基因所控制。花分生组织决定基因可以在一定程度上激活同源域基因。

1. 同源域基因与花器官发育

金鱼草、拟南芥等植物的花都由 4 种类型的花器官组成,花器官排列成向心的圆环形,称作轮性(whorl)。野生型金鱼草和拟南芥的花由 4 个花萼组成最外的第一轮、依次向内为 4 个花瓣组成第二轮,6 个雄蕊组成第三轮,两个融合的心皮组成第四轮。

在研究金鱼草花形态突变体时发现,花器官的同源异型突变包含 3 大类型,类型 Ⅰ 为第一轮和第二轮器官受影响,产生心皮状的花萼和雄蕊状的花瓣。类型 Ⅱ 为第二轮和第三轮器官受影响,产生花萼状的花瓣和心皮状的雄蕊。类型 Ⅲ 为第三轮和第四轮器官受影响,产生花瓣状的雄蕊和花萼状的心皮,而且最内两轮器官的数量和轮数也发生了改变。类型 Ⅳ 中 4 轮结构全部受影响(图 10-14)。进一步研究这些突变体的基因型发现,每一种类型的突变体中都是因为发生了同源域基因的突变而使相邻两轮花器官受到影响,证明植物的器官发生与动物的器官发生一样,都受同源域基因控制。

2. 同源域基因的分离

科学家最早在 1990 年利用转座子突变的方法从金鱼草中分离并克隆出同源域基因 *DEFA*(deficiens)。研究发现,该基因编码的蛋白质与两个已知的转录因子,哺乳动物中的 *SRF*(serum response factor)和酵母中的 *MCM1*(minichromosome maintenance gene)的一个保守区域有很高的同源性,这一区域参与二聚化并与 DNA 结合,在推测的与 DNA 结合区中,单个的氨基酸突变均会导致该转录因子与 DNA 的结合能力下降,说明 *DEFA* 可能编

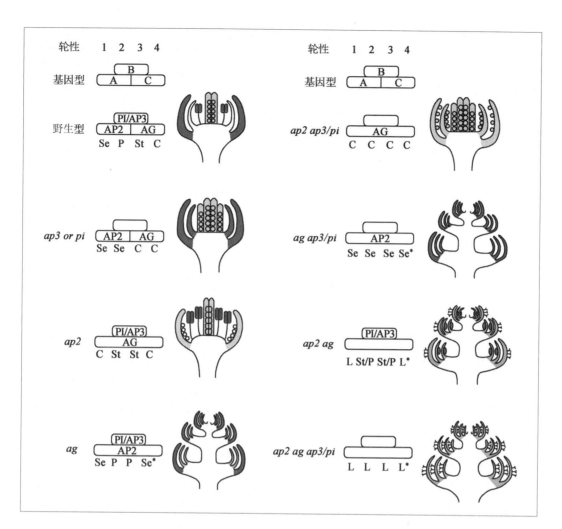

图 10-14 由 3 组同源异形基因决定 4 轮花器官特征的"ABC"模型

码一个具有调控功能的 DNA 结合蛋白。

此后,又克隆了同源域基因 *AG*(agamous),它编码的蛋白质与上述转录因子具有高度的序列相似性。用 *DEFA* 的这一保守区域作探针,从金鱼草的 cDNA 库中筛选出了 8 个独立的基因,在蛋白质水平上与 *DEFA* 的 DNA 结合区有很高的相似性(65% ~ 90%)。表 10-1 列出了已克隆的多个涉及花发育的同源域基因。上述结果表明,在金鱼草和拟南芥中可能存在着一个参与花器官发育和分化的基因家族,该家族的成员可能参与不同的分化过程。由于这些新的家族(*MCM1*、*AG*、*DEFA* 和 *SRF*)均含有一个保守的区域,根据这几个家族基因名称的第一个字母,将该保守区命名为 MADS-BOX。

MADS-BOX 家族蛋白为转录因子,在进化上比较保守,植物、动物、真菌中都发现了这类蛋白质,其结构如图 10-15 所示,MADS 结构域位于蛋白氨基端,具有结合 DNA 的能力;K 结构域由一系列具有良性作用的 α- 螺旋所构成,可能介导了蛋白质 – 蛋白质相互作用,并使得相互作用的蛋白质形成二聚体;I 结构域、C 结构域保守型比较低;蛋白质的羧基端在 MADS-BOX 蛋白相互之间形成多聚体时具有重要的作用。

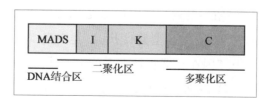

图 10-15 MADS-BOX 蛋白结构示意图

表 10-1 已经克隆的植物花器官特征决定基因及其可能的功能分析

基因(拟南芥 / 金鱼草)	突变体表型	基因功能
APETALA1/SQUAMOSA	花萼变为叶片	转录因子
*APETALA2/*Unkown	花萼变为叶片 / 心皮,花瓣变为心皮	转录因子
APETALA3/DEFICIENS	花瓣变为雄蕊,雄蕊变为心皮	转录因子
PISTILLATA/GLOBOSA	类似 *AP3/DEF*	转录因子
AGAMOUS/PLENA	重复发生一轮花萼及两轮花瓣	转录因子
LFY/FLORICAULA	产生更多的花序,绿色花,由类似花萼与心皮的花器官构成	转录因子

10.2.3 花器官发育的"ABCE"模型

在对拟南芥和金鱼草突变体及器官特征决定基因功能的研究中,E. Myerowitz 首先提出了控制花形态发生的"ABC"模型。根据这个模型,正常花的四轮结构的形成是由 3 组基因共同作用而完成的。每一轮花器官特征的决定分别依赖于 A、B、C 三组基因中的一组或两组基因的正常表达。如其中任何一组或更多的基因发生突变而丧失功能,则花的形态将发生异常。A 基因在第一、二轮花器官中表达,B 基因在第二、三轮花器官中表达,C 基因在第三、四轮花器官中表达。A 基因本身足以决定萼片,A 和 B 基因共同决定花瓣,B 与 C 基因共同决定雄蕊,C 基因决定心皮。此外,A 基因与 C 基因相互拮抗。ABC 基因作为 MADS–BOX 家族成员(*AP2* 除外)均是以转录调控因子起作用。在第一、二轮花器官中 *AP2* 可以结合到 *AG* 的启动子区,不过是以转录抑制的方式调控 *AG* 的表达;有意思的是,*AP1* 可以同其他蛋白质一起结合到 *AG* 基因的第二个内含子区抑制 *AG* 的表达。这样就使得 C 类基因被限制在第三、四轮花器官中表达,行使功能。与此类似,在第三、四轮花器官中 *AG* 可以结合到 *AP1* 的启动子区抑制后者的表达,所以 *AP1* 只能在第一、二轮花器官中表达。*AP2* 则有所不同,虽然 *AG* 会在一定程度上抑制 *AP2* 的转录,但是其 mRNA 却在 4 轮花器官中都有表达,重要的是在第三、四轮花器官中 miRNA172 可以抑制 *AP2* 的翻译过程,使得 *AP2* 的蛋白只在第一、二轮花器官中生成。这样就将 A 类基因的功能限制在了第一、二轮花器官中。在花发育的早期 A 类基因可以结合到 *AP3* 的启动子区激活后者的表达。当 A 基因突变后(如 *ap1*、*ap2*),导致第一轮花器官中的花萼突变为心皮,第二轮花器官中的花瓣突变为雄蕊。B 基因突变后(如 *ap3*、*pi* 突变体),花萼替代了第二轮花器官中的花瓣,第三轮花器官中的雄蕊变为心皮。若 C 基因失活(如 *ag* 突变体),则第三轮花器官中的雄蕊转变为花瓣,第四轮花器官中的心皮也转变为花萼。

随后,科学家在研究 MADS–BOX 家族基因对花器官发育的影响时发现,被称作 *AGAMOUS–LIKE*(*AGL*)2、*AGL4*、*AGL9* 基因的表达时间早于 B 类和 C 类基因,*AGL2*、*AGL4* 在 4 轮花器官中均有表达,而 *AGL9* 只在里面的 3 轮花器官中表达。*agl2/agl4/agl9* 的三重突变体表型类似于 B/C 类突变体且有非常多的花萼,充分显示 *AGL2*、*AGL4*、*AGL9* 这类基因在花器官发育中的重要性。现已将这 3 个基因分别重新命名为 *SEPALLATA1* (*SEP1*)、*SEP2* 和 *SEP3*,表示"lots of sepals"意思。按习惯,人们将 *SEP1*、*SEP2* 和 *SEP3* 称

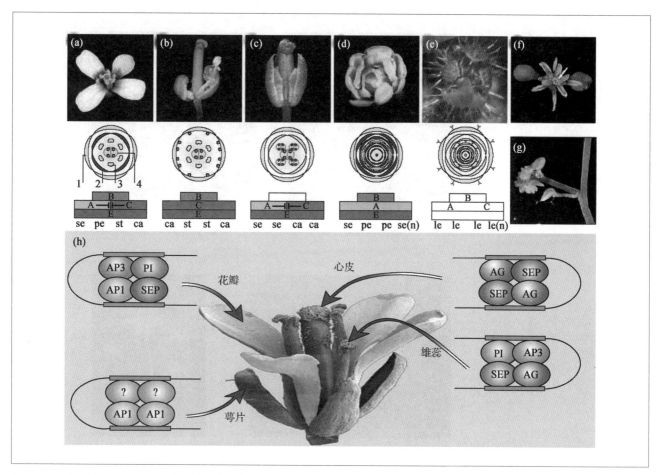

图 10-16　花形态建成的 *ABCE* 模型（另见书末彩插）

(a) 野生型；(b) A 基因突变；(c) B 基因突变；(d) C 基因突变；(e) E 基因突变；(f) *35S：：PI；35S：：AP3；35S：：SEP3*；(g) *35S：：PI；35S：：AP3；35S：：AG；35S：：SEP3*；(h) ABCE-Model。

为 E 类基因。另外，当以 PI/AP3 作为诱饵进行酵母双杂交、三杂交实验，发现植物中存在 PI/AP3-AP1，PI/AP3-SEP3，AP1-SEP3 和 AG-SEP3 这样一类蛋白质 - 蛋白质的相互作用，而 *SEP3* 可以介导 A 与 B、B 与 C 的相互作用，使这些蛋白质形成一个大的复合体。这一类 E 类基因编码的 MADS 结构域蛋白可能像"胶水"一样将 ABC 基因产物以不同的四聚体形式组合起来行使转录调节功能(图 10-16)。

10.2.4　启动花发生的分生组织决定基因

除了 ABCE 被发现参与了花器官的形成，从拟南芥中还克隆到许多决定花序或花发生的基因（即花分生组织决定基因，floral meristem identity genes）。最早分离到的花器官分生组织决定基因是 *LEAFY*（*LFY*）基因。拟南芥 *lfy* 突变体比野生型产生更多的花序分枝，其花呈绿色，由类似花萼和心皮样的器官构成，过量表达 *LFY* 导致转基因植物提前开花并将茎尖转变成花，证明 *LFY* 基因不仅决定花分生组织的特性，而且影响开花时间(图 10-17)。

TERMINAI FLOWER1（*TFLI*）是影响拟南芥分生组织特性的另一个非常重要的花分生组织决定基因。*tfl* 突变体开花提前，初级花序分枝转变成末端花，缺少侧枝，花的数量

图 10-17 花分生组织决定基因 LEAFY (LFY)

(a) 在 lfy 突变体中正常情况下发育成花的枝转变成无限枝条。图中所示的所有次生枝条生长的位置在野生型拟南芥中均发育成花序;(b) 过量表达 LFY 的转基因拟南芥中,次生枝转变成花,初级枝在早期发育成末端花或形成一簇花。

图 10-18 TFL1 对花发育的调控

(a) tfl 突变体的花序表型。左边为野生型,右边为 tfl 突变体,很快就发育成一个终端花或一簇末端花;(b) tfl 突变体末端花的放大图。

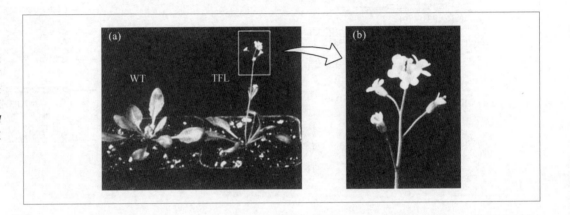

也大大减少[图10-18]。TFL1 在分生组织中表达,但不在幼花原基中表达。tfl 突变体(由无限枝转变成有限的枝)和 lfy 突变体(由有限的枝转变成无限的枝)的表型恰好相反,说明两个基因可能是相互拮抗的。

另外 3 个影响花分生组织决定基因是 AP1、AP2 和 CAL。除了决定花器官的轮性外,AP1、AP2 还参与决定花器官的发生,ap1 和 ap2 突变体强化了 lfy 突变体的表型。LFY、AP1 和 AP2 表达模式与它们在早期花分生组织中的作用相吻合。在花器官原基发育之前,LFY 和 AP1 在营养生长过程中表达量很低,在 GA 或光周期处理诱导开花过程中,LFY 表达量会迅速提高。虽然在由营养生长转变到花发育时 LFY 基因已经表达,但 AP1 在花原基中没有表达,直到花诱导开始 1~2 天后才开始表达。AP2 基因在植物整个生活史中持续表达,花器官分生组织确定期该基因表达量显著上升[图10-19]。

图 10-19 花分生组织决定基因在营养生长和成花枝顶端的表达模式分析

LP,叶原基;SAM,顶端分生组织;FP,花原基。

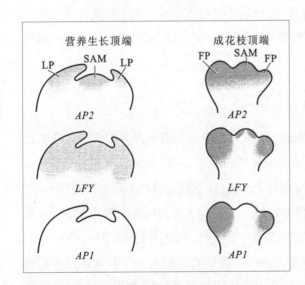

10.3 控制植物开花时间的分子机制

植物从营养生长向生殖生长的转变是植物发育周期中的一个重要过程,是决定植物开花的重要环节。最近几十年来,用拟南芥为模式植物,科学家对高等植物开花时间调控机制与信号转导途径的研究取得了长足的进步。到目前为止,人们对植物开花时间调控机制的了解主要是通过对拟南芥的分子遗传学研究获得的。拟南芥的开花时间受许多因素的影响,其中光照和温度是主要的外部因素,自主途径因子和赤霉素(GA)是主要的内部因素。拟南芥的开花诱导调控途径也因此分为4种:光周期途径(photoperiod pathway)、春化途径(vernalization pathway)、自主途径(Autonomous pathway)和GA途径(Gibberellic acid pathway)。下面将以拟南芥为例重点阐述光周期途径和春化途径。

10.3.1 光周期途径

光周期指一日之内昼夜长度的相对变化,也即日长。植物通过感受昼夜长短变化而控制开花的现象称为光周期现象(photoperiodism)。光周期现象是美国园艺学家Garner和Allard于1919年在烟草中首次提出的。他们在马里兰州美国农业部农业试验站工作时发现烟草品种'Maryland Mammoth',在夏季生长时,株高达3~5 m时仍不开花(图10-20),但在冬季转入温室栽培后,其株高不足1m就可开花。他们试验了温度、光质、营养等各种条件,发现日照长度是影响烟草开花的关键因素。只有当日照短于14 h时,烟草才开花,否则就不开花。后来又发现许多植物开花都需要一定的日照长度,这就是光周期现象的发现。

图10-20 夏天温室生长的烟草'Maryland Mammoth'突变体(左)与野生型(右)

根据对光周期的反应,一般可将植物分为3种:对长日照敏感而开花(即长日照促进开花)的长日照植物(long-day plant),如实验室常用的拟南芥生态型Columbia(Col)、Wassilewskija(Ws)、Landsbergerecta(Ler)等;对短日照敏感而开花(即短日照促进开花)的短日照植物(short-day plant),如水稻、烟草等;对日照长度不敏感的日中性植物(day-neutral plant),如印度甘蔗等。临界日长(critical daylength)是区别长日照或短日照的日照长度的标准,指昼夜周期中能诱导植物开花所需的最低或最高的极限日照长度。短日照植物要求的日照时数必须等于或短于临界日长,而长日照植物要求的日照时数必须等于或长于临界日长(图10-21),否则就延迟开花或不能开花。无论对于短日植物还是长日照植物,当用光将长夜打断(night break),都产生类似于短夜的效应(短日照植物不能开花,长日植物能开花);而以暗间断将长日打断,却不影响长日的效应(短日植物仍不能开花,长

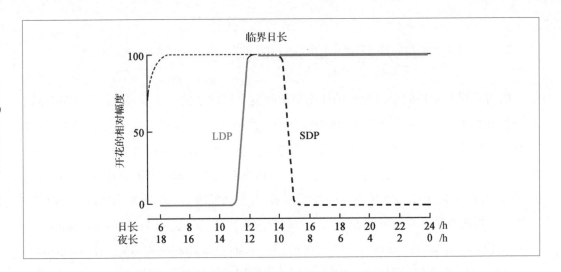

图 10-21 长日和短日植物的光周期反应。

当日照长度超过(或夜长短于)某一临界值时,长日照植物(LDP)开花,而当日照长度短于(或夜长长于)某一临界值时,短日照植物(SDP)开花。不同植物具有不同的临界日长,在本例中,在12~14 h 的光周期内,LDP 和 SDP 都可开花。

日植物仍能开花),所以关键是夜长而非昼长决定了植物的开花时间。

1. 光周期的感受及传导

在解剖上最早看到的光周期诱导的成花过程是顶端开始分化花芽,这取决于叶片是否处于适当的光周期条件下。对长日照下生长的短日植物紫苏(*Perrila crispa*)的其中一个叶片进行短日处理能诱导其开花,如果将短日处理的叶片(诱导叶)嫁接到生长在长日照条件下的紫苏上也能诱导其开花,可见感受光周期的部位不是顶端而是叶片。而接受光周期的叶片,又必须以某种方式把光周期诱导的信号传递给顶芽分生组织。通过维管组织将多株植物嫁接在一起,而仅诱导处理一株植物的其中一个叶片,发现嫁接在一起的所有植物都能开花(图 10-22)。20 世纪 30 年代,苏联植物生理学家 Mikhail Chailakhyan 基于上述嫁接实验提出,当植物叶片感受到适当的日照长度,会形成一种物质,该物质可以进行长距离运输,传导到顶芽分生组织后引起开花,这种物质被其称为开花素(florigen)。在随后的几十年中,人们一直在探索的两个问题是叶片如何测量日长诱导或抑制开花以

图 10-22 诱导叶(induced leaf)产生的开花素可经维管组织进行长距离的运输,在顶端分生组织诱导植物开花

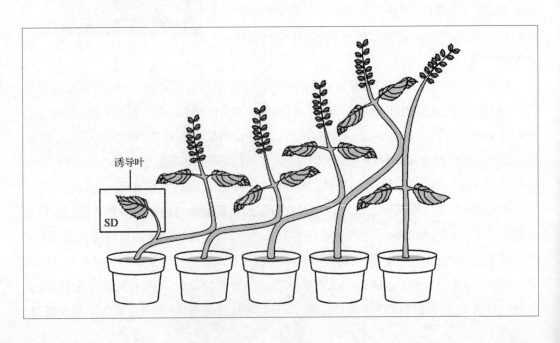

及开花素到底是什么?

2. 光周期模型

1936 年,Bünning 首次提出 external coincidence model 来解释植物如何度量日长。他指出植物存在一个昼夜节律钟(circadian clock),24 h 的昼夜分为光敏期和暗敏期。在植物的光敏期,如果昼夜节律钟调节因子的表达在光下达到阈值,会导致长日照植物开花,抑制短日照植物开花,表明测量日长的基础是外在光信号与昼夜节律(circadian rhythm)之间的相互作用。

3. 植物如何度量日长

已知光周期刺激(光信号)是由叶片中的光受体感受的,拟南芥中共发现了 5 类光敏色素 phytochromeA(PhyA)、PhyB、PhyC、PhyD、PhyE 和 2 种隐花色素 Cryptochrome 1(Cry 1)和 Cry 2,它们感受昼夜长短和光的强弱, 既通过产生昼夜节律,也通过激发信号转导途径来调控植物开花进程。

① *CONATANS*(*CO*)基因受昼夜节律钟的转录调控。*CO* 是拟南芥中第一个被发现的受昼夜节律调控的开花基因,它编码一个锌指类转录因子,位于节律钟的输出途径。其突变体在长日照下表现为晚花。*CO* mRNA 的表达在昼夜交替的一天内呈现为节律性变化。具体讲,在长日照条件下 *CO* mRNA 在白天表达量较低,到了傍晚出现峰值且整个夜晚持续表达。在短日照条件下 *CO* mRNA 白天表达量较低,从傍晚开始大量表达,夜晚时达到顶峰。即使在持续光照条件下,*CO* mRNA 的表达仍呈现为节律性变化[图 10-23],表明该基因在转录水平上受昼夜节律调控。

研究表明,*FLAVIN-BINDING*、*KELCHREEAT*、*FBOX1*(*FKF1*)编码一个 F-box 蛋白,且可以直接吸收蓝光(也是一个蓝光受体),*fkf1* 突变体在长日照条件下表现为晚花。*FKF1* 在体外能与 *CYCLING DOF FACTOR 1*(*CDF1*)相互作用,在体内则导致 CDF1 蛋白通过蛋白酶体降解途径降解。*CDF1* 及其同源基因 *CDF2/3/5* 的表达受昼夜节律钟调

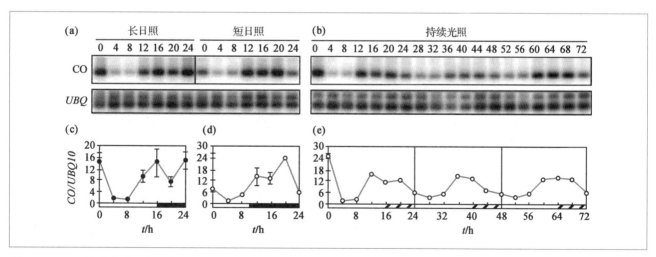

图 10-23　*CO* 转录量受昼夜节律调控

长日照条件下 *CO* mRNA 在傍晚达到峰值,短日条件下则在夜晚达到峰值(a,c,d);持续的光照条件下,*CO* mRNA 的表达仍具有节律性变化(b,e)。

图 10-24 在早晨，CDF 抑制 CO 的转录(a)；而在下午，FKF1-GI 复合体导致 CDF 降解，解除了其对 CO 的转录抑制，CO mRNA 开始积累直至傍晚达到高峰(b)。

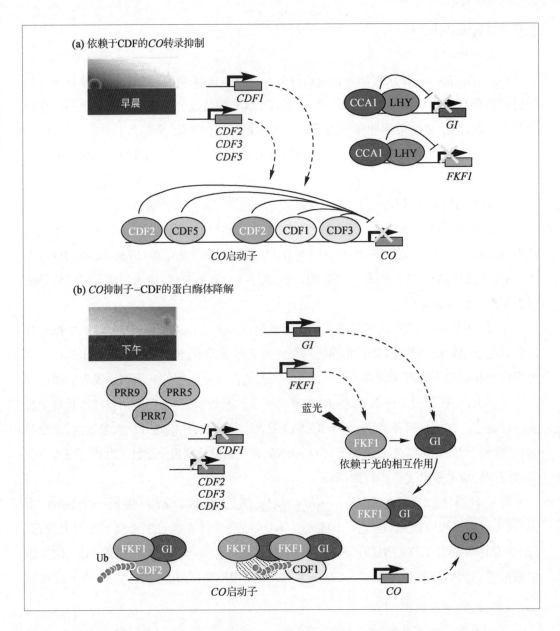

(a) 依赖于CDF的CO转录抑制

早晨

CDF1

CDF2
CDF3
CDF5

CCA1 LHY
GI

CCA1 LHY
FKF1

CDF2 CDF5 CDF2 CDF1 CDF3
CO

CO启动子

(b) CO抑制子–CDF的蛋白酶体降解

下午

PRR9 PRR5
PRR7

CDF1

CDF2
CDF3
CDF5

GI

FKF1

蓝光

FKF1 GI
依赖于光的相互作用

FKF1 GI

CO

Ub FKF1 GI
CDF2

FKF1 FKF1 GI
CDF1

CO

CO启动子

控，在上午出现表达高峰。CDF1/2/3/5 蛋白可以特异性地结合到 CO 启动子上，抑制 CO 转录[图 10-24(a)]。*GIGANTEA*(*GI*)是另一个突变后引起植物在长日照下推迟开花的基因，它编码一个核蛋白，基因表达同样受昼夜节律钟的调控。在长日照条件下 *FKF1* 和 *GI* 协同表达，都在傍晚前达到高峰，FKF1 吸收蓝光后和 GI 相互作用并结合到 CDF 蛋白上，介导 CDF 的降解，从而解除 CDF 对 CO 的转录抑制作用，使 CO mRNA 在傍晚达到高峰(图 10-24(b))。

② CO 还在转录后水平受光调控。缺失 *phyA* 和 *cry2* 中的任一基因都会导致拟南芥在长日照条件下推迟开花，缺失 *phyB* 基因则使拟南芥提前开花。进一步研究 *cry2* 的功能缺失突变体发现，该突变降低了 *FT* 的表达量，但并没有影响 CO mRNA 在一天中的积累模式，暗示光可能在转录后水平调控了 CO 的蛋白量。

CO 蛋白在一天存在动态变化的表达模式，并且这种动态表达与光受体密切相关。研

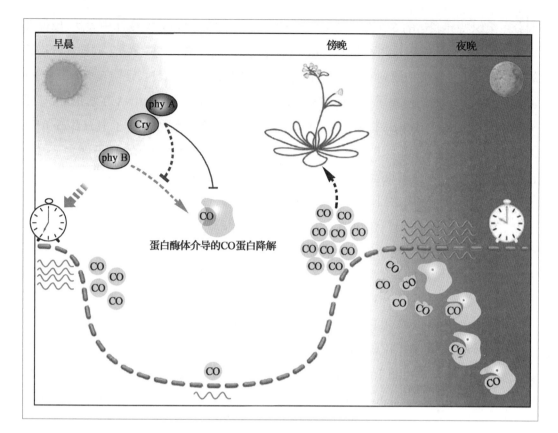

图 10-25 光受体和昼夜节律钟共同调控细胞内 CO 蛋白量

在长日照条件下 *CO* mRNA(以波浪线表示)其表达节律(以虚线表示)高峰出现在傍晚前到第二天早上。在白天 CO 蛋白(以球面数量表示)的降解过程同时受到促进与抑制相反的调控,由于 *CO* mRNA 含量非常低,故 CO 蛋白积累非常少。到了夜晚虽然 *CO* 具有高的转录量,但由于蛋白降解显著,使得仅有少量 CO 蛋白存在。而傍晚时 *CO* mRNA 非常多同时蛋白降解过程受到了抑制,两方面的作用使得 CO 蛋白非常多,从而启动了开花。

究发现,phyB 在白天活性最高,而 phyA 和 Cry 在傍晚活性最高。在早晨,被激活的 phyB 削弱了被 phyA 和 Cry 抑制的 CO 蛋白降解,因此 CO 蛋白量较低;到傍晚,phyA 和 cry 具有高的活性,导致 CO 蛋白水平升高[图 10-25]。目前一般认为,Ring-type E3 ligase COP1 (CONSTITUTIVELY PHOTOMORPHOGENIC 1)在晚上主要定位于细胞核中,处于失活状态的 CRY 与 COP1 相互作用,但不能抑制其活性,COP1 仍可与 CO 发生相互作用,导致 CO 被泛素化并被降解。因此,即使在短日照下的黑暗期,*CO* 具有高水平的转录量,其蛋白量仍然较低。当 *CO* 转录量在傍晚达到最高时,白天光活化的 Cry 介导 COP1 从细胞核转移到细胞质中,CO 蛋白积累,激活 *FT* 转录,启动开花。因此,拟南芥通过对 *CO* 基因转录丰度和 CO 蛋白稳定性的调节将光信号与昼夜节律钟统一起来,最终决定植物能否开花的核心因素是 CO 蛋白丰度。

4. 开花素的历史

1865 年,研究者提出成花物质由叶片运送到叶芽中,导致开花;1936 年根据嫁接实验提出开花素概念,认为对光周期有不同反应的植物之间可能用相同的物质来促进开花。此后,人们通过各种途径寻找开花素,但是一直没有结果。直到 2005 年,研究人员通过在拟南芥叶片中热击诱导 *FT* 表达然后检测茎端 *FT* mRNA,证明叶片中的 *FT* mRNA 可以转运到茎端而诱导开花。该项研究被 *Science* 评为当年十大科学发现之一。2006 年,研究者发现在西红柿植株的顶端分生组织并不能检测到转基因 *SFT*(拟南芥 *FT* 同源基因) mRNA 的存在,暗示 *FT* mRNA 并不是人们一直以来寻找的开花素。2007 年两个小组分别在 *Science* 上发表文章称可移动的开花信号是 FT 蛋白。他们利用在维管组织而不在顶端分生组织特异表达的*SUC2*启动子驱动 FT-GFP 融合蛋白在*ft*突变体中表达,原位杂交发现在顶端分生组织检测不到*FT* mRNA 的表达,但能检测到 GFP 荧光,同样在嫁接后的受体植株中也仅能检测到 GFP 荧光而检测不到*FT* mRNA 的表达,证明在拟南芥中 FT蛋白是开花素。他们检测了*Hd3a*(水稻中的拟南芥 FT 同源基因)mRNA 在水稻(短日照植物)叶子和顶端分生组织中的表达水平,发现在短日照情况下,水稻叶子中*Hd3a* mRNA提高,但是在顶端分生组织中的量却非常少。他们又构建了携带*Hd3a*-GFP 融合基因的转基因植物,在叶和茎的维管组织以及顶端分生组织都发现了 Hd3a 蛋白的存在。随后,他们用维管组织特异表达启动子*SUC2*驱动 GFP/Hd3a,仅让融合蛋白在叶子而不能在顶端分生组织表达,结果仍然在顶端分生组织检测到 Hd3a 蛋白的存在,表明 Hd3a 是可移动蛋白。*FT*在叶中被 CO 诱导转录后翻译成 FT 蛋白并转移至顶端分生组织,与*FD*基因编码的分生组织特异的锌指类转录因子相互作用,激活花器官决定基因*APETALA 1*(*AP1*)表达,诱导拟南芥开花(图 10-26)。因此,FT 蛋白是开花素。

5. 染色质介导的*FT*基因表达调控进一步影响植物开花

*FT*基因受长光照及升高的温度诱导,并在维管组织中表达。近来的研究表明,染色质修复因子也参与*FT*基因的表达调控,进一步控制植物开花。不管是在长日照还是短日照下,多梳基团(polycomb-group,PcG)活性会抑制*FT*基因的表达。CLF 结合在*FT*染

图 10-26 FT 蛋白是开花素。

在长日照条件下,CO蛋白较稳定,能在叶中诱导*FT* mRNA 表达后翻译成 FT 蛋白,经维管组织运输至顶端分生组织(SAM),并与FD 锌指类转录因子相互作用,激活花器官决定基因*APETALA 1*(*AP1*)表达,诱导拟南芥开花。

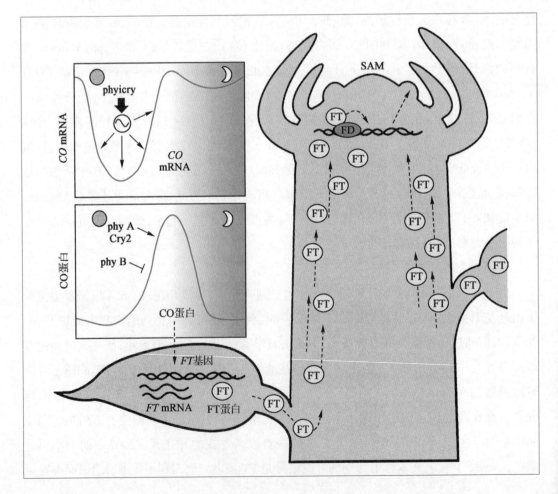

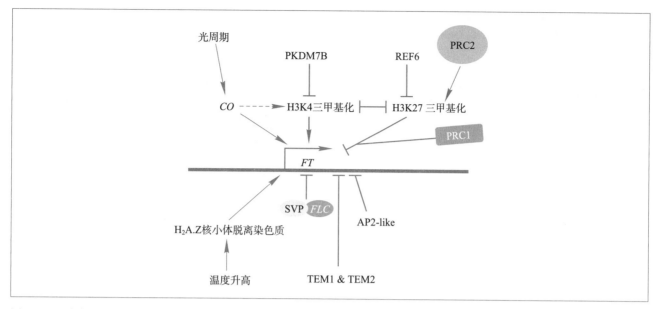

图 10-27　染色质介导的 *FT* 基因表达调控植物开花

长日照诱导 CO 蛋白的积累，进一步激活 *FT* 表达。CO 促进组蛋白 H3K4 的三甲基化。相反，PKDM7B 去甲基化 H3K4 抑制 FT 的表达。PRC2 保留 H3K27 位点的三甲基化，同时 REF6 负责 H3K27 的去甲基化，以维持 *FT* 位点甲基化程度的动态平衡。PRC1 复合体识别 H3K27 三甲基化并抑制 *FT* 表达。温度升高会使位于 *FT* 转录起始位点的 H₂A.Z 核小体脱离，加速 *FT* 基因的转录。*FT* 表达进一步被 MADS^{box}（（SVP 和FLC）、B3 域（TEM1 和 TEM2）以及 AP2-like（AP2）3 类转录因子家族抑制。

色质上，进一步保留住 *FT* 染色质上 H3K27 位点的三甲基化，从而抑制 *FT* 的表达。另外，其他的 PRC2 组分，包括 SWN、EMF2 以及 FIE 也参与 *FT* 基因的抑制。近来研究表明，H3K4 脱甲基酶 PKDM7B 结合在 *FT* 染色质上，并介导 *FT* 位点的 H3K4 去甲基化，从而抑制 *FT* 基因表达。PKDM7B 活性消失会导致 H3K4 位点三甲基化程度升高，同时 H3K27位点三甲基化程度降低。

　　FT 基因对温度响应则由 *FT* 染色质上 H₂A.Z 核小体介导。组蛋白可变体 H₂A.Z 通过SWR1c 沉积在 *FT* 转录起始位点周围。当温度从 17℃ 升高至 27℃ 时，H₂A.Z 核小体从染色质上脱离，进一步促进 *FT* 的转录。SWR1c 的功能被破坏时，*FT* 基因的表达对温度不敏感，植物出现早花现象。*FT* 特异的表达在维管组织中，并且这种瞬时调控不需要染色质修复因子参与。例如，PcG 活性广泛存在于大多数组织中，然而，当其活性消失后只会特异地去除微管组织中 *FT* 基因的抑制作用，这暗示微管组织中存在特异调控 *FT* 表达的因子。因此，*FT* 的时空表达需要较为保守的染色质修复因子以及微管组织特异因子共同作用在 *FT* 基因的顺式调控元件上，以进一步保证 *FT* 基因的正确表达，精确控制植物开花时间。

10.3.2　春化作用

　　低温处理可促使植物开花的现象称为春化作用（vernalization）。可以根据是否需要春化来完成生活周期，把拟南芥分为夏季生态型（summer-annual）和冬季生态型（winter-annual）两种。大多数拟南芥为冬季生态型，在越冬前主要进行营养生长，经过冬季低

图 10-28 春化处理抑制了拟南芥冬季生态型中 *FLC* 基因的表达,在冬季生态型中突变 *FLC* 位点,不经春化处理植物即可开花

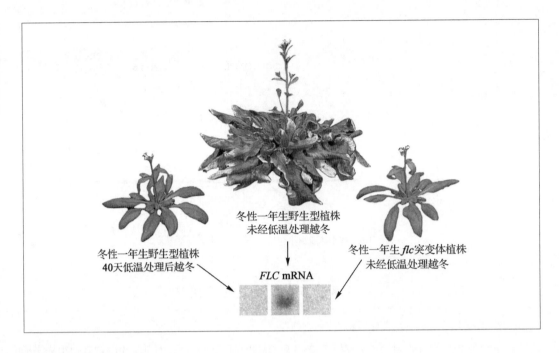

冬性一年生野生型植株
未经低温处理越冬

冬性一年生野生型植株
40天低温处理后越冬

FLC mRNA

冬性一年生 *flc* 突变体植株
未经低温处理越冬

温后在第二年春季适宜条件下迅速开花。而夏季生态型不需要经过低温过程就能直接开花。目前在实验室条件下最常用的拟南芥生态型 Columbia(Col)、Wassilewskija(Ws)、Landsbergerecta(Ler)等都属于夏季生态型。

FRI 是自然变异的决定植物开花时间的一个主要决定因子。分析夏季生态型和冬季生态型的遗传差异发现显性位点 *FRIGIDA*(*FRI*)在春化需求方面起主要作用,而夏季生态型就是由于 *FRI* 位点在进化过程发生突变或缺失进化而来的。另外,编码一个 MADS-box 转录因子 FLOWER LOCUS C(FLC),通过与开花时间基因 *SOC1*、*FT* 的 CArG boxes 相互作用抑制这些基因的表达,从而削弱了光周期途径对这些基因的活化效应。进一步研究表明 FLOWER LOCUS C(FLC)和 FRI 都为春化所必需。

1. FRI 介导的 *FLC* 位点染色质修复有利于植物越冬

FRI 为编码植物特异的一个脚手架蛋白,是决定植物开花时间自然变异的一个主要决定因子。目前,通过遗传筛选的方法已经鉴定到许多依赖 FRI 途径控制 *FLC* 基因激活途径的其他蛋白组分。这些组分包括保守的染色质修复因子以及一些植物特异的蛋白质。编码这些蛋白质的基因缺失后会进一步抑制 *FLC* 的表达,植物出现早花表型。

RNA 聚合酶 II 相关因子复合体(PAF1c)是与 FRI 功能相关的一个组分,其在酵母、植物和人中都较为保守。拟南芥的 PAF1c 复合体包含 6 个亚基,其功能缺失会导致 *FLC* 染色体上几个位点的甲基化程度减弱,进一步抑制 *FLC* 的表达。另外,PAF1c 还与基因组水平的组蛋白 H_2B 单泛素化相关。PAF1c 本身不具备修饰组蛋白的能力,但是能在转录激活和延伸的过程中为组蛋白修复酶提供一个作用平台。

H3K4 甲基转移酶 COMPASS 复合体保证了 *FLC* 上 H3K4 位点的三甲基化,进一步激活 *FLC* 基因的表达。COMPASS 包含 4 个保守的核心亚基,分别是包含一个 SET 区域的 H3K4 甲基转移酶以及 3 个结构上的核心组分 WDR5a、RBL,以及 ASH2R,这些组分形成

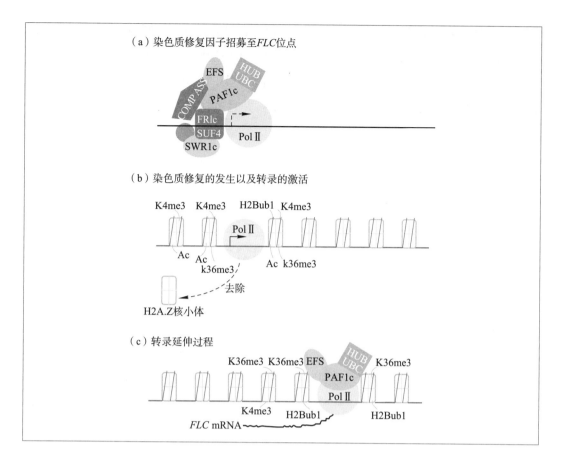

图 10-29 依赖 FRI 途径的 *FLC* 激活模式图

一个稳定的核心亚复合体,为 H3K4 位点甲基化提供了一个平台。两个已知的 H3K4 甲基转移酶 ATX1 以及 ATXR3(SDG2)参与 *FLC* 位点的 H3K4 三甲基化。H3K4 三甲基化主要发生在 *FLC* 的转录起始位点附近,*FLC* 的激活和积累需要 COMPASS 组分的参与。另外,过表达 ASH2R 会导致 *FLC* 位点 H3K4 三甲基化程度增加,并激活 *FLC* 的表达。这暗示 H3K4 三甲基化程度的增加足以激活 *FLC* 的表达并抑制开花。

除了 H3K4 位点的三甲基化,依赖 FRI 途径的 *FLC* 激活还需要 H3K36 位点的甲基化以及由 EFS 和 H2Bub1 复合体(HBU–UBC)介导的组蛋白 H2B 泛素化。EFS 催化 *FLC* 上 H3K36 的二甲基化和三甲基化。HUB–UBC 复合体包含 E3 泛素化连接酶(HUB1 和 HUB2)以及 E2 泛素结合酶(UBC1 和 UBC2),进一步参与包含 *FLC* 位点在内的全基因组水平的 H_2B 单泛素化。通过重组的人染色质装配系统发现,H_2B 单泛素化伴随着组蛋白分子伴侣 FACT 介导的 H2A–H2B 替换以及核小体重组装的发生,因此进一步使 Pol II 更容易地通过核小体。FACT 组分中 SPT16 和 SSRP1 发生突变后,会抑制 *FLC* 基因的表达,因此推测基因体上 H_2B 单泛素化有可能和功能保守的 FACT 一起发挥功能,两者协同进一步促进 FLC 转录延伸。

另外,FRI 介导的 *FLC* 激活还需要 *FLC* 位点上保守的 SWR1 复合体(SWR1c)参与。SWR1c 是一个 ATP 酶染色质重塑复合体,其能用组蛋白变体 $H_2A.Z$ 替代 H_2A。当 SWR1c 功能破坏后,组蛋白变体 $H_2A.Z$ 不能结合在 *FLC* 染色体上,从而抑制了 *FLC* 基因表达,植物早花。

除了染色质修复因子，依赖 FRI 途径的 *FLC* 激活还需要两个植物特异的因子(FRL1 和 FES1)以及两个其他组分(SUF4 和 FLX)。这些蛋白连同 FRI 蛋白本身形成一个转录激活复合体(FRIc)，并由 SUF4 负责识别 *FLC* 启动子上的顺式作用元件。这一复合体中的任何一个亚基功能缺失后会抑制 *FLC* 的表达，并且植物只会出现早花表型，这表明这一复合体是 *FLC* 基因特异的一个激活因子。

2. 长链非编码 RNA 和多梳复合体在植物感应冬季的表观记忆中的作用

冬季生态型的植物需要经过春化作用(vernalization)进一步获得开花的能力。春化作用抑制 *FLC* 基因的表达，加速植物在适宜温度(20~25℃)下向开花期的转换。春化作用对 *FLC* 的抑制需要长链非编码 RNA 和多梳复合体，并且这种抑制作用会一直持续到植物在适宜温度下的正常生长状态，因此赋予植物对冬季的"记忆"。

通过大规模筛选春化不敏感型拟南芥突变体，科学家鉴定了一些具备抑制 *FLC* 基因表达功能的多梳基团(PcG)相关组分，包括 VRN1(vernalization 1)、VRN2(vernalization 2)、VRN3(vernalization 3)、VRN5(VIL1) 以及 *LHP1*(LIKE HET-EROCHROMATIN 1) 等基因。其中，VRN2 编码果蝇 PcG 发育调节因子 *Su*(Z)12 的同源基因。在果蝇中，*Su*(Z)12 能通过修饰染色质结构调节基因表达。VRN1 定位于核内，具有两个植物特异的与 DNA 结合有关的 B3 结构域。VIN3 则为编码植物 PHD 区域(参与蛋白质之间的相互作用) 的蛋白质，其能被低温诱导，并且只在低温条件下表达。春化过程中 *VIN3*、*VRN5*、*VRN2*、*CLF*(或 *SWN*)、*FIE* 以及 *MSI1* 会形成一个 PHD-PRC2 复合体，这一复合体存储了 *FLC* 第一个外显子附近的 H3K27 三甲基化信息，从而抑制 *FLC* 表达。

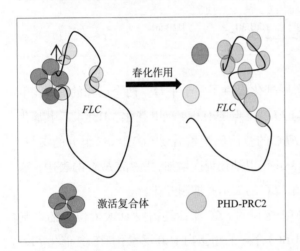

图 10-30　长链非编码 RNA 形成环状抑制 FLC 基因表达

招募到 *FLC* 染色质上的 PcG 的抑制活性需要由 lncRNA 介导。瞬时冷处理会诱导两个 lncRNA 从 *FLC* 位点转录，分别称之为：*COOLAIR* 和 *COLDAIR*。*COOLAIR* 并不是对 *FLC* 抑制起主要作用的决定因子，其很可能通过一个共转录调控的机制来参与春化作用介导的 *FLC* 抑制。*COLDAIR* 转录起始于 *FLC* 第一个内含子。冷处理下，PHD-PRC2 复合体中的 CLF 亚基能和 *COLDAIR* 互作，从而使整个复合体能结合到 *FLC* 染色质上。另外，*COLDAIR* 与染色质的结合只发生在 *FLC* 位点，同时，*COLDAIR* 转录本的中心区域对这种结合具有重要作用。最近的报道研究鉴定到另外一个参与春化作用的 lncRNA *COLDWRAP*。*COLDWRAP* 转录起始于 *FLC* 的启动子区域，也是春化过程中对 *FLC* 基因抑制所必需的。春化作用下，*COLDAIR* 和 *COLDWRAP* 在 *FLC* 位点形成一个具有抑制作用的基因内染色质环状结构。

10.3.3 植物激素对开花过程的表观调控

植物激素包括赤霉素（gibberellins，GA）、茉莉酸（jasmonic acid，JA）、脱落酸（abscisic acid，ABA）、乙烯（ethylene）以及生长素（auxins）都能通过 DNA 甲基化、组蛋白翻译后修饰等方式，一定程度上影响染色质的紧密程度。研究表明当 H3K27 三甲基化时，GA 途径的许多基因表达受到影响。*PICKLE*（*PKL*）基因编码一个拟南芥染色质重塑酶，其能促进 H3K27 的三甲基化。*pkl* 突变体具有晚花的表型。研究表明，当向该突变体外源施加赤霉素后，*pkl* 突变体的开花时间提前一周。然而，*pkl* 突变体内源所含的赤霉素含量却没有发生改变。这说明 *PLK* 基因并没有参与赤霉素的合成过程，而参与了赤霉素的信号感知过程。这些结果暗示赤霉素合成和信号响应会在一定程度上影响染色质的结构修复，从而调控植物开花过程。另外，拟南芥中，低温条件能诱导乙烯产生，植物开花时间变长；而当温度恢复到正常条件时，植物便能正常开花。乙烯也能诱导组蛋白去乙酰化酶 HDA6 和 HDA19 的表达。拟南芥中，HDA6 进一步上调 *FLC* 的表达。植物通过整合各种激素信号途径，激活或抑制下游开花途径关键调控因子（FLC、SOC1、FT）的表达，从而使植物适应外部环境的刺激和自身生理调节变化，确保植物正常开花。

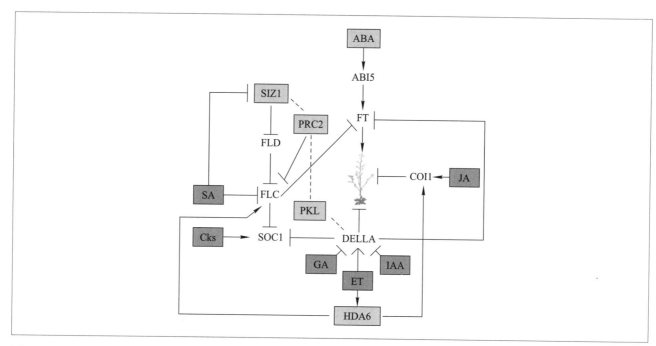

图 10-31　不同激素信号通路对开花过程的调控

ABA 通过 ABI5 激活 FT 的表达，促进开花；JA 作用于 COI1 抑制开花；GA、IAA 及 ET 能正向或负向调控 DELLA，抑制开花。许多染色质重塑因子参与调控 FLC、FLD 以及 DELLA 的表达。DELLA 蛋白不仅与 PKL 互作，还进一步通过招募 PRC2 作用于 FLC，提高 *FLC* 基因上 H3K27 的三甲基化程度，调控下游靶基因 *FT* 和 *SOC1*。FLD 介导了 H3K4me2 的去甲基化，促使 FLC 上 H4 位点发生去乙酰化。SA 能抑制 SIZ1 介导的 *FLD* 基因上 SUMO 化修饰。虚线代表蛋白之间的互作。

思考题

1. 为什么机体需要体液免疫和细胞免疫两种免疫方式？缺失其中一种的后果是什么？

2. 假如你猜测某个基因涉及果蝇的眼发育（已知该基因的序列），请试设计实验证实你的设想。

3. 假如某个基因突变长出两个尾巴的异常果蝇，但你不知道该表型涉及一个基因还是多个基因，你将如何设计实验解决这一问题？请提出实验方案找到涉及这个性状的突变基因。

4. 假如你得到一个拟南芥突变体，表型是花发育不正常，但是发生突变的基因不属于所有已知的参与花形态建成的基因，你如何研究这个基因在拟南芥花发育中的功能？你觉得这个问题有可能吗（即确实存在这样的基因吗）？

5. 现在已经证明植物开花的时间与光照有关，试问这种关联对于植物的意义在哪儿。

6. 假如把拟南芥中所有涉及花发育的基因全部敲除，将所有涉及玫瑰花发育的基因都置于相应拟南芥基因启动子的调控之下并转到拟南芥中，这些转基因拟南芥会开出玫瑰花吗，为什么？

参考文献

1. Campos-Rivero G, Osorio-Montalvo P, Sánchez-Borges R, et al. Plant hormone signaling in flowering: An epigenetic point of view. J Plant Physiol., 2017, 214:16-27.

2. He Y. Chromatin regulation of flowering. Trends Plant Sci., 2012, 17:556-562.

3. Kim D H, Sung S. Vernalization-triggered intragenic chromatin loop formation by long noncoding RNAs. Dev Cell, 2017, 40:302-312.

4. Ó'Maoiléidigh D S, Graciet E, Wellmer F. Gene networks controlling Arabidopsis thaliana flower development. New Phytol., 2014, 201:16-30.

5. Qüesta J I, Song J, Geraldo N, et al. *Arabidopsis* transcriptional repressor VAL1 triggers Polycomb silencing at FLC during vernalization. Science, 2016, 353:485-488.

6. Jung C, Pillen K, Staiger D, et al. Editorial: Recent advances in flowering time control. Front Plant Sci., 2016, 7:2011.

数字课程学习

📧 教学课件　　　　📄 在线自测　　　　🖥 思考题解析

第 11 章

基因组与比较基因组学

20 世纪 40 年代研制成功的第一颗原子弹,60 年代实现的人类登月计划和 90 年代提出并于 2000 年基本完成的人类基因组计划(human genome project,HGP)是公认的 20 世纪科技发展史中的三大创举。DNA 双螺旋结构的发现者之一 J. D. Watson 认为,与人类登月计划相比,HGP 的资金投入更少,且对人类生活的影响却可能更深远。随着这个计划的完成,人类基因组中储藏的有关人类生存和繁衍的全部遗传信息将被破译,它将不仅帮助我们理解人类各种生理过程的内在机制,还将最终揭开癌症、早老性痴呆症、精神分裂症等严重危害人类健康的疾病的生理及分子机制,并最终为这些疾病的预防及治疗提供理论基础。与此同时,对人类、细菌、病毒以及其他各物种基因组信息的破译,也将有助于人们解决诸如人口膨胀、粮食短缺、环境污染、疾病危害、能源资源匮乏、生态平衡失调、生物物种消亡等一系列世界难题。

对人类以及其他生物体全基因组序列的测定是科学发展史上的浩大工程。人类基因组计划以及由此派生出来的数量庞大的基因组计划显然得益于 20 世纪下半叶分子生物学研究和计算机科学技术的蓬勃发展,前者直接导致了 DNA 序列分析仪器的发明及其迅速的更新换代,为基因组计划提供了强大的技术支撑,而后者则使该计划所产生的海量数据在实验室得到消化和处理。从 1975 年花了九牛二虎之力测定全长 5 386 bp 的噬菌体 ΦX174 基因组到 2001 年完成总长 30 亿 bp 的人类基因组序列测定,短短 20 多年间 DNA 序列分析技术产生了质的飞跃。如果没有高通量 DNA 序列分析技术的发展,人类基因组计划就几乎不可能完成。而随后出现并不断得到改进的第二代测序技术更是将基因组学的研究推进到前所未有的深度和广度。这不仅极大地增加了单位时间的测序量,显著降低了测序成本,同时也拓宽了通过测序所能探讨的科学问题的范畴。

随着计算机分析处理能力的提高以及科学家对序列分析流程的不断改进和优化,大规模测序已不再是只有极少数测序中心才能够承担的工作。随着各个实验室逐渐能够自行生产和处理大规模测序数据,越来越多物种的基因组 DNA 被测定和解析,人们开始对不同时期不同组织在健康或疾病状态下的全基因组水平以及不同个体、不同物种间基因组序列、表达谱差异等进行深入分析,阐述染色质的高级结构、各种表观遗传修饰和各种蛋白质–DNA 相互作用对整个基因组的转录调控所带来的影响。此外,“元基因组学”(metagenomics)则以取自环境的样本里所有的遗传物质或特定的微生物群落为研究对象。所有这些为我们解码生命、了解生命的起源和生长发育规律、认识种属之间以及个体之间存在差异的起因、认识疾病产生机制以及长寿与衰老等生命现象、为疾病的诊治提供科学依据,导致一批生命科学相关领域出现了不曾预见的新面貌。

11.1 人类基因组计划

基因组是生物体内遗传信息的集合,是某个特定物种细胞内全部 DNA 分子的总和。"基因组学"则是美国人 T. H. Roderick 在 1986 年 7 月首次提出、并与一个新的杂志——*Genomics* 一道问世。基因组学着眼于研究并解析生物体整个基因组的所有遗传信息,从而完全改变了经典遗传学"零敲碎打"的方法,更加系统和全面地研究生命现象。为了解析人类基因组中携带的有关人类个体生长发育、生老病死的全部遗传信息,揭开人类生长发育的奥秘,追求健康,战胜疾病,人类基因组计划于 20 世纪 90 年代启动。计划测定单倍体染色体组中约 30 亿碱基对序列,从如下 8 个方面阐明这些编码的遗传信息:

① 确定人类基因组中 2 万～2.5 万个编码基因的序列及其在基因组中的物理位置,研究基因的产物及其功能。

② 了解转录和剪接调控元件的结构与位置,从整个基因组结构的宏观水平上理解基因转录与转录后调节。

③ 从整体上了解染色体结构,包括各种重复序列以及非转录调控序列的大小和组织,了解各种不同序列在形成染色体结构、DNA 复制、基因转录及表达调控中的影响与作用。

④ 研究空间结构对基因调节的作用。有些基因的表达调控序列与被调节基因在 DNA 一级结构上相距甚远,但若从整个染色体的空间结构上看则恰恰处于最佳的调节位置,因此,有必要从三维空间的角度来研究真核基因的表达调控规律。

⑤ 发现与 DNA 复制、重组等有关的序列。DNA 的忠实复制保障了遗传的稳定性,正常的重组提供了变异与进化的分子基础。局部 DNA 的推迟复制、异常重组等现象则导致疾病或者胚胎不能正常发育,因此,了解与人类 DNA 正常复制和重组有关的序列及其变化,将为研究人类基因组的遗传与进化提供重要依据。

⑥ 研究 DNA 突变、重排和染色体断裂等,了解疾病的分子机制,包括遗传性疾病、易感性疾病、放射性疾病甚至感染性疾病引发的分子病理学改变及其进程,为这些疾病的诊断、预防和治疗提供理论依据。

⑦ 确定人类基因组中转座子、反转座子和病毒残余序列,研究其周围序列的性质。了解有关病毒基因组侵染人类基因组后的影响,可能有助于人类有效地利用病毒载体进行基因治疗。

⑧ 研究个体间各遗传元件的多态性。这些知识可被广泛用于基因诊断、个体识别、亲子鉴定、组织配型、发育进化等许多医疗、司法和人类学的研究。此外,这些遗传信息还有助于研究人类历史进程、人类在地球上的分布与迁移以及人类与其他物种之间的比较。

11.1.1 遗传图

遗传图(genetic map)又称为连锁图(linkage map),是指基因或 DNA 标志在染色体上

图 11-1　遗传距离图的基本数据来自基因的重组

上述 4 个基因都位于果蝇的 X 染色体上。

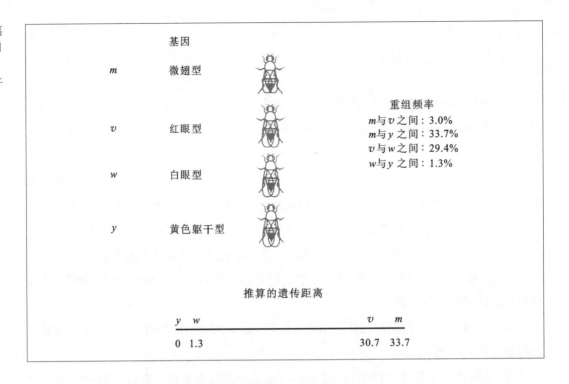

基因		
m	微翅型	
v	红眼型	
w	白眼型	
y	黄色躯干型	

重组频率
m 与 v 之间：3.0%
m 与 y 之间：33.7%
v 与 w 之间：29.4%
w 与 y 之间：1.3%

推算的遗传距离

y	w		v	m
0	1.3		30.7	33.7

的相对位置与遗传距离。通过遗传图我们可以大致了解各个基因或 DNA 片段之间的相对距离与方向,了解哪个基因更靠近着丝粒,哪个更靠近端粒等。遗传距离是通过遗传连锁分析确定的。连锁分析是经典遗传学的重要手段。因为在同源染色体的同一遗传位点上可能存在不同的等位基因(多态性),而在产生配子的减数分裂过程中,同源染色体既能相互配对也可能发生片段互换,从而导致子代出现两个遗传位点等位基因的"重组",该重组频率与这两个位点之间的距离呈正相关。于是,科学上用两个位点之间的交换或重组频率厘摩(cM)来表示其遗传学距离[图 11-1]。cM 值越大,表明两者之间距离越远。一般说来,这一数值不会大于 50% 或 50 厘摩,因为当重组率等于 50%(即遗传学距离等于50 厘摩)时,两个位点之间完全不连锁(相当于在不同的染色体上),只发生随机交换。

研究中所使用的遗传标志越多、越密集,所得到的遗传连锁图的分辨率就越高。经典的遗传标记是可被电泳或免疫技术检出的蛋白质标记,如红细胞 ABO 血型位点标记,白细胞 HLA 位点标记等。表 11-1 给出了酵母遗传分析中最常见的部分生物化学标签。由于人类本身不能像其他"非人类"生物那样进行"选择性"婚配,子代个体数量较为有限、世代寿命较长等客观原因,已知呈共显多态性的蛋白质数量不多,等位基因的数量(多态性)也不多,使人类遗传性状研究受到很大的限制。DNA 多态性遗传标记检测技术的建立提供了大量新的人类基因组遗传标记。

表 11-1　酵母遗传分析中最常用的生物化学标签

标签	表型	筛选方法
ADE2	培养基中需加入腺苷酸	只能在加入腺苷酸的培养基上生长
CAN1	对刀豆氨酸有抗性	能在含有刀豆氨酸的培养基上生长

标签	表型	筛选方法
CUP1	对铜离子有抗性	能在含有铜离子的培养基上生长
CYH1	对环己酰亚胺有抗性	能在含有环己酰亚胺的培养基上生长
LEU2	培养基中需加入亮氨酸	只能在加入亮氨酸的培养基上生长
SUC2	能进行蔗糖发酵	能在以蔗糖作为唯一碳源的培养基上生长
URA3	培养基中需加入尿嘧啶	只能在加入尿嘧啶的培养基上生长

第一代 DNA 遗传标记是 RFLP（restriction fragment length polymorphism，限制性片段长度多态性）和 RAPD（random amplified polymorphism DNA，随机扩增多态 DNA）。DNA 序列上的微小变化，甚至 1 个核苷酸的变化，也能引起限制性内切酶切点的丢失或产生，导致酶切片段长度的变化（图 11-2），或者改变引物结合效率，影响 PCR 扩增。由于核苷酸序列的改变遍及整个基因组，特别是进化中选择压力较小的非编码序列中，只要选择得当，生物体内出现共显性 RFLP 和 RAPD 分子标记的频率远远超过了经典的蛋白质多态性（图 11-3）。但是，RFLP 和 RAPD 仅局限于 1 个或少数几个核苷酸的突变，一般只能导致限制性酶切位点的"切开"与"不切开"或某一扩增条带"存在"与"不存在"，所提供的"多态性"信息量较小。

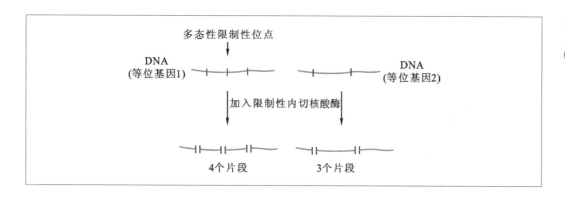

图 11-2 限制性片段长度多态性（RFLP）原理示意图

第二代 DNA 遗传标记利用了存在于人类基因组中的大量重复序列，包括重复单位长度在 15～65 个核苷酸左右的小卫星 DNA（minisatellite DNA），重复单位长度在 2～6 个核苷酸之间的微卫星 DNA（microsatellite DNA），后者又称为简短串联重复多态性（STR、STRP 或 SSLP，short tandem repeat polymorphism 或者 simple sequence length polymorphism）。STRP 有两个突出的优点，即作为遗传标记的"多态性"与"高频率"。由于 $(A)_n$，$(CA)_n$，$(CGG)_n$ 等短重复序列在同一位点上可重复单位数量变化很大，同源染色体配对时又容易产生"错配"，进一步扩大了群体中所拥有的"等位基因"数，并使这样的位点遍布于整个基因组。现已有 5 264 个 STRP 为主体的遗传标记"连锁图"，平均分辨率已达 600 kb，其中第 17 号染色体上平均每 495 kb 有一个标记，第 9 号染色体上平均每 767 kb 有一个标记，整个基因组中只有 3 处标记间距大于 4 Mb。

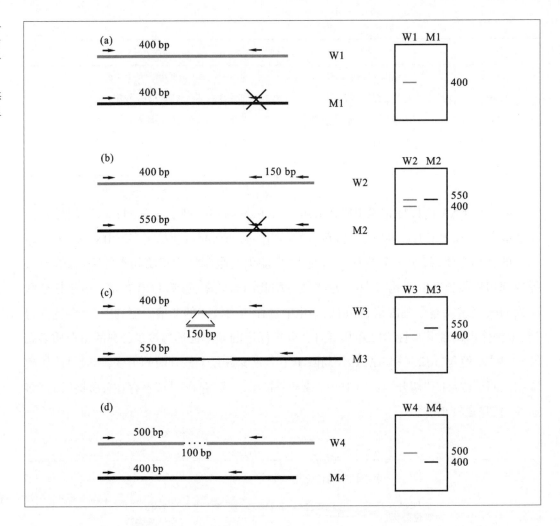

图 11-3 RAPD 分子标记中的显性与共显多态性分子机制

(a)最常见的显性多态性标记;(b)~(d)共显性多态性标记。

　　第三代 DNA 遗传标记,即单核苷酸多态性(single nucleotide polymorphism,SNP)标记,指分散于基因组中的单个碱基的差异,包括单个碱基的缺失和插入,但更常见的是单个核苷酸的替换。由于该标记中的所有"遗传多态性"都来自单个核苷酸的差异,SNP 有可能在密度上达到人类基因组"多态"位点数目的极限,所以,它可能是最好的遗传标记。到目前为止,已经在人类基因组发现了超过 1 000 万个 SNP 位点,平均每 300 个碱基对中就有一个 SNP。由于基因组不同部分受到的选择压力不同,而且基因组中蛋白质编码序列仅占 10% 以下,绝大多数 SNP 位于非编码区。SNP 与 RFLP 和 STRP 标记的主要不同之处在于,它不再以 DNA 片段的长度变化作为检测手段,而直接以序列变异作为标记^(图 11-4)。SNP 遗传标记分析完全摒弃了经典的凝胶电泳,代之以新的 DNA 芯片技术,在人类基因组"遗传图"的绘制中发挥了重要作用。

　　"遗传图"的建立为人类疾病相关基因的分离克隆奠定了基础。拥有 5 000 多个遗传学位点,相当于把整个人类基因组划分为 5 000 多个小区,并分别设置了"标牌"。这些标牌将在搜索功能基因的过程中发挥独特的作用。把多态性的疾病基因位点(该位点至少包括"正常"及"致病"两个等位基因)与上述遗传标记进行分析比较时,如果在家系中证

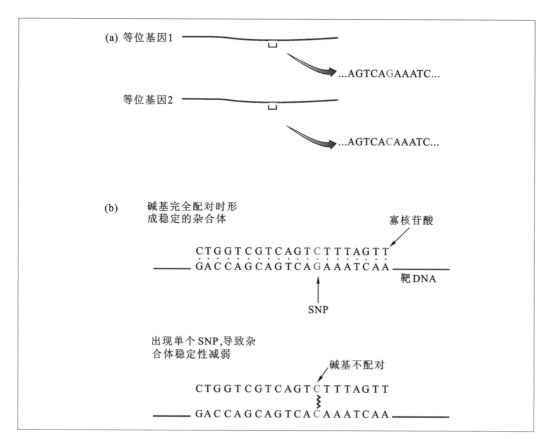

实该基因与某个标记不连锁(重组率为 50%),表明该基因不在这一标记附近;如果发现该基因与某个标记有一定程度的"连锁"(重组率小于 50% 但大于 0),表明它可能位于这个标记附近;如果该基因与某标记间不发生重组(重组率等于 0),我们就推测该标记与所研究的疾病基因可能非常接近。

11.1.2 物理图

人类基因组的物理图(physical map)是指以已知核苷酸序列的 DNA 片段(序列标签位点,sequence-tagged site, STS)为"路标",以碱基对(bp、kb、Mb)作为基本测量单位(图距)的基因组图。任何 DNA 序列,只要知道它在基因组中的位置,都能被用作 STS 标签。物理图的主要内容是建立相互重叠连接的"相连 DNA 片段群"(contig),并用 PCR 方法予以证实。图 11-5 是酵母第三号染色体的遗传图与物理图的比较。序列分析表明,遗传图上关于 glk1 和 cha1 两个基因位点的定位是错误的。由于实验方法不同,不少遗传标记之

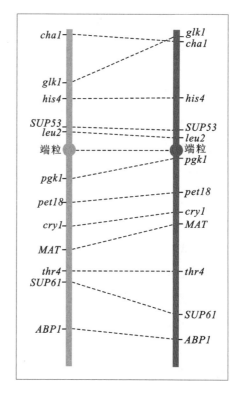

图 11-5 酵母第三号染色体图(右)和物理图(左)的比较

图 11-6 用 STS 标签技术制作基因组的物理图

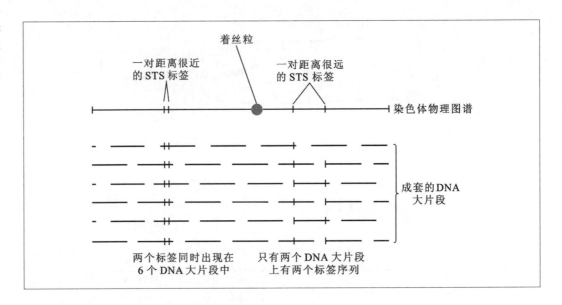

间的距离并不等于它们在物理图上距离。

　　用 STS 技术绘制基因组物理图是非常有效的方法。STS 其实只是基因组中任何单拷贝的短 DNA 序列,长度在 100 ~ 500 bp。建立 STS 物理图之前,首先要得到至少 5 套包含相关染色体或整个基因组的 DNA 片段(图11-6)。然后,分别用各个 DNA 片段做模板,用来自不同 STS 标签上的序列做引物进行 PCR 扩增。如果某两个 STS 标签在基因组上靠得很近,它们有可能一直同时出现在 DNA 大片段上;如果某两个 STS 标签在基因组上相距较远,它们同时出现在一个 DNA 大片段上的概率就会小得多。只要有一定数量的 STS 标签,所有 DNA 大片段在该染色体或基因组中的位置都能被确定下来。基于 STS 的物理图把来自经典遗传学及细胞遗传学中的基因位点的信息转化为基因组上的物理位点信息,因此可直接以这些片段为材料进行基因克隆和分析。现在已有包含上百万个 STS 的人类基因组物理图,分辨率达到每 3 ~ 4 kb 有一个 STS 标签。

11.1.3　转录图

　　生物性状,包括疾病,主要是由结构或功能蛋白质所决定的,而所有已知蛋白质都是由带有多腺苷酸"尾巴"的 mRNA 按照遗传密码三联子的规律翻译产生的。因此,分离纯化 mRNA(或 cDNA)、提取基因组的可转录部分对于了解生命现象是至关重要的。人类基因组转录图(expression profiling,cDNA 图),或者基因的 cDNA 片段图,即表达序列标签图(expressed sequence tag,EST)是人类基因组图的重要组成部分。实验中可通过得到的一段 cDNA 或一个 EST,筛选出全长的转录本,并根据其序列的特异性将该转录物所代表的基因准确地定位于基因组上。

　　在整个人类基因组中,只有 2% 的序列编码蛋白质,即包含 2 万 ~ 2.5 万个蛋白质编码基因。这些基因的平均长度为 27 kb 左右,含有 8.8 个长约 145 bp 的外显子。而内含子的长度则大大超过外显子,达到 3 365 bp 左右。人类基因的 3′ 非翻译区(UTR)的平均长度为 770 bp,其 5′ 非翻译区的平均长度为 300 bp,开放读码框的平均长度约为 1 340 bp,编码 447 个氨基酸(表 11-2)。在人类成年个体的每一特定组织中,一般只有 10%~20% 的基因表达(1 万~2 万个不同类型的 mRNA)。通过分离特定组织在某一发展阶段或某种生理条件下的总 mRNA,合成 cDNA 并进行序列分析,即可得到该组织在特定条件下的转录信息。另外,通过测定同一转录物的数量,还可以进一步得到各转录物表达量的信息。收集各种组织、细胞或同一组织、细胞在不同时期或不同生理状态下的基因表达谱进行两两或多重比较,即所谓的"电子消减杂交"或"数据库消减杂交",就能比较全面地了解哪些基因是特异性表达的,哪些是组成型表达的,哪些基因受发育过程的调控而哪些受生理状态或外部环境影响的调控。将这些表达信息标记到相应的组织、细胞中,就可以绘出区分 200 余种人体基本组织或不同细胞的人体基因图(body-map)。转录图或基因表达谱使人们更系统、全面地研究特定细胞、组织或器官的基因表达模式并解释其生理属性,更深入地认识生长、发育、分化、衰老和疾病发生机制。

表 11-2 人类基因组数据库中蛋白质编码基因的部分重要参数比较

性质	平均值
外显子长度 /bp	145
外显子个数	8.8
内含子长度 /bp	3365
3' 非翻译区	770
5' 非翻译区	300
开放读码框的长度 /bp	1 340
核基因长度 /kb	27

11.1.4 全序列图

人类基因组的核苷酸序列图其实是分子水平上最高层次的、最详尽的物理图。测定总长约 1 m、由 30 亿个核苷酸组成的全序列是人类基因组计划中最明确的任务。第一个完成的人类基因组全序列来自一个"代表性人类个体"(其所有权在法律上不属于任何供体)。该序列在其完成时在理论上代表了全人类的基因组信息,后来也成为所有个体重测序的参考基因组,并为基因分析和诊断提供了各种参考信息。研究还发现,人类基因组与其他动物基因组在染色体水平上有"共线"(即同源)现象。图 11-7 是人类第 21 号染色体 HSA21 位点与小鼠第 16 号染色体 MMU16、MMU17 和 MMU10 连锁图的比较,我们可以很清楚地看出,两者之间存在着广泛的同源性。

人类基因组计划所绘制的 4 张图,特别是人类核酸序列图,蕴藏了决定我们生、老、病、死的遗传信息,必将成为人类认识自我、改造自我的用之不绝的知识源泉,为现代生物学和医学的发展提供物质基础。

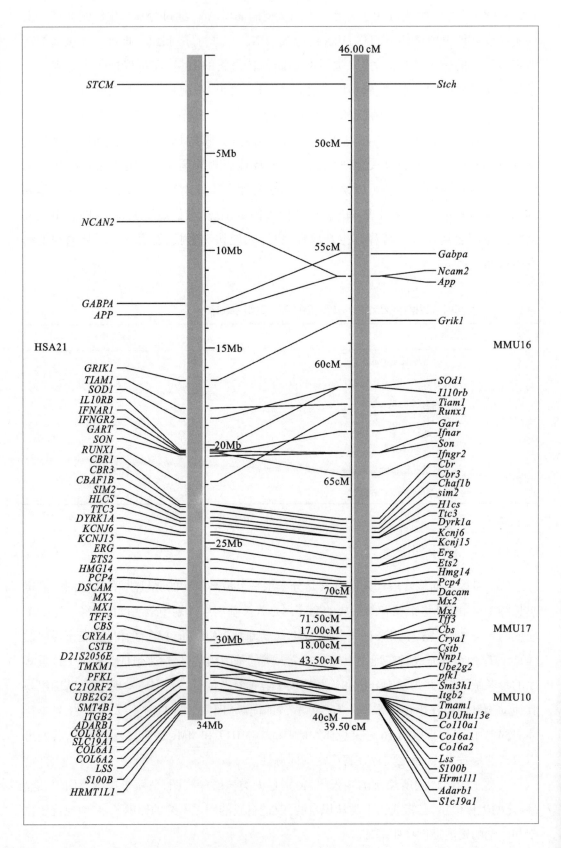

图 11-7 人类第 21 号染色体 HSA21 位点与小鼠 16 号染色体 MMU16、MMU17 和 MMU10 位点有"共线"性

11.2 高通量 DNA 序列分析技术

人类基因组计划的成功很大程度上得益于早期在有效地减少 DNA 测序成本的方法学上的投资。通过改良测序方法,不断提升其自动化程度,在人类基因组计划起始之后的十年内 DNA 测序的成本降低了 100 倍,从 20 世纪 70—80 年代每个碱基 10 美元降低到1 美元 10 个碱基。在第一个人类基因组测序工作完成之际,美国国立人类基因组研究所(NHGRI)为基因组学研究的下一阶段提出了一系列计划,要在 10 年时间内分两阶段将测序的花费降低 4~5 个数量级:5 年后达到 10 万美元测序一个人类基因组,10 年后则要求达到 1 000 美元测序一个人类基因组。为了达到这个目标,NHGRI 资助了一系列研究项目,包括面向 10 万美元/基因组的、以基于 DNA 合成的测序方法和基于 DNA 连接的测序方法为代表的第二代测序仪,以及面向 1 000 美元/基因组的基于纳米孔测序技术的第三代测序仪。此外,对 Sanger 测序中样本准备的简化和整合、对毛细管阵列的隔离和检测、对 DNA 聚合酶催化的核苷酸聚合反应的实时荧光监测、基于杂交的测序等一系列基于物理、化学、生物化学和各种分光光度计、显微镜测量法鉴定核苷酸序列的技术也在他们的优先发展和改善之列。

11.2.1 Sanger DNA 序列测定基本原理

无论是对于重组质粒还是单个基因或是整个基因组,分析 DNA 结构的最基本方法就是测定出这些 DNA 分子的一级结构——DNA 序列。DNA 自动测序仪的出现使得 DNA 测序过程变得快捷而稳定,计算机处理能力的迅速提高则使得大量 DNA 小片段很容易被拼接成较大的片段甚至整条染色体。高效快捷的 DNA 测序方法始于 20 世纪 70 年代中期。当时有两种不同的测序方法,一种是 Sanger 的双脱氧链终止法,一种是 Maxam-Gilbert 的化学修饰法。在 DNA 测序技术发展过程中,双脱氧链终止法最终因其更适合于序列分析的自动化而逐渐占据了显著的优势地位。

剑桥大学的 F. Sanger 等人于 1977 年发明了利用 DNA 聚合反应的双脱氧链终止反应来测定核苷酸序列的方法。由于这种方法要求使用适当的 DNA 引物以单链 DNA 为模板在 DNA 聚合酶的催化下进行 DNA 的合成,因此也称为引物合成法或酶催引物合成法。在测序过程中使用的 DNA 聚合酶一般是去掉了 $5' \rightarrow 3'$ 外切核酸酶活性的 DNA 聚合酶 I 的 Klenow 大片段。它利用 DNA 聚合酶所具有的两种酶催反应的特性:① 该酶能以单链 DNA 为模板,合成出准确的 DNA 互补链序列。② 如果以 $2', 3'-$ 双脱氧核苷三磷酸为底物,掺入到新合成的寡核苷酸链的 $3'$ 端后,DNA 链的延伸被终止。

在 DNA 测序反应中,加入模板 DNA(即待测序样本)、特异性引物、DNA 聚合酶、dATP、dTTP、dGTP、dCTP 和一种 ddNTP,当这种 $2', 3'-$ 双脱氧 ddNTP 取代常规的脱氧核苷酸(dNTP)掺入到寡核苷酸链的 $3'$ 端之后,由于 ddNTP 没有 $3'-OH$ 基团,阻断了 DNA 聚合反应[图 11-8],寡核苷酸链不再继续延长,而在该位置上发生了特异性的链终止效应。

图 11-8 脱氧核苷三磷酸,dNTP(a)和双脱氧核苷三磷酸,ddNTP(b)分子结构式

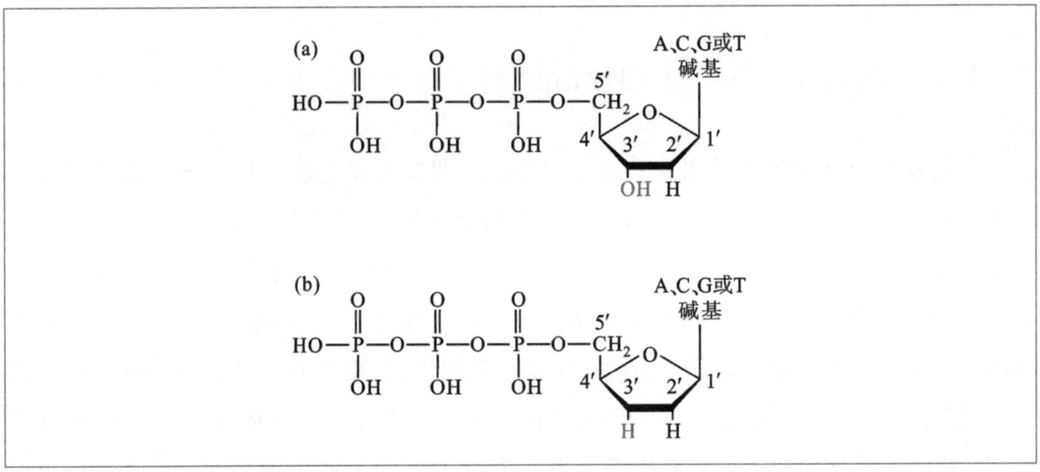

在同一个反应中,由于加入了大量的带 ^{32}P 放射性标记的 4 种 dNTP 及适量的某种 ddNTP (如 ddTTP),经过适当的温育之后,将会产生出不同长度的 DNA 片段混合物。它们都具有同样的 5′ 端,并在 3′ 端的 ddTTP 处终止。将这种混合物加到变性凝胶上进行电泳分离,就可以获得一系列全部以 3′ 端 ddTTP 为终止残基的 DNA 片段的电泳谱带模式。分别加入 ddATP、ddGTP 和 ddCTP,在不同试管中温育后,点样于同一变性凝胶上作电泳分离,再通过放射自显影的方法检测单链 DNA 片段的放射性带,就可以直接读出 DNA 的核苷酸顺序。

11.2.2 基因组 DNA 大片段文库的构建

除了 DNA 序列测定技术的进步之外,20 世纪 80 年代后期发展起来的酵母人工染色体技术(yeast artificial chromosome,YAC)为创制基因组物理图以及最终的基因组序列测定提供了一个极为方便的平台。YAC[图 11-9]含有 3 种必需成分:着丝粒、端粒和复制起点,是迄今容量最大的克隆载体,插入片段平均长度为 200 ~ 1 000 kb,最大的可以达到 2 Mb。然而 YAC 载体同时也存在不少缺点,特别是其嵌合体比例较高,一个 YAC 克隆中可能含有两个或多个本来不相连的独立的 DNA 片段。部分克隆子不稳定,在继代培养过程中可能会发生缺失或重排。另外,由于 YAC 与酵母染色体具有相似的结构,实验操作中很难与酵母染色体区分开,操作时也容易发生染色体机械切割和断裂。

为了克服上述缺点,科学家用细菌的 F 质粒及其调控基因构建了细菌染色体克隆载体,称为 BAC(bacterial artificial chromosome),其克隆能力在 125 ~ 150 kb。该质粒主要包括 *oriS*、*repE*(控制 F 质粒复制)和 *parA*、*parB*(控制拷贝数)等成分[图 11-10]。以 BAC 为基础的克隆载体形成嵌合体的频率较低,转化效率高,而且以环状结构存在于细菌体内,易于分辨和分离纯化,已被科学界广泛接受。

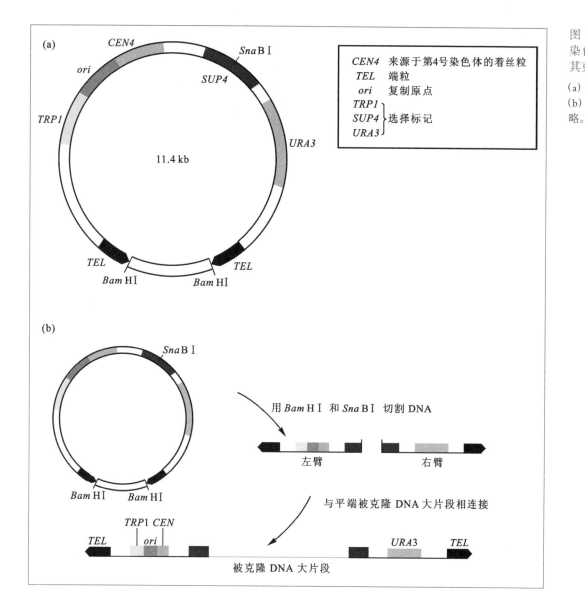

图 11-9 酵母人工染色体克隆载体及其克隆策略示意图

(a) pYAC3 载体；
(b) pYAC3 的克隆策略。

CEN4 来源于第4号染色体的着丝粒
TEL 端粒
ori 复制原点
TRP1
SUP4 } 选择标记
URA3

(a)

CEN4
SnaB I
ori
SUP4
TRP1
11.4 kb
URA3
TEL   *TEL*
Bam H I *Bam H I*

(b)

SnaB I

Bam H I *Bam H I*

用 *Bam* H I 和 *Sna* B I 切割 DNA

左臂   右臂

与平端被克隆 DNA 大片段相连接

TEL *TRP1 CEN*   *URA3* *TEL*
       ori
被克隆 DNA 大片段

11.2.3 鸟枪法序列测定技术及其改良

受 Sanger DNA 序列分析技术的限制，一次测序反应的长度不能超过 1 000 bp，因此尚不能直接用 BAC 等大片段作为序列分析的模板，而往往采用所谓的全基因组鸟枪法测序技术，随机挑选带有基因组 DNA 的质粒做测序反应，然后在计算机的帮助下，运用一些基于图论的近似算法进行序列拼接(图 11-11)。

在对某基因组文库全部克隆片段进行末端序列测定过程中，未测到的碱基数与已测定的总碱基数相关，并随着已测定碱基数的增加迅速减小。当随机测定的碱基数达到基因组大小的 5 倍时，基因组中未测定的碱基数仅占基因组总碱基数的 0.67%。但即使是在这样的覆盖度下，对于像流感嗜血杆菌这样大的基因组(1.83 Mb)，仍然可能有 128 个平均长度为 100 bp 的缺口(gap)。因此，为了得到较为完整、质量较高的全基因组序列，针对各测序流程中的不同问题，人们提出了一系列策略：

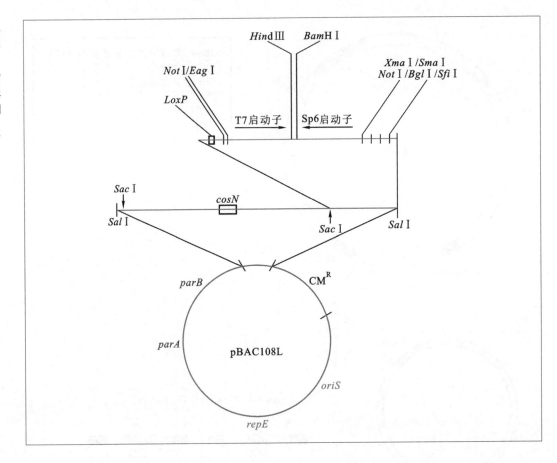

图 11-10 细菌人工染色体的构建及其克隆策略

pBAC108L 来自细菌的一个小型 F 质粒,其中 oriS 和 repE 控制了质粒的复制起始,parB 和 parA 控制了拷贝数。

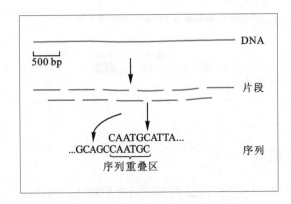

图 11-11 基因组 DNA 的鸟枪法测序原理示意图

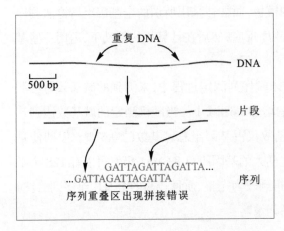

图 11-12 鸟枪法测序技术不能鉴别高等真核生物基因组中的重复序列

第一,建立高度随机、插入片段大小为 1~2 kb 的基因组文库。保证克隆数超过一定值,并保证经末端测序的克隆片段的碱基总数达到基因组大小的 5 倍以上。

第二,高效、大规模的末端测序:对文库中每一个克隆进行两端测序。

第三,开发新的序列拼装软件最大限度地排除错误的连锁匹配。

第四,建立 λ 文库以备缺口填补。

但即使是这样的策略仍不能弥补鸟枪法测序的一些缺点。对于更大的待测基因组,随着所需测序的片段数目大量增加,各个片段重叠成一个连续体的概率显著减小。另外,高等真核生物(如人类)基因组中存在的大量重复序列也会导致拼装困难^(图 11-12)。

图 11-13 改进后的鸟枪法测序原理图

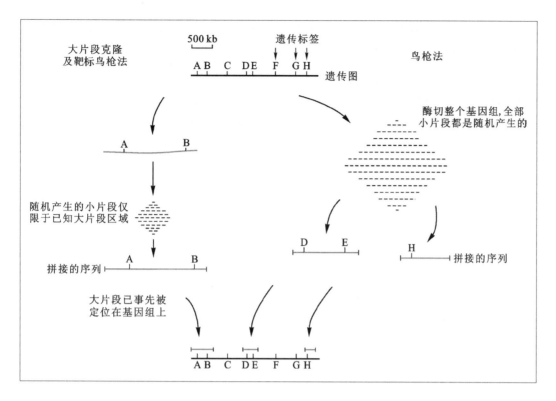

针对上述问题,科学家在进行较大的真核基因组序列分析时大多采用大片段克隆法(clone contig)或靶标鸟枪法(directed shotgun)。用稀有限制性内切核酸酶先将待测基因组降解为几十万个碱基对的片段,再分别进行测序,或者根据染色体上已知基因或遗传标签的位置来确定部分 DNA 片段的排列顺序,逐步确定各片段在染色体上的相对位置[图 11-13]。

11.2.4 Sanger 测序法的改进及新一代测序技术

继 Sanger 的基于合成的双脱氧链终止法被广泛应用于核苷酸序列测定之后,人们对测序流程中的样品准备、分子标记、化学反应试剂以及测序的平行化等方面进行了大量改进,开发出一系列新一代测序技术,包括已经商业化并被广泛运用的第二代测序技术:Roche 454 焦磷酸测序(于 2013 年关闭),Illumina Solexa 基于合成的循环阵列测序,ABI SOLiD 基于连接的测序;第三代测序技术:单分子测序技术以及正在快速发展中的纳米孔测序技术。

人类基因组计划的提前完成离不开对早期 Sanger 测序法的不断改进。这主要包括 3 个方面:用荧光标签替代放射性标记,用毛细管电泳替代普通的平板电泳,建立新的配对末端测序方案,使对序列的测定突破了实际测序读长的限制。再加上对各种溶液、流体的自动操作技术大大简化了文库的准备工作,整个测序流程开始向更高水平的自动化、平行化及高通量发展。现在,毛细管阵列自动测序的成本已降至每千碱基对 0.5 美元,通量也达到每机器每秒 24 个碱基。

为了满足现代生物学对测序技术的要求,一系列的策略被提出并付诸实验。虽然考虑到Sanger测序技术的成熟程度及其高精确度和读长上的优势,并且该技术已经受到了长期测序应用的检验,对其进一步在集成和流程整合方面进行改进不失为一个相对安全的选择,并且在短期内确实带来了切实的成本缩减。但是,要达到降低成本达4~5个数量级的目标仍然需要对测序方法进行根本性的变革,以循环阵列测序为特征的各项第二代测序技术正是在这种背景下应运而生的。所有的第二代测序都采取了有别于Sanger测序法中细菌克隆培养扩增待测样本的策略,在随机片段化基因组DNA后,直接在体外连接上共同的接头序列(adaptor sequence),然后通过乳胶PCR扩增或桥连PCR扩增等不同的方法产生一簇富集的扩增子,并最终被各自定位在固态反应基底的不同位置上。测序过程包括了一系列酶促生化反应和图像收集的自动循环[图11-14]。相对于Sanger测序法[图11-14a],第二代测序[图11-14b]所采取的体外构建测序文库、体外扩增测序模板以及更高密度的阵列化测序更大地提高了测序的自动化和平行化,从而极大地降低了测定单位碱基所消耗的各种生化试剂,大大降低了测序成本。当然,第二代测序读长较短,数据精确度不高,有待于进一步改良。

图 11-14 传统 Sanger 测序(a)与第二代测序(b)流程对比(另见书末彩插)

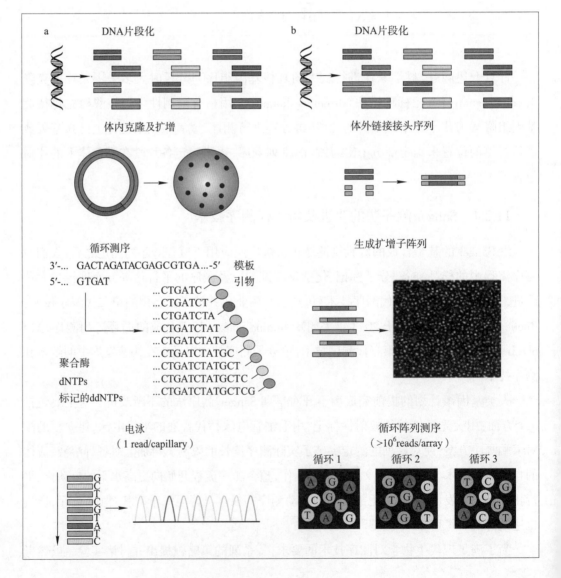

1. Illumina 基因组分析仪

Illumina 分析仪采用 DNA 片段化和接头序列连接方式,但采用桥连 PCR 方法进行模板的扩增[图 11-15]。该方法中正、反向 PCR 引物事先被连接在固相基底上,使单一模板产生的扩增子被固定和簇集在阵列的同一位置上。扩增全过程包括第一步各个单链模板与基底上的引物随机杂交起始互补链合成,随后经 DNA 变性及从邻近引物起始桥连扩增的周期循环,最终每个模板生成约 1 000 个扩增子。不同模板生成的扩增子集群散布在固相基底的不同位置,形成阵列。测序过程中,测序引物与待测模板末端的共同接头序列杂交,在 DNA 聚合酶的催化下以 4 种经化学修饰的核苷酸为底物开始合成待测序列的互补链[图 11-16(a)]。这 4 种核苷酸在 3′ 羟基位置上被加了一个可切除的修饰基团,阻碍了下一个核苷酸的整合,类似于一个可逆聚合反应终止子的作用,保证在每轮链延伸过程中只有一个碱基整合。另外,每个核苷酸还带有一个可切除的荧光标记,用于序列信号的检测。在每轮链延伸和相应的荧光图像信号监测后,链终止修饰基团及荧光标记基团被切除,为下轮反应做准备。因此,Illumina 平台的测序反应是同步的。

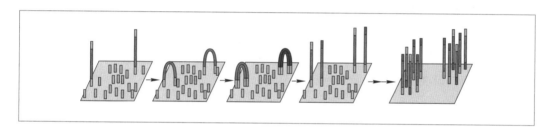

图 11-15 桥连 PCR 扩增测序模板

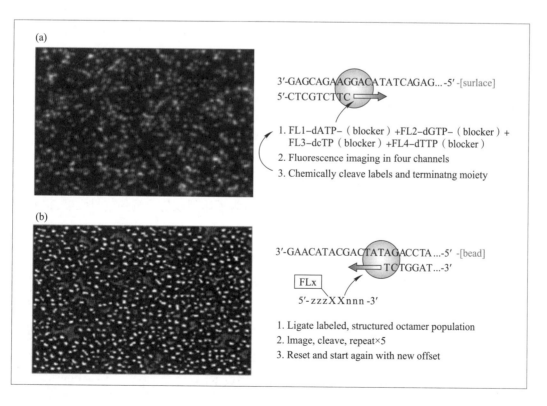

图 11-16 各循环阵列测序及信号检测

(a) Illumina 测序循环;
(b) SOLiD 平台测序循环

由于荧光标记和终止修饰基团的切除反应可能不完全,测序过程中会出现信号衰减和去同步化等现象,随着合成链的不断延伸,测序质量大幅度降低,从而导致 Illumina 平台的有效读长相对较短。即使采取对每个测序模板进行配对的双末端测序策略,读长也只能达到 100 或者 150 碱基。由于使用了可逆的链延伸终止核苷酸,Illumina 平台对同多聚串的检测精确度较高。该平台最主要的测序错误为碱基替换。另外,由于 Illumina 分析仪由 8 个独立的反应通道组成,每个通道可以对一个独立文库进行测序,每个通道中又可以分布几百万个相互独立的扩增子集群,这就导致 Illumina 平台的测序通量较大,测序成本更低。

2. ABI SOLiD

SOLiD 系统在 DNA 片段化、接头序列的连接以及模板扩增等步骤上均与 llumina 平台相似。经扩增后带有大量模板 DNA 拷贝的磁珠被固定在平面基底上,形成一个密集而无序的阵列。测序过程中链延伸的反应并非由 DNA 聚合酶催化,而是由 DNA 连接酶催化完成。通用的测序引物与小磁珠上待测序列末端的接头序列杂交后,每轮测序过程都涉及 DNA 连接酶催化的被荧光标记的简并八聚核苷酸探针的连接反应[图 11-16(b),图 11-17(a)]。SOLiD 系统目前采用两碱基编码探针[图 11-17(b)],即简并八核苷酸探针的第一位和第二位碱基决定探针所带的荧光标记的颜色。一个测序引物与模板 DNA 杂交后便启动了 1,2-位编码的八核苷酸探针与模板的杂交,随后便历经连接酶催化连接、采集荧光信号、切除探针后 3 位核苷酸及所标记的荧光标签的循环[图 11-17(a)]。10 次这样的循环产生 10 个对应的荧光标记信号,每个标记对应于 DNA 序列上每五个碱基中的前两个碱基序列[图 11-17(a)]。10 次循环结束后,经变性恢复模板单链,然后选用一个"$n-1$"引物,开始新一轮的 10 次连接反应循环[图 11-17(a)]。"$n-1$"引物重新设定了被检测碱基的位置,所得到的 10 个荧光标记对应的碱基均向左移了一位。这样分别用 5 个依次位移的引物起始互补链的延伸,再将得到的不同颜色的荧光标记按顺序线性列出,并最终将它们比对到参考基因组上,解码出 DNA 序列[图 11-17(b)]。这种两碱基编码的好处是提高了对不同颜色的检测及对单核苷酸差异(SNP)检测的精确性,因为此时对 SNP 的判定需要相邻的荧光颜色也发生变化。SOLiD 系统最主要的测序错误也是碱基替换。测序通量为所有平台中最大,但读长较短,仅达到 50 ~ 100 bp。

虽然第二代测序技术在文库及模板的准备阶段均采用在体外直接操作的方法,省略了 Sanger 测序法中所涉及的细菌克隆等步骤,但为了达到较易检测的信号强度,仍然保留了基于 PCR 的克隆扩增。该过程中不仅可能引入突变,对测序结果造成影响,而且对不同模板序列的扩增效率也不相同,给 RNA-seq 等需要测定序列丰度信息的实验带来人为影响。由于信号检测实际上来自同一模板大量拷贝的信号叠加,一旦合成过程中出现去同步化现象,将会带来信号噪声,并最终导致信号检测错误,或只能得到较短的读长。由于对荧光标记和终止修饰基团的切除反应可能不完全,链延伸反应可能不完全,每次加入的核苷酸或探针的数目可能不一致,去同步化现象较为常见。由此可见,PCR 扩增这一步限制了第二代测序技术的测序质量,提高了测序成本。

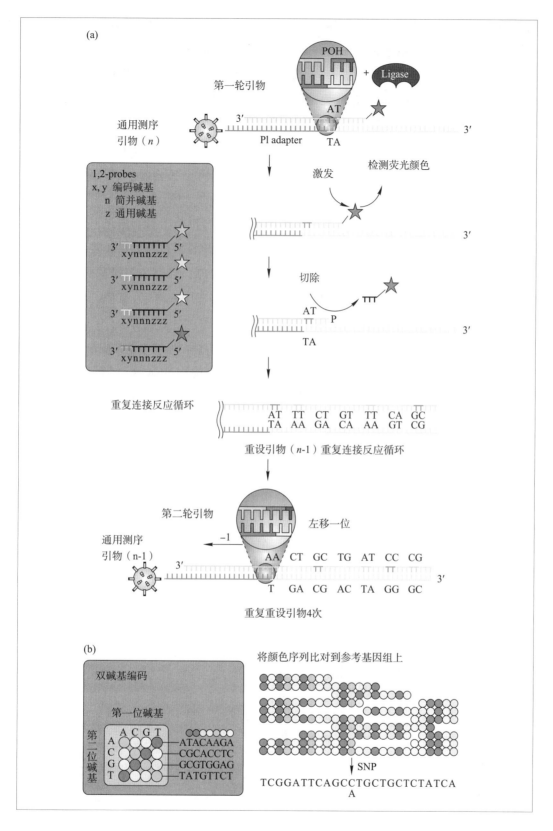

(a)

第一轮引物

通用测序
引物（n）

3′
Pl adapter

1,2-probes
x, y 编码碱基
n 简并碱基
z 通用碱基

3′ ┬┬┴┴┴┴┴┴
   xynnnzzz 5′

3′ ┬┬┴┴┴┴┴┴
   xynnnzzz 5′

3′ ┬┬┴┴┴┴┴┴
   xynnnzzz 5′

3′ ┬┬┴┴┴┴┴┴
   xynnnzzz 5′

POH + Ligase
AT
TA

激发　检测荧光颜色

3′

切除
AT
P
TA

3′

3′

重复连接反应循环
AT TT CT GT TT CA GC
TA AA GA CA AA GT CG

重设引物（n-1）重复连接反应循环

第二轮引物
通用测序
引物（n-1）

3′

−1　左移一位
AA CT GC TG AT CC CG
T GA CG AC TA GG GC

3′

重复重设引物4次

(b)

双碱基编码

第一位碱基

第一位碱基　A C G T
第二位碱基
A　⬤⬤⬤⬤⬤⬤ ATACAAGA
C　⬤⬤⬤⬤⬤⬤ CGCACCTC
G　⬤⬤⬤⬤⬤⬤ GCGTGGAG
T　⬤⬤⬤⬤⬤⬤ TATGTTCT

将颜色序列比对到参考基因组上

↓ SNP

TCGGATTCAGCCTGCTGCTCTATCA
                A

图 11-17 SOLiD
测序周期及双碱基
编码和解码（另见
书末彩插）

（a）SOLiD 测序 5 轮连
接反应前 2 轮示意图，
探针 3′ 端第 1,2 位两
个碱基决定荧光标记，
杂交后探针 3′ 端 6~8
位碱基连同荧光标记
被酶切切除，因此第
一轮连接获得（1,2）；
（6,7）；……（1+n*5,
2+n*5）位的序列信息，
然后下 4 轮探针依次
左移一位，这样 5 轮反
应获得全部序列信息。
（b）SOLiD 测序结果的
根据每轮反应对应的
双碱基编码矩阵进行
基因组比对，SNP 位
点会造成 2 轮反应荧
光信号的改变。

3. 单分子测序

在 Pacific Biosciences 公司的测序平台中，DNA 聚合酶被固定在 Zero Mode Waveguide
的基底表面，将 4 种带有不同荧光标记的核苷酸以最适于 DNA 聚合反应的浓度添加到反应体系中,DNA 聚合酶与结合了引物的单分子模板序列结合,并催化链的延伸[图11-18(a,b)]。Zero Mode Waveguide 纳米结构使得激光对荧光染料的激发被限制在 10^{-21} L 的空间内,从而只激发处于该范围内的正被 DNA 聚合酶整合进入延伸链的核苷酸所标记的荧光染料,排除反应体系中其他所有带荧光标记的核苷酸的干扰。由于 DNA 聚合反应所需的带荧光标记的核苷酸的最适浓度在微克分子级别,解决了大多数单分子荧光检测方法要求荧光基团最适浓度达到皮克或纳克分子级别的问题。一旦核苷酸被整合到 DNA 链中,连接荧光标记的焦磷酸副产物很快扩散出 Zero Mode Waveguide 的检测区域,于是荧光信号也随之衰减到背景水平。随后模板移动到下一位,开始新一轮核苷酸的整合和信号检测。所以,该技术属于实时监测的测序平台,也是所有新测序平台中读长最长的测序方法,读长可达 1 000 碱基或更长。由于两次核苷酸被整合事件之间的间隔时间极短,而且有些核苷酸在被整合入 DNA 链之前就被释放,该方法测序精确度不高,只有 80% 多。实验中,通过对同一模板进行 15 次或更多次序列测定,将精确度提高到大于 99%。

纳米孔测序策略则完全有别于这些基于链合成的测序。该方法将核酸分子驱动通过一个纳米孔,逐个检测单碱基与纳米孔的相互作用,或者检测 DNA 通过纳米孔时电导系数的变化,推测核酸分子序列。目前英国牛津纳米孔科技公司(Oxdord Nanopore Tech.)首代 MinION 测序平台已经商业化,其测序仪仅 U 盘大小,包含 2 个测序试剂的 Start Kit 售价为 1 000 美金,应用前景备受关注。MinIon 采用生物膜定位的孔蛋白形成的纳米孔进行测序,经过改造后的生物膜孔蛋白如溶血素 α-hemolysin 会形成约 1 nm 直径 10 nm 长度的通道,利用核酸序列通过这一通道时每个碱基产生的特征电流强度来读取系列信息[图11-18c]。纳米孔测序由于不涉及聚合反应且直接显示测序结果,因此具有反应快、体积小、成本低、读长优势和测序时间短等特点,但是由于核酸通过纳米孔的速度较快,前后

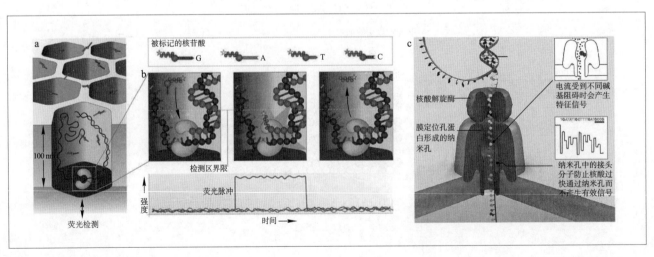

图 11-18　实时单分子测序

(a) Pacific Biosciences 单分子测序孔示意图,不同荧光标记的碱基在 DNA 聚合酶催化下配对模版时会发出特定波长的光和峰值,从而透过反应孔底部小于波长的网孔被检测到;(b) Pacific Biosciences 单分子测序反应流程图;(c) Nanopore 单分子测序原理示意图,不同碱基通过纳米孔时产生不同的电信号,被灵敏的检测仪检测进而识别出序列信息。

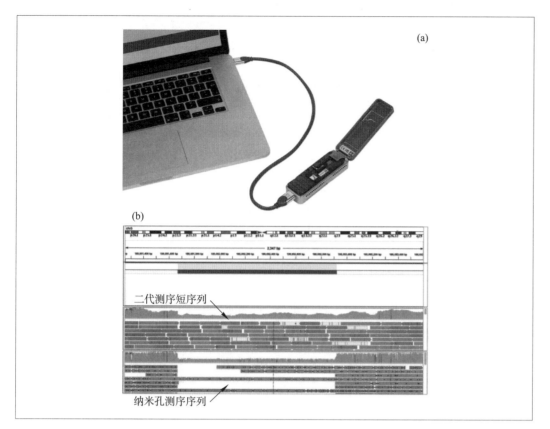

图 11-19 MinION 纳米孔测序仪和测序结果显示

（a）NanoporeMinIon 测序仪外观;(b) 在 IGV 基因组浏览软件中二代 Illumina 测序和 Nanopore 测序结果对比。二代测序由于片段较短,无法区分来自多个体混合样品中的染色体大片段缺失信息,Nanopore 测序结果准确检测到了箭头位置的染色体大片段缺失。

碱基信号的交叠等影响,纳米孔测序的错误率较高。目前在基因组测序,染色体大片段缺失等研究领域应用较多^(图 11-19)[图 11-19],同时辅以二代短序列高通量测序可以取得良好结果,但随着技术的进步和错误率的降低,单分子纳米孔测序的优势将日益突出。其中纳米材料直接生长产生纳米孔,特别是石墨烯材料的单分子纳米孔将在新的测序技术中得到广泛应用。

4. 新型建库技术 10X Genomics

10X Genomics 测序主要是利用大量的携带 DNA 标签编码(barcode)的微滴,通过微流体通道使不同的 DNA 片段(10 ~ 100 kb)携带不同的 barcode,将大片段 DNA 打断,应用 Illumina 测序,根据 barcode 的序列信息识别来自同一 DNA 片段的 reads,并将其拼接成长 reads,得到相连序列(linked-reads),进而完成对大片段 DNA 遗传信息的挖掘。通量低,一直是 scRNA-seq 方法的瓶颈,2015 年 10X Genomics 公司推出了基于 GemCode 技术的微流体平台,该平台包含了 GemCode 仪器、试剂盒以及配套的数据分析软件。如图 11-20,8 样品的卡盒中包括了带有 14 bp 分子条形码和 Illumina 测序兼容组分的寡糖(oligo)的凝胶珠、GemCode 试剂、DNA 样品、特殊处理的油滴。微流体通道以一个"双十字"型呈现,凝胶珠、试剂以及 DNA 样品在第一个交叉完成混合,接下来混合物被油包裹是在第二个交叉中完成,分区后的凝胶珠被裂解后释放出 oligo,传统的文库构建被启动。根据 barcode 信息可获得来源相同 DNA 模板的 linked-reads,可以直观地呈现基因组结构信息,用于检测缺失、重复和重排等结构变异,是强有力的解析复杂的基因组的工具。该技

图 11-20 10X Ge-
nomics

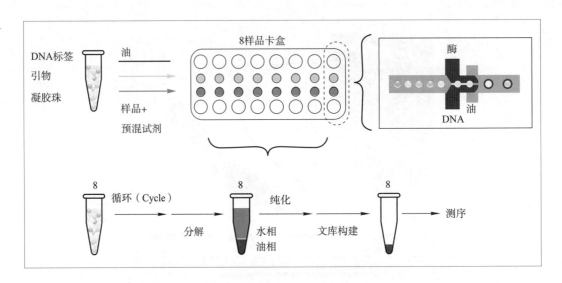

图 11-20 10X Genomics

术平台的另一大特色建库技术是染色体定相(phasing),可以实现单体型结果的可视化,有利于对致病突变信息的获取。目前可与 GemCode 平台兼容的只有 Illumina 系统。

表 11-3 新一代测序平台比较

平台	文库/模板准备	测序反应	读长/碱基	测序时间/天	测序通量/Gb	优点	缺点	生物学应用
Illumina Hiseq/Nova Seq	片段化	可逆末端终止	75 或 100	3,2	150, 6 000	目前运用最广的平台	样本倍增力低	重测序
SOLiD 3	片段化 乳胶 PCR	连接测序	50	7,14	120	双碱基编码提供内部纠错机制	测序时间长	重测序
Nanopore	单分子	电信号测序	1M	2	40G	读长最长测序	高错误率	全长转录组测序
Pacific Biosciences	片段化 单分子	DNA 聚合酶测序	20k	<1	1	读长最长	中等误差	全长转录组测序 RNA-seq

11.3 新测序平台的应用

新的高通量测序平台由于各自的诸多优点,已被广泛应用于对各种生物学问题的研究,包括通过对全基因组或者特定区域进行重测序从而发现个体间的诸如单核苷酸变体(SNV)以及结构变体(SV)等遗传差异,拼装细菌或低等真核生物基因组,测定不同生物、组织、细胞的转录组和表达谱,通过元基因组研究进行物种鉴定和分类,发现新基因,研究染色体构造变化和研究基因组整体范围上反式作用因子与顺式作用元件的结合等。

11.3.1 单核苷酸多态性(SNP)研究

SNP 作为目前最好的遗传标记,不仅在人类基因组遗传图谱的绘制上发挥了巨大作用,也为确定疾病的遗传学基础提供了信息。早期的传统测序方法及芯片技术已检测到大量人类常见 SNP,而 HapMap 工程将这些 SNP 的共有模式进行分类,形成单体型,找出这些单体型的代表性标签 SNP,从而有效地增加了实际操作中能够确定出个体单体型的区域。常通过全基因组相关分析(genome-wide association study,GWA study 又称 GWAS),许多 SNP 在疾病发生过程中的作用被发现。虽然少数疾病相关 SNP 被定位于已知基因的蛋白编码序列,解释了疾病发生的机制,大多数的疾病相关 SNP 却定位于了解甚少的基因间区,因此,这些 SNP 可能只是真正导致疾病的遗传多态性的邻近标记,需要对该区域进行更精细的研究,直到找出参与调控疾病发生的 SNP。由于不能通过对标签 SNP 进行 GWAS 分析找出不与周围 SNP 连锁的位点,必须用新的方法才能研究这部分 SNP。

常见的 SNP 或 SV 只能解释极少数常见疾病的遗传机制,说明稀有 SNP 及 SV 在很多疾病发生的过程中起了重要作用,而这些也只能通过直接测定这些遗传变化的个体来研究。同样,单体型分析也不适用于研究导致癌症等疾病的体细胞突变,只有对大量个体进行深度测序才可能阐明这些问题。GWAS 结果显示拷贝数多态性区域(CNVR)影响很多疾病的易感性、复杂的表型和环境适应性,运用新一代测序技术显然比基于芯片的检测能够更好更准确地界定这类 CNVR 中 DNA 插入或删除的边界序列。

为了阐明癌症发生机制,从而对癌症进行更好的预测和治疗,人们正在开展癌症基因组工程,对各种癌症组织的基因组、表观遗传组、转录组、癌症病人体内大量的体细胞突变引起的 DNA 片段的插入、删除、易位等进行系统性深度序列分析。此外,服务于个性化医疗的个人基因组测定计划,都依赖于高通量、低成本的新一代测序技术。

11.3.2　高通量测序在染色体构象俘获技术上的应用

染色体构象俘获(chromosome conformation capture)技术针对细胞中染色体的空间排布和相互作用展开研究,相关的方法能够检测不同染色体上的基因位点或同一条染色体上间隔的基因位点间由于在三维结构上相互作用。这些三维相互作用具有促进启动子和增强子结合、形成染色体环(chromatin loop)来调控基因表达等生物学功能,相关的建库和高通量测序方法能够直接计算相互作用频率和重构染色体三维结构。其建库方法一般为首先化学方法胶联固定形成染色体三维构象的蛋白质和基因组 DNA,酶切消化核酸后三维相互的基因组 DNA 由于结合蛋白的保护而得以保留,而后平末端的连接和解胶联反应可以使三维相互作用的基因组 DNA 连接成同一序列,对获得的序列添加接头并进行高通量测序可以获得染色体构象的准确信息。根据研究目的和相互作用尺度的不同,染色体构象俘获技术分为:一对基因位点之间(3C)、一个基因位点和多个基因位点(4C)、多个位点之间(5C)、全部基因位点之间(Hi-C)的相互作用研究。高通量测序技术在这一领域的广泛应用取得了一系列染色体三维尺度上基因表达调控的重要研究成果,例如对人 CTCF 因子相关的染色体构象俘获高通量测序结果很好地展示了染色体高级结构对组织特异性表达的调控,即不同染色体上的基因在构象调节因子的作用下形成的高级结构可以同时被 RNA 聚合酶 II 高效转录的模型(图 11-21)。

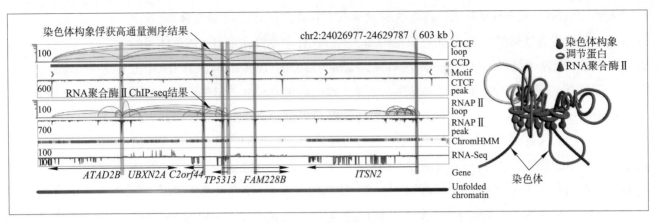

图 11-21　染色体构象俘获高通量测序结果和染色体构象三维模拟结果(Tang et al.,2015)

11.3.3　核糖体图谱测序和多核糖体图谱测序

越来越多的证据表明,除了基因的转录调控,基因的翻译调控对最终蛋白质含量的变化发挥着重要的作用。目前最常用的全基因组范围内有效检测翻译效率的方法是核糖体图谱测序(ribosome profiling sequencing)和多核糖体图谱测序(polysome profiling sequencing)两种不同的技术,从已发表文献数量的角度而言这两种技术的应用频率相当。多核糖体图谱测序的制备是将细胞裂解液沉降在蔗糖梯度中,从而分离结合有不同数量核糖体的 mRNA 分子,找到处于高效翻译状态的 mRNA,其中含有 3 个以上核糖体的 mRNA 通常被称为多核糖体高度富集的 RNA。分离得到的多核糖体 RNA 添加接头后测序并进行后续的翻译组研究。与之对应的,核糖体图谱测序检测的是被核糖体保护而没有被 RNA 酶消化的 mRNA 片段,对这些片段建库进行测序即为核糖体测序。多核糖体图谱测序和核糖体图谱测序虽然是研究目的相似的翻译组检测方法,但是多核糖体图谱测序检测的是富集多核糖体的 mRNA 序列,而核糖体图谱测序检测的是某时刻核糖体 mRNA 结合序列的"快照",因此实验方法、测序长度和分析流程都有明显区别^(图 11-22)。多核糖体图谱测序的结果与蛋白质表达水平相关性更好,而核糖体图谱测序能够进行定位翻译起始位点和 mRNA 上核糖体的分布情况,两种方法都可以用来检测核糖体翻译速率和效率的变化,因此都是翻译组研究中重要的研究方法。

总之,DNA 中编码的遗传信息受到各种复杂的调控,包括 DNA 甲基化、组蛋白的甲基化和乙酰化等表观遗传修饰,各种转录因子,转录、翻译复合物与 DNA、RNA 的相互作用,增强子、绝缘子与各自反式作用因子间的相互作用及染色质高级结构等。随着第二代测序技术的发展,一系列针对这些问题的实验,如 MeDIP-seq、MethylC-seq、ChIP-seq、DNase-seq 以及染色体构象捕获结合高通量配对末端测序等被广泛应用。与经典的芯片技术相比,这些方法对全基因组有更敏感和更完整的覆盖率,对序列的边界有更好的分辨率,也能区分高度相似的序列。另外,序列测定的高通量特性使人们能够大规模鉴定各种顺式调节因子并研究其功能,深入探索各种生命现象的调节机制。

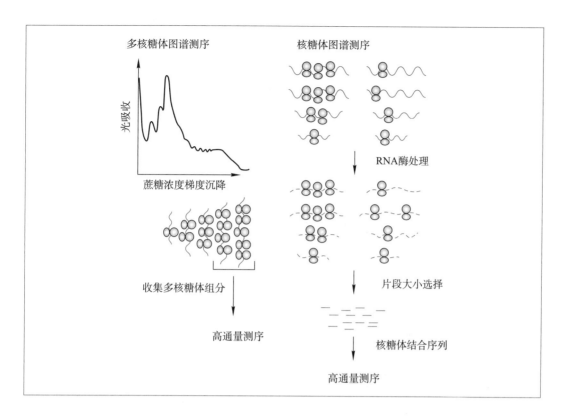

図 11-22 多核糖体图谱测序和核糖体图谱测序原理

图 11-22 多核糖体图谱测序和核糖体图谱测序原理

相较于 qPCR 只能测定极少数 RNA,芯片分析很难分辨低丰度和高相似性核酸序列,高通量的第二代测序分析不仅具有更高的敏感性和精确度,并且可以发现新的转录物和变异体,准确地定位转录起始位点。另外其测序读长较短的特点使得它非常适合小 RNA测序,鉴定 miRNA 并对靶 mRNA 进行分析。

11.4 其他代表性基因组

若干年前,几乎没有人相信有一天基因组序列测定的增长速度会超过著名的摩尔定律所描述的 CPU 运算能力的增长速度。事实上,随着测序技术的不断改善和测序成本的持续降低,近年来基因组序列数据每年呈指数形式增长。以 2016 年和 2017 年数据为例,全世界每年能够完成近 4 万个物种的基因组测序,并同时有近 4 万个物种的基因组测序项目正在进行^(图 11-23)。

由于生物在进化上的相关性,很多重要的遗传元件具有很高的保守性,这种特性在基本的管家基因上表现尤为显著。不同生物之间遗传信息的差异则是各物种特异性性状的来源。因此,对一种生物基因组的研究可以为其他生物提供很多有价值的信息。随着越来越多基因组测序数据的积累,比较基因组学也愈加显示出其强大的威力。基于 DNA 序列的保守性,人们常通过对一种生物相关基因的认识来理解、诠释甚至克隆分离另一种生物的相应基因。对较近缘基因组间相似性的研究为认识基因结构与功能等细节提供了参考,而较远缘基因组间的相似性则有助于人类认识生物的普遍性机制,为寻找研究复杂生理和病理过程所需的实验模型提供理论依据。对于基因组之间差异性的研究为认识物种

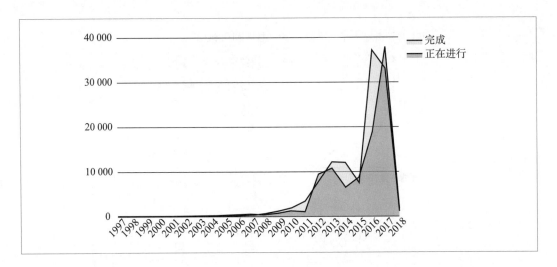

特异性状、生命演化以及对不同环境的适应性提供了依据。

11.4.1　大肠杆菌基因组

大肠杆菌 K12:MG1655 基因组是包含 4 639 221 个碱基对的双链环状分子, 蛋白质编码基因占整个基因组的 87.8%, RNA 基因占 0.8%, 非编码的重复序列占 0.7%, 其余约 11% 为调控或其他功能区。共含有 4 400 多个可能的编码基因, 其中 3 700 个可以通过生化实验或者生物信息学分析得到合理的注释(表 11-4)。在被注释的基因中, 与物质运转和能量代谢相关的蛋白质含量分别占蛋白质总量的 9% 左右, 各种功能性酶、细胞结构蛋白、调控蛋白、细胞周期相关因子及参与蛋白质合成、参与重要中间物合成与代谢等过程的蛋白质分别占总蛋白的 4% 以上, 参与氨基酸合成及代谢, 参与 DNA 合成及代谢的蛋白质也都达到总蛋白的 3% 左右(表 11-5)。而其余未被注释的大约 700 个基因中有 650 个与其他细菌的基因显示出较高的同源性, 只有 50 个基因与其他任何物种都没有明显的同源性。

表 11-4　大肠杆菌各菌株基因组比较

菌株名称	基因组大小 /Mb	基因数目
O157_EDL933	5 528	5 349
O157_Sakai	5 498	5 361
E22	5 516	4 788
E110019	5 384	4 746
B171	5 299	4 467
53638	5 289	4 783
42	5 242	4 899
CFT073	5 231	5 379
H10407	～5 208	～5 000
F11	5 206	4 467
B7A	5 202	4 637

菌株名称	基因组大小 /Mb	基因数目
NMEC RS218	5 089	~ 4 900
E2348	5 072	4 594
E24377A	4 980	4 254
UPEC 536	~ 4 900	~ 4 800
101NA1	4 880	4 238
HS	4 643	3 689
K-12_W3110	4 641	4 390
K-12_MG1655	4 639	4 254
B03	4 629	4 387

表 11-5　大肠杆菌编码蛋白质的分类

功能	数量	占蛋白质总量 /%
调控蛋白	178	4.15
细胞结构蛋白	224	5.22
膜蛋白	13	0.3
外源蛋白	87	2.03
物质运转相关蛋白	427	9.95
能量代谢相关蛋白	373	8.70
DNA 合成与代谢	115	2.68
转录及 RNA 合成、代谢与修饰	55	1.28
翻译及蛋白质修饰	182	4.24
细胞周期相关因子	188	4.38
辅基、辅因子及其载体	103	2.40
伴侣蛋白	9	0.21
核苷酸的合成与代谢	58	1.35
氨基酸的合成与代谢	131	3.06
脂肪酸及磷脂的合成与代谢	48	1.12
重要中间物合成与代谢	188	4.38
酶	251	5.85
其他 (功能已知蛋白)	26	0.61
未知蛋白	1632	38.06

　　研究发现,大肠杆菌基因组重复序列的排布可能与 DNA 的复制相关。如多拷贝重复排列的 rRNA 基因(*rrn*)位于环状染色体的中部,这个位置包含已知的 DNA 复制起始位点 *oriC*,其他许多与 rRNA 相关的 DNA 序列(TPIP)则位于环状染色体另一端的相应位置。此外,*rrn* 与 TPIP 序列对称分布在 *oriC* 两边的先导链上。并且 *rrn* 操纵子的转录通常朝着远离复制起始位点的方向进行。

11.4　其他代表性基因组

11.4.2　酵母基因组

酿酒酵母基因组是第一个测序完成的真核生物基因组。该基因组全长 13 040 000 bp，比单细胞的原核生物和古菌大一个数量级，是最小的真核基因组。其基因密度为 1/2 kb，裂殖酵母基因密度则稍大，为 1/2.3 kb，而简单多细胞生物线虫的基因密度则已低达 1/30 kb。酵母基因组中共有 5 885 个蛋白编码基因，另有大约 140 个 rRNA、40 个 snRNA（small nuclear RNA）和 275 个 tRNA 基因。其中约 4% 的编码基因（大多为 rRNA 基因）有内含子，并且通常位于靠近 rRNA 基因的起始部分。

比较不同酵母菌株发现，不同菌株之间遗传物质的差异非常大。*Saccharomyces kluyveri* 只有 7 条染色体，1 千万个碱基对；*S. castellii* 有 9 条染色体，9 百 72 万个碱基对；而 *S. exiguus* 和 *S. cerevisiea* 的基因组则都包含 16 条染色体，分别由 18 355 000 和 13 030 000 个碱基对组成 (表 11-6)。

表 11-6　酵母各菌株染色体数目及单个染色体、基因组数据比较

菌株名称	*S. dairenensis*	*S. castellii*	*S. servazzii*	*S. unisporus*	*S. exiguus*	*S. kluyveri*	*S. cerevisiea*
染色体数目	9	9	12	12	16	7	16
单个染色体大小 /kb							
1	730	550	570	560	395	970	220
2	800	660	620	630	470	1 110	280
3	1 060	820	690	660	660	1 300	360
4	1 200	860	720	720	740	1 410	445
5	1 300	890	740	800	780	1 510	555
6	1 510	1 000	870	840	880	1 750	610
7	1 600	1 320	960	960	970	1 950	690
8	1 800	1 720	1 010	1 010	1 020	—	760
9	1 920	1 900	1 100	1 100	1 080	—	800
10	—	—	1 250	1 250	1 250	—	830
11	—	—	1 850	1 850	1 300	—	920
12	—	—	1 950	1 950	1 470	—	960
13	—	—	—	—	1 510	—	1 010
14	—	—	—	—	1 780	—	1 100
15	—	—	—	—	1 950	—	1 600
16	—	—	—	—	2 100	—	1 900
基因组大小 /kb	11 920	9 720	12 330	11 560	18 355	10 000	13 040

许多酵母染色体由交替的高 GC 含量区段和低 GC 含量区段组成，并且 GC 含量的分布差异通常与这些染色体上的基因密度差异相一致。尤其是 3 号染色体，GC 含量的差异与染色体臂上基因的重组频率显著相关，GC 富集的染色体臂中部重组频率高，而重组频

率低的端粒和着丝粒区域 GC 含量则较低。较小的 1 号、3 号、6 号和 9 号染色体的平均重组率超过整个基因组平均水平的 1.3 ~ 1.8 倍。

11.4.3　拟南芥基因组

拟南芥基因组是世界上第一个被测序的植物基因组,也是继线虫、果蝇之后第三个被测序的多细胞生物,全长约为 115.4 Mb。基因组分析表明,在整个拟南芥进化过程中至少包括两次全基因组的复制以及广泛的基因缺失和重复复制,基因组中含有许多从蓝藻中横向转移过来的 DNA 片段。拟南芥 5 条染色体共编码约 30 000 个基因 (表 11-7)。与酵母、线虫、果蝇相比,拟南芥基因组中编码转录调控因子的基因数量显著增加[表 11-8],从一个侧面反映了高等植物的复杂性。

表 11-7　TAIR 与 NCBI 所公布的拟南芥各染色体基因数目比较

	TAIR	NCBI
1 号染色体	7 437	8 018
2 号染色体	4 753	5 152
3 号染色体	5 825	6 362
4 号染色体	4 574	4 848
5 号染色体	6 769	7 120
合计	29 388	31 500

表 11-8　主要真核生物中转录调控因子数量比较

物种名	基因数目	转录因子数量	比例
拟南芥	约 29 388	1 533	5.9
酵母	约 5 885	209	3.5
线虫	约 18 891	669	3.5
果蝇	约 13 379	635	4.5

11.5　比较基因组学研究

比较基因组学(comparative genomics)研究发现,低等真核生物如酵母、线虫以及高等植物拟南芥,不但基因组比较小,基因密度比较高,百万碱基对中含有 200 个或更多的基因[表 11-9, 图 11-24],而且异染色质的比例较低,基因组 90% 以上由常染色质组成,而果蝇和人类基因组中异染色质的比例较高,占基因组的 20% ~ 40%。研究果蝇全部 4 条染色体发现,其 Y 染色体几乎完全异染色质化,第 4 号染色体也大部分被异染色质化。果蝇 X 染色体在不同家系中变化最大,其异染色质化程度从 30% 到 50% 不等[图 11-25]。

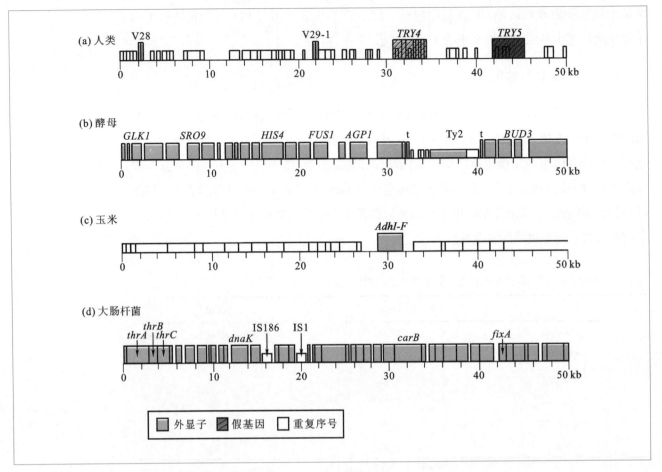

图 11-24　部分典型真核和原核生物基因组成分分析

(a) 人 β-T 细胞受体位点, 在 50 kb 大片段中只有一个基因(TRY4, 编码胰蛋白酶原), 一个假基因(TRY5), 两个基因片段(V28、V29-1)和 52 个存在于全基因组范围内的重复序列, 编码功能基因的序列占总序列不到 3%。(b) 酵母第 4 号染色体中的一个片段, 其中包括 26 个蛋白质编码基因, 2 个 tRNA 基因, 5 个存在于基因组范围内的重复序列, 编码功能基因的序列占总序列的 66.4%, 重复序列占 13.5%(在所有 16 条酵母染色体中, 重复序列只有 3.4%)。在该 50 kb 序列中, 所有基因都不带内含子, 在整个酵母基因组中, 一共只有 239 个内含子, 而一个人类基因就可能有多达 100 个内含子。(c) 在 50 kb 玉米基因组中, 只有 1 个基因, 乙醇脱氢酶 I-F 基因, 其余几乎都是重复序列。在它的 5 000 Mb 基因组序列中, 50% 以上可能是重复序列。(d) 大肠杆菌基因组中, 50 kb 序列中可能有 43 个基因(占全序列的 85.9%), 许多基因之间甚至连一点空间都没有(thrA 和 thrB 之间只隔了一个碱基, thrC 基因直接位于 thrB 终止子的下游。原核生物基因中没有内含子(少数古菌基因中可能存在极少的内含子)。原核基因组中没有重复序列, 但已发现存在某些插入序列(如 IS186 和 IS1)。在整个大肠杆菌 4 639 kb 序列中共发现不到 4 400 个编码基因。

图 11-25　果蝇染色体中常染色质和异染色质含量比较

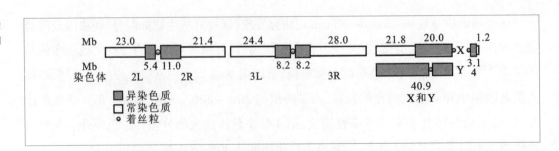

表 11-9　真核生物基因组比较

物种	完成年	总长度/Mp	已完成总长的%	占常染色质%	基因数/Mb
酵母	1996	12	93	100	483
线虫	1998	96	99	100	197
果蝇	2000	116	64	97	117
拟南芥	2000	115	92	100	221
人类全基因组 Public Sequence	2001	2 693	84	90	12
人类全基因组 Celera Sequence	2001	2 654	83	99～93	15
小鼠基因组	2002	2 493	95	95	9
籼稻基因组	2002	466	92	98	110
大鼠基因组	2004	2 750	90	94	8
鸡基因组	2004	1 200	91	97	15
狗基因组	2005	2 410	99	100	8

　　另外研究还表明,原核生物、低等真核生物和高等真核生物之间在所编码的蛋白质种类数上存在着巨大的差异[(表 11-10)]。对原始的流感嗜血杆菌基因组与酵母、线虫、果蝇和拟南芥进行比较以后发现,原始生物细胞中单拷贝基因较多,在流感嗜血杆菌中单拷贝基因占 88.8%,在酵母中占 71.4%,在果蝇中占 72.5%,在线虫中占 55.2%,而在高等植物拟南芥中只占约 35.0%[(表 11-11)]。

表 11-10　不同生物基因组的蛋白质编码能力比较

物种	基因组总长度	蛋白质种数/个
尿殖道支原体 *Mycoplasma genitalium*	580 073 bp	467
肺炎支原体 *Mycoplasma pneumoniae*	816 394 bp	677
流感嗜血杆菌 *Haemophilus influenzae*	1 830 138 bp	1 709
枯草芽孢杆菌 *Bacillus subtilis*	4 214 814 bp	4 100
大肠杆菌 *Escherichia coli*	4 639 221 bp	4 288
酿酒酵母 *Saccharomyces cerevisiae*	13 116 818 bp	6 275
线虫 *Caenorhabditis elegans*	约 97 Mb	18 891
拟南芥 *Arabidopsis thaliana*	115 Mb	25 498
果蝇 *Drosophila melanogaster*	116 Mb	14 113
人类 *Homo sapiens*	3.2×10^9 bp	约 2.5 万左右

表 11-11　不同物种中单拷贝基因的数量及占基因总数百分比

物种	单拷贝基因个数	单拷贝基因占基因总量的%
流感嗜血杆菌	1 587	88.8
酵母	5 105	71.4
果蝇	10 736	72.5
线虫	14 177	55.2
拟南芥	11 601	35.0

尿殖道支原体拥有目前已知最小的基因组,有此可确定能自我复制的细胞必需的一套最少的核心基因。流感嗜血杆菌的基因组为 1.83 Mb,而尿殖道支原体的基因组只有0.58 Mb,二者相差 3 倍多。流感嗜血杆菌基因大小平均 900 bp,尿殖道支原体的基因为1 040 bp,基因大小差不多。流感嗜血杆菌中平均 1 042 bp 有 1 个基因,尿殖道支原体中平均 1 235 bp 有 1 个基因。可见基因组尺度减小并不引起基因密度的增加和基因本身大小的改变。二者的差别在于基因数量上,流感嗜血杆菌基因组有 1 743 个 ORF,而尿殖道支原体只有 470 个 ORF(表 11-12)。通过对尿殖道支原体与流感嗜血杆菌这两个亲缘关系较远的生物基因组的比较,选取其共同的基因(共 240 个),再加上一些其他基因,最后可组成一套含 256 个基因的最小基因组。

表 11-12　流感嗜血杆菌和尿殖道支原体各类主要基因比较

分类	流感嗜血杆菌	尿殖道支原体
总 ORF 数	1 727	470
氨基酸合成	68	1
辅基等的合成	54	5
核苷酸合成	53	29
细胞膜合成与装配	84	27
能量代谢	112	31
糖代谢	30	6
脂肪代谢	25	6
DNA 复制、重组和修复	87	42
蛋白质高级结构形成	6	7
调控蛋白	64	7
转录	27	22
翻译	141	101
吸收与转运	123	34

通过流感嗜血杆菌能量代谢类群的 ORF 分析,了解到在这种生物中缺乏三羧酸循环(TCA)中必需的 3 个酶,即柠檬酸合成酶基因、异柠檬酸脱氢酶基因和顺乌头酸酶基因。由此推断流感嗜血杆菌 TCA 缺失,不能合成谷氨酸,因为谷氨酸的供体是 TCA 的中间产生物 α- 酮戊二酸。

古菌产甲烷球菌与原核生物有着共同的染色体组织与结构,如环状基因组、基因的操纵子结构等,其能量产生和固氮基因与原核生物也有很高的同源性。该基因组中与细胞分裂有关的蛋白质及 20 多个编码无机离子运输蛋白的 ORF 与细菌基因同源,而且其调控模式也类似于原核生物。然而,产甲烷球菌在细胞遗传信息传递,尤其是转录和翻译系统,以及分泌系统方面与真核生物同源,说明该菌与真核生物亲缘关系较近。比较基因组学提供的结果表明,在进化系统树上,古菌与真核生物亲缘关系比原核生物更近。在自养生物的 3 个分支,细菌、古菌和真核生物中,细菌的分化发生较早。

思考题

1. 简述人类基因组计划的科学意义。
2. 请分析人类基因组计划的发展趋势。
3. 试述大肠杆菌基因组和真核生物基因组的主要区别。
4. 区分遗传图谱和物理图谱，试述这两项技术的优缺点。
6. 什么是 FISH 技术，如何利用它来构建基因组的物理图谱？
7. 鸟枪测序法的技术原理是什么？
8. 什么是蛋白质组学，什么是转录组学？简述这两个领域里最主要的研究手段。
9. 简述新一代测序各平台的优点和缺点及适用领域。
10. 新一代测序较之芯片技术优点有哪些？
11. 试述结合各种基因组学方法和已有数据还能进一步探索哪些生物学问题。

参考文献

1. 朱圣庚,徐长法. 生物化学. 上册. 4 版. 北京:高等教育出版社,2017.
2. Baran-Gale J,Chandra T,Kirschner K. Experimental design for single-cell RNA sequencing. Brief Funct Genomics,2017,2041-2649.
3. Greninger A L,Naccache S N,Federman S,et al. Rapid metagenomic identification of viral pathogens in clinical samples by real-time nanopore sequencing analysis. Genome Medicine,2015,7:99.
4. Rodgers J,Gibbs R A. Applications of next-generation sequencing comparative primate genomics: emerging patterns of genome content and dynamics. Nature Reviews Genetics,2014,15:347-359.
5. Xia X. Comparative Genomics. Heidelberg:Springer,2013.
6. Tang Z,Luo O J,Li X,et al. CTCF-mediated human 3D genome architecture reveals chromatin topology for transcription. Cell,2015,163:1611-1627.

数字课程学习

  e 教学课件   在线自测   思考题解析

后 记

　　本书编写过程中得到北京大学蛋白质与植物基因研究国家重点实验室、生命科学学院生物化学及分子生物学系陈章良、顾孝诚、罗静初、朱圣庚、张庭芳、潘乃穟等许多老师的帮助和关心，在此表示衷心的感谢。书中的不少插图引自 Genes IX、Molecular Biology of the Cell、Molecular Cell Biology 和 Plant Virology，在此向原书作者 B. Lewin、H. Lodish、D. Baltimore、A. Berk、S. L. Zipursky、P. Matsudaira、J. Darnell、B. Alberts、D. Bray、J. Lewis、M. Raff、K. Roberts、J. Watson、R. E. F. Matthews 表示感谢。北京大学王莉、苏彦辉、任晓菲、敬群、李小华、梁西卉、唐家福、周彩芬、郑美兰、魏春红老师，武汉大学许漪等老师参与资料搜集、打印和图表处理等工作，在此一并致谢。感谢黄盖、温兴鹏、李博生、杨琰、郭元媛、乔睿等高年级研究生参与导师指定相关章节修订。感谢陕西师范大学俞嘉宁、杨建雄、田英芳、叶海燕、肖光辉、何鹏等老师为本书建设配套数字课程资源。

　　愿我们的拙作能为广大青年学子的成长贡献绵薄之力，敬请全国同行批评指正。

编　者

2018 年 3 月于湖北武汉

名词解释

AP 位点（AP site）：所有细胞中都带有不同类型、能识别受损核酸位点的糖苷水解酶，它能特异性切除受损核苷酸上的 N–β 糖苷键，在 DNA 链上形成去嘌呤或去嘧啶位点，统称为 AP 位点。

BS-seq（Bisulfite Conversion followed by Sequencing，亚硫酸氢盐转化后测序）：分析基因组 DNA 甲基化状态的另一种方法，用亚硫酸氢盐处理 DNA 分子后进行测序分析。

CAR–T 细胞治疗：即嵌合抗原受体 T 细胞免疫疗法，是一种通过基因修饰获得携带识别肿瘤抗原特异性受体 T 细胞的个性化治疗方法。嵌合抗原受体（CAR）是 CAR–T 的核心部件，经 CAR 识别肿瘤抗原不受 MHC 限制，同时 CAR 可以通过增加共刺激分子信号从而增强 T 细胞抗肿瘤的杀伤性。经过 CAR 改造的 T 细胞相较于天然 T 细胞表面受体 TCR 能够识别更广泛的目标。完整的 CAR 分子结构包括胞外抗原结合区（通常来自单链抗体可变区基因片段，scFv）、铰链区、跨膜区和胞内受体信号传导区（包括 CD3–ζ 链或 Fc ε R I γ、协同刺激因子）4 个区域。

cDNA（complementary DNA）：在体外以 mRNA 为模板，利用反转录酶和 DNA 聚合酶合成的一段双链 DNA。

ChIP-seq（Chromatin Immunoprecipitation followed by Sequencing，染色质免疫共沉淀后测序）：将样本与特异抗体免疫共沉淀后进行测序分析，主要用于分析转录因子、组蛋白等结合的 DNA 序列。

CpG 岛：真核生物中，成串出现在 DNA 上的 CpG 二核苷酸。5– 甲基胞嘧啶主要出现在 CpG 序列、CpXpG、CCA/TGG 和 GATC 中，在高等生物 CpG 二核苷酸序列中的 C 通常是甲基化的，极易自发脱氨，生成胸腺嘧啶，所以 CpG 二核苷酸序列出现的频率远远低于按核苷酸组成计算出的频率。

Dane 颗粒：HBV 完整粒子的直径为 42nm，称为 Dane 颗粒，由脂质外膜和核壳组成，有很强的感染性。

DNA：是英文 deoxyribonucleic acid 的缩写，中文翻译为脱氧核糖核酸，是世界上所有已知高等真核生物和绝大部分低等生物的遗传物质。

DNase-seq（DNaseI Hypersensitivity Site Footprinting coupled with Sequencing，DNaseI 超敏感位点足迹法偶联测序）：DNase-seq 被用于鉴定基因组上没有核小体结构的区域，因为这些区域易被 DNaseI 降解。

DNA 重组技术（recombinant DNA technology）：又称基因工程（genetic engineering），指不同的 DNA 片段（如某个基因或基因的一部分）按照预先的设计定向连接起来，在特定的受体细胞中与载体同时复制并得到表达，产生影响受体细胞的新的遗传性状的技术。

DNA 的半保留复制（semiconservative replication）：DNA 在复制过程中，每条链分别作为模板合成新链，产生互补的两条链。这样新形成的两个 DNA 分子与原来 DNA 分子的碱基顺序完全一样。因此，每个子代分子的一条链来自亲代 DNA，另一条链则是新合成的，这种复制方式被称为 DNA 的半保留复制。

DNA 的半不连续复制（semi-discontinuous replication）：DNA 复制过程中前导链的复制是连续的，而另一条链，即滞后链的复制是中断的、不连续的。

DNA 的变性（denaturation）**和复性**（renaturation）：变性是 DNA 双链的氢键断裂，最后完全变成单链的过程。复性是热变性的 DNA 经缓慢冷却，从单链恢复成双链的过程。

DNA 聚合酶（DNA polymerase）：一种催化由脱氧核糖核苷三磷酸合成 DNA 的酶。因为它以 DNA 为模板，所以又被称为依赖于 DNA 的 DNA 聚合酶。不同种类的 DNA 聚合酶可能参与 DNA 的复制和 / 或修复。

DNA 聚合酶的延伸能力（DNA polymerase processivity）：是指每次聚合酶与模板 – 引物结合时所能添加的核苷酸的平均数，它决定了 DNA 的合成速度。

DNA 拓扑异构酶（DNA topoisomerase）：能在闭环 DNA 分子中改变两条链的环绕次数的酶，它的作用机制是首先切断 DNA，让 DNA 绕过断裂点以后再封闭形成双螺旋或超螺旋 DNA。

DNA 条形码（DNA barcoding）：是利用一个或少数几个短的标准的 DNA 片段对地球上现有物种进行识别和鉴定的一项新技术。Barcode 序列通常标记于接头序列之前。在动物研究中采用的标准片段是线粒体 COI 基因中约 650 bp 长的一段。然而任何一个单片段都不足以区分所有植物物种，目前主要在叶绿体基因组上进行选择。Illumina 公司有多种商业化 barcode 包，TruSeq 系统通常使用 6 碱基组成的 12 种 barcode 序列。

GU–AG 法则（GU–AG rule）：以 GU 起始和以 AG 为末端

的内含子碱基序列,GU 表示供体衔接点的 5′ 端,AG 代表接纳体衔接点的 3′ 端序列。

GWAS(Genome-Wide Association Study, 全基因组相关分析):用于检测不同个体的共同遗传变体与某一性状之间的相关性。

HapMap 工程(International Haplotype Map Project, 国际人类基因组单体型图计划):将已检测到的人类常见 SNP 的共有模式进行分类,形成单体型,通过找出这些单体型的代表性标签 SNP,可以有效地增加了实际操作中能够确定出个体单体型的区域。

MeDIP-seq(Methylated DNA Immunoprecipitation followed by Sequencing, 甲基化 DNA 免疫共沉淀测序):将带有甲基化 DNA 的序列与特异结合甲基化胞嘧啶的抗体免疫共沉淀后进行测序,用于对基因组 DNA 甲基化状态的分析。

Pribnow 区(Pribnow box):在启动子区有一个由 5 个核苷酸组成的共同序列,是 RNA 聚合酶的紧密结合点,称为 Pribnow 区,这个区的中央大约位于起始点上游 10 bp 处,所以又称为 -10 区。

P 转座子(P-element):是一种能够诱发杂种不育(hybrid dysgenesis)的果蝇转座子,果蝇中几乎所有的杂种不育都是由于 P 转座子插入基因组 W 位点而引起的。所有 P 转座子两翼都有 31 个碱基的倒置重复序列,P 转座子转座导致靶 DNA 复制产生 8 碱基正向重复序列。

RACE(rapid amplification of cDNA ends, cDNA 末端的快速扩增):利用 PCR 技术在已知部分 cDNA 序列的基础上特异性克隆其 5′ 端或 3′ 端缺失的序列。

RAMPAGE 技术(RNA Annotation and Mapping of Promoters for the Analysis of Gene Expression):是一种在全基因组范围内鉴定所有蛋白质编码基因和部分非编码 RNA 基因的转录起始位点,确定启动子的具体位置,并且能够高通量检测基因表达水平的方法。

RAPD(Random Amplified Polymorphism, DNA 随机扩增多态性):DNA 序列上的微小变化,甚至 1 个核苷酸的变化,也能改变引物结合效率,影响 PCR 扩增。

RFLP(Restriction Fragment Length Polymorphism, 限制性片段长度多态性):DNA 序列上的微小变化,甚至 1 个核苷酸的变化,也能引起限制性内切酶切点的丢失或产生,导致酶切片段长度的变化。

RNA 的编辑(RNA editing):是某些 RNA,特别是 mRNA 的一种加工方式,它导致了 DNA 所编码的遗传信息的改变,因为经过编辑的 mRNA 序列发生了不同于模板 DNA 的变化。

RNA 的再编码(RNA recoding):是指 RNA 编码和读码方式的改变。

RNA 干扰(RNA interference, RNAi):是利用双链小 RNA 高效、特异性降解细胞内同源 mRNA,从而阻断体内靶基因表达,使细胞出现靶基因缺失的表型。

RNA 剪接(RNA splicing):从 mRNA 前体分子中切除被称为内含子(intron)的非编码区,并使基因中被称为外显子(exon)的编码区拼接形成成熟 mRNA 的过程就称为 RNA 的剪接。

RNA 聚合酶(RNA polymerase):使用 DNA 作为模板合成 RNA 的酶,也称为 DNA 依赖性 RNA 聚合酶。

RNA 选择性剪切:RNA 的选择性剪切是指用不同的剪接方式(选择不同的剪接位点)从一个 mRNA 前体产生不同的 mRNA 剪接异构体的过程。

SARS-CoV:一种新型冠状病毒,属于冠状病毒科冠状病毒属。是一种大的、有包膜的正链 RNA 病毒,其基因组由约 30 000 个核苷酸组成,直径约 70 ~ 140 nm,电镜下可见电子密度致密的核心和围绕的包膜,包膜上有冠状的刺突。对脂溶剂敏感,戊二醛、甲醛、过氧化氢、表面活性剂、紫外线照射等处理可使病毒失去感染力。可导致传染性非典型肺炎(SARS, severe/sudden acute respiratory syndrome)——严重急性呼吸综合征。

SD 序列(Shine-Dalgarno sequence):存在于原核生物起始密码子 AUG 上游 7 ~ 12 个核苷酸处的一种 4 ~ 7 个核苷酸的保守片段,它与 16S-rRNA 3′ 端反向互补,所以可将 mRNA 的 AUG 起始密码子置于核糖体的适当位置以便起始翻译作用。根据首次识别其功能意义的科学家命名。

SNP(Single Nucleotide Polymorphism):表示在基因组某个位点上一个核苷酸的变化。

TATA 区(TATA box):在真核生物基因中位于转录起始点上游 -25 ~ -30 bp 处的富含 AT 的保守区,是 RNA 聚合酶与启动子的结合位点,也称为 Hogness 区(Hogness box),类似于原核基因中的 Pribnow 区。

T-DNA 插入失活技术:利用根瘤农杆菌 T-DNA 介导转化,将一段带有目的基因的 DNA 序列整合到宿主植物基因组 DNA 上。

ρ 因子(ρ factor):是一个相对分子质量为 2.0×10^5 的六聚体蛋白,它能水解各种核苷三磷酸,是一种 NTP 酶,它通过催化 NTP 的水解促使新生 RNA 链从三元转录复合物中解离出来,从而终止转录。

σ 因子(sigma factor):是原核生物 RNA 聚合酶全酶的一个亚基,是聚合酶的别构效应物,帮助聚合酶专一性识别并结合模板链上的启动子,起始基因转录。

A

癌(cancer)：是一种无限制向外周扩散、浸润现象。癌症病人的主要特征是发病组织或器官的细胞生长分裂失控，并由原发部位向其他部位播散。如最终无法控制这种细胞播散，将侵犯要害器官并引起衰竭，最后导致有机体死亡。

安慰性诱导物(gratuitous inducer)：指的是与转录调控中实际诱导物相似的一类高效诱导物，能诱导酶的合成，但又不被所诱导的酶分解。

氨酰–tRNA 合成酶(aminoacyl–tRNAsynthetase)：是一类催化氨基酸与 tRNA 相结合的特异性酶。

B

靶标鸟枪法(Directed Shotgun)：用稀有限制性核酸内切酶先将待测基因组降解为几十万个碱基对的片段，再分别进行测序，或者根据染色体上已知基因或遗传标签的位置来确定部分 DNA 片段的排列顺序，逐步确定各片段在染色体上的相对位置。

摆动假说(wobble hypothesis)：Crick 为解释反密码子中某些稀有成分（如 I）的配对以及许多氨基酸有 2 个以上密码子的问题而提出的假说。

编码链(coding strand)：指 DNA 双链中与 mRNA 序列（除 T/U 替换外）和方向相同的那条 DNA 链，又称有意义链(sense strand)。

病毒癌基因(v-onc)：一些病毒能引发癌症，原因是病毒基因片段进入被感染者基因组中，这种整合最终导致被感染者自身基因行为发生改变而出现细胞癌变，因此，将这种可以引发癌症的病毒基因片段称为"病毒癌基因"。

病毒载体：对病毒基因组进行改造后获得的适合用于基因治疗的载体，主要是删除病毒的致病基因使其对机体没有致病力，该载体应能携带外源基因、装配成病毒颗粒并介导外源基因的转移和表达。

C

操纵子(operon)：是指原核生物中包括结构基因及其上游的启动基因、操纵基因以及其他转录翻译调控元件组成的 DNA 片段，是转录的功能单位。

操纵基因(operator gene)：指能被调控蛋白特异性结合的一段 DNA 序列，常与启动子邻近或与启动子序列重叠，位于启动子和结构基因之间，当调控蛋白结合在操

纵子序列上，会影响其下游基因转录的强弱。

插入序列(insertional sequence, IS)：是最简单的转座子，是细菌的一小段可转座元件，它不含有任何宿主基因而常被称为插入序列，它们是细菌染色体或质粒 DNA 的正常组成部分。

查尔斯·达尔文(Charles Darwin)：伟大的英国生物学家，其传世巨作《物种起源》奠定了进化论的基石，极大地推动了人类进步。他关于"物竞天择，适者生存"的革命性论断，否定了在那时有绝对统治地位的上帝创造万物的旧思想，推翻了物种不变的神话，使生物学真正迈入实证自然科学的行列。

超螺旋(superhelix, supercoil)：双螺旋 DNA 进一步扭曲盘绕所形成的特定空间结构，是 DNA 高级结构的主要形式，可分为正超螺旋与负超螺旋两大类。按 DNA 双螺旋的相反方向缠绕而成的超螺旋称为负超螺旋，所有天然的超螺旋 DNA 均为负超螺旋。反之则称为正超螺旋。

长末端重复序列(LTR)：是反转录病毒基因组两端的长末端重复(long terminal repeats)，不编码蛋白质，但含有启动子、增强子等调控成分，病毒基因组的 LTR 整合到细胞癌基因邻近处，使这些细胞癌基因在 LTR 强启动子和增强子的作用下被激活，将正常细胞转化为肉瘤细胞。

成对规则基因(pair-rule genes)：这些基因一般以两个体节为单位相互间隔一个副体节表达，其分布具有周期性，成对规则基因的功能是把间隙基因确定的区域进一步分化成体节，它们表达是胚胎出现分节的最早标志之一，它们的表达模式较为独特，沿前 – 后轴形成一系列斑马纹状的条带分布，正好把胚胎分为预定的体节。

春化作用(vernalization)：低温处理可促使植物开花的现象。

错配修复(mismatch repair)：是对 DNA 错配区的修复。通过母链甲基化原则找出区分母链与子链从而修正子链上错配的碱基。

错义突变(missense mutation)：由于结构基因中某个核苷酸的变化使一种氨基酸的密码变成另一种氨基酸的密码。

重叠基因(overlapping gene, nested gene)：具有部分共用核苷酸序列的基因，即同一段 DNA 携带了两种或两种以上不同蛋白质的编码信息。重叠的序列可以是调控基因，也可以是结构基因。常见于病毒和噬菌体基因组中。

重组修复(Recombinant repair)：又被称为"复制后修复"，它发生在复制之后。机体细胞对在复制起始时尚未修

复的 DNA 损伤部位可以先复制再修复，即先跳过该损伤部位，在新合成链中留下一个对应于损伤序列的缺口，该缺口由 DNA 重组来修复：先从同源 DNA 母链上将相应核苷酸序列片段移至子链缺口处，然后再用新合成的序列补上母链空缺。大肠杆菌的 rec 基因编码主要的重组修复系统。

从头合成型甲基转移酶：催化未甲基化的 CpG 成为 mCpG，它不需要母链指导，但速度很慢，是导致特异基因受甲基化调控的主要因子，在基因表达的表观遗传学研究中有十分重要的地位。

D

代谢物阻遏效应（catabolite repression）：有葡萄糖存在时，不管诱导物存在与否，操纵子都没有转录活性，结构基因都不表达，只有葡萄糖耗尽时，诱导物才能诱导基因的表达。

单核苷酸变体（Single Nucleotide Variant，SNV）：包括单核苷酸插入、缺失、替换的序列变体。

单核苷酸多态性（Single Nucleotide Polymorphism，SNP）：指分散于基因组中的单个碱基的差异，包括单个碱基的缺失和插入，但更常见的是单个核苷酸的替换。

单顺反子 mRNA（monocistronic mRNA）：把只编码一个蛋白质的 mRNA 称为单顺反子 mRNA。

蛋白酶体（proteasome）：胞质溶液中的大型蛋白质复合物，负责降解胞质溶液中不需要的或受到损伤的蛋白质，需要被降解的蛋白质会先被泛素化修饰。

蛋白质组（proteome）与**蛋白质组学**（proteomics）：蛋白质组是指一个基因组所表达的全部蛋白质，而蛋白质组学则是指在蛋白质组水平上研究蛋白质的特征，包括蛋白质的表达水平、翻译与修饰、蛋白与蛋白相互作用等，并由此获得关于疾病发生、发展及细胞代谢等过程的整体认识。

颠换（tranversion）：嘧啶到嘌呤和嘌呤到嘧啶的替换。

点突变（pointmutation）：是一个核苷酸或少量核苷酸的插入或缺失。

实时定量 PCR（real time quantitative PCR）：是在 PCR 扩增过程中，通过荧光信号对 PCR 进程进行实时检测，监测整个 PCR 过程中扩增 DNA 的累积速率。依据指数时期模板的扩增循环数和该模板的起始拷贝数的线性关系，可对特定 DNA 序列进行定量分析。

多核糖体图谱测序（Polysome profiling sequencing）：将细胞裂解液沉降在蔗糖梯度中，从而分离结合有不同数量核糖体的 mRNA 分子，找到处于高效翻译状态的 mRNA，其中含有 3 个以上核糖体的 mRNA 通常被称为多核糖体高度富集的 RNA。分离得到的多核糖体 RNA 添加接头后测序并进行后续的翻译组研究。

多顺反子信使 RNA（polycistronic messenger RNA）：一种能作为两种或多种多肽链翻译模板的信使 RNA，由 DNA 链上的邻近顺反子所界定。

E

二组分系统（two-component system）：由位于细胞质膜上的传感蛋白（该蛋白常常具有激酶活性）以及位于细胞质中的应答调节蛋白组成。传感激酶常在受到膜外环境信号刺激时被磷酸化，并将其磷酸基团转移到应答调节蛋白上，使该磷酸化的应答调节蛋白成为阻遏或诱导蛋白，通过对操纵子的阻遏或激活作用调控下游基因表达。

F

翻译（translation）：指将 mRNA 链上的核苷酸从一个特定的起始位点开始，按每 3 个核苷酸代表一个氨基酸的原则，依次合成一条多肽链的过程。

翻译后运转机制（post-translational translocation）：蛋白质从核糖体上释放后才发生运转。

翻译运转同步机制（co-translational translocation）：某个蛋白质的合成和运转是同时发生的。

反式作用因子（transacting factor）：是指能够结合在顺式作用元件上调控基因表达的蛋白质或者 RNAs。

反义 RNA：是指与 mRNA 互补的 RNA 分子，也包括与其他 RNA 互补的 RNA 分子。由于核糖体不能翻译双链的 RNA，所以反义 RNA 与 mRNA 特异性的互补结合，即抑制了该 mRNA 的翻译。通过反义 RNA 控制 mRNA 的翻译是原核生物基因表达调控的一种方式。

泛素蛋白（ubiquitin）：含有高度保守的 76 个氨基酸的序列，它以羧基基团连接到目标蛋白质的赖氨酸残基的 ε 位氨基上，其主要作用是起始蛋白质的降解。

泛素连接酶（E3 ubiquitin ligases）：又称为 E3 泛素连接酶，是一个能够将泛素分子连接到目的蛋白质的某个赖氨酸上的酶，是蛋白质泛素化途径中的第三个酶，决定靶蛋白的特异性识别，通过调控调节蛋白的泛素化过程参与细胞内的多种生理过程。

非编码 RNA（non-coding RNA）：是指从基因组上转录出来但不翻译成蛋白质的一类 RNA 的总称。依据功能不同，主要分为两大类。一类是组成型的非编码 RNA，包括 rRNA 和 tRNA；另一类是调控型的非编码 RNA，如 miRNA，siRNA，lncRNA 等。

非核苷酸型反转录酶抑制剂：该类化合物可与病毒的反转录酶相结合，通过限制该酶的移动性而影响它的活性，终止病毒 DNA 的合成。

非组蛋白：是染色体中除了组蛋白之外的结构蛋白。

分子伴侣（molecular chaperone）：它是细胞中一类能够识别并结合到不完全折叠或装配的蛋白质上以帮助这些多肽正确折叠、转运或防止它们聚集的蛋白质，其本身不参与最终产物的形成。

负控诱导：是原核生物转录调控的一种方式，当阻遏蛋白不与效应物（诱导物）结合时，结构基因不转录。

负控阻遏：是原核生物转录调控的一种方式，当阻遏蛋白与效应物（诱导物）结合时，结构基因不转录。

复制叉（replication fork）：复制时，双链 DNA 要解开成两股链分别进行 DNA 合成，所以，复制起点呈叉子形式，被称为复制叉。

复制起点（replication origin）：是 DNA 链上独特的具有起始 DNA 复制功能的碱基顺序。大肠杆菌的复制起点包括 OriC 和 OriH，OriC 是首选的复制起点，而 OriH 是在 RNaseH 缺失突变株中发现的一系列复制起点。

复制子（replicon）：单独复制的一个 DNA 单元被称为一个复制子，它是一个可移动的单位。一个复制子在任何一个细胞周期只复制一次。

G

冈崎片段（Okazaki fragment）：是在 DNA 半不连续复制中产生的长度为 1 000 ~ 2 000 个碱基的短的 DNA 片段，能被连接形成一条完整的 DNA 链。

高速泳动族蛋白（high mobility group protein，HMG 蛋白）：是一类能用低盐溶液抽提、能溶于 2% 的三氯乙酸、相对分子质量在 3.0×10^4 以下的非组蛋白。因其相对分子质量小、在凝胶电泳中迁移速度快而得名。分为 HMG1 和 HMG2 两大类。这类蛋白的特点是能与 DNA 结合，也能与 H1 作用，但与 DNA 的结合并不牢固，可能与 DNA 的超螺旋结构有关，在 DNA 复制和重组中起重要作用。

管家基因（housekeeping gene）：在个体的所有细胞中持续表达的基因。

光周期现象（photoperiodism）：光周期指一日之内昼夜长度的相对变化，也即日长，该现象即植物通过感受昼夜长短变化而控制开花的现象。

共线（Synteny）：即相关物种的基因组在染色体水平上出现的同源现象。

H

核定位序列（nuclear localization sequence，NLS）：蛋白质中的一个常见的结构域，通常为一短的氨基酸序列，它能与入核载体相互作用，将蛋白质运进细胞核内。

核不均一 RNA（hnRNA，heterogeneous nuclear RNA）：即 mRNA 的前体，经过 5′ 加"帽"和 3′ 酶切加多聚腺苷酸，再经过 RNA 的剪接，编码蛋白质的外显子部分就连接成为一个连续的可译框，作为蛋白质合成的模板。

核苷酸型反转录酶抑制剂：其结构与脱氧核苷酸类似，多为双脱氧核苷衍生物，可与细胞内自由核苷竞争性地结合反转录酶，终止反转录反应，使病毒 DNA 的合成受阻。

核酶（ribozyme）：是一类具有催化活性的 RNA 分子，通过催化靶位点 RNA 链中磷酸二酯键的断裂，特异性地剪切底物 RNA 分子，从而阻断基因的表达。

核糖开关（Riboswitch）：基因 mRNA 非编码区（通常是 5′UTR 区域）上的一段具有复杂结构的 RNA 序列，能够感受细胞内诸如代谢物浓度、离子浓度、温度等的变化而改变自身的二级结构和调控功能，从而调节 mRNA 的转录，改变基因的表达状态。

核小体（nucleosome）：是染色质的基本结构单位，由大约 200 个碱基对的 DNA 和组蛋白八聚体所组成。

核心启动子（core promoter）：是指保证 RNA 聚合酶 II 转录正常起始所必需的、最少的 DNA 序列，包括转录起始位点及转录起始位点上游 –25 ~ –30 bp 处的 TATA 盒。

后随链，滞后链（lagging strand）：在 DNA 复制过程中，与复制叉运动方向相反的方向不连续延伸的 DNA 链被称为后随链或滞后链。

J

基因（gene）：产生一条多肽链或功能 RNA 所需的全部核苷酸序列。

基因组编辑（genome editing）技术：利用序列特异核酸酶在基因组特异位点产生 DNA 双链断裂，从而激活生物体自身的同源重组或非同源末端连接修复机制，以达到特异性改造基因组之目的。

基因表达（gene expression）：基因经过转录、翻译，产生具有特异生物学功能的蛋白质分子或 RNA 分子的过程。

基因表达调控（gene regulation）：所有生物的遗传信息，都是以基因的形式储存在细胞内的 DNA（或 RNA）分子中，随着个体的发育，DNA 分子能有序地将其所承载的遗传信息,通过密码子－反密码子系统,转变成蛋白质分子,执行各种生理生化功能。这个从 DNA 到蛋白质的过程被称为基因表达,对这个过程的调节就称为基因表达的调控。

基因表达的表观遗传调控:指在真核生物中,发生在转录之前的,染色质水平上的结构调整,主要包括 DNA 修饰(DNA 甲基化)和组蛋白修饰(组蛋白乙酰化、甲基化)两个方面。

基因表达的空间特异性(spatial specificity):又称细胞或组织特异性(cell or tissue specificity),是指在个体生长过程中,某种基因产物按不同组织空间顺序出现。

基因表达的时间特异性(temporal specificity):即按功能需要,某一特定基因的表达严格按特定的时间顺序发生。

基因沉默(RNA 沉默,RNA silencing):是指真核生物中由双链 RNA 诱导的识别和清除细胞中非正常 RNA 的一种机制。通常情况下基因沉默可以分为转录水平基因沉默(transcriptional gene silencing)和转录后基因沉默(post-transcriptional gene silencing)。

基因家族(gene family):真核细胞中许多相关的基因常按功能成套组合。

基因克隆(gene cloning)与**基因工程**(genetic engineering):在分子生物学上,人们把将外源 DNA 插入具有复制能力的载体 DNA 中,转入宿主细胞使之得以永久保存和复制这种过程称为基因克隆。基因工程或重组 DNA 技术则侧重于验证上述过程所获得遗传物质新组合在宿主细胞内的表达与功能鉴定。

基因领域效应:当两个基因相距太近时,往往不易形成有利于高效转录的空间结构。因此,基因与基因之间的间隔距离被定义为"基因领域"。同一 DNA 链上两个具有相同转录方向的基因间隔小于一定长度时,影响有效转录所必需的染色质结构的形成,从而使这两个基因中的一个或两个均不能转录或转录活性显著降低,既产生了所谓的"基因领域效应"。

基因密度(Gene density):生物体内所有的染色体组成基因组,每 Mb 基因组 DNA 上所含有的平均基因数目称为基因密度。

基因敲除(gene knock-out):针对一个序列已知但功能未知的基因,从 DNA 水平上设计实验,彻底破坏该基因的功能或消除其表达机制,从而推测该基因的生物学功能。

基因治疗:基因治疗是将具有治疗价值的基因,即"治疗基因"装配于带有在人体细胞中表达所必需元件的载体中,导入人体细胞,通过靶基因的表达来治疗遗传疾病。基因治疗是从根本上治疗遗传病的唯一途径。目前科学界关注的主要问题是基因治疗的有效性、安全性和质量可控性。

基因组(genome):一个细胞或病毒所携带的全部遗传信息或整套基因,包括每一条染色体和所有亚细胞器的 DNA 序列信息。

基因组学(Genomics):着眼于研究并解析生物体整个基因组的所有遗传信息的学科。

基因组的大小(Genome Size):是指一种生物单倍染色体中的 DNA 的长度。

基因突变(Mutation):是指在基因内的遗传物质发生可遗传的结构和数量的变化。

基因文库(cDNA 或 genomic DNA libraries):是某一生物体全部或部分基因的集合。将某个生物的基因组 DNA 或 cDNA 片段与适当载体在体外重组后,转化宿主细胞,所得的菌落或噬菌体的集合即为该生物的基因文库。

酵母人工染色体(Yeast Artificial Chromosome, YAC):含有三种必需成分:着丝粒、端粒和复制起点,是迄今容量最大的克隆载体,插入片段平均长度为 200～1 000 千碱基对,最大的可以达到 2 百万碱基对。

剪接体(spliceosome):是真核生物 mRNA 前体在剪接过程中组装形成的多组分复合物,是一种具有催化剪接反映的核糖核蛋白复合体,它包含约 150 种蛋白质和 5 种 RNA。

间隙基因(gap genes):这类基因包括 hunchback(hb)、krüppel 和 Knirps(kni)等,这些基因的表达很有特点,最初在整个胚胎中都有很弱的表达,以后随着卵裂的进行而逐渐变转成一些不连续的表达区带。

结构变体(Structural Variant, SV):染色体结构的变化,包括片段插入、删除、倒转、易位、复制及拷贝数变化。

聚合酶链式反应(polymerase chain reaction, PCR):是指通过模拟体内 DNA 复制方式在体外选择性地将 DNA 某个特定区域扩增出来的技术。

K

开花素(florigen):当植物叶片感受到适当的日照长度,会形成一种物质,该物质可以进行长距离运输,传导到顶芽分生组织后引起开花,研究发现为 FT 蛋白。

抗终止因子(anti-termination factor):能够在特定位点减弱或阻止转录终止的一类蛋白质。它们能与 RNA 聚合酶结合,帮助 RNA 聚合酶越过具有茎环结构的终止子继续转录目标 RNA。

可译框,可读框(open reading frame,ORF):是指一组连续的含有三联密码子的能够翻译成为多肽链的 DNA 序列。它由起始密码子开始,到终止密码子结束。

L

厘摩（centiMorgan, cM）：表示遗传连锁分析中重组频率的单位, cM 值越大, 表明两者之间距离越远。

临界日长（Critical daylengths）：是区别长日照或短日照的日照长度的标准, 指昼夜周期中能诱导植物开花所需的最低或最高的极限日照长度。

轮性（whorl）：金鱼草、拟南芥等植物的花都由四种类型的花器官组成, 花器官排列成向心的圆环形。

M

母源效应基因（maternal effect genes）：是指那些由母源抚育细胞及滤泡细胞（follicle cells）等利用自身的基因和细胞资源提供遗传信息和营养物质, 然后输入到卵母细胞中的基因。

孟德尔（GregorMendor）：奥地利修道士, 经典遗传学创始人, 他的豌豆杂交试验可能是遗传学历史上最具有传奇色彩并且最引人入胜的研究成果, 是遗传学的奠基石。

密码的简并（degeneracy）：由一种以上密码子编码同一个氨基酸的现象, 对应于同一氨基酸的密码子称为同义密码子（synonymous codon）。

免疫共沉淀（CO-Immunoprecipitation, CO-IP）：当细胞在非变性条件下被裂解时, 完整细胞内存在的许多蛋白质 – 蛋白间的相互作用被保留下来。如果用蛋白质 X 的抗体免疫沉淀 X, 那么在体内与 X 结合的蛋白质 Y 也能被沉淀下来。

模板链（template strand）：指 DNA 双链中能作为转录模板通过碱基互补原则指导 mRNA 前体合成的 DNA 链, 又称反义链（antisense strand）。

摩尔根（Thomas Morgan）：美国著名的遗传学家, 研究果蝇的可遗传突变机制, 首次提出"基因学说"。

魔斑核苷酸（magic spot nucleotide）：受严紧控制的细菌生长过程中一旦缺乏氨基酸供应, 细菌会产生一个应急反应, 使蛋白质和 RNA 的合成速率迅速降下来。魔斑核苷酸指的就是此过程中由大量 GTP 合成的鸟苷四磷酸（ppGpp）和鸟苷五磷酸（pppGpp）, 它们的主要作用可能是影响 RNA 聚合酶与启动子结合的专一性, 诱发应急反应, 帮助细菌渡过难关。

N

内含子（intron）：是一个基因中非编码 DNA 片段, 它分开相邻的外显子, 内含子是阻断基因线性表达的序列。

内含子的变位剪接：在高等真核生物中, 内含子通常是有序或组成性地从 mRNA 前体中被剪接。然而, 在个体发育或细胞分化的某个或某些特定阶段可以有选择性地越过某些外显子或某个剪接点进行 RNA 剪接, 产生出组织或发育阶段特异性 mRNA, 称为内含子的变位剪接。

凝胶电泳（Gel electrophoresis）：是一种以琼脂糖或聚丙烯酰胺为介质, 在一定电场强度下, 按相对分子质量大小的不同, 对 DNA 或蛋白质进行分离检测的技术。

凝胶滞缓实验（DNA mobility shift assay, EMSA）：是一种检测蛋白质和 DNA 序列相互结合的技术, 其基本原理是蛋白质可以与末端标记的核酸探针结合, 电泳时这种复合物比没有蛋白结合的探针在凝胶中泳动速度慢, 表现为相对滞后。该方法可用于检测 DNA 结合蛋白、RNA 结合蛋白, 并可通过加入特异性的抗体来检测特定的蛋白质。

Q

启动子（promoter）：是一段位于结构基因 5′ 端上游区的 DNA 序列, 能活化 RNA 聚合酶, 使之与模板 DNA 准确地相结合并具有转录起始的特性, 对于基因转录起始是所必需, 是基因表达调控的上游顺式作用元件之一。

起始 tRNA：是指能特异地识别 mRNA 模板上起始密码子的 tRNA。

前导链（leading strand）：在 DNA 复制过程中, 与复制叉运动方向相同, 以 5′-3′ 方向连续合成的链被称为前导链。

切除修复（excision repair）：DNA 损伤的一种修复机制, 直接切除受损伤的一条 DNA 片段, 以其互补链为模板新合成 DNA 来取代切除的受损片段。

禽流感病毒 H5N1 型：A 型流感病毒根据其表面血凝素（H）和神经氨酸酶（N）结构的不同可分为许多亚型：血凝素（H）有 18 个亚型（H1-H18）, 神经氨酸酶（N）有 11 个亚型（N1-N11）, 它们之间的不同组合, 使 A 型流感病毒出现多亚型（如 H1N1、H2N2、H5N12 等）, 理论上可产生 198 种不同的病毒亚型, 各亚型之间无交互免疫力。禽流感病毒 H5N1 即具有第 5 亚型血凝素（H）和第 1 亚型神经氨酸酶（N）的流感病毒。

禽流行性感冒（Avian influenza, AI）：简称禽流感, 又名真鸡瘟、欧洲鸡瘟、鸡疫等, 是由 A 型流感病毒（Avian Influenza Virus, AIV）引起的呼吸系统病变直到全身败血症的一种高度急性传染病。鸡、火鸡、鸭等家禽及野鸟均可被感染。禽流感病毒还是人流感病毒株形成的最大的基因库来源，也可直接感染人，对人类的公共卫生造成巨大危害。

全基因组关联分析（Genome-wide association study，缩写名为 GWAS）：是一种在人类或动植物全基因组中以百万计的单核苷酸多态性（single nucleotide ploymorphism，SNP）为分子遗传标记，进行全基因组水平上的对照分析或相关性分析，通过比较发现影响复杂性状基因变异的一种新策略。

全基因组鸟枪法测序（Whole genome shotgun sequencing）：随机打断基因组序列克隆扩增后各自测序，最后进行序列拼接的策略。

R

染色体构象捕获（Chromosome Conformation Capture）：用于鉴定 DNA 分子内或分子间长程相互作用的技术。

热不对称交错多聚酶链式反应（Thermal Asymmetric Inter-Laced PCR）：是一种用于扩增 T-DNA 插入位点侧翼序列，从而获得转基因植物插入位点特异性分子证据的技术。

人类基因组计划（Human Genome Project，HGP）：致力于测定人类单倍体染色体组中约 30 亿对碱基序列，解析人类基因组中携带的有关人类个体生长发育、生老病死的全部遗传信息。

人免疫缺损病毒（HIV）：俗称艾滋病毒（AIDS），是一种能生存于人的血液中并攻击人体免疫系统的病毒，主要攻击人体免疫系统中重要的 T4 淋巴细胞，大量吞噬、破坏 T4 淋巴细胞，从而使得整个人体免疫系统遭到破坏，最终因丧失对各种疾病的抵抗能力而死亡。

日常型甲基转移酶：主要在甲基化母链（模板链）指导下使处于半甲基化的 DNA 双链分子上与甲基胞嘧啶相对应的胞嘧啶甲基化。

熔解温度（melting temperature，Tm）：核酸在 260 nm 的吸光度增加到最大值一半时的温度称为 DNA 的熔点，用 Tm 表示，它是 DNA 的一个重要的特征常数。

弱化子（attenuator）：是指原核生物操纵子中能显著减弱甚至终止转录作用的一段核苷酸序列，该区域能形成不同的二级结构，利用原核生物转录与翻译的偶联机制对转录进行调节。

S

上游启动子元件（upstream promoter element，UPE）：将 TATA 区上游的保守序列称为上游启动子元件或称上游激活序列（upstream activating sequence，UAS）。

双向电泳技术（Two-Dimensional Electrophoresis，2-DE）：是一种依赖蛋白质的等电点和分子大小的性质，通过组合等电聚焦电泳和聚丙烯酰胺凝胶电泳，分离大量混合蛋白质组分的技术。

双向复制（bidirectional replication）：DNA 复制时，以复制起始点为中心，向两个方向进行的复制。

神经氨酸酶（neuraminidase，NA）：一种糖苷外切酶，是禽流感病毒表面上的两种主要糖蛋白之一，可从 α- 糖苷键上除去唾液酸残基，对病毒的释放及病毒在感染细胞周围的扩散能力有很大影响。此外，神经氨酸酶也是禽流感病毒中的重要抗原，它的高突变频率也是禽流感病毒较难防治的原因之一。

顺反子（cistron）：功能基因，意为通过顺式（基因序列）及反式（所编码的蛋白质）试验所确定的一个遗传学单位。

顺式作用元件（cis-acting element）：是指启动子（promoters）和基因的调节序列。主要包括启动子（promoter）、增强子（enhancer）、沉默子（silencer）等。

噬菌体（bacteriophage）：是感染细菌的病毒。烈性噬菌体的感染最终导致宿主细胞裂解，而温和型噬菌体则能将 DNA 整合到宿主细胞染色体上，从而对宿主造成较为长期的影响。在特定条件下两者可以转换。

T

肽基 – tRNA（peptidy – tRNA）：指在蛋白质生物合成过程中，在肽键合成之后，连接在新生肽链上的 tRNA 分子。

肽基转移酶（peptidyltransferase）：蛋白质合成过程中的一种酶，它催化正在延伸的多肽链与下一个氨基酸之间形成肽键。

套索 RNA（lariat RNA）：真核生物前体 mRNA 进行内含子剪接时，内含子 5′ 端和 3′ 端相互连接而形成的中间体。

体节极化基因（segment polarity genes）：发育到细胞囊胚期时，体节极化基因就把不同体节再进一步划分成更小的条纹，当果蝇体节极化基因发生突变时，每个体节都会缺失一个特定的区域。

同源域基因（homeotic gene）：最终决定躯体体节命运，躯体的部分最终是发育成为无翅的前胸还是有翅的中胸，是有平衡器的后胸还是腹部的体节，都是由同源域基因决定的。

同工 tRNA（cognate tRNA）：指几个代表相同氨基酸、能够被一个特殊的氨酰 – tRNA 合成酶识别的 tRNA。

同义突变（synonymous mutation）：是指碱基的改变不引起氨基酸的改变的突变。

W

外显子(exon)：是真核生物基因的一部分，它在剪接（Splicing）后仍会被保存下来，并可在蛋白质生物合成过程中被表达为蛋白质。

卫星 DNA(satellite DNA)：又称随体 DNA。真核细胞 DNA 的一部分是不被转录的异染色质成分，其碱基组成与主体 DNA 不同，因而可用密度梯度沉降平衡技术如氯化铯梯度离心将它与主体 DNA 分离。卫星 DNA 通常是高度串联重复的 DNA。

沃森－克连克：James Dewey Watson 是当代美国最著名的分子生物学家，他和 Francis Harry Compton Crick（英国分子生物学和生物物理学家）共同提出了沃森－克连克 DNA 反向平行双螺旋模型，阐述了 DNA 复制和遗传信息的传递规律。

无义突变(nonsense mutation)：在 DNA 序列中任何导致编码氨基酸的三联密码子转变为终止密码子（UAG、UGA、UAA）的突变，它使蛋白质合成提前终止，合成无功能的或无意义的多肽。

物理图(Physical Map)：是指以已知核苷酸序列的 DNA 片段（序列标签位点，sequence-tagged site，STS）为"路标"，以碱基对（bp，kb，Mb）作为基本测量单位（图距）的基因组图。

X

细胞转化基因(C-onc)：即被激活的原癌基因，能够转化 NTH/3T3 成纤维细胞或其他靶细胞成为肿瘤细胞的基因，也称癌基因（oncogene）。

系统生物学：是研究一个生物系统中所有组成成分（基因、mRNA、蛋白质等）的变化规律以及在特定遗传或环境条件下相互关系的学科。系统生物学研究通过整合各组分的信息，以图画或数学方式建立能描述系统结构和行为的模型。

细菌人工染色体(Bacteria Artificial Chromosome，BAC)：主要包括 oriS，repE（控制 F 质粒复制）和 parA、parB（控制拷贝数）等成分，其克隆能力在 125～150 千碱基对左右。

细菌转化(transformation)：是指一种细菌菌株由于捕获了来自另一种供体菌株的 DNA 而导致性状特征发生遗传改变的过程。

小分子干扰核糖核酸(siRNA，short interfering RNAs)：是长度为 21～25 个核苷酸的双链小分子 RNA，它是引发转录后基因沉默中序列特异性的 RNA 降解的重要中间媒介。siRNA 具有 5′端磷酸基和 3′端羟基，两条链的 3′端各有两个碱基突出于末端。在转录后沉默和 RNAi 的过程中，siRNA 作为识别目标基因的引导物。

校对(proofreading)：在复制、转录或翻译过程中校正错误的机制，包括从正在伸长的核酸或蛋白质链中去除不正确掺入的核苷酸或氨基酸，并以正确的单元取代。

信号识别蛋白(signal recognition protein，SRP)：由 6 种紧密结合的信号识别蛋白质与一个长约 300 核苷酸的 7S RNA 分子形成的核糖核蛋白颗粒，能识别核糖体上新合成多肽链的前导序列并与其结合，将核糖体、新合成肽链及信号识别颗粒导向内质网，使肽链的翻译及转运同时进行。

信号肽(signal peptide)：在起始密码子后，有一段编码疏水性氨基酸序列的 RNA 区域，该氨基酸序列就被称为信号肽序列，它负责把蛋白质导引到细胞含不同膜结构的亚细胞器内。

血凝素：即红血球凝聚素，是流感病毒表面的一类蛋白质，病毒依靠它与宿主细胞表面相结合。具有很高的突变率，使病毒能逃避宿主的免疫系统并具有抗药性。

Y

阳离子多聚体：是一种表面具有带正电荷的氨基基团的多聚体，氨基基团可与 DNA 的磷酸基团结合发生电性中和，将 DNA 吸附而使其不易被核酸酶降解，并可防止沉淀，从而提高转染效率。

野生型和突变型(wild-type and mutant)：生物学上把所研究的基因位点未发生改变的生物个体称为野生型，把所研究的基因位点发生遗传突变的生物个体称为突变型。因此，野生型和突变型是相对的，甚至可能根据所研究目的基因的不同而发生转换。

移码突变(frameshift mutation)：指一种突变，其结果可导致核苷酸序列与相对应蛋白质的氨基酸序列之间的正常关系发生改变。移码突变是由删去或插入一个核苷酸的"点突变"构成的，突变位点之前的密码子不发生改变，但突变位点以后的所有密码子都发生变化，编码的氨基酸出现错误。

遗传密码(codon)：mRNA 上每 3 个核苷酸翻译成多肽链上的一个氨基酸，这 3 个核苷酸就称为一个密码子（三联子密码）。

遗传图(Genetic Map)：遗传图又称为连锁图（Linkage Map），是指基因或 DNA 标志在染色体上的相对位置与遗传距离。

遗传距离(Genetic Distance)：遗传距离是通过遗传连锁分析确定的，在同源染色体的同一遗传位点上存在的不同等位基因在产生配子的减数分裂过程中可能发生片段互换,从而导致子代出现两个遗传位点等位基因的"重组",该重组频率与这两个位点之间的距离呈正相关。于是,科学上用两个位点之间的交换或重组频率来表示其遗传学距离。

乙肝病毒(HBV):是嗜肝 DNA 病毒科中哺乳动物病毒属的一员。完整的乙型肝炎病毒颗粒直径为 42 nm,又名 Dane 颗粒,具有双层核壳结构,外壳相当于包膜,含有乙型肝炎病毒表面抗原、多聚人血清白蛋白受体和 Pre-s 抗原。内部为直径 28 nm 的核心颗粒,核心颗粒表面含有乙型肝炎病毒核心抗原(HBcAg)和乙型肝炎 e 抗原(HBeAg),颗粒内部有乙型肝炎病毒的 DNA 和 DNA 多聚酶。采用电子显微镜检查乙型肝炎患者的血清可发现三种颗粒:①小球形颗粒,直径 22 nm;②管形颗粒,直径 22 nm,长度在 50~700 nm 之间;③大球形颗粒(即 Dane 颗粒),直径 42 nm。其中前两者是 HBV 在肝细胞中增殖合成过程中的病毒外壳,而不是完整的 HBV 颗粒。

引发酶(primase):是依赖于 DNA 的 RNA 聚合酶,其功能是在 DNA 复制过程中合成 RNA 引物。

引发体(primosome):DNA 复制过程中引发合成每个冈崎片段时所需的多蛋白复合物,包括预引发蛋白、具有 ATP 酶活性的蛋白质以及引物酶。引发体与 DNA 结合后由引物酶合成 RNA 引物并合成与 RNA 引物相连接的冈崎片段。引发体沿不连续合成的 DNA 链移动,其移动的方向与 RNA 及 DNA 的合成方向相反。引发体移动需要来自 ATP 水解的能量。

引物(primer):是指一段较短的单链 RNA 或 DNA,它能与 DNA 的一条链配对提供游离的 3'-OH 末端以作为 DNA 聚合酶合成脱氧核苷酸链的起始点。

元基因组学(Metagenomics):以取自环境的样本里所有的遗传物质或特定的微生物群落为研究对象的学科。

原病毒:反转录病毒侵入宿主细胞后,首先利用自身携带的反转录酶合成出与本身 RNA 基因组互补的 DNA,再利用宿主细胞的 DNA 聚合酶指导合成出另一 DNA 链,以双链 DNA 形式整合到宿主细胞基因组中。被整合的反转录病毒 DNA 分子就称为原病毒。

原位杂交(in situ hybridization,ISH):是用标记的核酸探针,经放射自显影或非放射检测体系,在组织、细胞及染色体水平上对核酸进行定位和相对定量研究的一种手段。通常分为 RNA 原位杂交和染色体原位杂交两大类。

Z

载体(vector):能将外源 DNA 或基因片段携带入宿主细胞内的一个具有自主复制能力的 DNA 分子。

增强子(enhancer):能强化转录起始的序列,也称为强化子。它们不是启动子的一部分,但能增强或促进转录的起始。

指导 RNA(guide RNA):原生动物及植物线粒体中进行 RNA 编辑所需的 RNA 序列,是与已正确编辑的 RNA 序列互补的一小段 RNA,被用来作为向未经编辑的 RNA 中插入碱基的模板。

中心法则(central dogma):由克连克首次提出的遗传信息传递规律,该法则阐明了 DNA 复制、RNA 转录以及翻译产生蛋白质在生命过程中的核心地位。

转录(transcription):是指拷贝出一条与 DNA 链序列完全相同(除了 T → U 之外)的 RNA 单链的过程,是基因表达的核心步骤。

转录因子(transcription factor, TF):包括转录激活因子(transcriptional activator)和转录阻遏因子(transcriptional repressor)。这类调节蛋白能识别并结合转录起始点的上游序列或远端增强子元件,通过 DNA - 蛋白质相互作用而调节转录活性,并决定不同基因的时间、空间特异性表达。

转录单元(transcription unit):是一段可被 RNA 聚合酶转录成一条连续 mRNA 链的 DNA,包括转录起始和终止信号。一个简单的转录单位只携带合成一种蛋白的信息,复合转录单位可携带不止一种蛋白质分子的信息。

转录起始位点(transcription initiation site):是指与新生 RNA 链第一个核苷酸相对应 DNA 链上的碱基位点,通常为嘌呤。常把起点前,即 5' 末端的序列称为上游(upstream),而把其后面即 3' 末端的序列称为下游(downstream)。

转录前起始复合物(preinitiation transcription complex, PIC):在真核 RNA 转录起始过程中,真核生物 RNA 聚合酶不能直接识别基因的启动子区,需要转录调控因子等辅助蛋白质按特定顺序结合于启动子上,帮助聚合酶特异地结合到启动子上,形成转录前起始复合物,解开 DNA 双链,指导转录。

转录图(Expression Profiling):是基因组的 cDNA 片段图,即表达序列标签图(EST)。通过得到的一段 cDNA 或一个 EST,可筛选出全长的转录本,并根据其序列的特异性将该转录本准确地定位于基因组上。

转换(transition):嘧啶到嘧啶和嘌呤到嘌呤的替换。

转座、移位(transposition):遗传信息从一个基因座转移至另一个基因座的现象称为基因转座,是由可移位因子(transposable element)介导的遗传物质重排。

转座子(transposon,Tn):能够在没有序列相关性的情况下独立插入基因组新位点上的一段 DNA 序列,是存在于染色体 DNA 上可自主复制和位移的基本单位。参与转座子易位及 DNA 链整合的酶称为转座酶。

脂质体:脂质体是具有双层膜的封闭式粒子,它们能促进极性大分子穿透细胞膜。根据脂质体包裹 DNA 的方式不同可将脂质体分为阳离子脂质体、阴离子脂质体、pH 敏感脂质体及融合脂质体等。

肿瘤的免疫治疗:肿瘤的免疫治疗是指通过激活机体的免疫系统,增强抗肿瘤免疫效应,从而特异性清除肿瘤微小残留病灶或者明显抑制肿瘤增殖的治疗方法。

肿瘤的被动免疫治疗:被动免疫治疗又称为过继免疫治疗(adoptiveimmunotherapy)是被动性地将具有抗肿瘤活性的免疫制剂或者细胞过继回输肿瘤患者机体进行治疗,以达到治疗肿瘤的目的。

肿瘤的主动免疫治疗:主动免疫治疗主要指接种肿瘤疫苗,利用肿瘤细胞或者肿瘤相关蛋白或多肽等抗原物质免疫机体,激活患者自身的免疫系统,诱导宿主产生针对肿瘤抗原的免疫应答,从而阻止肿瘤生长、转移和复发。

自主复制序列(autonomously replicating sequences,ARS):酵母 DNA 复制的起点,长约 150 bp 左右,包括数个复制起始必需的保守区。不同 ARS 序列的共同特征是有一个被称为 A 区的 11 bp 的保守序列。

组蛋白(histones):是保守的 DNA 结合蛋白,是染色体的结构蛋白,分为 H1、H2A、H2B、H3 及 H4 五种,与 DNA 共同组成真核生物染色质的基本单位核小体。

组蛋白乙酰基转移酶(Histone acetyltransferase,HAT):是催化组蛋白乙酰化反应的酶,主要有两类:一类与转录有关,另一类与核小体组装以及染色质的结构有关。HAT 并不是染色质结合蛋白,但是可以通过与其他蛋白相互作用来影响染色质的结构。

阻遏蛋白(repressor):是指转录调控系统中调节基因表达产物丰度的蛋白质,其作用部位往往是操纵子的操纵区,起着阻止结构基因转录的作用。

ρ 因子　90

读者意见反馈

为收集对教材的意见建议，进一步完善教材编写并做好服务工作，读者可将对本教材的意见建议通过如下渠道反馈至我社。

咨询电话　400-810-0598

反馈邮箱　gjdzfwb@pub.hep.cn

通信地址　北京市朝阳区惠新东街4号富盛大厦1座

　　　　　高等教育出版社总编辑办公室

邮政编码　100029

防伪查询说明

用户购书后刮开封底防伪涂层，使用手机微信等软件扫描二维码，会跳转至防伪查询网页，获得所购图书详细信息。

防伪客服电话　　（010）58582300

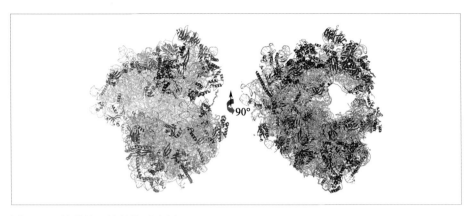

图 4-10　核糖体三维结构示意图

核糖体由大、小亚基组成。每个亚基又由 RNA 和蛋白质两部分组成,其中,50S 亚基的 RNA 部分由灰色表示,蛋白质以紫色表示。30S 亚基的 RNA 部分以淡蓝色表示,蛋白质以深蓝色表示。 50S 亚基都位于 30S 亚基之上。旋转 90° 后右图显示的空洞为 tRNA 结合位点。图像使用 PyMOL 软件制作。

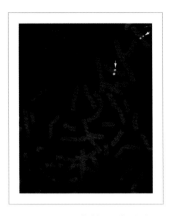

图 6-6　人肌肉糖原磷酸酶基因在 11 号染色体上的荧光原位杂交结果

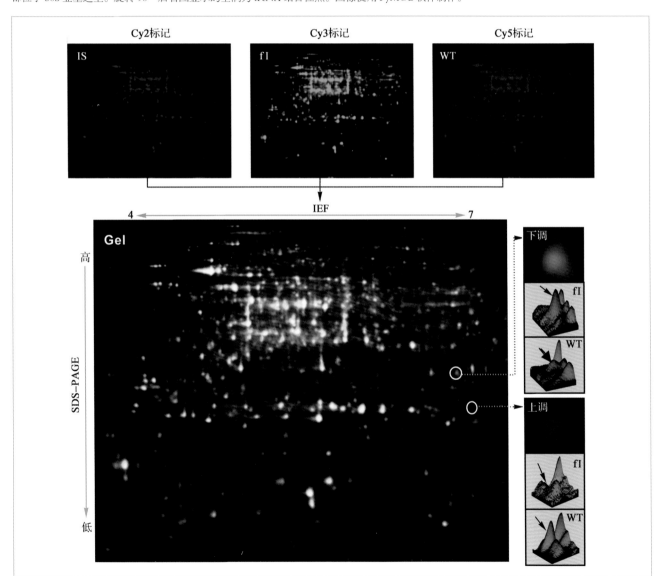

图 5-30　野生型陆地棉'徐州 142'(WT)和无长绒无短绒突变体(fl)0 DPA 胚珠总蛋白 2D-DIGE 比较分析图谱

用 Cy2 标记 WT 和 fl 0 DPA 胚珠等量混合蛋白作为内标(显示为蓝色),Cy3 标记 fl 胚珠蛋白(显示为绿色),Cy5 标记 WT 胚珠蛋白(显示为红色)。图中绿色蛋白点代表 WT 0 DPA 胚珠中相对于 fl 下调的蛋白质,红色蛋白点则代表 WT 0DPA 胚珠中相对于 fl 上调的蛋白质。

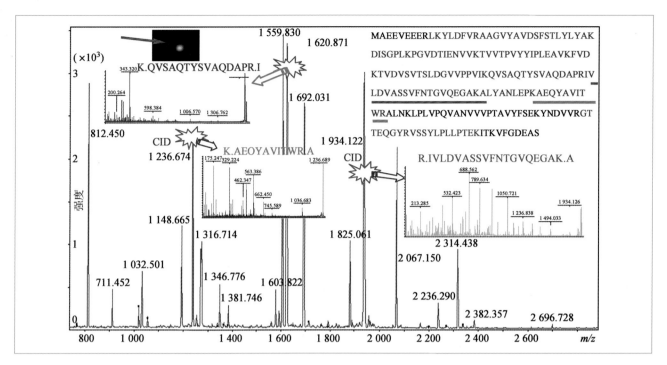

图 5-32 典型蛋白质一级和二级质谱鉴定结果

将明显诱导的蛋白点(Spot 1,左上箭头所示。来自图 5-30 中表达量上调的蛋白点)回收后,进行胰蛋白酶胶内酶解,收集酶解肽段。一级质谱将蛋白质经酶解后的肽段按照质荷比(m/z)及强度(intensity)进行解析,形成肽指纹图谱(PMF),每个母离子峰代表一种肽段,其强度代表了肽段多少。二级质谱是挑选一级质谱中有代表性的母离子峰以诱导碰撞解离(CID)方式打碎,形成肽段碎片指纹图谱(PFF)。然后,结合一级 PMF 和二级 PFF 数据,进行数据库搜索,获得具体的蛋白质鉴定信息。

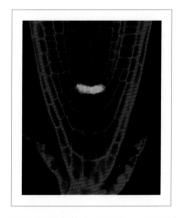

图 6-39 野生型拟南芥中 WOX5_pro::GFP 融合基因的表达

将 AtWOX5 的启动子序列与 GFP 的编码序列融合,构建植物转化载体,通过花序浸染法转化野生型拟南芥。在 WOX5 启动子的指导下,GFP 基因表达,指示 WOX5 蛋白应定位于根端分生组织(RAM)的静止中心(QC);红色荧光:用 PI 对细胞壁染色;绿色荧光:GFP 自发荧光。

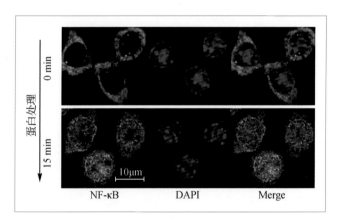

图 6-40 结核杆菌外膜蛋白影响核转录因子 NF-κB 在巨噬细胞中的定位

用结核杆菌外膜蛋白刺激巨噬细胞 15 min,诱导在胞质定位的 NF-κB 分子转运到细胞核中。绿色荧光:FITC 标记 NF-κB 分子;蓝色荧光:DAPI 标记细胞核 DNA。

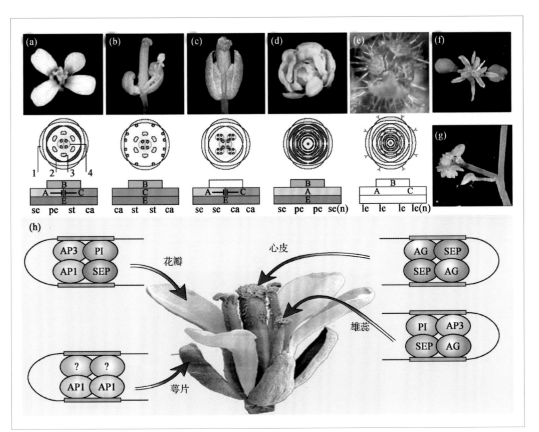

图 10-16 花形态建成的 *ABCE* 模型

(a) 野生型;(b) A 基因突变;(c) B 基因突变;(d) C 基因突变;(e) E 基因突变;(f) 35S::PI;35S::AP3;35S::SEP3;(g) 35S::PI;35S::AP3;35S::AG;35S::SEP3;(h) ABCE-Model。

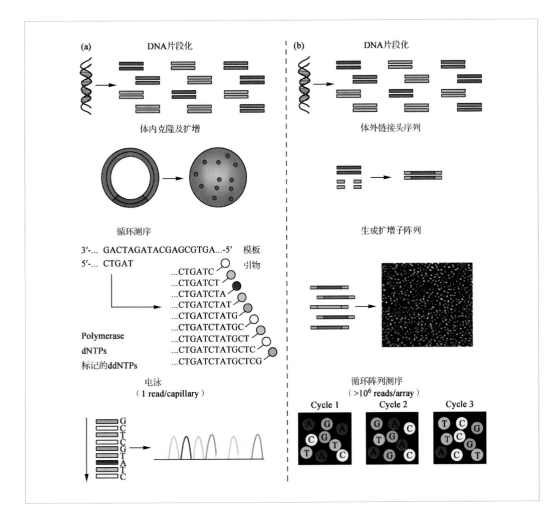

图 11-14 传统 Sanger 测序(a)与第二代测序(b)流程对比

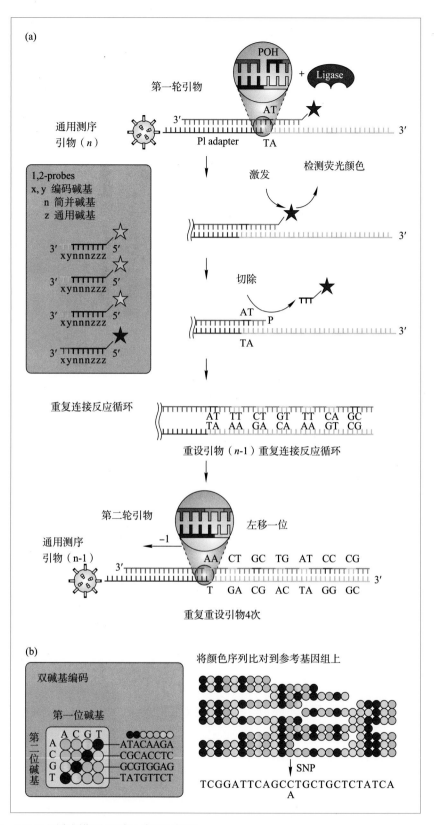

图 11-17　SOLiD 测序周期及双碱基编码和解码

(a) SOLiD 测序 5 轮连接反应前 2 轮示意图,探针 3′ 端第 1,2 位两个碱基决定荧光标记,杂交后探针 3′ 端 6~8 位碱基连同荧光标记被酶切切除,因此第一轮连接获得(1,2);(6,7);……(1+n*5,2+n*5)位的序列信息,然后下 4 轮探针依次左移一位,这样 5 轮反应获得全部序列信息。(b) SOLiD 测序结果的根据每轮反应对应的双碱基编码矩阵进行基因组比对,SNP 位点会造成 2 轮反应荧光信号的改变。